기분파

미용사메이크업 필기

김효정 · 백송이 · 윤지영 · 지양숙 ·
(주)에듀웨이 R&D 연구소

지음

미용사메이크업 추가모의고사 다운로드 방법

1. 아래 기입란에 카페 가입 닉네임 및 이메일 주소를
   볼펜(또는 유성 네임펜)으로 기입합니다. (연필 기입 안됨)

2. 본 출판사 카페(eduway.net)에 가입합니다.

3. 스마트폰으로 이 페이지를 촬영한 후 본 출판사 카페의
   '(필기)도서-인증하기'에 게시합니다.

4. 카페매니저가 확인 후 등업을 해드립니다.

올바른 예

카페 글쓰기

카페 채팅

| 검색 |

★ 즐겨찾는 게시판

전체글보기   23,952
인기글

(필기)도서-인증하기
(실기)미용도서-인증하기
에듀웨이<공지사항>

유튜브강의&핵심자료집
운전면허(동영상)

(동영상)지게차&굴착기

지게차(동영상)
굴착기(동영상)-굴삭기

(동영상)실기-미용사(구...

(네일)1과제~2과제
(네일)3과제~4과제
(메이크업)1과~4과제
(피부)1과제~3과제
(헤어)1과제~5과제

카페 가입 닉네임

EDUWAY
에듀웨이

김효정
· 수성대학교 뷰티스타일리스트과 학과장
· (사)한국뷰티산업진흥협회 회장

백송이
· 수성대학교 뷰티스타일리스트과 외래교수
· 대구SBS뷰티스쿨 메이크업 팀장

윤지영
· 수성대학교 뷰티스타일리스트과 외래교수
· (사)한국뷰티산업진흥협회 이사

지양숙
· 수성대학교 뷰티스타일리스트과 겸임교수
· (사)한국분장예술인협회 대구지회장

(주)에듀웨이는 자격시험 전문출판사입니다.
에듀웨이는 독자 여러분의 자격시험 취득을 위한 교재 발간을 위해 노력하고 있습니다.

메이크업미용사 필기
예상 출제비율

41.6%
1. 메이크업 개론

11.7%
2. 피부학

11.7%
4. 화장품학

35.0%
6. 공중위생관리학

※ 최근 상시시험의 출제비율입니다. 회차에 따라 약간의 변동이 있을 수 있습니다.

사진 스튜디오, 방송 분장, 특수 분장, 공연예술분장, 화장품 브랜드 샵, 뷰티살롱, 웨딩플래너, 뷰티스타일리스트 등 메이크업 분야가 다양한 방면으로 활용되고 있습니다. 그동안 미용사(일반) 자격증을 취득해야만 자격증이 주어졌지만 앞으로는 '미용사(메이크업)' 국가자격증을 취득해도 창업할 수 있습니다. 이는 국가기술자격기준법 시행규칙 개정에 의한 것으로 관련 업계에 커다란 변화를 가져올 것으로 예상됩니다.

이에 현직 종사자는 물론 예비 메이크업 아티스트들이 '메이크업 미용사' 필기시험을 대비하여 보다 쉽게 합격할 수 있도록 이 책을 집필하였습니다.

【이 책의 특징】

1. 이 책은 NCS(국가직무능력표준)에 기반하여 새롭게 개편된 출제기준에 맞춰 교과의 내용을 개편하였습니다.

2. 핵심이론은 쉽고 간결한 문체로 정리하였으며, 수험생에게 꼭 필요한 내용은 충실하게 수록하였습니다.

3. 최근 시행된 상시시험문제를 분석하여 출제빈도가 높은 문제를 엄선하여 실전모의고사를 수록하였습니다.

4. 최근 개정법령을 반영하였습니다.

이 책으로 공부하신 여러분 모두에게 합격의 영광이 있기를 기원하며 책을 출판하는데 도움을 주신 ㈜에듀웨이 출판사의 임직원 및 편집 담당자, 디자인 실장님에게 지면을 빌어 감사드립니다.

㈜에듀웨이 R&D연구소(미용부문) 드림

출제

Examination Question's Standard

기준표

- 시 행 처 | 한국산업인력공단
- 자격종목 | 미용사(메이크업)
- 직무내용 | 특정한 상황과 목적에 맞는 이미지, 캐릭터 창출을 목적으로 위생관리, 고객서비스, 이미지분석, 디자인, 메이크업 등을 통해 얼굴·신체를 연출하고 표현하는 직무이다.
- 필기검정방법 | 객관식(전과목 혼합, 60문항)
- 필기과목명 | 이미지 연출 및 메이크업 디자인
- 시험시간 | 1시간
- 합격기준(필기) | 100점을 만점으로 하여 60점 이상

주요항목	세부항목	세세항목
1 메이크업 위생관리	1. 메이크업의 이해	1. 메이크업의 개념 2. 메이크업의 역사
	2. 메이크업 위생관리	1. 메이크업 작업장 관리
	3. 메이크업 재료·도구 위생관리	1. 메이크업 재료, 도구, 기기 관리 2. 메이크업 도구, 기기 소독
	4. 메이크업 작업자 위생관리	1. 메이크업 작업자 개인 위생 관리
	5. 피부의 이해	1. 피부와 피부 부속 기관 2. 피부유형분석 3. 피부와 영양 4. 피부와 광선 5. 피부면역 6. 피부노화 7. 피부장애와 질환
	6. 화장품 분류	1. 화장품 기초 2. 화장품 제조 3. 화장품의 종류와 기능
2 메이크업 고객 서비스	1. 고객 응대	1. 고객 관리 2. 고객 응대 기법 3. 고객 응대 절차
3 메이크업 카운슬링	1. 얼굴특성 파악	1. 얼굴의 비율, 균형, 형태 특성 2. 피부 톤, 피부유형 특성 3. 메이크업 고객 요구와 제안
	2. 메이크업 디자인 제안	1. 메이크업 색채 2. 메이크업 이미지 3. 메이크업 기법
4 퍼스널 이미지 제안	1. 퍼스널컬러 파악	1. 퍼스널컬러 분석 및 진단
	2. 퍼스널 이미지 제안	1. 퍼스널 컬러 이미지 2. 컬러 코디네이션 제안
5 메이크업 기초화장품 사용	1. 기초화장품 선택	1. 피부 유형별 기초화장품의 선택 및 활용
6 베이스 메이크업	1. 피부표현 메이크업	1. 베이스제품 활용 2. 베이스제품 도구 활용
	2. 얼굴윤곽 수정	1. 얼굴 형태 수정 2. 피부결점 보완

주요항목	세부항목	세세항목
7 색조 메이크업	1. 아이브로우 메이크업	1. 아이브로우 메이크업 표현 2. 아이브로우 수정 보완 3. 아이브로우 제품 활용
	2. 아이 메이크업	1. 눈의 형태별 아이섀도우 2. 눈의 형태별 아이라이너 3. 속눈썹 유형별 마스카라
	3. 립&치크 메이크업	1. 립&치크 메이크업 컬러 및 표현
8 속눈썹 연출	1. 인조속눈썹 디자인	1. 인조 속눈썹 종류 및 디자인
	2. 인조속눈썹 작업	1. 인조속눈썹 선택 및 연출
9 속눈썹 연장	1. 속눈썹 연장	1. 속눈썹 위생관리 2. 속눈썹 연장 제품 및 방법
	2. 속눈썹 리터치	1. 연장된 속눈썹 제거
10 본식웨딩 메이크업	1. 신랑신부 본식 메이크업	1. 웨딩 이미지별 특징 2. 신랑신부 메이크업 표현
	2. 혼주 메이크업	1. 혼주 메이크업 표현
11 응용 메이크업	1. 패션이미지 메이크업 제안	1. 패션 이미지 유형 및 디자인 요소
	2. 패션이미지 메이크업	1. TPO 메이크업 2 . 패션이미지 메이크업 표현
12 트렌드 메이크업	1. 트렌드 조사	1. 트렌드 자료수집 및 분석
	2. 트렌드 메이크업	1. 트렌드 메이크업 표현
	3. 시대별 메이크업	1. 시대별 메이크업 특성 및 표현
13 미디어 캐릭터 메이크업	1. 미디어 캐릭터 기획	1. 미디어 특성별 메이크업 2. 미디어 캐릭터 표현
	2. 볼드캡 캐릭터 표현	1. 볼드캡 제작 및 표현
	3. 연령별 캐릭터 표현	1. 연령대별 캐릭터 표현 2. 수염 표현
	4. 상처 메이크업	1. 상처 표현
14 무대공연 캐릭터 메이크업	1. 작품 캐릭터 개발	1. 공연 작품 분석 및 캐릭터 메이크업 디자인
	2. 무대공연 캐릭터 메이크업	1. 무대공연 캐릭터 메이크업 표현
15 공중위생관리	1. 공중보건	1. 공중보건 기초 2. 질병관리 3. 가족 및 노인보건 4. 환경보건 5. 식품위생과 영양 6. 보건행정
	2. 소독	1. 소독의 정의 및 분류 2. 미생물 총론 3. 병원성 미생물 4. 소독방법 5. 분야별 위생 · 소독
	3. 공중위생관리법규 (법, 시행령, 시행규칙)	1. 목적 및 정의 2. 영업의 신고 및 폐업 3. 영업자 준수사항 4. 면허 5. 업무 6. 행정지도감독 7. 업소 위생등급 8. 위생교육 9. 벌칙 10. 시행령 및 시행규칙 관련 사항

한 눈에 살펴보는

필기응시절차

Accept Application - Objective Test Process

01
시험일정
확인

기능사검정 시행일정은 큐넷 홈페이지를 참고하거나 에듀웨이
카페에 공지합니다.(아래 QR코드로 검색가능)

> 전체 검정일정은 큐넷 홈페이지 또는
> 에듀웨이 카페에서 확인하세요.

02
원서접수

1 큐넷 홈페이지(www.q-net.or.kr)에서 상단 오른쪽에 로그인 을 클릭합니다.

2 '로그인 대화상자가 나타나면 아이디/비밀번호를 입력
합니다.

※회원가입 : 만약 q-net에 가입되지 않았으면 회원가입을 합니다.
(이때 반명함판 크기의 사진(200kb 미만)을 반드시 등록합니다.)

3 원서접수를 클릭하면 [자격선택] 창이 나타납니다. 접수하기 를 클릭합니다.

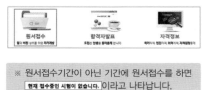

※ 원서접수기간이 아닌 기간에 원서접수를 하면
현재 접수중인 시험이 없습니다. 이라고 나타납니다.

4 [종목선택] 창이 나타나면 응시종목을 [미용사(메이크업)]로 선택하고 [다음] 버튼을 클릭
합니다. 간단한 설문 창이 나타나고 다음을 클릭하면 [응시유형] 창에서 [장애여부]를 선택
하고 [다음] 버튼을 클릭합니다.

> 만약 해당 시험의 원하는 장소,
> 일자, 시간에 응시정원이 초과
> 될 경우 시험을 응시할 수 없으
> 며 다른 장소, 다른 일시에 접수
> 할 수 있습니다.

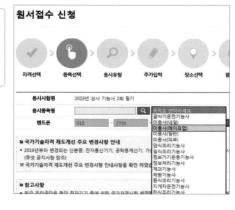

5 [장소선택] 창에서 원하는 지역, 시/군구/구를 선택하고 조회 🔍 를 클릭합니다. 그리고 시험일자, 입실시간, 시험장소, 그리고 접수가능인원을 확인한 후 선택 을 클릭합니다. 결제하기 전에 마지막으로 다시 한 번 종목, 시험일자, 입실시간, 시험장소를 꼼꼼히 확인한 후 접수하기 를 클릭합니다.

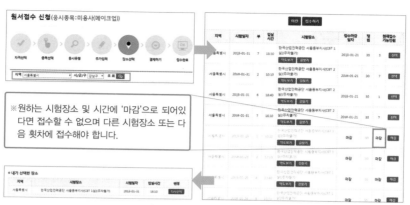

※ 원하는 시험장소 및 시간에 '마감'으로 되어있다면 접수할 수 없으며 다른 시험장소 또는 다음 횟차에 접수해야 합니다.

6 [결제하기] 창에서 검정수수료를 확인한 후 원하는 결제수단을 선택하고 결제를 진행합니다. (필기 : 14,500원 / 실기 : 17,200원)

날짜, 시간, 시험장소 등 마지막 확인 필수!

03 필기시험 응시

필기시험 당일 유의사항

1 신분증은 반드시 지참해야 하며, 필기구도 지참합니다(선택).

2 대부분의 시험장에 주차장 시설이 없으므로 가급적 대중교통을 이용합니다.

3 고사장에 시험 20분 전부터 입실이 가능합니다(지각 시 시험시간 중 시험응시 불가).

4 CBT 방식(컴퓨터 시험 – 마우스로 정답을 클릭)으로 시행합니다.

5 문제풀이용 연습지는 해당 시험장에서 제공하므로 시험 전 감독관에 요청합니다.
   (연습지는 시험 종료 후 가지고 나갈 수 없습니다)

04 합격자 발표 및 실기시험 접수

• 합격자 발표 : 합격 여부는 필기시험 후 바로 알 수 있으며 큐넷 홈페이지의 '합격자발표 조회하기'에서 조회 가능

• 실기시험 접수 : 필기시험 합격자에 한하여 실기시험 접수기간에 Q-net 홈페이지에서 접수

필기 합격 후 2년 동안 필기시험이 면제됩니다.

※ 기타 사항은 한국산업인력공단 홈페이지(q-net.or.kr)를 방문하거나 또는 전화 1644-8000에 문의하시기 바랍니다.

이 섹션에서는 유채색과 무채색, 색의 3속성, 색채 조화○
다. 색채학의 출제비중을 가늠하기 어려워 폭넓게 다루었
명에서는 간접조명의 출제빈도가 높습니다.

출제포인트
각 섹션별로 출제예상문제를 분석 · 흐름을 파악하여 학습 방향을 제시하고, 중점적으로 학습해야 할 내용을 기술하여 수험생들이 학습의 강약을 조절할 수 있도록 하였습니다.

Check! Terms!
유의해야 하거나 수험준비에 유용한 부분. 그리고 내용 중 어려운 전문용어에 대해 따로 박스로 표기하여 설명하였습니다.

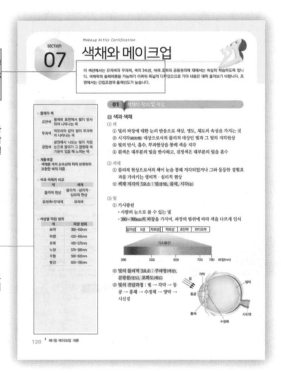

이해를 돕기 위한 삽화
이론 내용과 관련있는 필수 이미지를 삽입하여 독자의 이해를 높였습니다.

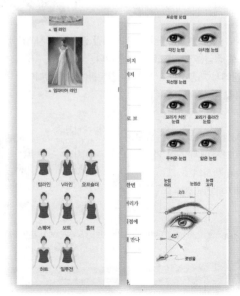

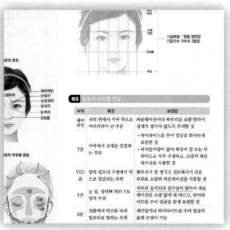

Makeup Artist Certification

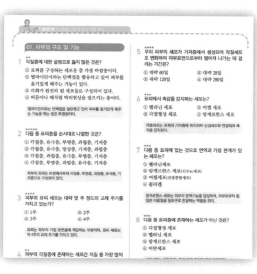

출제예상문제

각 섹션 바로 뒤에 기존 관련자격시험과 연계된 출제예상문제를 정리하여 예상가능한 출제동향을 파악할 수 있도록 하였습니다. 또한 문제 상단에 별표(★)의 갯수를 표시하여 해당 문제의 출제빈도 또는 중요성을 나타냈습니다.

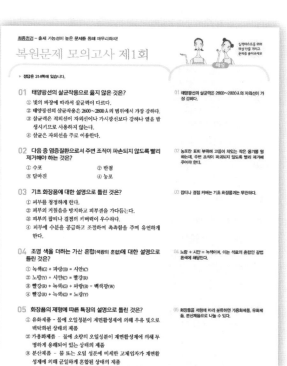

실전 모의고사

에듀웨이 전문위원들이 출제비율을 바탕으로 출제빈도가 높은 문제를 엄선하여 모의고사 6회분으로 수록하였습니다. 또한 출제동향을 파악할 수 있도록 최근기출문제도 함께 수록하였습니다.

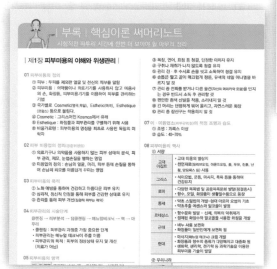

핵심이론 써머리노트

시험 직전 한번 더 체크해야 할 부분을 따로 엄선하여 시험대비에 만전을 기하였습니다.

Contents

메이크업 필기 추가 모의고사 제공

에듀웨이 카페(자료실)에 확인하세요!

스마트폰을 이용하여 아래 QR코드를 확인하거나,
카페에 방문하여 '카페 메뉴 > 자료실 > 미용사(메이크업)'에서
다운받을 수 있습니다.

과제별 과정을 도식화하여 비교·정리

메이크업 | 실기

한국산업인력공단 출제기준 완벽 반영

심사포인트·심사기준·감점요인·무료 동영상 강의

과정별 상세하고 꼼꼼한 설명과 풍부한 사진 자료 수록!

'미용사(메이크업) 실기' 교재를 구입하신 독자분을 위한 프리미엄 동영상 강의 무료 제공!

에듀웨이 '메이크업 실기' 책을 구입하신 독자분이라면 에듀웨이 카페에 가입하시고, 간단한 인증절차를 거치시면 동영상 강의를 무료로 보실 수 있습니다. 카페 오른쪽 메뉴의 (동영상)메이크업의 각 과제별로 구분되어 있습니다.

※본 동영상은 에듀웨이 '메이크업 실기' 책을 구입하신 독자분에게만 제공되며, 필기교재를 구입하신 분에게는 제공되지 않습니다.

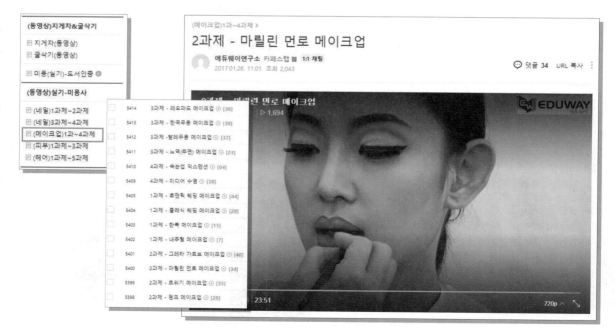

에듀웨이 독자분을 위한 Q&A 서비스!

'메이크업 실기' 교재로 공부하다가 모르거나 잘 안되는 부분, 궁금한 점이 있다면 카페의 'Q&A −메이크업미용사'에 남겨주시면 저자와 편집담당자가 최대한 빠른 시일 내에 답변을 해드리겠습니다.

개요

01 | 과제개요

베이스 메이크업	눈썹	눈	볼	입술	배점	작업시간
• 밝은 핑크 톤의 파운데이션 • 윤곽 수정	양 미간이 좁지 않은 각진 눈썹	핑크색 베이지색	핑크색	레드색의 아웃커브	30점	40분

02 | 심사기준

구분	사전심사	시술순서 및 숙련도						완성도
		소독	베이스 메이크업	눈썹	눈	볼	입술	
배점	3	3	3	3	6	3	3	6

03 | 심사 포인트

(1) 사전심사

【수험자 및 모델의 복장】
① 수험자와 모델이 규정에 맞는 복장을 하고 있는가?
② 수험자와 모델이 불필요한 액세서리 등을 착용하고 있지 않은가?

【테이블 세팅】
① 시술에 필요한 준비목록이 모두 구비되어 있는가?
② 과제에 불필요한 도구 및 재료가 세팅되어 있지 않는가?
③ 작업 테이블이 위생적으로 정리되어 있는가?
④ 위생이 필요한 도구를 적절하게 소독하였는가?

(2) 본심사

【시술 순서 및 숙련도】
① 시술 순서가 잘못되지 않았는가?
② 전체 과정을 얼마나 능숙하게 작업하였는가?

【베이스 메이크업】
① 모델의 피부톤에 적합한 메이크업 베이스를 선택하여 얇고 고르게 발랐는가?
② 모델의 피부톤보다 밝은 핑크 톤의 파운데이션으로 표현하였는가?
③ 셰이딩과 하이라이트로 윤곽 수정 후 파우더로 매트하게 마무리하였는가?

【아이브로】
눈썹은 양 미간이 좁지 않게 각진 눈썹으로 표현하였는가?

【아이섀도】
① 눈두덩을 중심으로 핑크와 베이지 계열의 컬러를 이용하여 아이홀을 표현하고 그라데이션을 하였는가?
② 아이홀 안쪽 눈꺼풀에 화이트 색상으로 입체감을 주고 언더에는 베이지 계열의 섀도를 발랐는가?

【아이라인】
속눈썹 사이를 메워 그리고 아이라인을 길게 뺀 형태의 눈매를 표현하였는가?

【속눈썹】
① 뷰러를 이용하여 자연 속눈썹을 제대로 컬링하였는가?
② 인조 속눈썹을 모델의 눈보다 길게 뒤로 빼서 붙여주고 깊고 그윽한 눈매를 표현하였는가?

【볼】
핑크톤으로 광대뼈보다 아래쪽에서 구각을 향해 사선으로 발랐는가?

【입술】
적당한 유분기를 가진 레드 컬러를 이용하여 아웃커브 형태로 발랐는가?

【기타】
마릴린 먼로의 개성이 돋보이는 점을 그려 넣었는가?

【완성도】
① 전체적인 완성도 체크
② 마릴린 먼로의 특징을 잘 살렸는가?
③ 작업 종료 후 정리정돈을 잘 하였는가?

한 눈에 살펴보는

Course
Preview

과제 02 ## 시대별 메이크업   실기시험 당일 전체 4과제가 주어지며, 시대별 메이크업에서 1과제가 공개됩니다.
아래 표는 시대별 메이크업의 과제별 주요 과정을 비교·정리한 것이므로 충분히 숙지하시기 바랍니다.

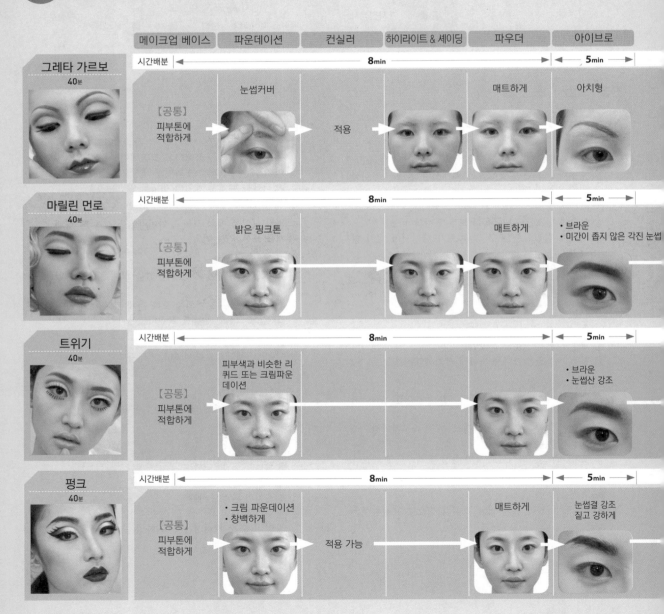

	메이크업 베이스	파운데이션	컨실러	하이라이트 & 셰이딩	파우더	아이브로
그레타 가르보 (40분)	【공통】 피부톤에 적합하게	눈썹커버	적용		매트하게	아치형
마릴린 먼로 (40분)	【공통】 피부톤에 적합하게	밝은 핑크톤			매트하게	• 브라운 • 미간이 좁지 않은 각진 눈썹
트위기 (40분)	【공통】 피부톤에 적합하게	피부색과 비슷한 리퀴드 또는 크림파운데이션				• 브라운 • 눈썹산 강조
펑크 (40분)	【공통】 피부톤에 적합하게	• 크림 파운데이션 • 창백하게	적용 가능		매트하게	눈썹결 강조 짙고 강하게

시간배분: 8min / 5min (각 행에 공통 적용)

14

【과제별 색상표】

과제 \ 구분	아이브로	아이섀도	아이라인	치크	립
그레타 가르보					
마릴린 먼로					
트위기					
펑크					

※색상표는 참고만 하시기 바랍니다.

아이섀도 | 아이라인 | 속눈썹 컬링 | 인조 속눈썹 | 마스카라 | 치크 | 립

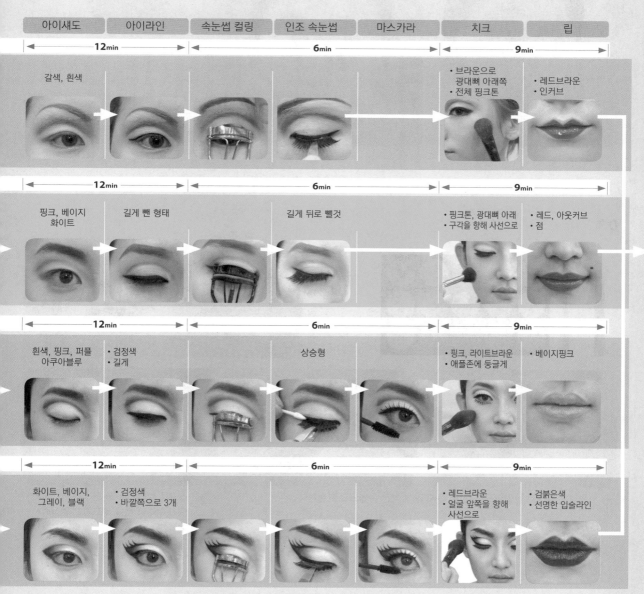

12min — 6min — 9min

갈색, 흰색

- 브라운으로 광대뼈 아래쪽
- 전체 핑크톤

- 레드브라운
- 인커브

12min — 6min — 9min

핑크, 베이지 화이트 / 길게 뺀 형태 / 길게 뒤로 뺄것

- 핑크톤, 광대뼈 아래
- 구각을 향해 사선으로

- 레드, 아웃커브
- 점

12min — 6min — 9min

흰색, 핑크, 퍼플 아쿠아블루

- 검정색
- 길게

상승형

- 핑크, 라이트브라운
- 애플존에 둥글게

- 베이지핑크

12min — 6min — 9min

화이트, 베이지, 그레이, 블랙

- 검정색
- 바깥쪽으로 3개

- 레드브라운
- 얼굴 앞쪽을 향해 사선으로

- 검붉은색
- 선명한 입술라인

전체 마무리

※시간배분은 개략적인 수치이며, 숙련도 및 개인마다 차이가 있으므로 참고만 하시기 바랍니다.

③ 파우더

파우더를 피부에 잘 밀착되도록 솜털 사이사이에 파우더가 스며들어 보송보송한 느낌이
나게 꼼꼼히 매트하게 바른다.

팁 | 투명 파우더를 파우더 브러시에 묻혀 파우더 가
루가 묻은 브러시를 공중에 한번 살짝 털어준 후 자
연스러운 느낌이 나게 바른다.

03 | 아이브로

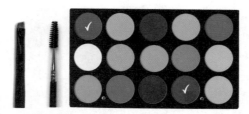 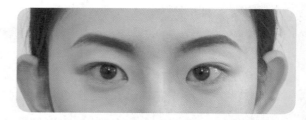

1 브라운 컬러로 눈썹의 양 미간이 좁지 않게 각진 눈썹으로 표현한다.

팁 | 모델의 눈썹 양 미간이 좁은 경우 미간 눈썹 앞머리가 좁아 보이지 않게
눈썹 맨 앞머리 1~2mm에 파운데이션으로 살짝 발라 파우더로 마무리한다.

2 스크루 브러시로 한 번 더 눈썹 결대
로 빗어주어 톤을 부드럽고 일정하게
조절한다.

05 | 아이라인

젤 타입의
블랙 아이라이너

| **Checkpoint** | 트위기 아이라인은 반달 모양
의 눈매가 특징이다.

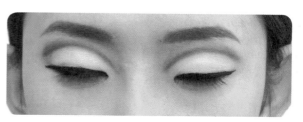

1 젤 아이라이너로 속눈썹 모근 사이사이
를 메우듯 좌우로 터치하며 그려준다.

2 눈꼬리는 5~7mm 정도 아이홀 라인 바
깥쪽으로 도면과 같이 쌍꺼풀 라인 길
이만큼만 살짝 내려가도록 빼준다.

3 눈이 커 보이고 선명하게 표현하기 위
해 액상이나 젤 타입의 아이라이너로
그려준다.

팁 | 속눈썹 모근 위로 눈 가운데 아리라인이 두껍고 눈앞
머리와 눈꼬리 부분이 사라지게 눈매를 그려준다.

06 | 자연 속눈썹 컬링 및 인조 속눈썹 붙이기

1 뷰러를 이용하여 자연 속눈썹을 컬
링한다.

2 마스카라를 속눈썹 위아래에 꼼꼼히
발라준다.

3 인조 속눈썹을 트위저를 이용하여 잡
고 속눈썹 풀을 골고루 묻혀 준 후 인
조 속눈썹을 눈의 중앙 부위부터 붙
여준다.

— 윗 속눈썹

— 아래 속눈썹

| **Checkpoint** | 트위기 속눈썹은 인
형처럼 표현되는 눈매로 자연 속눈썹
을 뷰러로 확실하게 컬링을 해 주어야
속눈썹이 아래로 처지지 않고 시원하
고 위로 솟은 느낌의 눈매를 연출할
수 있다.

CBT 수검요령
computer-based testing

글자 크기 및 화면 배치 조정

시험을 보기 편한 글자 크기로 변경할 수 있으며, 한 화면에 문제 배열 방식을 2문제/2단/1문제로 조정할 수 있습니다.

정답 체크

문제의 번호에 정답을 클릭하거나 [답안 표기란]의 각 문제 번호에 정답을 클릭합니다.

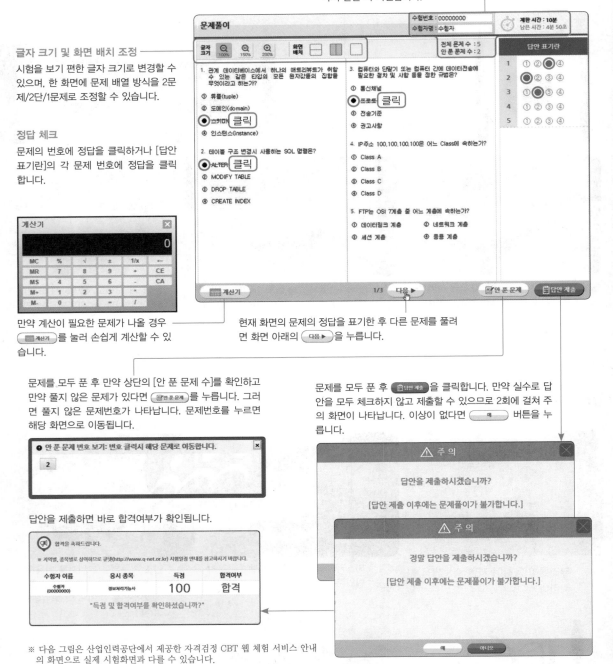

만약 계산이 필요한 문제가 나올 경우 [계산기]를 눌러 손쉽게 계산할 수 있습니다.

현재 화면의 문제의 정답을 표기한 후 다른 문제를 풀려면 화면 아래의 [다음▶]을 누릅니다.

문제를 모두 푼 후 만약 상단의 [안 푼 문제 수]를 확인하고 만약 풀지 않은 문제가 있다면 [안푼문제]를 누릅니다. 그러면 풀지 않은 문제번호가 나타납니다. 문제번호를 누르면 해당 화면으로 이동됩니다.

문제를 모두 푼 후 [답안 제출]을 클릭합니다. 만약 실수로 답안을 모두 체크하지 않고 제출할 수 있으므로 2회에 걸쳐 주의 화면이 나타납니다. 이상이 없다면 [예] 버튼을 누릅니다.

⚠ 주 의

답안을 제출하시겠습니까?

[답안 제출 이후에는 문제풀이가 불가합니다.]

⚠ 주 의

정말 답안을 제출하시겠습니까?

[답안 제출 이후에는 문제풀이가 불가합니다.]

예   아니오

❶ 안 푼 문제 번호 보기: 번호 클릭시 해당 문제로 이동합니다.

2

답안을 제출하면 바로 합격여부가 확인됩니다.

합격을 축하드립니다.
※ 지역별, 종목별로 상이하므로 큐넷(http://www.q-net.or.kr) 시험일정 안내를 참고하시기 바랍니다.

수험자 이름	응시 종목	득점	합격여부
수험자 (00000000)	정보처리기능사	100	합격

"득점 및 합격여부를 확인하셨습니까?"

※ 다음 그림은 산업인력공단에서 제공한 자격검정 CBT 웹 체험 서비스 안내의 화면으로 실제 시험화면과 다를 수 있습니다.

자격검정 CBT 웹 체험 서비스 안내

스마트폰의 인터넷 어플에서 검색사이트(네이버, 다음 등)를 입력하고 검색창 옆에 📷(또는 🎤)을 클릭하고 QR 바코드 아이콘(⚫)을 선택합니다. 그러면 QR코드 인식창이 나타나며, 스마트폰 화면 정중앙에 좌측의 QR 바코드를 맞추면 해당 페이지로 자동으로 이동합니다.

MAKEUP ARTIST CERTIFICATION

CHAPTER 01

메이크업개론

SECTION 01

Makeup Artist Certification

메이크업의 개념

메이크업의 목적과 기능에서 출제될 가능성이 높으므로 반드시 암기하며, 우리나라 화장의 용어는 구분할 수 있도록 합니다.

▶ 메이크업의 의미
- 사전적 의미 : 제작하다, 완성시키다, 보완하다
- 일반적 의미 : 미화의 목적으로 얼굴에 화장을 하는 것

01 메이크업(Makeup)의 정의

① 외부의 위험요소들로부터 신체를 보호하고 신체 장식적 의미가 부여되어 끊임없는 욕망에서 표출되는 인간의 미적 본능
② 본래의 얼굴에 자신이 갖는 내면과 외적인 부분을 조화롭게 표출시키는 한 방법
③ 화장품이나 도구를 사용하여 신체의 아름다운 부분은 돋보이도록 하고 약점이나 결점은 수정하거나 보완하는 미적 가치 추구의 행위
④ 현대의 메이크업 : 재료에 구속받지 않고 주제에 따라 여러 기법으로 인체를 디자인하는 행위로 얼굴의 세부적인 외형적 형태의 아름다움뿐만 아니라 미의식 속의 자아를 개성있게 표현하는 것으로 정의한다.

02 메이크업의 어원

1 서양의 메이크업

① 17세기 영국의 시인 리처드 크레슈가 "메이크업이란 여성의 매력을 높여주는 행위"라고 하면서 'Makeup'이라는 용어를 최초로 사용
② 20세기 미국의 할리우드 전성기 때 '맥스 팩터'라는 분장사에 의해 대중화
③ 메이크업은 코스메틱(cosmetic)을 포함한 의미로 코스메티코스(Cosmeticos)라는 그리스어에서 유래

▶ 핵심 포인트
- Makeup : 17세기 리처드 크레슈가 최초로 사용
- painting : 16세기 세익스피어가 최초로 사용

2 관련 용어

① 마뀌아쥬(Maquillage) : 프랑스어로 분장을 의미하는 연극 용어에서 유래
② 투알레트(Toilet) : 화장을 포함한 치장 전반을 가리키는 용어
③ 페인팅(Painting) : 16세기 영국의 세익스피어의 작품에 사용, 백납분에 색상과 향료를 섞어 화장하는 행위

▶ 용어 이해
淡 : 엷을 담
濃 : 짙을 농
艶 : 고울 염

3 우리나라 화장의 용어

① 담장(淡粧) : 피부 손질 위주의 엷은 화장 (기초화장)
② 농장(濃粧) : 담장보다 짙은 화장 (색채화장)
③ 염장(艶粧) : 짙은 화장이면서 요염한 색채를 표현한 화장
④ 응장 : 농장과 비슷하면서 좀더 또렷하게 표현한 화장으로 혼례 등의 의례에 사용 (신부화장)

⑤ 성장(盛粧) : 남의 시선을 끌만큼 화려하게 표현한 화장
⑥ 야용(冶容) : 분장을 의미
⑦ 미용(美容) : 얼굴치장 행위를 가리킴
⑧ 단장 : 피부손질, 얼굴치장, 옷차림, 장신구 치레를 수수하게 표현
⑨ 장식 : 피부손질, 얼굴치장, 옷차림, 장신구 치레를 화려하게 표현
⑩ 지분 : 연지(臙脂)와 백분(白粉)의 약자
⑪ 분대 : 백분과 눈썹먹   └─ 화장품의 총칭
⑫ 장렴(粧奩) : 화장품과 화장도구
⑬ 화장 : 개화기 이후 일본으로부터 도입

▶ 용어 이해
盛 : 무성할 성
冶容 : 요염하게 치장하다
粧奩 : 단장할 장, 화장상자 렴

03 메이크업의 목적

1 메이크업의 기본 목적

① 외부의 먼지나 자외선, 대기오염 및 온도 변화로부터 피부 보호
② 현대의 미용적인 측면에서 메이크업의 목적은 다양한 향장품을 사용하여 피부 손질을 하고 얼굴모양을 다듬어서 아름답게 꾸미는 것

2 메이크업의 4대 목적

본능적 목적	이성에게 성적 매력을 표현하는 수단으로 사용
실용적 목적	같은 종족임을 표시하는 수단으로 사용
신앙적 목적	종교적 의미로 행해져오다가 메이크업으로 변천
표시적 목적	특별한 상황(신분이나 계급, 미·기혼 구분)을 표시하기 위한 목적으로 사용

▶ 메이크업의 4대 목적
본능적 목적, 실용적 목적,
신앙적 목적, 표시적 목적

04 메이크업의 기능

보호 기능	피부 보호의 목적으로 외부의 먼지나 자외선, 대기오염, 온도 등의 변화로부터 피부를 보호
미화 기능	인간의 본능적인 미화 기능을 충족시키는 목적으로 메이크업 제품으로 자신의 얼굴의 장점을 부각시키고 결점을 보완하여 아름다움을 추구
사회 기능	자신이 사회에서 갖는 지위, 직업, 신분을 표시하고 사회적 관습, 풍습, 예절, 예의를 나타냄
심리 기능	• 외모에 자신감을 부여함으로써 심리적으로 능동적이고 적극적인 자신감을 가지게 됨으로써 긍정적 효과를 기대할 수 있다. • 최근 화장치료법(Makeup Therapy)으로 심리적 우울 증상 및 치매 등의 치료와 완화에도 큰 역할을 하고 있다.

▶고대 이집트의 파라오들은 눈 주위에 검은색으로 짙은 화장을 함
① 미화설 : 타인의 눈길을 끄는 미용의 역할
② 보호설 : 강한 햇살부터의 눈부심을 방지하는 효과
③ 종교설 : 악마로부터 파라오를 지키는 주술적 의미

05 메이크업의 기원

구분	의미
미화설	타인에게 자신의 신체를 아름답게 보이거나 우월성을 표현하기 위한 수단으로 메이크업을 했다는 학설
보호설	인간이 자기 자신을 어떤 위험으로부터 보호, 위장하기 위한 치장이 미화의 수단으로 발전했다는 학설
위장설	원시 고대인들이 자신의 몸에 새의 깃털이나 짐승의 뿔 혹은 식물 등을 이용하여 얼굴이나 신체에 발라 적절히 위장하여 전투에서 적을 위협하는 수단이나 은폐하는 목적으로 사용했다는 학설
신분표시설	화장은 어떤 종족이나 개인의 계급, 신분, 부족의 우월성을 알리는 신분을 표시하는 것이라는 학설
장식설	• 인류 최초의 화장의 목적은 장식이라는 학설이 지배적 • 원시시대 인간은 옷을 입기 전에 나체상태에서 피부에 그림을 그려 넣거나 조각, 문신, 회화를 새겼는데 이것을 화장의 시초로 보는 학설
종교설	주술적, 종교적 행위로서 색상을 부여하거나 향을 이용하여 병이나 재앙을 물리치고 신에게 경배하기 위하여 향나무의 가지를 자르고 향나무의 즙으로 바른 해수나 향료를 미화수단으로 이용하였다는 학설

1 다음 중 메이크업에 대한 설명으로 잘못된 것은?

① 메이크업은 맥스 팩터(Max Factor)에 의해 대중화되었다.

② 미화의 목적으로 얼굴에 화장을 하는 것을 뜻한다.

③ 분장을 하기 위한 기초 단계이다.

④ 17세기 초 리차드 그랏쇼가 최초로 메이크업이라는 단어를 사용하였다.

메이크업은 분장을 하기 위한 기초단계가 아니다.

2 한국의 화장 용어로 알맞게 짝지어진 것은?

① 담장 – 엷은 화장

② 농장 – 담장보다 엷은 화장

③ 염장 – 신부화장

④ 야용 – 요염한 색채 사용

- 담장 : 엷은 화장(기초화장)
- 농장 : 담장보다 짙은 화장(색채화장)
- 염장 : 요염한 색채를 표현한 화장
- 응장 : 농장과 비슷하면서 좀더 또렷하게 표현한 화장으로 혼례 등의 의례에 사용
- 성장 : 남의 시선을 끌만큼 화려하게 표현한 화장
- 야용 : 분장을 의미

3 다음 중 신부화장의 의미와 비슷한 의미의 화장은?

① 담장　　② 농장

③ 염장　　④ 응장

응장은 짙은 화장을 좀더 또렷하게 표현한 화장으로 혼례 등의 의례에 사용되었다.

4 다음 중 화장에 해당하는 우리말이 아닌 것은 무엇인가?

① 장식　　② 장렴

③ 담장　　④ 야용

장렴은 화장품을 의미한다.

5 다음 중 화장에 해당하는 단어가 아닌 것은?

① 장식(裝飾)　　② 단장(丹粧)

③ 야용(冶容)　　④ 장식품(裝飾品)

장식품은 화장품의 일종이다.

6 고대 메이크업의 목적에 해당되지 않는 것은?

① 동상 예방

② 피부미백 효과

③ 신분과 부족 표시

④ 자기 개성표현

메이크업은 동상 예방과는 거리가 멀다.

7 자신이 사회에서 갖는 지위, 직업, 신분을 표시하고 사회적인 관습을 나타내는 메이크업의 기능은?

① 보호의 기능

② 미화의 기능

③ 사회적 기능

④ 심리적 기능

메이크업의 기능 중 사회적 기능에 대한 설명이다.

8 메이크업의 기능 중 보호의 기능에 대한 설명으로 옳은 것은?

① 인간의 본능적인 미화 기능을 충족시키는 목적으로 아름다워지고 싶어 하는 기본적인 욕구충족을 위하여 메이크업 제품을 사용한다.

② 외모에 자신감을 부여함으로써 심리적으로 능동적이고 적극적인 자신감을 가지게 됨으로써 긍정적 효과를 기대할 수 있다.

③ 자신이 사회에서 갖는 지위, 직업, 신분을 표시하고 사회적인 관습을 나타낸다.

④ 피부 보호의 목적으로 외부의 먼지나 자외선, 대기오염, 온도 등의 변화로부터 피부를 보호하는 기능을 한다.

① 미화의 기능, ② 심리적 기능, ③ 사회적 기능

9 메이크업 제품으로 자신의 얼굴의 장점을 부각시키고 결점을 보완하여 아름다움을 추구하는 메이크업의 기능은?

① 보호의 기능
② 미화의 기능
③ 사회적 기능
④ 심리적 기능

> 장점을 부각시키고 결점을 보완하여 아름다움을 추구하는 메이크업의 기능은 미화의 기능에 해당한다.

10 외모에 자신감을 부여함으로써 심리적으로 능동적이고 적극적인 자신감을 가지게 됨으로써 긍정적 효과를 기대할 수 있는 메이크업의 기능은?

① 변화의 기능
② 심리적 기능
③ 사회적 기능
④ 미화의 기능

> 메이크업의 기능 중 심리적 기능에 대한 설명이다.

11 메이크업의 목적에 속하지 않는 것은?

① 장식설
② 반응설
③ 신체보호설
④ 종교설

> 메이크업의 목적에는 장식설, 신체보호설, 종교설, 미화설 등이 있다.

12 초자연과의 융합을 위한 주술적, 종교적 행위로서 색상을 부여하거나 향을 이용하여 병이나 재앙을 물리치고 신에게 경배하기 위하여 얼굴과 몸을 꾸몄다는 메이크업의 기원설은?

① 미화설
② 신분표시설
③ 보호설
④ 종교설

> 주술적, 종교적 행위로서 신에게 경배하기 위하여 얼굴과 몸을 꾸몄다는 기원설은 종교설에 해당한다.

13 메이크업의 기원이 아닌 것은?

① 위장설
② 신분표시설
③ 본능설
④ 종교설

> 본능설은 의복의 기원으로 인간이 부끄러움을 느끼면서 본능적으로 자신의 몸을 가리기 위해 의복을 착용했음을 의미한다.

14 메이크업의 기원 중 신분표시설의 내용으로 옳은 것은?

① 화장은 어떤 종족이나 개인의 계급, 신분, 부족의 우월성을 알리기 위한 것이다.
② 초자연과의 융합을 위한 주술적, 종교적 행위로서 색상을 부여하거나 향을 이용하여 병이나 재앙을 물리치고 신에게 경배하기 위해 화장을 시작했다.
③ 타인에게 아름답게 보이기 위해 또는 우월성을 표현하기 위한 수단으로 화장을 하기 시작했다.
④ 원시 고대인들이 자신의 몸에 새의 깃털이나 짐승의 뿔 혹은 식물의 색소 등을 이용하여 얼굴이나 신체에 발라 자연 환경에 맞게 적절히 위장하기 위해 화장을 시작했다.

> ② 종교설, ③ 미화설, ④ 위장설

15 고대 이집트인들은 눈 주위에 검은색으로 짙은 화장을 하였는데 이와 관련된 화장 기원설과 거리가 먼 것은?

① 타인의 눈길을 끄는 미용의 역할을 하였다.
② 강한 햇살로부터 눈부심을 방지하는 효과가 있었다.
③ 악마로부터 파라오를 지키는 주술적 의미도 담겨 있었다.
④ 전투에서 적을 위협하는 수단이나 은폐의 목적으로 사용하였다.

> ① 미화설 : 타인의 눈길을 끄는 미용의 역할
> ② 보호설 : 강한 햇살로부터의 눈부심을 방지하는 효과
> ③ 종교설 : 악마로부터 파라오를 지키는 주술적 의미

정 답 **9** ② **10** ② **11** ② **12** ④ **13** ③ **14** ① **15** ④

16 ★★★ 자신의 몸에 새의 깃털이나 짐승의 뿔 혹은 식물의 색소 등을 이용하여 얼굴이나 신체에 발라 자연 환경에 맞게 적절히 위장하였는데 이는 전투에서 적을 위협하는 수단이나 자신을 은폐하는 목적으로 사용하였다는 내용의 메이크업 기원은?

① 미화설
② 위장설
③ 보호설
④ 종교설

> 새의 깃털이나 짐승의 뿔 혹은 식물의 색소 등을 이용하여 얼굴이나 신체에 발라 자연 환경에 맞게 적절히 위장하였다는 기원설은 메이크업의 기원 중 위장설에 해당한다.

17 ★★★ 메이크업의 기원 중 미화설의 내용으로 옳은 것은?

① 타인에게 아름답게 보이기 위해서이거나 혹은 우월성을 표현하기 위한 수단으로 화장을 하기 시작했다.
② 초자연과의 융합을 위한 주술적, 종교적 행위로서 색상을 부여하거나 향을 이용하여 병이나 재앙을 물리치고 신에게 경배하기 위한 목적으로 화장을 시작하였다.
③ 인간이 옷을 입기 전에 나체상태에서 피부에 그림을 그려 넣거나 조각, 문신, 회화를 새겼는데 이것이 화장의 시초이다.
④ 이집트인들은 빛과 곤충들로부터 눈을 보호하기 위해 눈 주위에 푸른색을 짙게 그려주기도 하였다.

> 타인에게 자신의 신체를 아름답게 보이게 하기 위해서 또는 우월성을 표현하기 위한 수단으로 메이크업을 했다는 학설은 메이크업의 기원 중 미화설에 해당한다.

SECTION 02 메이크업의 역사

메이크업의 역사는 방대한 분량에 비해 많이 출제가 되지 않으므로 주요 내용 위주로 숙지합니다.

01 서양의 메이크업

1 고대시대

(1) 이집트

① 고대 미용의 발상지이며, 서양에서 최초로 화장을 시작
② BC 6,000년 : 얼굴이나 눈에 화장을 하기 위해 안료를 잘게 깨거나 섞을 때 팔레트 사용
③ BC 4,000년 : 미용실이나 향료 제조 공장이 번성, 메이크업 기술도 발달
④ 신에게 제를 올릴 때 그들만의 독특한 분장을 함
⑤ 남녀 구별 없이 미적 추구를 위해 헤나를 손바닥과 발바닥에 바름
⑥ 눈 화장 : 검정색 콜(Kohl)과 녹색이나 청색의 착색료 사용
⑦ 남녀 모두 가발 착용 : 색상은 보통 검정색이 많으나 신분이나 남녀에 따라 간혹 황금색, 청색으로 물을 들여 사용

(2) 그리스

① 화장보다는 건강한 아름다움을 추구
② 일반 여성들은 피부 손질 외에는 거의 메이크업을 하지 않음
③ 헷타이라(Hetaira)라고 불리는 무희나 악기를 다루는 계급의 여성은 이집트의 화장술을 전수받아 더욱 체계화하여 발전
④ 그리스 시대 화장법

구분	특징
피부	백납분을 이용하여 희게 표현
얼굴	• 주황색을 띤 단사를 이용하여 광대뼈 부위에 둥근 모양의 볼을 칠함 • 녹색, 회색으로 아이섀도를 그렸으며 콜을 이용하여 눈 아래위로 검은 라인을 강조하거나 붉게 칠함
머리	• 단순한 의상과 화려한 머리치장이 유행 • 머리에 컬을 만들거나 금발로 물을 들였으며 오일이나 향수를 머리에 발라 윤을 냄

▶ 고대 이집트 메이크업의 목적
  • 신체 보호
  • 종족 및 계급 표시
  • 주술적 목적
  • 미적 아름다움 추구

▶ 헤나(Henna) : 붉은색의 식물성 염료
▶ 콜(Kohl) : 눈 화장용으로 사용된 검은 가루(코올, 코올 등으로도 표기)
▶ 안티모니 또는 미묵을 발라 눈물샘을 자극해 모래바람으로부터 눈을 보호

▶ 클레오파트라의 미용법
  • 눈썹 : 콜을 사용하여 그림
  • 눈 화장 : 여러 가지 식물 색소 사용
  • 피부 미용 : 우유로 목욕

▶ 히포크라테스에 의해 피부병이 연구되어 식이요법, 일광욕, 마사지 시행

▶ 화장품이나 화장술이 과학적 원리에 기초를 둔 화장품의 의학적 시기를 맞이하게 됨

(3) 로마

① 목욕 문화가 발달했던 로마는 화장의 기본이 '청결'

② 남녀 모두 화장술에 관심이 많아 **염소젖으로 목욕**

③ 레몬, 오렌지 즙으로 피부를 문지르거나 옥수수, 우유와 버터의 혼합물로 마사지

④ 로마시대 화장법

구분	특징
피부	흰 피부를 권위의 상징으로 생각하여 메이크업 방법에서도 얼굴, 목, 팔까지도 백납분을 바름
얼굴	• 눈을 강조하기 위해 콜(kohl)을 바름 • 빰과 입술에 식물성 염료와 적토를 발라 윤기를 줌 • 붉은 색조의 화장이 주를 이루고 양 볼과 입술에 붉은색의 루즈를 발라 얼굴을 몰라볼 정도로 변형시킴

▶ 콜(Kohl) 가루를 바른 예

2 중세시대

① 초기 크리스트교의 영향으로 **가발 사용 및 화장 금지, 외모를 가꾸는 일을 장려하지 않았으므로 활성화되지 못함**

② 창부 등의 직업여성과 특정 직업을 가진 예능인만이 화장

③ 생리, 보건 연구도 많이 진전되어 목욕, 식이요법, 마사지 운동 등의 효과를 강조

④ 화장품이나 향유를 바르는 수준을 넘어 과학적이고 효과적으로 사용하려는 연구가 이루어짐

⑤ 중세시대 화장법의 특징
• 흑백을 이용한 명도 대비와 명암 표현이 생겨남
• 종교의 영향으로 미용 발전에 암흑의 시기, 말기에 와서는 조금씩 다시 활성화

3 근세시대

(1) 르네상스

① 문예부흥운동으로 연극이 발달 → 연극분장과 의상이 함께 발달

② 화장품, 파우더, 향수 등의 원활한 유통, 파우더나 루즈도 대중들 사이에서 유행

③ 영국의 엘리자베스 1세 때에는 남녀 모두가 화장품을 사용

④ 달걀, 백납가루, 유황을 섞어 파운데이션의 기초가 되는 제품을 사용

⑤ 수은이 들어간 로션으로 피부를 깨끗하게 하고 달걀흰자로 윤을 내었으며, 납과 식초를 혼합한 분을 바름

▶ 르네상스 시대에는 보이는 신체 부분을 모두 하얗게 분을 바르고, 이마에는 정맥을 그려 투명하게 희게 보이게 하였다.

⑥ 르네상스 시대 화장법

피부	창백한 듯한 흰 피부 선호
얼굴	• 색조 : 밝고 부드러운 톤 • 눈썹 : 가늘게 미는 것이 유행 • 눈 : 크고 둥근 형태의 눈 선호 • 코 : 붉은 납가루를 사용하여 노즈섀도를 많이 줌 • 입술 : 작고 선명한 붉은색 라인을 표현
머리	• 헤어 : 넓은 이마를 완전히 드러내어 머리를 뒤로 묶음, 황금빛 머리카락 선호, 화려한 가발 사용 • 머리털을 깨끗이 면도하여 넓은 이마로 지적인 분위기 연출

(2) 바로크 시대(17세기)

① 화려한 의상에 농후한 화장으로 분, 립스틱 등
을 많이 발라 두껍게 화장
② 백납으로 만든 인형 같은 모습의 화장이 유행
③ 프랑스 궁정 : 분을 바른 얼굴과 발그레한 볼
이 유행
④ 영국 : 극장이 성행하여 남녀 모두에게 스테이
지 메이크업이 유행
⑤ 향수 사용
⑥ 남녀 모두 패치의 사용이 유행
⑦ 머리 모양 : 머리를 높이 올려 기교를 부린 퐁탕쥬형이 유행

(3) 로코코 시대(18세기)

① 남녀 모두 백납분을 사용하여 얼굴을 희게 하
였고 볼과 입술에 루즈를 칠한 후 뺨에는 패치
를 붙여 과장되게 메이크업을 함
② 인조 속눈썹이 남녀 모두에게 유행
③ 펜슬 타입 립스틱이 처음 등장하여 남녀에게
애용
④ 향수가 보편화
⑤ 18세기 초까지는 바로크 시대에 유행했던 퐁탕쥬(Fontange)형이 전성기
⑥ 루이14세 사망 이후 낮은 머리형의 퐁파두르형의 머리 모양이 유행
⑦ 화장품의 제조가 활발해지고 실용성과 청결 관념보다는 예술성에 우위
를 두어 화려하고 무분별한 화장이 극에 달함

4 근대시대 (19C)

① 공업의 기계화 결과와 함께 뷰티 살롱(Beauty salon) 등장
② 위생과 청결이 중요시되어 비누 사용이 보편화
③ 1866년, 백납분보다 안전한 화장품 재료인 산화아연이 전 유럽과 미국
으로 확산

▶ **패치**(Patch, 애교점)
• 목적 : 여드름이나 주근깨를 감추기
위한 목적 → 흰 피부를 강조하거
나 이성에게 관심을 끌기 위한 목
적으로 변화
• 사용 계층 : 귀족, 하층계급까지 남
녀노소 모두에 유행
• 모양 : 달, 초승달, 별 등 다양
• 재료 : 검은 호박단, 가죽 등

▶ **로코코 어원**
프랑스어로 로카유(rocaille)와 코키
유(coquille)로 정원의 장식으로 사용
된 조개껍데기 또는 곡선을 의미한다.

▶ 대표적 인물 : 퐁파두르, 마리앙투
아네트

▶ 퐁파두르 헤어스타일
• 깃털, 리본, 조화 등으로 장식
• 앞머리를 납작하게 뒤로 빗어 넘
긴 업 스타일

▶ **바로크 시대와 로코코 시대의 비교**

바로크 시대	진한 메이크업, 둥근 연지
로코코 시대	화려하고 무분별한 화장

④ 여성들은 피부에 백납분을 더욱 많이 사용하고 루즈는 볼과 입술에 약하게 바름

⑤ 나폴레옹 3세의 황후 '유제니'는 눈썹을 물들이는 메이크업을 유행시킴

⑥ 왕족이나 귀족의 전유물이었던 크림이나 로션도 일반 시민들이 쉽게 구할 수 있었으며 질도 향상되고 제품도 다양

⑦ 근대 화장법의 특징

- 인위적인 메이크업의 경향이 없어지고 두꺼운 화장에서 벗어나 자연스러운 화장으로 변화
- 볼연지와 입술 화장은 여전히 메이크업의 중심이 되었으며, 볼연지의 위치가 볼 위쪽으로 옮겨진 것이 특징

5 현대

(1) 1900년대

① 메이크업 표현 방법

베이스	광택 없고 창백한 피부 표현을 한다.
눈	• 관능적인 모습을 위해 눈썹을 손질한 후 눈썹 펜슬로 짙게 눈썹을 그려준다. • 베이지색 아이섀도로 눈에 음영을 표현한 후 검정 아이라인과 속눈썹을 두껍게 칠해 준다.
입술	붉은색 립스틱으로 입술을 발라준다.

(2) 1910년대

① 화장품의 대량생산으로 화장품 산업의 가속화

② 20세기로 넘어가는 시기에는 아르누보가 등장

③ 메이크업에서도 오리엔탈의 영향으로 선에 대한 표현과 강렬한 색조가 등장

④ 제1차 세계대전 이후 토탈 개념으로 전개하였으며, 전쟁 후 간편한 제품들이 나오게 됨으로써 화장시간이 단축

⑤ 검은 펜슬로 눈썹을 새까맣게 일자형으로 그리고 눈 주위에 음영을 강하게 넣는 콜(kohl) 메이크업이 등장

⑥ 메이크업 표현 방법

베이스	희고 창백하게 피부 표현을 한다.
눈	• 검정 펜슬로 눈썹을 진하고 길게 그리고 눈썹 끝부분이 약간 처지게 그려 우울한 이미지를 표현 • 눈 주위로 검정과 다크 브라운 색상으로 음영을 강하게 넣어준다. • 마스카라를 칠하고 인조 속눈썹을 붙여 눈매를 신비롭고 그윽하게 표현한다.
입술	어두운 붉은색 립스틱으로 얇고 작게 표현

1910년대

1920년대

▶ 보브(bob) 스타일
퍼머넌트 웨이브와 아이론을 이용
한 성숙한 이미지 표현

1920년대

그레타 가르보

마를렌느 디트리히

존 크래포드

진 할로우

(3) 1920년대
① 밀가루를 바른 것처럼 피부를 표현하고 눈썹을 뽑고 가늘게 다듬었으며, 크고 검게 메이크업을 한 졸린 듯한 눈, 그리고 검붉은 립스틱으로 앵두같이 표현
② 메이크업 표현 방법

베이스	피부를 밝게 표현하고 컨실러로 잡티를 커버한 후 파우더로 마무리
눈	• 검정 펜슬로 눈썹을 수평으로 그려 준다. 이때 눈썹 꼬리 부분이 약간 처지게 표현 • 아이홀 부분에 음영을 넣어 준 후 위와 아래 아이라인 주위는 검정으로 발라 주고 눈꼬리가 올라가지 않게 주의 • 마스카라를 칠하고 인조 속눈썹을 붙여 눈매를 더욱 깊게 표현
입술	붉은 립스틱으로 입술 형태를 인커버로 그린 후 꽃봉오리 같이 입술을 마무리

(4) 1930년대
① 신비로운 분위기를 표현하는 메이크업이 유행하여 여성스러움을 강조한 활 모양의 둥근 눈썹과 아이홀의 깊은 음영과 긴 속눈썹, 꽃봉오리 같은 붉은 입술로 표현
② 보브 스타일의 헤어스타일이 유행
③ 대표 인물 : 그레타 가르보(Greta Garbo), 마를렌느 디트리히(Marlene Dietrich), 진 할로(Jean Harlow), 존 크래포드(Joan Crawford) 등
④ 메이크업 표현 방법

베이스	피부를 창백하고 밝게 표현하고 하이라이트와 셰이딩으로 얼굴에 음영을 넣어 준 후 파우더로 피부를 매트하게 마무리
눈	• 눈썹은 더마 왁스를 이용하여 완벽하게 커버한 후 아치형으로 표현 • 아이섀도는 펄이 없는 갈색 계열의 컬러를 이용하여 아이홀을 그리고 그라데이션을 줌 • 아이라인은 눈매를 교정하여 그리고 인조 속눈썹을 붙여 깊고 그윽하게 연출
블러셔	• 광대뼈 아래쪽은 브라운 색으로 강하게 표현하고 얼굴 전체를 핑크톤으로 가볍게 쓸어줌 • 셰이딩으로 얼굴의 윤곽과 얼굴선을 정리하고 노즈 셰이딩으로 입체적인 얼굴을 연출
입술	적당한 유분기의 레드 브라운 립 컬러로 인커브 형태

(5) 1940년대

① 세계 대전 중 : 성적 매력을 강조하여 두껍고 또렷한 곡선의 눈썹 형태와 속눈썹을 강조하였으며, 입술은 크고 선명하게 그려 섹시하게 표현

② 세계 대전 후 : 하얀 피부, 두껍고 부드러운 곡선형 눈썹과 아이라인으로 우아하게 표현

③ 메이크업 표현 방법

베이스	피부는 파운데이션과 컨실러로 완벽하게 커버한 후 파우더로 마무리
눈	• 눈썹은 두껍고 또렷한 곡선 형태로 표현 • 베이지 색상으로 눈두덩에 음영을 표현한 후 마스카라를 칠하고 인조 속눈썹을 부착
블러셔	하이라이트와 셰이딩으로 얼굴에 입체감을 준 후 광대뼈 아래에서 구각으로 사선형 치크를 표현
입술	입술 라인을 크고 선명하게 그리고 레드 브라운 색상으로 입술 안을 채워줌

1940년대

(6) 1950년대

1) 오드리 헵번

① 굵게 강조한 눈썹과 치켜 올라간 아이라이너로 젊음을 강조

② 메이크업 표현 방법

베이스	피부는 밝게 표현하고, 컨실러를 이용해 잡티를 커버한 후 파우더로 얼굴을 매트하게 마무리
눈	• 눈썹은 다크 브라운 컬러의 섀도를 이용해 눈썹산을 각지고 두껍게 표현 • 베이지 브라운 색상으로 음영을 잡아준 후 화이트 색상으로 눈썹산 아래 하이라이트를 강하게 표현 • 아이라인은 두껍고 끝이 살짝 위로 올라가게 그려준 후 마스카라를 칠하고 인조 속눈썹을 부착
블러셔	볼은 핑크 컬러로 광대뼈와 얼굴 윤곽선을 감싸듯이 발라준다.
입술	붉은 색상으로 입술을 도톰하게 표현

오드리 헵번

▶ 1950년대 헤어스타일
헵번 스타일, 픽시 컷(fix cut), 포니테일 스타일

2) 메릴린 먼로

① 아이라이너를 길게 그리고 얼굴 윤곽을 강조하고 새빨간색의 입술로 순진하고 관능적인 모습을 표현

② 메이크업 표현 방법

베이스	• 밝은 핑크톤의 파운데이션으로 깨끗한 피부를 표현하고 컨실러로 잡티를 커버 • 셰이딩과 하이라이트로 윤곽을 수정한 후 파우더로 매트하게 마무리

메릴린 먼로

눈	• 눈썹은 양미간이 좁지 않게 각지게 표현 • 아이섀도는 핑크와 베이지 계열의 컬러로 아이홀을 표현하고 그라데이션을 줌 • 아이홀 안쪽 눈꺼풀에 화이트 색상으로 입체감을 주고 언더에는 베이지 계열의 섀도를 바름 • 아이라인을 길게 빼준 후 인조 속눈썹을 눈보다 길게 위로 올려붙임
블러셔	볼은 핑크톤으로 광대뼈보다 아래쪽에서 구각을 향해 사선으로 표현
입술	유분기가 있는 붉은 컬러를 이용해 아웃커브 형태의 입술을 그린 후 적당한 유분기를 가진 레드 컬러를 발라줌
포인트	왼쪽 얼굴에 메릴린 먼로의 상징인 점을 그려 완성

(7) 1960년대

1) 브리짓 바르도
① 자연스럽게 헝클어진 부드러운 긴 헤어스타일에 진한 마스카라와 속눈썹으로 강조한 눈과 누드 립으로 관능미를 표현
② 메이크업 표현 방법

브리짓 바르도

베이스	피부는 파운데이션과 컨실러로 커버해 준 후 파우더로 마무리
눈	• 눈썹은 결을 따라서 자연스럽게 그려줌 • 녹색 아이섀도를 눈두덩에 바르고 아이라인은 길게 눈꼬리를 섹시하게 강조하여 그려준 후 마스카라를 칠하고 인조 속눈썹을 붙여준다.
블러셔	하이라이트와 셰이딩을 한 후 핑크 피치 색상으로 치크를 표현
입술	누드톤의 색상으로 입술을 관능적으로 표현

2) 트위기
① 자연스러운 피부 위에 검정 아이라이너와 마스카라를 사용해서 두껍게 발라 눈을 강조하고 속눈썹도 붙임
② 메이크업 표현 방법

트위기

베이스	리퀴드 파운데이션으로 얇게 피부 표현을 한다.
눈	• 눈썹은 자연스러운 색상을 이용해 눈썹산을 강조하여 표현 • 아이섀도는 화이트 베이스 컬러와 핑크, 네이비, 그레이 등을 사용하여 인위적인 쌍꺼풀 라인을 그려줌 • 아이라인은 검은색을 이용하여 아이홀 바깥쪽으로 과장되게 그리고, 쌍꺼풀 안쪽 및 눈썹산 아래 부위에 화이트로 하이라이트를 줌 • 마스카라를 한 후 인조 속눈썹을 붙이고, 언더 속눈썹을 길게 그려 과장된 속눈썹을 표현

블러셔	볼은 핑크톤으로 바르고, 브라운 펜슬로 주근깨를 표현
입술	누드톤의 은은한 색상으로 입술을 관능적으로 표현

(8) 1970년대

① 자연스러운 형태와 색상으로 건강미를 살린 파라 포셋(Farrah Fawcett) 메이크업이 유행

② 펑키 메이크업은 주로 블랙, 화이트, 그레이 등의 스모키(smoky)한 컬러와 라인으로 아이 메이크업을 강조

③ 메이크업 표현 방법

1970년대

베이스	피부를 창백하고 밝게 표현하기 위해 화이트 베이스를 바른 후 파운데이션과 컨실러로 커버하고 투명 또는 화이트 파우더로 마무리
눈	• 눈썹은 검정 펜슬로 직선의 상승형으로 그려줌 • 화이트, 그레이, 블랙 섀도를 이용하여 눈꼬리가 올라가 보이도록 그라데이션을 준 후 마스카라와 인조 속눈썹으로 볼륨감을 줌
블러셔	볼은 블랙과 그레이를 믹스하여 직선적인 느낌으로 표현
입술	검정 펜슬로 각진 립 라인을 그려 준 후 다크 레드 브라운 색상을 이용해 그라데이션을 표현하면서 마무리

(9) 1980년대

① 두꺼운 눈썹, 진한 입술, 눈과 볼에 펄이 들어가 있는 색상으로 강하고 화려한 메이크업이 유행

② 후반에는 건강한 피부를 선호하여 자연스럽고 청순한 이미지의 메이크업이 일반 여성들에게 어필

③ 메이크업 표현 방법

1980년대

베이스	피부톤에 맞는 파운데이션으로 자연스럽게 윤곽을 표현하여 얼굴에 입체감을 표현
눈	• 브라운 색상으로 자연스럽게 눈썹을 그려줌 • 블루 또는 퍼플 등 강한 색상의 아이섀도를 이용해 눈두덩에 발라줌 • 언더라인은 그라데이션을 준 후 검정 아이라인으로 눈을 선명하게 표현 • 하이라이트 부분에 펄을 발라 화려함을 연출한 후 마스카라와 인조 속눈썹으로 눈매를 풍성하게 마무리
블러셔	피치 색상으로 볼을 표현하여 얼굴에 생기를 넣어준다.
입술	다크 레드 립 펜슬로 형태를 그린 후 붉은 립스틱을 발라준다.

1990년대

(10) 1990년대

① 특정한 스타일의 메이크업보다 다양한 스타일이 공존하는 경향을 보여 화려한 메이크업에서부터 내추럴 메이크업까지 TPO에 따라 적절히 표현

② 후반에는 세기말 미래에 대한 동경과 두려움이 반영되면서 펄(pearl)과 글리터(glitter)를 이용한 미래주의적 메이크업이 표현

③ 메이크업 표현 방법

베이스	피부색에 어울리는 파운데이션으로 내추럴하게 피부 표현을 한 후 컨실러로 잡티를 가볍게 커버한다.
눈	• 눈썹은 자연스러운 색상을 이용해 부드럽게 표현한다. • 베이지, 핑크 베이지, 브라운 색상으로 가볍게 눈두덩을 표현한다. • 아이라인은 속눈썹 뿌리 부분만 채우듯이 가볍게 그린 후 마스카라로 속눈썹을 칠해 준다.
블러셔	하이라이트와 셰이딩을 가볍게 해 준 후 핑크 또는 피치 색상으로 볼을 표현
입술	핑크 베이지 색상의 립스틱 또는 립글로스를 이용하여 촉촉하고 자연스럽게 마무리

02 한국의 메이크업

1 고대 및 삼국시대

(1) 고대

① 고조선 : 쑥을 달인 물로 목욕을 하여 피부의 미백 효과를 기대했고 찧은 마늘을 꿀과 섞어 얼굴에 발라 씻어 냄으로써 피부 미백 외에 잡티, 기미, 주근깨 등을 제거하기도 함

② 읍루 : 겨울에 돼지기름을 발라 피부를 부드럽게 하여 동상 예방

③ 삼한 : 변한인들이 새긴 문신도 원시 치장의 한 형태라는 기록이 있음

④ 말갈 : 오줌으로 세수하여 피부 미백·보습의 수단으로 사용

⑤ 고대의 한국인들은 겨울에 피부를 보호할 줄 알았고, 계급과 신분에 따라 치장을 달리함

⑥ 돌, 조개껍데기, 짐승의 뼈로 장신구를 만들어 패용하면서 흰 피부로 가꿈

(2) 고구려

    ① 고분벽화 등을 통해 **뚜렷한 당시의 화장 형태** 등을 살필 수 있음

    ② 평안도 수산리 고분벽화의 귀부인 상 – 여인의 머리에 관을 쓰고 **빰**과 입술에 연지화장을 함

    ③ 쌍영총 고분벽화의 여인상 – 여관 혹은 시녀로 보이는 주인공들이 연지화장을 함

    ④ 머리를 곱게 빗고, **빰**에 연지화장을 함

    ⑤ 눈썹은 가늘고 얇은 일자형의 끝이 살짝 둥근 형태, 눈썹을 짧고 뭉툭하게 다듬는 등 다양한 형태가 있었음

    ⑥ 무인들은 머리카락을 뒤로 틀고 연지를 이마에 바르고 금당으로 머리를 꾸몄으니 신분, 빈부의 구별 없이 치장을 함

고구려 쌍영총 고분 벽화

고구려 수리산 고분 벽화

(3) 백제

    ① 구체적인 기록이 적어 메이크업의 정도를 가늠하기 어려움

    ② 일본의 '화한삼재도회'에 일본이 백제로부터 메이크업 테크닉과 제조기술을 배워 간 기록 → 백제의 화장술이 상당히 발전했으리라 추측

    ③ 백제인들이 엷은 화장을 하였다는 기록 → 고도의 화장기술의 표현이라 추측

    ④ 시분무주(施粉無朱) – 분을 바르되 연지는 바르지 않음

(4) 신라

    ① 남녀 모두 깨끗한 몸과 단정한 옷차림 추구

    ② 백색피부를 선호 → 흰색 백분 사용

    ③ 화랑(남성)들도 여성들 못지않게 화장을 하고, 귀고리, 반지, 팔찌, 목걸이 등 장신구로 장식

    ④ 볼 및 입술 화장 : 홍화(紅花)로 연지를 만들어 치장

    ⑤ 눈썹 화장 : 굴참나무, 너도밤나무 등의 나무재를 유연(油煙)에 개어 만든 미묵으로 화장

    ⑥ 동백이나 아주까리 기름으로 머리 손질

2 고려 및 조선시대

(1) 고려

    ① 고려의 화장문화는 신라시대의 화장술을 계승하여 외형상 사치스러워졌고 내면적으로는 탐미주의 색채가 농후

    ② 면약이 널리 사용

    ③ 국가에서 정책적으로 화장을 장려

    ④ 신분에 따른 이원화된 화장술이 자리 잡음

분대화장 (粉黛化粧)	기생을 중심으로 한 짙은 화장(분대화장은 화장에 대한 기피성향, 경멸감을 발생시킨 반면에 화장의 보급과 화장품 발전에 기여)
비분대화장	여염집 여성들(일반 여성들)의 엷은 화장

▶ **통일 전후의 메이크업**
- 통일 이전 : 메이크업을 엷게 하는 것이 유행
- 통일 이후 : 여성의 복제를 중국식으로 바꿀 때 짙은 색조화장도 함께 들어와 메이크업이 다소 화려해지고 동백이나 아주까리기름을 짜서 머리를 치장하고 백분으로 얼굴을 희게 하였으며 이마와 빰, 입술에 연지를 바름

▶ 신라시대에는 영육일치사상의 영향으로 남녀 모두 미에 대한 관심이 높았다.

▶ 면약 : 액체 형태의 안면용 피부 보호제

(2) 조선
① 유교윤리 장려 – 여성의 외면적 아름다움보다는 내면적인 아름다움이 강조
② 화장 개념의 세분화가 촉진 : 여염집 여성들의 생활화장과 기생, 궁녀의 분대화장이 더욱 뚜렷해지고, 여염집 여성들의 생활화장도 평상시의 청결위주와 혼인, 연회, 외출 시의 화장으로 세분
③ 화장 제조기술이 발달
• 규합총서에 여러 가지 향 및 화장품 제조방법이 수록
• 백분 : 분꽃을 심어 그 씨앗을 그늘에 말려 빻아서 만듦
• 연지 : 홍람화를 직접 재배하여 꽃잎을 거두어 말려서 빻아 만듦
• 미안수 : 수세미 줄기에 상처를 낸 후, 즙을 받아 화장수로 피부를 매끄럽게 하는데 이용

❸ 근대 및 현대

(1) 1900~1930년대
① 1876년 강화도 조약에 따른 개항 이후 신식 메이크업 테크닉과 화장품이 소개됨
② 처음에는 주로 일본과 청나라로부터 유입
③ 한일합방(1910) 이후 프랑스를 비롯한 유럽으로부터 화장품이 유입
④ 수입 화장품
• 크림, 백분, 비누, 향수
• 포장과 품질이 우수하여 여성들에게 인기
• 우리나라 화장품의 산업화를 촉진시키는 자극제
⑤ 1922년 : 1916년 가내수공업으로 제조되기 시작한 박가분*이 정식으로 제조 허가받음

(2) 1940년대
① **현대식 화장법이 도입**
② 1945년 8.15해방을 계기로 우리나라 화장품 산업은 전환기를 맞이하게 됨
③ 일제 화장품의 범람은 일본의 패망으로 자취를 감추고 그 대신에 에레나 크림, 바니싱 크림, 모나미 크림, 스타 화장품 등의 국산 화장품이 생산되기 시작
④ 특징 : 하얀 얼굴, 초승달 모양의 눈썹, 눈화장을 강조한 부분 화장, 볼연지, 붉은 입술

(3) 1950년대
① 전쟁 후 수입화장품, 밀수화장품, 미국의 군대유출품 범람이 가속
② 오드리 햅번 등 영화 스타의 모방이 헤어, 화장, 복식에 유행

(4) 1960년대

　① 정부의 국산 화장품 보호정책에 따라 화장품 산업은 정상 궤도에 진입, 국산 화장품 생산이 본격화

　② 색조화장품 생산 및 화장술에 변화가 일어남

　③ 바니싱 타입의 크림과 백분의 소비 감소 및 액상 색분(파운데이션)의 수요 급증

　④ 입술연지가 고형으로 바뀌고 아이섀도 등장으로 색채화장법이 시작

　⑤ 자연스러운 피부표현으로 기초화장을 중심으로 한 피부표현에 역점을 두고 수정 화장이 더해져 세련된 느낌

(5) 1970년대

　① 화장품 회사의 메이크업 캠페인으로 색채화장에 대한 거부인식을 불식시키고 입체 화장이 생활화

　② 의상에 맞추어 화장하는 토털코디네이션이라는 말이 등장

　③ 샴푸, 바디제품, 팩 등 화장품 시장이 급성장

　④ 인조속눈썹, 아이라이너, 매니큐어가 보급되어 부분화장이 강조

　⑤ 다양한 색채의 파운데이션과 3색 분이 제조, 여러 가지 색조의 입술연지가 유행

(6) 1980년대

　① 메이크업 인구의 증가와 메이크업의 고령화, 대중화 현상이 촉진

　② 남성 메이크업이 보급

　③ 세계의 메이크업 유행이 국내에도 유입

　④ 컬러TV 보급으로 색채에 대한 수요가 복식과 화장에 폭발적으로 일어났고, 부분적으로 수입 자유화된 선진국의 다양한 색채화장품 수입으로 소비자가 자신의 개성과 라이프 스타일에 맞추어 선택하는 지적 소비자 시대

(7) 1990년대

　⑤ 기능성 화장품(미백, 주름개선) 대중화

　⑥ 각자의 개성이 강조되고 자유로움을 추구하는 현대인의 특징이 화장품 회사 주도하에서 소비자가 선택하는 시대가 시작

　⑦ 혼합되는 색의 강약에 따라 얻을 수 있는 무수한 색감을 참조하여 다양한 컬러의 감각으로 눈, 볼, 입술 화장을 표현

　⑧ 메이크업 경향, 헤어스타일, 모드 등 미용에 관련된 유행의 많은 부분을 광고와 드라마의 주인공들에 의해 영향을 많이 받음

01. 서양의 메이크업

1 이집트 시대 화장의 특징으로 맞지 않는 것은?

① 화장품이 과학적 원리에 기초를 두었다.
② 최초의 화장에 대한 기록이 남아있다.
③ 화장은 주로 종교적 목적에 의해 사용되었다.
④ 의학적인 목적으로 눈가에 검정색 안료를 칠하였다.

> 화장품이 과학적 원리에 기초를 두기 시작한 시기는 그리스 시대이다.

2 기원전 6,000년 전의 유물에서 얼굴이나 눈에 화장을 하기 위해 안료를 잘게 깨거나 섞을 때 썼던 팔레트가 발견된 시대는?

① 이집트 시대
② 그리스 시대
③ 르네상스 시대
④ 로코코 시대

> 고대 미용의 발상지인 이집트에서는 기원전 6,000년 전의 유물에서 팔레트가 발견되었다.

3 화장품이나 화장술이 과학적 원리에 기초를 둔 화장품의 의학적 시기를 맞이하게 된 시대는?

① 이집트시대
② 그리스 시대
③ 르네상스 시대
④ 중세 시대

4 다음은 어느 시대에 대한 설명인가?

【보기】

• 남녀가 모두 가발을 즐겨 착용하였다.
• 종족과 계급을 표시하거나 자기 종족의 영역을 수호하기 위하여 얼굴에 착색을 하였다.

① 이집트 시대
② 로코코 시대
③ 르네상스 시대
④ 중세 시대

> 이집트 시대에는 종족과 계급을 표시하기 위하여 또 자기 종족의 영역을 수호하기 위하여 얼굴에 착색을 하였으며, 남녀가 모두 가발을 즐겨 착용하였는데, 색상은 보통 검정색이 많았지만 신분이나 남녀에 따라 간혹 황금색, 청색으로 물을 들여 사용하였다.

5 그리스 시대 여인들의 메이크업의 특징이 아닌 것은?

① 백납분을 이용하여 피부를 희게 표현하였다.
② 주황색을 띤 단사를 이용하여 광대뼈 부위에 둥근 모양의 볼을 칠하였다.
③ 콜을 이용하여 눈 아래위로 검은 라인을 강조하거나 붉게 칠하였다.
④ 가짜 속눈썹을 사용하였다.

> 가짜 속눈썹은 로코코시대 화장법이다.

6 화장보다는 건강한 아름다움을 추구하였으며, 히포크라테스에 의해 피부병이 연구되어 일광욕, 마사지 등을 하였는데 특히 목욕 후 마사지와 향수의 사용이 유행한 시대는?

① 이집트 시대
② 그리스 시대
③ 바로크 시대
④ 로코코 시대

> 히포크라테스는 그리스인으로 의학의 아버지라 불리며, 피부병에 대한 연구를 통해 건강한 아름다움을 제시하였다.

7 귀족계급의 자유스러운 토론 문화로 인해 목욕탕을 중심으로 사교활동이 이루어지고, 목욕문화가 발전함에 따라 증기탕, 향유, 마사지, 향수 등으로 피부를 가꾸는 것이 유행했던 시대는?

① 그리스 시대
② 근세 시대
③ 로마 시대
④ 중세 시대

> 목욕 문화가 발달했던 로마에서는 남녀 모두 화장술에 관심이 많아 염소젖으로 목욕을 하고 레몬, 오렌지 즙으로 피부를 문지르거나 옥수수, 우유와 버터의 혼합물로 마사지를 했다.

8 로마 시대의 메이크업에 대한 설명으로 틀린 것은?

① 화장의 기본은 '청결'이었다.
② 남녀 모두 화장술에 관심이 많아 염소젖으로 목욕을 하고 레몬, 오렌지 즙으로 피부를 문지르거나 옥수수, 우유와 버터의 혼합물로 마사지를 하였다.
③ 흰 피부를 권위의 상징으로 생각하여 메이크업 방법에서도 얼굴, 목, 팔까지도 백납분을 발랐다.

정답 ▶ **1** 1 ① 2 ① 3 ② 4 ① 5 ④ 6 ② 7 ③ 8 ④

④ 헷타이라(Hetaira)라고 불리는 무희나 악기를 다루는 계급의 여성은 이집트의 화장술을 전수받아 더욱 체계화하여 발전하였다.

④는 그리스 시대 화장에 대한 설명이다.

9 ^{★★} 기독교의 영향으로 화장을 경시하는 풍조가 생겨난 시대는?

① 그리스 시대
② 근세 시대
③ 로마 시대
④ 중세 시대

중세에는 화장은 신이 주신 인간의 얼굴을 가면으로 감추는 행동으로 여겨 '신에 대한 모독'으로 받아들여져 금기시되었다.

10 ^{★★} 중세시대의 화장에 대한 설명으로 맞는 것은?

① 종족과 계급을 표시하기 위하여, 또 자기 종족의 영역을 수호하기 위하여 얼굴에 착색을 하였다.
② 창부 같은 직업여성과 특정 직업을 가진 예능인만이 화장을 하였다.
③ 건강한 아름다움을 추구하였다.
④ 양 볼과 입술에 붉은색의 루즈를 발라 얼굴을 몰라볼 정도로 변형시켰다.

중세시대의 아름다운 여성이란 곧 화장기 없는 여성을 의미했으며, 창부와 같은 직업여성만이 화장을 하였다.

11 ^{★★★★} 고대시대 메이크업의 특징을 잘못 연결한 것은?

① 이집트 시대 – 콜을 사용해 눈을 강조해서 크게 만들고 눈의 양쪽 끝으로 확대하였다.
② 그리스 시대 – 백색 안료를 사용하여 피부 톤을 희게 표현하였다.
③ 르네상스 시대 – 붉은 납 가루를 사용하여 노즈 섀도를 많이 주었다.
④ 로마 시대 – 애교점의 상징으로 눈 밑이나 입가 등에 점을 찍었다.

눈 밑, 입가 등에 점을 찍어 애교점을 상징한 시대는 바로크 시대이다.

12 ^{★★★} 히포크라테스가 피부병을 연구하여 피부를 건강하게 유지시켜 준다고 주장하였던 방법이 아닌 것은?

① 식이요법
② 마사지
③ 면도
④ 일광욕

로마시대부터 피부를 가꾸는 것이 유행하면서 깨끗하게 보이기 위해 면도를 했다.

13 ^{★★★} 르네상스 시대에 대한 설명으로 틀린 것은?

① 인간을 존중하는 문화가 더욱 중시되었다.
② 문예부흥으로 인하여 메이크업이 활성화되었다.
③ 이마를 넓게 표현하기 위해 머리털을 깨끗이 면도하여 넓은 이마로 지적인 분위기를 나타냈다.
④ 남녀 모두에게 스테이지 메이크업이 유행하였다.

17세기 영국에서는 극장이 성행하여 남녀 모두에게 스테이지 메이크업이 유행하였다.

14 ^{★★★} 르네상스 시대의 메이크업에 대한 설명으로 맞는 것은?

① 얼굴 전체를 깨끗이 면도하는 것이 유행하였다.
② 메이크업에서도 흑백을 이용한 명도 대비와 명암 표현이 생겨났다.
③ 생리, 보건 연구도 많이 진전되어 목욕, 식이요법, 마사지 운동 등의 효과를 강조하였다.
④ 종교의 영향으로 미용 발전에는 암흑의 시기였으며, 말기에 와서는 조금씩 다시 활성화되었다.

②, ③, ④ 모두 중세시대에 대한 설명이다.

15 ^{★★★} 화장품이나 파우더, 향수 등의 원활한 유통, 파우더나 루즈도 대중들 사이에서 널리 유행하였으며, 미적 욕구가 극에 달한 사치의 시대는?

① 이집트 시대
② 로코코 시대
③ 르네상스 시대
④ 바로크 시대

16세기에는 르네상스의 최대 전성기를 맞아 미적 욕구가 극에 달한 사치의 시대였으며, 메이크업뿐만 아니라 화려한 가발 사용과 사치스러운 목욕 문화도 절정을 이루었다.

정답 9 ④ 10 ② 11 ④ 12 ③ 13 ④ 14 ① 15 ③

16 문예부흥으로 연극이 발달하여 연극분장과 의상도 함께 발달하게 된 시대는? ***

① 이집트시대
② 르네상스 시대
③ 로코코 시대
④ 바로크 시대

> 르네상스 시대에는 문예부흥운동으로 연극이 발달함으로써 연극분장과 의상이 함께 발달하였다.

17 로코코 시대의 메이크업에 대한 설명이 아닌 것은? ***

① 얼굴을 희고 진하게 표현하였다.
② 파우더, 아이브로, 루즈 등 화장품을 다양하게 사용하였다.
③ 인조 속눈썹을 사용하였다.
④ 가벼운 화장과 색조를 강조하지 않은 자연스러운 화장을 선호하였다.

> 19세기에는 자연주의의 영향으로 자연스러운 화장이 선호되었다.

18 엘리자베스 1세 여왕 시대에 어떤 재료를 사용하여 파운데이션의 기초가 되는 제품을 만들었는가? ***

① 달걀, 백납가루, 유황
② 호호바오일, 백납가루, 달걀
③ 달걀흰자, 유황, 달걀
④ 백납가루, 유황, 수은

> 엘리자베스 1세 때는 달걀, 백납가루, 유황을 섞어 파운데이션의 기초가 되는 제품을 사용하기 시작하였다. 수은이 들어간 로션으로 피부를 깨끗하게 하고 달걀흰자로 윤을 내었으며, 납과 식초를 혼합한 분을 발랐다.

19 패치(patch : 애교점)라는 메이크업 장식 기법이 유행한 시대는? ***

① 이집트 시대
② 르네상스 시대
③ 그리스 시대
④ 바로크 시대

> 17세기 바로크 시대에는 화려한 의상에 농후한 화장으로 분, 립스틱 등을 많이 발라 두껍게 화장을 하였으며, 남녀 모두 패치라는 애교점의 사용이 유행하였다.

20 바로크 시대에 대한 설명이 아닌 것은? ***

① 기독교 사상에서 벗어난 계몽사상의 시기이다.
② 인위적 기교와 속박에서의 해방이라는 새로운 가치로 정립되면서 분을 바른 얼굴과 천사의 고결함을 상징하는 발그레한 볼이라는 유행을 탄생시켰다.
③ 화려한 의상에 농후한 화장으로 분, 립스틱 등을 많이 발라 두껍게 화장을 하였다.
④ 메이크업뿐만 아니라 화려한 가발 사용과 사치스러운 목욕문화도 절정을 이루었다.

> 화려한 가발 사용과 사치스러운 목욕문화가 절정을 이룬 시기는 르네상스 시대이다.

21 다음 <보기>는 무엇에 대한 설명인가? ***

【보기】
검정색이나 붉은색으로 만들었으며 원형이 기본이었고 별, 타원, 초생달, 말, 마차의 모양도 있었으며 붙이는 장소에 따라 명칭이 달랐다. 흉터 마마자국을 감추기 위하여 사용되었으며 아교를 녹여서 붙였다.

① 라이닝칼라　　　② 더마왁스
③ 글라찬　　　　　④ 패치

> ① 라이닝칼라 : 유성물감
> ② 더마왁스 : 특수분장 시 인위적인 피부표현에 사용
> ③ 글라찬 : 대머리 분장용으로 사용되는 제품

22 예술적이고 환상적인 형태의 극치를 이룬 머리형과 높이와 기교에 있어서 가능성의 극한점까지 도달한 퐁탕주라는 헤어스타일이 유행한 시기는? ***

① 이집트 시대
② 르네상스 시대
③ 로코코 시대
④ 중세시대

> 로코코 시대 퐁탕주라는 여성의 헤어스타일은 매우 복잡하고 거대하여 여러 날에 걸쳐 완성되어 오랫동안 이 형태를 보존하므로 이, 벼룩, 바퀴벌레, 쥐까지 있어 악취를 풍겼다. 이에 각종 향수가 필수적으로 사용되었다.

정답　16 ②　17 ④　18 ①　19 ④　20 ④　21 ④　22 ③

23 바로크 시대의 메이크업의 특징이 아닌 것은?

① 진한 화장을 하여 백납으로 만든 인형처럼 보이게 하였다.
② 다듬지 않은 자연그대로의 눈썹이었다.
③ 광대뼈와 눈 가까이에 원형으로 둥글게 연지를 발랐다.
④ 통통한 둥근 외모를 아름다움의 기준으로 생각하였다.

바로크 시대에는 눈썹을 깨끗하고 밝게 강조하였다.

24 위생과 청결에 대한 관심이 증가되고, 비누 사용이 보편화되어 피부관리에 대한 관심이 증가한 시기는?

① 10세기　　② 12세기
③ 17세기　　④ 19세기

위생과 청결이 중요시되어 비누 사용이 보편화된 것은 19세기이다.

25 19세기의 메이크업에 대한 설명이 아닌 것은?

① 자연주의 사상과 함께 귀족층을 중심으로 과도하고 인위적인 메이크업의 경향이 없어지고 두꺼운 화장에서 벗어나 자연스러운 화장으로 변화되었다
② 위생과 청결이 중요시되어 비누의 사용이 보편화되었다.
③ 왕족이나 귀족의 전유물이었던 크림이나 로션도 일반 시민들이 쉽게 구할 수 있었다.
④ 화장품의 대량생산이 합법화되었으며 화장품 산업도 가속화되었다.

화장품의 대량생산이 합법화되고 화장품 산업이 가속화된 것은 1910년대의 일이다.

26 러시아 발레단의 공연을 계기로 동양적인 색채와 스타일이 등장하였으며, 메이크업에서도 오리엔탈의 영향으로 선에 대한 표현과 강렬한 색조가 등장한 시기는?

① 1900~1910년대　　② 1920년대
③ 1950년대　　④ 1970년대

1909년에는 러시아 발레단의 공연을 계기로 동양적인 색채와 스타일이 등장하였으며, 또한 이 시기에 아르누보라는 새로운 예술양식이 전개되었다.

27 시대별 메이크업의 특징이 잘못 연결된 것은?

① 1900년대 - 색조화장을 거의 하지 않음
② 1910년대 - 검정색의 일자형 눈썹 형태
③ 1920년대 - 아이라인을 위아래로 검게 강조
④ 1930년대 - 볼륨감이 넘치는 두꺼운 입술

강한 볼륨감이 넘치는 입술의 형태는 1940년대에 유행하였다.

28 1910~1920년대 메이크업에 대한 설명으로 틀린 것은?

① 여성들은 무성영화 속에 등장하는 배우들의 의상, 메이크업, 헤어스타일에 관심을 가졌다.
② 제1차 세계대전 이후 미용은 토탈 개념으로 전개되었다.
③ 간편한 머리 손질을 위해 커트가 등장하였다.
④ 심각한 물자 부족은 화장품 생산량을 크게 감소시켰다.

1940~1950년대 세계 제2차 대전의 영향으로 심각한 물자부족 현상을 겪었다.

29 가늘고 둥근 아치형의 눈썹과 검은색과 흰색으로 음영을 강조한 아이홀의 메이크업으로 성숙한 여성미를 강조한 1930년대의 대표적인 여배우는?

① 클라라 보우
② 테다 바라
③ 오드리 햅번
④ 그레타 가르보

그레타 가르보는 스웨덴 출신의 미국 영화배우로 가늘고 둥근 아치형의 눈썹과 검은색과 흰색으로 음영을 강조한 아이홀의 메이크업을 선보였다.

정답　23 ②　24 ④　25 ④　26 ①　27 ④　28 ④　29 ④

30 1920년대 메이크업에 대한 설명으로 잘못된 것은?

① 두껍고 어두운 피부표현

② 아이 홀 메이크업으로 입체감을 나타낸 짙은 눈 화장

③ 가늘게 다듬고 정교하게 연필로 그린 눈썹

④ 선명한 빨강색으로 윗입술은 얇고 작게 그리며 아 랫입술은 도톰하고 작게 그림

1920년대는 아주 밝고 창백한 느낌의 피부 톤이 유행하였다.

31 다음 <보기>에서 설명하고 있는 메이크업의 시기 는?

【보기】

자연주의적 스타일을 버리고 정교하고 우아한 여성미 를 강조하기 위하여 얼굴에 파운데이션을 바르고 둥 글고 정교하게 그려진 눈썹과 뚜렷하게 강조된 입술 화장, 눈이 움푹 들어가 보이도록 한 아이섀도와 검 정과 푸른색의 마스카라를 사용한 신비로운 눈화장이 유행하였다.

① 1900~1910년대   ② 1920~1930년대
③ 1940~1950년대   ④ 1970년대

얼굴에 파운데이션을 바르고 입술화장, 아이브로, 눈이 움푹 들 어가 보이도록 한 아이섀도와 검정과 푸른색의 마스카라를 사용 한 눈화장이 유행한 시기는 1920~1930년대이다.

32 1920~1930년대 메이크업을 유행시킨 여배우가 아 닌 것은?

① 그레타 가르보

② 마를린 디트리히

③ 조안 크로포드

④ 마릴린 먼로

마릴린 먼로는 1940~1950년대의 유명 여배우이다.

33 영화산업의 발달, 카메라의 등장으로 컬러의 중요 성이 부각되어 강한 컬러와 개성을 중요시한 인위적 인 메이크업이 유행한 시기는?

① 1970년대

② 1950년대

③ 1930년대

④ 1910년대

1950년대 제2차 세계대전 이후 할리우드를 중심으로 영화산업 이 발달하였다.

34 1940~1950년대의 메이크업에 대한 설명이 아닌 것은?

① 제2차 세계대전으로 인한 심각한 물자부족은 화 장품 생산량을 크게 감소시켰다.

② 전쟁 후 크리스티앙 디올의 라인시대로 여성미가 부활하였다.

③ 영국의 모델이었던 '트위기(Twiggy)'가 즐겨하던 화장법이 유행하였다.

④ 모든 식품의약품, 화장품류는 FDA에서 품질허가 를 받은 후 판매가 허용되었다.

트위기는 1960년대 영국의 모델이다.

35 1940~50년대 메이크업에 대한 설명이 아닌 것은?

① 헐리우드 영화산업의 발달로 윤곽을 또렷하게 하 는 베이스 메이크업이 유행하였다.

② 전체적으로 정교하고 우아한 여성미를 강조하는 메이크업이 유행하였다.

③ 굵게 강조한 눈썹과 치켜 올라간 아이라이너가 유 행하였다.

④ 사슴 눈 모습의 아이 메이크업이 전 세계적으로 유행하였다.

여성미를 강조한 우아한 메이크업이 유행한 시기는 1920~1930 년대이다.

36 위장용 크림, 선블록 크림 등의 기능성 화장품이 개 발된 시기는?

① 1900~1910년대

② 1920~1930년대

③ 1940~1950년대

④ 1970년대

1940~1950년대에는 전쟁으로 인해 위장용 크림, 선블록 크림 등 의 기능성 화장품이 개발되었다.

정답   **30** ①   **31** ②   **32** ④   **33** ②   **34** ③   **35** ②   **36** ③

37 ***
1920년~1950년대의 대중매체를 통해 보여지는 대중 스타들의 메이크업 방법으로 잘못 연결된 것은?

① 그레타 가르보 – 가는 활모양의 눈썹과 양쪽 끝이 얇은 붉은 입술
② 마릴린 먼로 – 두껍고 각이 진 눈썹에 강조된 속눈썹과 아웃커브로 붉은 입술
③ 클라라 보우 – 맑고 창백한 얼굴에 지나칠 정도로 검은 눈 화장
④ 오드리 헵번 – 가늘고 긴 눈썹과 아이라인으로 꼬리를 살짝 올려줌

> 오드리 헵번은 밝고 깨끗한 피부표현과 굵고 짧은 눈썹을 그려주었다.

38 ***
오드리 헵번 등 영화 속 인물들을 모방하던 시기는 언제인가?

① 1920년대 ② 1930년대
③ 1940년대 ④ 1950년대

> 1950년대에는 요염한 스타일의 마릴린 먼로, 요정같은 모습의 오드리 헵번, 귀족적 분위기의 그레이스 켈리, 자연스럽고 건강한 야성미의 브리짓 바르도 등이 유행을 선도하였다.

39 ***
1950년대에 유행한 헤어스타일이 아닌 것은?

① 헵번 스타일 ② 보브 스타일
③ 포니테일 스타일 ④ 픽시 컷

> 보브 스타일은 1920년대 여성의 사회 진출이 늘어나면서 나타난 짧은 형태의 활동적인 헤어스타일이다.

40 ***
1960년대의 메이크업에 대한 설명이 아닌 것은?

① 히피문화는 메이크업에 있어서 기존의 질서를 무너뜨리고 새로운 양식을 창조하는 전환점을 마련하였다.
② 영국의 모델이었던 '트위기(Twiggy)'가 즐겨하던 화장법이 유행하였다.
③ 반지향적이고 반현실적이며 거칠고 기이한 인간의 일면을 나타내는 펑크아트가 유행하였다.
④ 젊은층을 중심으로 팽배된 물질문명에서 벗어나 새로운 문화의 가능성을 보여 주었다.

> 펑크아트는 1970년대 유행한 문화사조이다.

41 **
1970년대 메이크업의 특징이 아닌 것은?

① 자연스러운 눈썹 ② 자연스러운 볼연지
③ 립글로스의 전성기 ④ 두꺼운 피부표현

> 1970년대에는 자연스럽고 투명한 피부색이 인기를 끌면서 가볍게 바를 수 있는 라이트 파운데이션이 선을 보였고 눈썹 형태도 더욱 자연스러워졌다.

42 **
1970년대에 대한 설명이 아닌 것은?

① 펑크라는 기존 질서에 반항하는 무질서한 문화가 생겨났다.
② 건강한 피부를 갖기 위해 일광욕을 즐기는 등의 새로운 피부 관리 패턴이 생겨났다.
③ 자연스럽고 투명한 피부색이 인기를 끌면서 가볍게 바를 수 있는 라이트 파운데이션이 선을 보였다.
④ 성의 구별을 뛰어넘어 인간을 하나의 개성적인 존재로서의 이미지를 부각시키는 앤드로지너스 룩이 나타났다.

> 앤드로지너스 룩은 1980년대에 나타난 시대사조이다.

43 ***
다음 <보기>에서 설명하는 시기는 언제인가?

【보기】
- 예술과 문화에 있어 다원화의 양상이 더욱 뚜렷해졌다.
- 패션과 미용분야에서도 성의 구별을 뛰어넘어 인간을 하나의 개성적인 존재로서의 이미지를 부각시키는 앤드로지너스 룩이 나타났다.

① 1980년대 ② 1970년대
③ 1960년대 ④ 1950년대

> 성의 구별을 뛰어넘어 인간을 하나의 개성적인 존재로서의 이미지를 부각시키는 앤드로지너스 룩이 나타난 것은 1980년대의 일이다.

정답 37 ④ 38 ④ 39 ② 40 ③ 41 ④ 42 ④ 43 ①

44 ★★ 시대별 입술 메이크업이 잘못 연결된 것은?

① 1940년대 – 강한 볼륨감이 느껴지는 두꺼운 입술
② 1950년대 – 얇고 뚜렷한 라인을 강조하고 작게 표현
③ 1960년대 – 창백하게 표현
④ 1970년대 – 립라이너로 입술 형태를 잡고 안쪽에 립글로스를 바름

②는 1910년대의 일이며, 1950년대는 주황이나 빨강색으로 아웃 커브로 그려 관능적인 모습을 과시했다.

45 ★★★ 1990년대 메이크업의 특징이 아닌 것은?

① 맑고 투명한 피부표현
② 베이지나 살구색의 자연스런 아이섀도 컬러 유행
③ 또렷한 눈매를 강조하기 위해 팬케이크 타입의 아이라이너 사용
④ 립 컬러는 스킨 베이지나 누드톤의 자연스러운 컬러 사용

1990년대는 자연스런 패션과 메이크업이 유행하였기 때문에 눈을 강조한 메이크업은 하지 않았다.

46 ★★ 1990년대 메이크업에 대한 설명이 아닌 것은?

① 히피문화는 메이크업에 있어서 기존의 질서를 무너뜨리고 새로운 양식을 창조하는 전환점을 마련하였다.
② 녹색운동, 환경문제 등이 대두, 메이크업이나 헤어스타일 패션까지 내추럴 풍이 강세를 보였다.
③ 세기말의 영향으로 사이버, 테크노, 이미지 등의 유행 메이크업이 선보였다.
④ 포스트모더니즘의 영향으로 과거로부터 유행되어 왔던 모든 스타일을 자연스럽게 조화시켜 표현하는 신복고풍 방식이 유행하였다.

히피문화는 1960년대의 시대사조이다.

47 ★★★ 1990년대 말 나타난 메이크업 스타일이 아닌 것은?

① 사이버
② 테크노
③ 에콜로지
④ 매니시

1990년대에는 세기말의 영향으로 사이버, 테크노 등의 메이크업을 선보였으며, 한쪽에선 자연으로 돌아가고자 하는 자유감성의 인간적 표현인 에콜로지풍이 나타났다.
※ 매니시(Mannish) : '남성풍, 남자와 같은 여성'이라는 의미

48 ★★★ 발전과 개발로 그동안 무시되었던 환경문제가 중요시되면서 에콜로지풍이 유행하였고 자연에 가까운 색상이나 자연스러운 메이크업이 유행한 시기는?

① 1990년대
② 1980년대
③ 1970년대
④ 1960년대

자연으로 돌아가고자 하는 자유감성의 인간적 표현인 에콜로지풍이 나타난 것은 1990년대의 일이다.

49 ★★★ 시대별 눈화장에 대한 설명으로 바르지 않은 것은?

① 1920년대 – 아이팩 부분을 검정색으로 동일하게 퍼지게 표현
② 1930년대 – 자연스러운 눈매를 위해 아이라인을 절제함
③ 1940년대 – 선명한 눈화장과 굵고 끝이 올라간 화살형의 아이라이너
④ 1950년대 – 눈은 화려하고 진하며 짙은 아이라인으로 꼬리를 길게 표현

1930년대에는 눈을 커보이게 하기 위해 눈 안쪽에 흰 라인을 그렸다.

02. 한국의 메이크업

1 고대 읍루사람들이 동상을 예방하기 위해 바른 것은?

① 오줌   ② 돼지기름
③ 마늘   ④ 쑥

> 고대 읍루사람들은 겨울에 돼지기름을 발라 피부를 부드럽게 하여 동상을 예방하였다.

2 다음 중 상고시대의 화장 형태가 아닌 것은?

① 조개껍데기, 짐승의 뼈로 장신구를 만들었다.
② 돼지기름을 발라 피부를 부드럽게 만들었다.
③ 백분을 사용하여 얼굴을 희게 만들었다.
④ 마늘과 쑥을 이용하여 미백효과를 주었다.

> 백분을 사용하여 얼굴을 희게 만든 것은 신라 시대의 일이다.

3 말갈인들이 피부 미백의 수단으로 삼은 재료에 해당하는 것은?

① 오줌   ② 돼지기름
③ 마늘   ④ 쑥

> 말갈인들은 오줌으로 세수를 하면서 피부미백 및 보습의 수단으로 삼았다.

4 고대에 피부에 발라 피부를 부드럽게 하고 동상을 예방하기 위해 바른 것은?

① 돼지기름   ② 조개껍데기
③ 꿀   ④ 헤나

> 고대 읍루 사람들은 피부를 부드럽게 하여 동상을 예방하기 위해 돼지기름을 사용하였다.

5 신라의 미의식에 대한 설명이 아닌 것은?

① 영육일치사상이 국민정신의 바탕이 되었다.
② 일찍이 화장과 화장품이 발달되었다.
③ 화랑들은 화장을 하지 않았다.
④ 백색 피부를 선호하였다.

> 신라의 화랑들도 여성들 못지않게 화장을 하였다.

6 고려의 미의식에 대한 설명이 아닌 것은?

① 영육일치의 미의식이 그대로 전승되었다.
② 외형상 사치스러워졌다.
③ 여염집 여성들 사이에서도 짙은 화장이 유행하였다.
④ 분대화장이 유행하였다.

> 여염집 여성들 사이에서는 엷은 메이크업이 유행하였다.

7 신라시대 때 눈썹을 그리는 재료로 사용된 것은?

① 쌀겨   ② 난초
③ 굴참나무   ④ 홍화

> 신라시대에는 굴참나무, 너도나무 등의 나무를 유연에 개어 눈썹을 그리는 데 사용하였다.

8 신라시대 때 입술을 채색하는 재료로 사용된 것은?

① 쌀겨   ② 난초
③ 굴참나무   ④ 홍화

> 신라시대에는 홍화로 연지를 만들어 볼과 입술에 발랐다.

9 통일신라시대의 화장에 대한 설명으로 맞는 것은?

① 엷은 화장을 하였다.
② 남자들만 화장을 했다.
③ 국가에서 정책적으로 화장을 장려하였다.
④ 중국의 영향을 받아 화려해졌다.

> 통일 이전에는 엷은 화장이 유행하였으나 통일 이후에는 중국의 영향으로 짙은 화장과 함께 다소 화려해졌다.

10 우리나라 역사상 처음으로 화장을 장려한 시대는 언제인가?

① 근대   ② 삼국시대
③ 조선시대   ④ 고려시대

> 고려시대에 역사상 최초로 정책적으로 화장을 장려하였다.

정답 ② 1 ② 2 ③ 3 ① 4 ① 5 ③ 6 ③ 7 ③ 8 ④ 9 ④ 10 ④

11 조선시대의 화장에 대한 설명으로 맞는 것은?

① 여성의 외향적인 아름다움을 추구하였다.
② 화장 개념의 세분화가 촉진되지 못했다.
③ 여염집 여성도 짙은 화장이 유행하였다.
④ 궁중에 화장품을 생산하는 관청이 따로 있었다.

> ① 여성의 외향적인 아름다움보다는 내면적인 아름다움을 추구하였다.
> ② 화장 개념의 세분화가 촉진되었다.
> ③ 여염집 여성은 평상시에는 메이크업을 하지 않고 연회나 나들이 때만 메이크업을 하였다.
> ④ 조선시대에는 궁중에 화장품 생산을 전담하는 관청인 보염서가 있었다.

12 우리나라 화장품의 어휘와 뜻이 잘못 연결된 것은?

① 홍화 – 연지
② 유액 – 미안수
③ 연부액 – 미백로션
④ 배달기름 – 머릿기름

> 유액 – 밀크로션

13 연지가 대량으로 생산되기 시작한 시기는?

① 고려 중엽
② 조선 중엽
③ 개화기
④ 신라 초기

> 연지가 대량으로 생산되기 시작한 것은 조선 중엽이다.

14 1940년대 우리나라 메이크업의 특징이 아닌 것은?

① 얼굴을 검게 그을린 피부를 선호하였다.
② 얼굴은 희게, 눈썹은 반달모양을 선호하였다.
③ 눈 화장을 강조한 화장을 선호하였다.
④ 입술을 붉게 하는 것을 선호하였다.

> 1940년대에는 얼굴이 하얗고 눈썹은 반달모양, 눈화장을 강조한 부분화장, 볼연지, 붉은 입술화장 등을 선호하였다.

15 얼굴을 하얗게 하고 입술을 붉게 바르고 초승달 모양의 눈썹을 하던 시기는 언제인가?

① 1920년대   ② 1930년대
③ 1940년대   ④ 개항 이후

> 1940년대 화장의 특징
> 하얀 얼굴, 초승달 모양의 눈썹, 눈화장을 강조한 부분 화장, 볼연지, 붉은 입술

16 우리나라에서 색채화장품을 생산한 시기는?

① 1920년대   ② 1940년대
③ 1960년대   ④ 1980년대

> 1960년대 정부의 국산 화장품 보호정책에 따라 화장품 산업은 정상적인 궤도에 진입, 국산화장품 생산이 본격화되면서 색조화장품을 생산하였다.

17 1980년대에 국내에도 칼라TV가 등장하면서 컬러의 다양화가 가속화되었다. 이 시대 메이크업의 변화로 맞지 않는 것은?

① 눈썹은 두껍고 강하게 표현
② 옅은 색상의 립스틱 유행
③ 펄제품의 블러셔 사용
④ 눈에 황금색, 노랑색 펄을 바름

> 1980년대는 화려하면서도 강한 이미지 변화로 립스틱은 짙은 색을 주로 발랐다.

SECTION 03

Makeup Artist Certification

메이크업 제품 및 도구

이 섹션에서는 전체적으로 골고루 출제될 가능성이 높으므로 비중있게 공부하도록 합니다. 메이크업 베이스, 프라이머, 파운데이션, 파우더, 아이브로, 아이섀도 등의 기능과 종류에 대해 숙지하며, 메이크업 도구에서는 브러시의 종류에 대해 꼼꼼하게 체크하도록 합니다.

01 메이크업 제품의 종류 및 기능

1 메이크업 베이스(Makeup Base)

파운데이션을 바르기 전에 발라 파운데이션의 표현 효과를 상승시켜 주고 색조화장으로부터 피부를 보호해 준다.

(1) 기능

① 피부에 보호막을 형성하여 파운데이션 및 색조화장으로부터 피부 보호
② 파운데이션의 표현 효과 상승 및 밀착력을 높여줌
③ 피부색 보정 및 결점 보완
④ 메이크업 지속 시간을 높여주고 자외선으로부터 피부 보호

(2) 색상별 분류

색상	기능
그린	• 붉은 피부톤 조절 • 잡티가 많은 얼굴에 사용하여 피부를 표현
블루	• 피부를 희게 표현 • 얼굴의 붉은 기를 커버
핑크	핏기 없는 창백한 피부에 혈색 부여
옐로	까무잡잡한 피부를 노르스름하게 중화
오렌지	선탠을 한 느낌의 건강한 피부색 표현
퍼플	• 동양인과 같은 노란기가 많은 피부에 사용 • 기미 커버나 청순한 메이크업을 원할 때 사용

(3) 형태별 분류

형태	기능
크림타입	유분이 다량 함유되어 있어 건성피부에 적합
젤타입	청량감을 느끼게 하여 땀이나 피지 분비가 많은 피부 타입이나 여름철에 적합
에센스타입	건조해지기 쉬운 피부에 보습성분을 줄 수 있으므로 건성피부 타입이나 가을, 겨울철에 적합
컨트롤타입	촉촉하면서 커버력이 강하며 잡티가 많은 피부에 적합

메이크업 제품의 종류

베이스 메이크업	메이크업 베이스
	프라이머
	파운데이션
	파우더

포인트 메이크업	아이브로
	아이섀도
	아이라이너
	마스카라
	립스틱
	블러셔

메이크업 도구	스펀지
	퍼프
	브러시
	기타 도구

2 프라이머(Primer)

실리콘 오일이나 실리콘 유도체를 함유하고 있어 피부결을 매끈하게 만들어주는 언더 베이스

(1) 기능

① 피부 위의 미세한 요철을 메워 실크처럼 매끈한 피부를 만들어 주는 역할을 함
② 과다한 피지 분비를 막아 도자기 같은 피부 연출
③ 피부의 결을 컨트롤 하여 매끈한 텍스처 표현

(2) 형태별 분류

종류	특징
젤타입	수분감이 많아 건성피부에 적합
로션타입	모든 피부에 적합하며 자외선 차단 성분이 들어있음
실리콘타입	모공을 막는 기능이 탁월해 땀이나 피지 분비가 많은 지성피부에 적합
아이 프라이머	눈가 전용 프라이머로 눈 주위 화장의 번짐을 방지

3 파운데이션(Foundation)

메이크업 시 피부색을 통일시켜 피부 표현을 아름답게 해주며, 포인트 메이크업이 더욱 돋보이게 한다.

(1) 기능

① 피부색을 일정하게 조절하며 자연스러운 피부색을 표현
② 기미, 주근깨, 잡티 등을 커버
③ 자외선, 온도변화, 공해, 먼지, 바람 등으로부터 피부를 보호
④ 색상이 다른 파운데이션을 하이라이트와 셰이딩으로 나누어 발라줌으로써 얼굴의 윤곽을 수정해주며 입체적 메이크업으로 완성

(2) 파운데이션의 기본 3컬러

종류	기능
베이스 컬러 (Base color)	• 얼굴 전체에 도포하는 컬러로 피부색과 거의 같거나 한 단계 밝아도 무방 • 귀 뒤나 목덜미에 제품 컬러를 테스트하여 선택
셰이딩 컬러 (Shading color)	베이스 컬러보다 1~2단계 어두운 컬러로 코의 측면, 각진 턱, 넓은 이마 등에 사용하여 수축, 후퇴, 축소되어 보이는 효과
하이라이트 컬러 (Highlight color)	베이스 컬러보다 1~2단계 밝은 컬러로 T존 부위, 눈밑, 턱(입술 밑), 야윈 뺨 등에 사용하여 팽창, 확대되어 보이는 효과

▶ • 셰이딩 부위 : 코벽, 이마 헤어라인, 광대뼈, 턱끝, 뒷턱 등 전반적인 페이스라인에 사용
• 하이라이트 부위 : T존, 꺼져 보이는 눈밑, 짧아보이는 턱끝, 좁아 보이는 이마 중앙, 꺼져 보이는 광대뼈 밑 볼 등 주로 돌출되어 보이고 싶은 부위에 사용

(3) 형태별 분류

종류	기능
무스 파운데이션	• 커버력이 약하며 베이스 화장을 거의 하지 않은 듯한 가벼운 느낌을 줌
리퀴드 파운데이션	• 부드럽고 쉽게 퍼지며, 자연스러운 화장을 원할 때 적합
크림 파운데이션	• 가장 대중적인 타입으로 보습력과 커버력이 우수 • 유분이 많아 부드럽고 건성 피부에 많이 사용되며, 주로 중년층에서도 많이 사용
스킨 커버	• 잡티가 많은 피부에 적당 • 커버력이 강한 만큼 피부에 느끼는 부담이 클 수도 있음
스틱 파운데이션	• 완벽한 커버력으로 주로 분장용으로 사용
파우더 파운데이션	• 매트한 타입 • 휴대가 간편, 빠른 화장에 주로 사용
투웨이 케이크	• 커버력이 우수 • 땀과 물에 강해 지속력을 요하는 메이크업에 적합
컨실러 (보조 파운데이션)	• 커버스틱이라고도 하며, 파운데이션을 바르기 전에 심한 잡티나 점 부위에 부분적으로 바름 (피부 결점을 감추어 줌) • 좁은 부위에 사용하는 파운데이션의 일종 • 커버력이 우수하여 잡티(또는 흉터)의 커버에 용이
팬케이크	• 방수성과 내수성, 지속력이 대단히 우수하여 장시간 흐트러짐이 없는 제품 • 신부화장, 장시간 조명을 받는 패션쇼나 광고 촬영 시 모델에게 시술이 용이 • 고형인 팬케이크를 갈아서 물과 색을 조절하여 해면 스 펀지나 팬케이크용 브러시를 이용하여 바름

4 파우더(Powder)

파운데이션의 유분기 제거와 난반사 효과를 지니므로 파운데이션 위에 누르듯이 발라서 메이크업의 지속효과를 더해준다.

(1) 기능
① 파운데이션 도포 후 번들거림을 방지하여 메이크업을 오래 지속
② 차분하고 자연스러운 피부색 표현
③ 난반사 효과를 지니고 있어 자외선으로부터 피부 보호

▶ **주의사항**
스킨 커버와 스틱 파운데이션은 메이크업을 지울 때 클렌징에 각별히 신경을 써야 한다.

▶ **컨실러(concealer)의 형태별 분류**
• 리퀴드 또는 크림 타입 : 넓은 부분의 자연스러운 잡티를 커버할 때 사용
• 스틱 타입 : 색이 짙은 부분적인 잡티 커버에 많이 사용
• 펜슬 타입 : 작은 점이나 여드름 자국 커버시 아주 좁은 면적에 간단하게 사용

[컨실러 사용 전후 비교]

▶ 파우더가 갖추어야 할 성질

피복성	기미나 주근깨 등을 감추어 피부의 색조를 조정하는 성질
신전성	부드러운 감촉으로 매끄럽게 피부에 잘 펴져 피부에 생동감을 주는 성질
흡수성	땀이나 피지 등의 피부 분비물을 흡수하여 메이크업의 번질거림과 지워짐을 막는 성질
부착성	피부에 장시간 부착하는 성질
착색성	적절한 광택을 유지하며 자연스러운 피부의 색조를 조정하는 성질

*신전(伸展) : 늘어서 펴짐

▶ 가부키(Kabuki theatre)
일본 고전연극의 하나로 노래, 춤, 연기가 함께 어우러진 공연예술

▶ 쉬머(Shimmer) 메이크업
• 펄을 이용해 은은한 반짝임을 주어 얼굴을 좀 더 윤기있게 함
• 포인트를 주는 것보다 자연스러운 메이크업을 연출

---

(2) 색상별 분류

색상	특징
투명	• 자연스러운 피부를 표현할 때 사용 • 파우더 자체의 색이 거의 없으므로 파운데이션의 색상이 그대로 나타남
바이올렛	• 화려한 분위기를 연출 • 이브닝 메이크업이나 파티 메이크업에 많이 사용
그린	• 붉은 기가 많은 얼굴에 사용하며 붉은색을 중화시켜 줌
핑크	• 창백한 피부에 혈색을 부여하고자 할 때 사용
브론즈	• 오크(oak) 계통의 건강한 듯 그을린 피부를 표현할 때 사용 • 방송용 메이크업이나 사진 촬영 시 사용하면 얼굴 윤곽이 차분히 가라앉아 보이는 효과
베이지	• 가장 무난한 색상으로 얼굴 전체의 피부 톤을 차분하게 해줌 • 다양한 톤의 베이지 색상이 있으므로 얼굴 톤의 색상을 고려하여 사용
화이트	• 주로 하이라이트에 사용 • 가부키* 화장이나 경극, 삐에로 분장 시에도 사용
옐로	• 선탠한 피부나 가무잡잡한 피부에 적당
피니시 파우더 (Finish)	• 메이크업의 마무리에 사용 • 펄을 함유하고 있으므로 파티 메이크업이나 웨딩 메이크업 시 바르면 화사한 느낌을 발휘

(3) 형태별 분류

종류	특징
콤팩트 파우더 (Compact powder)	• 파우더를 고형으로 만든 제품 • 사용이 간편하여 외출 시 수정용으로 많이 사용 • 가루분 파우더보다 커버력이 우수
루즈 파우더 (Loose powder)	• 파운데이션의 유분기를 제거하고 지속성을 유지 • 자외선 차단 효과가 있어 자연스러운 피부 표현에 효과
펄 파우더 (Pearl powder)	• 펄가루가 섞인 파우더를 말하며, 글로시나 쉬머 메이크업*의 분위기를 연출할 때 주로 사용
스타 파우더 (Star powder)	• 입자 크기에 따라 다양하게 사용 • 펄 파우더보다 더 화려한 분위기를 연출할 때 부분적으로 사용

5 아이브로(Eyebrow)

(1) 기능

아이브로 펜슬을 사용하여 눈썹의 형태를 스케치하고 섀도 색상을 선택한 후 앵글 브러시 등으로 눈썹을 완성

(2) 색상별 분류

색상	특징
블랙	헤어컬러가 블랙이거나 한복 메이크업 또는 흰 피부에 적합
그레이	안정, 자연스러움, 침착하며 젊어 보임
브라운	우아, 세련, 여성스러우나 나이들어 보임

(3) 형태별 분류

종류	특징
펜슬	휴대가 간편하고 사용이 편리하지만 인위적인 느낌
케이크	브러시를 이용하여 자연스럽고 견고한 눈썹을 그릴 때 사용

6 아이섀도(Eye shadow)

(1) 기능

① 눈에 색감과 음영을 주어 눈매를 수정 보완하고 깊이감 있는 눈매 표현
② 자유로운 색 표현으로 다양한 분위기 연출
③ 아이섀도의 색상과 전체 분위기를 조화시켜 세련미 강조

(2) 색상별 분류

색상	특징
핑크	• 소녀다움과 어려보이는 느낌이 강조 • 흰 피부에 적합
그린	• 젊고 생기있어 보여 신선한 느낌을 줌 • 봄 메이크업에 포인트색으로 많이 활용
블루	• 시원하고 차가운 느낌을 주며 젊고 깨끗한 이미지 • 여름 메이크업에 응용
퍼플	• 귀족적이고 우아한 여성미 강조 • 흰 피부에 잘 어울리고 파티 메이크업에도 많이 사용
오렌지	• 따뜻한 느낌을 주며 밝고 쾌활하고 건강한 이미지를 줌 • 선탠한 듯한 약간 검은 피부에 잘 어울림

▶ 아이브로의 역할
• 얼굴형 및 눈매 보완
• 얼굴의 인상 결정
• 얼굴 전체의 이미지 변화
• 개성 창출

▶ 아이섀도 색상 선택
• 피부색, 머리카락 색, 눈동자 색 등 사람마다 지니는 고유 색상에 어울리는 색상을 선택
• 계절, 개인의 취향, 의상 색과의 조화를 고려하여 선택
• 시간, 장소, 목적이나 상황에 맞춰 색상이나 강도, 질감 등을 선택
• 명도가 높은 색일수록 가볍고 경쾌하고 밝은 이미지를 주며, 돌출되어 보이거나 넓어 보이는 효과를 나타냄
• 채도가 높은 순색에 가까운 색은 화려함을 느끼게 하고, 채도가 낮은 색은 수수함을 느끼게 한다.
• 광택감 있는 아이섀도는 화려한 느낌을 준다.
• 매트한 질감의 아이섀도는 차분한 느낌을 주며, 색조의 강약에 따라 입체감 표현이나 강조 부분 표현에 용이
• 노랑, 빨강, 주황 등의 난색은 젊고 부드러운 느낌
• 파랑, 청록, 남색 등의 한색은 점잖고 지적이며 성숙한 이미지 표현에 사용

종류	특징
케이크 타입	• 가장 일반적인 타입 • 눈에 자극이 없고 피부 밀착감이 우수 • 색상이 다양하며 휴대 용이
크림 타입	• 유분이 함유된 타입 • 사진이나 TV, 무대 메이크업에 많이 이용 • 발색도가 선명하고 지속력이 우수 • 색의 대비효과를 얻을 수 있음 • 단점 : 뭉칠 우려가 있음
펜슬 타입	• 손쉽게 메이크업 하고자 할 때 효과적이므로 초보자에게도 사용이 용이 • 모양은 펜슬형으로 휴대 및 사용이 용이함
파우더 타입	• 가루제품으로 요즘에는 펄이 섞인 제품이 유행 • 주로 하이라이트용으로 많이 사용 • 바디페인팅, 판타지 메이크업에 사용

▶ 케이크 타입이나 파우더 타입의 아이섀도는 사용 시 가루가 날릴 수 있으니 주의할 것

7 아이라이너(Eyeliner)

(1) 기능

① 눈의 모양을 수정
② 눈을 선명하고 또렷하게 하여 생동감을 불어 넣어줌
③ 속눈썹을 길어 보이게 하는 효과

(2) 색상별 분류

색상	특징
블랙	선명하고 또렷한 눈동자를 나타낼 때 쓰이므로 가장 무난하게 대중적으로 사용
브라운	아주 큰 눈 또는 인상이 강한 눈을 자연스럽게 표현할 때 사용
블루, 바이올렛	주로 시원하고 깨끗한 여름 메이크업에 많이 사용되며 의상 색과 메이크업 패턴에 의해 필요에 따라 특별히 사용

(3) 형태별 분류

종류	특징
펜슬 타입	• 자연스러운 분위기가 연출되며, 그리기가 쉬우므로 초보자 에게 적합 • 정교한 아이라인 연출이 어려움 • 쉽게 번지거나 지워짐
리퀴드 타입	• 선명한 눈매를 만들 수 있으며 번지지 않고 오래 지속 • 내수성, 방수성, 부착성이 우수 • 시술 후 수정이 어렵고 쉽게 번지거나 지워지지 않음

종류	특징
케이크 타입	• 가는 브러시에 물이나 스킨을 섞어 사용 • 리퀴드보다는 지속력이 떨어지고 펜슬보다는 지속력이 좋아 많이 사용
브러시 타입	• 건조가 빠르고 번지지 않으며 리퀴드 아이라이너에 비해 자연스럽고 내수성이 있어 지속력이 큼 • 휘발성이 강해 쉽게 굳어질 수 있음

8 마스카라(Mascara)

(1) 기능

① 속눈썹을 길게 진하게 표현

② 속눈썹을 풍성하게 표현

③ 눈이 크고 깊이 있는 눈매 연출

(2) 색상별 분류

색상	특징
블랙	선명한 눈매와 깊은 눈매를 연출하며 가장 많이 사용
브라운	부드러운 눈매를 연출하며 이미지가 강한 눈에 적합
블루	청량감(시원함)을 주며 아이섀도와 매치시켜서 여름철에 주로 사용
바이올렛	우아하고 화려한 여성미가 돋보이며, 아이섀도와 조화를 이루면 더욱 효과적
안티컬러 (무색)	속눈썹이 많은 사람에게 정리 정돈 시키는 목적으로 사용

(3) 형태별 분류

종류	특징
컬링(Curling) 마스카라	• 하드한 느낌을 주는 원료를 사용 • 속눈썹이 잘 올라가고 장시간 지속 • 속눈썹이 처진 사람에게 효과적
볼륨(Volume) 마스카라	내용물이 많이 발려져 속눈썹이 풍부해 보임
롱래쉬(Long-lash) 마스카라	• 섬유소가 들어있어 속눈썹이 길어 보이는 효과 • 단점 : 잘 엉켜 붙고 시간이 지나면 섬유소가 떨어짐
워터프루프(Waterproof) 마스카라	• 건조가 빠르고 내수성이 좋아 여름철에 사용하기 적합 • 클렌징 시에는 오일 타입의 성분을 사용
투명 마스카라	• 마스카라가 잘 번지는 경우 젤 타입의 투명 마스카라를 사용하여 번지지 않게 표현

▶ 마스카라의 형태별 분류는 암기할 것

9 립 메이크업(Lip makeup)

립 메이크업은 얼굴 전체 메이크업에 포인트 역할을 하며, 피부색, 아이섀도색, 의상색을 충분히 고려하여 조화로운 립스틱을 선택한다.

(1) 기능

① 립 메이크업을 함으로써 전체 메이크업에 생기를 주어 아름다움을 돋보이게 함
② 입술 모양을 수정하여 보다 아름다운 메이크업을 연출
③ 외부의 자극으로부터 입술 보호

(2) 색상별 분류

색상	특징
핑크	• 소녀적인 이미지와 여성미, 청순미가 강조되는 색 • 흰 피부에 잘 어울리며, 봄 메이크업에 응용
레드	• 정열적이고 관능적이며 여성적인 색 • 립스틱의 대표적 컬러
오렌지	• 건강미 넘치는 발랄함이 강조 • 약간 검은 피부에 잘 어울림
브라운	• 무난하고 차분하며 세련된 이미지를 전달 • 가을 이미지에 적합
퍼플	• 우아하고 여성미가 강조되는 품위 있는 색 • 화려한 메이크업에 어울리며, 흰 피부에 적합

(3) 형태별 분류

종류	특징
립스틱	• 스틱상태로 되어 있거나 용기에 담겨져 있어 가장 일반적인 형태로 색상, 질감이 다양 • 발색도가 진하므로 립 브러시를 이용하여 입술 모양을 수정 보완하여 새로운 이미지를 연출하고 얼굴에 생기와 아름다움을 나타냄
립글로스 (Lipgloss)	• 입술을 윤기있고 촉촉하게 해주는 역할 • 색상은 아주 연하거나 무색, 투명한 경우가 많으므로 립스틱 위에 덧발라 주어 윤기 있는 느낌을 주며, 은은하고 자연스러운 메이크업을 원할 때 사용
립라이너 (Lipliner)	• 펜슬 타입으로 입술 선을 선명하게 표현해 주며 입술화장이 번지지 않게 오래 지속시켜 주는 역할 • 입술 모양을 수정 및 보완하는 역할도 함 • 립스틱 색상과 유사한 색상을 선택함
립코트 (Lipcoat)	립스틱 위에 발라서 립스틱의 지속력을 증대시켜 주는 역할

▶ 립글로스를 바를 때 입술 전체에 파운데이션이 뭉쳐 있으면 지저분하므로 닦아낸 후 발라주며, 입술 중앙을 중심으로 바깥으로 자연스럽게 그라데이션 하되 입술 라인까지 바르지 않는다.

종류	특징
립틴트 (Lip tint)	고체인 립스틱과 달리 액체(또는 젤) 형태로 립스틱에 비해 자연스럽고 발색력이 우수
립밤 (Lip balm)	• 바세린 성분이 많이 들어있어 입술 케어용으로 주로 사용 • 자연스러운 색상과 펄을 함유하고 있음

⑩ 블러셔(Blusher)

(1) 기능

① 피부에 혈색을 주어서 여성스러움을 강조해 주고 건강한 이미지를 부여
② 얼굴형을 수정하여 개성을 연출

(2) 색상별 분류

색상	특징
핑크	귀여운 느낌
오렌지	강하고 발랄한 느낌
브라운	세련되고 차분하며 지적인 느낌
로즈	여성스러우며 화사한 느낌

▶ 여드름 피부는 오렌지 색상의 블러셔를 사용하면 붉은 기가 두드러질 수 있으므로 주의한다.

▶ 건조하거나 잡티가 있는 얼굴에는 펄감이 있는 크림 타입의 블러셔를 사용한다.

(3) 형태별 분류

종류	특징
케이크 타입	• 일반적으로 널리 사용되는 타입 • 파우더 처리 후 브러시를 이용하여 터치
크림 타입	• 파운데이션을 바른 후 사용 • 유분기가 있는 상태이므로 스펀지로 펴서 경계를 없애 줌

▶ 크림 타입의 블러셔는 파우더를 바르기 전 유분기가 있는 상태에서 스펀지로 경계가 생기지 않도록 발라준다.

02 메이크업 도구

1 기본 도구

(1) 스펀지(Sponges)

① 용도 : 파운데이션을 펴 바를 때 사용하는 도구
② 기능 : 파운데이션이 뭉치지 않게 고루 펴주는 역할
③ 사용 방법 : 코 측면, 얼굴라인, 눈 밑 등 좁은 부위는 삼각형 또는 사각형 스펀지 사용
④ 종류

▶ 라텍스 스펀지

종류	특징
라텍스 스펀지	• 원료 : 천연 생고무 • 사용 후 세척이 불가능하고 가위로 잘라서 사용

종류	특징
합성 스펀지	• 원료 : 석유화학에서 얻은 인조원료 • 유분의 흡수력은 떨어지나 탄력성이 우수하여 형태 보존력이 좋고 저렴한 가격대로 쉽게 구입 • 사용 후에는 비눗물에 세척하여 사용
해면 스펀지	• 천연 스펀지를 물에 담그면 부드러워져 주로 팬케이크 사용 시 편리함 • 사용 후에는 세척하여 건조한 후 사용

▶ 퍼프의 사용법
퍼프를 이용해 파우더를 바를 경우 뭉치거나 얼룩짐을 방지하기 위해 적당량의 파우더를 묻혀서 유분기가 많은 볼부터 시작해서 이마, 턱 쪽으로 눌러 바르고 눈가, 코밑, 눈밑 등의 부분에 꼼꼼하게 바른다.

(2) 퍼프(Puff)

면(가장 적합) 또는 합성섬유 소재로, 파우더를 눌러 바를 때 사용

(3) 브러시(Brush)

① 용도 : 포인트 메이크업 시 필수 도구로, 아이섀도를 바르거나 볼연지를 할 때 혹은 립스틱을 바를 때 사용

② 분류

종류	특징
파운데이션 브러시 (Foundation)	• 파운데이션을 슬라이딩 기법으로 얇게 펴 바를 때 사용 • 얇고 윤기 있는 피부 표현을 위해서는 탄성이 좋고 적당한 길이를 선택하는 것이 좋음
파우더 브러시 (Powder)	• 숱이 많고 부드러운 털이 좋음 • 용도 : – 얼굴 전체에 파우더를 바를 때 – 파우더를 털어낼 때 – 메이크업 후 피니시 파우더를 펴 바를 때
팬 브러시 (Pan)	• 파우더나 아이섀도를 바른 후 세심하고 좁은 부위(코밑, 눈밑, 입가 등)에 묻은 파우더를 털어 낼 때 사용 • 모양 : 부채꼴의 빳빳한 털을 사용하는 것이 좋음
치크 브러시 (Cheek)	• 블러셔를 할 때 사용 • 넓은 면을 자연스럽게 펴 바르는 역할 • 피부에 부담을 주지 않는 부드러운 털이어야 하며 털의 숱이 적당히 많을수록 자연스러운 볼터치를 표현
아이브로 브러시 (Eyebrow)	• 눈썹을 자연스럽게 그리고자 할 때 사용 • 아이섀도를 묻혀 눈썹에 그리는 용도로 사용되므로 아이브로 브러시는 폭이 좁고 탄력성이 좋아야 함
아이섀도 베이스 브러시 (Eyeshadow base)	• 아이섀도를 넓게 펴 바를 때 사용 • 납작하고 넓으며, 숱이 많고, 끝이 둥근 것이 좋음
아이섀도 포인트 브러시 (Eyeshadow point)	• 아이섀도 포인트 부분을 칠할 때 사용 • 브러시 폭이 좁고, 털이 부드러우며 탄력이 있어야 섬세한 표현이 가능

종류	특징
아이라이너 브러시 (Eyeliner)	• 가장 가는 브러시로 아이라인을 그릴 때 사용 • 브러시의 털이 흐트러짐이 없이 가늘고 탄력이 좋아야 아이라인을 선명하게 그릴 수 있음
스크루 브러시 (Screw)	• 마스카라를 바른 후 엉켜붙은 속눈썹을 빗거나 눈썹을 빗어줄 때 사용 • 털에 힘이 있는 것이 좋음
아이브러시와 콤 (Eyebrush & comb)	• 아이브러시는 눈썹을 가지런히 정리하는 데 사용 • 콤은 눈썹을 다듬을 경우 빗어서 눈썹 길이를 체크하는 데 사용
팁 브러시 (Tip)	• 강한 포인트 색을 바를 때 사용 • 팁의 재질은 면이나 밍크가 있으며 물 세척이 가능
립 브러시 (Lip)	• 립스틱을 바를 때 사용 • 깔끔한 립 라인과 구각처리를 위하여 털끝이 모아져 있고 탄력과 힘이 있는 브러시가 적합

▶ 브러시 사용법 및 보관법
• 브러시를 사용할 때마다 색조화장품의 잔여물을 말끔히 털어 낸다.
• 잔여물을 털어 낼 때는 브러시의 결 방향대로 내는 것이 좋다.
• 세척 방법 : 미지근한 물에 샴푸나 비누로 풀어서 가볍게 문지르듯 빨아주고, 브러시 끝을 가지런히 모아서 마른 타월로 물기를 제거한 후, 그늘에 뉘어서 모양이 흐트러지지 않게 말린다.

▶ 브러시 털의 종류
담비, 오소리, 족제비털, 합성섬유 등 여러 가지가 있는데, 인조모에 비해 천연모로 되어있는 브러시가 좋음

▶ 인조속눈썹 사용 시 주의사항
너무 인위적이지 않도록 눈매에 맞춰 커팅하여 사용할 것

2 기타 도구

종류	특징
눈썹가위	• 눈썹 모양을 정리하고 눈썹의 길이를 조절할 때 사용하는 것으로 날이 날카로워야 세밀하게 자를 수 있음 • 알코올에 소독하여 위생적으로 사용할 것
족집게 (핀셋, 트위저)	• 눈썹을 정리하거나 인조 속눈썹을 붙일 때 사용
아이래쉬 컬러	• 눈썹이 처져 있는 경우는 마스카라를 바르고 난 후 눈 아래 부분으로 많이 번지거나 눈에 생기가 없어 보이는 경우가 있는데, 이를 보완하기 위해 마스카라 전에 눈썹을 올려주는 도구
스파출라	• 메이크업 베이스나 크림 파운데이션과 같이 용기에 든 화장품을 위생적으로 덜어 쓸 때 사용되며, 베이스의 색상을 서로 섞어서 쓸 때도 사용
면봉	• 아이브로, 아이섀도, 아이라인, 립라인 등 세밀한 부분의 메이크업을 수정할 때 사용
인조 속눈썹	• 아름다운 눈매를 위해 속눈썹의 컬을 풍성하게 보이게 하기 위해 사용 • 메이크업의 특성에 맞춰 모양이나 컬러를 선택하여 사용
연필깎이 (샤프너)	눈, 눈썹, 입술 등에 선을 그릴 때 사용하는 펜슬을 다듬을 때 사용하는 도구

메이크업
도구 & 재료

메이크업 미용에 필요한 도구와 제품들은 어떤 것이 있는지
확인해 보세요.

프라이머

프레스드 파우더

피니시 파우더

베이스
메이크업

Base Makeup

데피니션 파우더

파운데이션   파운데이션 스틱

파우더

너리싱 이퀄라이저

파우더 브러시

컨실러 브러시

아이섀도 브러시

메이크업
브러시

Makeup Brush

아이브로 브러시

파운데이션 브러시

립 브러시

스모키 스트레치
마스카라

아이라이너
워터프루프

아쿠아
라이너블랙

브로우 팔레트

포인트
메이크업

Point Makeup

아이라이너 팬슬

마스카라

아이섀도

젤파우더 아이섀도

다이아몬드 파우더

아쿠아브로우 키트

사진 협찬 : 메이크업 포에버

1 ★★ 메이크업 베이스 사용에 대한 설명으로 잘못된 것은?

① 많은 양을 바를수록 파운데이션의 흡수력이 높아지므로 가급적 많이 바른다.
② 메이크업의 지속력을 높여준다.
③ 붉은 피부는 그린계열의 컬러를 바른다.
④ 오렌지 컬러는 건강한 피부표현에 사용된다.

> 많은 양의 메이크업 베이스 사용은 화장이 밀리거나 뜨는 원인이 되므로 적당량을 바른다.

2 ★★★ 피부색에 따른 메이크업 베이스의 사용법으로 잘못된 것은?

① 옐로 – 노르스름한 피부로 중화시킨다.
② 그린 – 붉은 피부톤을 조절, 잡티 많은 얼굴에 사용한다.
③ 핑크 – 창백한 얼굴에 혈색을 부여한다.
④ 블루 – 건강한 피부 표현을 원할 때 사용한다.

> 블루 컬러는 피부를 희게 표현하거나 얼굴의 붉은 기를 커버하고자 할 때 사용한다.

3 ★★★★ 메이크업 베이스의 기능으로 틀린 것은?

① 파운데이션의 밀착감을 높인다.
② 파운데이션 및 색조화장으로부터 피부를 보호한다.
③ 파운데이션 화장 후 번들거림을 방지하여 메이크업을 고정시킨다.
④ 피부색을 보정한다.

> 파운데이션의 번들거림과 메이크업을 고정시키는 역할을 하는 것은 파우더이다.

4 ★★★ 프라이머에 대한 설명으로 올바른 것은?

① 다양한 컬러를 가지고 있어 피부색 보정에 용이하다.
② 피부결을 정돈해 파운데이션의 밀착력 높은 발림성과 매끈한 피부 표현에 도움을 준다.
③ 파운데이션 화장 후 번들거림을 방지하여 메이크업을 고정시킨다.
④ 피부 표현의 마지막 단계에 사용하는 제품으로 샤이니한 피부를 연출한다.

> 프라이머는 피부 위의 미세한 요철을 메워 실크처럼 매끈한 피부를 만들어 주는 역할을 한다. 또한 모공을 덮는 효과로 인해 과다한 피지 분비를 막아 도자기 같은 피부를 연출하는 데에도 효과적이다.

5 ★★★ 파운데이션의 사용 목적으로 틀린 것은?

① 피부색을 일정하게 조절하며 아름답고 자연스러운 피부색을 표현한다.
② 피부의 결점인 기미, 주근깨, 잡티를 커버해 주므로 포인트 메이크업을 돋보이게 해준다.
③ 자외선, 온도변화, 공해, 먼지, 바람 등으로부터 피부를 보호한다.
④ 실리콘 오일이나 실리콘 유도체를 함유하고 있어 피부 위의 미세한 요철을 메워 실크처럼 매끈한 피부를 만들어 준다.

> 프라이머의 성분은 실리콘 오일이나 실리콘 유도체로 매끈한 피부 표현에 용이하다.

6 ★★★ 파운데이션에 대한 설명으로 맞는 것은?

① 피부의 유분기를 제거한다.
② 피부색의 보정을 위해 사용한다.
③ 지성피부는 크림 타입의 파운데이션을 사용한다.
④ 잡티가 많은 피부는 리퀴드 타입의 파운데이션을 사용한다.

> 크림 타입의 파운데이션은 건성 피부에 적합하며, 잡티가 많은 피부는 크림 타입이나 스킨커버 타입을 사용한다.

7 ★★★★ 수분기가 많은 파운데이션으로 커버력이 약해서 사회 초년생이나 여름철에 사용하기에 적합하며, 지성피부에 사용이 용이한 파운데이션은?

① 스틱 파운데이션
② 크림 파운데이션
③ 리퀴드 파운데이션
④ 스킨 커버

> 수분기가 많고 여름철에 사용하기에 적합한 파운데이션은 리퀴드 파운데이션이다.

정답 1 ① 2 ④ 3 ③ 4 ② 5 ④ 6 ② 7 ③

8 ***** 파운데이션의 기본 컬러 중 베이스 컬러보다 1~2단계 어두운 컬러로 코의 측면, 각진 턱, 넓은 이마 등에 사용하여 수축, 후퇴, 축소되어 보이는 효과를 내는 컬러는?

① 베이스 컬러　　　　② 셰이딩 컬러
③ 하이라이트 컬러　　④ 포인트 컬러

> 셰이딩 컬러는 얼굴 윤곽 수정 시 어두운 컬러로 수축되거나 축소되어 보이고 싶은 효과를 내 입체적인 얼굴형을 완성하고 싶을 때 사용한다.

9 **** 파우더의 사용 목적으로 틀린 것은?

① 유분기 제거
② 색조의 뭉침 방지
③ 잡티 제거
④ 지속력 유지

> 파우더는 가루 타입으로 파운데이션의 고정력과 유분기 제거의 기능은 있으나 커버력은 없는 제품이다.

10 *** 파운데이션의 유분기 제거와 난반사 효과를 지니므로 파운데이션 위에 누르듯이 발라서 메이크업의 지속효과를 높여 주는 제품은?

① 프라이머
② 파운데이션
③ 메이크업 베이스
④ 파우더

> 파우더는 파운데이션 위에 누르듯이 발라서 메이크업의 지속효과를 높여 준다.

11 *** 파우더에 대한 설명으로 틀린 것은?

① 퍼플색의 파우더는 조명 아래에서 피부색을 화사하게 표현한다.
② 화장의 얼룩짐을 방지한다.
③ 핑크색의 파우더는 주로 신부 메이크업에 활용한다.
④ 지성피부에는 가급적 사용하지 않는다.

> 지성피부는 유분이 많은 피부로 파우더를 이용해 유분기를 눌러 주는 것이 효과적이다.

12 *** 파운데이션의 선택 조건으로 틀린 것은?

① 피부에 무리가 없고 가볍게 밀착되는 것을 선택한다.
② 자신의 피부상태에 따른 파운데이션을 선택한다.
③ 잡티가 많은 피부에는 커버력이 있는 파운데이션을 선택한다.
④ 건성인 피부에는 파우더리한 질감의 파운데이션을 선택한다.

> 건성피부는 수분이나 유분이 적당하게 배합된 질감의 리퀴드나 크림 타입의 파운데이션을 선택한다.

13 **** 파운데이션보다 커버력이 우수해 부분 잡티 커버용으로 사용되는 제품은?

① 투웨이 케이크
② 크림 파운데이션
③ 컨실러
④ 더마왁스

> 컨실러는 파운데이션을 바르기 전에 심한 잡티나 점 부위에 부분적으로 바르는데, 커버력이 우수하여 잡티나 흉터 커버에 용이하다.

14 ** 사이버 메이크업이나 샤이닝 메이크업, 쉬머 메이크업에 주로 사용되는 파우더는?

① 화이트 파우더　　　② 핑크 파우더
③ 펄 파우더　　　　　④ 퍼플 파우더

> 펄 파우더는 파우더에 펄가루가 섞인 제품으로 글로시나 쉬머 메이크업의 분위기를 연출할 때 주로 사용한다.

15 *** 파운데이션에 대한 설명으로 틀린 것은?

① 건성 피부에는 사용을 금한다.
② 피부색을 조절한다.
③ 2~3가지 색상으로 얼굴의 윤곽을 입체적으로 표현한다.
④ 건성 피부에는 크림 파운데이션을 사용한다.

> 건성 피부에는 파우더 사용을 자제하는 것이 좋지만 금지할 필요까지는 없다.

정답 8 ② 9 ③ 10 ④ 11 ④ 12 ④ 13 ③ 14 ③ 15 ①

16 얼굴에서 좀더 튀어나와 보이게 하고 싶은 부위에 사용되는 파운데이션 컬러는?

① 셰이딩 컬러

② 하이라이트 컬러

③ 포인트 컬러

④ 베이스 컬러

> 하이라이트 컬러는 베이스 컬러보다 1~2단계 밝은 컬러로 T존 부위, 눈밑, 턱, 야윈 뺨 등에 사용하여 팽창, 확대되어 보이는 효과를 준다.

17 다음 [보기]는 어떤 메이크업 제품에 대한 설명인가?

【보기】

- 피부톤을 조절한다.
- 자외선을 차단하고 유해환경으로부터 피부를 보호한다.
- 파운데이션의 밀착력을 높이고 유분기를 제거하여 메이크업의 지속력을 높인다.

① 컨실러

② 파우더

③ 파운데이션

④ 메이크업 베이스

> 파우더는 파운데이션 도포 후 번들거림을 방지하여 메이크업을 오래 지속시키며, 자외선을 차단하고 유해환경으로부터 피부를 보호하는 역할을 한다.

18 부드러운 촉감으로 매끄럽게 피부에 잘 퍼져 피부에 생동감을 주는 파우더의 특성은?

① 신전성

② 부착성

③ 피복성

④ 착색성

> ① 신전성 : 부드러운 촉감으로 매끄럽게 피부에 잘 퍼져 피부에 생동감을 부여
> ② 부착성 : 피부에 장시간에 걸쳐 부착
> ③ 피복성 : 기미나 주근깨 등을 감추어 피부색을 조정
> ④ 착색성 : 적절한 광택을 유지하며 자연스러운 피부색을 조정

19 아이브로의 역할이 아닌 것은?

① 얼굴의 인상을 결정한다.

② 얼굴형이나 눈매를 보완한다.

③ 눈에 음영을 주어 입체감을 강조한다.

④ 얼굴 전체의 이미지 변화와 개성을 연출한다.

> 아이섀도를 이용하여 눈에 음영과 입체감을 부여할 수 있다.

20 무스 타입의 파운데이션에 대한 설명으로 잘못된 것은?

① 커버력이 약하여 깨끗한 피부에 많이 사용한다.

② 지성피부에 사용하면 좋다.

③ 흡수력이 좋아 건성피부에 적당하다.

④ 거품 타입의 파운데이션이다.

> 무스 파운데이션은 거품 타입으로 흡수력이 좋고 사용감이 가벼워 지성피부에 적합하며, 커버력이 약해 깨끗한 피부에 많이 사용된다.

21 입자 크기에 따라 다양하게 사용되며 펄 파우더보다 더 화려한 분위기를 연출할 때 부분적으로 사용되는 파우더는?

① 콤팩트 파우더

② 루즈 파우더

③ 펄 파우더

④ 스타 파우더

> 펄 파우더보다 더 화려한 분위기를 연출할 때 사용하는 것은 스타 파우더로 입자 크기에 따라 다양하게 사용된다.

22 아이브로 제품 중 펜슬 타입에 대한 설명으로 알맞은 것은?

① 자연스러운 눈썹을 표현할 때 사용한다.

② 눈썹 숱이 많은 사람에게 적합하다.

③ 눈썹이 뚜렷하지 않거나 숱이 적은 사람에게 사용한다.

④ 브러시를 이용해 가볍게 사용한다.

> 펜슬 타입의 아이브로 제품은 휴대가 간편하고 사용이 편리하지만 인위적인 느낌을 주는데, 눈썹 숱이 적은 사람에게 적당하다.

23 아이브로 제품 중 섀도 타입에 대한 설명으로 틀린 것은?

① 눈썹 숱이 많은 사람에게 적합하다.
② 유성의 성질을 가지고 있어 무르고, 여러 번 그렸을 때 뭉치는 단점이 있다.
③ 브러시를 이용해 가볍게 사용한다.
④ 자연스러운 눈썹을 표현할 때 사용한다.

> 펜슬 타입의 아이브로 제품은 유성의 성질을 가지고 있어 무르고, 여러 번 그렸을 때 뭉치는 단점이 있다.

24 눈썹의 색상에 따른 느낌으로 잘못된 것은?

① 흑색 : 세련된 느낌을 주며 자연스러워 보인다.
② 회색 : 안정, 자연스러움, 침착하며 젊어 보인다.
③ 흑색 : 개성적이며 눈이 크고 피부가 흰 사람에게 어울린다.
④ 갈색 : 우아, 세련, 여성스러움을 표현한다.

갈색	세련된 느낌, 우아하고 세련되며 여성스럽고 건강한 피부표현에 어울림
흑색	개성적인 느낌, 흰 피부에 적당
회색	침착, 차분한 느낌, 자연스러워 누구에게나 잘 어울림

25 아이섀도의 사용 목적이 아닌 것은?

① 눈에 색감과 음영을 주어서 눈매를 수정 보완한다.
② 자유로운 색의 표현으로 다양한 분위기를 연출한다.
③ 아이섀도의 색상과 전체 분위기를 조화시켜 세련미를 강조한다.
④ 파운데이션의 밀착력을 높이고 유분기를 제거하여 메이크업의 지속력을 높인다.

> 파운데이션의 밀착력을 높이고 유분기를 제거하여 메이크업의 지속을 높이는 것은 파우더 제품이다.

26 눈썹의 색상 중 차분하고 자연스러운 이미지를 주는 색상은?

① 흑색　　　　　　② 회색
③ 흑갈색　　　　　④ 갈색

> 그레이 색상의 아이브로는 안정적이고 침착하며 젊어보이는 자연스러운 이미지를 준다.

27 봄 메이크업에 포인트 색으로 많이 활용되며, 젊고 생기있어 보이는 아이섀도 색상은?

① 핑크　　　　　　② 바이올렛
③ 그린　　　　　　④ 레드

> 그린 색상의 아이섀도는 젊고 생기있어 보여 신선한 느낌을 주며, 봄 메이크업 시에 포인트 색으로 많이 활용할 수 있는 색이다.

28 아이섀도의 색상 선택에 대한 설명으로 옳지 않은 것은?

① 피부 색, 머리카락 색, 눈동자 색 등 사람마다 지니는 고유 색상에 어울리는 색상을 선택한다.
② 계절, 개인의 취향, 의상 색과의 조화를 고려하여 선택한다.
③ 젊고 부드러운 느낌을 주기 위해서는 파랑, 청록, 남색 등의 한색을 사용한다.
④ 매트한 질감의 아이섀도는 차분한 느낌을 준다.

> 젊고 부드러운 느낌을 주기 위해서는 노랑, 빨강, 주황 등의 난색을 사용한다.

29 유분이 함유된 타입으로서 사진이나 TV, 무대 메이크업에 많이 이용되며, 발색도가 선명하고 지속력이 있는 아이섀도 타입은?

① 케이크 타입
② 크림 타입
③ 펜슬 타입
④ 파우더 타입

> 크림 타입은 유분이 함유된 타입으로 발색도가 선명하고 지속력이 우수하다.

정답　23 ②　24 ①　25 ④　26 ②　27 ③　28 ③　29 ②

30 손쉽게 메이크업을 하고자 할 때 효과적이므로 초보자에게도 사용이 용이하며 휴대와 사용이 간편한 아이섀도 타입은?

① 케이크 타입
② 크림 타입
③ 펜슬 타입
④ 파우더 타입

> 펜슬형의 아이섀도가 휴대가 간편하고 사용이 용이해 초보자들이 사용하기에 적당하다.

31 다음은 어떤 아이섀도 타입에 대한 설명인가?

【보기】

• 눈가, 입술 중앙에 하이라이트로 사용한다.
• 파티나 판타지 메이크업, 사이버 메이크업에 많이 사용한다.
• 주로 펄 타입으로 광택을 부여하고자 할 때 사용한다.

① 케이크 타입
② 크림 타입
③ 펜슬 타입
④ 파우더 타입

> 파우더 타입의 아이섀도는 가루제품으로 요즘에는 펄이 섞인 제품이 유행하고 있으며 주로 하이라이트용으로 많이 사용한다.

32 크림 타입의 아이섀도에 대한 설명으로 틀린 것은?

① 가루 날림에 유의해야 한다.
② 색의 대비 효과를 얻을 수 있다.
③ 뭉칠 우려가 있다.
④ 유분기가 많아 부드럽게 잘 펴지며 지속력이 길다.

> 케이크 타입이나 파우더 타입의 아이섀도 사용 시 가루날림에 유의해야 한다.

33 바이올릿 계열의 아이섀도의 이미지는?

① 차가운 이미지
② 우아한 이미지
③ 차분한 이미지
④ 건강한 이미지

핑크	소녀다움과 어려보이는 느낌이 강조되며, 흰 피부에 적합하다.
그린	젊고 생기있어 보이며 신선한 느낌을 준다.
블루	시원하고 차가운 느낌을 주며 젊고 깨끗한 이미지를 갖는다.
바이올렛	귀족적이며 우아한 여성미가 강조되며, 흰 피부에 잘 어울리고 파티 메이크업에도 많이 쓰인다.
오렌지	따뜻한 느낌을 주며 밝고 쾌활하고 건강한 이미지를 갖는다.

34 따뜻한 느낌을 주며 밝고 쾌활하고 건강한 이미지를 가지며, 선탠(Suntan)한 듯한 약간 검은 피부에 잘 어울리는 아이섀도 컬러 계열은?

① 블루 계열
② 브라운 계열
③ 핑크 계열
④ 오렌지 계열

35 퍼플 계열의 아이섀도 이미지를 가장 잘 표현한 설명은?

① 시원하고 차가운 느낌을 주며 젊고 깨끗한 이미지
② 귀족적이며 우아한 여성미가 강조된 이미지
③ 소녀다움과 어려보이는 느낌이 강조된 이미지
④ 젊고 생기있어 보이며 신선한 느낌의 이미지

36 아이라이너의 사용 목적으로 틀린 것은?

① 눈을 선명하고 또렷하게 한다.
② 눈에 생동감을 불어 넣어준다.
③ 속눈썹을 풍성하게 보이게 한다.
④ 눈 모양을 수정해 준다.

> 아이라이너는 눈 모양을 수정하거나 또렷하고 선명한 눈매를 연출하기 위해 사용한다.

37 ^{★★★} 펜슬 타입의 아이라이너에 대한 설명으로 맞는 것은?

① 지속력이 강하다.
② 쉽게 지워지지 않는다.
③ 정교한 라인 연출이 쉽다.
④ 자연스러운 눈매 연출 시 사용이 용이하다.

> 펜슬 타입의 아이라이너는 자연스러운 분위기가 연출되며, 그리기가 쉬우므로 초보자에게 적합하지만 정교한 아이라인 연출이 어려운 단점이 있다.

38 ^{★★★} 물을 섞어서 그리는 것으로 선명하고 번들거림이 없는 아이라이너의 종류는?

① 펜슬 타입
② 리퀴드 타입
③ 케이크 타입
④ 젤 타입

> 케이크 타입의 아이라이너는 가는 브러시에 물이나 스킨을 섞어 사용하는데, 리퀴드보다는 지속력이 떨어지고 펜슬보다는 지속력이 좋아 많이 사용한다.

39 ^{★★★} 마스카라의 사용 목적에 대한 설명으로 잘못된 것은?

① 속눈썹이 길고 진해 보인다.
② 눈이 크고 생기가 있어 보인다.
③ 깊이 있는 눈매를 연출한다.
④ 눈매를 또렷하게 한다.

> 눈매를 또렷하게 하는 제품은 아이라이너이다.

40 ^{★★} 섬유소가 들어 있어 눈썹이 길고 숱이 많아 보이게 하는 마스카라의 종류는?

① 투명 마스카라
② 케이크 마스카라
③ 롱래쉬 마스카라
④ 워터프루프 마스카라

> 속눈썹이 길어 보이는 효과를 주는 것은 롱래쉬 마스카라이다.

41 ^{★★★★} 마스카라의 종류에 대한 설명으로 맞는 것은?

① 컬링 마스카라 : 내용물이 많이 발려져 속눈썹이 풍부해 보인다.
② 볼륨 마스카라 : 하드한 느낌을 주는 원료를 사용하며, 속눈썹의 컬을 잘 살린다.
③ 롱래쉬 마스카라 : 장시간 지속된다.
④ 워터프루프 마스카라 : 건조가 빠르고 내수성이 좋아 여름철에 사용하기 적합하다.

컬링 마스카라	하드한 느낌을 주는 원료를 사용하며, 속눈썹의 컬을 잘 살린다.
볼륨 마스카라	내용물이 많이 발려져 속눈썹이 풍부해 보인다.
롱래쉬 마스카라	섬유소가 들어있어 속눈썹이 길어 보이는 효과가 있다.

42 ^{★★★} 부착력이 좋고 속눈썹이 잘 올라가며 장시간 유지시켜 주는 마스카라의 종류는?

① 컬링 마스카라
② 볼륨 마스카라
③ 롱래쉬 마스카라
④ 워터프루프 마스카라

43 ^{★★★} 땀이나 물에 잘 지워지지 않아 여름철에 사용하기에 적당한 마스카라의 종류는?

① 컬링 마스카라
② 볼륨 마스카라
③ 롱래쉬 마스카라
④ 워터프루프 마스카라

44 ^{★★★} 립스틱 위에 발라서 립스틱의 지속력을 증대시키는 역할을 하는 제품은?

① 립밤
② 립코트
③ 립글로스
④ 립라이너

> 립스틱의 지속력을 높여주기 위해 립스틱 위에 바르는 제품은 립코트이다.

정답 37 ④ 38 ③ 39 ④ 40 ③ 41 ④ 42 ① 43 ④ 44 ②

45 ***
립 메이크업의 사용 목적으로 틀린 것은?

① 립스틱을 바름으로써 전체 메이크업에 생기를 주어 아름다움을 돋보이게 한다.
② 입술모양을 수정하여 보다 아름다운 메이크업을 연출한다.
③ 립스틱, 립글로스, 립밤 등의 제품이 있고 외부자극으로부터 입술을 보호한다.
④ 얼굴에 강한 인상을 주기 위해 사용한다.

전체 메이크업에 생기를 주어 아름다움을 돋보이게 하는 목적으로 사용하는 것이지 강한 인상을 주기 위해 사용하는 것은 아니다.

46 ***
펜슬 타입으로 입술 선을 선명하게 표현해 주고 입술화장이 번지지 않게 오래 지속시켜 주며 입술의 모양을 수정 보완하는 제품은?

① 립밤
② 립코트
③ 립글로스
④ 립라이너

입술 선을 선명하게 표현해 주고 입술화장이 번지지 않게 오래 지속시켜 주는 펜슬 타입의 제품은 립라이너이다.

47 ***
블러셔의 컬러별 이미지가 맞게 연결된 것은?

① 핑크 계열 – 세련되고 차분하며 지적인 느낌
② 오렌지 계열 – 상큼하고 발랄한 느낌
③ 브라운 계열 – 여성스러우며 화사한 느낌
④ 로즈 계열 – 사랑스럽고 도시적인 느낌

핑크	귀여운 느낌
오렌지	강하고 발랄한 느낌
브라운	세련되고 차분하며 지적인 느낌
로즈	여성스러우며 화사한 느낌

48 ***
블러셔의 사용 목적으로 잘못된 것은?

① 피부에 혈색을 부여
② 얼굴형을 수정하여 개성을 연출
③ 건강미 넘치는 이미지를 완성
④ 잡티 커버

블러셔는 피부에 혈색을 주어서 여성스러움을 강조해 주며 또한 건강한 이미지를 부여, 얼굴형을 수정하여 개성을 연출하는 기능을 한다.

49 ***
색상표현이 용이하고 자연스러워 누구나 쉽게 사용할 수 있으며 파우더를 압축한 형태의 블러셔 타입은?

① 케이크 타입
② 크림 타입
③ 스틱 타입
④ 젤 타입

케이크 타입	• 일반적으로 널리 사용되는 타입 • 파우더 처리 후 브러시를 이용하여 터치
크림 타입	• 파운데이션을 바른 후 사용 • 유분기가 있는 상태이므로 스펀지로 펴서 경계를 없애 줌

50 ***
파우더나 아이섀도를 바른 후 코밑, 눈밑, 입가 등 세심하고 좁은 부위에 묻은 파우더를 털어내는 데 사용하는 부채꼴 모양의 빳빳한 털을 사용하는 브러시는?

① 스크루 브러시
② 팬 브러시
③ 아이 브러시
④ 블러셔 브러시

팬 브러시
• 파우더나 아이섀도를 바른 후 코밑, 눈밑, 입가 등 세심하고 좁은 부위에 묻은 파우더를 털어 낼 때 사용
• 모양 : 부채꼴 모양이며 빳빳한 털을 사용하는 것이 좋음

51 브러시의 보관 방법으로 틀린 것은?

① 사용할 때마다 색조화장품의 잔여물을 말끔히 털어 낸다.
② 세척할 경우 미지근한 물에 샴푸나 비누로 풀어서 가볍게 문지르듯 빨아준다.
③ 브러시 끝을 가지런히 모아서 마른 타월로 물기를 제거한 후, 그늘에 뉘어서 모양이 흐트러지지 않게 말린다.
④ 드라이기로 바짝 말린다.

> 브러시를 말릴 때는 마른 타월로 물기를 제거한 후 그늘에 뉘어서 모양이 흐트러지지 않게 말린다.

52 메이크업 베이스나 크림 파운데이션과 같이 용기에 든 화장품을 위생적으로 덜어 쓸 때 사용하며, 베이스의 색상을 서로 섞어서 쓸 때도 사용하는 도구는?

① 스파츌라
② 아이리쉬 컬러
③ 핀셋
④ 아이브러시와 콤

> 스파츌라는 용기에 든 화장품을 위생적으로 덜어 쓸 때 사용하는 도구이다.

53 강한 포인트 색을 바르고자 할 때 주로 사용되는 브러시로 재질은 면이나 밍크가 있으며 물 세척이 가능한 브러시는?

① 스크루 브러시
② 팁 브러시
③ 아이브러시와 콤
④ 팬 브러시

> 강한 포인트 색을 바를 때는 팁 브러시를 사용하는데, 물 세척이 가능한 브러시이다.

54 메이크업 시 필요한 제품과 도구에 대한 설명으로 틀린 것은?

① 팁 브러시 : 메이크업 시 여분의 파우더를 털어낼 때 사용한다.
② 면봉 : 립라인, 아이라인 등의 메이크업 수정 시 사용되는 도구이다.
③ 스크루 브러시 : 눈썹을 그리기 전후에 자연스러운 눈썹을 만들어주기 위해 사용한다.
④ 라텍스 : 베이스 메이크업을 할 때 지속성과 밀착성을 위해서는 패팅 기법을 사용한다.

> 파우더를 털어낼 때 사용하는 브러시는 팬 브러시이다.

55 립라이너와 관련한 내용으로 가장 적합한 것은?

① 립스틱의 색상과 유사한 색상을 선택한다.
② 립스틱의 색상과 상관없이 선택해도 무방하다.
③ 색상이 다양하지 못하다.
④ 립스틱을 바른 입술 위에 광택을 줄 때 사용한다.

> 립라이너는 립스틱 색상과 유사한 색상을 선택한다.

56 메이크업 도구에 대한 설명으로 옳지 않은 것은?

① 스펀지는 파운데이션이 뭉치지 않게 고루 펴주는 역할을 한다.
② 퍼프는 파우더를 눌러 바를 때 사용한다.
③ 스크루 브러시는 강한 포인트 색을 바를 때 사용한다.
④ 핀셋은 눈썹 주위에 난 지저분한 잔털을 뽑을 때 사용한다.

> 강한 포인트 색을 바를 때는 팁 브러시를 사용하며, 스크루 브러시는 마스카라를 바른 후 엉켜붙은 속눈썹을 빗거나 눈썹을 빗어줄 때 사용한다.

SECTION 04 메이크업 위생관리 및 고객 서비스

라텍스 스펀지, 퍼프, 브러시 등의 소독 방법, 관리 방법에 대한 문제가 출제될 수 있으므로 학습하도록 합니다.

▶ Check point) 스펀지의 특징

라텍스 스펀지	더러워지면 세척하는 것보다 가위로 잘라서 사용하는 것이 위생적이며, 천연 생고무가 주원료이다.
합성 스펀지	사용 후 비눗물로 세척하며, 인조 원료로 만들어졌으며 탄성이 좋아 형태 보존력이 우수하다.
해면 스펀지	물에 담그면 부드러워지는 천연 스펀지로 사용 후에는 미지근한 물에 세척하고 마르면 딱딱한 상태로 변한다.

01 메이크업 재료, 도구, 기기 관리 및 소독

부위	특징
라텍스 스펀지	• 미지근한 물에 라텍스를 담근 후 비누를 오염된 라텍스 부위에 묻혀 손가락으로 반복해 눌러 준고 여러 번 세척한 후 흐르는 물에 헹군다. • 라텍스를 수건에 겹치지 않게 펼쳐 놓고 그 위에 수건을 올려 누르거나 말아서 남아 있는 물기를 제거한 후 통풍이 잘되는 곳에서 건조시킨다.
퍼프 (분첩)	• 퍼프를 세척하기 위해 폼 클렌징이나 비누를 미온수에 녹인 후 내피가 뭉치지 않고 외피가 손상되지 않도록 부드럽게 쓰다듬듯이 세척한다. • 흐르는 물에 여러 번 헹궈 낸 후 마지막에 유연제를 푼 물에 담갔다 꺼낸다. • 구김이 생기지 않게 양 손바닥을 사용해 누르듯이 물기를 제거한 후 통풍이 잘되는 그늘에서 말리거나 세워서 건조시킨다. • 수건이나 종이 타월을 깔고 분첩, 스펀지를 말리기도 한다.
메이크업 브러시	• 사용 후에는 매번 털어서 관리하며, 더러워지면 세척한다. • 천연모 브러시는 샴푸와 희석한 물에 넣었다가 꺼내어 손바닥에서 모의 결대로 세척한다. • 립, 아이라인, 파운데이션, 컨실러 브러시는 주방 세제나 브러시 전용 세척제를 사용한다. • 흐르는 물에 브러시 모의 결대로 헹구고, 전에 사용한 컬러나 잔여 세제가 나오지 않는지 확인한다. • 린스와 희석한 물에 천연모 브러시만 넣었다가 꺼내어 흐르는 물에 헹궈 브러시 모의 결대로 수건에 감싸 물기를 제거한다. • 손으로 브러시 모의 결대로 모양을 잡고 바닥에 닿지 않게 말아 놓은 수건 위에 뉘어서 또는 브러시 모가 아래로 향하도록 매달아서 건조시킨다. • 세척 후 세워서 말릴 경우 브러시 모가 벌어질 수 있으므로 반드시 뉘어서 또는 모를 아래로 해서 건조시킨다.

부위	특징
스파츌라, 믹싱 팔레트	• 남아 있는 잔여물을 티슈로 제거한다. • 중성 세제로 세척한 후 알코올 또는 자외선 소독기로 소독한다.
족집게, 눈썹 가위, 눈썹 칼	• 화장품 잔여물을 물티슈나 티슈로 제거한 후 알코올을 분무하여 소독한다.
에어브러시	• 물기가 있는 젖은 천이나 거즈로 에어브러시, 컴프레서, 에어호스 등 외부를 닦고 마른 천이나 거즈로 물기를 제거한다. • 에어브러시의 레버를 작동시켜 입구가 막히지 않았는지 확인하고, 에어브러시 컵에 알코올을 넣어 레버를 작동시키고 알코올을 분사시켜 내부를 소독한다. • 에어브러시 외부는 알코올을 사용하여 소독한다.
아이래시 컬러	• 알코올이나 토너를 티슈에 묻혀 잔여물이 묻기 쉬운 프레임 상부를 닦는다. • 프레임 하부에 끼워진 고무 부분도 알코올이나 토너로 깨끗이 닦는다. • 고무를 지지하는 부분은 얼굴에 직접 닿으므로 알코올이나 토너로 깨끗이 닦는다.
면봉, 화장 솜	• 1회 사용 후 버린다.
수건, 가운, 메이크업 케이프	• 1회 사용 후 세탁기를 사용하여 세탁한다. • 화장품 오염 물질이 묻은 경우 주방 세제를 사용하여 제거한 후 세탁한다.
립, 컨실러 브러시	• 사용 후 티슈로 닦거나 메이크업 리무버로 세척한다.
아이라이너	• 메이크업 리무버를 작은 통에 담아 두고 사용하고, 티슈나 화장솜으로 리무버를 제거한 후 사용한다. • 화장솜이나 티슈에 메이크업 리무버를 묻혀 브러시 모에 묻어 있는 화장품을 풀어 주고 결 방향대로 움직여 잔여물을 제거하고, 마른 부분에 리무버를 제거한다.
자외선 소독기	• 젖은 천이나 거즈로 안과 밖을 닦고 마른 천이나 거즈로 물기를 제거한 후 알코올로 소독한다.

1 작업장 청소

① 메이크업 작업장, 상담실, 제품 보관실의 바닥과 벽을 청소한다.
- 빗자루를 이용하여 바닥을 쓸어낸다.
- 청소기, 스팀 청소기 등을 활용하여 먼지를 깨끗하게 제거한다.
- 마대 걸레, 수세미 등으로 바닥의 오염물을 닦아낸다.
- 바닥과 벽 등의 재질에 따라 걸레, 수세미 등 알맞은 전용도구로 오염물을 닦아낸다.
- 배수구, 환기 시설 등에 부착된 찌꺼기나 오물은 알맞은 전용 세제, 락스 등으로 제거한다.

② 메이크업 작업대, 상담 테이블을 닦는다.
- 메이크업 작업대 위의 메이크업 재료는 정리한 후 작업대에 화장품 잔여물이 묻어 있으면 전용 리무버를 이용하여 잔여물을 제거한다.
- 메이크업 작업대 상판은 마른걸레로 닦은 후 왁스 등을 사용하여 본연의 광택을 살린다.
- 상담 테이블에 음료 자국이 있으면 물걸레로 닦은 후 왁스 등을 사용하여 본연의 광택을 살린다.

③ 거울, 유리창, 창틀 등을 닦는다.
- 거울 전용 세척제를 묻힌 마른걸레를 이용하여 거울을 닦는다.
- 유리창에 세척제를 뿌리고 유리창 전용 청소 도구를 활용하여 유리창을 닦는다. 유리창에 얼룩이 남지 않도록 마른걸레로 닦은 후 자연 건조시킨다.
- 창틀은 솔이나 붓으로 쓸고 청소기로 먼지를 제거하고, 걸레, 수세미 등으로 오염물을 닦아 낸다.

④ 메이크업 전용 의자, 상담실 의자 등을 닦는다.
- 의자의 스테인리스 재질 부분인 스탠드 기둥은 매직 블록과 같은 스펀지 형태의 얼룩 제거 전용 도구를 활용한다.
- 높이 조절 버튼, 발 받침대, 의자 받침대는 스틸 광택제를 활용하여 닦아 내고 마른걸레로 광택을 유지한다.
- 등받이, 팔걸이 등의 가죽 재질 부분은 가죽 전용 세제를 활용하여 닦는다.
- 소독을 목적으로 희석 알코올을 전체적으로 분무하여 마무리한다.

⑤ 메이크업 제품 트레이를 닦는다.
- 트레이의 스테인리스 재질 부분은 얼룩 제거 전용 도구와 걸레를 사용하여 깨끗이 닦는다.
- 바퀴 부분은 칫솔, 정전기 청소포 등으로 머리카락 및 오염 물질을 제거한다.
- 오염 물질이 제거된 바퀴 부분은 얼룩 전용 세제를 이용하여 걸레로 닦

고, 철 브러시로 제품의 녹, 때 등을 제거하고 스틸 광택제로 닦는다.
- 깨끗한 걸레로 물기를 제거하고, 소독하여 환기가 잘되는 곳에 건조시킨다.

⑥ 청소 점검표를 작성하여 청소를 점검하여 마무리한다.

② 실내 공기 관리

① 배기 후드가 정상적으로 작동하도록 수시로 청소, 관리를 한다.
- 배기 후드 청소 시작 전에 먼지나 이물질이 떨어질 경우를 대비하여 비닐 등으로 시설물, 재료 등을 덮는다.
- 배기 후드 내의 거름망을 분리하여 세척제에 불린 후 세척하고 헹군다.
- 세척제를 묻혀 배기 후드 내·외부에 묻은 오염 물질을 닦는다.
- 세척제, 물기 등을 마른걸레로 제거한 후 건조한다.

② 쾌적한 실내 공기 유지를 위해 적정 온도, 습도를 유지한다.
- 실내외 온도차는 5~7℃를 유지한다.
- 쾌적함을 유지하기 위한 습도는 40~70% 범위를 유지한다.

③ 기본 환경 위생 규칙 활용

① 사업장의 벽과 바닥을 자주 청소하여 청결을 유지한다.
② 고객에게 사용한 모든 설비는 알코올을 적신 면 패드로 닦거나 분무기로 분사하여 소독한다.
③ 화장실은 항상 청결을 유지한다.
④ 하고 비누, 손 소독제, 종이 수건, 휴지 등을 항상 여유분을 미리 준비한다.

03 메이크업 작업자 개인 위생 관리

① 복장 및 손 상태 점검

① 메이크업 작업에 적합한 헤어스타일로 연출한다.
② 화장을 자연스럽게 표현한다.
③ 손을 위생적으로 소독한다. 손톱은 깨끗하게 정돈한 후 네일 색상은 무난한 색으로 하며 손톱은 항상 손질이 되어 있는 청결한 상태여야 한다.
④ 복장을 단정하고 청결하게 갖춰 입는다.

② 소독제와 방부제 사용 시 주의 사항을 숙지한다.

① 작업하기 전에 손을 씻고 위생적으로 한다.
② 작업 전에 작업 공간과 그 밖의 공간을 깨끗하고 위생적으로 한다.
③ 용기에서 제품을 덜어서 쓸 때에는 스파출라를 사용하고 한 번 덜어낸 것은 다시 용기 안에 넣지 않는다.

④ 작업을 마치고 난 뒤에 재사용할 수 있는 모든 물건이나 작업 공간을 위생적으로 처리한다.

⑤ 방부제와 소독제를 항상 봉하고 안전한 장소에 보관한다.

❸ 손 위생 관리법을 숙지한다.

① 손 씻는 방법을 숙지하여 개인위생을 관리한다.

② 메이크업 작업 전후, 화장실 사용 후에는 항상 손을 깨끗하게 씻고 소독한다.

③ 손톱의 길이와 손톱 주변의 정리 상태를 점검한다.

④ 손의 상처 또는 손의 위생 상태를 점검한다.

❹ 구강을 청결하게 관리한다.

① 단시간에 구강 건강과 냄새 제거에 도움이 되며 칫솔이 닿지 않는 곳까지 세척이 가능한 가글 제품을 사용한다.

② 고객 응대 5분 전에 미리 양치 및 가글을 한다.

③ 양치 공간이 없는 곳에서는 휴대용 스프레이형 가글을 사용한다.

04 고객 서비스

❶ 고객 관리

구분	관리
신규 고객	• 기업의 긍정적 이미지 전달 및 고객 만족도 조사
일반 고객	• 고객에 대한 인지 및 친밀감 유발 • 적극적인 서비스 정보 및 이벤트 제공 • 고객 우대 정책 소개 및 이탈 방지 프로그램 시작
단골 고객	• 고객 우대 정책 및 통합 관리 시작 • 고객별 차별화 및 맞춤형 서비스 제공 • 소개 고객 유치에 따른 우대 정책 전달 및 이탈 방지 프로그램 시작

❷ 고객 응대 기법 및 절차

(1) 방문 고객 응대

① 사업장을 방문한 고객을 맞이할 때에는 자리에서 일어나 밝은 얼굴로 인사한다.

② 고객의 소지품과 의복 등을 보관한다.

③ 고객의 방문 사유를 확인한 후 서비스 공간으로 안내한다.

④ 대기하고 있는 고객에게 다과 및 책자 등을 제공한다.

⑤ 상담 후 예약이 필요한 경우 예약 카드를 작성한다.

(2) 전화 상담 고객 응대

① 전화 예절을 습득한다.

② 기존 고객인지 신규 고객인지 확인하여 기존 고객에게는 안부 인사를 하여 친밀감을 높이고, 신규 고객의 전화 응대에 따라 메이크업 사업장의 방문 여부가 결정되는 경우가 많으므로 더욱 친절하게 응대하여 불편이 없도록 한다.

③ 고객이 상담을 원하는 내용이 무엇인지 정확하게 기록하여 예약을 확인한다.

④ 전화를 끊기 전에 끝인사를 한다.

(3) 온라인 상담 고객 응대

① 인터넷으로 상담 및 메이크업을 예약한 경우에 상담 내용이 회신될 때까지 담당자를 지정하여 처리 상황을 안내한다.

② 페이스북, 트위터, 인스타그램 등 SNS 상담을 할 때 다음 사항에 주의한다.

• 답변과 처리에 신중을 기한다.

• 확인되지 않은 내용, 과장된 내용은 자제한다.

• 타인을 비방하거나 타 사업장을 비판하는 말은 삼간다.

3 메이크업 아티스트의 기본자세

① 건강한 체력과 정신력을 겸비할 것

② 새로 유행하는 정보에 대한 빠른 습득력

③ 패션감각에 대한 이해와 센스 필요

④ 상호 협조적이고 타협적인 대인관계를 유지할 것

⑤ 최고의 아름다움을 창출해내고자 하는 창조적 마인드 필요

⑥ 모델의 결점이나 단점, 불안정한 환경에서도 최선을 다하는 직업정신

⑦ 모델의 개성을 잘 살릴 수 있도록 노력

⑧ 협력업체 또는 스태프와 원만한 관계 유지

⑨ 모델의 의상에 화장품이 묻지 않도록 어깨보를 씌우는 등의 배려심 필요

⑩ 모든 메이크업 제품 및 도구는 위생을 염두에 두고 청결하게 관리

⑪ 분첩으로 모델의 코와 입을 막는 등 모델에게 불편함을 주지 말 것

▶ 정확한 발음을 위해 고려해야 할 요소
조음, 음색, 억양, 강세

chapter 01

1 메이크업 도구 및 재료의 사용법에 대한 설명으로 가장 거리가 먼 것은? ★★★

① 브러시는 전용 클리너로 세척하는 것이 좋다.
② 아이래시 컬은 속눈썹을 아름답게 올려줄 때 사용한다.
③ 라텍스 스펀지는 세균이 번식하기 쉬우므로 깨끗한 물로 씻어서 재사용한다.
④ 면봉은 부분 메이크업 또는 메이크업 수정 시 사용한다.

> 라텍스 스펀지는 천연 생고무를 원료로 만들어지는데, 세척 후에 재사용하기보다는 가위로 잘라서 사용한다.

2 메이크업 도구 및 재료의 관리방법으로 옳지 않은 것은? ★★★

① 면봉과 화장솜은 일회용이므로 반드시 1회 사용후 버린다.
② 아이래시 컬러는 알코올이나 토너를 티슈에 묻혀 잔여물이 묻기 쉬운 프레임 상부를 닦는다.
③ 천연모 브러시는 샴푸와 희석한 물에 넣었다가 꺼내어 손바닥에서 모의 결대로 세척한다.
④ 퍼프는 흐르는 물에 여러 번 헹군 뒤 햇볕이 잘 드는 곳에 눕혀서 말린다.

> 퍼프는 구김이 생기지 않게 양 손바닥을 사용해 누르듯이 물기를 제거한 후 줄에 손잡이를 걸어 통풍이 잘되는 그늘에서 말리거나 세워서 건조시킨다.

3 브러시 사용법과 보관법에 대한 설명 중 틀린 것은? ★★★

① 미지근한 물에서 브러시 전용 세척제를 묻혀 결대로 세척한다.
② 브러시는 사용 후 즉시 물과 알코올 1 : 1 혼합액을 뿌린 티슈에 닦아내는 것이 좋다.
③ 말릴 때는 물기를 제거한 후 손으로 모양을 잡고 털끝을 위로 세워서 말린다.
④ 린스와 물을 섞은 물에 헹구어 꺼낸 후 흐르는 물에 세척한다.

> 브러시를 세척한 후 말릴 때는 마른 타월로 물기를 제거한 후 그늘에 뉘어서 모양이 흐트러지지 않게 말린다.

4 브러시의 보관 방법으로 틀린 것은? ★★★

① 사용할 때마다 색조화장품의 잔여물을 말끔히 털어 낸다.
② 세척할 경우 미지근한 물에 샴푸나 비누로 풀어서 가볍게 문지르듯 빨아준다.
③ 브러시 끝을 가지런히 모아서 마른 타월로 물기를 제거한 후, 그늘에 뉘어서 모양이 흐트러지지 않게 말린다.
④ 드라이기로 바짝 말린다.

> 브러시를 말릴 때는 마른 타월로 물기를 제거한 후 그늘에 뉘어서 모양이 흐트러지지 않게 말린다.

5 라텍스 스폰지에 대한 설명으로 틀린 것은? ★★★

① 사용 후 미온수에 깨끗이 빨아 햇빛에 건조시킨다.
② 사용 후 가위로 잘라내고 사용할 수 있다.
③ 메이크업 베이스, 파운데이션을 고르게 펴바르기 위해 사용한다.
④ 천연 생고무가 주원료로서 세균 오염이 쉽다.

> 라텍스 스폰지는 미온수에 깨끗이 빨아 물기를 제거한 후 통풍이 잘되는 곳에서 건조시킨다.

6 메이크업 미용사의 작업과 관련한 내용으로 가장 거리가 먼 것은? ★★

① 고객의 신체에 힘을 주거나 누르지 않도록 주의한다.
② 고객의 옷에 화장품이 묻지 않도록 가운을 입혀 준다.
③ 마스카라나 아이라인 작업 시 입으로 불어 신속히 마르게 도와준다.
④ 모든 도구와 제품은 청결히 준비하도록 한다.

> 입으로 부는 행위는 위생상 좋지 않기 때문에 삼가도록 한다.

정답 1 ③ 2 ④ 3 ③ 4 ④ 5 ① 6 ③

7 메이크업 미용사의 자세로 가장 거리가 먼 것은?

① 고객의 연령, 직업, 얼굴모양 등을 살펴 표현해 주는 것이 중요하다.

② 시대의 트렌드를 대변하고 전문인으로서의 자세를 취해야 한다.

③ 공중위생을 철저히 지켜야 한다.

④ 고객에게 메이크업 미용사의 개성을 적극 권유한다.

> 미용사의 개성을 표현하기보다는 고객의 연령, 직업, 얼굴모양 등을 고려하여 권유하도록 한다.

8 이·미용사의 위생복을 흰색으로 하는 것이 좋은 주된 이유는?

① 오염된 상태를 가장 쉽게 발견할 수 있다.

② 가격이 비교적 저렴하다.

③ 미관상 가장 보기가 좋다.

④ 열 교환이 가장 잘 된다.

> 위생복은 이 · 미용 작업 중 이물질 등으로부터 오염되는 상태를 쉽게 확인할 수 있기 때문에 흰색을 사용한다.

9 메이크업 미용사의 기본적인 용모 및 자세로 가장 거리가 먼 것은?

① 업무 시작 전 · 후 메이크업 도구와 제품 상태를 점검한다.

② 메이크업 시 위생을 위해 마스크를 항상 착용하고 고객과 직접 대화하지 않는다.

③ 고객을 맞이할 때는 바로 자리에서 일어나 공손히 인사한다.

④ 영업장으로 걸려온 전화를 받을 때는 필기도구를 준비하여 메모를 한다.

> 메이크업 시 고객의 요구사항에 대한 대화가 필요하다.

10 메이크업 미용사의 자세와 작업에 관련한 내용으로 틀린 것은?

① 고객과 대화 시에는 경어를 사용하며 미소로 대한다.

② 메이크업 시 화장품에 의해 고객의 의상을 더럽히지 않도록 어깨보를 착용시킨다.

③ 오른손잡이는 모델의 왼쪽에, 왼손잡이는 모델의 오른쪽에 서서(혹은 앉아서) 작업하는 것이 안정감 있다.

④ 고객 얼굴의 각도를 바꾸고 싶을 때는 두 손으로 가볍게 턱을 받쳐 각도를 조정하거나 고객에게 정중히 요구한다.

> 오른손잡이는 모델의 오른쪽에, 왼손잡이는 모델의 왼쪽에 서서 작업하는 것이 안정감 있다.

11 단골고객을 대하는 태도로 가장 거리가 먼 것은?

① 고객이 이탈하지 않도록 지속적으로 연락을 한다.

② 오랜 고객인 만큼 우대 서비스보다는 친밀함을 강조한다.

③ 단골고객을 차별화하여 맞춤형 서비스를 제공한다.

④ 지인을 소개해준 고객에게 우대 서비스를 제공한다.

> 단골고객일수록 이탈하지 않도록 우대 정책을 통한 맞춤형 서비스를 제공한다.

정답 7 ④ 8 ① 9 ② 10 ③ 11 ②

SECTION 05

Makeup Artist Certification

메이크업 카운슬링

얼굴 균형도, 얼굴 부위별 명칭, 얼굴형에 따른 화장법은 매우 중요하고 핵심적인 내용들이므로 비중있게 학습하도록 합니다. 얼굴형별 셰이딩과 하이라이트는 기본원리를 이해하며 학습하도록 합니다.

▶ 이상적인 얼굴형 : 계란형 얼굴

▶ 얼굴의 명칭

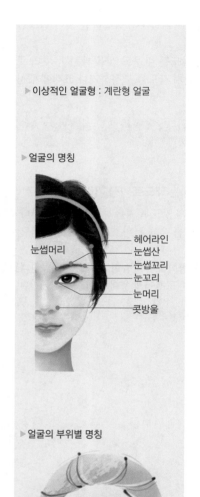

눈썹머리
헤어라인
눈썹산
눈썹꼬리
눈꼬리
눈머리
콧방울

▶ 얼굴의 부위별 명칭

T존
O존
Y존
S존
O존
V(U)존

01 얼굴 특성 파악

1 얼굴의 비율, 균형, 형태 특성

(1) 가로 및 세로 분할

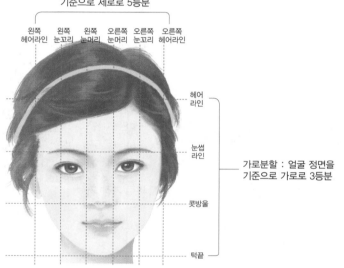

세로 분할 : 얼굴정면을
기준으로 세로로 5등분

왼쪽   왼쪽   왼쪽   오른쪽 오른쪽 오른쪽
헤어라인 눈꼬리 눈머리 눈머리 눈꼬리 헤어라인

헤어
라인

눈썹
라인

가로분할 : 얼굴 정면을
기준으로 가로로 3등분

콧방울

턱끝

2 얼굴의 부위별 명칭

부위	특징	화장법
헤어라인	귀의 위에서 이마 쪽으로 머리카락이 난 부분	파운데이션이나 파우더를 소량 발라서 경계가 생기지 않도록 주의할 것
T존	이마에서 콧대를 연결하는 부분	• 하이라이트를 주어 얼굴을 화사하게 표현할 것 • 피지분비량이 많아 화장이 잘 뜨는 부위이므로 자주 수정하고, 소량의 파운데이션을 사용할 것
V(U)존	양쪽 입꼬리 주변에서 턱으로 연결되는 부위	뾰루지가 잘 생기고 건조해지기 쉬운 부위로 소량의 파운데이션을 사용할 것

부위	특징	화장법
Y존	눈 밑, 광대뼈 위의 Y모양의 부위	피부의 움직임과 잔주름이 많아서 파운데이션을 소량 얇게 펴 바르고, 하이라이트를 주어 얼굴을 밝게 표현할 것
S존	귓볼에서 턱선을 따라 입꼬리로 향하는 부위	셰이딩이나 하이라이트를 주어 얼굴의 윤곽 수정이 가능
O존	눈 주위, 입 주위	피하지방이 적어 주름이 쉽게 생기는 부위로 두꺼운 피부표현 시 부자연스럽고 무거워 보이지 않게 주의 ※ 눈 주위를 아이존이라고도 함

(1) 이상적인 눈썹

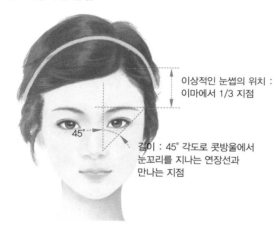

이상적인 눈썹의 위치 : 이마에서 1/3 지점

45°

길이 : 45° 각도로 콧방울에서 눈꼬리를 지나는 연장선과 만나는 지점

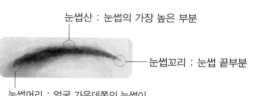

눈썹산 : 눈썹의 가장 높은 부분

눈썹꼬리 : 눈썹 끝부분

눈썹머리 : 얼굴 가운데쪽의 눈썹이 시작되는 부분

(2) 이상적인 눈

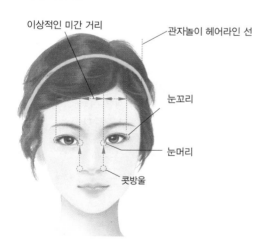

이상적인 미간 거리

관자놀이 헤어라인 선

눈꼬리

눈머리

콧방울

- 이상적인 미간 거리 : 눈의 가로길이와 동일
- 눈머리 : 콧방울에서 수직으로 올렸을 때 만나는 지점
- 눈꼬리 : 눈머리에서 관자놀이 헤어라인 선까지의 폭의 약 1/2 지점

(3) 이상적인 입술과 콧방울

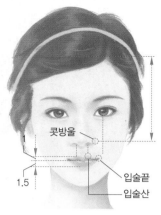

콧방울 : 이마에서
2/3 지점

콧방울

1.5

입술끝

입술산

① 이상적인 입술
- 정면을 바라보고 있을 때 눈동자 안쪽선의 연장선과 만나는 지점
- 입술의 양 끝 위치 : 눈동자 중앙에서 수직으로 내린 선의 조금 안쪽
- 입술산의 위치 : 양 콧구멍을 중심으로 수직으로 내린 선과 만나는 부분
※이상적인 입술의 비율 (윗입술 : 아랫입술 = 1 : 1.5)

② 이상적인 콧방울
- 위치 : 이마에서 2/3 지점
- 양 콧방울의 너비 : 입술 가로길이의 약 1/2

3 얼굴형에 따른 화장법

(1) 둥근 얼굴형

① 특징 : 귀여워 보이지만 성숙한 이미지가 느껴지지 않는 얼굴형으로 둥근 얼굴을 길어 보이게 하거나 갸름하게 보이도록 하는 데 초점을 맞춘다.

② 화장법

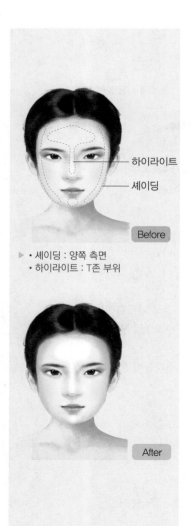

하이라이트

셰이딩

Before

▶ • 셰이딩 : 양쪽 측면
• 하이라이트 : T존 부위

After

구분	화장법
셰이딩	둥글고 살집이 있는 얼굴형을 수정하기 위해 얼굴 양쪽 측면에 셰이딩을 넣어준다.
하이라이트	콧등과 이마, 턱 부위에 하이라이트를 강조해서 얼굴이 길어 보이게 한다.
아이브로	약간 상승 느낌이 나게 꼬리를 올려서 그려줌으로써 성숙미를 강조하고 샤프하게 연출하며, 세로 느낌을 강조한다.
아이섀도	눈꼬리가 처져 보이지 않게 꼬리를 올려서 그라데이션을 한다.
블러셔	• 통통한 볼과 짧은 얼굴 길이를 감안하여 다소 갸름하며 길어 보일 수 있도록 광대뼈 윗부분에서 입꼬리 끝을 향하여 세로 느낌이 많이 나게 블러셔를 한다. • 블러셔 톤은 자연스러운 음영을 준다.
코	노즈섀도를 길게 강조한다.

(2) 각진 얼굴형(사각 얼굴형)

① 특징 : 남성적이고 활동적인 느낌을 주나 여성스러움과 부드러움이 결여
되기 쉬운 얼굴형으로 부드러운 이미지를 강조하여 보완한다.

② 화장법

구분	화장법
셰이딩	양 이마의 각진 부분과 튀어나온 턱뼈 부분을 셰이딩 처리를 해주어 갸름하게 보이도록 한다.
하이라이트	이마에서 콧등을 거쳐 턱 끝까지 길이가 강조되도록 하이라이트를 넣는다.
아이브로	각진 얼굴을 커버하기 위해 눈썹이 너무 가늘지 않게 그리며 여유 있는 커브를 강조한다.
아이섀도	아이홀 방향으로 곡선 느낌이 나도록 그라데이션을 한다.
립	립라인을 곡선적이며 부드러운 느낌으로 그린다.
블러셔	• 블러셔의 범위를 약간 넓게 하여 광대뼈 아랫부분에서부터 둥근 느낌이 나게 길게 넣어준다. • 각이 진 턱선과 양쪽 이마 부분에 약간 짙은 색상으로 각진 부분이 두드러지지 않게 자연스러운 음영을 준다.

▶ • 셰이딩 : 양쪽 이마, 턱뼈
  • 하이라이트 : T존 부위

Before

After

(3) 다이아몬드 얼굴형

① 특징

• 얼굴의 상하 부분은 좁은 반면 가운데 부분이 넓고 돌출된 얼굴형으로
샤프한 느낌은 드나 다소 빈약해 보일 수 있으므로 난색계열의 색상을
선택하여 건강한 이미지를 넣어준다.

• 얼굴에 살이 없어 날카로워 보일 수 있으므로 전체적으로 곡선 처리
를 한다.

② 화장법

구분	화장법
셰이딩	튀어나온 광대뼈와 뾰족한 턱 끝을 중심으로 셰이딩 처리를 한다.
하이라이트	좁은 양 이마와 살이 없는 양 볼에 하이라이트를 넣어주고, 빈약한 턱선 부분에도 하이라이트를 주어 부드럽게 표현한다.
아이브로	튀어나온 광대뼈가 커버되도록 눈썹 앞머리 부분에 포인트를 주어 시선이 분산되게 한다.
아이섀도	눈끝 부분에 포인트를 주게 되면 좁은 관자놀이와 튀어나온 광대 부분이 강조되므로 눈 앞머리 부분에 포인트를 주어 시선을 앞쪽에 두게 한다.
블러셔	튀어나온 광대뼈가 자칫 두드려져 보일 수 있으므로 주의하여 광대뼈 부위를 살짝 감싸듯이 둥글고 부드럽게 넣어주어서 전체적으로 지적이며 따뜻한 이미지를 준다.

Before

▶ • 셰이딩 : 광대뼈, 턱 끝
  • 하이라이트 : 양쪽 이마, 양쪽 볼, 턱선

After

▶ • 셰이딩 : 양쪽 이마, 턱 끝
  • 하이라이트 : 양쪽 볼

▶ • 셰이딩 : 이마, 턱
  • 하이라이트 : 양쪽 볼

(4) 역삼각 얼굴형

① 특징 : 이마는 넓고 아래턱 부분이 좁고 뾰족한 얼굴형으로 넓은 이마는 줄여주고 뾰족한 턱을 살려주는 화장법이 필요하다.

② 화장법

구분	화장법
셰이딩	빈약한 얼굴형을 부드럽고 풍성하게 보이게 하기 위해 넓은 이마의 양쪽과 뾰족한 턱 끝 부분에 셰이딩 처리를 한다.
하이라이트	살이 없어 보이는 양볼에 하이라이트를 넣어 생기 있는 느낌이 들도록 한다.
아이브로	여성스러움을 강조할 수 있는 아치형의 눈썹을 부드럽게 그려서 뾰족한 이미지를 다소 부드럽게 표현한다.
아이섀도	역삼각형의 얼굴의 경우 날카롭고 빈약한 느낌의 얼굴형이므로 짙고 강한 컬러의 색을 사용하기보다는 밝고 엷은 컬러를 사용해 부드러운 인상을 준다.
블러셔	좁고 뾰족한 턱선이 강조되지 않도록 주의하며 파스텔 톤의 부드럽고 화사한 색을 이용하여 광대뼈 윗부분에서 약간 갸름하게 넣어준다.

(5) 긴 얼굴형

① 특징 : 전체적으로 얼굴이 길어 보이는 얼굴형으로 길이를 줄여주는 것뿐만 아니라 얼굴 좌우에 볼륨감을 줄 수 있도록 한다.

② 화장법

구분	화장법
셰이딩	이마와 턱쪽에 셰이딩을 넣어서 긴 느낌을 보완시켜 준다.
하이라이트	양 볼에 하이라이트를 넣어서 길어 보이는 얼굴형을 커버한다.
아이브로	수평적인 직선형의 눈썹을 그려 긴 얼굴이 분할되어 보이도록 한다.
아이섀도	가로 아이섀도기법을 이용하여 세로선이 강조되어 보이지 않게 한다. 또한 아이라인을 눈보다 조금 길게 빼는 것도 하나의 방법이다.
립라인	수평적인 느낌으로 구각만 살짝 올려 그린다.
블러셔	귀 앞부분에서 중앙을 향해 가로로 터치한다.

◢ 카운슬링 방법

(1) 고객의 피부 상태 진단 및 기록

① 고객이 직접 피부 문진표를 작성하여 피부 상태를 자가 진단하도록 한다.

② 육안 관찰 및 기기 활용을 통해 피부 상태를 진단한다. 고객이 작성한 문진표를 기준으로 전문가의 시각으로 비교 및 확인하여 피부 상태를 정확히 진단하며 진단한 내용을 고객에게 알려준다.

③ 문진표와 관찰 내용을 토대로 고객의 피부 상태를 파악하여 상담 일지에 기록한다.

④ 고객의 피부 상태별 유의사항을 고려하여 기록한다.

(2) 얼굴 형태 및 특성 파악

① 고객 얼굴의 특성 및 장단점을 파악한다.

② 얼굴의 균형도를 기준으로 고객의 얼굴을 측정하여 정확한 얼굴 형태를 파악한다.

(3) 일러스트로 표현

고객의 얼굴형별 특성을 이해하기 위해 일러스트로 표현한다.

(4) 상담 일지 기록

① 고객의 얼굴 특성을 파악한 내용을 상담 일지에 기록한다.

② 개인 선호도 및 스타일을 평가하여 기록한다.

02 메이크업 디자인 제안

▦ 메이크업 고객 요구와 제안

① 고객의 외모, 옷 입는 스타일 등을 파악하여 연상되는 이미지에 따라 메이크업 디자인의 방향을 설명한다.

② 얼굴 유형에 따라 수정 · 보완할 수 있는 메이크업 디자인 시안에 대해 관련 이미지나 일러스트를 제시하여 고객에게 설명한다.

③ 제시한 이미지에 대한 고객의 반응과 요구 사항을 경청한 후 고객의 의견을 충분히 반영하여 최종 메이크업 디자인을 결정하여 제안한다.

④ 고객의 요구가 적절하지 않다고 생각하여 묵살하거나 상담자의 일방적인 견해를 고집하는 것은 바람직하지 않다.

② 메이크업 디자인 제안 유형

(1) 로맨틱한 메이크업 디자인

구분	제안
피부	한 톤 밝고 깨끗하며 촉촉함이 느껴지는 피부를 연출한다.
눈썹	본래 그대로의 눈썹 결을 살려 최대한 자연스럽게 연출한다.
눈	• 펄이나 화사한 색조로 둥글고 귀여운 눈매를 표현하고 선적인 느낌이 들지 않도록 자연스럽게 아이라인을 표현한다. • 속눈썹은 마스카라를 충분히 발라 풍성하게 연출한다.
입술	글로시한 질감의 립스틱으로 포인트를 준다.
블러셔	얼굴 중앙에 둥글게 연출한다.

(2) 페미닌한 메이크업 디자인

구분	제안
피부	투명하면서 가볍고 광택 있는 질감으로 연출한다.
눈썹	본래 그대로의 눈썹 결을 살려 최대한 자연스럽게 연출한다.
눈	• 깨끗함이 느껴지는 밝은 아이섀도로 가볍게 펴주고 선적인 느낌이 들지 않도록 자연스럽게 아이라인을 표현한다. • 속눈썹은 마스카라를 충분히 발라 풍성하게 연출한다.
입술	자연스럽고 촉촉한 입술을 표현한다.
블러셔	자연스러운 혈색이 느껴질 정도로 가볍게 연출한다.

▶ 페미닌(feminine) : 여성미를 강조

(3) 엘레강스한 메이크업 디자인

구분	제안
피부	건강하고 촉촉한 질감으로 자연스럽게 연출한다.
눈썹	본래의 형태를 살려주되 빈 곳을 꼼꼼히 메워 정돈되면서도 자연스러움과 기품을 잃지 않도록 연출한다.
눈	• 그윽함과 깊이 감을 주는 것이 중요하며, 퍼플계열의 펄 감이 있는 섀도 컬러로 눈매를 연출해 준다. • 아이라인도 선명하게 그려주고 속눈썹은 풍성하게 컬링이 될 수 있도록 꼼꼼하게 마스카라를 표현한다.
입술	볼륨감이 느껴지도록 퍼플이나 와인 계열로 선명하게 표현한다.
블러셔	윤곽선을 자연스럽게 잡아주는 정도로 컬러감을 최대한 배제한다.

▶ 엘레강스(elegance) : 우아하다는 뜻으로 그 중에서도 고급스럽게 우아하며, 약간 오만하다는 분위기를 풍김

(4) 클래식한 메이크업 디자인

구분	제안
피부	원숙미가 느껴지도록 매트하고 커버력 있게 표현한다.
눈썹	곡선의 형태로 빈 곳을 꼼꼼하게 채워 풍성하게 표현한다.

구분	제안
눈	• 스모키 패턴으로 눈매 전체에 그라데이션 시켜 그윽함이 연출되도록 한다. • 속눈썹은 충분히 컬링하고 인조 속눈썹으로 풍성함을 준다.
입술	밝은 색을 입술 중앙에 발라 볼륨감을 준다.
블러셔	두 가지 톤을 믹스하여 연출하고 선적인 느낌 없이 광대뼈 전체를 부드럽게 감싸듯 표현한다.

▶ 에스닉(ethnic) : 이국적인 이미지와 자연스러움을 강조하는 화장

(5) 에스닉한 메이크업 디자인

구분	제안
피부	원래의 피부 톤에 맞추어 자연스럽게 표현하되 너무 두껍거나 인위적으로 보이지 않도록 연출한다.
눈썹	눈썹 숱을 풍성하고 약간 두껍게 연출한다.
눈	아이섀도보다는 라인으로 강조하는 것이 좋다.
입술	오렌지나 붉은 갈색으로 매트한 질감의 소박한 느낌으로 표현한다.
블러셔	볼 부분을 강조하여 벽돌색 계열을 활용한다.

(6) 모던한 메이크업 디자인

구분	제안
피부	깨끗하고 밝은 톤으로 촉촉함이 느껴지도록 연출한다.
눈썹	깔끔하고 정돈된 스타일로 약간 각이 지게 연출한다.
눈	강렬함을 주는 스모키 패턴으로 표현하거나 아이라인을 선명하게 선적인 느낌으로 표현한다.
입술	컬러를 많이 사용하지 않는 원 포인트 메이크업으로 절제되면서도 세련된 느낌이 들도록 연출한다.
블러셔	베이지 계열의 색상으로 자연스럽게 연출하거나 생략한다

▶ 모던(Morden) : 현대적이고 도회적인 감성을 살린 표현. 간결하면서도 미래적인 성향을 살리기 위하여 차가운 계열의 색을 사용하고 색을 서로 대비시킨다.

(7) 매니시한 메이크업 디자인

구분	제안
피부	자연스럽고 가볍게 표현한다.
눈썹	직선에 가까운 형태로 눈썹 숱을 풍성하게 하고, 눈썹 앞머리를 세워 강한 인상으로 연출한다.
눈	회색 톤을 지닌 카키나 브라운 계열로 눈매에 음영을 주고 아이라인으로 눈매를 또렷하게 연출한다.
입술	자연스럽게 표현할 때는 누드 컬러를 활용하고, 강하게 표현할 때는 짙은 버건디 계열을 활용하여 이미지를 부각시켜준다.
블러셔	브라운 계열로 윤곽을 강하게 연출한다.

▶ 매니시(mannish)

(8) 액티브한 메이크업 디자인

구분	제안
피부	밝게 표현하거나 햇볕에 그을린 듯 건강하게 연출한다.
눈썹	각지게 그려 강한 인상으로 연출한다.
눈	경쾌한 색으로 상큼한 이미지를 주고 전체적으로 색상이 느껴지도록 넓게 연출한다.
입술	자연스러운 색상으로 광택감 있게 표현한다.
블러셔	아이섀도와 연결하여 발랄한 이미지를 표현한다.

03 퍼스널 이미지 제안

1 퍼스널 컬러 분석 및 진단 방법

(1) 사전 준비

① 모델 섭외

피부색이 정확하게 드러나도록 화장기가 없는 맨 얼굴인 상태가 좋으며, 안경 및 액세서리 등은 빛을 반사시켜 진단에 방해를 줄 수 있으므로 착용하지 않도록 한다.

② 적합한 진단 환경 조성

햇살이 가장 좋은 오전 11시부터 오후 3시 사이에 진단하는 것이 효과적이고, 조명을 사용할 경우 95~100W의 중성광이 적당하다.

③ 드레이핑 진단 도구 준비

• 드레이핑 진단 도구는 사계절마다 톤이 정확하게 구성되어 있는지 확인한다.
• 구성된 색상은 메이크업, 헤어, 의상에 활용하기 적합한지 확인한다.
• 모델에 적용했을 때 천의 재질이 적절한 반사도를 가지고 있는지 점검하여 준비한다.

④ 드레이핑 진단 천을 모델에 적용

드레이핑 진단 천을 모델의 어깨 부위에서 목 밑 부분에 적용한다. 한 장씩 넘기면서 얼굴의 색과 형태 변화의 추이를 살핀다. 조화와 부조화의 요인으로 분석하여 유형을 진단한다.

(2) 1차 진단

① 육안으로 피진단자의 손바닥, 팔목 안 쪽, 뒷머리 두피, 모근, 눈동자 홍채색을 살펴 신체 고유의 색상을 분석한다.
② 따뜻한 기운의 옐로 베이스와 차가운 기운의 블루 베이스로 유형을 분류하여 진단지에 기록한다.

(3) 2차 진단

① 2차 진단을 실시하고 퍼스널 유형 분석 차트의 해당 항목에 점검한다.

② 손을 금색과 은색의 진단 천 위에 놓고 색상과 형태의 변화를 관찰한다.

③ 금색 진단 천 위에 손을 놓았을 때 피부색이 붉고 손가락 길이가 짧고 마디가 굵어 보이는 변화는 부정적으로 진단한다.

④ 은색 천에 손을 올려놓았을 때 피부색이 균일하고 손가락이 길어 보이는 변화는 긍정적으로 진단한다.

⑤ 진단 결과를 퍼스널 유형 분석 차트에 기록한다.

(4) 3차 진단

① 3차 진단을 실시하고 퍼스널 유형 분석 차트의 해당하는 항목에 표시한다.

② 금색과 은색의 진단 천과 따뜻한 유형의 브라운과 아이보리, 차가운 유형의 블랙과 화이트 천을 이용하여 진단한다.

③ 금색 천의 경우 피부색이 노랗게 보이고, 얼굴 형태도 평면적으로 커 보인다.

④ 은색 천의 경우 피부에 혈색이 돌고, 얼굴의 형태도 갸름하고 입체적으로 보인다.

⑤ 브라운과 아이보리 천보다 블랙과 화이트 진단 천에서 얼굴의 변화가 긍정적이다.

⑥ 진단 결과를 퍼스널 유형 분석 차트에 기록한다.

(5) 4차 진단

① 4차 진단을 실시하고 퍼스널 유형 분석 차트의 해당하는 항목에 기록한다.

② 톤의 분류를 통해 사계절 유형을 진단한다.

③ 차가운 유형에 해당하는 모델을 여름과 겨울 유형의 진단 천을 놓고 비교한다.

④ 겨울 유형 진단 천의 경우 얼굴선이 흐릿하고 퍼져 보여 부정적이다.

⑤ 여름 유형 진단 천의 경우 얼굴에 혈색이 있고, 또렷하고 갸름해 보여 긍정적이다.

⑥ 여름 유형 진단 결과를 분석 차트에 기록한다.

(6) 5차 진단

① 5차 진단을 실시하고 퍼스널 유형 분석 차트에 기록한다.

② 사계절 유형이 분석 결과에 따라 잘 어울리는 톤을 분석하여 5차 진단을 수행한다.

③ 겨울 유형 중에 색상별로 비비드, 다크 톤의 진단 천을 이용하여 얼굴 색상과 형태 변화를 관찰한다.

④ 비비드 톤이 피부가 깨끗하고 혈색 있어 보이며 얼굴선도 갸름하고 선명해 보인다. 따라서 겨울 유형, 비비드 톤으로 진단 결과를 분석 차트에 기록한다.

(7) 컬러 팔레트 작업

① 컬러 칩 또는 색종이와 풀, 가위를 준비한다.

② 사계절 유형의 컬러를 활용하기 위해 빨강, 주황, 노랑, 초록, 파랑, 보라, 핑크, 브라운, 베이지 색상을 따뜻한 유형과 차가운 유형으로 분류하여 컬러 팔레트를 만든다.

3 퍼스널 이미지 제안

(1) 퍼스널 유형별 어울리는 컬러

① 봄 유형

컬러 이미지	• 생동감이 있고 에너지가 느껴지는 경쾌하고 따뜻한 이미지로 새싹과 꽃 봉우리 같은 느낌을 연상시킨다. • 명도와 채도가 높은 밝은 옐로 계열, 피치 계열, 그린 계열로 화사하고 밝으며 귀엽고 로맨틱한 이미지가 많다.
어울리는 컬러	• 색상 : 노란색을 기본으로 고명도와 고채도의 레드, 오렌지, 옐로, 그린, 아쿠아 그린, 블루, 바이올렛, 브라운 계열 등 • 톤 : 선명하고 밝은 비비드(vivid), 라이트(light), 브라이트(bright), 페일(pale) 톤

② 여름 유형

컬러 이미지	• 차가운 색상의 라이트 톤으로 차갑고 부드러움이 공존하며 산뜻하고 여성스러운 이미지이다. • 명도는 높고 채도는 낮은 부드러운 퍼플, 블루, 핑크 계열의 파스텔 톤으로 낭만적이며 페미닌한 이미지가 많다.
어울리는 컬러	• 색상 : 흰색과 파랑을 기본으로 한 고명도, 중채도의 밝고 부드러운 옐로, 핑크, 아쿠아블루, 바이올렛, 그레이, 브라운 계열 등 • 톤 : 강하지 않은 파스텔과 중간의 라이트 그레이시(light grayish), 라이트(light), 덜(dull) 톤

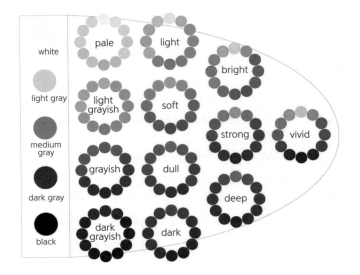

③ 가을 유형

컬러 이미지	포근하고 부드러우며 차분한 이미지로 골드, 브라운, 코랄 핑크, 카키, 와인 계열의 중후하고 원숙한 클래식, 엘레강스, 에스닉한 이미지가 많다.
어울리는 컬러	• 색상 : 갈색 톤과 내추럴한 색, 깊이감 있는 컬러가 주이다. 황색을 기본으로 저명도와 저채도의 골든 옐로, 오렌지, 레드, 올리브 그린, 레드 브라운, 다크 브라운 등 • 톤 : 짙고 차분한 그레이시(grayish), 스트롱(strong), 딥(deep), 덜(dull) 톤

④ 겨울 유형

컬러 이미지	차가우며 심플하고 강렬한 이미지로 블랙과 화이트, 네이비, 마젠타, 와인 계열의 선명한 톤으로 밝은 색과 짙은 색의 명도 차이가 분명해 도시적이며 모던, 다이내믹, 엑티브 이미지가 많다.
어울리는 컬러	• 색상 : 파란색과 검은색을 기본으로 고채도, 고명도의 화이트, 블루, 아쿠아 블루, 핑크, 레드, 마젠타, 바이올렛, 블랙 등 • 톤 : 선명하고 밝고 짙은 비비드(vivid), 베리 페일(very pale), 다크(dark) 톤

(2) 컬러 코디네이션 제안

① 봄 유형에 어울리는 코디네이션

메이크업 스타일	• 전체적으로 밝고 맑게 연출하며 밝은 색과 중간색으로 은은하고 부드럽게 표현한다. • 아이라인과 눈썹은 강하지 않게 표현한다.
헤어 스타일	• 단발머리나 굵은 웨이브로 발랄하고 경쾌한 이미지를 연출하는 것이 효과적이다. • 긴 스트레이트나 짧고 경직된 커트 스타일, 짙은 블랙이나 와인색의 염색은 피한다.
패션 스타일	• 생동감과 경쾌한 색상으로 밝고 활동적인 이미지를 연출한다.

▶ 봄 유형은 귀엽고 사랑스러운 소녀 같은 여성의 이미지를 연출하는 것이 효과적이다.

② 여름 유형에 어울리는 코디네이션

메이크업 스타일	화사하고 우아하게 깨끗한 느낌으로 연출한다. 파스텔과 펄을 사용하여 여성스럽게 연출하며 아이라인과 눈썹은 강하지 않게 표현한다.
헤어 스타일	긴 스트레이트 형이나 굵은 웨이브로 여성스럽고 낭만적인 스타일을 연출하는 것이 효과적이다. 강한 웨이브나 짧은 커트 스타일, 노란기가 많이 있는 컬러의 염색은 피하는 것이 좋다.

▶ 여름 유형은 부드럽고 자연스러우며 우아하고 여성스러운 이미지를 연출하는 것이 효과적이다.

패션 스타일	차갑지만 부드러운 색상으로 우아하고 세련된 이미지를 연출한다.

③ 가을 유형에 어울리는 코디네이션

메이크업 스타일	이지적이며 성숙하게 연출한다. 깊이 있는 색조와 그윽한 그라데이션으로 표현하고 어느 한 쪽으로 치우치는 포인트 메이크업은 피한다. 전체적으로 색상의 톤을 맞추어 표현하는 것이 좋다.
헤어 스타일	굵은 웨이브나 긴 머리에 볼륨감을 주어 고급스럽고 기품 있는 스타일을 연출하는 것이 효과적이다. 투톤 염색으로 그라데이션을 활용한다. 선이 강조된 짧은 커트나 연한 컬러의 염색은 피하는 것이 좋다.
패션 스타일	온화하고 차분한 색상으로 원숙하고 고급스러운 이미지를 연출한다.

④ 겨울 유형에 어울리는 코디네이션

메이크업 스타일	깔끔하고 또렷한 느낌으로 연출한다. 강한 대비 효과 또는 선명하고 절제된 원 포인트로 눈매를 강하게 표현하고 입술을 자연스럽게 연출한다. 반대로 눈매에 최소한의 메이크업을 하고 입술을 또렷하게 표현해 대비가 강하게 연출한다.
헤어 스타일	심플하고 라인이 정확한 짧은 쇼트커트나 깨끗한 포니테일로 깔끔하고 세련된 스타일을 연출하는 것이 효과적이다. 지나치게 긴 웨이브 스타일, 투톤의 부분 탈색 등은 피하는 것이 좋다.
패션 스타일	차갑고 강렬하며 선명한 대비가 있는 색상으로 도시적이고 세련된 이미지를 연출한다.

▶ 가을 유형은 성숙하고 고급스러우며 품격있는 이미지를 연출하는 것이 효과적이다.

▶ 겨울 유형은 도도하고 세련되며 도시적인 이미지를 연출하는 것이 효과적이다.

1 얼굴 정면을 기준으로 세로로 5등분했을 때 잘못된 기준은?

① 왼쪽 헤어라인 – 왼쪽 눈꼬리
② 왼쪽 눈꼬리 – 오른쪽 눈머리
③ 오른쪽 눈머리 – 오른쪽 눈꼬리
④ 오른쪽 눈꼬리 – 오른쪽 헤어라인

> 세로 분할
> • 왼쪽 헤어라인 – 왼쪽 눈꼬리
> • 왼쪽 눈꼬리 – 왼쪽 눈머리
> • 왼쪽 눈머리 – 오른쪽 눈머리
> • 오른쪽 눈머리 – 오른쪽 눈꼬리
> • 오른쪽 눈꼬리 – 오른쪽 헤어라인

2 얼굴의 부위별 위치에 대한 설명이다. 잘못된 것은?

① 이상적인 눈썹의 위치는 이마에서 2/3 지점이다.
② 눈머리는 콧방울에서 수직으로 올렸을 때 만나는 지점이다.
③ 눈꼬리는 눈 앞머리에서 관자놀이 헤어라인 선까지 폭의 1/2 지점이다.
④ 콧방울은 이마에서 2/3 지점에 위치한다.

> 이상적인 눈썹의 위치는 이마에서 1/3 지점이다.

3 윗입술과 아랫입술의 이상적인 비율은?

① 1 : 1
② 1 : 1.5
③ 1 : 2
④ 1 : 2.5

> 윗입술과 아랫입술의 이상적인 비율은 1 : 1.5이다.

4 이마에서 콧대를 연결하는 부분을 무엇이라 하는가?

① V존
② T존
③ Y존
④ U존

> • V존(U존) : 양쪽 입꼬리 주변에서 턱으로 연결되는 부위
> • Y존 : 눈 밑, 광대뼈 위의 Y모양의 부위

5 얼굴 부위 중 입술에 대한 설명으로 옳지 않은 것은?

① 정면을 바라보고 있을 때 눈동자 안쪽선의 연장선과 만나는 지점에 입술이 위치한다.
② 입술의 양 끝은 눈동자 중앙에서 수직으로 내린 선의 조금 안쪽에 위치한다.
③ 입술산은 양쪽 눈머리를 중심으로 수직으로 내린 선과 만나는 부분에 위치한다.
④ 윗입술과 아랫입술의 이상적인 입술의 비율은 1 : 1.5이다.

> 입술산은 양 콧구멍을 중심으로 수직으로 내린 선과 만나는 부분에 위치한다.

6 얼굴 부위별 명칭에 대한 설명으로 잘못된 것은?

① 헤어라인 : 귀의 위에서 이마 쪽으로 머리카락이 난 부분
② T존 : 이마에서 콧대를 연결하는 부분
③ Y존 : 눈 밑, 광대뼈 위의 Y모양의 부위
④ V(U)존 : 귓볼에서 턱선을 따라 입꼬리로 향하는 부위

> V(U)존 – 양쪽 입꼬리 주변에서 턱으로 연결되는 부위

7 다음 [보기]는 얼굴형에 따른 수정 메이크업이다. 가장 적합한 얼굴형은?

> ──【보기】──
> • 하이라이트 – 코가 길어 보이도록 이마에서 코끝으로 길게 넣어준다.
> • 셰이딩 – 양 볼쪽을 어둡게 해 얼굴이 갸름해 보이도록 한다.

① 긴형
② 둥근형
③ 각진형
④ 다이아몬드형

> 둥근 얼굴은 T존의 하이라이트를 길게 넣어 얼굴을 길어 보이게 하고 양볼 옆을 어둡게 해 얼굴이 갸름해 보이게 한다.

정답 ▶ 1② 2① 3② 4② 5③ 6④ 7②

8 둥근 얼굴형의 이미지를 잘 설명한 것은?

① 귀엽고 사랑스러운 이미지
② 남성적이고 활동적인 이미지
③ 날카로운 이미지
④ 지루하지만 지적인 이미지

> 둥근 얼굴은 귀엽고 사랑스러운 이미지를 가지고 있다.

9 남성적이고 활동적인 느낌을 주나 여성스러움과 부드러움이 결여되기 쉬운 얼굴형은?

① 긴형
② 둥근형
③ 각진형
④ 다이아몬드형

> 각진 얼굴형은 양쪽 턱이 발달되어 딱딱해 보이고 여성스러움과 부드러움이 부족한 얼굴이다.

10 원형 얼굴을 기본형에 가깝도록 하기 위한 각 부위의 화장법으로 맞는 것은?

① 얼굴의 양 관자놀이 부분을 화사하게 해준다.
② 이마와 턱의 중간부는 어둡게 해준다.
③ 눈썹은 활모양이 되지 않도록 약간 치켜 올린듯하게 그린다.
④ 콧등은 뚜렷하고 자연스럽게 뻗어 나가도록 어둡게 표현한다.

> 둥근 얼굴형은 얼굴의 양 관자놀이 부분을 셰이딩 처리를 해주고, 콧등과 이마, 턱 부위에 하이라이트를 강조해서 얼굴이 길어 보이게 하는 것이 중요하다.

11 파운데이션 사용 시 양 볼은 어두운 색으로, 이마 상단과 턱의 하부는 밝은 색으로 표현하면 좋은 얼굴형은?

① 긴형
② 둥근형
③ 사각형
④ 삼각형

> 둥근 얼굴형은 양 볼을 좁게 보이도록 하기 위해 어두운 색으로 셰이딩 처리를 해준다.

12 둥근(원형) 얼굴형에 대한 화장술로 가장 적합한 것은?

① 뺨은 풍요하게 턱은 팽팽하게 보이도록 한다.
② 모난 부분을 밝게 표현한다.
③ 양 옆폭을 좁게 보이도록 한다.
④ 위와 아래를 짧게 보이도록 한다.

> 둥근 얼굴을 길어 보이게 하거나 갸름하게 보이도록 하기 위해 양 옆폭을 좁게 보이도록 한다.

13 다음은 얼굴형에 따른 수정 메이크업이다. 가장 적합한 얼굴형은?

【보기】
• 하이라이트 – T존 부위 이마와 콧등을 짧게 넣어 넓은 이마를 보완한다.
• 셰이딩 – 이마 위 양옆과 뾰족한 턱끝에 셰이딩 처리를 한다.

① 긴형
② 둥근형
③ 역삼각형
④ 다이아몬드형

> 역삼각형은 넓은 이마와 뾰족한 턱끝을 보완한다.

14 다음 [보기]가 설명하는 얼굴형은?

【보기】
• 샤프한 느낌은 드나, 다소 빈약해 보일 수 있으므로 난색 계열의 색상을 선택하여 건강한 이미지를 넣어주며 얼굴에 살이 없어 날카로워 보일 수 있으므로 전체적으로 곡선처리를 해준다.
• 튀어나온 광대뼈와 턱 끝을 중심으로 셰이딩을 해준다.

① 긴형
② 둥근형
③ 각진형
④ 다이아몬드형

15 각진 얼굴형에 대한 수정 메이크업으로 옳지 않은 것은?

① 립라인을 부드러운 느낌으로 그려준다.
② 전체적으로 둥글고 부드러운 느낌이 들도록 신경을 쓴다.
③ 이마 양옆과 각진 턱뼈 부분에 셰이딩 처리를 해준다.
④ 이마는 세로로 길게, 콧등은 아주 짧게 하이라이트를 넣어준다.

> 각진 얼굴형은 이마에서 콧등을 걸쳐 턱 끝까지 길이가 강조되도록 하이라이트를 넣는다.

16 얼굴형 수정 방법으로 옳은 것은?

① 긴 얼굴 – 넓은 양 이마와 튀어나온 양 턱에 셰이딩을 넣어주고 T존 부위에 길게 하이라이트를 넣는다.
② 둥근 얼굴 – 이마와 턱 끝 부분에 셰이딩을 넣어주고, 양 볼에 하이라이트를 넣는다.
③ 사각 얼굴 – 넓은 이마 양쪽에 셰이딩을 넣어주고 뾰족한 양 볼에 하이라이트를 넣는다.
④ 다이아몬드 얼굴 – 좁은 양 이마와 살이 없는 양 볼에 하이라이트를 넣어주고 튀어나온 광대뼈와 뾰족한 턱끝에 셰이딩 처리를 한다.

> ① 긴 얼굴 – 이마와 턱 끝 부분에 셰이딩을 하고, 양 볼에 하이라이트를 넣어서 길어 보이는 얼굴형을 커버한다.
> ② 둥근 얼굴 – 샤프한 느낌이 들 수 있도록 얼굴의 통통한 양 볼에 세로 느낌이 나게 셰이딩을 하고 T존 부위에는 하이라이트를 길게 넣어준다.
> ③ 사각 얼굴 – 강한 이미지에서 벗어나 부드러운 여성미를 강조하기 위해 넓은 양 이마와 튀어나온 양 턱에 셰이딩을 하고 T존 부위에 길게 하이라이트를 넣어준다.

17 이마의 양쪽과 턱 끝 부분을 어둡게 셰이딩 하고 턱의 바깥 부분을 풍만해 보이도록 하기 위해 턱 양쪽에 하이라이트 제품을 사용하는 얼굴형은?

① 둥근 얼굴형　　　② 긴 얼굴형
③ 각진 얼굴형　　　④ 역삼각형

> 역삼각형 얼굴은 이마의 좌우가 넓고 턱이 뾰족한 얼굴이므로 이 부분을 셰이딩 처리해주고 턱의 바깥 부분을 풍만하게 보이도록 메이크업을 해야 한다.

18 사각형의 얼굴에 가장 어울리지 않는 눈썹 형태는?

① 각진 눈썹
② 화살형 눈썹
③ 아치형 눈썹
④ 둥근형 눈썹

> 사각형의 얼굴에는 각진 눈썹보다는 여유 있고 시원스러운 커브로 그려주는 것이 좋다.

19 다이아몬드 얼굴형에 대한 수정 메이크업으로 옳지 않은 것은?

① 이마 양옆에 하이라이트를 넣어준다.
② 샤프해 보이는 옆턱선에 하이라이트를 넣어준다
③ 튀어나온 광대뼈 부분에 하이라이트를 넣어준다.
④ 뾰족한 턱끝은 셰이딩을 넣어준다.

> 다이아몬드 얼굴형은 좁은 양쪽 이마, 볼, 턱선에 하이라이트를 넣어주고, 광대뼈와 턱끝 부분에는 셰이딩 처리를 해준다.

20 역삼각형 얼굴형의 수정 방법으로 옳은 것은?

① 양 볼에 세로 느낌이 나게 셰이딩을 하고 T존 부위에는 하이라이트를 길게 넣어준다.
② 넓은 이마 양쪽에 셰이딩을 넣어주고 뾰족한 양 볼에 하이라이트를 넣어서 보완한다.
③ 좁은 양 이마와 살이 없는 양 볼에 하이라이트를 넣어주고 튀어나온 광대뼈와 뾰족한 턱끝에 셰이딩 처리를 한다.
④ 이마와 턱 끝 부분에 셰이딩을 하고, 양 볼에 하이라이트를 넣어서 길어 보이는 얼굴형을 커버한다.

> 역삼각형 얼굴은 빈약한 얼굴형을 부드럽고, 풍성하게 하기 위해 넓은 이마 양쪽에 셰이딩을 넣어주고 뾰족한 양 볼에 하이라이트를 넣어서 보완해 준다.

21 ***** 사각형 얼굴에 대한 화장법으로 잘못된 것은?

① 양 이마의 각진 부분에 하이라이트를 넣어준다.

② 눈썹은 크게 활 모양으로 그려준다.

③ 둥근 느낌이 드는 풍만한 입술로 표현해 준다.

④ 아이섀도는 아이홀 방향으로 곡선 느낌이 나도록 그라데이션을 표현한다.

> 사각형 얼굴은 각진 부분을 부드럽게 보이게 하기 위해 이마의 상부와 턱의 하부에 셰이딩 처리를 해준다.

22 *** 둥근 얼굴형에 대한 수정 메이크업으로 알맞은 것은?

① 이마와 턱쪽에 셰이딩을 넣어준다.

② 가로 느낌을 살려주는 블러셔를 해준다.

③ 눈썹은 어려 보이게 일자형으로 그려주는 것이 좋다.

④ 얼굴 양쪽 측면에 셰이딩을 넣어준다.

> 둥근 얼굴형을 수정하기 위해서는 얼굴 양쪽 측면에 셰이딩을 넣어줌으로써 얼굴을 길어 보이게 하는 것이 좋다.

23 *** 역삼각형 얼굴에 대한 설명으로 옳지 않은 것은?

① 부드러운 인상을 주는 메이크업을 한다.

② 이마와 콧등의 하이라이트는 짧게 넣는다.

③ 넓은 이마 양옆은 셰이딩 처리한다.

④ 고전적이며 부드러운 느낌을 주는 얼굴형이다.

> 역삼각형의 얼굴은 세련되고 날카로우며 현대적인 이미지를 지닌다.

24 *** 얼굴형에 따른 화장술로 올바른 내용은?

① 둥근 얼굴의 경우 아치형 눈썹을 그려준다.

② 마름모형 얼굴의 경우 광대뼈 부분을 밝게 표현한다.

③ 역삼각형 얼굴의 경우 볼을 밝게 표현한다.

④ 사각형 얼굴의 경우 일자형의 눈썹을 그려준다.

> ① 둥근 얼굴 : 약간 상승 느낌이 나듯이 꼬리를 올려서 그려준다.
> ② 마름모형 얼굴 : 튀어나온 광대뼈 부분을 셰이딩 처리를 해준다.
> ④ 사각형 얼굴 : 여유 있는 커브형의 눈썹을 그려준다.

25 *** 얼굴형에 따른 수정 메이크업에 대한 설명으로 옳지 않은 것은?

① 다이아몬드형 – 튀어나온 광대뼈와 턱 끝을 중심으로 셰이딩을 해준다.

② 둥근형 – 콧등과 턱 부위에 하이라이트를 길게 한다.

③ 역삼각형 – 넓은 이마의 양쪽과 뾰족한 턱 끝 부분에 셰이딩을 해준다.

④ 각진형 – 양 이마의 각진 부분과 튀어나온 턱뼈 부분을 하이라이트 처리를 한다.

> 각진형의 얼굴은 양 이마의 각진 부분과 튀어나온 턱뼈 부분을 셰이딩 처리를 해준다.

26 *** 얼굴형에 어울리는 눈썹 형태로 잘못된 것은?

① 긴얼굴 – 수평적인 직선형 눈썹

② 역삼각형 얼굴 – 여성스러움을 강조할 수 있는 아치형의 눈썹

③ 사각형 얼굴 – 각진 얼굴을 커버하기 위해 눈썹이 너무 가늘지 않게 그린다.

④ 다이아몬드 얼굴 – 약간 상승 느낌이 나듯이 꼬리를 올려서 그려줌으로써 세로의 분위기를 강조한다.

> 다이아몬드 얼굴은 튀어나온 광대뼈가 다소 완화되어 보이게 눈썹의 앞머리에 포인트를 주어 시선을 분산시킨다.

27 **** 눈썹형에 따른 이미지 설명이 틀린 것은?

① 각진 눈썹 – 부드러워 보이고 현대적 세련미와 지적인 이미지

② 둥근형 눈썹 – 여성적이며 고전적인 이미지

③ 직선형 눈썹 – 남성적이고 활동적인 이미지

④ 꼬리가 처진 눈썹 – 코미디나 희극적인 이미지

> 각진 눈썹은 부드러워 보이는 것이 아니라 사무적인 딱딱한 이미지를 가진다.

정답 ▶ **21** ① **22** ④ **23** ④ **24** ③ **25** ④ **26** ④ **27** ①

28 긴형의 얼굴에 어울리는 눈썹 형태는?

① 일자형 눈썹
② 아치형 눈썹
③ 굵고 짧은 눈썹
④ 가늘고 둥근형 눈썹

> 긴 얼굴형의 눈썹은 일자형에 가깝게 그려서 긴 얼굴이 분할되어 보이도록 한다.

29 눈썹의 모양을 강하지 않은 둥근 느낌으로 만들 때 가장 효과적인 얼굴형은?

① 사각형 얼굴
② 원형 얼굴
③ 긴 얼굴
④ 마름모형 얼굴

> 사각형 얼굴은 각진 얼굴을 커버하기 위해 둥근 느낌의 눈썹이 효과적이다.

30 둥근 얼굴형을 보완하기에 가장 적합한 눈썹 모양은?

① 각진 눈썹
② 짧고 굵은 눈썹
③ 아치형 눈썹
④ 일자형 눈썹

> 둥근 얼굴형의 아이브로는 상승선을 이용하여 약간 각지게 그려서 성숙미를 강조하고 샤프하게 연출하며, 세로 느낌을 강조한다.

31 얼굴형에 따른 아이섀도 테크닉으로 옳지 않은 것은?

① 둥근형 – 세로 느낌으로 펼쳐 발라 세로의 라인을 강조한다.
② 각진형 – 눈의 윤곽이 넓어 보이게 표현한다.
③ 계란형 – 여러 형태의 아이섀도 기법이 잘 어울린다.
④ 역삼각형 – 차가운 계열의 컬러를 사용해 날카로운 이미지를 강조한다.

> 역삼각형 얼굴은 날카로운 이미지를 지니고 있어 난색계열의 컬러를 사용하여 따뜻하고 부드러운 이미지를 강조한다.

32 여성스러움을 강조할 수 있는 아치형의 눈썹이 가장 잘 어울리는 얼굴형은?

① 긴 얼굴형
② 둥근 얼굴형
③ 다이아몬드 얼굴형
④ 역삼각 얼굴형

> 역삼각형 얼굴은 아치형의 눈썹을 부드럽게 그려서 뾰족한 이미지를 다소 부드럽게 표현한다.

33 역삼각형의 얼굴에 어울리는 눈썹 형태는?

① 각진 눈썹
② 짧고 굵은 눈썹
③ 아치형 눈썹
④ 일자형 눈썹

> 역삼각형의 얼굴은 아치형의 눈썹을 부드럽게 그려서 뾰족한 이미지를 다소 부드럽게 표현한다.

34 긴 얼굴형에 어울리는 블러셔 테크닉은?

① 관자놀이에서 구각을 향해 샤프하게 터치한다.
② 귀 앞부분에서 코를 향해 일자로 터치한다.
③ 귀 부분에서 콧방울을 향해 사선으로 터치한다.
④ 볼터치는 생략한다.

> 긴 얼굴형의 블러셔 처리는 귀 앞부분에서 코를 향해 일자로 터치해주면서 얼굴이 길어보이지 않게 해주는 것이 좋다.

35 다이아몬드 얼굴형에 어울리는 블러셔 테크닉은?

① 광대뼈를 중심으로 폭넓게 터치한다.
② 관자놀이에서 구각을 향해 샤프하게 터치한다.
③ 귀 부분에서 콧방울을 향해 사선으로 터치한다.
④ 관자놀이 부분만 터치한다.

> 다이아몬드 얼굴형은 날카로운 인상을 주므로 광대뼈를 중심으로 폭넓게 터치함으로써 부드러워 보이게 하는 것이 좋다.

정답 28 ① 29 ① 30 ① 31 ④ 32 ④ 33 ③ 34 ② 35 ①

36 긴 얼굴형의 립 메이크업 수정 방법으로 적합한 것은?

① 인커브로 귀엽게 연출한다.
② 수평적인 느낌으로 구각만 살짝 올려 그린다.
③ 아웃커브형으로 그려준다.
④ 입술 폭이 좁고 도톰하게 그려준다.

긴 얼굴형의 경우 길어 보이는 단점을 커버하기 위해 수평적인 느낌으로 구각만 살짝 올려 그려준다.

37 얼굴 윤곽 수정 메이크업에서 하이라이트를 넣기에 적합하지 않은 곳은?

① 눈썹 뼈
② T존
③ 코벽
④ 턱끝

코벽은 노즈 섀도를 이용해 셰이딩을 넣어준다.

38 얼굴 윤곽 수정 메이크업에서 셰이딩을 넣기 적합하지 않은 곳은?

① T존
② 코벽
③ 광대뼈
④ 헤어라인

T존은 하이라이트를 이용해 코 길이를 조절할 수 있다.

39 얼굴 윤곽 수정 메이크업에서 하이라이트에 대한 설명으로 적합하지 않은 것은?

① 펄 감이 풍부한 흰색을 사용하는 것이 효과적이다.
② 얼굴이 돌출되어 보이고자 하는 부위에 사용한다.
③ 베이스보다 1~2톤 밝은 색을 사용한다.
④ T존, 눈밑 등에 넣어 준다.

하이라이트는 베이스보다 1~2톤 밝은 톤의 자연스러운 색감을 사용한다.

40 얼굴 윤곽 수정 시 셰이딩에 대한 설명으로 적합하지 않은 것은?

① 베이스보다 1~2톤 어두운 컬러를 사용한다.
② 입체감 있는 얼굴을 표현할 수 있다.
③ 축소되어 보이고자 하는 곳에 넣어준다.
④ 턱, 코벽, 눈밑에 사용할 수 있다.

눈밑은 하이라이트를 이용해 밝게 표현한다.

41 둥근 얼굴형에 어울리는 블러셔 테크닉은?

① 광대뼈 부위를 살짝 감싸듯이 둥글고 부드럽게 넣어준다.
② 블러셔의 범위를 약간 넓게 하여 광대뼈 아래 부분에서부터 둥근 느낌이 나게 길게 넣어준다.
③ 길이가 분할되어 보이게 볼 부분에서 눈 쪽을 향하게 터치한다.
④ 갸름하며 길어 보일 수 있도록 광대뼈 부분에서 입꼬리 끝을 향하여 세로 느낌이 많이 나게 터치한다.

통통한 볼과 짧은 얼굴 길이를 감안하여 다소 갸름하며 길어 보일 수 있도록 광대뼈 윗부분에서 입꼬리 끝을 향하여 세로 느낌이 많이 나게 블러셔를 해준다. 블러셔 톤은 자연스러운 음영을 준다.

42 얼굴형에 따른 블러셔 메이크업 테크닉에 대한 설명으로 옳지 않은 것은?

① 역삼각형 – 파스텔톤의 부드럽고 화사한 색을 이용하여 광대뼈 윗부분에서 약간 갸름하게 넣어준다.
② 다이아몬드형 – 튀어나온 광대뼈가 자칫 두드러져 보일 수 있으므로 광대뼈 부위를 살짝 감싸듯이 둥글고 부드럽게 넣어준다.
③ 긴형 – 길이가 분할되어 보이게 볼 중앙부분에서 귀 앞쪽으로 수평느낌을 살려 넣어준다.
④ 둥근형 – 볼 중앙 부분을 둥글려 최대한 둥근 느낌을 살려준다.

둥근 얼굴형은 통통한 볼과 짧은 얼굴 길이를 감안하여 다소 갸름하며 길어 보일 수 있도록 광대뼈 윗부분에서 입꼬리 끝을 향하여 세로 느낌이 많이 나게 블러셔를 한다.

정답 36 ② 37 ③ 38 ① 39 ① 40 ④ 41 ④ 42 ④

43 수정 화장의 목적이 아닌 것은?

① 얼굴의 단점을 보완한다.
② 색의 진출과 후퇴의 성질을 이용하여 보완한다.
③ 색의 팽창과 수축의 성질을 이용하여 보완한다.
④ 하이라이트 부분에 자신의 파운데이션 색상보다 더 어두운 색조를 사용한다.

> 하이라이트 부분은 파운데이션 색상보다 1~2단계 밝은 색조를 사용한다.

44 고객에게 엘레강스한 메이크업 디자인을 제안하려고 한다. 옳지 않은 것은?

① 피부 표현은 건강하고 촉촉한 질감으로 자연스럽게 연출한다.
② 눈썹은 본래의 형태를 살려주되 빈 곳을 꼼꼼히 메워 정돈되면서도 자연스러움과 기품을 잃지 않도록 연출한다.
③ 눈은 아이라인을 선명하게 그려주고 속눈썹은 풍성하게 컬링이 될 수 있도록 꼼꼼하게 마스카라를 표현한다.
④ 블러셔는 두 가지 톤을 믹스하여 연출하고 선적인 느낌 없이 광대뼈 전체를 부드럽게 감싸듯 표현한다.

> 블러셔는 윤곽선을 자연스럽게 잡아주는 정도로 컬러감은 최대한 배제한다.

45 봄 유형 신체 색상의 특징으로 옳지 않은 것은?

① 사계절 유형 중 피부색이 가장 밝다.
② 볼 부분의 주근깨는 오렌지빛을 띠며 유난히 쉽게 붉어지는 경향이 있다.
③ 멜라닌 색소가 많아 쉽게 타며 잡티, 기미가 짙고 혈색이 없는 것이 특징이다.
④ 눈동자 색은 골든 브라운, 밝은 갈색 등 비교적 밝은 편이다.

> 멜라닌 색소가 많아 쉽게 타며 잡티, 기미가 짙고 혈색이 없는 것은 가을 유형 신체 색상의 특징에 해당한다.

46 <보기>에서 설명하는 신체 색상의 특징에 해당하는 퍼스널 유형은?

> **【보기】**
> • 홍조를 띠지 않으며 피부 결이 얇고 혈관이 비칠 정도로 투명함이 특징이다.
> • 머리카락 색은 푸른빛을 지닌 어두운 색으로 블루 블랙이거나 회갈색이 많다.
> • 사계절 피부 유형 중 유일하게 신체 색상 사이에 콘트라스트가 있어 선명하고 명쾌한 이미지이다.

① 봄 유형
② 여름 유형
③ 가을 유형
④ 겨울 유형

> <보기>는 겨울 유형 신체 색상의 특징에 해당한다.

47 다음 중 가을 유형 신체 색상에 대한 설명으로 옳은 것은?

① 차가운 색상의 라이트 톤으로 차갑고 부드러움이 공존하며 산뜻하고 여성스러운 이미지이다.
② 골드, 브라운, 코랄 핑크, 카키, 와인 계열의 중후하고 원숙한 클래식, 엘레강스, 에스닉한 이미지가 많다.
③ 전체적으로 밝고 맑게 연출하며 밝은 색과 중간색을 사용해 은은하고 부드럽게 표현하고 아이라인과 눈썹은 강하지 않게 표현한다.
④ 눈매는 강하게, 입술은 자연스럽게 연출하거나 눈매는 최소한으로, 입술은 또렷하게 하는 등의 원 포인트 메이크업으로 표현한다.

> ① 여름 유형, ③ 봄 유형, ④ 겨울 유형

정답 43 ④ 44 ④ 45 ③ 46 ④ 47 ②

48 다음 중 여름 유형 신체 색상에 어울리는 톤에 해당하는 것은?

① 강하지 않은 파스텔과 중간의 라이트 그레이시 (light grayish), 라이트(light), 덜(dull) 톤
② 선명하고 밝은 비비드(vivid), 라이트(light), 브라이트(bright), 페일(pale) 톤
③ 짙고 차분한 그레이시(grayish), 스트롱(strong), 딥(deep), 덜(dull) 톤
④ 선명하고 밝고 짙은 비비드(vivid), 베리 페일(very pale), 다크(dark) 톤

② 봄 유형, ③ 가을 유형, ④ 겨울 유형

49 퍼스널 컬러 진단 방법에 대한 설명이다. 옳지 않은 것은?

① 모델은 피부색이 정확하게 드러나도록 화장기가 없는 맨 얼굴인 상태가 좋다.
② 햇살이 가장 좋은 오전 11시부터 오후 3시 사이에 진단하는 것이 효과적이다.
③ 조명을 사용할 경우 95~100W의 중성광이 적당하다.
④ 2차 진단 시 금색 천의 경우 피부에 혈색이 돌고, 얼굴의 형태도 갸름하고 입체적으로 보인다.

은색 천의 경우 피부에 혈색이 돌고, 얼굴의 형태도 갸름하고 입체적으로 보이고, 금색 천의 경우 피부색이 노랗게 보이고, 얼굴 형태도 평면적으로 커 보인다.

50 봄 계절에 어울리는 아이섀도의 색상과 톤으로 가장 적합한 것은?

① 주황 – 덜(dull) 톤
② 파랑 – 그레이시(grayish) 톤
③ 초록 – 라이트(light) 톤
④ 빨강 – 딥(deep) 톤

• 색상 : 노란색을 기본으로 고명도와 고채도의 레드, 오렌지, 옐로, 그린, 아쿠아 그린, 블루, 바이올렛, 브라운 계열 등
• 톤 : 선명하고 밝은 비비드(vivid), 라이트(light), 브라이트(bright), 페일(pale) 톤

51 유형별 컬러 코디네이션의 연결이 옳지 않은 것은?

① 봄 유형 – 긴 스트레이트나 짧고 경직된 커트 스타일, 짙은 블랙이나 와인 색의 염색이 효과적이다.
② 여름 유형 – 파스텔과 펄을 사용하여 여성스럽게 연출하며 아이라인과 눈썹은 강하지 않게 표현한다.
③ 가을 유형 – 깊이 있는 색조와 그윽한 그라데이션으로 표현하고 어느 한 쪽으로 치우치는 포인트 메이크업은 피한다.
④ 겨울 유형 – 강한 대비 효과 또는 선명하고 절제된 원 포인트로 눈매를 강하게 표현하고 입술을 자연스럽게 연출한다.

봄 유형은 긴 스트레이트나 짧고 경직된 커트 스타일이나 와인 색의 염색은 피하고, 단발머리나 굵은 웨이브로 발랄하고 경쾌한 이미지를 연출하는 것이 효과적이다.

52 봄 유형의 고객에게 적합한 스타일링이 아닌 것은?

① 귀엽고 사랑스러운 소녀같은 이미지를 연출하는 것이 효과적이다.
② 단발이나 굵은 웨이브로 발랄하고 경쾌한 이미지를 연출하는 것이 좋다.
③ 밝고 맑게 연출하며 밝은 색과 중간색을 사용하여 은은하고 부드럽게 표현한다.
④ 선명하고 절제된 원 포인트로 눈매를 강하게 표현하고 입술을 자연스럽게 연출한다.

선명하고 절제된 원 포인트로 눈매를 강하게 표현하고 입술을 자연스럽게 연출하는 것은 겨울 유형에 어울리는 스타일링이다.

SECTION

06

Makeup Artist Certification

기본 메이크업 기법

제1장에서 가장 출제비중이 높은 섹션이므로 보다 비중을 두고 학습하도록 합니다. 기초화장은 출제 가능성은 낮으므로 지나치게 비중은 두지 않도록 합니다. 베이스 메이크업, 파운데이션, 파우더, 아이브로, 블러셔 등에서 출제비중이 높을 것으로 예상되므로 철저하게 학습하도록 합니다.

01 세안 및 클렌징

(1) 목적

피부 표면에 묻어있는 먼지와 땀의 유분기, 메이크업 잔여물, 공해 등의 이물질을 피부로부터 제거함으로써 피부의 위생을 유지한다.

(2) 클렌징 제품

종류	기능
크림 타입	• 세정력이 우수해 진한 화장 제거 시 적합 • 유분함량이 높아 건성, 중성 피부에 적합 • 부드러운 미용 티슈나 해면 등으로 제거한 다음, 폼 클렌징 등으로 이중 세안을 해야 함
로션 타입	• 피부 유연작용이 있어 각질이 두터운 사람에게 적합 • 피부에 자극이 적어 건성, 지성, 민감성 노화 피부에 적합
워터 타입	• 산뜻한 사용감, 가볍고 내추럴한 메이크업 제거에 적합 • 끈적임이 없고 수분 함량이 많아 지성, 건성, 여드름 피부에 적합
오일 타입	• 피부에 자극이 적고 메이크업 잔여물과 먼지 등의 노폐물 제거에 사용 • 오일이 피지 성분을 녹여 블랙헤드를 제거하는 장점 • 건성, 민감성, 수분 부족 피부에 적합 • 지성이나 복합성 피부는 물로만 헹구는 것보다 폼 클렌저를 사용해 추가로 씻어 내는 것이 좋음
거품 타입	• 풍부한 거품으로 피부에 자극 없이 마일드하게 작용하여 노폐물과 메이크업 잔여물 제거 • 모든 피부 특히 건성, 민감성, 수분 부족 피부에 적합
젤 타입	• 세정력이 우수하고, 피부 회복과 긴장 완화 및 보습 효과 • 지방에 예민한 알레르기 피부, 모공이 넓은 피부, 여드름 피부에 적합
스크럽 타입	• 알갱이가 함유되어 노화 각질과 노폐물 제거에 사용되며, T존 부위에 효과적 • 건성, 민감성 피부는 사용 자제
립&아이리무버	눈가나 입가의 짙은 색조화장을 제거해주는 부분 클렌징

▶ **피부 분석법**
- 문진 : 고객의 직업, 연령, 환경, 식습관, 사용 화장품 등을 질문하여 피부에 대한 다양한 정보를 얻는 분석법
- 견진 : 육안, 확대경, 우드 램프 등을 사용하여 모공 상태, 피부 주름, 피부결, 피부 결점 등을 관찰하여 진단하는 분석법
- 촉진 : 손으로 직접 만져 피부의 상태나 탄력성, 각질화 상태 등의 정보를 얻는 분석법
- 피부진단기기를 이용한 분석

▶ **세안 방법**
- 지성 피부는 따뜻한 물, 건성 피부는 미지근한 물로 20회 이상 흐르는 물로 헹구고, 마무리는 찬물로 한다.
- 타월로 물기를 닦을 때에는 살짝 누르면서 닦아낸다.

▶ 거품 타입은 거품이 많고 클수록 피부 자극이 적고 세안도 깨끗이 된다.

chapter 01

(3) 피부 유형별 클렌징 제형

피부 유형	클렌징 제형
정상	워터, 로션, 크림 타입
건성	워터, 로션, 크림, 오일, 거품 타입
지성	워터, 로션, 젤 타입
복합성	로션, 워터, 젤, 거품 타입
민감성	로션, 오일, 거품 타입

02 기초 화장

(1) 목적
 ① 세안에 의해 상승된 피부의 pH를 정상적인 상태로 빨리 돌아오게 하고 유분과 수분을 공급하여 피부결을 정돈함
 ② 피부 표면의 건조를 방지해줌과 동시에 피부를 매끄럽게 하고, 추위로부터 피부를 보호하거나 공기 중에 있는 세균이 침입하는 것을 막아줌

(2) 기초화장품의 종류

종류	설명
화장수	• 스킨 소프너(Skin Softner) : '피부를 부드럽게 해준다'는 뜻으로 유연 화장수 • 스킨 토너(Skin Toner) : '모공을 수축시켜 피부를 강하고 탄력 있게 해준다'는 뜻으로 수렴 화장수 • 아스트린젠트 로션(Astringent Lotion) : 수렴화장품의 일반적인 명칭, 모공을 조여주며 피부를 긴장시킴 • 스킨 프레쉬너(Skin Freshner) : '피부를 신선하게 해준다'는 뜻으로 약산성 화장수 • 수딩 로션(Soothing Lotion) : 피부를 진정시키고 가라앉힌다는 뜻으로 민감성 피부의 쉽게 붉어지는 증상을 완화시킴 • 하이드로액티브 로션(Hydro-active Lotion) : 피부를 촉촉하게 하는 보습력이 높은 화장수
에센스	• 주요 효과 : 보습, 피부보호, 영양 공급 • 미용액 또는 컨센트레이트(Concentrate)라고도 하는 기초 화장품의 하나 • 유럽에서는 세럼(serum)이라는 명칭으로 널리 불림 • 피부 보습 및 노화억제 효과를 갖는 주요 미용성분을 고농축으로 함유 • 보습효과가 우수하고 영양물질을 공급하여 피부를 가볍고 매끄러운 상태로 유지

종류	설명
로션	• 주요 효과 : 수분 및 영양 공급 • 수분이 60~80%인 일종의 점성이 낮은 크림 • 피부에 바를 때 오일보다 잘 퍼지고 빨리 흡수되므로 가볍게 사용하기에 적당 • 유분은 30% 이하이며, O/W형의 유화이므로 피부에 산뜻하게 퍼지고 스며들기 쉬우며 사용 감촉도 우수
아이크림	• 잔주름이 가장 쉽게 발생하기 쉬운 눈 위주의 관리 제품 • 젤타입과 크림타입으로 분류
크림	• 세안 후 소실된 천연보호막을 일시적으로 보충해서 피부에 촉촉함을 주고 외부의 자극으로부터 피부를 보호하기 위해 사용 • 로션과 비교하여 안정성의 폭이 넓고 유분, 보습제, 수분 등을 다량 배합할 수 있어 피부의 모이스처 밸런스를 일정하게 유지 • 유분, 수분, 보습제를 공급하여 피부의 보습, 유연 기능

▶ 유연 화장수 : 건성, 중성, 복합성, 민감성, 노화 피부에 적합
수렴 화장수 : 건성, 민감성, 노화 피부에 적합

▶ 용어 이해
• Astringent : 수축(수렴)시키는
• Soothing : 누그러뜨리는, 진정하는
• Hydro-active : 수분을 활성하는

(3) 피부 유형별 기초화장품 제형

피부 유형	기초화장품 제형
정상	대부분의 화장품이 사용 가능하나, 계절적 요인을 고려하여 선택
건성	보습 효과가 높은 화장수와 영양 성분이 높은 건성용 크림의 기초화장품이 적합
지성	수렴 작용이 있는 화장수와 수분 함량이 높은 크림, 젤 타입의 기초화장품이 적합
복합성	• T존 부위 : 수렴 화장수와 수분 함량이 높은 크림 사용 • U존 부위 : 보습 효과가 높은 화장수와, 영양 성분이 높고 보습 효과가 있는 건성용 크림 사용
민감성	항산화 작용이 있는 무알코올 화장수 및 식물성 보습 크림 등 자극이 없는 화장품 사용

▶ 용어 이해
• Concentrate : 농축시키는

(4) 피부 유형별 기초화장품 사용 방법

피부 유형	관리 방법
정상	• 아침 : 세안 시 클렌저를 사용하지 말고 미지근한 물로 세안, 보습 크림을 얼굴 및 목 전체에 바른 후 자외선 차단제로 마무리 • 저녁 : 젤 클렌저를 사용하여 화장품 및 피부의 분비물 제거한다. 주 1회 효소 클렌저를 이용하여 각질을 정리하고 수분 에센스와 보습 크림을 얼굴과 목 전체에 사용

▶ O/W형에 대한 자세한 설명은 3장 화장품학을 참조

▶ 기초화장품 바르는 순서
• 제형 : 묽은 것 → 진한 것
• 유분 : 적은 것 → 많은 것

피부 유형	관리 방법
건성	• 아침 : 미지근한 물로 가볍게 세안 후 건성 피부용 토너, 보습 및 보호 크림, 자외선 차단제 사용 • 저녁 : 보습 효과가 뛰어난 에센스와 크림을 얼굴과 목 전체에 사용
지성	• 아침 : 젤 타입의 클렌징으로 세안 후 보습 크림, 피지 조절 크림으로 관리 • 저녁 : 이중 세안 후 화장수와 보습 크림을 얼굴 및 목 전체에 사용

03 베이스 메이크업

1 메이크업 베이스

(1) 바르는 방법

① 기초화장을 마치고 진주알 크기만큼 덜어서 이마, 양 볼, 턱, 코 부위에 적당량을 나누어서 펴 바른 다음 패팅한다.

② 얼굴의 안쪽에서 바깥쪽 방향으로 펴 발라준다.

③ 패팅 후에도 번들거림이 남아있으면 티슈로 한 번 눌러준 후 파운데이션을 바른다.

(2) 피부색에 따른 크림 선택 방법

피부 유형	종류
붉은색 피부, 지성피부 잡티가 많은 피부	끈적거림이 없는 연녹색
창백한 피부, 흰 피부, 결이 매끈한 피부, 건성피부	보습성분을 함유하고 있는 핑크색의 에센스 타입
건강한 이미지의 까무잡잡한 피부를 원하는 여름철	시원한 젤 타입의 오렌지 계열

2 파운데이션

(1) 바르는 방법

① 적당량의 파운데이션을 이마, 양 볼, 턱, 코 부위에 나누어서 안쪽에서 바깥 방향으로 두드리면서 펴준다.

② 스펀지를 이용하여 패팅(Patting, 두드림)하듯 두드려 발라주면 깨끗이 커버가 되고 밀착력을 높일 수 있다.

③ 잡티 없이 가볍게 표현하고 싶을 때는 밀듯이 발라주는 슬라이딩 방법이나 파운데이션 브러시를 사용하여 바르면 피부표현이 가볍고 맑고 투명해 보인다.

④ 2~3가지 색상을 이용해 입체적인 느낌을 주도록 한다.

베이스 메이크업 순서

메이크업 베이스
↓
파운데이션
↓
파우더

▶ 주의사항
너무 많은 양을 바르게 되면 파운데이션이 밀리거나 뜨는 느낌이 난다.

▶ 파운데이션을 바르는 목적
• 아름답고 통일된 피부색 표현
• 얼굴형의 수정 · 보완

(2) 피부 타입에 맞는 파운데이션 선택 방법

피부 유형	선택 방법
잡티가 많은 얼굴	• 커버력과 지속력이 뛰어난 스킨커버 타입의 파운데이션이나 스틱 파운데이션이 적당 • 심한 잡티의 경우는 부분적으로 컨실러(Consealer)를 이용하여 완벽하게 커버
건성피부	• 수분이나 유분이 부족하므로 보습효과가 뛰어나고 유분기도 많이 함유하고 있는 리퀴드 타입이나 크림 타입의 파운데이션이 적합
지성피부	• 지성피부의 경우 얼굴에 수분은 적고 유분이 많으므로 항상 피부가 번들거리고 화장이 떠있는 느낌이 있음 • 유분과 수분을 모두 많이 함유하고 있는 타입과 수분은 부족하나 유분기가 많은 타입이 있음 • 수분을 많이 함유한 리퀴드 타입이나 파우더 파운데이션처럼 유분기를 제거할 수 있는 타입이 적당

▶ 파운데이션 바르는 기법

선긋기 기법	콧대 옆부분에 셰이딩(shading)을 넣는 기법
패팅 (Patting) 기법	기미나 잡티가 있는 부분을 가볍게 톡톡 두드리는 기법
슬라이딩 (Sliding) 기법	얼굴을 전체적으로 문지르듯 바르는 기법
블렌딩 (Blending) 기법	서로 다른 색의 파운데이션들이 경계지지 않도록 하는 기법
페더링 (Feathering) 기법	그려진 선의 경계선이 뚜렷하지 않게 자연스럽게 보이도록 하는 기법
에어브러시 (Air Brush) 기법	에어브러시 건을 이용하여 파운데이션을 바르는 기법
스트로크 (Stroke) 기법	눈, 페이스라인 등에 라텍스, 스펀지 등으로 얇게 밀어서 펴주는 방법

(3) 얼굴 윤곽 수정

① 파운데이션 색상의 종류

종류	특징
베이스	피부 톤과 같은 계열의 파운데이션을 목의 색과 비교해서 너무 진하거나 연하지 않은 자연스러운 색을 선정하며, 얼굴 전체에 발라준다.
하이라이트	• 하이라이트색은 팽창, 확대, 진출되는 느낌을 가진 색으로 피부 톤보다 1~2톤 밝은색을 T존, V존 부위에 사용 • 화사하게 표현하고 싶을 때 사용 • 입가에 팔자주름이 깊은 사람의 경우에는 입가에도 하이라이트를 넣어주면 효과적
셰이딩	• 수축, 후퇴색의 느낌으로 베이스톤의 파운데이션보다 1~2톤 어두운 색을 이용 • S존 부분의 볼이나 줄어들어 보이고 싶은 부위 혹은 얼굴형 중 튀어나와 보이는 부위(턱뼈, 광대뼈, 넓은 미간 등)를 커버할 때 사용

② 노즈 셰이딩 방법
• 코가 긴 경우 : 콧방울과 코끝을 가로 방향으로 셰이딩
• 코가 짧은 경우 : 코끝이 높아 보이도록 콧방울만 어둡게 터치
• 콧대가 낮고 콧방울이 굵은 경우 : 눈썹 앞머리에서 콧대를 가볍게 셰이딩해 주되 코 벽이 너무 길지 않도록 유의하고, 콧방울은 그라데이션 하듯 바른다.
• 코가 옆으로 휜 경우 : 휜 방향의 반대쪽을 막아주듯 셰이딩해서 일자 형태로 보이게 한다.

(4) 피부 결점 보완
① 컨실러 제품 선택
• 눈밑 다크서클을 밝게 표현하기 위해 얇고 부드럽게 커버할 수 있는 리퀴드 타입이나 크림 타입 선택
• 기미 · 주근깨 등의 피부 잡티에는 펜슬 타입이나 스틱 타입 선택
② 컨실러 색상 선택
• 눈밑 다크서클은 파운데이션보다 밝은 크림 타입의 색상 선택
• 피부 결점은 파운데이션 컬러와 비슷한 색상 선택

3 파우더

(1) 바르는 방법

파우더는 얼굴 전체적으로 혹은 부분적으로 사용

구분	바르는 방법
퍼프(Puff) 이용	• 피부에 화장을 밀착 고정시키고자 할 때 사용 • 파우더를 적당량 묻혀 T존, 볼 등 중간 부분부터 누르듯이 차분히 바르면서 유분기를 제거한다. • 남은 여분으로 S존 및 얼굴 라인 부분을 누르듯이 바르면서 유분기를 제거한다.
브러시(Brush) 이용	• 자연스럽고 화사하게 표현하고자 할 때 사용 • 피부 결을 따라 자연스럽게 바른 다음 깨끗한 브러시로 뭉쳐지지 않게 가볍게 다시 펴준다.

04 아이브로(Eyebrow) 메이크업

눈썹은 얼굴 전체의 이미지를 좌우할 만큼 큰 비중을 차지하므로 자신의 얼굴형과 이목구비에 맞는 눈썹을 자연스럽게 연출하는 것이 중요하다.

1 눈썹의 유형에 따른 이미지

(1) 눈썹의 굵기 및 길이에 따른 이미지

눈썹 유형		이미지
굵기	가는 눈썹	부드럽고, 여성적, 동양적, 나이가 들어 보임
	굵은 눈썹	강하고, 건강해 보이며 젊어 보임
길이	짧은 눈썹	어리고 귀여워 보이며 유머스러움
	긴 눈썹	여성스러우나 나이가 들어 보임, 정적이고 성숙함

▶ 형광등 같은 푸른 조명에서는 핑크 계열, 백열등처럼 붉은 조명에서는 아이보리 계열의 파운데이션 색상을 선택하는 것이 좋다

▶ 파우더 퍼프와 브러시

▶ 건조한 피부에 파우더를 생략할 경우에는 퍼프로 코 볼 부분과 눈두덩의 유분기만 제거하여 파운데이션이 고이는 현상을 방지한다.

▶ 주의사항
퍼프로 문지르면서 바를 경우 메이크업이 들뜨는 원인이 됨

(2) 눈썹의 형태에 따른 이미지

눈썹 형태	이미지
각진 눈썹	• 사무적인 딱딱한 이미지 • 현대적 세련미와 지적 이미지
아치형 눈썹	• 부드럽고 여성적이며 고전적 이미지
직선형 눈썹	• 남성적이고 활동적인 이미지
꼬리가 처진 눈썹	• 부드럽고 온화한 이미지를 풍김 • 어리숙함을 보여주며 코미디나 희극적인 이미지
꼬리가 올라간 눈썹	• 생동감 있어 보이고 날카로워 보이며 섹시한 이미지
두꺼운 눈썹	• 이미지가 강해 보이고 액티브함과 야성적인 이미지 • 여성미는 다소 없어 보임
얇은 눈썹	• 온화함과 여성스러움이 느껴지고 온순해 보임 • 자칫 병약해 보일 수 있음
양미간 사이가 좁은 눈썹	• 지적인 이미지와 세련미를 줌 • 다소 답답한 느낌이 들며 소심한 성격의 소유자로 보 일 수 있음
양미간 사이가 넓은 눈썹	• 부드럽고 온화하며 너그러워 보임 • 지루해 보이며 나태해 보임

② 기본형 눈썹 그리는 방법

구분	그리는 방법
눈썹 정리	눈썹을 그리기 전 눈썹이 난 방향을 따라 브러시로 한번 쓸어서 정리한다.
눈썹머리 그리기	콧방울 지점을 수직으로 올려 만나는 곳에 눈썹 앞머리가 시작된다.
눈썹산 그리기	눈썹산의 위치는 눈썹길이를 3등분 했을 경우 2/3 지점에 위치한다.
눈썹꼬리 그리기	콧방울과 눈꼬리를 45° 각도로 연결해서 연장했을 때 만나는 지점에 눈썹 꼬리를 그린다.

③ 아이브로 수정 방법

① 스크루 브러시로 눈썹 모를 가지런히 정리한다.
② 얼굴형 및 본래의 눈썹 형태를 고려하여 원하는 눈썹 형을 그린다.
③ 눈썹산에서 눈썹꼬리까지 아래로 빗어서 수정 가위로 잘라낸다.
④ 아이브로 밑에 불필요한 부분은 수정 가위나 소독된 눈썹 칼로 조심히 바깥에서 안쪽으로 밀어 정리한다.
⑤ 길이가 긴 아이브로는 수정 가위로 자르되 너무 짧게 자르지 않는다.
⑥ 스크루 브러시로 가지런히 결대로 빗어 마무리한다.

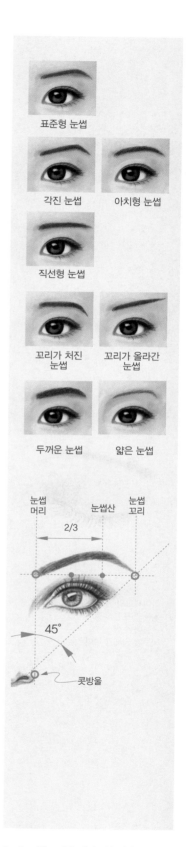

표준형 눈썹

각진 눈썹   아치형 눈썹

직선형 눈썹

꼬리가 처진   꼬리가 올라간
눈썹   눈썹

두꺼운 눈썹   얇은 눈썹

눈썹
머리   눈썹산   눈썹
꼬리

2/3

45°

콧방울

④ 눈썹 형태에 따른 수정 방법

눈썹 형태	수정 방법
두꺼운 눈썹	자신의 얼굴형에 맞게 자연스럽게 손질하여 갈색과 회색을 섞은 아이섀도로 정리한 후 나머지 눈썹 부분은 제거한다.
숱이 적은 눈썹	아이브로 펜슬로 본래의 눈썹 모양을 최대한 살려 자연스러운 형태로 그려 준다.
아래로 처진 눈썹	아래로 처진 눈썹을 정리하고 아이브로 펜슬로 형태를 잡아 그려 준다.
올라간 눈썹	올라간 눈썹을 정리하고 아이브로 펜슬로 형태를 잡아 그려 준다.
불규칙한 눈썹	불규칙한 눈썹을 정리하고 아이브로 펜슬로 형태를 그려 준다. 아이섀도는 갈색과 회색을 섞은 아이섀도로 정리한다.

05 아이섀도(Eye shadow) 메이크업

① 아이섀도의 부위별 명칭

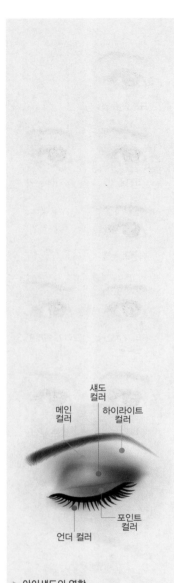

섀도 컬러

메인 컬러   하이라이트 컬러

포인트 컬러

언더 컬러

▶ 아이섀도의 역할
- 눈의 표정 연출
- 눈매 수정
- 눈에 입체감 부여

구분	특징
섀도 컬러 (Shadow color)	• 눈 위에 자연스러운 음영을 주어서 깊이 있는 눈매를 연출하고자 한다. • 눈꼬리 부분에서 시작하여 아이홀 방향으로 전체적으로 그라데이션 해준다.
메인 컬러 (Main color)	• 아이섀도 전체 분위기를 내는 색으로서 전체 이미지에 맞게 눈 중앙 부분에 은은하게 펴 바른다.
포인트 컬러 (Point color)	• 선명한 눈매를 표현하기 위해 짙은 계열의 아이섀도를 선택해 쌍꺼풀라인을 중심으로 발라준다.
하이라이트 컬러 (Highlight color)	• 눈썹뼈 부위에 흰색, 아이보리, 연핑크, 펄 등 밝은색을 발라주어 팽창되어 보이는 효과를 줄 수도 있다. • 이 부위를 밝게 처리하면 상대적으로 눈매는 더욱 깊이감을 줄 수 있고, 아이브로 역시 깔끔한 느낌을 느낄 수 있다.
언더 컬러 (언더 라인, Under color)	• 아이라인과 연결되는 눈끝의 삼각존으로부터 앞쪽으로 연결하여 눈매의 깊이를 표현할 수 있다. • 보통 포인트 컬러로 사용한 색상을 선택해서 언더 컬러로 바르면 자연스럽고 무난하다.

2 눈모양에 따른 아이섀도 기법

(1) 쌍꺼풀이 없는 작은 눈

작은 눈에 자연스러운 음영을 주어서 눈을 좀더 깊이 있고 크게 보이도록
표현하는 것이 포인트

시술 방법	• 가로 터치법을 이용하여 파스텔 브라운이나 내추럴 그레이를 위쪽으로 자연스럽게, 전체적으로 그라데이션 시켜 준다. • 밤색이나 다크 그레이로 포인트색을 하여 위아래 라인을 전체적으로 그라데이션하듯 펴 바른다.

(2) 쌍꺼풀이 있는 큰 눈

① 시원스럽고 화려한 이미지를 주지만, 눈 화장을 잘못하면 인상이 너무
   강해 보이거나 사나워 보일 수 있으므로 주의
② 눈 자체가 크고 화려하므로 너무 짙은 색이나 원색적인 아이섀도는 피하
   고 파스텔 느낌의 은은한 아이섀도를 이용

시술 방법	• 전체적으로 파스텔 브라운이나 은은한 인디언 핑크계열을 이용하여 아이홀을 따라 엷게 그라데이션을 주고 브라운이나 그레이로 눈꼬리 부분에 약간의 포인트를 준다. • 음영을 좀더 나타내고 싶을 때는 눈동자가 튀어나온 부위에도 하이라이트를 넣어준다.

(3) 지방이 많은 두툼한 눈

① 동양인에게서 흔히 볼 수 있는 형태로 둔해 보이거나 무표정해 보이고
   여성스러운 샤프함을 느낄 수가 없으므로 두꺼운 눈꺼풀을 잘 커버해
   주는 게 포인트
② 주로 자연스러운 브라운을 사용하는 것이 무난하다.

시술 방법	• 눈두덩이를 자연스럽게 음영을 주기 위해 파스텔 브라운 아이섀도로 전체적으로 넓고 자연스럽게 펴 발라준다. • 눈 앞머리와 꼬리 부분을 중심으로 짙은 브라운이나 블랙 또는 다크 그레이를 사용하여 눈 아래, 위를 입체감 있게 포인트를 넣어 준다.

▶ 주의사항
붉은기가 들어있는 아이섀도나 펄이
있는 아이섀도는 가급적 피할 것

[쌍꺼풀이 있는 큰 눈]

[지방이 많은 두툼한 눈]

[움푹 들어간 눈]

[눈꼬리가 올라간 눈]

[눈꼬리가 내려간 눈]

[미간이 좁은 눈]

(4) 움푹 들어간 눈
  ① 서양인에게서 흔히 볼 수 있는 눈매이며, 현대적이고 뚜렷한 이미지
  ② 눈꺼풀에 탄력이 없고 아파 보이거나 나이들어 보이는 형태

시술 방법	• 대체로 밝은색 혹은 펄이 들어 있는 아이섀도를 눈 중앙 움푹 들어간 부위에 넓게 펴 발라 줌으로써 팽창 효과를 주어 움푹 들어간 눈이 생기 있어 보이게 보완한다. • 연노랑이나 연베이지 혹은 밝은 계열의 펄을 눈 전체에 펴 바르고 핑크, 오렌지, 연보라 등 고명도의 아이섀도를 아이홀을 따라 화사하게 그라데이션을 준 뒤 포인트를 넣어준다.

(5) 눈꼬리가 올라간 눈
  ① 샤프해 보이는 장점이 있으나 인상이 날카롭고 차가운 이미지
  ② 언더라인 쪽을 강조해 줌으로써 시선을 아래로 끌어내리는 게 포인트

시술 방법	• 옅은 계열의 아이섀도를 넓게 바른 후 포인트 색으로 눈 앞머리를 강조하고, 눈꼬리로 올라갈수록 포인트 범위를 좁혀준다. • 포인트 색으로 언더라인을 강조하여 바를 것

(6) 눈꼬리가 내려간 눈
  온화한 분위기가 들기는 하나 어리숙해 보이고 지루해 보이는 이미지

시술 방법	• 눈 앞머리보다 끝부분에 포인트색을 약간 올려서 넓게 펴 발라줌으로써 시선을 위로 올려 주는 게 포인트이다. • 언더라인을 연하게 처리하여 처진 눈이 강조되지 않도록 주의한다.

(7) 눈과 눈 사이 간격이 좁은 눈
  다소 답답해 보이는 이미지

시술 방법	• 아이섀도 색상은 밝은 계열을 선택한다. • 눈 앞부분보다는 꼬리 부분에 포인트를 넣어 주어 양쪽 눈끝이 강조되게 함으로써 눈 사이의 간격을 조절한다.

(8) 눈과 눈 사이 간격이 넓은 눈

눈과 눈 사이 간격이 넓으면 여유롭게 보이는 장점은 있으나 나태해 보일
수도 있으므로 이 점을 보완하는 게 포인트

시술 방법	• 노즈 섀도를 약간 강조해서 눈과 눈 사이 넓은 부분이 분할되어 보이 는 효과를 준다. • 눈 앞머리에 포인트 아이섀도를 넣어주고 꼬리 부분은 밝게 처리하여 넓은 눈 사이 간격의 폭을 조절한다.

(9) 양쪽의 짝이 맞지 않는 눈

양쪽 눈의 크기가 많이 차이가 나거나 한쪽은 쌍꺼풀이 져 있고 한쪽은 홑
꺼풀일 경우 수정하여 보완한다.

시술 방법	• 쌍꺼풀이 없는 눈은 메인 컬러를 조금 더 넓게 펴 바르고 포인트 컬 러도 넓게 펴 주어서 쌍꺼풀이 있는 눈보다는 전체적으로 음영감이 더 드러나게 해줌으로써 양쪽 눈의 균형을 맞추어 준다.

▶ 아이섀도 터치법

종류	특징
가로 터치법	• 자연스러움, 부드러움, 차분함을 표현할 때 사용 • 튀어나온 눈이나 지방이 많은 눈에 적합 • 웨딩 메이크업, 데이타임 메이크업, 오피스 메이크업에 사용
사선 터치법	• 섹시함, 강렬함, 지적인 이미지를 표현할 때 사용 • 눈꼬리가 처진 눈, 미간이 좁은 눈에 적합 • 이브닝 메이크업, 파티 메이크업, 스모키 메이크업, 섹시 메이크업에 사용
아이홀 터치법	• 클래식함, 깊고 그윽한 눈매를 표현할 때 사용 • 움푹 패인 눈에 적합 • 눈을 크게 강조하고자 할 때 사용

Before

After

[미간이 넓은 눈]

Before

After

[양쪽의 짝이 맞지 않는 눈]

06 아이라인(Eyeline) 메이크업

■ 아이라인의 목적

① 선명하고 또렷한 눈 모양 표현
② 작은 눈을 커 보이게 하고, 눈이 생기 있어 보이게 함
③ 눈꼬리가 처지거나 올라갔을 때 수정의 역할

② 그리는 방법

① 속눈썹이 난 부분부터 섬세하게 그려준다.
② 자연스러운 아이라인을 표현할때는 아이섀도나 펜슬 타입의 라이너를
이용해 그려준다.

③ 눈매에 따라 눈 앞머리, 눈 중앙, 눈 꼬리 등을 강조해 그릴 수 있다.

④ 언더라인을 표현할 경우 눈꼬리에서부터 중앙으로 그려주면서 농도를 조절한다.

⑤ 라인의 굵기는 일정하게 그리고 라인이 끊어지거나 번지지 않도록 주의한다.

3 눈 모양에 따른 아이라인 기법

눈 모양	기법
쌍꺼풀이 없는 눈	• 눈 아래, 위 라인을 앞머리부터 꼬리까지 약간 굵게 그린다. • 꼬리 부분에서는 위의 라인과 아래 라인이 만나지 않게 열어준다.
쌍꺼풀이 있는 눈	• 라인을 너무 강하게 그리면 인상이 사나워 보일 수 있으므로 속눈썹에 가깝게 가늘면서 섬세한 라인을 그린다. • 언더라인은 약간만 표현해 준다.
지방이 있는 두툼한 눈	• 눈앞머리부터 꼬리까지 전체적으로 라인을 그려준다. • 눈 꼬리부분을 굵게 그린다.
눈 꼬리가 올라간 눈	위 라인은 가늘게 그려주고 언더라인을 눈 꼬리에서 시작하여 1/3 채워서 두껍게 강조한다.
눈 꼬리가 내려간 눈	언더라인은 생략하거나 아주 은은하게 그리고 윗 라인은 꼬리부분을 살짝 올려서 두껍게 채운다.
동그란 눈	둥근 눈은 더 둥글게 보이지 않게 하기 위해 눈동자 중간 부분은 생략하고 눈 앞머리와 꼬리 부분만 살짝 그려준다.
가늘고 긴 눈	눈동자 중앙 부분을 도톰하게 그려주고 눈머리와 눈 꼬리 부분을 자연스럽게 그려주면 눈이 동그랗고 훨씬 생기 있어 보인다.

[쌍꺼풀이 없는 눈]

[쌍꺼풀이 있는 눈]

[지방이 있는 두툼한 눈]

[눈 꼬리가 올라간 눈]

[눈 꼬리가 내려간 눈]

▶ eyelash : 속눈썹

아래서부터 지그재그 방향으로 비틀면서 위로 컬링

1 마스카라 시술 테크닉

(1) 아이래쉬(Eyelash) 컬링

① 마스카라를 잘 바르기 위해서는 먼저 아이래쉬 컬러를 사용하여 아래로 내려간 눈썹을 자연스럽게 컬링하고 속눈썹 뿌리까지 아이래쉬 컬러로 여러 번 그 자리에서 반복해서 눌러준다.

② 마스카라용 브러시에 마스카라 액이 많이 묻어있으면 눈썹이 뭉칠 염려가 있으므로 브러시를 티슈에 닦아 액을 조절한 후 사용한다.

(2) 위 속눈썹 바르기
① 눈을 아래로 내려 보면서 마스카라를 먼저 위에서 아래 방향으로 쓸어 내리듯 바른다.
② 아래쪽에서부터 지그재그 방향으로 비틀면서 위로 컬링한다.

(3) 아래 속눈썹 바르기
브러시를 세로로 세워서 끝부분만 살짝 바른다.

(4) 건조 및 브러싱
마스카라 액이 건조된 후에는 스크루 브러시나 액이 묻지 않은 마스카라용 브러시로 한 번 더 빗어주어 속눈썹끼리의 엉킴을 없애준다.

② 유형별 마스카라 기법

속눈썹 유형	기법
긴 속눈썹	숱이 많고 두꺼운 오버사이즈 브러시 사용
짧은 속눈썹	얇은 솔로 된 브러시 사용
아래 속눈썹	나선형 브러시 사용
가늘고 숱이 적은 속눈썹	끝이 점점 가늘어지는 원뿔형 브러시 사용
숱이 많은 속눈썹	얇은 스푼형 브러시 사용
일자로 처진 속눈썹	볼록 모양의 땅콩형 브러시 사용
이미 컬링이 된 속눈썹	살짝 휘어진 스푼형 브러시 사용

08 립(Lip) 메이크업

① 특징
① 입술의 모양이나 입술 색에 따라 전체 분위기 또한 많이 달라진다.
② 자신의 얼굴형에 맞는 입술 모양과 피부색에 맞는 립스틱 색상을 선택 하여 번짐이 없이 깨끗하게 지속될 수 있도록 바르는 것이 올바른 립스틱 테크닉이다.

② 립 메이크업 컬러
① 피부 톤에 맞는 컬러를 선택한다.
② 색상은 의상의 색에 맞춘다(양장 : 상의, 한복 : 치마색).
③ 연령에 맞는 컬러를 선택한다(나이가 들수록 진한 색이 어울린다).
④ 치아가 황색인 경우 붉은색은 어울리지 않으므로 치아 색에도 주의를 기울여야 한다.
⑤ 헤어, 의상, 액세서리 등 전체 분위기에 맞춘다.

❸ 립라인의 유형

유형	시술 기법
아웃커브 (Out curve)	• 매혹적이고 관능적인 이미지 • 하관이 넓은 경우 줄어들어 보이는 효과 • 원래 입술라인보다 1~2mm 넓게 그려준다.
스트레이트형 (Straight)	• 샤프하면서 지적인 이미지 • 단정한 유니폼을 착용할 때 어울리는 입술모양
인커브 (In curve)	• 귀엽고 여성스러운 이미지 • 원래의 입술 라인보다 1~2mm 정도 안쪽으로 그린다.

❹ 립 메이크업 순서

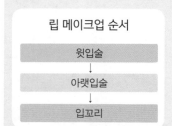

립 메이크업 순서

윗입술
↓
아랫입술
↓
입꼬리

유형	시술 기법
입술 모양 수정	• 립스틱을 바르기 전 입술 모양의 수정이 필요한 경우 파운데이션을 이용하여 원래의 입술라인을 최대한 깨끗하게 커버해 준다. • 유분기를 없애기 위해 파우더를 눌러서 바른다.
윗입술 그리기	윗입술 중앙부터 시작하여 좌우 대칭이 맞게 입술산을 그린 다음 양 끝부분을 향해 그린다.
아랫입술 그리기	아랫입술도 중앙부터 그려서 중심을 잡은 후 양 끝부분을 향해 그려준다.
입꼬리 그리기	입술을 벌려서 윗입술과 아랫입술의 구각 부위를 연결해 준다.
마무리	립스틱의 지속력을 위해 티슈로 유분기를 제거한 후 파우더를 한번 덧바르고 다시 한 번 더 립스틱을 발라준다.

❺ 입술 유형별 립스틱 시술 기법

유형	시술 기법
두꺼운 입술	• 일단 원래의 입술라인을 파운데이션으로 철저히 커버한 후 짙은색의 라인을 이용하여 원래 입술 라인보다 1~2mm 안쪽으로 그려준다. • 립스틱 색상은 짙은색이 수축의 효과를 나타내므로 약간 짙은색을 선택하는 것이 좋다.
얇은 입술	• 원래의 입술라인보다 1~2mm 정도 바깥쪽으로 라인을 그려준다. • 립스틱은 색상의 풍만함을 느끼게 하기 위해 엷은 파스텔 계열이나 펄이 든 립스틱이 적합하다.

두꺼운 입술

얇은 입술

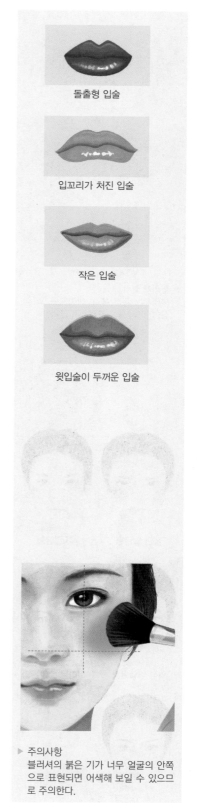

유형	시술 기법
돌출형 입술	• 짙은 립 라인을 이용하여 입술라인을 짙게 그린 후, 전체적으로 바를 립스틱 색상 역시 흑장미색, 짙은 브라운 계열, 퍼플 계열 등 수축되고 후퇴되어 보일 수 있는 짙은 색상을 선택하여 바른다. • 연한 색이나 펄이 든 립스틱은 입술을 더욱 돌출되어 보이게 하므로 사용하는 것은 적합하지 않다.
입꼬리가 처진 입술	• 침울해 보이고 나이 들어 보이는 형이므로 입술의 구각부분을 살짝 올려서 그려준다. • 밝고 펄이 든 립스틱을 선택하여 생기 있는 분위기를 연출한다.
작은 입술	• 입술의 전체 길이와 넓이를 1~2mm 정도 넓혀서 그려준다. • 립스틱 색상은 핑크, 오렌지 계열의 밝고 따뜻한 색을 선택한다. • 아랫입술 중앙 부분에 펄이나 립글로스를 사용하여 풍부함을 나타내준다.
윗입술이 두꺼운 입술	• 윗입술 라인을 짙은 립라인 펜슬을 이용하여 1~2mm 안쪽으로 그리고 반대로 아랫입술을 늘려 그려준다. • 아랫입술에 펄이나 밝은 립스틱을 하이라이트를 주어 도톰한 느낌의 아랫입술을 연출한다.
주름이 많은 입술	• 세로로 난 주름 사이로 립스틱이 번질 염려가 있으므로 먼저 파우더로 입술의 유분기를 없앤 후 단단한 펜슬타입의 립라이너로 라인을 선명하게 그린다. • 립스틱은 유분기가 적은 연한 계열의 색을 선택하여 바르는 것이 좋다.
입술라인이 흐린 입술	• 립라이너, 립 펜슬 등으로 또렷하게 입술라인을 그린 후 원하는 립스틱으로 안을 채워서 발라준다.

돌출형 입술

입꼬리가 처진 입술

작은 입술

윗입술이 두꺼운 입술

09 블러셔(blusher) 메이크업

1 블러셔의 목적

① 뺨에 혈색을 부여하여 여성스러운 화사함을 표현
② 얼굴의 윤곽을 수정하여 아름다운 얼굴형을 연출

2 기본적인 블러셔의 위치

모델이 정면을 보고 있을 때 검정 눈동자가 위치하는 곳을 수직으로 내리고 코 끝부분을 수평으로 연결해서 만나는 지점 상단 바깥부분

▶ 주의사항
블러셔의 붉은 기가 너무 얼굴의 안쪽으로 표현되면 어색해 보일 수 있으므로 주의한다.

③ 이미지에 따른 블러셔의 형태

이미지	블러셔의 형태
귀여움	블러셔의 위치가 볼 쪽으로 가까이 올수록, 또 모양이 둥글수록 큐트한 이미지가 나타난다.
성숙함	• 블러셔의 위치가 뺨의 뒤쪽으로 갈수록 성숙미가 느껴진다. • 블러셔를 관자놀이에서 시작하여 구각을 향해 세로 느낌을 강하게 넣을 경우 어른스러움이 나타난다.
지적 이미지	블러셔를 바를 때 광대뼈 위쪽으로는 하이라이트 느낌을 주고 광대뼈 바로 아래 움푹 패인 곳에 셰이딩을 넣어 주면 더욱 샤프하면서 지적인 이미지가 느껴진다.

④ 블러셔 바르는 기본 기법

① 블러셔를 하기 전 먼저 볼에 유분기를 없애 주어 얼룩지는 것을 방지한다.
② 너무 많은 양을 한꺼번에 바르게 되면 고르게 그라데이션을 표현하기 어려우므로 먼저 브러시에 적당량을 묻힌 후 손등에서 조절한 다음 가볍게 여러 번 반복해서 바른다.
③ 블러셔를 볼 전체에 넓게 펴 바를 때는 볼의 중심에서 바깥으로 원을 그리며 펴 바른다.
④ 길게 바르고자 할 때는 관자놀이에서 입꼬리를 향해 긴 타원형을 그리듯 발라준다.

⑤ 얼굴형에 따른 블러셔 방향

얼굴형	블러셔 방향
둥근 얼굴형	광대뼈 윗부분에서 입꼬리 끝을 향해 사선으로 세로 느낌이 나도록 해준다.
긴 얼굴형	귀 앞부분에서 중앙을 향해 가로로 터치한다.
역삼각 얼굴형	파스텔 톤의 부드럽고 화사한 색을 이용하여 광대뼈 윗부분에서 블러셔를 한다.
다이아몬드 얼굴형	광대뼈 부위를 살짝 감싸듯이 둥글고 부드럽게 해준다.
사각 얼굴형	광대뼈 아랫부분에서부터 둥근 느낌이 나게 길게 넣어주고 각이 진 턱선과 양쪽 이마 부분에 약간 짙은 색상으로 블러셔를 한다.

▶ 블러셔 컬러
블러셔는 피부 색조, 아이섀도, 립 색상, 이미지 등을 고려해서 선택한다.

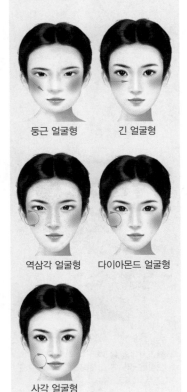

둥근 얼굴형   긴 얼굴형

역삼각 얼굴형   다이아몬드 얼굴형

사각 얼굴형

1 흰 얼굴에 가장 알맞은 메이크업 베이스 색상은? ★★★

① 흰색
② 갈색계
③ 베이지계
④ 핑크계

흰 얼굴에는 보습성분을 함유하고 있는 핑크색의 에센스 타입 메이크업 베이스 크림이 적합하다.

2 피부가 붉은 사람을 커버하기에 적당한 메이크업 베이스 색상은? ★★★

① 노란색
② 핑크색
③ 초록색
④ 갈색

붉은색 피부에는 초록색의 메이크업 베이스가 적합하다.

3 파운데이션을 바르기 위해 스폰지를 밀듯이 활용하는 기법은? ★★★

① 패팅 기법
② 블렌딩 기법
③ 슬라이딩 기법
④ 에어브러시 기법

패팅 기법	스폰지로 두들겨서 파운데이션을 바르는 기법
블렌딩 기법	경계가 되어 보이지 않게 혼합하여 연결시키는 기법
에어브러시 기법	에어브러시 건을 이용하여 파운데이션을 바르는 기법

4 파운데이션을 손가락이나 스펀지로 두들겨 바르는 기법은? ★★★

① 패팅기법
② 블렌딩 기법
③ 슬라이딩 기법
④ 에어브러시 기법

5 파운데이션 선택법으로 옳은 것은? ★★★

① 건성피부 - 파우더리한 질감의 파운데이션을 사용한다.
② 지성피부 - 크림 타입의 파운데이션으로 글로시하게 피부표현을 한다.
③ 잡티가 많은 피부 - 리퀴드 파운데이션으로 자연스러운 피부표현을 연출한다.
④ 건성피부 - 보습효과가 뛰어나고 유분기도 많이 함유하고 있는 리퀴드 타입이나 크림타입의 파운데이션을 사용한다.

① 건성피부 : 보습효과가 뛰어나고 유분기도 많이 함유하고 있는 리퀴드 타입이나 크림 타입의 파운데이션이 적합
② 지성피부 : 수분을 많이 함유한 리퀴드 타입이나 유분기를 제거할 수 있는 파운데이션이 적합
③ 잡티가 많은 피부 : 커버력과 지속력이 뛰어난 스킨커버 타입의 파운데이션이나 스틱 파운데이션이 적합

6 파운데이션을 바르는 요령으로 틀린 것은? ★★★

① 안쪽에서 바깥쪽으로 펴 발라준다.
② 커버력을 위해 두드리며 발라주는 것이 좋다.
③ 슬라이딩 기법은 자연스러운 메이크업에 많이 사용되는 기법이다.
④ 주름이 깊은 곳을 두껍게 발라주어야 한다.

주름이 깊은 곳에 많은 양을 바르게 되면 표정으로 인해 골이 많이 생기게 되므로 너무 두껍지 않게 바르도록 한다.

7 파운데이션에 대한 설명으로 옳지 않은 것은? ★★★

① 선의 경계선이 뚜렷하지 않게 자연스럽게 보이도록 하는 기법을 슬라이딩 기법이라 한다.
② 잡티가 많은 얼굴은 부분적으로 컨실러를 이용해서 완벽하게 커버한다.
③ 지성피부의 경우 수분을 많이 함유한 리퀴드 타입의 파운데이션이 효과적이다.
④ 콧대 옆부분에 셰이딩을 넣을 때는 선긋기 기법을 사용한다.

선의 경계선이 뚜렷하지 않게 자연스럽게 보이도록 하는 기법을 페더링 기법이라 한다.

정답 1 ④ 2 ③ 3 ③ 4 ① 5 ④ 6 ④ 7 ①

8 *★★★* 파우더에 대한 설명으로 틀린 것은?

① 화장을 피부에 밀착·고정시키고자 할 때 사용한다.
② 매트한 피부 표현을 원할 때 사용한다.
③ 자연스럽고 화사하게 표현하고자 할 때는 브러시를 이용하여 파우더를 바른다.
④ 자연스럽고 촉촉한 피부 표현으로 건강미 넘치는 피부를 연출할 수 있다.

파우더는 유분기를 제거해 뽀송하고 매트한 피부표현을 원할 때 사용한다.

9 *★★★* 눈썹을 그릴 때 주의사항으로 맞지 않는 것은?

① 좌우 대칭이 되도록 한다.
② 눈썹의 머리와 꼬리는 일직선상에 놓이게 한다.
③ 눈썹의 길이는 눈길이보다 짧게 하지 않는다.
④ 눈동자 색상과 비슷한 계열의 색상을 이용한다.

눈썹은 모발의 색과 비슷한 컬러를 이용한다.

10 *★★★* 눈썹 형태에 따른 이미지 변화가 틀린 것은?

① 각진 눈썹 – 부드럽고 여성스러우며 고전적 이미지
② 스트레이트형 눈썹 – 남성적이며 활동적인 이미지
③ 짙은 눈썹 – 이미지가 강해 보이고 액티브하고 야성적인 느낌
④ 양미간 사이가 좁은 눈썹 – 지적인 이미지와 세련미는 있으나 다소 답답한 느낌이 들며 소심한 성격의 소유자로 보임

각진 눈썹 – 사무적인 느낌이 들고 딱딱해 보이며, 현대적 세련미와 지적 이미지

11 *★★★* 긴 눈썹의 이미지로 맞지 않는 것은?

① 정적
② 동적
③ 성숙
④ 여성스러움

긴 눈썹은 정적, 성숙, 눈의 길이가 짧아 보여 여성스러움의 느낌을 준다.

12 *★★★* 다음 보기의 이미지에 해당하는 눈썹 형태는?

【보기】
동적, 쾌활, 눈의 길이가 길어 보임

① 짙은 눈썹
② 가는 눈썹
③ 짧은 눈썹
④ 긴 눈썹

짧은 눈썹은 동적이며 쾌활하고 눈의 길이가 길어 보이는 느낌을 준다.

13 *★★★* 굵은 눈썹의 이미지가 아닌 것은?

① 남성적
② 동양적
③ 개성미
④ 건강미

굵은 눈썹은 남성적, 활동적, 개성미, 건강미 등의 이미지를 준다.

14 *★★★* 엷은 눈썹 색상의 이미지는?

① 정열적
② 강렬한 느낌
③ 힘차고 강한 개성
④ 부드럽고 여성스러운 느낌

엷은 눈썹은 온화함과 여성스러움이 느껴지고 온순해 보이나 자칫 병약해 보일 수 있는 이미지를 준다.

15 *★★★* 상승형 모양의 눈썹이 주는 이미지는?

① 귀엽고 발랄한 이미지
② 단정하고 세련된 이미지
③ 동적이며 야성적인 이미지
④ 여성적이며 우아한 이미지

· 상승형 : 동적이며 야성적인 이미지
· 직선형 : 젊고 활동적인 이미지
· 작은 눈썹 : 귀엽고 발랄한 이미지
· 아치형 : 매혹적이고 여성적이며 우아한 이미지
· 각진형 : 지적이고 단정하며 세련된 이미지

정답 8 ④ 9 ④ 10 ① 11 ② 12 ③ 13 ② 14 ④ 15 ③

16 눈썹산의 위치는 눈썹 전체길이의 어느 지점에 놓이는가?

① 2/3 ② 1/2
③ 2/4 ④ 3/4

눈썹 산의 위치는 눈의 검은 눈동자 바깥쪽을 직선으로 올린 지점으로 눈썹 전체 길이의 2/3 지점에 놓인다.

17 넓은 얼굴을 좁아 보이게 하기 위해 진하게 표현하는 경우 주로 사용하는 것은?

① 섀도 컬러 ② 하이라이트 컬러
③ 베이스 컬러 ④ 액센트 컬러

18 다음의 눈썹에 대한 설명 중 틀린 것은?

① 눈썹은 눈썹머리, 눈썹산, 눈썹꼬리로 크게 나눌 수 있다.
② 눈썹산의 표준 형태는 전체 눈썹의 1/2 되는 지점에 위치하는 것이다.
③ 눈썹산이 전체 눈썹의 1/2되는 지점에 위치해 있으면 볼이 넓게 보이게 된다.
④ 수평상 눈썹은 긴 얼굴을 짧게 보이게 할 때 효과적이다.

눈썹산의 표준 형태는 전체 눈썹의 2/3 되는 지점에 위치한다.

19 눈썹 꼬리는 콧방울과 눈꼬리를 몇 도 각도로 연결해서 연장을 했을 때 만나는 지점에 위치하는가?

① 15° ② 30°
③ 45° ④ 90°

콧방울과 눈꼬리를 45° 각도로 연결해서 연장했을 때 만나는 지점에 눈썹 꼬리를 그린다.

20 아이섀도에 있어서 돌출되어 보이도록 하거나 혹은 돌출된 부분에 경쾌함을 주기 위한 컬러로 가장 적합한 것은?

① 섀도 컬러 (shadow color)
② 액센트 컬러 (accent color)
③ 하이라이트 컬러 (high light color)
④ 베이스 컬러 (base color)

21 눈매를 강조하기 위한 색상으로 메인 색상보다 진한 색상을 선택하여 주로 쌍꺼풀 라인 안쪽과 눈 꼬리 쪽을 중심으로 바르는 섀도 컬러는?

① 메인 컬러 ② 포인트 컬러
③ 언더 컬러 ④ 하이라이트 컬러

22 얼굴 윤곽 수정 방법으로 틀린 것은?

① 하이라이트 색은 팽창, 확대, 진출되는 느낌을 가진 색으로 피부 톤보다 한두 톤 밝은 파운데이션을 T존, V존 부위에 사용한다.
② 입가의 팔자 모양의 골이 깊은 사람의 경우에는 입가에도 하이라이트를 넣어주면 효과적이다.
③ 베이스 컬러는 자기 피부 톤보다 2~3단계 밝은 파운데이션을 이용하여 얼굴 전체에 바른다.
④ 셰이딩은 베이스 톤의 파운데이션보다 2~3톤 어두운 파운데이션을 이용한다.

베이스 컬러는 피부 톤과 같은 계열의 파운데이션을 목의 색과 비교해서 너무 진하거나 연하지 않은 자연스러운 색을 선정한다.

23 서양인의 눈매처럼 깊고 그윽하게 보이고 화려한 이미지를 표현할 때 효과적인 섀도 기법은?

① 더블 홀 기법 ② 세로터치 기법
③ 아이홀 기법 ④ 가로터치 기법

아이홀 터치법은 클래식함과 깊고 그윽한 눈매를 표현할 때 사용하는 방법이다.

24 아이섀도 사용 시 주의사항으로 맞는 것은?

① 한 번에 많은 양을 바른다.
② 색상의 농도는 조절하지 않아도 된다.
③ 색상끼리의 경계가 생기지 않도록 주의한다.
④ 브러시는 사용하고 싶은 대로 사용해도 된다.

① 한 번에 너무 많은 양을 바르지 말고 손등에서 양을 조절해서 사용한다.
② 섀도 사용 시에는 색상의 농도를 조절해서 사용한다.
④ 브러시는 용도에 맞게 사용한다.

정답 16 ① 17 ① 18 ② 19 ③ 20 ③ 21 ② 22 ③ 23 ③ 24 ③

25 ★★★★ 아이섀도의 부위별 설명으로 틀린 것은?

① 하이라이트 컬러 - 눈썹뼈 부위에 흰색, 아이보리, 연핑크, 펄 등 밝은색을 발라주어서 팽창되어 보이는 효과를 준다.
② 섀도 컬러 - 눈 위에 자연스러운 음영을 주어서 깊이 있는 눈매를 연출하고자 한다.
③ 메인컬러 - 아이섀도 전체 분위기를 내는 색으로서 전체 이미지에 맞게 눈 중앙 부분에 은은하게 펴 바른다.
④ 언더컬러 - 선명한 눈매를 표현하기 위해 짙은 계열의 아이섀도를 선택하여 쌍꺼풀 라인을 중심으로 바른다.

하이라이트 컬러	눈썹뼈 부위에 흰색, 아이보리, 연핑크, 펄 등 밝은색을 발라주어서 팽창되어 보이는 효과를 줄 수도 있다.
섀도 컬러	눈 위에 자연스러운 음영을 주어서 깊이 있는 눈매를 연출하고자 한다.
메인 컬러	아이섀도 전체 분위기를 내는 색으로서 전체 이미지에 맞게 눈 중앙 부분에 은은하게 펴 바른다.
포인트 컬러	선명한 눈매를 표현하기 위해 짙은 계열의 아이섀도를 선택하여 쌍꺼풀 라인을 중심으로 발라 준다.
언더 컬러	눈동자 아랫부분에 선 느낌으로 깨끗하게 발라준다. 보통 포인트 컬러로 사용한 색상을 선택해서 언더 컬러로 바르면 자연스럽고 무난하다.

26 ★★★ 아이섀도를 이용해 눈꼬리가 올라간 눈의 수정 방법으로 옳은 것은?

① 언더라인 쪽을 강조해 줌으로써 시선을 아래로 끌어 내리고 포인트 색으로 눈 앞머리를 강조한다.
② 눈 끝부분에 포인트 색을 약간 올려서 넓게 펴 발라줌으로써 시선을 위로 올려 준다.
③ 눈 중앙의 움푹 들어간 부위에 넓게 펴 발라 줌으로써 팽창 효과를 주어 움푹 들어간 눈이 생기 있어 보이게 보완한다.
④ 눈 앞부분보다는 꼬리 부분에 포인트를 넣어 줌으로써 양쪽 눈끝이 강조되게 하여 눈 사이의 간격을 조절한다.

눈꼬리가 올라간 눈은 언더라인 쪽을 강조하여 시선을 아래로 끌어내려야 한다. 옅은 계열의 아이브로를 넓게 바른 후 포인트 색으로 눈 앞머리를 강조하고, 눈꼬리로 올라갈수록 포인트 범위를 좁혀준다. 그 다음 포인트 색으로 언더라인을 강조하여 바른다.

27 ★★★ 가장 일반적인 섀도 기법으로 브러시를 가로 방향으로 하여 자연스럽게 펴 발라주는 방법으로 쌍꺼풀이 없거나 눈이 작은 사람에게 효과적인 기법은?

① 더블 홀 기법
② 세로터치 기법
③ 아이홀 기법
④ 가로터치 기법

가로 터치법은 브러시를 가로 방향으로 하여 자연스럽게 펴 발라주는 방법으로 자연스러움, 부드러움, 차분함을 표현할 때 효과적이다.

28 ★★★ 눈두덩이가 나온 눈의 아이섀도 메이크업의 방법으로 틀린 것은?

① 펄감이 없는 매트한 제품을 사용한다.
② 펄이 가미된 밝은 계열의 색상을 사용한다.
③ 눈썹뼈 부위에 강한 하이라이트 색상을 바른다.
④ 포인트 컬러는 선을 긋듯 발라 눈매를 강조한다.

눈두덩이가 나온 눈의 경우 펄감이 없는 매트하고 어두운 컬러의 섀도를 선택하고 눈썹뼈 부위에 강하게 하이라이트를 넣는다.

29 ★★★ 눈 형태에 따른 섀도 기법의 설명으로 틀린 것은?

① 큰 눈 - 진한 색으로 눈 전체에 포인트를 준다.
② 외겹의 가는 눈 - 눈 중앙부에 진하고 넓게 펴준다
③ 둥근눈 - 눈앞머리와 눈꼬리를 진한 색상으로 발라준다.
④ 처진눈 - 눈앞머리에서 눈꼬리까지 라인을 살려 사선 방향으로 펴 바른다.

큰 눈은 엷은 색으로 부드럽고 자연스럽게 그라데이션을 하고 짙고 강한 색은 피하는 것이 좋다.

30 ★★★ 눈과 눈 사이가 좁은 눈의 아이섀도 방법으로 옳은 것은?

① 눈 중앙에 포인트를 준다.
② 눈의 앞뒤로 포인트를 준다.
③ 눈꼬리 쪽으로 포인트 컬러를 준다.
④ 눈꼬리 쪽으로 포인트 컬러가 치우치지 않도록 한다.

눈과 눈 사이가 좁은 사람의 경우 눈꼬리 쪽에 포인트를 주어 시선이 눈 끝으로 가 눈과 눈 사이가 멀어 보이게 한다.

정답 **25** ④ **26** ① **27** ④ **28** ② **29** ① **30** ③

제1장 메이크업 개론

31 *** 다음 설명은 어떤 눈 형태의 섀도 방법인가?

【보기】
눈 앞머리와 눈꼬리 밑부분에 섀도의 포인트를 주고 언더컬러를 눈꼬리 부분에 넓게 펴 발라 눈을 부드럽게 안정시킨다.

① 짝눈
② 처진 눈
③ 외겹눈
④ 올라간 눈

눈꼬리가 올라간 눈은 날카로워 보이는 차가운 이미지이므로 눈 앞머리와 눈꼬리 밑부분에 섀도의 포인트를 주고 언더컬러를 눈 꼬리 부분에 넓게 펴 발라 눈을 부드럽게 해주는 것이 중요하다.

32 *** 크고 둥근 눈의 아이라인 테크닉 중 틀린 것은?

① 중앙을 굵게 그려 강조한다.
② 아이라인을 강조하지 않는다.
③ 펜슬타입으로 가볍게 그려준다.
④ 눈 앞머리와 눈꼬리 부분을 중심으로 그린다.

둥근 눈은 더 둥글게 보이지 않게 하기 위해 눈동자 중간 부분은 생략하고 눈 앞머리와 꼬리부분만 살짝 그려준다.

33 *** 아이라인을 그리는 방법으로 틀린 것은?

① 속눈썹이 난 부분부터 섬세하게 그려준다.
② 자연스러운 아이라인을 표현할 때는 리퀴드를 이용해 그려준다.
③ 원하는 눈매에 따라 생략할 수도 있다.
④ 언더라인의 경우 눈꼬리에서 중앙 안쪽으로 농도를 조절하며 그려준다.

자연스러운 아이라인을 원할 때는 펜슬 타입이나 섀도를 이용한다.

34 *** 눈 형태에 따른 아이라인 테크닉에 대한 설명으로 옳은 것은?

① 가는 눈 – 눈 중심부를 굵게 그려준다.
② 눈 사이가 넓은 눈 – 눈꼬리를 강조해 그려준다.
③ 눈 사이가 좁은 눈 – 눈 앞머리를 강조해 그려준다.
④ 눈꼬리가 올라간 눈 – 눈꼬리를 강조해 그려준다.

② 눈 사이가 넓은 눈 – 눈 앞머리를 강조해 그려준다.
③ 눈 사이가 좁은 눈 – 눈꼬리를 강조해 그려준다.
④ 눈꼬리가 올라간 눈 – 언더라인을 강조해 그려준다.

35 *** 눈 앞머리를 강조하여 아이라인을 그려주고 꼬리부분을 강조하지 않으며 언더라인 꼬리 부분을 굵게 그려서 위 라인과 만나게 아이라인을 그려주어야 하는 눈의 형태는?

① 크고 둥근 눈
② 부어 보이는 눈
③ 눈꼬리가 올라간 눈
④ 눈꼬리가 내려간 눈

눈꼬리가 올라간 눈은 위 라인은 가늘게 그려주고 언더라인을 눈 꼬리에서 시작하여 1/3 정도 채워서 두껍게 강조한다.

36 *** 마스카라 선택 시 주의해야 할 점으로 틀린 것은?

① 뭉침이 없어야 한다.
② 고르게 도포되어야 한다.
③ 피부에 자극을 주지 않아야 한다.
④ 마스카라의 원료는 상관하지 않는다.

마스카라는 민감한 눈 주위에 사용하기 때문에 자극이 없는 원료로 만들어진 것을 선택하는 것이 중요하다.

37 *** 립 메이크업 시 유의사항이 아닌 것은?

① 의상 색에 맞춘다.
② 피부톤에 맞는 컬러를 선택한다.
③ T.P.O에 맞게 연출한다.
④ 입술에 주름이 많을 경우 컬러가 강한 립글로스를 발라준다.

입술에 주름이 많은 경우 립글로스를 바르게 되면 주름을 타고 번질 우려가 있으므로 자제하는 것이 좋다.

38 *** 립스틱의 색상 선택 시 고려하지 않아도 되는 것은?

① 피부색
② 아이섀도 색
③ 입술의 두께
④ 얼굴의 형태

립스틱 색상을 고를 때 얼굴의 형태를 고려할 필요는 없다.

정답 31 ④ 32 ① 33 ② 34 ① 35 ③ 36 ④ 37 ④ 38 ④

39 다음 설명 중 틀린 것은?

① 입술을 촉촉한 느낌으로 표현하고자 할 때는 립글로스를 발라준다.
② 립 라이너는 립스틱 대용으로 사용 가능하다.
③ 매트한 립스틱은 오래 유지되는 장점이 있다.
④ 두꺼운 입술에는 되도록 밝은 색상을 발라준다.

> 립스틱 색상은 짙은색이 수축의 효과를 나타내므로 두꺼운 입술에는 약간 짙은색을 선택하는 것이 좋다.

40 다음 중 두꺼운 입술을 표현하는 방법으로 틀린 것은?

① 파운데이션으로 입술 주변을 커버한 후 립스틱을 발라준다.
② 립 라인은 원래 입술보다 1~2mm 작게 그려준다.
③ 되도록 글로시한 립스틱이나 립 글로스를 발라준다.
④ 짙은 색상을 선택한다.

> 일단 원래의 입술라인을 파운데이션으로 철저히 커버한 후 짙은 색의 라인을 이용하여 원래 입술 라인보다 1~2mm 안쪽으로 그려준다. 립스틱 색상은 짙은색이 수축의 효과를 나타내므로, 약간 짙은색을 선택하는 것이 좋다.

41 다음의 설명은 어떤 입술형태를 수정하는 립 메이크업 방법인가?

【보기】
> 짙은 립 라인을 이용하여 입술라인을 짙게 그린 후, 전체적으로 바를 립스틱 색상 역시 흑장미색, 짙은 브라운 계열, 퍼플 계열 등 수축되고 후퇴되어 보일 수 있는 짙은 색상을 선택하여 바른다.

① 두꺼운 입술
② 돌출된 입술
③ 처진 입술
④ 얇은 입술

> 돌출형 입술의 경우 연한 색이나 펄이 든 립스틱은 입술을 더욱 돌출되어 보이게 하므로 사용하지 말고 흑장미색, 짙은 브라운 계열, 퍼플 계열 등 수축되고 후퇴되어 보일 수 있는 짙은 색상을 선택하여 바른다.

42 아웃커브 입술 형태의 이미지 설명으로 알맞은 것은?

① 매혹적이고 관능적인 이미지
② 귀여운 이미지와 여성스러운 이미지
③ 단정한 유니폼을 착용할 때 어울리는 입술모양
④ 샤프하고 지적인 이미지

> 아웃커브 입술은 매혹적이고 관능적인 이미지를 주는데, 하관이 넓은 사람의 경우 아웃커브 형태로 그리면 시각적으로 넓은 하관이 줄어들어 보이므로 원래 입술라인보다 1~2mm 넓게 그려준다.

43 입꼬리가 처진 입술형의 수정 방법으로 옳은 것은?

① 원래의 입술라인보다 1~2mm 정도 바깥쪽으로 라인을 그려준다.
② 입술의 전체 길이와 넓이를 1~2mm 정도 넓혀서 그려준다.
③ 입술의 구각부분을 살짝 올려서 그려주며 밝고 펄이 든 립스틱을 선택하여 생기 있는 분위기를 연출한다.
④ 짙은 립 라인을 이용하여 입술라인을 짙게 그린 후 전체적으로 바를 립스틱 색상 역시 흑장미색, 짙은 브라운 계열, 퍼플 계열 등 수축되고 후퇴되어 보일 수 있는 짙은 색상을 선택하여 바른다.

> 입꼬리가 처진 형의 입술은 침울해 보이고 나이 들어 보이므로 입술의 구각부분을 살짝 올려서 그려주며 밝고 펄이 든 립스틱을 선택하여 생기 있는 분위기를 연출한다.

44 블러셔를 바르는 기본 위치에 대한 설명으로 적합한 것은?

① 눈동자와 수직이 되는 선과 콧방울과 수평이 되는 선의 바깥쪽 볼 부위
② 눈동자 안쪽에서 수직이 되는 선과 구각에서 수평이 되는 선 위의 볼 전체
③ 관자놀이에서 구각을 향하는 위치
④ 귀 부분에서 눈동자 안쪽까지 수평적으로 볼 부위에 터치

> 블러셔는 모델이 정면을 보고 있을 때 검정 눈동자가 위치하는 곳을 수직으로 내리고 코 끝부분을 수평으로 연결해서 만나는 바깥부분에 위치하도록 한다.

정답 **39** ④ **40** ③ **41** ② **42** ① **43** ③ **44** ①

45 블러셔 메이크업에 대한 설명으로 적합하지 않은 것은?

① 색조화장의 마지막 단계로 얼굴에 혈색을 부여해 준다.

② 얼굴의 형태를 적절히 수정해 주기도 한다.

③ 바르는 위치에 따라 다양한 이미지를 연출할 수 있다.

④ 얼굴형보다는 눈 화장을 고려한다.

블러셔는 얼굴형이나 원하는 분위기를 고려해 다양한 형태로 연출이 가능하다.

46 블러셔 메이크업의 테크닉에 대한 설명으로 적합하지 않은 것은?

① 선적인 느낌을 강조할 때는 한쪽 방향으로 터치 한다.

② 좁게 바를 때는 브러시를 상하로 움직여 바른다.

③ 넓게 바를 때는 바깥쪽에서 중심을 향해 부드럽게 터치한다.

④ 기본 위치는 눈동자 바깥 부분과 콧방울 위쪽의 광대뼈를 스치는 부분이다.

블러셔를 넓게 바를 때는 중심에서 바깥쪽으로 바른다.

47 다음 설명은 어떤 이미지 연출에 적합한 블러셔 테크닉인가?

【보기】

광대뼈 부위에 부드럽게 터치한 후 관자놀이 쪽까지 부드럽게 연결해준다.

① 귀여운 느낌

② 세련되고 지적인 느낌

③ 여성스럽고 우아한 느낌

④ 젊고 활동적인 느낌

광대뼈 부위에 부드럽게 터치한 후 관자놀이 쪽까지 부드럽게 연결해 줄 경우 여성스럽고 우아한 느낌을 줄 수 있다.

48 다음 설명은 어떤 이미지 연출에 적합한 블러셔 테크닉인가?

【보기】

웃을 때 생기는 볼록한 뺨 부분에 둥근 느낌으로 터치한다.

① 귀여운 느낌

② 세련되고 지적인 느낌

③ 여성스럽고 우아한 느낌

④ 젊고 활동적인 느낌

블러셔의 위치가 볼 쪽으로 가까이 올수록, 또 모양이 둥글수록 귀여운 이미지가 나타난다.

49 블러셔 메이크업의 색상 선택에 있어 적당하지 않은 설명은?

① 조명을 고려한다.

② 립 색상보다 섀도 색상을 고려한다.

③ T.P.O를 고려한다.

④ 피부톤을 고려한다.

블러셔를 표현할 때는 어느 특정 부위의 컬러에 치우쳐 색상을 선택하는 것이 아니라 전체적인 메이크업 컬러에 맞게 조화로운 색을 선택하는 것이 중요하다.

50 아래에서 설명하는 립 메이크업 테크닉은?

【보기】

섹시하고 매혹적인 느낌을 주며 곡선의 느낌으로 입술 라인보다 1～2mm 정도 바깥쪽으로 그린다.

① 스트레이트 커브

② 아웃커브

③ 인커브

④ 표준형 커브

Makeup Artist Certification

색채와 메이크업

이 섹션에서는 유채색과 무채색, 색의 3속성, 색채 조화의 공통원리에 대해서는 확실히 학습하도록 합니다. 색채학의 출제비중을 가늠하기 어려워 폭넓게 다루었으므로 기타 내용은 대략 훑어보기 바랍니다. 조명에서는 간접조명의 출제빈도가 높습니다.

▶ 물체의 색

표면색	물체의 표면에서 빛이 반사하여 나타나는 색
투과색	색유리와 같이 빛이 투과하여 나타나는 색
광원색	광원에서 나오는 빛이 직접 눈으로 들어가 그 광원에 색기운이 있을 때 느끼는 색

▶ 계통색명
색채를 색의 삼속성에 따라 분류하여 표현한 색의 이름

▶ 색과 색채의 비교

색	색채
물리적 현상	물리적 · 생리적 · 심리적 현상
유채색+무채색	유채색

▶ 색상별 파장 범위

색	파장 범위
보라	380~450nm
파랑	450~495nm
초록	495~570nm
노랑	570~590nm
주황	590~620nm
빨강	620~780nm

---

01 색채의 정의 및 개념

1 색과 색채

(1) 색
- ① 빛의 파장에 대한 눈의 반응으로 색상, 명도, 채도의 속성을 가지는 것
- ② 시지각(視知覺) 대상으로서의 물리적 대상인 빛과 그 빛의 지각현상
- ③ 빛의 반사, 흡수, 투과현상을 통해 색을 지각
- ④ 흰색은 대부분의 빛을 반사하고, 검정색은 대부분의 빛을 흡수

(2) 색채
- ① 물리적 현상으로서의 색이 눈을 통해 지각되었거나 그와 동등한 경험효과를 가리키는 생리적 · 심리적 현상
- ② 색채 지각의 3요소 : 빛(광원), 물체, 시각(눈)

(3) 빛
- ① 가시광선
  - 사람의 눈으로 볼 수 있는 빛
  - 380~780nm의 파장을 가지며, 파장의 범위에 따라 색을 다르게 인식

감마선	X선	자외선	적외선	초단파	라디오파

가시광선

380   500   600   700   780 파장(nm)

- ② 빛의 물리적 3요소 : 주파장(색상), 분광률(명도), 포화도(채도)
- ③ 빛의 전달과정 : 빛 → 각막 → 동공 → 홍채 → 수정체 → 망막 → 시신경

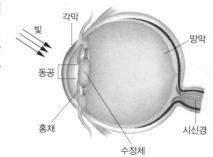

---

④ 눈과 카메라의 구조 비교

눈	카메라	역할
눈꺼풀	렌즈커버	보호 기능
각막	렌즈 본체	빛의 차단 및 굴절
수정체	렌즈	빛의 굴절 및 초점 조절
홍채	조리개	빛의 양 조절
망막	필름	물체의 상이 맺히는 부분 (컬러필름 : 추상체, 흑백필름 : 간상체)

2 색의 분류

무채색	① 종류 : 하양, 회색, 검정 ② 색상 · 채도가 없고 명도만으로 구별
유채색	① 종류 • 무채색을 제외한 모든 색상 • 기본 색명(KS) : 빨강, 주황, 노랑, 연두, 초록, 청록, 파랑, 남색, 보라, 자주, 분홍, 갈색 ② 색상, 명도, 채도를 모두 갖고 있음 ③ 유채색에 무채색을 혼합한 결과 색 기미가 있으면 유채색이라 한다.

3 색의 3속성

(1) 색상(Hue)

① 감각에 따라 식별되는 색의 종류

② 무지개에서 볼 수 있는 빨강, 주황, 노랑, 녹색, 파랑, 남, 보라 등과 같은 색기미를 말하는 것으로, 색상을 순환적으로 배열하면 색상환이 된다.

③ 먼셀의 5가지 기본 색상 : 빨강(R), 노랑(Y), 녹색(G), 파랑(B), 보라(P)

④ 중간색 : 주황, 연두, 청록, 남색, 자주

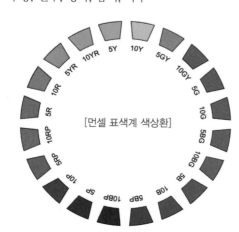

[먼셀 표색계 색상환]

▶ 용어 이해
• 추상체 : 밝은 곳에서 작용하여 색을 식별(장파장에 민감)
• 간상체 : 어두운 곳에서 작용하며 명암을 식별(단파장에 민감)

▶ 명도는 무채색과 유채색 모두가 갖고 있지만, 색상과 채도는 유채색만 갖고 있다.

▶ 색의 3속성
색상(Hue), 명도(Value), 채도(Chrome)

▶ 먼셀의 색채 표기법
H V/C
• H : 색상, Hue
• V : 명도, Value
• C : 채도, Chroma

◼ 5R 4/14 →
• 5R : 빨강
• 4 : 명도
• 14 : 채도

▶ 명도 단계

고명도	중명도	저명도
7~10	4~6	0~3

▶ 명도는 색의 3속성 중 사람의 눈에 가장 민감하게 반응한다.

▶ 채도는 스펙트럼에 가까울수록 높아진다.

[푸르킨예 현상의 예]

▶ 용어 이해
  • 어피어런스(Appearance) : 모습, 외모, (없던 것의) 출현

▶ 참고 – 무조건등색(아이소메리즘)
  분광반사율 자체가 일치하여 어떠한 광원이나 관측자에게도 항상 같은 색으로 보이는 현상

(2) 명도(Value)
  ① 색의 밝고 어두운 정도
  ② 흰색을 가할수록 높아지고, 검정색을 가할수록 낮아짐
  ③ 명도의 기준 척도 : 그레이 스케일(Gray scale)
  ④ 명도 단계 : 명도 0(검정)에서 명도 10(흰색)까지 11단계

(3) 채도(Chroma)
  ① 색의 맑고 탁한 정도
  ② 색의 순수함 정도, 색채의 포화상태, 색채의 강약
  ③ 순색에 가까울수록 채도가 높아지며, 무채색이나 다른 색이 섞일수록 채도는 떨어진다.
  ④ 진한색, 연한색, 흐린색, 맑은색은 채도의 고저를 나타낸다.

순색	• 채도가 가장 높으며, 무채색이 전혀 포함되어 있지 않은 색
청색	• 순색에 검정색과 흰색이 포함된 색 • 명청색 : 순색 + 흰색 • 암청색 : 순색 + 검정
탁색	• 유채색 + 유채색, 유채색 + 무채색이 혼합되어 있는 색 • 명탁색 : 순색 + 회색 • 암탁색 : 청색 + 검정

4 색의 지각원리

구분	의미
푸르킨예 현상	• 주위 밝기의 변화에 따라 물체에 대한 색의 명도가 변화되어 보이는 현상 • 명소시에서 암소시로 옮겨갈 때 붉은색은 어둡게 되고 녹색과 청색은 상대적으로 밝게 변화되는 현상
명순응	• 어두운 곳에서 밝은 곳으로 나오면 처음에는 눈이 부시지만, 차츰 사물이 보이게 되는 현상
암순응	• 밝은 곳에서 어두운 곳으로 이동했을 경우 눈이 어두움에 익숙해지는 상태
연색성	• 동일한 물체색도 조명에 따라 색이 달라져 보이는 현상
조건등색 (메타메리즘)	• 두 가지의 물체색이 다르더라도 특수한 조명 아래에서는 같은 색으로 느껴지는 현상 • 분광반사율이 다른 2개의 물체(시료)가 어떤 특정한 빛으로 조명하였을 때 같은 색자극을 일으키는 현상
컬러 어피어런스	• 어떤 색채가 서로 다른 환경(매체, 주변색, 광원, 조도 등) 하에서 관찰될 때 다르게 보이는 현상
항상성	• 조명의 강도가 바뀌어도 물체의 색을 동일하게 지각하는 현상 • 백열등과 태양광선 아래서 측정한 사과 빛의 스펙트럼 특성이 달라져도 사과의 빨간색은 달리 지각되지 않는 현상

5 색의 혼합

(1) 감법 혼색 : 색료의 혼합

① 개요
- 색료의 3원색 : 마젠타, 노랑, 시안 (3원색을 모두 합하면 검정색)

② 색료의 혼합
- 노랑 + 시안 = 초록
- 마젠타 + 노랑 = 빨강
- 시안 + 마젠타 = 파랑
- 시안 + 노랑 + 마젠타 = 검정

(2) 가법 혼색 : 색광의 혼합

① 개요
- 색광의 3원색 : 빨강(R), 초록(G), 파랑(B) (3원색을 모두 합하면 흰색)
- 색광의 3원색을 혼합하면 모든 색광을 만들 수 있다.
- 색광은 혼합할수록 명도가 높아진다.

② 색광의 혼합
- 파랑 + 초록 = 시안
- 초록 + 빨강 = 노랑
- 빨강 + 파랑 = 마젠타
- 빨강 + 파랑 + 초록 = 하양

6 색채의 지각적 특성

(1) 색의 대비

구분	의미
계시대비	시간적으로 전후해서 나타나는 시각현상
동시대비	나란히 놓여 있는 두 색이 서로 상대방의 잔상에 영향을 주어 색채가 변해 보이는 현상
색상대비	배경색의 보색이 영향을 주어서 변화를 가져오는 대비 현상
명도대비	같은 명도의 색을 저명도 위에 놓으면 명도가 높게, 고명도 위에 놓으면 명도가 낮게 보이는 현상
채도대비	같은 채도를 저채도 위에 놓으면 채도가 더 높아 보이고 고채도 위에 놓으면 채도가 더 낮아 보이는 현상
보색대비	서로 보색관계의 두 색을 나란히 놓으면 서로의 영향으로 인하여 각각의 채도가 더 높아져 보이는 현상
면적대비	실제의 면적보다 큰 면적이 명도와 채도가 높아 보이고 면적이 작아지면 실제보다 명도와 채도가 낮아 보이는 현상
연변대비	두 색이 가까이 있을 때 경계면의 언저리가 먼 부분보다 더 강한 색채 대비가 일어나는 현상
한난대비	색의 차고 따뜻한 느낌의 지각 차이로 변화가 오는 현상 한색과 난색이 대비되었을 때 난색은 더욱 따뜻하게, 한색은 더욱 차게 느껴진다.

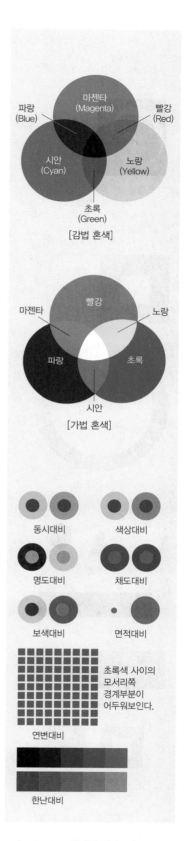

[감법 혼색]

[가법 혼색]

동시대비 　　 색상대비

명도대비 　　 채도대비

보색대비 　　 면적대비

초록색 사이의 모서리쪽 경계부분이 어두워보인다.

연변대비

한난대비

▶ 정의 잔상 예
정월대보름 쥐불놀이 : 불의 회전으로 인한 원이 그려짐

▶ 부의 잔상 예
• 왼쪽 그림을 30~40초 이상 응시한 후 오른쪽 점을 보면 흰색 바탕 안에 검정 네모가 보인다.
• 수술 시 초록색 가운을 착용

[색의 온도감]

[색의 중량감]

[색의 경연감]

[색의 진출과 후퇴]

[색의 팽창과 수축]

(2) 색의 잔상
• 색의 자극으로 인한 망막의 반응이 순응해 가는 현상
• 정(正, Positive)의 잔상 : 눈에 비쳤던 자극이 없어진 후에도 색의 감각이 남아 여운을 남기며 생리적인 작용으로 보색이 가해져서 보이는 현상
• 부(負, Negative)의 잔상 : 원래의 색과 반대로 보이는 잔상이 생기는 것으로, 반대로 나타나는 색상을 심리 보색이라고 한다.

(3) 색의 동화
대비현상과는 반대로 어느 영역의 색이 그 주위색의 영향을 받아 주위색에 근접하게 변화하는 효과

명도 동화	배경색과 문양이 서로 혼합되어 주로 명도가 변화해 보임
색상 동화	배경색과 문양이 서로 혼합되어 주로 색상이 변화해 보임
채도 동화	배경색과 문양이 서로 혼합되어 채도가 변화해 보임

7 색채지각과 감정효과

(1) 온도감
① 파란색 계열(한색)은 차게, 붉은색 계열(난색)은 따뜻하게 느껴진다.
② 색의 삼속성 중에서 색상의 영향을 가장 많이 받는다.
③ 온도감의 순서 : 빨강 → 주황 → 노랑 → 연두 → 녹색 → 파랑 → 하양
④ 장파장에서 단파장으로 갈수록 차갑게 느껴진다.

(2) 중량감
① 색의 삼속성 중에서 명도의 영향을 가장 많이 받는다.
② 명도가 낮을수록 중량감이 더해진다.
③ 한색이 난색보다 중량감이 더해진다.

(3) 경연감
① 색의 삼속성 중에서 채도의 영향을 가장 많이 받는다.
② 채도가 높을수록 강하게 보이고, 채도가 낮을수록 부드러워 보인다.
③ 난색 계열이 부드럽게 보이고, 한색 계열이 딱딱하게 보인다.

(4) 진출과 후퇴
① 색의 삼속성 중에서 색상, 명도, 채도 모두의 영향을 받는다.
② 난색 계열의 색상이 한색 계열의 색상보다 진출되어 보인다.
③ 명도가 높을수록, 채도가 높을수록 진출되어 보인다.
④ 유채색이 무채색보다 진출되어 보인다.

(5) 팽창과 수축
실제의 색이 차지하는 면적보다 커져 보이는 색을 팽창색, 작아져 보이는 색을 수축색이라 부른다.

(6) 흥분과 진정

    ① 색의 삼속성 중에서 색상의 영향을 가장 많이 받는다.

    ② 난색은 흥분을 유발하며, 한색은 심리적 안정감을 준다.

    ③ 명도와 채도가 높을수록 흥분감을 유도한다.

(7) 주목성과 시인성

주목성	• 사람들의 시선을 끄는 힘이 강한 정도이며 색의 진출, 후퇴, 팽창, 수축과 관련 • 주로 난색 계열(빨강, 주황, 노랑)과 같이 고명도, 고채도 색이 주목성이 높다.
시인성	주위 색과 차이가 뚜렷해서 눈에 쉽게 띄는 현상을 의미하며, 색의 명시성이라고도 한다.

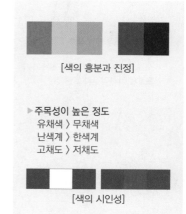

[색의 흥분과 진정]

▶주목성이 높은 정도
  유채색 〉무채색
  난색계 〉한색계
  고채도 〉저채도

[색의 시인성]

---

02 색채의 조화

1 색채 조화의 공통원리

(1) 질서의 원리

    체계적으로 선택된 두 가지 이상의 색 사이에는 어떤 규칙적인 질서가 있을 경우에 조화롭다.

(2) 동류의 원리(친근감의 원리)

    ① 관찰자에게 잘 알려져 있어 친근하게 느끼는 색상의 배색은 조화롭다.

    ② 자연경관처럼 사람들에게 잘 알려진 색은 조화롭다.

    ③ 가장 가까운 색채끼리의 배색은 보는 사람에게 친근감을 주며 조화를 느끼게 한다.

(3) 유사의 원리

    색채 상호간에 공통적인 요소가 존재할 때 그 배색은 조화롭다.

(4) 명료성의 원리(비모호성의 원리)

    ① 두 색 이상의 배색에 있어서 모호함이 없는 명료한 배색이 조화롭다.

    ② 색상·명도·면적의 차가 분명한 배색이 조화를 이룬다.

(5) 대비의 원리

    두 가지 이상의 색이 서로 반대되는 속성을 지녔음에도 어색함이 없을 때 그 배색은 조화롭다.

▶저드(Judd)의 4가지 색채조화론
  질서의 원리, 친근감의 원리,
  유사의 원리, 명료성의 원리

▶ 슈브뢸
- 색의 조화를 유사조화와 대비조화로 나누고 정량적 색채조화론을 제시
- '색채의 조화는 유사성의 조화와 대조에서 이루어진다'고 주장

② 유사 조화와 대비 조화 (슈브뢸)

(1) 개념

유사 조화	• 같은 색이나 비슷한 색들을 배색했을 때 나타나는 조화 • 자연에서 쉽게 찾을 수 있고 온화함이 있지만, 때로는 단조로움을 주는 디자인 원리
대비 조화	• 서로 다른 색이나 반대색들을 배색했을 때 나타나는 조화 • 강력하고 화려함이 있지만 지나칠 경우 난잡함과 혼란을 주는 디자인 원리

(2) 종류

종류		의미
유사 조화	명도에 따른 조화 (단계의 조화)	하나의 색상에 각기 다른 여러 명도의 조화를 단계적으로 동시에 배색하여 얻어지는 조화
	색상에 따른 조화 (색상의 조화)	명도가 비슷한 인접 색상을 동시에 배색했을 때 얻어지는 조화
	주조색에 따른 조화 (도미넌트 컬러)	일출이나 일몰과 같이 여러 가지 색들 가운데서 한 가지 색이 주조를 이룰 때 얻어지는 조화
대비 조화	명도 대비에 따른 조화	같은 색상에서 명도의 차이를 극단적으로 벌어지게 배색할 때 얻어지는 조화
	색상 대비에 따른 조화	색상의 차이를 크게 배색하였을 때 얻어지는 조화
	보색 대비에 따른 조화	색상의 거리가 먼 보색끼리 배색하였을 때 얻어지는 조화
	인접보색 대비에 따른 조화	어떤 색상의 보색과 인접해 있는 색상과 배색하였을 때 얻어지는 조화

[등간격 3색의 조화]

[근접 보색의 조화]

▶ 용어 이해
- Dominant : 지배적인, 우세한, 주된
- Seperation : 분리

(3) 슈브뢸의 기타 색채조화론

① 인접색의 조화 : 색상환에서 가까운 색끼리의 조화
② 반대색의 조화 : 색상환에서 서로 반대되는 색끼리의 조화
③ 근접 보색의 조화 : 색상환에서 보색관계에 있는 색의 양 옆에 있는 색끼리의 조화
④ 등간격 3색의 조화 : 색상환에서 일정한 간격에 있는 3색의 조화로 화려하고 원색적인 효과를 가짐
⑤ 동시대비의 원리 : 서로 인접한 색은 서로의 잔상에 영향을 주어 색채가 변화한다.
⑥ 도미넌트 컬러(Dominant color) : 전체를 하나의 색의 흐름으로 느끼게 하는 배색
⑦ 세퍼레이션 컬러(Seperation color) : 배색이 너무 강한 경우 무채색 등을 분리색으로 삽입하면 조화롭다.

❸ 문·스펜서의 색채조화론

(1) 특징

① 색채조화의 기하학적 표현과 면적에 따른 색채조화론을 주장함
② 오메가 공간이라는 색입체를 설정하여 색채 조화를 주장함
③ 일반적으로 먼셀 표색계의 색상, 명도, 채도에 의해 설명된다.
④ 배색의 균형은 순응점에서의 거리라고 하는 척도로써 규정한다.

(2) 조화와 부조화

① 조화 : 배색관계가 명쾌하고, 색의 조합이 간단
② 부조화 : 배색 관계에서 색 차이가 생겨 불쾌하게 보임

구분	종류	의미	예
조화	동등 조화	동일한 색의 조화	
	유사 조화	유사한 색의 조화	
	대비 조화	상반되는 색의 조화	
부조화	제1부조화	아주 유사한 색의 부조화	
	제2부조화	약간 다른 색의 부조화	
	눈부심	극단적인 반대색의 부조화	

(3) 조화의 면적 효과

① 회전 원판 위에 회전혼색을 할 때 나타나는 색을 '균형점'이라 하고 배색된 색의 색상, 명도, 채도에 따라 배색의 심리적 효과가 달라진다.
② 균형점이 초록색이면 안정적이며, 주황색이면 자극적이고 따뜻한 효과를 낼 수 있다.
③ 조화는 배색에 사용된 각 색의 오메가 공간에서의 스칼라 모멘트가 동일할 때 얻어진다.

(4) 미도

① 배색 시 아름다움의 척도로 배색의 아름다움을 계산하고, 그 수치에 의해 조화의 정도를 비교한 것으로 '미는 복잡성 속의 질서를 갖는 것이다'라는 것을 기본으로 하였다.
② 미도(M) = $\dfrac{\text{질서성의 요소(O)}}{\text{복잡성의 요소(C)}}$
③ 미도 M이 0.5 이상이면 좋은 배색이다.
④ 균형있는 무채색의 배색은 유채색 못지않은 아름다움을 나타낸다.
⑤ 동일 색상의 조화가 좋다.
⑥ 동일 명도의 배색은 일반적으로 미도가 낮다.
⑦ 색상과 채도를 일정하게 하고 명도만 변화시키는 경우 많은 색상을 사용하는 것보다 미도가 높다.
⑧ 작은 면적의 강한 색과 큰 면적의 약한 색은 조화된다.

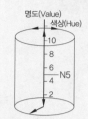

▶ 오메가 공간
  • 가장 과학적이고 정량적 이론
  • 3차원 공간에서 어떤 방향의 단위 거리를 색의 등지각에 일치시킴

명도(Value)
색상(Hue)
10
8
6
N5
4
2

※ N5 : 명도단계 중간 회색

빨강색과 노랑색이 배열된 회전판을 돌리면 주황색으로 보임

▶ 복잡성의 요소(C)가 최소가 될 때 미도의 정도가 최대가 된다.

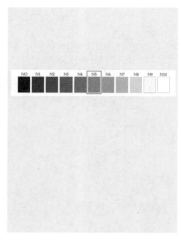

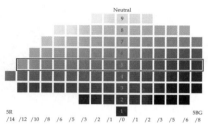

▶ 기타 색채조화론자
레오나르도 다빈치, 뉴턴, 오스트발트, 스펜서, **비렌**(색의 속도감을 강조), 요하네스 **이텐**

4 먼셀의 색채조화론
균형의 원리가 색채조화의 기본이라 함

(1) 무채색의 조화
무채색의 평균 명도가 'N5'가 될 때 그 배색은 조화롭다.

(2) 동일 색상 조화
① 동일한 색상 안에서의 배색은 조화롭다.
② 명도는 같으나 채도가 다른 색채들은 조화롭다.
③ 채도는 같으나 명도가 다른 색채들은 조화롭다.
④ 명도와 채도가 같이 달라지지만 순차적으로 변하는 색채들은 조화롭다.

(3) 보색 조화
① 중간 채도 '/5'의 보색을 같은 넓이로 배색하면 조화롭다.
② 중간 명도 '5/'는 명도는 같으나 채도가 다른 경우 저채도의 색상은 넓게 하고, 고채도의 색상은 좁게 하면 조화롭다.
③ 채도는 같지만 명도가 다른 경우 명도가 일정한 간격으로 변하면 조화롭다.
④ 명도, 채도가 다른 경우 명도가 일정한 간격으로 변하면 조화롭다. 이때 저명도와 저채도의 면적을 크게 하거나 고명도와 고채도의 면적을 작게 배색하면 조화롭다.

5 색채 조화를 위한 배색에 있어 고려해야 할 사항
① 환경적 요인을 충분히 고려하여 배색한다.
② 사물의 용도나 기능에 부합되는 배색을 하여 주변과 어울리게 한다.
③ 사용자의 성별, 나이 등을 고려하여 편안한 느낌을 가질 수 있도록 한다.
④ 색의 이미지를 통해서 전달하려는 목적이나 기능을 기준으로 배색한다.
⑤ 색채에 의한 심리적 작용을 고려하여 작업 능률을 고려한 배색을 한다.
⑥ 색료의 광학성 또는 조명의 영향을 고려한 배색을 한다.
⑦ 색을 칠하는 바탕면의 재질을 고려한 배색을 한다.
⑧ 색의 전체적인 통일하기 위해 색상, 명도, 채도 중 한 가지 공통된 부분을 만들어 준다.
⑨ 비슷한 색상들로 이루어진 조화는 명도나 채도에 차이를 두어 대비 효과를 구성한다.
⑩ 일반적으로 가벼운 색은 위쪽으로 하고, 무거운 색은 아래쪽으로 한다.
⑪ 색상의 수를 될 수 있는 대로 줄인다.
⑫ 색의 차갑고 따뜻한 느낌을 이용한다.
⑬ 배색의 목적과 사용 목적을 고려한다.
⑭ 색상 수를 적게 하고 대비를 고려하여 색을 선택한다.
⑮ 주조색을 먼저 정한다.
⑯ 색상, 명도, 채도를 생각하여 배색한다.

⑰ 색의 감정적, 지각적 효과를 고려한다.
⑱ 면적의 비례와 대비 효과 등을 고려한다.

03 색채와 조명

1 조명 방식에 따른 분류

직접 조명	• 광원의 90~100%를 대상물에 직접 비추어 투사시키는 방식 • 조명률이 좋고 설비가 적게 들어 경제적 • 그림자가 많이 생기며, 조도의 분포가 균일하지 못함 • 눈부심이 큼(눈부심을 막기 위해 15~25° 정도의 차광각이 필요)
반직접 조명	• 광원의 60~90%가 직접 대상물에 조사되고 나머지 10~40%는 천장으로 향하는 방식 • 광원을 감싸는 조명기구에 의해 상하 모든 방향으로 빛이 확산 • 그림자가 생기고 눈부심 있음 • 용도 : 일반 사무실, 주택 등
간접 조명	• 광원의 90~100%를 천장이나 벽에 부딪혀 확산된 반사광으로 비추는 방식 • 눈부심이 없고 조도 분포가 균일 • 조명의 효율은 나쁘지만 차분한 분위기를 연출 • 설비비, 유지비가 많이 듦 • 용도 : 침실이나 병실 등 휴식공간
반간접 조명	• 빛의 10~40%가 대상물에 직접 조사되고 나머지 60~90%는 천장이나 벽에 반사되어 조사되는 방식 • 바닥면의 조도가 균일 • 눈부심이 적으며, 심한 그늘이 생기지 않는다. • 용도 : 장시간 정밀 작업을 필요로 하는 장소
전반 확산 조명	• 확산성 덮개를 사용하여 모든 방향으로 일정하게 빛이 확산되게 하는 방식 • 눈부심을 조절하기 위해서는 확산성 덮개가 커야 한다. • 용도 : 주택, 사무실, 상점, 공장 등

2 조명의 분포에 따른 분류

전체조명 (전반조명)	• 조명 기구를 일정한 높이와 간격으로 배치하여 공간 전체를 균등하게 조명하는 방식 • 조명이 균일하고 그늘이 부드럽다.
국부조명	작업상 필요한 장소나 효과적인 조명 연출이 요구되는 곳에 국부적으로 조명하는 방식

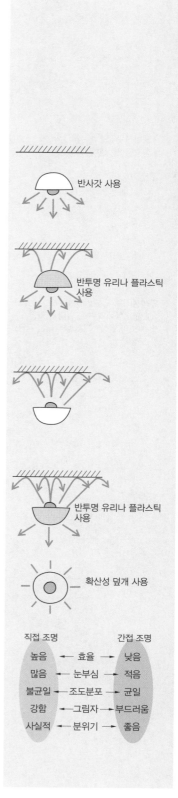

반사갓 사용

반투명 유리나 플라스틱 사용

반투명 유리나 플라스틱 사용

확산성 덮개 사용

직접 조명		간접 조명
높음	← 효율 →	낮음
많음	← 눈부심 →	적음
불균일	← 조도분포 →	균일
강함	← 그림자 →	부드러움
사실적	← 분위기 →	좋음

- 백열전구 : 난색, 장파장
- 형광등 : 한색, 단파장

▶ • 백열전구 : 난색, 장파장
 • 형광등 : 한색, 단파장

▶ 연색성(CRI, Color Rendering Index)
 : 조명이 물체의 색을 얼마나 자연스
 럽게 보이게 하는지를 나타내는 지표

③ 조명의 종류

백열전구	• 휘도가 높고 열방사가 많다. • 온도가 높을수록 주광색에 가깝다. • 그림자가 많이 생긴다. • 노란 기운이 도는 색을 띠고 있으며 백열등 아래에서는 난색 계열의 색상(레드, 베이지, 브라운, 핑크)은 실제의 색보다 진하게 보인다. • 광원에 장파장이 많다.
형광등	• 백열전구 또는 수은등보다 열효율이 좋고 경제적이다. • 그림자가 적게 생긴다. • 휘도가 낮고 열방사가 적다. • 메이크업 시 색상이 선명하게 보이거나 왜곡시킨다. • 레드 색상은 바이올렛으로, 오렌지 색상과 핑크 색상은 잘 표현되지 않는다. • 난색 계열보다 한색 계열의 색이 살아난다. • 광원에 단파장이 많다. • 연색성이 낮은 편이다.
수은등	• 점등시간이 오래 걸린다. • 휘도가 높다. • 가로 조명, 광장 조명, 공장 조명 등에 적합하다.

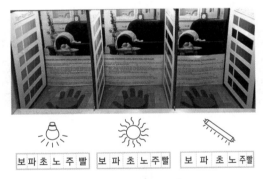

| 보 파 초 노 주 빨 | 보 파 초 노주빨 | 보 파 초 노 주빨 |

[광원에 의한 색의 변화]

④ 조명의 위치

① 광원의 위치가 너무 높을 경우 : 턱밑이나 코밑에 그림자가 져서 보기에 좋지 않다.
② 광원의 위치가 너무 낮을 경우 : 배경에 그림자가 나오게 된다.

출제예상문제 | 단원별 구성의 문제 유형 파악!

01. 색채의 정의 및 개념

1 색과 색채에 대한 설명으로 옳은 것은?

① 색은 심리적 현상을 말한다.
② 색채는 물리적 현상을 말한다.
③ 색은 무채색을 포함하지 않는다.
④ 색채는 유채색을 말한다.

색	색채
물리적 현상	물리적 · 생리적 · 심리적 현상
유채색 + 무채색	유채색

2 다음 중 색채에 대한 설명으로 틀린 것은?

① 색채는 물체의 지각을 수반하고, 심리적 성질을 갖는다.
② 물체가 발광하지 않고 받아서 반사되는 색이다.
③ 색채의 분류는 무채색, 유채색, 중성색 3가지가 있다.
④ 우리가 일상생활에서 보는 색을 색채라고 한다.

색채에는 무채색이 포함되지 않으며 유채색만 해당한다.

3 색채에 대한 일반적인 설명으로 틀린 것은?

① 무채색은 채도가 없는 색이란 뜻으로 밝고 어두운 정도의 차이로 구별된다.
② 유채색이란 채도가 있는 색이란 뜻이다.
③ 유채색은 색의 3속성 중 색상과 채도만을 가지고 있다.
④ 무채색 중 회색은 중성의 성질로 수동적 호감이 있다.

유채색은 색의 3속성(색상, 명도, 채도)을 모두 가지고 있다.

4 색채에 대한 설명으로 맞는 것은?

① 색채는 심리적 성질을 갖지 못한다.
② 물체가 발광하지 않고 빛을 받아서 흡수되는 색이다.
③ 색채의 분류는 무채색, 유채색, 중성색 3가지가 있다.

④ 색채를 느끼는 경우 유채색, 느낄 수 없는 경우 무채색이라 한다.

① 색채는 물리적 성질뿐만 아니라 심리적 성질도 가지고 있다.
② 물체가 반사하는 색이다.
③ 색채에는 무채색은 포함되지 않으며 유채색만 있다.

5 물체의 색은 어떤 특성에 따라서 결정되는가?

① 표면의 파장율   ② 표면의 반사율
③ 빛의 세기   ④ 표면의 색소

빛의 반사, 흡수, 투과현상을 통해 색을 지각하게 되는데, 흰색은 대부분의 빛을 반사하고, 검정색은 대부분의 빛을 흡수한다.

6 인간이 색을 지각하기 위한 3요소가 아닌 것은?

① 물체   ② 조도
③ 시각   ④ 광원

색채 지각의 3요소 : 빛(광원), 물체, 시각(눈)

7 표면색과 관련된 설명 중 틀린 것은?

① 광원에서 나오는 빛이 직접 눈으로 들어가 그 광원에 색기운이 있을 때 느끼는 색이다.
② 대부분의 빛의 파장을 모두 반사하면 그 물체는 흰색으로 보인다.
③ 파장이 긴 빨강 파장의 범위만을 강하게 반사하고, 나머지의 파장을 흡수하면 그 물체는 빨강으로 보인다.
④ 반사율이 높을수록 명도가 높아진다.

• 표면색 : 물체의 표면에서 빛이 반사하여 나타나는 색
• 광원색 : 광원에서 나오는 빛이 직접 눈으로 들어가 그 광원에 색기운이 있을 때 느끼는 색

8 색채를 색의 삼속성에 따라 분류하여 표현한 색 이름은?

① 관용색명   ② 고유색명
③ 순수색명   ④ 계통색명

색의 삼속성에 따라 색채를 분류하여 표현한 색의 이름을 계통색명이라 한다.

정답 ▶ **1** 1 ④ 2 ③ 3 ③ 4 ④ 5 ② 6 ② 7 ① 8 ④

9 색채의 표면색(surface color)을 바르게 설명한 것은?

① 물체의 표면에서 빛이 반사하여 나타나는 색이다.
② 색유리와 같이 빛이 투과하여 나타나는 색을 말한다.
③ 색채는 물체의 간접색과 인접색으로 나눌 수 있다.
④ 분광 광도계와 같은 접안 렌즈를 통하여 보는 색이다.

> 물체의 표면에서 빛이 반사하여 나타나는 색을 표면색이라 하며, 색유리와 같이 빛이 투과하여 나타나는 색을 투과색이라 한다.

10 사람의 눈으로 볼 수 있는 가시광선의 범위는?

① 150~350nm
② 180~480nm
③ 350~950nm
④ 380~780nm

> 가시광선의 파장 범위는 380~780nm이며, 단위로는 나노미터(nm)를 사용한다.

11 780nm에서 380nm의 파장 범위에 해당하는 것은?

① 자외선
② 가시광선
③ 적외선
④ 전파

12 가시광선에 대한 설명 중 옳은 것은?

① 보통 마이크로미터, 밀리미터의 파장 단위를 쓰고 있다.
② 단파장, 중파장, 장파장으로 구분되며 인체가 색감을 지각하는 빛이다.
③ 가시광선은 피부를 검게 하는 작용을 한다.
④ 900~1,200nm의 파장 범위를 지칭한다.

> 가시광선의 파장 범위는 380~780nm이며, 단위로는 나노미터(nm)를 사용한다.

13 다음 중 ( ) 안에 들어갈 내용을 알맞게 짝지은 것은?

【보기】
인간이 볼 수 있는 ( )의 파장은 약 ( )nm이다.

① 적외선, 560~960
② 가시광선, 380~780
③ 적외선, 380~780
④ 가시광선, 560~960

14 가시광선 중 파장 범위가 가장 긴 색은?

① 빨강
② 노랑
③ 파랑
④ 보라

파장 범위	
빨강	620~780nm
노랑	570~590nm
파랑	450~495nm
보라	380~450nm

15 다음 중 파장이 가장 긴 색과 짧은 색이 맞게 짝지어진 것은?

① 빨강과 주황
② 빨강과 남색
③ 빨강과 보라
④ 노랑과 초록

> 빨강은 620~780nm로 가장 길고, 보라는 380~450nm으로 가장 짧다.

16 색의 파장이 긴 것부터 짧은 순서대로 바르게 나열한 것은?

① 보라 → 남색 → 파랑 → 녹색 → 노랑 → 주황 → 빨강
② 노랑 → 주황 → 빨강 → 보라 → 녹색 → 파랑 → 남색
③ 빨강 → 주황 → 노랑 → 녹색 → 파랑 → 남색 → 보라
④ 녹색 → 파랑 → 남색 → 보라 → 빨강 → 주황 → 노랑

> 가시광선 중 빨강의 파장이 가장 길고, 보라의 파장이 가장 짧다.

17 추상체와 간상체에 관한 설명 중 잘못된 것은?

① 추상체와 간상체를 통해 우리는 상을 보게 된다.
② 추상체는 해상도가 뛰어나고 색채감각을 일으킨다.
③ 간상체는 빛에 민감하여 어두운 곳에서 주로 기능한다.
④ 추상체는 단파장에 민감하고, 간상체는 장파장에 민감하다.

> 추상체는 장파장에 민감하고, 간상체는 단파장에 민감하다.

정답 **9** ① **10** ④ **11** ② **12** ② **13** ② **14** ① **15** ③ **16** ③ **17** ④

18 빛이 물체에 닿아 대부분의 파장을 반사하면 그 물체는 어떤 색으로 보이는가?

① 하양   ② 검정
③ 회색   ④ 노랑

> 빛이 대부분의 파장을 반사하게 되면 흰색으로 보이며, 반대로 대부분의 파장을 흡수하게 되면 검정으로 보이게 된다.

19 카메라와 인간의 눈 기능이 잘못 연결된 것은?

① 렌즈 – 수정체   ② 렌즈 – 망막
③ 필름 – 망막   ④ 본체 – 각막

> 렌즈는 인간의 수정체에 해당한다.

20 유채색에 대한 설명이 아닌 것은?

① 순수한 무채색을 제외한 모든 색을 말한다.
② 색상(Hue)값을 조금이라도 포함하고 있는 색을 말한다.
③ 색상, 명도, 채도를 모두 가지고 있다.
④ 흰색에서 검정색까지의 그레이 스케일로 표현되는 모든 색을 말한다.

> 흰색, 회색, 검정색은 무채색에 해당한다.

21 유채색이 가지고 있는 성질은?

① 색상만 가지고 있다.
② 채도와 명도만 가지고 있다.
③ 채도와 투명도만을 가지고 있다.
④ 색상, 명도, 채도를 가지고 있다.

> 무채색은 명도만 가지고 있지만, 유채색은 색상, 명도, 채도를 모두 가지고 있다.

22 유채색에 대한 설명 중 잘못된 것은?

① 순수한 무채색을 제외한 모든 색을 유채색이라 한다.
② 유채색이란 채도가 있는 색이란 뜻이다.
③ 유채색에 무채색을 혼합한 결과, 색상의 느낌이 있어도 무채색이라 한다.
④ 유채색은 색의 3속성을 모두 가지고 있다.

> 유채색에 무채색을 혼합한 결과 색 기미가 있으면 유채색이라 한다.

23 다음 중 유채색만으로 짝지어진 것은?

① Red, Blue, Green
② Red, Gray, Blue
③ Green, Blue, White
④ Gray, White, Black

> 하양, 회색, 검정은 무채색에 해당한다.

24 다음 색에 대한 설명 중 옳은 것은?

① 진한색, 연한색, 흐린색 등의 표현은 명도의 고저를 가리키는 것이다.
② 색입체에서 명도는 수치가 높을수록 저명도이다.
③ 무채색은 색의 3속성을 모두 지닌다.
④ 먼셀의 색표기는 HV/C로 한다.

> ① 진한색, 연한색, 흐린색 등의 표현은 채도의 고저를 가리키는 것이다.
> ② 색입체에서 명도는 수치가 높을수록 고명도이다.
> ③ 유채색이 색의 3속성을 모두 지니고 있으며, 무채색은 명도만 있다.

25 색채는 크게 무채색과 유채색으로 구분할 수 있다. 무채색만으로 짝지어진 것은?

① Red – Yellow – White
② Yellow – Blue – Gray
③ Yellow – White – Black
④ White – Black – Gray

> 흰색, 회색, 검정은 무채색이고, 무채색을 제외한 모든 색이 유채색이다.

26 색의 분류 중 무채색에 속하는 것은?

① 황토색   ② 어두운 회색
③ 연보라   ④ 어두운 회녹색

> 무채색에는 하양, 회색, 검정이 해당된다.

정답   **18** ①   **19** ②   **20** ④   **21** ④   **22** ③   **23** ①   **24** ④   **25** ④   **26** ②

27 *** 색에 대한 설명이 틀린 것은?

① 표면에서 반사된 빛은 우리 눈에서 색으로 느껴진다.
② 무지개는 빛의 산란에 의해 나타나는 현상이다.
③ 가장 긴 파장은 빨강색 영역이고 가장 짧은 파장의 영역은 보라색 영역이다.
④ 우리는 하늘을 볼 때 평면색(면색)을 느낀다.

무지개는 빛의 분산에 의해 나타나는 현상이다.

28 ** 다음 색에 대한 설명 중 옳은 것은?

① 색채는 일반적으로 무채색, 유채색, 보색으로 분류한다.
② 무채색은 흰색, 회색, 검정의 색기가 없는 것을 말한다.
③ 유채색은 무채색을 포함한 모든 색을 말한다.
④ 무채색과 유채색을 혼합하면 무조건 무채색이 된다.

무채색은 흰색, 회색, 검정을 말하며, 유채색은 무채색을 제외한 모든 색상을 말한다.

29 **** 색의 3속성에 대한 설명으로 옳지 않은 것은?

① 색의 3속성은 색상, 명도, 채도이다.
② 색의 맑고 탁한 정도를 명도라고 한다.
③ 시감 반사율의 고저에 따라 명도가 달라진다.
④ 진한색과 연한색, 흐린색과 맑은색 등은 모두 채도의 높고 낮음을 가리키는 말이다.

색의 맑고 탁한 정도를 채도라고 하며, 색의 밝고 어두운 정도를 명도라고 한다.

30 *** 색의 3속성에 대한 설명 중 틀린 것은?

① 색상, 명도, 채도를 말한다.
② 색상을 둥글게 배열한 것을 색상환이라고 한다.
③ 순색에 무채색을 섞으면 채도가 높아진다.
④ 먼셀 표색계의 무채색 명도는 0~10단계이다.

순색일수록 채도가 높고, 순색에 무채색을 섞으면 채도가 낮아진다.

31 **** 다음 색의 3속성에 대한 설명 중 옳은 것은?

① 두 색 중에서 빛의 반사율이 높은 쪽이 밝은 색이다.
② 색의 강약, 즉 포화도를 명도라고 한다.
③ 감각에 따라 식별되는 색의 종류를 채도라 한다.
④ 그레이 스케일(Gray scale)은 채도의 기준 척도로 사용된다.

② 색의 강약, 즉 포화도를 채도라고 한다.
③ 감각에 따라 식별되는 색의 종류를 색상이라 한다.
④ 그레이 스케일(Gray scale)은 명도의 기준 척도로 사용된다.

32 ** 색의 3속성이 아닌 것은?

① 명도   ② 채도
③ 대비   ④ 색상

색의 3속성은 색상, 명도, 채도이다.

33 ** 먼셀의 기본 5색상을 바르게 나열한 것은?

① R, Y, S, U, P   ② R, G, B, W, K
③ R, Y, G, B, P   ④ YR, GY, BG, PB, RP

먼셀의 기본 5색상 : 빨강(R), 노랑(Y), 녹색(G), 파랑(B), 보라(P)

34 *** 색의 3속성에 대한 설명으로 틀린 것은?

① 색의 3속성은 빛의 물리적 3요소인 주파장, 분광률, 포화도에 의해 결정된다.
② 명도는 빛의 분광률에 의해 다르게 나타나고, 완전한 흰색과 검정색은 존재한다.
③ 인간이 물체에 대한 색을 느낄 때는 명도가 먼저 지각되고 다음으로 색상, 채도의 순이다.
④ 채도는 색의 선명도를 나타내는 것으로 순색일수록 채도가 높다.

명도는 빛의 분광률에 의해 다르게 나타나고, 완전한 흰색과 검정색은 존재하지 않는다.

정답 27 ② 28 ② 29 ② 30 ③ 31 ① 32 ③ 33 ③ 34 ②

35 먼셀 색체계의 다섯 가지 기본색상이 아닌 것은?

① 보라 ② 파랑
③ 주황 ④ 초록

36 빨강 순색의 색상 기호는 "5R 4/14"이다. 이 때 "5R"이 나타내는 것은?

① 명도 ② 색상
③ 채도 ④ 색명

> 5R 4/14 : 색상 – 5R(빨강), 명도 – 4, 채도 – 14

37 먼셀의 표색기호 5R 4/14에 대한 설명으로 맞는 것은?

① 색상 5R, 채도 4, 명도 14의 색
② 채도 5R, 명도 4, 색상 14의 색
③ 색상 5R, 명도 4, 채도 14의 색
④ 명도 5R, 색상 4, 채도 14의 색

38 먼셀 표색계 표기가 5R 4/14인 경우, 채도를 나타내는 것은?

① 5 ② R
③ 4 ④ 14

> • H – 색상(Hue) • V – 명도(Value) • C – 채도(Chroma)

39 먼셀의 색채기호 표시법 중 옳은 것은?

① H V/C ② V H/C
③ H/V C ④ C H/V

> 먼셀의 색채 표기법
> H V/C (H(색상, Hue), V(명도, Value), C(채도, Chroma)

40 색의 3속성 중 색의 밝고 어두운 정도를 뜻하는 것은?

① 색상 ② 명도
③ 채도 ④ 색각

> 색의 밝고 어두운 정도를 명도라 하며, 흰색을 가할수록 높아지고, 검정색을 가할수록 낮아진다.

41 먼셀 색체계의 색표기 HV/C에서 C는 무엇의 약자인가?

① Color ② Chroma
③ Coordination ④ Communication

42 색의 3속성 중 색의 강약, 맑기, 선명도를 의미하는 것은?

① 색상 ② 채도
③ 명도 ④ 농도

> 채도는 색의 맑고 탁한 정도, 색의 순수함 정도, 색채의 포화상태, 색채의 강약 등을 의미한다.

43 색의 3속성 중 색의 순수함 정도, 색채의 포화상태, 색채의 강약을 나타내는 성질은?

① 색상 ② 명도
③ 채도 ④ 명암

> 채도(Chroma)
> • 색의 맑고 탁한 정도
> • 색의 순수함 정도, 색채의 포화상태, 색채의 강약

44 색의 3속성에서 강약이나 맑기를 의미하는 것은?

① 명도 ② 채도
③ 색상 ④ 색입체

45 다음 채도의 설명 중 옳은 것은?

① 색의 심리 ② 색의 맑기
③ 색의 명칭 ④ 색의 종류

46 다음 채도에 관한 설명 중 잘못된 것은?

① 무채색이나 다른 색이 섞일수록 채도는 떨어진다.
② 색을 느끼는 지각적인 면에서 본다면 색의 강약이며, 맑기·선명도이다.
③ 하나의 색상에서 무채색의 포함량이 가장 적은 색을 탁색이라 한다.
④ 무채색은 채도가 없고, 유채색은 채도가 있다.

> 하나의 색상에서 무채색이 전혀 포함되어 있지 않은 색을 순색이라 한다.

47 채도에 관한 설명이 틀린 것은?

① 채도는 스펙트럼색에 가까울수록 낮아진다.
② 하나의 색상에서도 채도가 가장 높은 색을 순색이라 한다.
③ 순색에 흰색을 섞으면 채도가 떨어진다.
④ 색의 선명한 정도가 높으면 채도는 높아진다.

> 채도는 스펙트럼색에 가까울수록 높아진다.

48 두 가지의 물체색이 다르더라도 특수한 조명 아래에서는 같은 색으로 느껴지는 현상은 무엇인가?

① 연색성   ② 항상성
③ 조건등색   ④ 푸르킨예 현상

> 조건등색
> • 두 가지의 물체색이 다르더라도 특수한 조명 아래에서는 같은 색으로 느껴지는 현상
> • 분광반사율이 다른 2개의 물체(시료)가 어떤 특정한 빛으로 조명하였을 때 같은 색자극을 일으키는 현상

49 명소시에서 암소시로 옮겨갈 때 붉은색은 어둡게 되고 녹색과 청색은 상대적으로 밝게 변화되는 현상은?

① 색각항상 현상   ② 무채순응 현상
③ 푸르킨예 현상   ④ 회절 현상

> 푸르킨예 현상
> • 주위 밝기의 변화에 따라 물체에 대한 색의 명도가 변화되어 보이는 현상
> • 명소시에서 암소시로 옮겨갈 때 붉은색은 어둡게 되고 녹색과 청색은 상대적으로 밝게 변화되는 현상

50 조명의 강도가 바뀌어도 물체의 색을 동일하게 지각하는 현상은?

① 색순응   ② 색지각
③ 색의 항상성   ④ 색각이상

> • 연색성 : 동일한 물체색도 조명에 따라 색이 달라져 보이는 현상
> • 조건등색 : 두 가지의 물체색이 다르더라도 특수한 조명 아래에서는 같은 색으로 느껴지는 현상
> • 컬러 어피어런스 : 어떤 색채가 매체, 주변색, 광원, 조도 등이 서로 다른 환경 하에서 관찰될 때 다르게 보이는 현상

51 다음은 색채 현상 중 어느 것에 관한 설명인가?

【보기】

> 해가 지고 주위가 어둑어둑해질 무렵 낮에 화사하게 보이던 빨간 꽃은 거무스름해져 어둡게 보이고, 그 대신 연한 파랑이나 초록의 물체들이 밝게 보인다.

① 푸르킨예 현상   ② 색음현상
③ 베졸트–브뤼케 현상   ④ 헌트효과

52 백열등과 태양광선 아래서 측정한 사과 빛의 스펙트럼 특성이 달라져도 사과의 빨간색은 달리 지각되지 않는 현상은?

① 시인성   ② 기억색
③ 착시   ④ 항상성

53 조명에 의해 물체색이 보이는 상태가 결정되는 광원의 성질을 무엇이라 하는가?

① 색순응   ② 조건등색
③ 연색성   ④ 색온도

> 동일한 물체색도 조명에 따라 색이 달라져 보이는 현상을 색의 연색성이라 한다.

54 동일한 물체색도 조명에 따라 색이 달라져 보이는 현상을 무엇이라 하는가?

① 메타메리즘   ② 푸르킨예 현상
③ 광원의 연색성   ④ 암순응

55 물건 구매 시 매장의 조명등에 의해 색상 판별이 어려워 색상이 달라져 보이는 것은 무엇 때문인가?

① 연색성   ② 조건등색
③ 표면색   ④ 메타메리즘

56 시원한 여름의 계절이 연상되는 색은 무엇인가?

① 흰색, 검은색   ② 파랑색, 청록색
③ 빨강색, 노랑색   ④ 갈색, 노랑색

> 한색계인 파랑색, 청록색이 시원한 여름을 연상시킨다.

정답 ▶ 47 ① 48 ③ 49 ③ 50 ③ 51 ① 52 ④ 53 ③ 54 ③ 55 ① 56 ②

57 감법 혼합에서의 3원색이 아닌 것은?

① 노랑 + 시안 = 초록
② 마젠타 + 노랑 = 빨강
③ 시안 + 마젠타 = 파랑
④ 시안 + 노랑 + 마젠타 = 흰색

> 시안 + 노랑 + 마젠타 = 검정

58 노랑색이 주는 느낌과 형태감은 무엇인가?

① 명랑, 자유분방, 유아적
② 도발, 흥분, 충동적
③ 안전, 평화로움, 휴식
④ 정직, 편안, 논리

> 노랑색이 주는 느낌과 형태감은 어린이, 유아, 개나리, 바나나 같은 구체적인 연상과 명랑, 쾌활, 발랄, 안전, 자유분방 등의 추상적인 연상 등이 있다.

59 감법혼색에 대한 설명으로 맞는 것은?

① 색광의 혼합으로서, 혼색할수록 점점 밝아진다.
② 안료의 혼합으로서, 혼색할수록 명도는 낮아지나 채도는 유지된다.
③ 무대의 조명에 이 감법혼색의 원리가 적용되고 있다.
④ 페인트의 색을 섞을 때 섞을수록 탁해지는 것은 이 원리 때문이다.

> 감법혼색은 색료의 혼합으로서, 3원색을 모두 합하면 검정색이 되는 반면, 가법혼색은 색광을 혼합할수록 명도가 높아지는데, 무대조명은 빛을 가해 색을 혼합하면서 더 밝아지는 가법혼합의 원리를 이용한다.

60 가법혼합에서의 3원색이 아닌 것은?

① 파랑 + 초록 = 시안
② 초록 + 빨강 = 노랑
③ 빨강 + 파랑 = 마젠타
④ 빨강 + 파랑 + 초록 = 검정

> 빨강 + 파랑 + 초록 = 하양

61 빨강과 보라를 나란히 붙여 놓으면 빨강은 더욱 선명하게 보이나 보라는 더욱 탁하게 보이는 현상은?

① 색상대비   ② 명도대비
③ 채도대비   ④ 연변대비

> 같은 채도를 저채도 위에 놓으면 채도가 더 높아 보이고 고채도 위에 놓으면 채도가 더 낮아 보이는 현상을 채도대비라 한다.

62 같은 명도의 색을 저명도 위에 놓으면 명도가 높게, 고명도 위에 놓으면 명도가 낮게 보이는 형상을 무엇이라 하는가?

① 계시대비   ② 동시대비
③ 색상대비   ④ 명도대비

63 나란히 놓여 있는 두 색이 서로 상대방의 잔상에 영향을 주어 색채가 변해 보이는 현상을 말하는 것은?

① 계시대비
② 동시대비
③ 색상대비
④ 명도대비

계시대비	시간적으로 전후해서 나타나는 시각현상
동시대비	나란히 놓여 있는 두 색이 서로 상대방의 잔상에 영향을 주어 색채가 변해 보이는 현상
색상대비	배경색의 보색이 영향을 주어서 변화를 가져오는 대비 현상
명도대비	같은 명도의 색을 저명도 위에 놓으면 명도가 높게, 고명도 위에 놓으면 명도가 낮게 보이는 현상
채도대비	같은 채도를 저채도 위에 놓으면 채도가 더 높아 보이고 고채도 위에 놓으면 채도가 더 낮아 보이는 현상

64 두 색이 가까이 있을 때 경계면의 언저리가 먼 부분보다 더 강한 색채 대비가 일어나는 현상을 무엇이라 하는가?

① 보색대비
② 연변대비
③ 채도대비
④ 명도대비

보색대비	서로 보색관계의 두 색을 나란히 놓으면 서로의 영향으로 인하여 각각의 채도가 더 높아져 보이는 현상
연변대비	두 색이 가까이 있을 때 경계면의 언저리가 먼 부분보다 더 강한 색채 대비가 일어나는 현상
채도대비	같은 채도를 저채도 위에 놓으면 채도가 더 높아 보이고 고채도 위에 놓으면 채도가 더 낮아 보이는 현상
명도대비	같은 명도의 색을 저명도 위에 놓으면 명도가 높게, 고명도 위에 놓으면 명도가 낮게 보이는 현상
한난대비	색의 차고 따뜻한 느낌의 지각 차이로 변화가 오는 현상

65 명도 단계별로 색을 나열하면 명도가 높은 부분과 접하는 부분은 어둡게 보이고, 명도가 낮은 부분과 접하는 부분은 밝게 보인다. 이것은 어떤 대비에 대한 설명인가?

① 명도대비   ② 계시대비
③ 동시대비   ④ 연변대비

66 색의 차고 따뜻한 느낌의 지각 차이로 변화가 오는 것을 말하는 현상을 무엇이라 하는가?

① 보색대비   ② 연변대비
③ 한난대비   ④ 명도대비

67 청록색 눈 화장에 빨간색 입술화장을 하였더니 청록과 빨간 색상이 원래의 색보다 더욱 뚜렷해 보이고 채도도 더 높게 보이는 현상은?

① 명도대비   ② 연변대비
③ 색상대비   ④ 보색대비

> 서로 보색관계의 두 색을 나란히 놓으면 서로의 영향으로 인하여 각각의 채도가 더 높아져 보이는 현상을 보색대비라고 한다.

68 색채의 온도감에 대한 설명 중 맞는 것은?

① 파장이 긴 쪽이 따뜻하게 느껴진다.
② 보라색, 녹색 등은 한색계이다.
③ 단파장이 따뜻하게 느껴진다.
④ 색채의 온도감은 색상에 의한 효과가 가장 약하다.

> 파란색 계열(한색)은 차게, 붉은색 계열(난색)은 따뜻하게 느껴지며, 장파장에서 단파장으로 갈수록 차갑게 느껴진다. 그리고 색의 삼속성 중에서 색상의 영향을 가장 많이 받는다.

69 다음 중 색채의 무게감과 가장 관계가 있는 것은?

① 색상   ② 명도
③ 채도   ④ 순도

> 무게감(중량감)은 색의 삼속성 중에서 명도의 영향을 가장 많이 받으며, 명도가 낮을수록 중량감이 더해진다.

70 명도와 채도 변화에 따른 색채의 느낌에 대한 설명 중 틀린 것은?

① 채도가 높을수록 약한 느낌을 준다.
② 명도가 높을수록 가벼운 느낌을 준다.
③ 명도가 낮을수록 무거운 느낌을 준다.
④ 명도가 높고 채도가 낮을수록 부드러운 느낌을 준다.

> 채도가 높을수록 강한 느낌을 준다.

71 색의 진출과 후퇴 현상에 대한 일반적인 내용으로 잘못된 것은?

① 적색, 황색과 같은 난색은 진출해 보인다.
② 단파장 쪽의 색이 후퇴해 보인다.
③ 고명도의 색이 진출해 보인다.
④ 고채도의 색이 후퇴해 보인다.

> 명도가 높을수록, 채도가 높을수록 진출되어 보인다.

72 다음 중 심리적으로 마음이 가라앉는 침정감을 유도하는 색은?

① 난색 계열의 고채도 색
② 난색 계열의 저채도 색
③ 한색 계열의 고채도 색
④ 한색 계열의 저채도 색

> **흥분과 진정**
> • 난색은 흥분을 유발하며, 한색은 심리적 안정감을 준다.
> • 명도와 채도가 높을수록 흥분감을 유도한다.

정답   65 ④   66 ③   67 ④   68 ①   69 ②   70 ①   71 ④   72 ④

02. 색채의 조화

1 ★★★
색채조화의 공통원리에 관한 설명으로 틀린 것은?

① 질서의 원리 – 색채의 조화는 의식할 수 있으며 효과적인 반응을 일으키는 질서 있는 계획에 따라 선택된 색채들에서 생긴다.

② 비모호성의 원리 – 색채조화는 두 색 이상의 배색에 있어서 모호함이 없는 명료한 배색에서만 얻어진다.

③ 동류의 원리 – 가장 가까운 색채끼리의 배색은 보는 사람에게 친근감을 주며 조화를 느끼게 한다.

④ 대비의 원리 – 배색된 색채들이 서로 공통되는 상태와 속성을 가질 때 그 색채는 조화된다.

> 대비의 원리 : 두 가지 이상의 색이 서로 반대되는 속성을 지녔음에도 어색함이 없을 때 그 배색은 조화롭다.

2 ★★★
색채조화의 공통원리에 관한 설명으로 틀린 것은?

① 질서의 원리는 효과적인 반응을 일으키는 질서 있는 계획에 따라 선택된 색채들에서 생긴다.

② 비모호성의 원리는 두 색 이상의 배색에 있어서 모호함이 없는 명료한 배색에서만 얻어진다.

③ 동류의 원리는 가장 가까운 색채끼리의 배색은 보는 사람에게 친근감을 주며 조화를 느끼게 한다.

④ 친근성의 원리는 배색된 색채들이 서로 공통되는 상태와 속성을 가질 때 그 색채는 조화된다.

> 친근성의 원리
> • 관찰자에게 잘 알려져 있어 친근하게 느끼는 색상의 배색은 조화롭다.
> • 자연경관처럼 사람들에게 잘 알려진 색은 조화롭다.
> • 가장 가까운 색채끼리의 배색은 보는 사람에게 친근감을 주며 조화를 느끼게 한다.

3 ★★★
가장 가까운 색채끼리의 배색은 보는 사람에게 친근감을 주며 조화를 느끼게 한다. 이와 관련된 색채조화의 원리는?

① 질서의 원리
② 명료성의 원리
③ 동류의 원리
④ 대비의 원리

4 ★★★
색채의 조화에서 공통되는 원리와 거리가 먼 것은?

① 질서의 원리
② 비모호성의 원리
③ 동류의 원리
④ 색채조절의 원리

> 색채조화의 공통원리
> 질서의 원리, 동류의 원리, 유사의 원리, 명료성의 원리(비모호성의 원리), 대비의 원리

5 ★★★
색채조화의 공통원리가 아닌 것은?

① 대비의 원리(Principle of Contrast)
② 제2 불명료의 원리(Principle of ambiguity)
③ 질서의 원리(Principle of Order)
④ 명료의 원리(Principle of unambiguity)

6 ★★★
색채조화의 공통된 원리 중 '비모호성의 원리'란?

① 질서 있는 계획에 따라 선택된 색은 조화된다.
② 잘 알려져 있는 배색이 잘 조화된다.
③ 어느 정도 공통의 양상과 성질을 지니면 조화된다.
④ 애매함이 없고 명료하게 선택된 배색에 의해 조화된다.

> 명료성의 원리(비모호성의 원리)
> • 두 색 이상의 배색에 있어서 모호함이 없는 명료한 배색이 조화롭다.
> • 색상 · 명도 · 면적의 차가 분명한 배색이 조화를 이룬다.

7 ★★★
색상·명도·면적의 차가 분명한 배색이 조화를 이룬다는 색채 조화의 원리는?

① 질서의 원리
② 명료성의 원리
③ 유사성의 원리
④ 친근성의 원리

8 ★★★
저드(D. Judd)의 색채조화의 원리에 해당하지 않는 것은?

① 질서의 원리
② 유사의 원리
③ 친근감의 원리
④ 연속성의 원리

> 저드의 색채조화론 : 질서의 원리, 유사의 원리, 친근감의 원리, 명료성의 원리

정답 ② 1 ④ 2 ④ 3 ③ 4 ④ 5 ② 6 ④ 7 ② 8 ④

9 미국의 색채학자 저드(Judd. D. B.)가 주장하는 색채조화의 원칙이 아닌 것은?

① 질서의 원리
② 친밀성의 원리
③ 유사의 원리
④ 모호성의 원리

> 저드의 색채조화원리에는 색상 · 명도 · 면적의 차가 분명한 배색이 조화를 이룬다는 비모호성의 원리가 있다.

10 저드의 색채조화론 중 배색에 사용되는 색채 상호간에 공통되는 성질이 있으면 조화한다는 원리는?

① 질서성의 원리
② 명료성의 원리
③ 유사성의 원리
④ 친근성의 원리

> 색채 상호간에 공통되는 성질이 있으면 조화한다는 원리는 저드의 색채조화론 중 유사성의 원리에 대한 내용이다.

11 '자연경관처럼 사람들에게 잘 알려진 색은 조화롭다'와 연관된 색채조화론 원리는?

① 명료성의 원리
② 유사성의 원리
③ 질서의 원리
④ 친근감의 원리

> 동류의 원리(친근감의 원리)
> • 관찰자에게 잘 알려져 있어 친근하게 느끼는 색상의 배색은 조화롭다.
> • 자연경관처럼 사람들에게 잘 알려진 색은 조화롭다.
> • 가장 가까운 색채끼리의 배색은 보는 사람에게 친근감을 주며 조화를 느끼게 한다.

12 저드(D. Judd)의 색채조화 원리가 아닌 것은?

① 질서있는 계획에 의해 선택된 배색은 조화롭다.
② 모호성이 없고, 분명함을 지닌 배색은 조화롭다.
③ 사람의 눈에 친숙한 배색은 조화롭다.
④ 배색된 색채 사이에 공통성이 없을 때 조화롭다.

> 유사의 원리 : 색채에 어떤 공통적인 요소가 존재할 때 그 배색은 조화롭다는 원리

13 저드(D. Judd)의 색채조화의 원리 중 동류의 원리(친밀성의 원리)에 해당하지 않는 것은?

① 사람의 눈에 친숙한 배색
② 노을지는 하늘을 연상할 수 있는 배색
③ 다양한 색조의 변화를 가진 숲의 녹색
④ 색상, 명도, 채도, 면적의 차이가 분명한 배색

> 친밀성의 원리
> • 관찰자에게 잘 알려져 있어 친근하게 느끼는 색상의 배색은 조화롭다.
> • 자연경관처럼 사람들에게 잘 알려진 색은 조화롭다.
> • 가장 가까운 색채끼리의 배색은 보는 사람에게 친근감을 주며 조화를 느끼게 한다.

14 저드의 조화론 중 '질서의 원리'에 대한 설명이 옳은 것은?

① 사용자의 환경에 익숙한 색이 잘 조화된다.
② 색채의 요소가 규칙적으로 선택된 색들끼리 잘 조화된다.
③ 색의 속성이 비슷할 때 잘 조화된다.
④ 색의 속성 차이가 분명할 때 잘 조화된다.

> 질서의 원리 : 체계적으로 선택된 두 가지 이상의 색 사이에는 어떤 규칙적인 질서가 있을 경우에 조화롭다는 의미

15 색채 조화에서 하나의 색상을 여러 단계의 명도로 배색할 때 나타나는 단계의 조화는?

① 색상 대비에 따른 조화
② 보색 대비에 따른 조화
③ 명도에 따른 조화
④ 주조색에 따른 조화

	구분	의미
유사 조화	명도에 따른 조화 (단계의 조화)	하나의 색상에 각기 다른 여러 명도의 조화를 단계적으로 동시에 배색하여 얻어지는 조화
	색상에 따른 조화 (색상의 조화)	명도가 비슷한 인접 색상을 동시에 배색했을 대 얻어지는 조화
	주조색에 따른 조화 (도미넌트 컬러)	일출이나 일몰과 같이 여러 가지 색들 가운데서 한 가지 색이 주조를 이룰 때 얻어지는 조화
대비 조화	명도 대비에 따른 조화	같은 색상에서 명도의 차이를 극단적으로 벌어지게 배색할 때 얻어지는 조화
	색상 대비에 따른 조화	색상의 차이를 크게 배색하였을 때 얻어지는 조화
	보색 대비에 따른 조화	색상의 거리가 먼 보색끼리 배색하였을 때 얻어지는 조화
	인접보색 대비에 따른 조화	어떤 색상의 보색과 인접해 있는 색상과 배색하였을 때 얻어지는 조화

정답 9 ④ 10 ③ 11 ④ 12 ④ 13 ④ 14 ② 15 ③

16 색의 3속성 개념을 도입한 색상환에 의해서 색의 조화를 유사조화와 대비조화로 나누고 정량적 색채조화론을 제시한 사람은?

① 오스트발트　　　　② 슈브뢸
③ 먼셀　　　　　　　④ 저드

> 색의 조화를 유사조화와 대비조화로 나누고 정량적 색채조화론을 제시한 사람은 프랑스의 화학자 슈브뢸이다.

17 실내 색채조화론의 대두로 "색채의 조화는 유사성의 조화와 대조에서 이루어진다"라고 주장한 사람은?

① 문, 스펜서　　　　② 오스트발트
③ 비렌　　　　　　　④ 슈브뢸

> 유사성의 조화와 대조에서 색채조화론을 주장한 사람은 슈브뢸이다.

18 자연에서 쉽게 찾을 수 있고, 온화함이 있지만 때로는 단조로움을 주는 디자인 원리는?

① 유사조화　　　　　② 균일조화
③ 방사조화　　　　　④ 대비조화

> • 유사조화 : 자연에서 쉽게 찾을 수 있고 온화함이 있지만, 때로는 단조로움을 주는 디자인 원리
> • 대비조화 : 강력하고 화려함이 있지만 지나칠 경우 난잡함과 혼란을 주는 디자인 원리

19 슈브뢸의 색채조화론에서 12색상 중 다음과 같이 '예시'된 조건의 색 조화는?

【예시】
| 빨강 – 파랑 – 노랑, 주황 – 녹색 – 보라 |

① 반대색 3색의 조화
② 근접 보색 3색의 조화
③ 주조색 3색의 조화
④ 등간격 3색의 조화

> 색상환에서 일정한 간격에 있는 3색의 조화를 등간격 3색의 조화라고 한다.

20 다음 중 슈브뢸의 색채조화론과 거리가 먼 것은?

① 오메가 공간　　　　② 등간격 3색의 조화

③ 인접색의 조화　　　　④ 근접 보색의 조화

> 오메가 공간이라는 색입체를 설정하여 색채조화를 주장한 사람은 문과 스펜서이다.

21 슈브뢸의 색채조화론과 관련이 없는 것은?

① 계시대비 원리　　　　② 도미넌트 컬러
③ 세퍼레이션 컬러　　　④ 보색배색의 조화

> 계시대비는 하나의 색을 보고 난 뒤 바로 다른 색을 볼 때 일어나는 색채대비를 말하는 것으로 색채조화론과는 거리가 멀다. 슈브뢸의 색채조화론에는 동시대비의 원리가 있다.

22 슈브뢸의 색채 조화론 중 '연하게 보이는 색이 색유리를 투과하여 볼 때와 같이, 전체적으로 하나의 주된 색을 이루는 배색은 조화한다.'라는 것으로, 특히 색이나 형태, 질감 등에 공통되는 조건을 조정하여 전체에 통일감을 주는 원리이다. 이를 지칭하는 용어는?

① 도미넌트 컬러(dominant color)
② 세퍼레이션 컬러(separation color)
③ 톤인톤(tone in tone) 배색
④ 톤온톤(tone on tone) 배색

23 슈브뢸이 주장한 색채조화론과 거리가 먼 것은?

① 인접색의 조화　　　　② 반대색의 조화
③ 주조색의 조화　　　　④ 채도의 조화

> • 인접색의 조화 : 색상환에서 가까운 색끼리의 조화
> • 반대색의 조화 : 색상환에서 서로 반대되는 색끼리의 조화
> • 주조색의 조화 : 일출이나 일몰과 같이 여러 가지 색들 가운데서 한 가지 색이 주조를 이룰 때 얻어지는 조화

24 색의 삼속성에 따라 오메가 공간이라는 색입체를 만들고, 색채조화의 정도를 정량적으로 설명한 색채조화론은?

① 비렌의 색채조화론
② 슈브뢸의 색채조화론
③ 문 · 스펜서의 색채조화론
④ 오스트발트의 색채조화론

> 오메가 공간이라는 색입체를 설정하여 색채 조화를 주장한 사람은 문 · 스펜서이다.

정답　16 ②　17 ④　18 ①　19 ④　20 ①　21 ①　22 ①　23 ④　24 ③

25 먼셀의 색채계를 기초로 오메가 공간이라는 색입체를 설정하여 성립된 색채조화이론은?

① 문 · 스펜서 색채조화론
② 오스트발트 색채조화론
③ 저드의 색채조화론
④ 비렌의 색채조화론

26 색의 3속성에 따른 색공간을 정량적으로 취급하기 위해서 '오메가 공간'이라는 색입체를 설정하여 색채조화를 주장한 사람은?

① 슈브뢸   ② 비렌
③ 레오나르도 다빈치   ④ 문 · 스펜서

> 문 · 스펜서는 오메가 공간이라는 색입체를 설정하여 조화를 이루는 색채와 그렇지 않은 색채를 구분하였다.

27 색채조화의 기하학적 표현과 면적에 따른 색채조화론을 주장한 사람은?

① 슈브뢸   ② 오스트발트
③ 문 · 스팬서   ④ 비렌

> 문 · 스팬서는 색채조화의 기하학적 표현과 면적에 따른 색채조화론을 주장하였으며, 오메가 공간이라는 색입체를 설정하여 색채 조화를 주장하였다.

28 문과 스펜서의 조화이론에 해당하지 않는 것은?

① 동등의 조화   ② 유사의 조화
③ 불명료의 조화   ④ 대비의 조화

> • 조화 : 동등 조화, 유사 조화, 대비 조화
> • 부조화 : 제1부조화, 제2부조화, 눈부심

29 문·스펜서의 색채조화론에 근거하여 배색할 때 면적효과 측면에서 고려할 점이 아닌 것은?

① 스칼라 모멘트   ② 벡터 모멘트
③ 순응점   ④ 오메가 공간

> 문 · 스펜서는 오메가 공간이라는 색입체를 설정하여 색채 조화를 주장하였으며, 스칼라 모멘트는 색의 면적과 오메가 공간에서의 순응점으로부터 지정된 색까지의 거리를 곱해서 구한다.

30 문·스펜서의 색채조화론에서 조화의 관계가 아닌 것은?

① 유사 조화   ② 대비 조화
③ 입체 조화   ④ 동일 조화

31 미국의 건축학자 문(Moon)과 스펜서(Spencer)의 조화이론 중 부조화의 종류와 설명이 아닌 것은?

① 제1 부조화 : 아주 가까운 배색
② 제2 부조화 : 유사배색처럼 공통속성도 없으며 대비배색처럼 눈에 띄게 차이가 있는 배색이 아니다.
③ 제3 부조화 : 오메가 공간에 나타낸 점이 간단한 기하하적 관계에 있도록 선택된 배색
④ 눈부심

32 문·스펜서의 부조화의 분류가 아닌 것은?

① 제1부조화   ② 눈부심
③ 제2부조화   ④ 제3부조화

> 문 · 스펜서의 부조화 : 제1부조화, 제2부조화, 눈부심

33 문·스펜서의 색채조화론에 대한 설명으로 맞는 것은?

① 동일 색상은 다른 색채조화론과는 달리 부조화된다.
② 애매하게 선택된 무채색의 배색은 아름다움을 나타낸다.
③ 작은 면적의 강한 색과 큰 면적의 약한 색은 부조화된다.
④ 색상과 채도는 일정하고 명도만 변화시키는 경우 많은 색상을 사용한 복잡한 디자인보다 미도가 높다.

> **문 · 스펜서의 색채조화론**
> • 균형 있게 선택된 무채색의 배색은 유채색 못지않은 아름다움을 나타낸다.
> • 동일 색상이 조화롭다.
> • 동일 명도의 배색은 일반적으로 미도가 낮다.
> • 색상과 채도를 일정하게 하고 명도만 변화시키는 경우 많은 색상을 사용하는 것보다 미도가 높다.
> • 작은 면적의 강한 색과 큰 면적의 약한 색은 조화된다.

정답 ▶ **25** ① **26** ④ **27** ③ **28** ③ **29** ② **30** ③ **31** ③ **32** ④ **33** ④

34 문·스펜서의 색채조화론에 대한 설명이 아닌 것은?

① 균형 있게 선택된 무채색의 배색은 유채색 못지않은 아름다움을 나타낸다.

② 동일 색상의 조화가 좋다.

③ 색상과 채도를 일정하게 하고 명도만 변화시키는 경우 많은 색상 사용 시보다 미도가 높다.

④ 관찰자에게 잘 알려져 있는 배색이 잘 조화된다라는 숙지의 원리

> 관찰자에게 잘 알려져 있는 배색이 잘 조화된다라는 색채조화 이론은 저드의 친근감의 원리에 해당한다.

35 문·스펜서의 색채조화원리에 대한 설명으로 틀린 것은?

① 균형 있게 선택된 무채색의 배색은 아름답다.

② 작은 면적의 약한 색과 큰 면적의 강한 색은 조화된다.

③ M = O(질서성의 요소)/C(복잡성의 요소)= 0.5 이상이면 좋은 배색이다.

④ 색상, 채도는 일정하게 하고 명도만 변화시키는 경우 많은 색상 사용 시보다 미도(M)가 높다.

> 면적의 효과 : 작은 면적의 강한 색과 큰 면적의 약한 색은 조화된다.

36 문·스펜서 조화론의 미도와 관계없는 것은?

① 배색의 아름다움을 계산을 통해 수치적으로 표현한 것이다.

② M(미도) = O/C로 계산된다.

③ 미도 계산식에서 O는 복잡성의 요소이다.

④ 미도가 0.5 이상이면 조화롭다고 한다.

> 'O'는 질서성의 요소, 'C'가 복잡성의 요소

37 먼셀의 색채조화원리 중 무채색의 조화원리에 대한 설명으로 맞는 것은?

① 다양한 무채색의 평균명도가 N2가 될 때 조화로운 배색이 된다.

② 다양한 무채색의 평균명도가 N3가 될 때 조화로운 배색이 된다.

③ 다양한 무채색의 평균명도가 N5가 될 때 조화로운 배색이 된다.

④ 다양한 무채색의 평균명도가 N9가 될 때 조화로운 배색이 된다.

> 무채색의 조화 : 다양한 무채색의 평균명도가 N5가 될 때 조화로운 배색이 된다.

38 먼셀 색채조화의 원리에 있어서 균형의 중심점은?

① N5

② N7

③ N10

④ N0

> 먼셀 색채조화론에서는 평균 명도가 N5가 될 때 조화롭다고 본다.

39 먼셀의 색채조화론에 관한 설명 중 잘못된 것은?

① 균형의 원리가 색채조화의 기본이라 하였다.

② 다양한 무채색의 평균 명도가 N7일 때 조화롭다.

③ 명도와 채도가 다르지만 순차적으로 변화하는 색들은 조화롭다.

④ 색상이 다른 색채를 배색할 경우 명도, 채도를 같게 하면 조화롭다.

> 다양한 무채색의 평균 명도가 N5일 때 그 배색은 조화롭다.

40 먼셀의 색채조화 원리에 의거하였을 때, 조화되지 않는 보색관계는?

① 중간채도(/5)의 반대색끼리는 같은 면적으로 배색하면 조화롭다.

② 중간명도(5/)의 채도가 다른 반대색끼리는 고채도는 좁게, 저채도는 넓게 배색하면 조화롭다.

③ 채도가 같고 명도가 다른 반대색끼리는 명도의 단계를 일정하게 조절하면 조화롭다.

④ 명도, 채도가 모두 다른 반대색끼리는 저명도, 고채도는 넓게, 고명도, 저채도는 좁게 구성한 배색은 조화롭다.

> 명도, 채도가 모두 다른 반대색끼리는 저명도, 저채도는 넓게, 고명도, 고채도는 좁게 구성한 배색은 조화롭다.

정 답 **34** ④ **35** ② **36** ③ **37** ③ **38** ① **39** ② **40** ④

41 색채조화를 위한 배색 시 고려해야 할 사항으로 거리가 먼 것은?

① 배색할 때 전체 색조를 생각한 후 색상 수를 될 수 있는 대로 많이 한다.
② 색의 전체적 인상을 동일하게 하기 위해 색상, 명도, 채도 중 한 가지 공통된 부분을 만들어 준다.
③ 비슷한 색상들로 이루어진 조화는 명도나 채도에 차이를 두어 대비 효과를 구성한다.
④ 일반적으로 가벼운 색은 위쪽으로 하고, 무거운 색은 아래쪽으로 한다.

배색할 때 색상 수는 너무 많지 않도록 한다.

42 색채조화에 대한 연구학자가 아닌 사람은?

① 레오나르도 다빈치   ② 뉴턴
③ 오스트발트   ④ 렌쯔

렌쯔는 독일의 물리학자로서 색채조화와는 관련이 없다.

43 색채조화에 관한 연구와 관련이 없는 사람은?

① 그로피우스   ② 스펜서
③ 오스트발트   ④ 비렌

색채조화론자 : 슈브뢸, 문 · 스펜서, 먼셀, 레오나르도 다빈치, 뉴턴, 오스트발트, 스펜서, 비렌(색의 속도감을 강조), 요하네스 이텐

44 일반적으로 색채조화가 잘 되도록 배색을 하기 위해서 종합적으로 고려해야 할 사항이 아닌 것은?

① 색상 수는 너무 많지 않도록 한다.
② 모든 색을 동일한 면적으로 배색한다.
③ 주제와 배경과의 대비를 생각한다.
④ 환경의 밝고 어두움을 고려한다.

동일한 면적으로 배색하기보다는 면적의 비례와 대비 효과 등을 고려해서 배색해야 한다.

45 배색을 할 때 고려해야 하는 사항으로 적절하지 않은 것은?

① 사물의 성능이나 기능에 부합되는 배색을 하여 주변과 어울릴 수 있도록 한다.

② 사용자 성별, 연령을 고려하여 편안한 느낌을 가질 수 있도록 한다.
③ 색의 이미지를 통해서 전달하려는 목적이나 기능을 기준으로 배색한다.
④ 목적에 관계없이 아름다움을 우선으로 하고, 타 제품에 비해 눈에 띄는 색으로 배색하여야 한다.

사물의 용도나 기능에 부합되는 배색을 하여 주변과 어울릴 수 있도록 한다.

46 다음의 색채조화에 대한 설명 중 틀린 것은?

① 강한 대비를 보이는 색 사이에 회색을 삽입하면 대립을 약화시킬 수 있다.
② 서로 잘 안 어울리는 색 사이에 회색을 삽입하면 대립이 더욱 심화된다.
③ 서로 대비되는 색 사이에 삽입되는 회색의 명도가 변함에 따라 전체 이미지가 변한다.
④ 같은 대비라도 놓여지는 위치에 따라 전체 이미지가 달라진다.

서로 잘 안 어울리는 색 사이에 회색을 삽입하면 대립을 약화시킬 수 있다.

47 배색의 조건에 대한 설명으로 틀린 것은?

① 사물의 용도나 기능에 부합되는 배색을 해야 한다.
② 색이 주는 심리적 효과를 고려해야 한다.
③ 인간적인 요인으로 계획자의 개인적 특성에 맞추어 배색한다.
④ 환경적 요인을 충분히 고려하여 배색한다.

계획자의 개인적 특성에 맞추기보다는 사물의 용도나 기능에 부합되는 배색을 하여 주변과 어울릴 수 있도록 한다.

48 색채조화의 기초적인 사항이 아닌 것은?

① 색상, 명도, 채도의 차이가 기초가 된다.
② 대립감이 조화의 원리가 되기도 한다.
③ 유사의 원리는 색상, 명도, 채도 차이가 적을 때 일어난다.
④ 유사한 색으로 배색하여야만 조화가 된다.

서로 대립되는 색으로 배색할 때도 조화로운 배색이 될 수 있다.

정답 ▶ 41 ① 42 ④ 43 ① 44 ② 45 ④ 46 ② 47 ③ 48 ④

49 배색의 조건에 대한 설명으로 틀린 것은?

① 사물의 용도나 기능에 부합되는 배색을 해야 한다.
② 색이 주는 심리적 효과를 고려해야 한다.
③ 사용자의 특성보다는 색채 계획자의 특성에 맞추어 배색한다.
④ 환경적 요인을 충분히 고려하여 배색한다.

> 색채 계획자의 특성에 맞추기보다는 사용자의 특성에 맞추어 배색한다.

50 색채조화의 원리 중 틀린 것은?

① 두 가지 이상의 색채가 서로 어우러져 미적 효과를 나타낸 것이다.
② 서로 다른 색들이 대립하면서도 통일적 인상을 주는 것이다.
③ 두 가지 이상의 색채에 질서를 부여하는 것이다.
④ 전문가의 주관적인 미적 기준에 기초한다.

> 색채조화는 한 사람의 주관적인 기준보다는 공통적인 원리에 기초한다.

03. 색채와 조명

1 눈이 부시지 않고 조도가 균일하며, 그림자가 없는 부드러운 침실이나 병실 등 휴식공간에 사용되는 조명 방법은?

① 전반확산 조명   ② 간접 조명
③ 직접 조명   ④ 반간접 조명

> 간접 조명은 광원의 90~100%를 천장이나 벽에 부딪혀 확산된 반사광으로 비추는 방식으로 그림자가 없는 부드러운 침실이나 병실 등 휴식공간에 사용된다.

2 다음 조명방식 중 광원의 90% 이상을 천장이나 벽에 부딪혀 확산된 반사광으로 비추는 방식으로 눈부심이 없고 조도분포가 균일한 형태의 조명 형태는?

① 직접 조명   ② 간접 조명
③ 반직접 조명   ④ 반간접 조명

3 다음 중 간접 조명에 대한 설명으로 옳은 것은?

① 반사갓을 사용하여 광원의 빛을 모아 직접 비추는 방식
② 반투명의 유리나 플라스틱을 사용하여 광원 빛의 60~90%가 대상체에 직접 조사되고 나머지가 천장이나 벽에서 반사되어 조사되는 방식
③ 반투명의 유리나 플라스틱을 사용하여 광원 빛의 10~40%가 대상체에 직접 조사되고 나머지가 천장이나 벽에서 반사되어 조사되는 방식
④ 광원의 빛을 대부분 천장이나 벽에 부딪혀 확산된 반사광으로 비추는 방식

> 간접조명은 광원의 90~100%를 천장이나 벽에 부딪혀 확산된 반사광으로 비추는 방식으로 눈부심이 없고 조도 분포가 균일한 특성이 있는 조명 방식이다.

4 반사갓을 사용하여 광원의 빛을 모여 비추는 조명 방식으로 조명 효율이 좋은 반면 눈부심이 일어나기 쉽고 균등한 조도 분포를 얻기 힘들며 그림자가 생기는 조명 방식은?

① 반간접 조명   ② 직접 조명
③ 간접 조명   ④ 반직접 조명

> 직접 조명
> • 반사갓 사용
> • 광원의 90~100%를 대상물에 직접 비추어 투사시키는 방식
> • 장단점 : 조명률이 좋고 경제적, 조도의 분포가 균일하지 못함

5 조명 방식에 대한 설명으로 틀린 것은?

① 간접 조명은 효율은 나쁘지만 차분한 분위기가 된다.
② 전반확산 조명은 확산성 덮개를 사용하여 빛이 확산되는 방식이다.
③ 반직접 조명은 확산덮개를 사용하여 상향 조명이 30~60% 되도록 한다.
④ 직접 조명은 빛이 거의 직접 작업면에 조사되는 것으로 반사갓으로 광원의 빛을 모아 비추는 방식이다.

> 반직접 조명은 광원의 60~90%가 직접 대상물에 조사되고 나머지 10~40%는 천장으로 향하는 방식이다.

6 광원 빛의 10~40%가 대상 물체에 직접 조사되고 나머지는 벽이나 천장에 반사되어 조사되는 방식으로 그늘짐이 부드러우며 눈부심도 적은 조명방식에 해당하는 것은?

① 전반확산 조명   ② 직접 조명
③ 반간접 조명   ④ 반직접 조명

> 반간접 조명은 반투명의 유리나 플라스틱을 사용하여 빛의 10~40%가 대상물에 직접 조사되고 나머지 60~90%는 천장이나 벽에 반사되어 조사되는 방식이다.

7 광원과 시야에 대한 설명 중 틀린 것은?

① 좁은 면적과 넓은 면적이 색채가 다르게 보이는 것은 시야에 따라 색채가 다르게 보이기 때문이다.
② 형광등 아래에서는 난색 계열보다 한색 계열의 색이 살아난다.
③ 광원에 따라 색채가 변하는 현상을 메타메리즘이라고 한다.
④ 백열등에서 난색계통의 색상이 강렬하게 보이는 것은 광원에 단파장이 많기 때문이다.

> 난색 계통의 색상은 장파장이 많고 한색 계통의 색상은 단파장이 많다.

8 광원의 분광복사강도분포에 대한 설명 중 맞는 것은?

① 백열전구는 단파장보다 장파장의 복사분포가 매우 적다.
② 백열전구 아래에서의 난색계열은 보다 생생히 보인다.
③ 형광등 아래에서는 단파장보다 장파장의 반사율이 높다.
④ 형광등 아래에서의 한색계열은 색채가 죽어 보인다.

> 백열전구에는 장파장이 많아 난색 계열의 색이 살아나고, 형광등 아래에는 단파장이 많아 한색 계열의 색이 살아난다.

9 물체색은 광원과 조명방식에 따라 변한다. 다음 설명 중 맞는 것은?

① 동일 물체가 광원에 따라 각각 다른 색으로 보이는 것을 광원의 연색성이라 한다.
② 어떠한 광원에서도 항상 같은 색으로 보이는 현상을 메타메리즘이라고 한다.
③ 백열등 아래에서는 한색 계열 색채가 돋보인다.
④ 형광등 아래에서는 난색 계열 색채가 돋보인다.

> ② 두 가지의 물체색이 다르더라도 특수한 조명 아래에서는 같은 색으로 느껴지는 현상을 메타메리즘이라고 한다.
> ③ 백열등 아래에서는 난색 계열 색채가 돋보인다.
> ④ 형광등 아래에서는 한색 계열 색채가 돋보인다.

10 간접조명에 대한 설명이 아닌 것은?

① 조명 효율이 낮다.
② 균일한 조도를 얻기 힘들다.
③ 비용이 많이 든다.
④ 눈의 보호를 위해 가장 좋다.

> 간접조명은 조도의 분포가 균일하다.

정답   6 ③   7 ④   8 ②   9 ①   10 ②

SECTION
08

Makeup Artist Certification

메이크업 시술

이 섹션에서는 계절, 웨딩, 속눈썹 연장, 캐릭터 표현 등 다양하게 출제될 수 있으므로 각각의 상황에 맞는 메이크업 표현 방법에 대해 꼼꼼하게 체크하도록 합니다.

01 T.P.O에 따른 메이크업

1 메이크업의 조건

구분	화장법
T.P.O	메이크업 시술시 Time(시간), Place(장소), Occasion(상황)에 맞도록 고려한다.
조화	의상, 헤어, 인물의 분위기 등의 조화로움을 고려하여 시술한다.
대비	색상, 명도, 채도를 이용하여 색의 대비 효과를 준다.
대칭	눈썹 등의 아이 메이크업 시 좌·우 균형을 잘 맞추어 메이크업 한다.
그라데이션	메이크업의 색상을 자연스럽게 잘 펴주는 기법을 말한다.

2 T.P.O(Time, Place, Occasion) 메이크업

(1) Time(시간)

① 데이타임 메이크업 시 자연미를 강조한 그라데이션이 잘된 '면(面)' 위주의 메이크업을 한다.

② 나이트 메이크업의 경우 '선(線)'을 강조한 또렷한 메이크업 이미지를 표현한다.

(2) Place(장소)

자연광의 실외와 인공조명이 있는 실내를 구분하여 메이크업을 한다.

① 실외 : 자연광 아래에서의 메이크업의 경우 피부표현이나 포인트 메이크업 등 전반적인 메이크업 톤을 자연스러움에 맞춘다.

② 실내 : 선을 위주로 하고 면을 적절히 강조한 메이크업으로 화사함을 연출해 준다.

(3) Occasion(상황, 경우)

① 축하객의 경우 : 완벽한 메이크업으로 분위기를 살려준다.

② 조문객의 경우 : 내추럴 메이크업으로 경건함을 나타낸다.

③ 면접 시 : 깔끔하고 단정한 메이크업으로 호감있는 인상을 표현한다.

▶ 데이타임과 나이트 메이크업의 주요 화장법
• 데이타임 : 면 위주(자연미, 세련미)
• 나이트 : 선 위주(또렷함, 화려함)

▶ 인공조명의 경우 자연스러운 메이크업은 자칫 흐릿한 인상을 줄 수 있으므로 주의한다.

▶ 화장의 목적에 따른 분류
• 데이타임 메이크업 : 낮 화장. 진하
지 않은 일상적인 화장
• 소셜 메이크업 : 성장 화장. 사교모
임 등의 짙은 화장
• 그리스 페인트 메이크업 : 페인트
메이크업, 스테이지 메이크업, 무
대용 화장
• 컬러 포토 메이크업 : 컬러 사진을
찍을 때의 화장

③ 데이타임 메이크업(Daytime Makeup)

(1) 특징

① 낮 화장을 말하며, 주로 태양광선 아래서 보여지는 메이크업이므로 **자연
스럽고, 은은한 느낌이 포인트**

② 너무 짙은 베이스 표현이나 원색적인 포인트 컬러보다는 가볍게 커버된
느낌의 피부표현이나 파스텔 계열의 은은한 포인트 컬러 선택이 중요

(2) 메이크업 테크닉

구분	화장법
베이스	• 파운데이션이 고루 잘 펴 발리고, 피부의 잡티를 제거하기 위해 먼저 메이크업 베이스 크림을 바름 • 은은한 커버를 위해 커버력이 다소 약한 리퀴드 타입의 파운데이션을 피부 톤에 맞게 조절하여 잘 펴바름 • 투명 파우더나 베이지 계열의 파우더를 눌러 발라서 유분기를 제거해줌
아이브로	자연스러움을 나타내기 위해 브라운과 그레이를 섞은 아이섀도를 사용하여 은은하게 펴바름
아이섀도	자연스러운 음영을 나타낼 수 있는 브라운이나 베이지 계열을 사용하여 은은하게 펴바름
아이라인	리퀴드 타입보다 펜슬 타입이 더욱 자연스럽고 무난함
입술	의상 색을 고려하여 무난한 파스텔 계열을 선택하여 바름
블러셔	너무 진해지지 않게 주의하고 브라운 계열을 이용하여 광대뼈 부위에 자연스러운 음영을 넣어줌

[데이타임 및 나이트 메이크업]

④ 나이트 메이크업(Night Makeup)

(1) 특징

① 화려한 인공조명 아래서 보여지는 메이크업(모임이나 파티 등)

② 메이크업 톤이 조명에 의해 다운되어 보일 수 있다는 점을 감안해 시술
한다.

③ 펄이나 광택 나는 글로스 제품을 사용하여 화려함을 강조할 수도 있다.

(2) 메이크업 테크닉

구분	화장법
베이스	• 잡티를 완전히 가리기 위해 커버력이 우수한 스틱 파운데이션이나 스킨커버 제품을 사용하여 피부에 알맞게 바른다. • 얼굴형의 수정은 셰이딩 톤의 파운데이션을 이용하여 수정하고자 하는 부위에 발라서 그라데이션을 표현한다. • T존이나 V존 부위는 뚜렷한 윤곽과 화사함을 드러내기 위해 하이라이트를 한다. • 파우더는 연한 핑크계나 투명 톤의 파우더로 유분기 제거를 위해 누르듯이 바른다.

구분	화장법
아이브로	얼굴형에 맞게끔 그려서 앞부분은 브라운 계열 아이섀도로 자연스럽게 펴 바르고 눈썹산과 꼬리쪽으로 갈수록 펜슬을 이용하여 선명하게 그린다.
아이섀도	• 화사함을 주기 위해 옐로 계열을 우선 눈두덩이에 펴 바르고 오렌지, 핑크 톤의 아이섀도를 아이홀 방향으로 그라데이션을 표현한다. • 포인트로는 화려함을 느낄 수 있는 와인이나 바이올렛 계열을 언더라인 쪽과 함께 발라준다. • 눈썹 뼈나 눈동자 중앙부분에는 하이라이트를 넣어 준다. • 하이라이트 색은 펄이 든 흰색이나 약간의 메탈 느낌을 띤 밝은 색을 넣어 주면 화려한 느낌이 든다.
아이라인	• 눈의 모양이 수정되게 리퀴드 타입 아이라이너로 아이라인을 그린다. • 필요에 따라서 속눈썹을 반 잘라 끝부분에 붙여 주면 더욱 깊이 있는 눈매가 연출된다.
입술	• 약간 아웃커브로 라인을 정하고 와인이나 레드 계열의 화려한 립스틱을 바른다. • 그 위에 펄이나 광택이 나는 립글로스를 덧발라준다.
블러셔	• 여성스러움이 강조되는 블러셔를 한다. • 광대뼈 아랫부분에서 입꼬리를 향해 세로 느낌이 나는 블러셔를 한다. • 마지막으로 광택이 나는 화사한 피니시 파우더를 T존 부위나 볼 부위에 바른다.

02 계절별 메이크업

1 봄 메이크업

(1) 특징

생기있는 신선함을 느끼게 하는 메이크업으로 표현한다.

(2) 메이크업 테크닉

구분	방법
베이스	너무 어둡지 않게 목보다 한 단계 밝은 톤으로 한다.
눈썹	자연스럽고 은은하게 브라운과 그레이를 섞은 아이섀도를 이용하여 연출한다.

구분	방법

눈	• 아이섀도
	  - 옐로 계열을 눈두덩 전체에 펴 바르고 오렌지 톤의 아이섀도를 아이홀 방향으로 그라데이션 시킨 후 포인트는 그린 계열로 넣어준다.
	  - 언더라인도 그린색 아이섀도를 살짝 바른다.
	• 아이라인 : 너무 굵게 그리면 아이섀도의 느낌이 약해질 수 있으므로 얇게 그린다.
	• 마스카라 : 아이섀도의 포인트 색과 같은 그린 계통을 바르면 더욱 효과적이다.

입술	펄이 든 연한 핑크나 누드 오렌지 톤이 무난하다.
블러셔	브라운 계열과 핑크색을 섞어 볼 주위에 아주 은은하게 바른다.

2 여름 메이크업

(1) 특징
여름철은 시원한 청량감을 느낄 수 있는 메이크업으로 표현한다.

(2) 메이크업 테크닉

구분	방법
베이스	두꺼운 느낌이 들지 않게 가볍게 커버, 여름철은 땀을 많이 흘리므로 두꺼운 화장은 시각적으로 더워 보이며 얼룩지기 쉽다.
눈썹	진하지 않게 내추럴한 느낌으로 그린다.
눈	• 먼저 깨끗한 표현을 위해 흰색을 눈 전체에 펴 바른다. • 아이홀 부분에는 은은한 비취색으로 그라데이션을 하고 포인트는 시원한 느낌의 블루로 표현한다. • 하이라이트 부위를 넓게 잡아주면 더욱 시원하고 깨끗한 느낌이 든다.
입술	펄이 많이 든 색상을 선택하면 더운 여름날 시원한 시각적 효과를 나타낼 수 있다.
블러셔	더워 보이므로 생략해도 무방하다.

3 가을 메이크업

(1) 특징
지적인 여성미를 강조할 수 있도록 차분하게 표현한다.

(2) 메이크업 테크닉

구분	방법
베이스	따뜻한 오클계나 베이지 계열의 파운데이션을 바르고, 리퀴드 타입(수분 다량 함유)이나 크림 타입(유 · 수분이 적당량 함유)이 적당하다.

구분	방법
눈썹	자연스러운 흑갈색으로 약간 각진 형태로 그린다.
눈	• 아이섀도 : 골드, 브라운 계열을 메인컬러로 선택하고 카키, 다크 브라운으로 포인트를 준다. • 아이라인 : 자연스러운 속눈썹으로 눈매를 강조하고 싶을 경우 리퀴드 아이라인으로 선명하게 그린다.
입술	짙은 오렌지, 다크 브라운, 골드 등을 섞어서 아웃커브 형으로 바른다.
블러셔	베이지 브라운 컬러나, 핑크 브라운 컬러를 이용해 안정감 있고 차분한 느낌을 표현해 준다.

4 겨울 메이크업

(1) 특징

① 의상의 색이 대부분 어두운 계열이므로 피부 표현을 어둡게 표현하지 않도록 한다.

② 차갑고 건조해지기 쉬운 겨울철 날씨에는 **충분한 수분을 공급한 후** 메이크업한다.

(2) 메이크업 테크닉

▶ 계절별 어울리는 컬러

계절	컬러
봄	핑크, 그린, 옐로
여름	블루, 실버, 라이트 블루, 화이트
가을	브라운 골드, 베이지, 카키
겨울	버건디, 와인, 화이트펄, 레드

구분	방법
베이스	• 유분과 수분을 함유하고 있는 크림 타입이 적당하다. • 파우더를 많이 사용하면 얼굴이 당기고 건조해질 수 있으므로 적당량을 사용한다.
눈썹	약간 강한 느낌이 들도록 그린다.
눈	• 아이섀도 : 브라운 계열을 메인컬러로 선택하여 그라데이션시키고 와인색을 포인트 컬러로 넣어 준다. • 아이라인 : 리퀴드 타입을 이용하여 위를 선명하게 그려주고 속눈썹을 붙여 눈매를 강조한다.
입술	다크 브라운과 레드를 섞어서 약간 스트레이트 형으로 바른다.
블러셔	전체적으로 메이크업 컬러가 강하므로 강하지 않은 누드 베이지 컬러나 핑크 베이지 컬러를 이용해 깔끔한 이미지를 표현한다.

▶ 웨딩 메이크업 시 고려사항
- 신부의 나이
- 드레스 색상
- 신부의 피부 톤, 얼굴 형태, 피부 상태, 헤어스타일
- 결혼식장의 조명

1 웨딩 메이크업 시 유의사항

① 신부의 연령대를 충분히 고려하여 메이크업을 시술하도록 한다.

② 신부의 메이크업 톤을 결정할 때 먼저 신부에게 평소 본인이 즐겨하는 메이크업 컬러와 스타일을 미리 체크해 둔다.

③ 신부의 결혼식 장소에 맞는 메이크업 톤을 정한다. 실내에서 할 경우 실내조명, 야외에서의 결혼식일 때는 자연광선이므로 조명에 맞는 메이크업이 필요하다.

④ 신부의 드레스 색상, 얼굴 형태, 피부상태, 헤어스타일, 예식 장소 등 모든 것을 수렴해서 메이크업을 해야 한다.

2 웨딩 이미지별 특징

로맨틱 이미지	• 여성다운 부드러움, 우아함, 귀엽고 사랑스러운 이미지로 은은하고 낭만적, 공상적, 감미로운 분위기 • 색상 : 다양한 밝은 색을 주조로 한 가볍고 밝으며 부드러운 느낌의 분홍, 붉은 퍼플 등의 파스텔 색상 • 톤 : 화이티시 톤, 페일 톤, 라이트 톤 • 배색 : 분홍, 노랑 등을 주조색으로 하여 명도와 채도를 낮춘 색채 등을 선택하여 온화하고 부드러운 이미지를 표현
내추럴 이미지	• 자연스러움, 온화함, 가공되지 않음 등의 자연을 모티브로 소박하고 편안한 분위기 • 색상과 톤 : 오렌지 계열이 주조색으로 차분한 라이트 그레이시 톤이 주로 사용 • 배색 : 어둡거나 화려한 색상을 피하여 전체적인 이미지를 포근하고 온화하게 유도하여 배색하는 것이 효과적
엘레강스 이미지	• 여성스럽고 기품 있는 우아함, 고급스러우며 세련된 분위기 • 색상 : 보라, 인디언 핑크, 자주색 등 • 톤 : 차분하고 부드러운 라이트 그레이시 톤 • 배색 : 베이지, 그레이시 핑크 등이 주조색으로 배색할 때 부드럽고 채도가 낮은 색조와 차분하고 어두운 톤을 함께 사용하면 섬세한 느낌이 표현되며, 낮은 채도의 노랑, 파랑, 연두색을 함께 사용하면 아기자기한 느낌이 연출됨
클래식 이미지	• 품격이 높고 고상하고 중후함, 보수적인 느낌과 함께 전통적인 가치와 보편성을 표현 • 색상 : 깊이감이 있는 어두운 색조로 베이지, 다크 브라운, 와인, 금색 등 • 톤 : 딥 톤, 덜 톤, 그레이지 톤 • 배색 : 다양한 색채로 보색 대비를 이루어 절제되면서도 중후한 이미지 표현

프리티 이미지	• 어린 소녀가 연상되는 귀엽고 사랑스러운 이미지, 화려하고 달콤한 이미지 • 색상 : 밝고 따뜻한 주황, 노랑, 연두 등 • 톤 : 페일, 라이트 등 • 배색 : 라이트와 페일 톤의 반대인 차가운 계열의 파랑, 보라와 함께 하면 더욱 발랄하고 경쾌하며 사랑스럽고 달콤한 이미지가 표현. 영유아, 어린이, 젊은 여성층에 적용하면 효과적
모던 이미지	• 하이테크 이미지, 진취적인 느낌과 기능적, 심플함, 기하학적인 이미지로 현대적이고 근대적인 도회적 감성을 표현 • 색상 : 무채색 계열, 파랑 계열의 차가운 색 등 명확한 명암 대비를 강조하는 색 • 톤 : 딥 톤과 다크 톤 • 배색 : 원색을 포함한 대담한 색채대비를 사용하여 모던한 이미지를 연출

❸ 웨딩드레스 종류별 메이크업 방법

A라인	• 가장 무난하고 대중적이며 클래식하면서 깨끗한 느낌의 드레스 • 허리를 강조하여 날씬해 보이며, 하체 커버에 용이해 키가 작은 신부, 하체가 통통한 신부에게 어울림 • 메이크업 방법 : 클래식 메이크업으로 피치 톤의 화사한 색조를 사용하여 선명한 눈매를 연출하고 치크와 립은 과하지 않게 세련되게 연출
머메이드 라인 (인어형상)	• 바디라인이 드러나는 드레스 스타일로 여성미를 강조한 실루엣으로 세련된 느낌을 줌 • 가슴, 허리, 엉덩이라인이 타이트하여 여성미가 강조된 실루엣으로 키가 크고 어깨가 넓으며 전체적으로 볼륨감 있고 특히 골반에 자신있는 신부에게 어울림 • 메이크업 방법 : 글래머러스하면서 우아한 트랜드 메이크업 연출이 효과적. 은은한 펄 감과 음영이 강조된 아이섀도, 치크와 립은 콜드 피치 톤으로 우아하게 연출
프린세스 라인	• 상체는 타이트하고 허리 아랫부분은 풍성하게 연출되는 실루엣으로 청초하고 우아한 분위기 • 모든 체형이 잘 어울리며, 특히 통통하고 키가 작은 체형의 신부에게 잘 어울림 • 메이크업 방법 : 촉촉한 피부 표현과 클리터를 이용한 아이섀도, 긴 속눈썹으로 사랑스러움을 강조하고 치크와 립은 생기를 머금은 듯 혈색이 도는 컬러로 연출

▲ A라인

▲ 머메이드 라인

▲ 프린세스 라인

▲ 벨 라인

▲ 엠파이어 라인

탑라인 V라인 오프숄더

스퀘어 보트 홀터

하트 일루전

벨 라인	• 허리 밑 스커트가 종 모양처럼 풍성한 실루엣으로 로맨틱한 분위기 • 자그마한 체형이나 마른 체형에 풍성한 볼륨감을 주어 체형 보완 효과에 좋음 • 메이크업 방법 : 엘레강스 하면서 화려한 메이크업으로 브라운 골드 톤의 아이섀도로 음영을 주고 은은한 코랄 톤 치크와 반짝이는 립글로스로 연출. 네크라인에 따라 메이크업 특징이 달라짐
엠파이어 라인	• 가슴 밑의 높은 허리라인으로 통통한 배와 하체를 커버할 수 있는 실루엣으로 키가 커 보임 • 메이크업 방법 : 클래식 하면서도 우아한 메이크업으로 누드 베이지 톤에 은은한 펄 감을 강조하여 눈매를 표현하고 은은한 로즈 계열 치크, 립으로 연출

④ 네크라인(neckline)의 종류별 메이크업 방법

탑 네크라인	• 기본적인 네크라인으로 발랄하고 로맨틱하며 나이가 어린 사람, 어깨가 넓은 사람, 달걀형에 어울림 • 메이크업 방법 : 화사한 베이스 톤을 사용하고, 긴 목이 강조되도록 목 옆선과 턱 부분에 음영을 주고 쇄골라인에 은은한 펄로 하이라이트를 줌
V 네크라인	• 둥근 얼굴형을 갸름하게 보이는데 효과적이며 목이 짧은 사람, 둥근 얼굴형에 적합 • 메이크업 방법 : 둥근 얼굴을 보완하는 윤곽 메이크업을 바탕으로 사선형의 치크와 일자 형태의 눈썹 표현
오프숄더 네크라인	• 어깨로 시선이 분산되어 긴 얼굴 커버에 효과적, 어깨가 좁은 사람, 길고 뾰족한 얼굴형에 적합 • 메이크업 방법 : 화사한 피부 톤을 연출하고 긴 얼굴을 보완할 수 있는 가로 윤곽 메이크업을 함
스퀘어 네크라인	• 고급스럽고 단아하며 목이 짧은 사람, 긴 얼굴형에 적합 • 메이크업 방법 : 매끄럽고 은은한 광이 나는 피부 표현을 하고 얼굴선이 부드러워 보이도록 턱 부분에 셰이딩을 함
보트 네크라인	• 깨끗한 피부 톤 연출을 위한 베이스와 파운데이션 제품 사용 • 메이크업 방법 : 얼굴형이 갸름해 보일 수 있도록 사선형 치크와 음영 메이크업 표현
홀터 네크라인	• 작고 갸름한 얼굴형을 위해 베이스 단계에서 자연스러운 음영 메이크업을 함 • 메이크업 방법 : 헤어스타일에 따라 메이크업 특징이 다르므로 헤어스타일에 따른 메이크업 특징을 제시

하트 네크라인	• 메이크업 방법 : 각진 얼굴형을 부드럽게 커버할 수 있는 윤곽 수정 메이크업을 하고, 둥근형 치크로 사랑스러움을 강조
일루전 네크라인	• 메이크업 방법 : 촉촉한 피부 표현을 바탕으로 하이라이트로 T-존을 밝혀주고, 가벼운 윤곽 수정 메이크업으로 우아하게 표현

5 콘셉트에 따른 메이크업 방법

(1) 내추럴 콘셉트 : 순결함이 묻어나는 청초한 느낌

베이스	• 피부 톤을 한 톤 정도 밝고 화사하게 표현하고 리퀴드 파운데이션을 사용하여 피부를 얇게 표현 • 파우더는 소량만 도포
눈	색조를 최대한 배제하고 아이라인, 컬링 된 속눈썹으로 또렷한 눈매 연출
입술	슈거 핑크 틴트로 물들이듯 표현하고 립글로스를 덧발라 연출
블러셔	연한 핑크로 은은하게 표현

(2) 엘레강스 콘셉트 : 기품 있으며, 여성스럽고 우아한 분위기

베이스	• 피부 톤보다 한 톤 밝은 파운데이션을 바르고, 핑크 파우더를 이용하여 화사하게 표현 • 리퀴드 파운데이션과 컨실러를 믹스하여 컨투어링을 하고 부드러운 피부 표현
눈	• 그윽한 분위기의 눈매 연출 • 아이섀도는 핑크 베이지 톤을 눈두덩 전체에 고르게 펴 바르고, 핑크 · 그레이 · 퍼플 계열을 아이홀까지 차례대로 펴 바름 • 퍼플과 브라운 컬러를 쌍꺼풀 라인에 바른다.
입술	컨실러로 립 라인을 수정한 후, 내추럴 컬러로 립 라인을 그리고 골드 피치 톤으로 표현
블러셔	광대뼈 하단 부분으로 미디엄 브론즈로 세이딩을 주고 피치 톤으로 애플 존의 색감을 더해 성숙함을 표현

(3) 로맨틱 콘셉트 : 사랑스러운 로맨스에 빠진 신부의 느낌

베이스	핑크 베이지 톤으로 톤 업 하여 화사하게 연출
눈	핑크, 피치, 코랄 톤 등으로 풋풋하게 연출하며 또렷한 눈동자를 위해 아이라인과 속눈썹 강조
입술	피치나 핑크로 은은하고 윤기있게 연출
블러셔	핑크계열로 둥글게 쓸며 여성스럽고 귀엽게 연출

(4) 클래식 콘셉트 : 단아하면서도 고급스럽고, 기품있는 신부의 느낌

베이스	잡티를 커버하여 깨끗한 피부 표현을 하고 윤광 피부로 고급스럽게 연출
눈	베이지, 브라운 톤으로 은은하게 색감을 넣고 과하지 않은 아이라인, 속눈썹으로 깔끔하게 표현
입술	깔끔한 입술 표현을 위해 컨실러로 입술을 수정한 후, 체리 핑크나 코랄 오렌지 등으로 윤기 있게 표현
블러셔	로즈 핑크와 같은 단아한 컬러로 생기있게 연출

(5) 모던 콘셉트 : 현대적 여성의 자아를 표현하고 세련됨과 여성스러움, 개성과 아름다움을 추구하는 신부의 느낌

베이스	차분하고 고운 피부 결을 표현하고 파우더 도포
눈	• 누드 베이지 톤을 눈두덩 전체에 고르게 펴 바름 • 베이지, 브라운 계열을 쌍꺼풀 라인까지 차례대로 펴 바름 • 다크 브라운, 블랙 색상으로 아이라인에 포인트를 주며 눈매의 길이를 길게 그려줌 • 선의 느낌이 너무 강하지 않게 면적인 느낌과 섞어 그려줌 • 다크 브라운과 블랙 젤 라인을 믹스하여 아이라인을 그려줌
입술	레드와 와인 컬러를 사용하여 입술의 컬러감을 또렷하게 표현
블러셔	베이지 브라운 계열로 연하게 음영만 표현

(6) 트러디셔널 콘셉트 : 한복의 전통적인 아름다움을 극대화하며 절제되고 고상한 신부의 느낌

베이스	• 메이크업 베이스를 발라 피부 톤을 맞추고, 파운데이션으로 밝고 화사하게 표현한 후 파우더로 유분기를 조절하여 마무리 • 베이스 단계에서 크림 블러셔를 이용하면 자연스러운 피부 톤 표현
눈	• 한복 깃과 한복의 고름 색상을 고려하여 아이섀도를 은은하게 표현 • 아이라인은 점막 부분을 채우고, 눈매 라인을 교정하여 마무리
입술	• 살짝 붉은색으로 자연스럽게 입술을 표현하고, 입술 주변의 어두운 부분은 컨실러로 마무리
블러셔	• 한복의 기본 컬러에 맞추고 소프트한 느낌의 컬러를 이용하여 광대뼈가 강조되지 않도록 화사하게 마무리

6 장소에 따른 메이크업 방법

(1) 실내 웨딩

① 장시간을 소요하는 결혼식 진행을 위해 지속력과 밀착력이 중요

② 신부의 이미지와 피부 톤, 웨딩드레스 등을 고려하여 색조 색상을 결정하되, 강한 색상 및 과도한 윤곽수정, 눈 화장은 피함

③ 피부 톤을 밝고 화사하게 표현하며 피부결점을 완벽하게 커버하고, 신부 얼굴형에 맞는 눈썹을 연출

④ 바디 메이크업은 얼굴 톤과 차이나지 않도록 고르게 바름

⑤ 자연스럽고 화사함과 깨끗함을 강조한 메이크업이 트렌드

(2) 야외 웨딩

① 너무 밝은 스킨 톤은 화장이 들떠 보일 수 있으므로 과도한 펄이나 과한 색조 사용을 자제

② 과한 윤곽 수정은 부자연스럽고 인위적으로 보일 수 있으니 주의하고 특히 붉은 계열의 치크는 피함

③ 장시간 야외 촬영 시 화장이 들뜨거나 뭉칠 수 있으므로 티슈와 수분 공급 스프레이, 라텍스 스펀지 등을 이용해 수정 작업 준비

④ 신랑과의 피부 톤 차가 심하지 않도록 신부의 피부 톤 선택에 주의

7 웨딩드레스의 컬러에 따른 메이크업 방법

구분	이미지	메이크업 연출
화이트	깨끗함, 순수함	연한 핑크와 베이지 컬러를 사용하여 내추럴한 이미지 연출
아이보리 핑크	귀여움, 로맨틱	치크와 립에 핑크 컬러로 포인트를 주는 메이크업 연출
크림	고급스러움	골드와 피치톤을 이용해 우아한 이미지 연출

8 웨딩 메이크업 연출 기법

구분	콘셉트	메이크업 연출
예식	자연스러움	• 인위적이지 않고 자연스러운 연출이 중요 • 화사한 피부 표현과 라인을 강조해 또렷한 인상 연출 • 바디메이크업과 조화롭게 피부 톤을 연결
촬영	포토제닉	• 장소와 조명을 고려하여 지속력 있는 메이크업 연출이 중요 • 피부표현은 컨실러로 잡티를 커버 하고 하이라이터와 셰이딩을 이용해 윤곽수정, 눈매수정을 하여 포토제닉한 메이크업을 연출

9 신부·신랑 웨딩 메이크업 표현

(1) 신부 메이크업

베이스	• 기초 화장품을 바른 뒤 모공과 요철 부분에 프라이머를 발라 지속력을 높이고 베이스를 바름 • 리퀴드 파운데이션을 얇게 덧바르고 핑크빛이 도는 크림 타입의 아이 컨실러로 눈 밑 다크서클을 가린 뒤 하이라이트를 강조하고 잡티를 커버함 • 입자가 고운 루즈 파우더를 전체적으로 가볍게 바른 뒤 콧방울과 눈두덩 부분은 더욱 꼼꼼히 누름 • T존과 꺼진 부분을 밝혀주고 건조해지지 않도록 주의할 것
눈썹	• 눈썹을 잘 정리하고 빗질한 다음 신부의 눈썹 형태를 고려하여 디자인을 선정하고 헤어 톤과 유사하거나 한 톤 어두운 섀도로 눈썹의 빈 곳을 메꾸듯 채움
아이섀도	• 피부 톤과 유사한 베이지 톤의 섀도를 눈두덩 전체에 바른 뒤 메인 컬러를 아이홀 중심으로 그라데이션하고 아이라인에 가까워질수록 음영을 줌 • 속눈썹 사이를 메꾸듯 다크 브라운 섀도를 발라 포인트를 줌 • 눈썹 뼈 부분에 크림색 섀도로 하이라이트를 주어 입체감을 표현
아이라인 및 속눈썹	• 브라운 컬러 라이너를 이용해 눈매에 맞추어 아이라인을 그림 • 모델의 속눈썹을 충분히 컬링한 후, 속눈썹의 양과 길이를 조절하여 눈매에 맞게 잘라 붙여 또렷한 눈매를 연출 • 언더라인 점막에 음영을 주고 애교살에 펄 피치 톤의 섀도를 발라 화사하게 연출 • 눈밑 앞머리에서 눈끝 방향으로 1cm 정도 부분까지 은은한 펄 피치 컬러의 섀도를 발라 애교살을 표현 • 워터 프루프 블랙 마스카라로 밑에서 위로 지그재그로 발라 준 뒤, 언더 속눈썹도 한올 한올 발라줌
치크	• 밝은 코랄 계열 컬러로 볼 중앙 부분을 둥근 방향으로 펴 발라줌 • 피부 톤보다 어두운 컬러로 옆 광대 아랫부분에 사선으로 셰이딩 • T존, Y존, 눈썹 뼈 부분에 하이라이터를 이용해 밝게 표현
립	• 파운데이션을 소량 묻혀 고르지 못한 입술 톤을 다운 • 지속력을 위해 핑크색 틴트를 입술 중앙에 바른 뒤 코랄 핑크 계열의 립스틱으로 그라데이션 한 후 립글로스로 마무리

▶ 인조속눈썹은 그대로 붙이거나 2~3mm로 잘라 붙여 자연스럽게 연출한다.

(2) 신랑 메이크업

베이스	• 스킨을 화장솜에 묻혀 피부 결대로 닦아 낸 후, 로션을 가볍게 발라 유수분 밸런스를 맞춰줌 • 피부 톤과 유사한 톤의 베이스와 파운데이션을 발라 최대한 자연스럽고 균일한 피부를 연출 • 잡티는 피부 톤보다 한 톤 어두운 컬러의 하드 타입 컨실러로 커버하고 피부 톤에 맞는 색상을 파우더를 소량 사용해 컨실러를 고정
눈썹	• 눈썹 전용 칼로 잔털을 정리한 후 눈썹 전용 가위와 족집게를 사용하여 눈썹 길이를 조절 • 눈썹 컬러와 비슷한 아이브로 섀도와 펜슬로 빈 부분을 채우듯 자연스럽게 그림
윤곽 수정	• 피부 톤보다 어두운 브론즈 컬러를 사용하여 페이스 라인 외곽 부분부터 안쪽 방향으로 쓸어주듯 펴 윤곽을 만들어줌 (이 때 얼굴이 너무 어두워지지 않도록 주의할 것)
노즈 셰이딩	• 피부색보다 두 톤 어두운 섀도와 노즈 브러시를 사용하여 눈썹 머리 부분부터 아래로 가볍게 쓸어 주며 자연스러운 음영을 넣을 것
입술	• 입술선이 거의 없는 경우 입술 색과 동일한 립 펜슬로 살짝 잡아준 뒤, 입술 컬러보다 생기있고 촉촉한 컬러를 발라 자연스럽게 연출

▶ 뭉치거나 흐트러짐이 없도록 탄탄한 세미 매트 피부 표현이 적합하다.

▶ 조명에 팽창되어 보일 수 있는 펄 감이 있는 제품은 피한다.

⑩ 혼주 메이크업 표현

(1) 혼주 메이크업 특징

① 베이스
- 유수분 밸런스를 위해 기초 제품을 충분히 바른다.
- 주름이 강조되지 않도록 눈가 및 입가의 파운데이션을 최대한 얇게 바르고, 기미나 잡티가 두드러진 뺨 부분은 컨실러와 믹스하여 커버한다.
- 파우더는 볼, 눈두덩, 콧방울 등 유분이 발생하기 쉬운 부분에 소량 사용한다.
- 눈썹은 좌우 밸런스를 맞춰 대칭으로 정리한다.

② 리프팅
- 최대한 색을 절제하고 피부 톤을 강조한 맑은 느낌으로 젊고 고급스럽게 표현한다.
- 눈매가 처져 보이지 않게 좌우 밸런스를 교정하며 눈 처짐은 쌍꺼풀 테이프로 보완한다.
- 윤곽이 처져 보이지 않게 C존을 밝은 핑크색으로 화사하게 연출 후 치크를 사선으로 표현하여 리프팅 되어 보이도록 연출한다.

(2) 연령별 메이크업 방법

① 40대 메이크업

수분 위주의 화장품을 사용하고 메이크업 전 수분 크림을 마사지 하듯
충분히 흡수시킨 뒤 진행한다.

베이스	• 핑크색 파운데이션으로 혈색을 주며 화사하게 표현하고 T존과 눈밑을 밝게 발라 입체감을 표현 • 주름이 강조되지 않도록 파우더를 약하게 마무리
눈썹	• 진한 눈썹 보다 회색과 브라운으로 부드럽게 표현 • 눈썹 뼈 부분을 하이라이트 해주면 눈썹이 깔끔해 보이고 산뜻하게 표현됨 • 체격이 왜소하거나 인상이 강하면 둥근 형태의 브라운으로 자연스럽게 그려주고, 얼굴에 살이 많고 통통한 체형이면 각진 형으로 처지지 않게 그려줌
눈	• 펄이 들어 있는 컬러는 눈가 주름이 도드라져 보이므로 세심하게 펴 바르고 한두 가지 색상만 사용하여 표현
볼	• 아이섀도 색상과 유사한 색상이나 한복색을 고려하여 선택 후 귀 뒤쪽에서부터 코끝과 입술 사이를 향해 둥글게 굴려주어 화사하게 표현
입술	• 핑크색이나 피치색 등 난색 계통으로 색감이 은은하게 올라오도록 표현

② 50대 메이크업

50대는 처져 있던 주름이 형성되어 본격적으로 노화가 시작되는 나이이
다. 건성피부는 잔주름이, 지성피부는 살이 처지며 각 피부 타입에 맞는
스킨케어를 하여 촉촉하고 윤기있는 피부 관리에 신경을 쓴다. 외출 시
에는 자외선 차단제로 피부를 보호하는 것이 중요하다.

베이스	• 유수분이 있는 크림 파운데이션으로 화사하게 표현하고 핑크 계열의 파우더로 약간의 유분기 제거
눈썹	• 정리하고 빗질한 후 옅은 그레이시 톤 브라운 색상의 아이섀도 사용 • 눈매와 얼굴 전체 인상이 처져 보이지 않도록 둥근 느낌의 상승형으로 표현
눈	• 튀는 컬러보다는 차분하고 자연스러운 컬러 사용 • 피치 색상이나 연한 오렌지색을 펴바르고 와인이나 브라운 컬러로 눈매를 강조 • 눈꼬리 쪽에 포인트를 주어 깊이감을 주고 눈매가 처져 보이지 않도록 연출

치크	• 연한 오렌지나 피치 색상으로 얼굴형에 맞게 둥글게 하거나 사선으로 길게 터치하여 혈색과 생동감 부여
입술	• 연한 오렌지나 핑크로 립 라인을 살려 메워 주고 자연스럽게 마무리

🔟 한복 메이크업 표현

① 특징 : 의상의 이미지를 최대한 살려서 선을 섬세하게 표현하고, 포인트 메이크업 색상 사용은 자제하여 단아하고 우아한 이미지를 표현
② 메이크업 테크닉

베이스	밝고 화사한 느낌이 들도록 하며 파우더는 베이지와 핑크를 약간 섞어 바른다.
눈썹	여성미가 강조되는 아치형으로 그리며 너무 굵지 않게 그린다.
눈	• 한복의 색상과 조화를 이룰 수 있는 색을 두 가지 정도의 톤으로 선택하여 너무 화려하지 않게 표현한다. • 아이라인은 두껍지 않게 약간 꼬리 끝까지 올려서 섬세하게 그린다.
입술	섀도 색상과 조화되게 바르며 라인은 아웃커브보다는 윗입술을 인커브로, 아랫입술은 표준형으로 그린다.
블러셔	은은하게 홍조 띤 모습으로 표현한다.

04 속눈썹 연출 및 연장

1 인조 속눈썹 종류 및 디자인

종류	특징
스트립 래시 (strip lash)	• 눈 모양으로 휘어진 띠에 인조 속눈썹이 붙어 있는 형태 • 눈 길이에 맞게 띠를 잘라 사용 • 속눈썹의 모양, 길이, 색상 등이 다양하므로 메이크업 디자인, 이미지에 맞게 선택
인디비주얼 래시 (indivisual lash)	• 인조 속눈썹 한 가닥 또는 2~3가닥이 한 올을 이루는 형태 • 필요한 양을 조절하여 속눈썹 사이사이에 붙일 수 있어 자연스러움 • 스트립 래시를 가닥가닥 잘라서 사용하기도 함
연장용 래시	• 기존 속눈썹 위에 인조 속눈썹을 한 올씩 붙여 길어 보이도록 하는 인조 속눈썹 • 일회용이 아닌 전문 글루 사용 • 관리에 따라 2~4주 정도 지속 가능

[스트립 래시]

[인디비주얼 래시]

[연장용 래시]

아이래시 컬
(eyelash curler)

② 인조 속눈썹 부착을 위한 도구

종류	특징
아이래시 컬	눈의 형태에 맞는 컬을 골라 부착하기 전 모델의 속눈썹 컬링을 조절
속눈썹 접착제	인조 속눈썹을 부착/제거할 때 사용하며 케이스에서 속눈썹을 떼어 낼 때 속눈썹의 모양이 망가지지 않기 위해 사용
눈썹 가위	끝이 무딘 것과 뾰족한 것이 있으며, 인조 속눈썹을 눈의 크기에 맞춰 재단하거나 가닥가닥 자를 때 사용
면봉 또는 스틱	접착제의 양을 조절하거나 부착할 때 사용
아이라이너	인조 속눈썹 부착 부위에 아이라이너를 발라 접착 부위를 자연스럽게 감출 때 사용
마스카라	인조 속눈썹을 부착한 전후의 눈 상태를 보고 적용

③ 인조 속눈썹 부착 및 제거

(1) 인조 속눈썹 부착 방법

① 재료 및 도구 준비
- 고객의 눈 형태와 기호를 고려한 인조 속눈썹, 눈썹 가위, 핀셋, 면봉이나 스틱, 접착제 등을 준비
- 손 세정 후 소독제(또는 자외선 소독기)를 이용하여 핀셋, 눈썹 가위 등의 도구를 소독

② 아이래쉬 컬
- 시선을 아래로 내려 아이래시 컬을 속눈썹 뿌리까지 넣고 손목에 힘을 빼고 부드럽게 누른다.
- 속눈썹을 뿌리 앞, 중간, 끝부분의 3단계로 구분하여 완만하게 C 커브의 컬을 만든다.
- 사용 후에는 스킨 또는 리무버를 적신 면봉으로 뷰어의 틈새를 닦아 위생적으로 보관한다.

③ 디자인 선택
- 눈의 형태와 메이크업 이미지에 맞는 인조 속눈썹 디자인을 선택해 핀셋을 이용해 떼어낸다.
- 스트립 래시 디자인 : 눈의 형태에 따라 3등분, 5등분으로 잘라 사용하면 더욱 자연스럽게 연출이 가능하다.
- 인디비주얼 래시 디자인 : 여분을 포함하여 15개 이상 준비한다.

④ 재단
- 눈 모양, 길이, 형태에 따라 눈의 장단점을 보완할 수 있도록 가위를 사용해 재단한다.
- 스트립 래시를 눈의 형태에 따라 3등분 또는 5등분 등으로 잘라서 사용하면 좀 더 자연스러운 속눈썹을 연출할 수 있다.

⑤ 붙이기
- 속눈썹 부착 부분인 띠를 커브에 맞게 굴려 부드럽게 한다.

▶ 언더속눈썹은 앞부분까지 채워 붙이면 부자연스러우므로 정면을 보고 눈동자 앞부분 언더부터 붙이면 자연스럽다.

- 띠의 안쪽 선을 따라 접착제를 바르고 양 끝은 한 번 더 바른다.
- 눈 앞머리부터 **5mm 떨어져서** 속눈썹 가까이 붙인다.
- 눈꼬리 부분은 아이라인 형태에 맞춰 붙인다.
- 면봉이나 스틱으로 띠 부분을 지그시 눌러준다.

⑥ 메이크업 수정

속눈썹 접착제의 흔적이 보이지 않게 아이라인으로 수정한다.

(2) 눈매별 인조 속눈썹 적용 방법

① 쌍꺼풀이 없고 강한 아이 메이크업을 선호하는 경우 : 일반적인 길이보다 **1~2mm 정도 길게 재단**

② 눈매의 길이가 짧고 미간이 좁은 경우 : **눈 뒷머리의 길이를 길게 표현**하고 속눈썹 숱에 포인트

③ 눈매의 길이가 길고 눈 크기가 작으며 미간이 넓은 경우 : **뒷부분을 짧게** 하고 앞부분부터 중앙까지 길이 감을 준다.

▶ 인조 속눈썹 부착 주의할 점
부착 후 기존 모델의 속눈썹이 아래로 처지면 기존 속눈썹과 인조 속눈썹을 아이래시 컬로 컬링한 후 마스카라를 발라 연결되도록 한다.

(3) 인조 속눈썹의 제거 순서 및 보관

순서	방법
❶ 인조 속눈썹 제거	메이크업 리무버 또는 스킨이나 진정제를 이용해 패딩을 하여 눈 부위를 진정시키면서 **눈꼬리에서 눈 앞머리를 향**해 잡고 떼어냄
❷ 리무버에 담그기	접착액과 마스카라 액이 충분히 리무버에 불려 녹도록 하루 정도 담가둠
❸ 손으로 접착액 제거	핀셋을 이용하여 담가 놓았던 인조 속눈썹을 꺼내 티슈에 댄 후 손으로 접착액과 마스카라의 여분과 유분기를 제거
❹ 핀셋으로 접착액 제거	핀셋을 이용하여 담가 놓았던 인조 속눈썹을 꺼내 화장솜에 댄 후 핀셋을 이용하여 접착액 여분을 제거
❺ 보관	속눈썹의 양 끝부분에 접착액을 발라 케이스에 고정·보관

4 속눈썹 연장

(1) 눈 형태에 따른 디자인

눈의 형태 및 이미지	디자인
둥근 눈 (명랑, 발랄, 귀여움, 밝음)	• J컬의 가모로 눈꼬리 지점이 포인트가 되도록 시술 • 길이와 밀도를 높여 눈이 길어보이도록 연장
가는 눈 (섬세함, 냉정, 예리함)	• J, C컬의 가모를 사용하여 눈 중앙이 포인트가 되도록 시술 • 길이를 길게 하여 눈이 커 보이도록 부채꼴 모양으로 연장
올라간 눈 (날카로움, 예리함, 고집)	• J컬의 가모로 눈 앞쪽이 포인트가 되도록 밀도 높게 풍성하게 시술 • 눈꼬리 쪽 속눈썹의 길이를 길게 연장

▶ **속눈썹 시술 후 나타날 수 있는 증상**
- 눈 시림, 통증, 충혈, 이물감
- 염증, 고름
- 눈가 피부 가려움 및 따가움
- 안구 건조 및 뻑뻑함
- 눈 주변의 점막 부음

▶ **속눈썹 시술 시 주의해야 할 사람**
- 쌍꺼풀 수술 후 매몰법의 경우는 약 2주일 후, 절개의 경우는 약 3~4주일 후에 시술
- 라식 및 라섹 수술을 받은 경우 3개월 이후 시술
- 반영구 아이라인 시술을 한 경우 각질이 모두 탈락한 1~2주 후에 시술
- 알레르기가 있는 경우, 마스카라 및 눈 화장품에 민감하고 예민한 경우 피할 것
- 안구 건조증이 있는 경우 가모 연장을 피할 것

눈의 형태 및 이미지	디자인
처진 눈 (온순, 순진, 비굴, 미숙함)	• C, CC, L컬 등 컬링이 많이 들어간 가모로 눈꼬리가 올라가 보이도록 시술 • 길이가 너무 길지 않도록 주의
작은 눈 (답답함, 완고함, 소극적)	• J, C컬의 가모로 눈 중앙에서 눈꼬리 부분에 길이와 밀도를 높여 포인트가 되도록 시술
큰 눈 (시원, 명랑, 정열, 감수성)	• J컬의 가모로 부채꼴 모양으로 연장
튀어나온 눈 (고집, 심술, 통명)	• J컬의 가모로 눈 앞머리와 눈꼬리 부분에 포인트를 주어 부드러운 이미지로 연장 • 조금 짧은 가모를 선택
움푹 꺼진 눈 (성숙, 피곤, 세련)	• J, C컬의 가모로 눈 중앙 부위의 길이와 밀도를 높여 연장
미간이 넓은 눈 (밝음, 발랄, 서구 · 현대적)	• C컬의 가모로 눈 앞머리의 밀도와 컬을 높여 풍성하게 연장
외꺼풀 눈 (고집, 고전, 냉정)	• JC컬, C컬의 다소 긴 가모로 연장

(2) 가모에 따른 디자인

① 가모의 길이 : 가모의 길이는 8~15mm까지 다양하며, 일반적으로 10~12mm를 가장 선호

길이	특징
8mm	눈썹의 앞머리와 사이사이의 짧은 눈썹에 사용
9mm	본인 속눈썹 정도의 자연스러운 길이에 적합
10mm	적당한 길이를 원할 때 적합
11mm	눈매 포인트로 매혹적인 긴 눈썹 길이를 원할 때 적합
12mm	긴 속눈썹으로 화려하게 표현하고자 할 때 적합

② 가모의 굵기 : 일반적으로 0.10~0.20mm의 굵기를 가장 많이 사용

길이	특징
0.10mm	마스카라를 약 2번 덧바른 느낌으로 자연스러움
0.15mm	마스카라를 약 3번 덧바른 느낌으로 또렷한 느낌
0.20mm	마스카라를 약 4번 덧바른 느낌으로 눈매가 진하고 풍성한 느낌

③ 가모의 컬 정도

구분	내용
J컬	• 가장 자연스러운 기본 컬 • 내추럴한 이미지에 적합하며 일반적으로 많이 사용하는 컬
JC컬	• J컬에 볼륨이 들어간 형태로 J컬과 C컬의 중간 • 세련된 이미지에 적합하며 아이래시 컬을 사용한 효과를 줌
C컬	• JC컬보다 한 단계 높은 컬 • 생기있고 발랄한 이미지에 적합하며 2,30대의 선호도가 높음
CC컬	• C컬보다 더 높게 올라간 형태이며 가장 볼륨감이 풍성하고 컬링감이 높음 • 화려한 스타일에 적합하며 다소 인위적이지만 눈매를 부각하고 커 보이게 함
L컬	• 라운드 형태보다 접착부분이 길어 유지 기간이 김 • 자연스러움과 화려함을 같이 연출하기 적합

(3) 이미지별 디자인

이미지	컬의 종류(길이)	시술 방법
내추럴	J컬 (10~11mm)	• 전체적으로 인모를 고려하여 고르게 시술 • 앞부분보다 뒷부분을 길게 하여 자연스럽게 시술
시크	J컬 또는 JC컬 (7~12mm)	• 앞머리 숱을 적게 하고 뒷머리로 갈수록 풍성하게 시술
큐티	CC컬 (6~12mm)	• 눈 중앙에 포인트를 주어 둥근 눈매를 강조하며 시술

5 속눈썹 연장 방법

(1) 도구 및 시술 준비

① 재료 및 도구 : 소독용 용기, 손소독제, 아이패치, 전처리제, 연장모(가모), 유리판(연장모 부착용), 인증 글루, 리무버, 핀셋, 스파츌라, 눈썹 가위, 송풍기, 헤어 터번, 옥돌판, 스킨테이프, 속눈썹 브러시, 정리용 브러시, 팬 브러시, 우드 스틱

② 시술 전 손과 도구를 알코올을 이용하여 직접 분사하거나 화장솜에 묻혀 꼼꼼하게 소독한다.

③ 시술 시 고객의 피부에 손이 닿지 않도록 고객의 머리를 터번으로 감싼다.

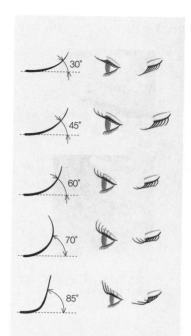

▶ 컬의 각도에 따른 순서
J컬 > JC컬 > C컬 > CC컬 > L컬

▶ 속눈썹 위생관리
① 소독제로 시술자의 손을 깨끗하게 소독한다.
② 핀셋, 눈썹가위 등의 도구도 소독제로 깨끗하게 소독한다.
③ 사용한 도구는 깨끗한 상태를 유지하여 보관한다.
④ 접착제 등 유효 기간이 있는 제품은 사전에 확인한다.

▶ 글루를 수직으로 세워 글루판에 1~2방울 떨어뜨려 사용한다.

▶ 앞부분에 사용하는 가모의 길이는 뒷부분의 가모 기장보다 짧아야 한다. 앞부분의 가모 길이가 너무 길면 눈의 앞쪽이 불편함을 느낀다. 앞부분의 가모 방향은 눈의 안쪽을 향하게 되면 눈을 찌를 수 있으므로 직선을 유지한다.

(2) 속눈썹 연장 시술(부채꼴)

1 아이패치 부착 —— 시술 시 위아래 속눈썹이 붙지 않도록 아래 속눈썹의 눈밑 라인 곡선에 맞춰 부착한다.

2 전처리 작업 —— 속눈썹 전용 전처리제를 면봉과 마이크로 브러시에 묻힌 후 속눈썹 모근에서 모 끝으로 향해 깨끗이 닦아낸다.

3 가모 및 글루 준비
- 가모는 길이별로 미리 플레이트 판에 부착하여 준비하고, 글루도 전용 글루판에 필요한 양만큼 덜어 놓는다.
- 글루는 공기 중의 수분과 만나면 굳어 버리므로 필요한 양만큼 덜어 놓는다.

4 속눈썹 가르기
- 눈매의 폭, 모양, 탈모 상태를 고려하여 기준점을 잡는다.
- 핀셋을 2개 사용하여 왼손 핀셋으로 속눈썹을 가르고, 핀셋 끝을 속눈썹 사이에 넣고 연장 시술할 한 올을 약 1mm 간격으로 벌린다.

5 가모 분리
- 오른손 핀셋으로 플레이트 판에 부착된 가모를 한 올 잡아 뽑아낸다.
- 가모의 끝을 힘주어 잡으면 꺾일 수 있으므로 1/3 위치를 잡고 분리한다.

6 글루 묻히기
- 분리한 가모를 45° 각도로 잡고 가모의 1/2 지점까지 글루를 묻힌다.
- 글루 판에서 글루 양을 조절하여 글루가 방울지지 않도록 한다.

7 가모 부착
- 눈매의 폭, 모양, 속눈썹의 탈모 상태를 고려하여 컬, 길이, 양을 적용한다.
- 속눈썹 모근에서 1~1.5mm 정도 떨어뜨려 부착한다.
- 눈 앞부분은 8mm, 꼬리 부분은 9mm, 눈 앞머리와 중앙 사이는 10mm, 눈꼬리와 중앙 사이는 10~11mm, 눈 중앙은 11~12mm로 시술한다.

(3) 마무리
① 글루가 건조된 것을 확인하고 테이프를 제거한다.
② 끝이 뾰족하지 않은 핀셋을 사용하여 눈 안쪽에서 바깥쪽으로 테이프를 부드럽게 떼어낸다.
③ 테이프는 억지로 떼어 내지 말고, 정제수를 묻힌 화장솜을 이용하여 접착력을 떨어뜨린 후 부드럽게 떼어낸다.
④ 드라이어나 송풍기를 사용하여 글루를 건조한다.
⑤ 속눈썹 빗을 이용하여 연장된 속눈썹을 빗어 정리한다.

⑥ 속눈썹 리터치

(1) 속눈썹 상태에 따른 리터치

① 정상적인 속눈썹 : 일반적인 리터치 주기는 4주가 기본이며, 4주 이후에 리터치를 할 때에는 전체를 제거한 후 재 시술하는 것이 바람직하다.

② 힘이 없거나 노화로 얇아진 모 : 모발이 얇은 경우 리터치 주기가 빠른 것은 좋지 않으며, 글루의 탈부착이 잦을수록 속눈썹의 상태는 불안정할 수 있다.

③ 외부 자극으로 약해진 모(견인성 탈모 등) : 외부의 자극으로 약해진 경우 리터치 주기는 1~2주 빠르게 진행되므로 인모의 건강 상태에 따라 제품을 선정하고 시술방법을 선정하여 신중한 시술이 필요하다.

▶ **속눈썹 리터치란**
일정 기간이 지나 글루의 접착력이 약해진 연장 가모를 제거한 후 탈락한 부분에 새로운 가모를 재부착하여 자연모의 손상을 줄이며 재시술하는 것을 말한다.

▶ **Y래시**

(2) 속눈썹의 상태에 따른 리터치 시술 방법

속눈썹 상태	대처 방안	가모
정상적인 속눈썹	• 상담 후 컬과 길이 결정	눈매의 상태에 따라 결정
선천적으로 힘이 없거나 노화로 얇아진 모	• 얇고 가벼운 모 권장	0.07~0.10mm의 싱글 가모
외부의 자극으로 약해진 모 (마스카라, 아래래시 컬 등)	• Y래시의 가벼운 모 사용 • 모가 심하게 손상된 경우 시술 중단	0.10mm의 Y래시와 싱글 가모
두껍고 처진 모 (직모가 심한 경우)	• CC컬, L컬, 아이래시 컬로 처진 눈썹을 올려준다.	지나치게 두꺼운 자연모는 컬의 힘을 받지 못하므로 0.15mm 굵기의 가모로 시술

(3) 속눈썹 리터치 방법

① 리터치 범위 지정
 • 가모(연장 모) 접착면의 뿌리가 들린 경우
 • 가모(연장 모) 접착면의 방향이 틀어진 경우
 • 가모(연장 모) 접착면이 흔들리는 경우를 구분하여 제거할 속눈썹 가모의 범위를 정한다.
 • 탈락 여부에 따라 전체 제거와 부분 제거를 선택한다.

② 리무버를 사용하여 가모 제거
 • 보통 리무버는 젤 타입 또는 크림 타입이지만, 최근에는 패치 타입이 보편적으로 사용된다.
 • 젤 타입은 소량이어도 강한 제거력이 있으므로 좁은 부위 제거에 적합하다.
 • 크림 타입은 넓게 도포하기에 용이하므로 전체 제거에 적합하다.
 • 사용할 리무버를 글루 판에 적당량 덜어 내 준다.
 • 시술 범위에 따라 리무버의 타입을 선택하여 가모를 제거한다.

③ 전처리제 도포
 • 속눈썹 전용 전처리제를 면봉과 마이크로 브러시에 묻힌다.
 • 속눈썹 모근에서 모 끝으로 향해 깨끗이 닦아낸다.

④ 속눈썹 리터치 시술
  • 리터치의 경우 양쪽 눈의 균형을 위해 숱의 양을 맞춰 주어야 한다.
  • 보통 숱이 적은 눈부터 붙인 후 다른 쪽 눈의 균형을 맞춰준다.
⑤ 마무리
  • 양쪽 눈의 균형이 맞는지 점검하고 불편 사항이 없는지 확인한 후 마무리한다.
  • 연장 모가 분리되면 새 면봉과 마이크로 브러시로 잔여 리무버를 닦아낸 후, 정제수를 묻힌 화장솜으로 재차 닦아낸다.

⑦ 연장된 속눈썹 제거 방법

(1) 시술 준비
  ① 도구 준비 및 소독
    위생 도구, 마이크로 브러시, 리무버, 화장솜 등을 준비한 후 도구와 시술자의 손을 알코올로 소독한다.
  ② 터번 감싸기
    모델의 피부 접촉을 피하기 위해 머리를 터번으로 감싼다.

(2) 부분 제거 방법
  ① 아이패치 부착
  ② 가모 제거
    • 제거할 모를 선정한 후 오른손 핀셋으로 속눈썹을 가르고 제거할 한 올을 왼손의 면봉 위에 올린다.
    • 마이크로 브러시에 젤 리무버를 바른 후 면봉 위의 가모에 바른 후 부드럽게 쓸어주듯이 발라 가모를 분리한다.
  ③ 마무리
    • 가모가 분리되면 새 면봉과 마이크로 브러시에 정제수를 묻혀 남아 있는 리무버를 깨끗이 닦아낸 후 영양제를 발라 마무리한다.

(3) 전체 제거 방법
  ① 아이패치 부착
  ② 화장솜 부착 : 화장솜에 정제수를 묻혀 눈꺼풀에 붙도록 늘려서 아래 속눈썹 위에 올린다.
  ③ 리무버 도포 : 속눈썹과 연장 모의 접착면 전체에 크림 타입의 리무버를 도포한 후 5분 정도 대기한다.
  ④ 가모 제거 : 가모의 모근에서 모 끝 방향으로 부드럽게 밀어내듯 가모를 분리한다.
  ⑤ 마무리 : 화장솜을 교체하고 새로운 면봉으로 남아 있는 리무버를 정제수나 미온수로 닦아내고, 영양제를 발라 마무리한다.

▶ Checkpoint
글루로 고정된 가모는 억지로 떼어 내려고 하면 자연 속눈썹까지 뽑힐 수 있으므로 전용 리무버를 이용하여 제거하는 것이 좋다.

1 방송광고 메이크업(CF Makeup)

(1) 특징

① 광고 메이크업에서 가장 중요한 것은 우선 광고 콘셉트를 잘 파악해서 최대한의 광고 효과를 누릴 수 있는 메이크업을 선정하는 것이 중요하다.

② 메이크업은 조명, 카메라 각도, 전체 이미지 등을 미리 검토한 후 실시한다.

(2) 메이크업 테크닉

베이스	• 장시간 뜨거운 조명 앞에서 촬영해야 하는 점을 감안해서 커버력과 지속력이 우수한 스틱 파운데이션을 사용한다. • 윤곽이 뚜렷한 얼굴형으로 수정하기 위해 셰이딩이나 하이라이트를 충분히 표현해준다. • 베이스나 하이라이트 부위에는 투명 파우더를, 셰이딩 파운데이션을 표현한 곳에서 오클계의 파우더를 충분히 눌러 발라준다.
눈썹	광고의 이미지에 맞는 형을 선택해 선명하게 그린다.
눈	• 모델의 의상 색을 감안해서 색상을 고려하도록 한다. • 주로 연한 살색으로 전체적인 눈두덩이 부분에 펴 바르고, 따뜻함을 느낄 수 있는 밝은 계열의 노랑, 파스텔 브라운, 오렌지, 연핑크 톤으로 아이홀을 향해 그라데이션을 표현한다. • 선명한 눈매를 위해 다크브라운, 다크그레이 혹은 블랙으로 강한 포인트를 넣어 준다.
입술	• 번짐이 적은 립 라인을 사용하여 원하는 입술라인을 진하게 그리고 아이섀도에 맞추어 립스틱을 바른다. • 립 코트를 덧발라 립스틱의 지속력을 증대시킨다.
블러셔	• 화사함을 느낄 수 있게, 또한 얼굴형이 평면적이지 않고 입체감을 나타낼 수 있게 세심하게 표현해 준다. • 마지막으로 큰 브러시를 이용하여 밝은 파우더나 피니시 파우더를 T존 부위와 볼 부분에 발라주어 화사한 느낌을 주도록 한다.

2 흑백 메이크업

(1) 특징

① 흑백사진이나 흑백 방송용에 많이 사용되는 메이크업

② 메이크업 색상은 화려할 필요없이 무채색 계열이나 음영을 나타낼 수 있는 컬러를 주로 사용한다.

▶ **배경색에 따른 피부색의 변화**
• 흰색 배경 : 피부가 검게 보임
• 붉은 계통 배경 : 피부색이 불그스름하고 지저분해 보임
• 녹색 · 파란색 배경 : 피부가 청결하고 아름답게 보임
• 아이보리 계통 배경 : 피부색이 부드럽게 보임

▶ **내추럴 영상 광고 메이크업**
① 모델의 얼굴을 깨끗이 정돈한다.
② 기초 메이크업 화장품과 자외선 차단제를 발라준다.
③ 피부 톤과 동일한 색상의 파운데이션으로 베이스 메이크업을 한다.
④ 명암을 살려 파운데이션을 자연스럽게 바른다.
⑤ 광고 콘셉트에 맞는 부위별 색조 메이크업을 세심하게 한다.
⑥ 파우더로 마무리한다.

▶ **립 컬러 지속력 증대 방법**
먼저 립스틱을 바른 후 티슈로 유분기를 살짝 제거한 후 소량의 파우더로 입술을 두드리듯 묻힌 후 다시 립스틱을 칠해 주면 지속력이 좋아진다.

(2) 메이크업 테크닉

베이스	• 커버력과 지속력이 우수한 스틱 파운데이션을 사용한다. • 베이스 색상은 모델의 피부톤보다 조금 밝게 하며 완벽하게 잡티를 커버 • 모델의 얼굴형에 맞게 윤곽 수정
눈썹	• 회색과 검정색의 아이브로를 이용하여 또렷하게 그려줌
눈	• 아이보리, 연회색, 회색, 검정을 이용하여 눈매에 맞는 아이섀도를 연출 • 검정색 아이라인을 이용하여 눈매를 보정하고 인조 속눈썹을 이용하여 또렷한 눈매를 완성
입술	• 립라인을 이용하여 입술의 윤곽을 잡고 자연스러움을 연출하고 싶을 때는 베이지 브라운 계열의 컬러를 바르고, 강렬한 이미지를 원할 경우 와인 컬러나 다크 브라운 계열의 컬러를 발라줌
블러셔	• 베이지 브라운 컬러로 윤곽 처리 및 블러셔를 함께 표현

3 사진 및 영상 메이크업

(1) 특징

① 방송용 스트레이트 메이크업이나 사진 촬영용 메이크업으로 많이 사용되는 메이크업을 한다.

② 의상 색을 염두에 두고 메이크업을 한다.

(2) 메이크업 테크닉

베이스	• 커버력과 지속력이 우수한 스틱 파운데이션을 사용한다. • 베이스 색상은 모델의 피부톤보다 한 단계 어둡게 하며 완벽하게 잡티를 커버 • 모델의 얼굴형에 맞게 적절하게 윤곽 수정
눈썹	• 모발 색에 맞는 컬러와 얼굴형에 맞는 형태로 또렷하게 아이브로를 그려줌
눈	• 아이섀도는 눈에 많이 띄는 컬러풀한 이미지의 색조는 피한다. • 브라운, 아이보리, 피치 등의 컬러를 이용하여 의상과 어울리도록 완성 • 아이라인과 마스카라로 눈매를 보정
입술	• 립은 의상 색에 맞게 연출
블러셔	• 미디엄 정도의 브라운 컬러를 이용하여 윤곽을 수정하고 아이보리 컬러로 하이라이트를 줌 • 자연스러운 피치 브라운 컬러의 블러셔를 이용하여 마무리

▶ 캐치 라이트(Catch Light)
피사체의 눈동자에 반사되어 인물을 생동감 넘치게 보이게 하는 효과가 있음

4 색조 지면 광고 메이크업(화장품 광고 등)

잡지, 카탈로그, 포스터 등의 지면 광고 메이크업은 조명에 따라 얼굴을 입체적으로 표현해야 하며 광고 콘셉트가 정확하게 전달될 수 있도록 한다.

① 모델의 얼굴을 깨끗이 정돈한다.

② 기초 메이크업 제품과 메이크업 베이스 또는 자외선 차단제를 바른다.

③ 피부 톤과 동일한 색상의 파운데이션으로 피부 톤을 세밀하게 표현하고 잡티를 커버해 준다.

④ 한 톤 밝은 색상의 파운데이션으로 하이라이트를 주고, 한 톤 어두운 색상의 파운데이션으로 음영을 주어 얼굴에 입체감을 준다.

⑤ 헤어 컬러와 유사한 아이섀도로 숱을 채운 후 같은 톤의 펜슬로 눈썹 모양을 잡아 준다.

⑥ 광고 콘셉트에 맞는 부위별 색조 메이크업을 시행한다. 색상과 이미지가 선명하게 전달되므로 정확하고 세밀하게 메이크업한다.

5 기타 미디어 메이크업

(1) TV 메이크업

① 프로그램 내용에 따라 분장의 목적이 달라지므로 분장사와 상담이 매우 중요하다.

② 프로그램의 성격, 연출자와 연기자의 의도를 잘 고려하여 가장 적절한 분장을 한다.

(2) 영화 메이크업

① 현실감과 생동감을 주기 위해 시나리오 분석에 맞는 메이크업이 필요하다.

② 대형 스크린을 통해 전달되므로 사실적이고 자연스러워야 한다.

③ 장르에 따라 특수 분장 및 특수 효과가 필요할 수 있다.

(3) 특수 분장

① 멍자국 : 피부에 타박상을 표현하는 방식이고, 시간의 경과에 따라 타박상의 형태 및 색상이 달라진다.

② 긁힌자국 : 피부가 벗겨지거나 긁힌 모습을 자연스럽게 표현하도록 한다.

③ 칼자국 : 칼에 베여 가운데는 굵고 양끝으로 갈수록 얇아지도록 표현하는 방식이다.

④ 화상분장 : 피부가 녹아 흘린 모습과 불에 그을린 피부표현을 하는 방식이다.

⑤ 주름분장 : 사람의 피부가 노화되어가는 속도와 피부주름의 위치를 정확히 파악하여 자연스럽게 표현하는 방식이다.

① 현대극 캐릭터 - 청순 이미지

베이스	• 피부 타입에 맞는 기초 제품을 사용하여 수분을 공급해 준 후 자외선 차단 기능이 있는 베이스를 피부결에 따라 골고루 펴 바름 • 자연스러운 피부 표현을 위해 피부톤과 같은 파운데이션을 발라줌 • 컨실러를 이용하여 눈밑 다크서클과 잡티를 커버해 주고, 하이라이트 부위에는 입체감을 살려줌 • 한 톤 어두운 파운데이션으로 윤곽 부위에 경계가 생기지 않도록 자연스럽게 발라 준 후 피니시 파우더로 유분기를 제거
눈썹	• 눈썹 색과 유사한 색상의 섀도를 이용해 브러시로 눈썹 모양을 살려 그림 • 부족한 부분은 아이브로 펜슬로 연결 • 아이브로 마스카라로 눈썹결을 정리
눈	• 스킨 베이지, 핑크 베이지 등 차분한 컬러를 눈두덩 전체에 펴 바른 후 펄이 없는 옅은 코럴 컬러를 쌍꺼풀 부분에 바르고 브라운 컬러로 눈매 부분을 덧칠하여 입체감을 준다. • 브라운 컬러의 젤 라이너로 속눈썹 사이사이를 메우듯 그려 눈매를 또렷하게 한 후 비슷한 톤의 아이섀도로 블랜딩하여 자연스럽게 마무리 • 아이래시컬러를 이용해 속눈썹을 컬링한 후 낱개 속눈썹을 부착 • 아이래시컬러로 한 번 더 컬링 한 후 마스카라를 발라 고정 • 옅은 브라운으로 언더라인의 음영을 조절
볼	• 핑크 베이지, 코럴 핑크 등의 색을 광대뼈 앞쪽으로 둥글게 그라데이션 하며 칠한다. • 중앙 부위는 한 번 더 칠하여 포인트를 주어 입체감을 살린다. • 피부 톤보다 한 톤 밝은 하이라이터를 눈밑, 미간, 이마, 턱 부분에 쓸어 주듯 발라 입체감 있는 윤곽을 만든다.
입술	• 코럴 핑크 컬러의 립스틱을 원 톤으로 바르고 입술 안쪽에 립 밤을 덧발라 자연스럽게 마무리한다.
헤어	• 청순한 이미지를 연출할 수 있도록 굵은 웨이브를 넣어 헤어스타일링을 시행한다.

② 현대극 캐릭터 -매니시 이미지

베이스	• 피부 톤과 유사한 리퀴드 파운데이션을 브러시를 이용하여 얇게 펴바름 • 피부 톤보다 한 톤 어두운 파운데이션으로 셰이딩을 넣어 주고 스펀지로 그라데이션 • 컨실러를 이용하여 얇은 브러시로 잡티를 커버 • 눈밑, 코, 이마 부분에 리퀴드 하이라이터를 발라 입체감을 줌 • 루즈 파우더를 퍼프에 묻혀 전체적으로 가볍게 발라줌
눈썹	• 헤어 컬러와 맞는 아이섀도로 숱을 채운 후 같은 톤의 펜슬로 눈썹 모양을 잡아줌 • 마스카라를 이용해 눈썹 앞쪽의 결을 아래에서 위로 살려줌
눈	• 아이홀 부분에 베이지 브라운 컬러 아이섀도로 음영을 넣어줌 • 쌍꺼풀 부분에 그레이 브라운 컬러를 눈 앞머리에서 꼬리 방향으로 펴줌 • 다크브라운 컬러 섀도로 눈꺼풀 앞머리에서 꼬리 부분까지 라인을 그린 후 블랙 젤 아이라이너로 덧바름 • 라인을 그린 부분에 브라운 컬러 아이섀도로 블렌딩하며 음영을 표현 • 아이래시 컬러를 이용해 속눈썹을 컬링 한 후 낱개 속눈썹을 부착 • 아이래시 컬러로 한 번 더 컬링 한 후 마스카라를 발라 고정
볼	• 미디엄 컬러 브론저를 광대뼈 아래 부분에서 볼 안쪽 방향으로 발라 광대뼈가 돋보이게 한다. • 다크 컬러 브론저로 포인트를 주어 입체감을 살려 준 후 눈썹 앞머리부터 콧방울 방향으로 콧대에 음영 표현 • 눈밑, 미간, 이마, 턱 부분에 피부 톤보다 한 톤 밝은 하이라이터를 쓸어주듯 발라 입체감 있는 윤곽을 부여
입술	• 립 컨실러로 입술 색상을 다운 • 톤 다운 된 로즈핑크 컬러 립스틱을 발라줌
헤어	• 매니시한 이미지를 연출할 수 있도록 가벼운 웨이브를 넣어 헤어스타일링을 시행

③ 현대극 캐릭터 –남자

베이스	• 피부톤을 스킨으로 정돈한 후 메이크업 베이스나 선크림을 발라줌 • 피부톤과 유사한 파운데이션으로 표현한 후 컨실러로 결점을 커버 • 피부 톤보다 한 톤 정도 어두운 파운데이션으로 외곽 부분에 음영을 주어 자연스럽게 입체감 표현 • 반 톤 밝은 파운데이션으로 코, 이마, 눈밑 부분에 가볍게 하이라이트를 주어 자연스럽게 그라데이션 • 루즈 파우더를 퍼프에 묻혀 가볍게 두드리며 바름
눈썹	• 헤어 컬러에 맞는 아이섀도로 눈썹을 그린 후 같은 톤의 펜슬로 빈 부분을 채워줌
눈	• 브라운 컬러로 눈두덩을 가볍게 발라줌 • 다크브라운 컬러로 아이라인 부분에 포인트를 가볍게 넣어줌 • 속눈썹에 떨어진 메이크업 잔여물을 스크루 브러시로 제거
볼	• 윤곽 부분을 브라운 컬러를 사용하여 얼굴에 입체감 표현 • 피부 톤보다 반 톤 밝은 컬러의 하이라이터로 광대뼈 위쪽과 T존에 입체감 표현
입술	• 면봉으로 메이크업 잔여물을 닦아 주고 립밤으로 입술의 수분을 보충
헤어	• 배우의 이미지를 부각시킬 수 있도록 헤어를 깔끔하게 연출

▶ 미디어 캐릭터 표현 시 주의할 점
• 피부 톤은 이마보다는 볼 부분의 톤과 맞추는 것이 자연스럽다.
• 얼굴과 목의 색깔이 차이가 많이 날 경우 얼굴 톤 색깔을 목에 바르거나 셰이딩으로 턱과 목 부분에 자연스럽게 표현한다.
• 육안으로 보았을 때는 색이 진해 보이더라도 촬영을 하게 되면 화사하고 색이 연해 보인다.
• 자연광일 경우 실제 바른 것보다 2배 정도 두껍게 보일 수 있으므로 소량의 베이스 제품으로 가볍게 연출하고, 파우더는 건조해 보이므로 소량을 이용한다.
• 빛 반사가 강하므로 립글로스를 과하게 사용하지 않는다.

---

07 **볼드캡(bald cap) 캐릭터 표현**

1 볼드캡의 유형

① 대머리 캐릭터 : 대머리 캐릭터 표현은 유전, 직업, 환경 등의 요소를 고려하여 표현한다.

② 특수 효과 캐릭터 : 일반 캐릭터 메이크업으로 표현할 수 없는 얼굴 화상, 질병으로 인한 탈모, SF 영화 속의 캐릭터, 외계인, 괴물 등 외형적 변화와 캐릭터 특징 표현을 위해서 볼드캡을 먼저 시행하고 그 위에 특수 효과로 표현한다.

2 볼드 캡 재료

① 재료 : 플라스틱 볼드캡, 전용 접착제, 아세톤, 가위, 빗, 프로세이드, 파우더, FX 팔레트, 에어브러시, 컴프레서, 메이크업 재료 세트 등

② 라텍스 캡
• 라텍스는 천연고무에 황과 암모니아 등을 섞어 만든 것이다. 쉽게 마르고 가격이 저렴하여 특수 효과를 위한 메이크업에서 많이 사용한다.
• 라텍스는 가장 오래된 피부용 특수 분장 재료이다.

- 단단하고 두꺼워질수록 투명도가 떨어진다.
- 채색 시 주의가 필요하다.
- 가장자리에 이음새가 표시나게 된다.

③ 플라스틱 캡
- 액체 플라스틱에 아세톤을 첨가하여 농도를 조절하여 제작한 것으로 가장자리의 마무리는 아세톤으로 녹여서 시행한다.
- 가장자리의 표현이 라텍스에 비해 완성도 있게 표현된다.
- 제작 비용이 비싸다.
- 신축성이 없어 모델의 두상에 맞는 사이즈가 필요하다.

❸ 플라스틱 볼드캡을 이용한 대머리 캐릭터 메이크업
① 작업하기 편한 높이에 모델을 앉히고 볼드캡을 씌운다.
② 모델의 머리를 물을 사용하여 고르게 빗질한다.
③ 모델의 피부를 피부 보호제 또는 알코올로 깨끗하게 닦아준다.
④ 머리를 고르게 편 후 볼드캡을 씌우고 위치를 정한다. 좌우 앞뒤의 균형이 맞는지 확인하고 이마 중심부터 뒷목, 좌우 귀 옆 부분에 분장용 접착제를 바르고 붙여준다.
⑤ 이마를 중심으로 2×1cm 고정시키고 전체적으로 볼드캡을 씌운 다음 귀 테두리 부분을 제외하고 이마 중심과 옆면 쪽을 분장용 접착제로 부착해 준다.
⑥ 귀 부분을 가위로 조심스럽게 내어 준 후 분장용 접착제로 부착한다.
⑦ 피부와의 경계면은 아세톤을 사용하여 얇게 녹여 자연스럽게 마무리하고 두꺼운 부위는 프로세이드를 사용하여 메꾸어 준 후 파우더로 마무리한다.
⑧ 에어브러시, 브러시, 스펀지 등을 사용하여 피부색에 맞추어 채색한다.
⑨ 스펀지를 사용하여 두피의 모공을 자연스럽게 연출해 준다.
⑩ 대머리 표현이 완성된 후 머리와 얼굴의 피부톤을 맞추어 메이크업을 시행한다.

▶ 볼드캡 제거
① 볼드캡의 뒷부분을 들어서 공간을 만든 후 가위로 잘라준다.
② 리무버가 묻은 브러시로 안쪽부터 발라 접착제를 녹인다. 바깥 부분에 리무버를 묻히면 눈에 들어갈 수 있으므로 작업할 때 주의해야 한다.
③ 안전하게 볼드캡을 분리한 후 리무버를 이용해 클렌징 한다.

---

08 연령별 캐릭터 표현

❶ 중년 이후 캐릭터의 특징

구분	특징
50~60대	나이가 들어가면서 피부 탄력이 떨어지고 입술색이 연해지며 눈가의 주름이 보이기 시작하는 기본적 요소에 유전적, 환경적, 성격 등에 따라 메이크업을 시행한다.
60~70대	시간의 경과에 따른 얼굴색의 변화, 머리의 탈색 및 탈모 과정, 입술 주변과 눈 주위의 주름, 근육의 처짐 등의 변화를 포함한 캐릭터 메이크업을 시행한다.

구분	특징
80세 이후	치아의 상실, 잇몸의 변화, 혈기 없는 얼굴색과 창백하게 변하는 볼 색, 입술 색, 커지고 붉어지는 코끝, 회색으로 변하고 부분탈모 또는 완전 탈모된 머리, 두피 상태 등을 고려하여 캐릭터 메이크업을 시행한다.

2 명암법을 이용한 연령별 캐릭터 표현

① 재료 : 메이크업 재료 세트, 헤어화이트너, 칫솔, 스펀지 등

② 표현 방법

   ㉠ 모델의 피부 톤과 동일한 파운데이션을 선택하고 바른다.

   ㉡ 한 톤 밝은 파운데이션을 이용하여 골격이 드러나 보이는 부분(광대, 콧등, 눈썹 위)에 발라주어 튀어 나와 보이게 표현한다.

   ㉢ 붉지 않은 어두운 갈색의 파운데이션을 광대 밑, 코 옆, 아이홀, 턱선 등의 부분에 발라 주어 음영을 준다.

   ㉣ 브러시나 갈색 펜슬을 이용해 주름(눈 밑, 팔자주름, 눈가 주름, 미간 주름, 이마 주름, 입술 주름, 턱 주름 등)을 자연스럽게 그린다. 주름의 양쪽 끝은 얇게 처리하여 자연스럽게 표현한다.

   ㉤ 주름을 시행한 곳의 경계면에 하이라이트를 주어 돌출 효과를 준다.

   ㉥ 검버섯은 브러시를 이용하고, 피부의 잡티는 블랙 스펀지 · 브러시 등으로 표현해 준다.

   ㉦ 파우더로 마무리한 후, 흰머리는 헤어 화이트너를 칫솔 등에 묻혀 자연스럽게 연출한다.

   ㉧ 전체 분장을 확인하고 주름이 시작하는 부분에 포인트를 주어 깊이감을 추가하여 마무리한다.

3 뉴볼디를 이용한 연령별 캐릭터 표현

① 재료 : 메이크업 재료 세트, 액체 플라스틱(뉴볼디), 아타겔(attagel), 믹싱 용기, 베이비파우더, 브러시, 헤어 화이트너, 칫솔, FX 팔레트, 실리콘 베이스 화장품, 에어브러시, 컴프레서 등

② 표현 방법

   ㉠ 배우의 얼굴을 깨끗이 닦아서 정돈한다.

   ㉡ 뉴볼디에 아타겔을 적당량 섞어 준비한다.

   ㉢ 모델의 피부에 주름의 반대 방향으로 당긴 후 그 부위에 섞어놓은 뉴볼디 아타겔을 고르게 바른다.

   ㉣ 적용한 부위를 손을 잡아당기면서 뉴볼디 아타겔을 말린다.

   ㉤ 파우더 처리를 한 다음 얼굴을 움직여 주름을 만든다.

   ㉥ 부위별로 단계적으로 ㉢~㉤을 반복하여 시행한다.

   ㉦ 두꺼운 주름의 경우에는 3~4회 반복한다.

   ㉧ 파우더를 털어 내고 채색한다.

   ㉨ 피부톤의 보정이 필요한 경우 에어브러시를 이용하여 실리콘 베이스

화장품으로 표현하는 것이 효과적이다.
- ⓧ 잔주름 위에 검버섯, 주근깨 등을 브러시로 표현해 준다.
- ⓔ 헤어 화이트너를 칫솔이나 브러시에 묻혀 자연스럽게 흰머리를 연출한다.

4 수염 표현

(1) 찍는 수염을 사용한 표현 방법

찍는 수염은 수염이 난 피부 부분의 파릇한 느낌을 주거나 면도 후의 모습을 표현할 때 사용하는 방법이다. 스트레이트 메이크업을 시행한 후 수염을 표현하도록 한다.

- ① 재료 : 블랙 스펀지, 블랙 · 블루 · 그레이 색상의 크림 라이너, 파우더 등
- ② 표현 방법
  - ㉠ 블랙, 블루, 그레이 파운데이션을 섞어 표현할 색을 팔레트에 믹싱한다.
  - ㉡ 블랙 스펀지에 믹싱 한 파운데이션을 묻혀 턱의 중앙 부분부터 바깥쪽으로 찍어준다.
  - ㉢ 콧수염도 같은 방법으로 중앙부터 바깥쪽으로 찍어준다.
  - ㉣ 파우더를 사용하여 파운데이션을 정착시킨다.
  - ㉤ 브러시를 이용하여 파우더를 털어낸다.

(2) 가루 수염을 사용한 표현 방법

면도 후 1시간~하루 정도 지난 정도의 매우 짧은 수염을 표현하는 방법으로 야크 헤어, 인조사 등을 1~2mm 정도로 짧게 잘라 준비한다.

- ① 재료 : 야크 또는 인조사, 수염 가위, 수염 접착제 또는 챕스틱(입술보호제), 칫솔 또는 브러시, 핀셋 등
- ② 표현 방법
  - ㉠ 수염을 붙일 피부 부분을 닦고 수염 접착제를 디자인에 맞는 범위에 골고루 발라준다.
  - ㉡ 수염의 방향을 고려하여 가루 수염을 접착제 부위에 칫솔이나 브러시 등을 이용하여 찍어서 모양을 만든다.
  - ㉢ 콧수염도 같은 방법으로 시행하도록 한다.
  - ㉣ 핀셋을 이용해 뭉친 곳을 그라데이션 한다.

(3) 인조사를 사용한 표현 방법

- ① 재료 : 인조사, 수염 가위, 수염 접착제(프로세이드 또는 스프릿 검), 가제 수건, 핀셋 등
- ② 표현 방법
  - ㉠ 수염 붙일 피부 부분을 깨끗이 닦고 수염 접착제를 턱과 뺨 주위에 골고루 발라준다.
  - ㉡ 면 가제 수건으로 수염 접착제를 가볍게 두드려 접착력을 높여준다.
  - ㉢ 턱수염을 부착할 때에는 중앙에서 바깥쪽으로, 아래에서 위로 양쪽

의 대칭을 확인하며 시행하도록 한다. 위로 올라갈수록 수염의 양을 적게 조절하여 자연스럽게 그라데이션이 되도록 연출하는 것이 중요하다.

ⓜ 핀셋을 이용하여 트리밍을 해 주고 가위로 형태를 다듬는다.

ⓗ 스타일링을 한 후 헤어스프레이 또는 스프릿 검을 이용하여 모양을 잡고 고정한다.

(4) 망 수염(뜬 수염)을 사용한 표현 방법

망 수염은 실제 수염과 비슷한 효과를 주며 사용이 간편하다. 수염 길이와 형태, 색깔, 양 등의 변화를 통해 다양한 콧수염과 턱수염 표현이 가능하다.

① 재료 : 미리 제작된 망 수염, 인조사, 수염 접착제(프로세이드), 수염 가위, 헤어스프레이, 매트 피니시, 브러시, 젖은 광목, 핀셋 등

② 표현 방법

ⓐ 수염 붙일 피부 부분을 깨끗이 닦고 수염 접착제를 턱과 뺨 주위에 골고루 바른다.

ⓑ 제작된 망 수염을 부착할 부분의 중앙부터 부착하고 대칭을 확인하며 바깥쪽을 부착한다.

ⓒ 젖은 광목 등으로 눌러 준 후 수염 모양을 잡아 주며 필요한 경우에는 수염 가위를 이용하여 정리한다.

ⓓ 헤어스프레이로 모양을 고정한다.

ⓔ 수염 접착제 부분에 광이 나는 경우 매트 피니시를 브러시나 스펀지에 묻혀 번들거림을 없앤다.

ⓕ 망 수염 부착 후 형태의 보정이 필요할 때에는 추가로 직접 붙여 완성도를 높이기도 한다.

ⓖ 붙이는 수염과 망 수염의 경우는 수염 분장을 먼저 시행한 후 메이크업을 진행한다.

ⓗ 사용 후 망을 세척할 때에는 알코올을 적셔서 망에 묻은 접착제를 녹여내고 깨끗하게 말려 모양을 잡아 보관한다.

09 상처 메이크업

1 타박상

① 재료 : 크림 라이너 또는 글레이징 젤, FX 팔레트, 오렌지 스펀지, 브러시 등

② 표현 방법

ⓐ 시간 흐름에 따른 색상 변화에 적합한 분장을 시행한다.

ⓑ 멍이 생성된 시간에서 무대 등에 나아가는 시간까지 경과에 따라 알맞은 색감을 표현한다. (레드 → 머룬 → 퍼플 → 그린 → 옐로)

ⓒ 스펀지나 브러시를 이용하여 텍스처를 살려가며 단계별로 색을 표현

(2) 찰과상
① 재료 : 크림 라이너, FX 팔레트, 블랙 스펀지, 왁스, 인조 피, 에틸알코올 등
② 표현 방법
  ㉠ 메이크업할 부위를 알코올로 깨끗하게 정돈한다.
  ㉡ 블랙 스펀지에 레드, 머룬, 퍼플 등의 크림 라이너 또는 FX 팔레트를 묻혀 준 다음 연출하고자 하는 방향으로 긁어 바른다.
  ㉢ 깊이있는 상처의 표현을 위해서는 부드러운 왁스를 먼저 적용해 준 후 색을 표현한다.
  ㉣ 상처 위에 인공 피를 발라 사실감을 더해준다.

(3) 절상
① 재료 : 왁스 또는 3re degree, 크림 라이너, FX 팔레트, 인조 피, 에틸알코올, 스파출라 등
② 표현 방법
  ㉠ 절상을 표현할 부위를 깨끗하게 알코올로 정돈한다.
  ㉡ 스파출라를 사용하여 왁스나 3re degree를 펴 바른다.
  ㉢ 가장자리를 자연스럽게 블렌딩해 준다.
  ㉣ 스파출라를 이용하여 컷 모양을 디자인한다.
  ㉤ 레드 스펀지를 이용하여 텍스처를 표현해 준다.
  ㉥ 크림 라이너나 FX 팔레트(알코올 베이스 화장품)로 붉은 색상을 먼저 표현한다.
  ㉦ 컷 안쪽에 짙은 색상을 이용하여 상처의 깊이감을 표현한다.
  ㉧ 인조 피를 발라주어 사실감을 더한다.

10 무대공연 캐릭터 메이크업

1 작품 캐릭터 개발
(1) 공연 작품 분석 및 캐릭터 메이크업 디자인
① 캐릭터 작업 분석
  작품 캐릭터의 직업에 따라 나타나는 특징들이 다르므로 캐릭터의 직업을 정확히 파악하고 분석하여 메이크업을 설정해야 한다.
② 캐릭터의 연령 분석 – 연령에 따른 특징

20~30대	얼굴에 굴곡이 생기기 시작
40~50대	얼굴빛이 변하기 시작. 이마, 눈 주위, 입 주위, 콧등 위로 굵은 주름과 잔주름
50~60대	피부조직이 얇아져 늘어짐. 검버섯과 잡티, 깊은 주름
70대 이후	눈밑 깊은 주름, 늘어진 코 모양, 볼이 꺼지고 광대뼈 두드러짐, 검버섯 많음

▶ **직업에 따른 특징 예시**
- 작가 : 실내에서 주로 일을 하므로 피부가 하얗고 안경 착용하며, 밤에 글을 쓰는 경우가 많으므로 눈밑 다크서클이 있다.
- 농부 : 피부가 붉고 검게 그을려 있고, 검버섯과 잡티가 많다. 눈가 주름이 발달되어 있으며, 밀짚모자 착용

③ 얼굴 특성에 따른 캐릭터의 성격 특징 분석
  ㉠ 눈썹의 형태에 따른 성격 특징

두꺼운 눈썹	뚜렷한 개성, 강한 의지, 적극적
일자 눈썹	실질적, 엄격하고 무뚝뚝함, 현명함
각진 눈썹	절도, 박력, 활동적, 엄격함, 날카로움
아치형 눈썹	온화함, 부드러움, 고전적임
긴 눈썹	점잖음, 고상함, 안정감, 인품
짧은 눈썹	불안정, 횡포, 명랑, 날렵함, 경쾌
가는 눈썹	연약함, 우유부단함, 섬세함, 부안, 세련미
처진 눈썹	우울함, 인색함, 어리석음
미간이 넓은 눈썹	여유 있어 보이며 온화함
미간이 좁은 눈썹	속이 좁아 보이며 급하고 고집 있어 보임, 소심함

  ㉡ 눈의 형태에 따른 성격 특징

큰 눈	뛰어난 관찰력, 겁이 많음
작은 눈	둔감함, 보수적, 통찰력, 소극적, 귀여움
동그란 눈	발랄, 경쾌, 불안, 공포
가느다란 눈	섬세함, 예리함, 관찰력, 냉정, 인내력
튀어나온 눈	현저함, 예술가, 심미안에게 많음
들어간 눈	관찰력, 분석력이 좋음
처진 눈	온순, 순진, 부드러움, 소극적, 내성적

  ㉢ 코의 형태에 따른 성격 특징

높은 코	자존심이 강함, 독단적인 자신감, 공격적
낮은 코	의존적, 감수성이 둔하고 수동적임, 소심함
긴 코	책임감, 경계적, 조심스러움, 인내심
짧은 코	명랑하고 낙천적

  ㉣ 입의 형태에 따른 성격 특징

큰 입술	생활력, 지도력, 통솔력, 활동력
작은 입술	보수적이고 소심, 자주성 결여
얇은 입술	겸손하며 정확하고 냉정함
두꺼운 입술	온화, 풍부한 정서, 애교가 있음
올라간 입술	명랑, 쾌활, 공격적, 사교성이 풍부함
처진 입술	비관적, 진지하며 고집이 있음

▶ 무대에서는 원래 배우의 입술보다는 약간 크게 그리는 것이 좋다.

④ 작품(시나리오)의 전체적인 줄거리 분석

　㉠ 작품 분석표 작성

　　시나리오(대본)를 읽고 등장인물의 직업, 나이, 성격, 환경 등을 파악
　　한 후 메이크업 디자인을 위한 기본 계획서를 작성한다.

▶ 예) 마술피리 작품 속의 등장인물 분석표

배역명	성격	분장, 헤어 이미지
밤의 여왕	• 밤의 세계를 지배하면서 세상을 어둠의 왕국으로 만들고자 하는 카리스마 넘치는 사악한 캐릭터 • 화려하고 신비스러운 캐릭터	창백하고 흰 피부, 길게 땋은 머리, 청색과 실버의 글리터
자라스트로	• 파미나를 밤의 여왕으로부터 보호하는 개성이 강한 캐릭터	뚜렷한 눈썹과 눈매, 흰 칠을 한 머리, 구레나룻 수염
파파게노	• 새를 잡아 술과 음식으로 바꾸면서 연명하는 세속적인 캐릭터 • 고집 있고 낙천적이며, 새의 깃털을 온 몸에 붙인 코믹한 캐릭터	건강한 피부색, 붉게 상기된 볼, 머리와 구레나룻, 눈에 그린 색으로 컬러감 보강
타미노	• 밤의 여왕의 부탁으로 파미나 공주를 구하러 가는 남자 주인공 • 진지하게 극을 이끌어나가야 하는 이성적인 캐릭터	깔끔하고 단아한 이미지

　㉡ 의상 디자인 자료 수집 및 메이크업 결정
　　• 의상 디자인을 참고로 배우의 메이크업 색상을 미리 결정한다.
　　• 의상 디자인이 고증에 따른 사실적 표현인지, 현대적으로 재해석
　　　된 표현인지에 따라 메이크업의 방향이 바뀌므로 반드시 확인한다.
　　• 의상 디자이너와 함께 배우의 헤어 장신구에 대해 미리 협의한다.
　㉢ 무대 디자인 분석
　　• 무대 디자인은 작품의 시대적 배경, 주인공의 환경 등을 미리 짐작
　　　하게 해 주며, 연출자의 의도와 배우의 동선을 알려 준다.
　　• 공연 전체의 색깔을 알게 해주어 메이크업 아티스트, 조명 디자이
　　　너, 의상 디자이너에게 영감을 주는 중요한 자료이다.
　㉣ 무대 공연 메이크업 디자인
　　등장인물의 연령에 따른 골격의 변화, 성격에 따른 눈썹의 형태, 건
　　강에 따른 피부색 표현, 직업, 환경, 인종, 시대적 배경에 따른 헤어
　　스타일 등 많은 것을 고려한다.
　㉤ 사전 회의에서 메이크업 계획서 발표 및 피드백을 통해 디자인 수정
　　• 성격 분석표와 분장 작업표를 참고하여 프레젠테이션 자료를 준비
　　　한다.
　　• 캐릭터 메이크업 디자인의 특징을 설명한다.
　　• 연출자와 그 밖의 관계자들의 요구사항을 파악한 후 필요에 따라 메
　　　이크업 디자인을 수정한다.

[밤의 여왕]

❷ 무대공연 캐릭터 메이크업

(1) 개발된 캐릭터의 메이크업 시안 확인 및 무대 메이크업 실행
  ① 캐릭터 메이크업 시안을 작성하고 양식에 맞추어 메이크업 계획서를 작성한다.
  ② 피부의 먼지와 유분기를 제거한 후 기초화장품을 바른다.
  ③ 캐릭터에 맞게 셰이딩과 하이라이트를 표현하고, 눈, 입술 메이크업을 한다.
  ④ 캐릭터에 맞는 가발을 씌우고, 장신구와 의상을 더해 캐릭터 메이크업을 완성한다.

(2) 가발 착용 방법과 유지 · 보관법 숙지
  ① 모델의 머리카락을 땋아 위로 올려 고정한 후 가발망을 씌워 핀으로 고정한다.
  ② 가발의 정 중앙 위치를 확인하여 머리 앞쪽부터 자리를 잡고 손으로 고정한 후 뒷목 방향으로 당겨 가발을 씌운다.
  ③ 양옆 귀 부분의 가발을 먼저 핀으로 고정한 후에 좌, 우, 뒷목 등의 가발에 핀을 사용하여 고정한다.
  ④ 사용한 가발은 헤어핀, 장신구 등을 모두 제거한 후 세탁하여 가발 상자에 보관한다.

(3) 수염과 속눈썹 부착하기
  ① 턱수염 부착
    ㉠ 모델의 얼굴을 깨끗하게 닦는다.
    ㉡ 망수염을 부착할 부위에 올려 크기와 모양을 확인한 후 턱 밑, 턱 위, 턱선을 따라서 스프릿 검을 꼼꼼하게 펴 바른다.
    ㉢ 스펀지로 스프릿 검을 바른 부위를 두드려 접착력을 높인다.
    ㉣ 턱수염의 중심을 턱의 중심에 고정시키고 턱 밑을 망이 울지 않도록 당겨 고정시킨다.
    ㉤ 좌우 턱선을 따라서 균형을 잡아 망이 울지 않도록 붙인다.
    ㉥ 망의 가장자리 이음새를 확인하여 뜨는 부위에는 접착제를 다시 바른다.
    ㉦ 스펀지를 이용하여 뜨는 부분이 없도록 눌러 고정한다.
    ㉧ 수염 빗으로 수염을 빗어 가지런히 정리한다.
    ㉨ 수염 가위를 이용하여 길이를 조절한다.
    ㉩ 헤어스프레이를 손 또는 수염 빗에 뿌려 수염 형태를 잡아 턱수염을 완성한다.

② 콧수염 부착

　　㉠ 모델의 얼굴을 깨끗하게 닦고 콧수염을 부착할 부위에 망으로 제작
　　　된 콧수염을 올려 크기와 모양을 확인한다.

　　㉢ 피부에 스프릿 검을 펴 바르고 스펀지로 스프릿 검 바른 부위를 두
　　　드려 접착력을 높인다.

　　㉣ 콧수염의 중심을 먼저 고정한 후 양쪽으로 균형을 맞춰 붙인다.

　　㉤ 망의 가장자리 이음새를 확인하여 뜨는 부위에는 접착제를 다시 바
　　　른다.

　　㉥ 스펀지를 이용하여 뜨는 부분이 없도록 눌러 고정한다.

　　㉦ 수염 가위로 길이를 조절하고 형태를 잡아 콧수염을 완성한다.

③ 속눈썹 부착

　　㉠ 속눈썹의 밴드 부분에 속눈썹용 풀을 고르게 바른다.

　　㉡ 눈 길이에 맞춰 길이를 조정한 속눈썹을 눈꼬리 부분이 살짝 올라
　　　가도록 붙인다.

　　㉢ 속눈썹의 컬이 올라가 보이도록 붙여야 시야가 방해되지 않는다.

(4) 메이크업의 수정·보완

① 출연자의 등퇴장 전환표 확인

　　㉠ 장면 전환표를 확인하고 교체되는 공연에 필요한 메이크업 수정 재
　　　료와 가발, 수염, 장신구 등을 확인한다.

　　㉡ 무대의 등퇴장 출구에서 배우의 메이크업이 유지되도록 관리한다.

② 리허설, 무대 공연 메이크업 시간표 작성

　　㉠ 공연 전 출연자들의 등장 순서를 확인하여 메이크업 시간표를 작
　　　성한다.

　　㉡ 무대 공연 메이크업 시간표 배정은 누가 제일 먼저 등장하는지를 파
　　　악하여 프롤로그 또는 1막 1장 출연자 순으로 배정하여 작성한다.

　　㉢ 일반적으로 무용, 코러스, 연기자, 합창, 어린이 순서로 시간표를 배
　　　정한다.

③ 무대 공연 메이크업 시간표를 활용한 무대 메이크업 수행

　　㉠ 메이크업해야 할 배역의 디자인을 미리 숙지하여 필요한 재료를 미
　　　리 준비하고 정리해 둔다.

　　㉡ 무대 공연 중 수정 메이크업을 진행한다.

④ 리허설이 끝난 후 본 공연 메이크업 시간표를 수정, 보완하고 연출, 예
　　술 감독, 의상 감독, 분장 감독, 조명 감독 등과 최종 회의를 하고 다음
　　무대 공연 메이크업의 보완점을 확인한다.

▶ Checkpoint
　• 무대 분장의 경우 밴드가 튼튼한 속
　　눈썹을 선택한다.
　• 속눈썹을 붙일 때 뷰티 메이크업과
　　달리 너무 눈 앞머리 가까이에 붙이
　　지 않도록 한다.

▶ Checkpoint
　• 공연 중에 메이크업이 지워지면 파
　　우더 타입의 화장품으로 빠르게 수
　　정·보완한다.
　• 장면 전환 시 퍼프에 파우더를 담아
　　땀이나 기름진 피부에 덧발라 준다.
　• 립스틱 위에 파우더를 바르고 다시
　　립스틱을 발라주면 쉽게 지워지지
　　않는다.
　• 배우 개개인의 파우더 퍼프를 사
　　용한다.

3 캐릭터 메이크업 디자인

(1) 무대 공연 메이크업에 사용하는 도구

① 무대 공연 메이크업에는 **컨투어링 브러시**를 사용하는데, 주로 **인조모로 된 브러시**를 사용한다.

② 사용 후 비누 또는 브러시 클리너로 세척한다.

③ 브러시의 크기별 용도

1cm (flat)	어두운 색 파운데이션을 발라 깊이감을 주어 명암 표현에 효과적
0.6cm (flat)	밝은색 파운데이션을 발라 입체감을 표현하는 데 효과적
0.3cm (flat)	굵은 주름을 그릴 때 주로 사용
세필	잔주름을 표현할 때 사용

④ 1회용 도구와 재사용 도구

1회용 도구	라텍스 스펀지, 면봉, 화장 솜, 물티슈, 비닐 백 등
재사용 도구	가위, 브러시, 아이래시컬러, 스파츌라, 팔레트 등

(2) 무대 크기에 따른 음영법

파운데이션의 어두운 색과 밝은 색을 이용하여 얼굴의 골격을 돌출되어 보이게 하거나 축소되어 보이게 하는 화장 기법

소극장	• 관객과 배우의 거리가 가까우므로 인위적인 명암법보다 세밀하고 자연스러운 메이크업이 필요 • 얼굴 각 부분의 정교하고 세밀한 메이크업이 요구
중극장	• 눈썹, 아이라인 및 얼굴 윤곽을 강조하는 명암법 사용 • 뒷자리의 관객들이 배우의 얼굴을 인지할 수 있도록 메이크업
대극장	• 대극장에서는 스크린으로 배우의 얼굴을 보여 주는 경우가 많으므로 너무 과하지 않게 메이크업

10 응용 메이크업

1 패션이미지 메이크업 제안

(1) 패션 이미지 유형

유형	이미지
내추럴 이미지	• 자연스러움, 부드러움, 편안함, 소박함, 차분함 • 자연의 아름다움과 편안함을 추구하는 이미지로 부드러운 소재 사용
클래식 이미지	• 고전적, 고상함, 전통적인 패션 스타일 • 몸의 선을 강조하지 않고 장식이 강하지 않음
엘레강스 이미지	• 고상함, 품위, 세련됨, 성숙한 부드러움 • 우아한 드레이핑 형태의 스타일
로맨틱 이미지	• 아름다움, 달콤함, 섬세함, 낭만적, 부드러움, 온화함, 여성스러움 • 플레어스커트, 프릴, 드레이프가 있는 원피스나 블라우스로 표현
모던 이미지	• 현대적, 도시적, 이지적, 진보적, 전위성 • 포스트모던, 하이테크, 퓨처리스트 룩 • 차갑고 딱딱한 느낌의 세련되고 도회적인 스타일로 줄무늬나 기하학적인 무늬, 체크 등이 활용
매니시 (mannish) 이미지	• 남성적인 특징이 강하게 나타나는 자립적인 여성의 이미지 • 남성적인 이미지 속에 화려함과 격조를 갖춘 패션 스타일
액티브 이미지	• 젊음, 건강미, 생동감, 적극적, 활동적, 경쾌함 • 재킷에 바지나 스커트를 조합한 활동적인 스타일로 티셔츠, 면바지, 카디건 등을 코디네이션한 패션 스타일
에스닉 이미지	• 민족, 민속, 토속적, 소박함, 전원적 • 민속 문화와 관습을 강조 • 아프리카의 토속의상, 잉카의 기하학 문양, 중국의 차이나 칼라, 인도의 사리, 인도네시아의 바틱 등
아방가르드 이미지	• 기존의 예술사적 전통을 거부하고 극단적인 새로움을 추구하는 급격한 진보적 성향의 이미지

chapter 01

(2) 메이크업 디자인 요소

① 색

㉠ 피부를 돋보이게 하고 얼굴의 형태를 수정 · 보완 및 입체 부여

㉡ 의상, 헤어스타일과의 조화를 통하여 개성을 부각시킴으로써 상황에 맞도록 메시지를 전달

㉢ 색상, 명도, 채도, 톤의 조화를 통해 아름다움을 표현

② 형태

㉠ 선

상향선	생기있어 보이지만, 지나치면 차갑고 사나워 보임
하향선	부드러워 보이지만 우울하고 노화되어 보임
수평선	정적인 느낌으로 무난하고 차분하지만 지루해 보임

㉡ 면

넓은 면	얼굴에서 볼이나 이마와 같이 표현하기 넓은 부분으로 전체적인 크기를 결정
좁은 면	눈이나 입술과 같이 표현하기 좁은 부분으로 포인트 요소임
돌출된 면	광대뼈 부분, 이마, 코와 같이 얼굴에서 나와 있는 부분으로 주로 하이라이트 부분
들어간 면	헤어라인, 페이스 라인과 같이 얼굴에서 들어가 있는 부분으로 주로 셰이딩을 주는 부분

③ 질감

질감은 주로 피부의 결을 고르게 보이게 하거나 색의 표정을 이용하기 위해서 피부 전체에 바르는 파운데이션과 파우더의 양에 따라 표현한다.

매트	• 광택이 없는 질감으로 보송보송한 느낌의 가볍고 우아하면서도 차가운 메이크업을 말한다. • 그라데이션이 용이하고 지속력이 좋다.
글로시	• 윤기와 광택이 있는 질감 • 파우더 광택 : 파우더를 사용하여 반짝이는 효과를 주는 광택 • 오일 광택 : 파우더를 사용하지 않고 파운데이션의 번들거리는 효과를 주는 광택
착시	• 크기나 모양이 같아도 선이나 색에 따라 다르게 보이는 현상 • 개성을 강조하고 단점을 수정하여 원하는 이미지를 만들어 내기 위해 착시현상 이용 • 대비, 가로선, 세로선, 색, 질감에 따른 착시가 있음

❷ 패션 이미지 메이크업 제안 방법

(1) 패션 이미지 유형 분석하여 이미지 맵 작성

패션 이미지 유형을 분석하고 각각의 유형에 적합한 패션 스타일, 컬러, 패턴 등을 수집하여 이미지 맵을 작성한 후 메이크업 디자인 요소를 적용하여 일러스트레이션을 완성한다.

① 분석한 패션 이미지에 적합한 자료를 수집하여 가위나 풀을 이용하여 레이아웃하여 이미지 맵을 완성한다.

② 완성된 패션 이미지 맵에 따른 메이크업 디자인 요소를 분석한다.
  - 메이크업 디자인 요소인 색, 형, 질감을 패션 이미지별 유형에 적합하게 피부, 눈썹, 아이섀도, 입술, 볼로 세분화하여 분석한다.
  - 부드럽고 화사한 색상은 사랑스러운 패션 이미지에 해당되며, 직선은 남성적, 곡선은 여성적 이미지를 가진다.
  - 매트한 질감은 차갑고 강한 이미지를 전달하며, 글로시한 질감은 따뜻하고 매끄러운 이미지를 전달한다.

③ 패션 이미지 맵과 메이크업 디자인 요소를 바탕으로 메이크업 일러스트레이션을 한다. 색연필, 파스텔 등을 이용하여 형태를 그리고, 눈, 코, 입, 헤어스타일 등의 세밀한 묘사를 입체감 있게 채색하여 완성한다.

(2) 패션 이미지 메이크업 제안

패션 이미지 유형을 분석하여 만든 이미지 맵을 기준으로 각각의 유형에 적합한 일러스트레이션으로 패션 이미지 메이크업을 제안한다.

내추럴 이미지	• 자연의 아름다움과 편안한 실루엣을 추구하여 따뜻하고 부드러운 소재로 소박하면서 자연스러운 스타일 • 베이지, 캐멀, 카키 계열의 소프트한 색상과 라이트 그레이시, 그레이시 톤 등을 사용
클래식 이미지	• 고전적이며 고상한 이미지로 오랫동안 착용되어 세대를 초월한 보편성이 특징 • 품위와 격조를 느끼게 하여 유행에 상관없이 베이직한 슈트 스타일을 중심으로 이미지 맵과 일러스트를 완성한다. • 유행에 민감하지 않은 무채색, 브라운, 딥 그린 등의 컬러를 사용
엘레강스 이미지	• 부드러운 곡선을 살린 실루엣으로 우아하고 고급스러운 기품이 특징 • 지나치게 화려하지 않은 디테일에 소프트한 톤과 퍼플, 와인 계열의 색상이 조화를 이루어 온화하고 성숙한 이미지
로맨틱 이미지	• 귀엽고 사랑스러운 소녀의 감성을 표현할 수 있는 로맨틱 이미지는 베이비 핑크, 크림 옐로, 피치 등 부드러운 파스텔 톤과 가볍고 깨끗한 페일 톤이 대표 색상이다. • 인체의 부드러운 곡선을 표현하는 가벼운 소재와 꽃무늬, 레이스, 리본 등의 장식적인 디테일이 강조되어 낭만적인 이미지를 연출

▶ 효과적인 일러스트레이션 작업을 위한 팁
• 면 표현 : 파스텔 또는 아이섀도 활용
• 선과 풍부한 색감 표현 : 색연필로 마무리

모던 이미지	• 현대적이고 도시적인 감성 • **무채색을 주색으로 하여 블루와 같은 포인트** 색상이 가미되어 차갑고 도회적인 이미지를 연출 • **직선적인 형태로 장식을 배제하여 심플한** 디자인, 단색, 대담한 무늬를 사용
매니시 이미지	• 여성의 활발한 사회 활동이 시작되면서 독립심을 표현해 주는 스타일의 매니시 이미지는 남성적인 이미지를 연출하는 앤드로지너스, 유니섹스를 지향 • **무채색이나 딥 그레이시 톤의** 색상과 중절모, 넥타이 등의 소품, 직선적인 남성 슈트와 같은 자료를 이용
액티브 이미지	• 건강과 레저를 위해 밝고 활동적인 이미지로서 기능성과 활동성을 중시한 스포츠웨어가 대표적임 • 야외 활동이 이루어지므로 **비비드한 톤이** 주를 이룬다. • 활동하기 편안한 디자인과 부드러운 소재에 스포티하고 발랄한 패턴으로 생동감이 표현
에스닉 이미지	• 토속적이며 민족풍의 문양과 기하학적, 추상적 패턴이 주를 이루어 각 나라의 풍속과 민족을 상징하는 에스닉 이미지는 동양적, 이국적, 열대, 민속적인 분위기를 나타내는 배색을 많이 사용
아방가르드 이미지	• 독특한 재단과 스타일, 비대칭적이고 과장된 실루엣, 미니멀리즘과 볼륨감 있는 스타일 조화 등으로 혁신적인 감각을 표현 • 다양성과 독창적인 디자인을 연출하므로 볼륨감이 강조되어 소매가 넓게 퍼지는 드롭트 숄더 등 변형된 어깨 라인과 빅 사이즈 디자인의 의상과 **무채색, 다크, 다크 그레이시 톤을** 사용

③ 패션 이미지 메이크업 표현

(1) 내추럴 이미지

① 쉬머한 베이스 제품과 액상 파운데이션을 이용하여 자연스럽고 촉촉한 피부를 표현한다.

② **베이지 브라운색을** 이용하여 눈썹 결을 살리고 얼굴형에 어울리는 기본형의 눈썹을 그린다.

③ 베이지, 핑크, 피치 등의 **소프트한 색상으로** 아이섀도를 표현한다.

④ 자연스럽게 아이라인을 그리고 마스카라로 마무리한다.

⑤ **누드 톤이나 생기 있어 보이는 색상을** 사용하여 촉촉한 입술을 표현한다.

⑥ 모델의 얼굴형을 보완하여 하이라이트와 셰이딩을 가볍게 한다.

⑦ 치크는 **핑크 또는 피치 색상으로** 부드럽게 볼을 감싸는 터치로 완성한다.

(2) 클래식 이미지

① 컨실러를 이용하여 피부 결점을 커버한다.

② 파운데이션으로 피부 표현을 하고 파우더를 바른다.

③ T존에는 하이라이트를 주고, 헤어라인과 네크라인은 셰이딩을 강조하여 입체적인 얼굴을 표현한다.

④ 브라운색으로 각진 눈썹을 그려서 고전적인 이미지를 표현한다.

⑤ 그라데이션으로 눈매가 입체적으로 보이도록 아이섀도를 표현한다.

⑥ 검정 아이라인을 선명하게 그리고 마스카라로 볼륨감 있게 표현한다.

⑦ 립라인을 선명하게 그려 준 후 레드 또는 레드 브라운 계열의 립스틱으로 발라 립라인과 경계가 없게 표현한다.

⑧ 치크는 핑크 브라운 색상으로 광대뼈 주위를 사선 방향으로 볼터치하여 완성한다.

(3) 엘레강스 이미지

① 파운데이션으로 결점을 커버하며 부드럽게 발라준다.

② 그레이 브라운 색상을 이용하여 부드러운 아치형 눈썹을 그린다.

③ 소프트한 색상 또는 샤이니한 질감의 아이섀도로 눈두덩에 광택을 준 후 포인트 색상으로 눈매를 선명하게 표현한다.

④ 너무 진하지 않게 아이라인을 그린 후 마스카라로 마무리한다.

⑤ 소프트한 핑크 베이지 또는 레드 색상의 립스틱으로 입술을 완성한다.

⑥ 부드럽게 얼굴을 감싸며 하이라이트와 셰이딩을 한다.

⑦ 피치 색상으로 혈색 있는 볼을 표현한다.

(4) 로맨틱 이미지

① 피부색보다 한 톤 밝은 색상의 파운데이션을 이용하여 깨끗하고 화사한 피부를 표현한다.

② 핑크 브라운 색상으로 자연스럽게 둥근 눈썹을 그려 귀여운 이미지를 연출한다.

③ 화이트와 파스텔 색상으로 사랑스러운 눈매를 표현한다.

④ 부드럽고 자연스러운 아이라인을 그린다.

⑤ 핑크 또는 오렌지 색상으로 입술을 촉촉하게 바른다.

⑥ 핑크 또는 피치 색상으로 소녀의 상기된 듯한 볼을 표현한다.

(5) 모던 이미지

① 프라이머 또는 쉬머한 제형으로 도자기 같은 피부를 표현한다.

② 그레이 브라운 색상으로 각진 눈썹을 그린다.

③ 펄이 가미된 무채색 계열의 아이섀도로 도시적인 모던 이미지를 표현한 후 마스카라로 마무리한다.

④ 누드 톤 또는 와인 색상의 립스틱으로 입술을 그린다.

⑤ 베이지 브라운으로 사선 방향으로 볼 터치하여 마무리한다.

(6) 매니시 이미지

① 얼굴 윤곽이 직선적으로 강조되도록 파운데이션을 발라 남성적인 이미지를 표현한다.

② 다크 그레이 색상을 이용하여 각진 상승형의 눈썹으로 표현하여 남성미를 더해준다.

③ 무채색 계열을 이용하여 눈을 강조하거나 검정 아이라인으로 눈매를 강조한다.

④ 누드 톤 또는 짙은 색상으로 입술라인을 각지게 하여 입술을 표현한다.

⑤ 베이지 브라운으로 사선 방향으로 볼 터치하여 마무리한다.

(7) 액티브 이미지

① 활동적인 이미지로 보이기 위해 피부 톤을 글로시하게 표현한다.

② 브라운 색상으로 각진 기본형의 눈썹을 그리거나 상승형으로 그린다.

③ 채도가 높은 오렌지, 핑크, 블루, 그린 등의 색상으로 원 포인트 눈 메이크업을 표현한다.

④ 입술은 자연스러운 글로스로 마무리한다. 눈 메이크업을 소프트하게 표현한 경우 비비드한 레드, 핑크 색상의 립스틱으로 포인트를 준다.

⑤ 핑크, 피치, 브라운으로 사선 방향으로 볼 터치하여 마무리한다.

(8) 에스닉 이미지

① 매트 또는 촉촉하게 피부를 표현한다.

② 레드 브라운 또는 다크 브라운으로 눈썹을 일자로 진하게 그린다.

③ 아이라인을 중심으로 코올 메이크업 또는 스머지 효과를 주면서 아이섀도를 표현한다.

④ 볼륨 마스카라로 눈매를 또렷이 표현한다.

⑤ 투명 립글로스 또는 레드 브라운 립스틱으로 입술을 그린다.

⑥ 볼 터치는 수평으로 발라 주거나, 사선으로 강하게 표현한다.

(9) 아방가르드 이미지

① 매트 또는 글로시로 피부를 표현한다.

② 블랙 색상으로 진하고 선명하게 상승형의 눈썹을 그린다.

③ 어두운 무채색이거나 강렬한 원색, 펄 입자 등으로 아이섀도의 패턴 또는 아이섀도의 색상을 과감하고 과장되게 표현한다.

④ 입술은 누드 톤 또는 다크 톤으로 아이섀도의 패턴, 색상 등과 매치시켜 바른다.

⑤ 브라운으로 사선 방향으로 볼 터치하여 마무리한다.

1 트렌드 조사 – 트렌드 자료 수집 및 분석

(1) 인쇄 매체를 통한 수집

① 메이크업, 헤어스타일, 패션 등이 수록된 잡지, 서적, 신문, 브로슈어, 팸플릿 등을 통해 자료를 수집한다.

② 수집한 자료를 바탕으로 메이크업 관련 시대별 유행 경향과 최신 트렌드를 분석한다.

③ 사진 자료는 복사, 스캔, 캡처하여 저장한다.

④ 자료의 출처를 반드시 기록해 유형별로 나누어 파일로 정리해 놓는다.

(2) 각종 컬렉션 및 박람회를 통한 수집

① 관련 행사의 개최 일시, 장소, 주최 기관, 행사 내용 등을 인터넷으로 검색한다.

② 직접 참관하여 메이크업 트렌드에 관련된 정보를 수집한다.

③ 사진 및 동영상을 촬영한다.

④ 사진, 동영상, 팸플릿 등을 분류한 후 저장한다. 출처는 반드시 기록해 둔다.

(3) 영상 매체 및 뉴미디어를 통한 수집

① 영화, 텔레비전 프로그램 등을 통해 메이크업 스타일을 조사하여 그 시대의 메이크업 트렌드를 파악한다.

② 인터넷, 전자신문, 유튜브 등을 활용하여 메이크업 관련 단어를 검색하여 자료를 수집 · 분석한다.

③ 영상 자료는 복사, 스캔, 캡처하여 저장한다.

④ 자료의 출처를 반드시 기록해 유형별로 정리한다.

2 수집된 정보 관리

① 분석한 자료를 트렌드의 흐름에 맞게 정리한다.

② 트렌드에 맞는 자료를 수집하여 텍스트와 적절히 배치한다.

③ 다양한 자료를 분석한 후 구체적인 트렌드를 파악한다.

④ 분석한 자료를 시각적으로 보기 좋게 관리한다.

3 메이크업 트렌드의 방향 제안

① 화장품 브랜드의 마케팅 시장 동향을 살펴보고 직접 매장에 나가 유행하는 화장품을 조사, 분석하여 소비자의 요구를 파악한다.

② 소비자의 요구에 따라 다음 시즌에 유행할 상품을 메이크업, 헤어, 네일 분야별로 예측한다.

③ 새로운 상품의 기능이나 디자인, 색상에 따라 마케팅과 관련한 아이디어를 도출하고 새로운 트렌드 방향을 제안한다.

▶ 메이크업 트렌드 정보 분석
① 패션, 메이크업 관련 서적 등을 수집 · 분석
② 미디어나 패션쇼, 헤어쇼, 화장품 브랜드의 시즌별 자료 등 다양한 방법을 통하여 수집 · 분석
③ 컬러 트렌드 정보를 바탕으로 시즌별 메이크업 컬러 기획 자료를 수집하여 색상의 변화를 분석

▶ 메이크업 산업의 정보 분석
① 최근 4년간 메이크업 산업과 화장품 산업의 유행 동향을 조사 · 분석하고 연도별 트렌드의 변화 추이를 비교하여 주요 흐름 파악
② 메이크업 트렌드 자료 중 국내에서 유행한 사례를 조사하여 차별화된 국내 메이크업 산업의 특징을 분석
③ 최근 컬렉션에 등장한 메이크업과 트렌드 경향에서 컬렉션 자료와 인쇄 매체 광고, 각종 미디어에서 나타나는 메이크업 자료를 연도별로 분석

chapter 01

④ 트렌드 메이크업 표현

(1) 세미스모키 메이크업

부담스럽지 않은 음영 컬러로 눈을 강조한 기법이며, 기존의 스모키 메이크업보다 부드러운 느낌을 연출한다.

구분	화장법
베이스	파운데이션을 자연스럽고 얇게 펴 바른 후 컨실러로 잡티를 커버하고 소량의 파우더로 유분기를 잡아줌
눈썹	• 눈썹은 모발과 색상을 맞추어 자연스러운 갈색으로 표현 • 색상이 짙으면 답답하고 자연스럽지 못하므로 주의
눈	브라운, 블랙, 베이지, 캐멀, 골드 등으로 가볍게 그라데이션을 주고 아이보리나 크림색이 가미된 색상으로 하이라이트를 줌
입술	핑크 베이지나 코럴 베이지 색상을 사용
블러셔	라이트한 코럴이나 라이트 핑크, 브론즈 색상의 블러셔로 가볍게 터치

(2) 원 포인트 립 메이크업

가볍고 매트한 피부 표현에 강렬한 색상으로 입술에 초점을 맞춘 메이크업 기법이다.

구분	화장법
베이스	커버력이 있는 파운데이션을 바른 후 컨실러로 잡티를 커버하고 파우더로 유분기를 잡아줌
눈썹	모발 색상이나 눈동자 색과 동일한 색으로 아이브로 섀도를 이용
눈	펄감이 없는 내추럴 베이지나 스킨 베이지 컬러를 눈두덩에 발라 주고 조금 더 진한 컬러로 포인트 부여
입술	퍼플 레드 계열의 비트루트 색상을 사용하여 스트레이트 커브 립 라인을 그려 주고 매트한 질감으로 세련되고 차분한 분위기로 완성
블러셔	광대뼈 밑을 뉴트럴 계열이나 베이지 브라운 계열로 세련된 이미지를 연출하고 헤어라인과 페이스 라인 부분을 섬세하게 완성

(3) 글로시 메이크업

자연스러운 광택의 베이스로 표현한 피부에 입자가 고운 하이라이터를 사용하여 글로시함을 표현한다.

구분	화장법
베이스	• 톤업 베이스나 펄감이 함유된 메이크업 베이스를 사용한 후 리퀴드 파운데이션을 얇게 펴 발라 촉촉한 피부톤을 표현 • 필요 시 투명 파우더를 사용하여 가볍게 표현
눈썹	• 브라운, 연그레이 색상으로 자연스럽게 표현 • 눈썹 두께가 너무 얇지 않도록 하며 눈썹 사이사이를 메워줌
눈	• 베이지 색상의 아이섀도를 사용하고 포인트는 자연스러운 브라운 계열로 그라데이션을 주어 부드럽게 연출
입술	• 투명한 립글로스를 사용하여 촉촉한 효과
블러셔	• 애플 치크의 형태로 광대뼈를 감싸듯이 터치 • 피부의 광택감을 유지할 수 있는 크림 타입이나 리퀴드 타입의 블러셔를 사용

출제예상문제 | 단원별 구성의 문제 유형 파악!

1 ★★★★ 메이크업의 조건이 아닌 것은?

① 조화
② 대비
③ 대칭
④ 강조

> 메이크업의 조건에는 TPO, 조화, 대비, 대칭, 그라데이션이 있으며, 강조는 패션디자인의 원리로 어느 한 부분을 강조하여 눈에 띄게 만들어 체형의 단점을 보완하는 역할을 한다.

2 ★★★★ 메이크업의 조건 중 의상, 헤어, 인물의 분위기 등의 조화로움을 고려하여 시술해야 하는 메이크업의 조건은?

① 조화
② 대비
③ 대칭
④ T.P.O

> 메이크업의 조건 중 의상, 헤어, 인물의 분위기 등의 조화로움을 고려하여 시술하는 것은 메이크업의 조건 중 조화에 해당한다.

3 ★★★★ 메이크업의 조건 중 그라데이션에 대한 설명으로 옳은 것은?

① 의상, 헤어, 인물의 분위기 등의 조화로움을 고려하여 시술한다.
② 색상, 명도, 채도를 이용하여 색의 대비 효과를 준다.
③ 눈썹 등의 아이 메이크업 시 좌우 균형을 잘 맞추어 메이크업을 한다.
④ 메이크업의 색상을 자연스럽게 잘 펴주는 기법을 말한다.

> ① 조화, ② 대비, ③ 대칭

4 ★★★ 화장은 목적에 따라 여러 가지로 분류한다. 이 중에서 데이타임 메이크업(daytime Makeup)을 설명한 것은?

① 성장화장
② 스테이지 메이크업
③ 사진을 찍을 경우의 화장
④ 낮 화장

화장의 목적에 따른 분류	
구분	종류
데이타임	낮 화장. 진하지 않은 일상적인 화장
소셜 메이크업	성장 화장, 사교모임 등의 짙은 화장
그리스 페인트 메이크업	페인트 메이크업, 스테이지 메이크업, 무대용 화장
컬러 포토 메이크업	컬러 사진을 찍을 때의 화장

5 ★★★ 다음 중 무대화장을 일컫는 화장법은?

① 데이타임 메이크업
② 그리스 페인트 메이크업
③ 선번 메이크업
④ 컬러 포토 메이크업

> 무대화장을 의미하는 화장법에는 그리스 페인트 메이크업, 스테이지 메이크업이 있다.

6 ★★★ 다음 중 메이크업의 설명이 잘못 연결된 것은?

① 데이타임 메이크업 – 짙은 화장
② 소셜 메이크업 – 성장 화장
③ 선번 메이크업 – 햇볕 방지 화장
④ 그리스 페인트 메이크업 – 무대 화장

> 데이타임 메이크업은 진하지 않은 일상적인 화장을 의미한다.

7 ★★★ 다음 중 목적에 따른 메이크업의 분류에 해당되지 않는 것은?

① 소셜 메이크업
② 오디너리 메이크업
③ 그리스 페인트 메이크업
④ 스테이지 메이크업

> 오디너리 메이크업은 일상생활에서의 메이크업을 의미하는 것으로 목적에 따른 메이크업의 분류에 해당되지 않는다.

정 답 1 ④ 2 ① 3 ④ 4 ④ 5 ② 6 ① 7 ②

8 그리스 페인트 화장이란? ★★★

① 낮 화장

② 햇볕 그을림 방지 화장

③ 밤 화장

④ 무대용 화장

9 낮 화장을 의미하며 단순한 외출이나 가벼운 방문을 할 때 하는 보통화장은? ★★★★

① 소셜 메이크업

② 페인트 메이크업

③ 컬러포토 메이크업

④ 데이타임 메이크업

진하지 않은 일상적인 화장을 데이타임 메이크업이라 하며, 낮 화장을 의미한다.

10 메이크업 시 유의사항으로 틀린 것은? ★★★

① 메이크업은 원래의 모습을 완전히 바꾸는 것이 아니라 얼굴의 자연스러움을 살리는 것이다.

② T.P.O보다는 자신의 개성을 살리는 메이크업을 중시한다.

③ 시간(Time), 장소(Place), 상황(Occasion)에 적합하도록 시술한다.

④ 메이크업 시 자연조명 아래에서는 사실적이고 자연스럽게 표현한다.

메이크업은 시간, 장소, 상황에 따라 분위기를 달리 연출하는 것이 중요하다.

11 데이타임 메이크업에 대한 설명으로 잘못된 것은? ★★★

① 낮에만 국한된 화장이 아니라 일상적으로 하는 자연스러운 메이크업이다.

② 특이한 느낌을 강조하여서는 안 된다.

③ 누드 메이크업도 데이타임 메이크업의 패턴이다.

④ 조명에 의해 변화되는 메이크업으로 전체적으로 강하게 표현한다.

데이타임 메이크업은 자연스러운 메이크업으로 자연광에 노출되는 시간이 많으므로 차분한 컬러를 사용하여 진하지 않게 메이크업을 하는 것이 관건이다.

12 데이타임 메이크업에 대한 설명으로 옳지 않은 것은? ★★★

① 컬러 마스카라를 사용할 수도 있다.

② 블러셔는 눈화장과 입술화장을 자연스럽게 연결하는 톤으로 한다.

③ 완벽한 피부 표현으로 입체감을 완성한다.

④ 낮에 일상생활을 위한 연출 메이크업이다.

데이타임 메이크업은 입체감을 주기보다는 일상에서의 자연스러움을 주기 위한 화장이다.

13 봄 메이크업에 어울리지 않는 컬러는? ★★★

① 핑크

② 그린

③ 오렌지

④ 다크브라운

봄 메이크업은 생기 있는 신선함을 느끼게 하는 밝은색 계열이 어울린다.

14 파티 메이크업에 대한 설명으로 옳지 않은 것은? ★★★

① 또렷한 눈매를 위해 인조 속눈썹을 사용하기도 한다.

② 데이타임 메이크업보다 자연스러운 피부표현을 연출한다.

③ 입체감을 강조한 메이크업이 효과적이다.

④ 펄 제품 사용으로 화려함을 강조할 수 있다.

나이트(파티) 메이크업은 화려한 인공조명 아래 보여지는 메이크업으로 메이크업 톤이 조명에 의해 다운되어 보일 수 있는 점을 감안하여 표현해야 한다. 펄이나 광택 제품을 사용하여 화사함과 화려함을 강조한다.

15 나이트 메이크업에 대한 설명으로 바른 것은? ★★★

① 인위적인 표현 없이 자연스럽게 연출한다.

② 누드 메이크업에 가까운 메이크업이다.

③ 오피스 메이크업으로 응용할 수 있다.

④ 펄이나 광택 나는 글로스 제품을 사용하여 화사함과 화려함을 더욱 강조할 수도 있다.

나이트 메이크업은 화려한 인공조명 아래서 보여지는 메이크업이므로 메이크업 톤이 조명에 의해 다운되어 보일 수 있다는 점을 감안해 화사함과 화려함을 강조하는 메이크업이 적합하다.

정 답 8 ④ 9 ④ 10 ② 11 ④ 12 ③ 13 ④ 14 ② 15 ④

16 봄 메이크업과 관계가 없는 것은?

① 생기있는 신선함을 느끼게 한다.
② 피부표현은 너무 어둡지 않게 한다.
③ 립스틱은 강하지 않은 핑크나 누드 오렌지 계열의 무난한 계열을 사용한다.
④ 아이라인을 강조하여 선명한 이미지를 연출한다.

봄 메이크업 시 아이라인을 너무 굵게 그리면 아이섀도의 느낌이 약해질 수 있으므로 얇게 그려준다.

17 여름 메이크업에 사용되는 제품으로 땀이나 물에 잘 지워지지 않는 제품을 일컫는 용어는?

① 모이스춰라이저
② 워터프루프
③ 안티에이징
④ 쉬머

땀이나 물에 강한 제품을 총칭하는 말로 워터프루프라 한다.

18 여름 메이크업에 대한 설명으로 옳지 않은 것은?

① 시원하고 경쾌한 느낌이 들도록 한다.
② 난색 계열을 사용해 따뜻한 느낌이 들도록 한다.
③ 건강한 피부 표현을 위해 오렌지색 메이크업 베이스를 사용한다.
④ 워터프루프 제품을 사용한다.

여름 메이크업은 따뜻한 느낌의 난색 계열보다는 시원한 느낌의 한색 계열을 사용하는 것이 좋다.

19 여름철 태닝 메이크업으로 알맞은 것은?

① 얼굴에 섹시한 볼륨감을 주기 위해 이마, 광대뼈, 콧등, 턱 라인에 브론즈 파우더나 골드 컬러의 크림을 발라 입체감을 준다.
② 아이라인을 두껍게 그려 강한 이미지를 살린다.
③ 핑크색 아이섀도를 이용해 생기발랄한 이미지를 연출한다.
④ 레드 립스틱으로 섹시함을 강조한다.

여름철 태닝 메이크업은 이마, 광대뼈, 콧등, 턱 라인에 브론즈 파우더나 골드 컬러의 크림을 발라 입체감을 주면서 얼굴에 섹시한 볼륨감을 주는 것이 좋다.

20 다음은 어느 계절에 적합한 메이크업에 대한 설명인가?

【보기】

• 땀이나 물에 얼룩지므로 피부표현은 절대 두꺼운 느낌이 들지 않게 가볍게 커버한다.
• 블러셔는 더워 보이므로 생략해도 무방하다.
• 펄이 든 제품이나 시원해 보이는 컬러를 사용한다.

① 봄
② 여름
③ 가을
④ 겨울

여름철은 시원한 청량감을 느낄 수 있는 메이크업으로 표현하는데, 시원해 보이는 컬러를 사용하고 블러셔는 생략해도 무방하다.

21 가을 메이크업에 대한 설명으로 적당하지 않은 것은?

① 가을의 주조색은 브라운 베이지, 골드 등이 있다.
② 피부의 건조함을 막기 위해 크림파운데이션을 사용한다.
③ 지적이고 차분한 이미지를 연출한다.
④ 생기발랄한 이미지를 연출한다.

생기발랄한 이미지는 봄에 적당한 메이크업이고 가을에는 지적인 여성미를 강조할 수 있도록 차분하게 표현한다.

22 가을 메이크업에 어울리는 컬러로 차분함과 지적인 이미지를 주는 컬러 조합은?

① 실버, 라이트 블루, 다크 블루
② 페일 핑크, 핑크, 마르살라
③ 펄 베이지, 펄 브라운, 다크 브라운
④ 화이트, 레드, 골드 펄

가을 메이크업에는 펄 베이지, 펄 브라운, 다크 브라운 등과 같이 차분함과 지적인 이미지를 주는 것이 좋다.

23 겨울 메이크업 시 적당한 파운데이션은?

① 리퀴드 파운데이션
② 무스 파운데이션
③ 파우더 파운데이션
④ 크림 파운데이션

겨울철은 피부가 많이 건조해지므로 수분과 유분이 적당히 포함된 크림 파운데이션이 적당하다.

정답 16 ④ 17 ② 18 ② 19 ① 20 ② 21 ④ 22 ③ 23 ④

24 겨울 메이크업의 피부표현에 대한 설명으로 옳지 않은 것은?

① 피부의 건조함을 막기 위해 기초화장을 피부에 맞게 충분히 한다.
② 촉촉한 피부 표현을 위해 크림 타입의 파운데이션을 사용한다.
③ 파우더를 이용해 매트한 피부표현으로 깔끔함을 표현한다.
④ 충분한 수분 보충으로 피부를 건강하게 유지한다.

피부가 건조해지는 것을 막기 위해서는 파우더의 양을 최소화하는 것이 중요하다.

25 겨울 메이크업 시 차가운 듯 우아하고 깔끔해 보이는 이미지를 연출하려고 한다. 어울리는 컬러 조합은?

① 실버 – 와인 ② 핑크 – 그린
③ 골드 – 브라운 ④ 옐로 – 오렌지

실버와 와인색의 조합으로 차가운 듯 우아하고 깔끔해 보이는 이미지를 연출할 수 있다.

26 다음은 각 계절에 어울리는 컬러를 연결하였다. 어울리는 것은?

① 봄 – 라이트 옐로, 버건디, 옐로 그린
② 여름 – 화이트, 라이트 블루, 펄 실버
③ 가을 – 핑크, 레드, 옐로
④ 겨울 – 버건디, 화이트, 골드펄, 브라운

① 봄 – 핑크, 그린, 옐로
③ 가을 – 브라운 골드, 베이지, 카키
④ 겨울 – 버건디, 와인, 화이트펄, 레드

27 신부화장에서 신부의 인중이 짧을 때는 어디를 수정해야 가장 적절한가?

① 윗입술을 작게 그리고 아랫입술을 크게 그린다.
② 윗입술은 크게 아랫입술은 작게 그린다.
③ 코 벽을 세운다.
④ 인중을 크게 그린다.

신부의 인중이 짧을 때는 길어 보이게 할 필요가 있으므로 윗입술을 작게 그리고 아랫입술을 크게 그린다.

28 웨딩 메이크업의 설명으로 잘못된 것은?

① 신부의 연령대를 충분히 고려하여 메이크업을 시술하도록 한다.
② 신부의 평소 즐겨하는 메이크업을 알아둔다.
③ 결혼식 장소의 조명을 미리 체크해 둔다.
④ 결혼식 전 충분한 상담은 이루어지지 않아도 된다.

웨딩 메이크업은 결혼식 전 신랑 신부와 함께 충분한 상담과 사전준비 등을 해야 한다.

29 신부 메이크업 시 고려해야 할 사항이 아닌 것은?

① 신부의 연령
② 신부의 피부상태와 평소 즐겨하는 컬러
③ 웨딩드레스 색깔과 디자인
④ 웨딩드레스의 가격

신부 메이크업 시에는 신부의 연령, 피부상태, 신부가 선호하는 컬러 및 웨딩드레스의 색깔과 디자인 등을 고려해야 한다.

30 신랑 메이크업 시 고려해야 할 사항이 아닌 것은?

① 신랑의 연령
② 신랑의 피부상태
③ 신랑의 이목구비
④ 신랑의 섀도 색

신랑의 메이크업은 신부처럼 섀도를 입히는 메이크업은 어색함을 줄 수 있다.

31 신부의 메이크업 시 사용되지 않는 컬러는?

① 핑크
② 브라운
③ 오렌지
④ 화이트&블랙

신부 메이크업에는 화이트 및 블랙을 피하는 것이 좋다.

정답 24 ③ 25 ① 26 ② 27 ① 28 ④ 29 ④ 30 ④ 31 ④

32 한복 메이크업 시 고려해야 할 사항이 아닌 것은?

① 소매의 끝동이나 고름색
② 치마색
③ 한복 모양의 형태
④ 한복의 곡선과 어울리는 우아한 색

> 한복의 메이크업은 한복의 색상을 중요시하며, 디자인과는 무관하다.

33 카메라와 조명에 대한 기본 상식과 텔레비전 수상기에 의한 색 왜곡과 색 균형 등의 조건 등을 고려해야 하는 메이크업은?

① 무대분장
② 포토 메이크업
③ 패션쇼 메이크업
④ 영상 메이크업

34 영상매체 광고 메이크업에 대한 설명이다. 다음 중 틀린 것은?

① 조명에 따라 메이크업의 색상이 다르게 보일 수 있다.
② 본래의 색보다 어둡게 보이며 얼굴이 작게 나타난다.
③ 조명의 반사로 인한 번들거림에 신경써야 한다.
④ 콘셉트에 맞는 메이크업을 하여야 한다.

> 영상매체 광고 메이크업에서는 밝은 조명으로 인해 본래의 색보다 밝게 보인다.

35 TV 메이크업에서 주의해야 할 사항이다. 다음 중 잘못된 것은?

① 너무 밝거나 붉은 계열의 색상은 주의하여 사용한다.
② 밝은색 표현을 위해 백색을 사용한다.
③ 얼굴이 다소 평면적이고 확장되어 보이므로 윤곽 수정에 유의한다.
④ 강한 색은 더 강하게 표현되므로 컬러 선택에 신중하여야 한다.

> 영상 메이크업에서 밝은색 표현은 흰색보다는 아이보리 컬러나 크림컬러를 사용한다.

36 사진이나 영상 메이크업 시 적합한 파운데이션은?

① 리퀴드 파운데이션　　② 펄 파운데이션
③ 스틱형 파운데이션　　④ 무스 파운데이션

> 지속력과 커버력이 좋은 스틱형 파운데이션으로 조명으로부터 피부를 보호할 수 있다.

37 영상 메이크업에서 참고하여야 할 사항이 아닌 것은?

① 흰색 파운데이션을 사용한다.
② 육안으로 보는 색보다 밝고 진하게 나온다.
③ 짙은 핑크는 붉게 표현될 수 있다.
④ 실제보다 평면적이고 확장된 형태로 보여질 수 있다.

> 영상 메이크업에서는 흰색 파운데이션이 적합하지 않다.

38 컬러 사진 메이크업에서 피부 표현 시 옳은 것은?

① 리퀴드 파운데이션을 이용해 자연스러운 피부표현을 강조한다.
② 밝은 조명으로 한 톤 정도 어둡게 보이므로 약간 밝게 표현한다.
③ 펄이 들어간 하이라이터를 이용해 광택이 나는 피부표현에 중점을 둔다.
④ 커버력과 지속력이 우수한 스틱 파운데이션을 사용하는 것이 좋다.

> 컬러 사진 메이크업 시에는 장시간 뜨거운 조명 앞에서 촬영해야 하는 점을 감안해서 커버력과 지속력이 우수한 스틱 파운데이션을 사용한다.

39 흑백사진 메이크업에서 진하고 윤곽이 뚜렷한 립 메이크업을 하려고 한다. 적당한 컬러 선택은?

① 파스텔 계열의 밝은 핑크
② 펄 베이지 컬러
③ 오렌지 브라운 컬러
④ 진한 와인컬러

> 밝거나 중간 정도의 명도를 가진 컬러들은 흑백 사진 메이크업에서 윤곽을 잘 정리할 수 없으므로 짙은 와인컬러의 립 컬러가 뚜렷함을 나타낼 수 있다.

정답 32 ③　33 ④　34 ②　35 ②　36 ③　37 ①　38 ④　39 ④

40 *** 흑백 사진 메이크업에 대한 설명으로 옳지 않은 것은?

① 색의 표현보다는 명암과 톤의 차이를 이해해야 한다.
② 회색과 검정색의 아이브로를 이용하여 또렷하게 눈썹을 그려준다.
③ 또렷한 입술 표현을 위해서는 검정색 립스틱을 바른다.
④ 기미, 주근깨 등의 잡티는 피부톤보다 한 톤 정도 밝은 컨실러로 커버한다.

41 **** 흑백 사진 메이크업에 대한 설명 중 맞는 것은?

① 피부색은 모델의 피부톤보다 어둡게 한다.
② 펄 제품을 사용하여 개성을 살려 준다.
③ 다양한 컬러를 사용하여 색감을 살려 준다.
④ 피부색은 모델의 피부톤보다 약간 밝게 표현한다.

> 흑백 사진 메이크업 시 색상은 화려한 무채색 계열이나 음영을 나타낼 수 있는 컬러를 주로 사용하고 피부색은 모델의 피부톤보다 어두우면 안 되고 약간 밝게 표현해야 한다.

42 *** 제품광고 메이크업에 대한 설명으로 가장 적절한 설명은?

① 영상광고 메이크업만을 의미한다.
② 모델의 개성을 살리는 메이크업을 한다.
③ 광고의 컨셉과 제품의 이미지에 맞게 메이크업 한다.
④ 메이크업 아티스트의 주관적인 아이디어에 의한 메이크업을 한다.

> 광고 메이크업의 경우 가장 중요한 요소는 어떤 제품이냐가 가장 중요하다. 다음은 제품을 사용할 타겟과 사용 목적이다. 따라서 메이크업 아티스트의 주관적인 관점보다는 기획 회의를 거쳐 제품에 어울리는 메이크업과 코디가 중요하다.

43 ** 광고 메이크업 분야가 아닌 것은?

① 잡지 촬영 메이크업
② 영상 메이크업
③ 무대 메이크업
④ C.F. 메이크업

> 무대 메이크업은 극장에서 연극을 하기 위한 메이크업이므로 광고 메이크업과는 무관하다.

44 *** TPO에 따른 면접 메이크업에 대한 내용으로 옳은 것은?

① 눈썹 화장은 짙은 컬러를 이용해 진하고 또렷한 눈썹 모양을 만들어준다.
② 아이라인으로 눈매를 또렷하게 그려주어 강하고 믿음직한 이미지를 부여한다.
③ 핑크와 살구빛 치크로 얼굴에 혈색을 주어 건강함을 표현한다.
④ 베이지, 그레이, 블랙 등 무채색 계열의 색상을 사용하여 섹시한 이미지를 준다.

> 면접 메이크업은 아이라인으로 눈매를 또렷하게 그려주어 강하고 믿음직한 이미지를 주는 것이 중요하다.

45 *** 파티 메이크업 설명 중 틀린 것은?

① 피티 룩 패션에 어울릴 만한 우아함을 표현할 수 있도록 너무 각지거나 짧은 아이브로우 형태보다 약간 둥근 아치형이 어울린다.
② 피부 톤을 약간 밝게 표현해 준 다음, 레드나 와인 계열 립 컬러를 표현해 준다.
③ 화려한 느낌을 살릭 위해 펄감이 있는 메이크업 베이스를 사용한다.
④ 피부 표현을 평소보다 어둡게 하고, 톤 다운 된 아이섀도를 발라 차분하게 컬러를 표현한다.

> 파티 메이크업은 화려한 인공조명 아래 보여지는 메이크업으로 메이크업 톤이 조명에 의해 다운되어 보일 수 있는 점을 감안하여 표현해야 한다. 펄이나 광택 제품을 사용하여 화사함과 화려함을 강조한다.

정답 40 ③ 41 ④ 42 ③ 43 ③ 44 ② 45 ④

46 사계절 이미지 중 다음 <보기>의 설명에 부합하는 타입과 그에 가장 잘 어울리는 립 컬러의 연결이 옳은 것은?

【보기】

부드럽고 깊은 눈빛과 부드러운 피부색을 가지며, 모든 사람에게 친근감과 편안함을 느끼게 하는 사람으로 갈색의 눈동자와 머리카락이 부드러운 이미지를 만들어낸다.

① 겨울 이미지의 사람 – 핑크, 체리 핑크
② 봄 이미지의 사람 – 레드, 핑크
③ 가을 이미지의 사람 – 브라운, 코럴 베이지
④ 여름 이미지의 사람 – 버건디, 와인

> <보기>는 가을 이미지의 사람과 부합하며, 브라운 또는 코럴 베이지의 립 컬러가 어울린다.

47 TV 조명과 메이크업 색상과의 관계에 대한 설명으로 틀린 것은?

① 녹색이나 푸른 배경색 앞에서는 피부가 청결하게 보인다.
② 흰 배경은 모델의 피부를 더욱 희게 한다.
③ 조명과 TV 카메라의 특성에 따라 색조가 영향을 받는다.
④ 비비드, 스트롱 색조의 빨강색 립스틱은 번진 것처럼 보일 수 있다.

> 흰 배경 앞에서는 모델의 피부를 검게 보이게 한다.

48 한복 메이크업 시 주의사항이 아닌 것은?

① 색조화장은 저고리 깃이나 고름 색상에 맞추는 것이 좋다.
② 너무 강하거나 화려한 색상은 피하는 것이 좋다.
③ 단아한 이미지를 표현하는 것이 좋다.
④ 한복으로 가려진 몸매를 입체적인 얼굴로 표현한다.

> 입체감 있는 화장은 한복 메이크업에 어울리지 않으며, 한복 메이크업 시에는 화려한 색상을 피하고 단아한 이미지로 표현하는 것이 좋다.

49 한복 메이크업 시 유의하여야 할 내용으로 옳은 것은?

① 눈썹을 아치형으로 그려 우아해 보이도록 표현한다.
② 피부는 한 톤 어둡게 표현하여 자연스러운 피부 톤을 연출하도록 한다.
③ 한복의 화려한 색상과 어울리는 강한 색조를 사용하여 조화롭게 보이도록 한다.
④ 입술의 구각을 정확히 맞추어 그리는 것보다는 아웃커브로 그려 여유롭게 표현하는 것이 좋다.

> ② 피부는 밝고 화사한 느낌이 들도록 한다.
> ③ 한복의 색상과 조화를 이룰 수 있는 색을 두 가지 정도의 톤으로 선택하여 너무 화려하지 않게 표현한다.
> ④ 입술은 섀도 색상과 조화롭게 바르며 라인은 아웃커브보다는 윗입술을 인커브로, 아랫입술은 표준형으로 그려준다.

50 인조 속눈썹의 종류에 대한 설명으로 옳지 않은 것은?

① 스트립 래시는 눈 길이에 맞게 띠를 잘라 사용한다.
② 인디비주얼 래시는 인조 속눈썹 한 가닥 또는 2~3가닥이 한 올을 이루는 형태이다.
③ 필요한 양을 조절하여 속눈썹 사이사이에 붙일 수 있어 자연스러운 인조 속눈썹은 스트립 래시이다.
④ 연장용 래시는 기존 속눈썹 위에 인조 속눈썹을 한 올씩 붙여 길어 보이도록 하는 인조 속눈썹이다.

> ③ 필요한 양을 조절하여 속눈썹 사이사이에 붙일 수 있어 자연스러운 인조 속눈썹은 인디비주얼 래시이다.

51 다음 중 속눈썹 연장 시 J컬의 가모를 사용하지 않는 것은?

① 둥근 눈
② 올라간 눈
③ 큰 눈
④ 미간이 넓은 눈

> 미간이 넓은 눈은 C컬의 가모로 눈 앞머리의 밀도와 컬을 높여 풍성하게 연장한다.

52 인조 속눈썹을 붙이는 방법으로 가장 적합한 것은?

① 속눈썹 전용 접착제를 바르고 눈꼬리부터 5mm 떨어져서 붙인다.

② 눈동자 윗부분에만 부분 속눈썹을 붙이게 되면 눈동자가 작아 보인다.

③ 위생상 사용 후 반드시 재사용하지 않는다.

④ 인조 속눈썹을 붙인 부분에 아이라이너를 한 번더 그려주고 마스카라로 마무리한다.

> ① 눈 앞머리부터 5mm 떨어져서 속눈썹 가까이 붙인다.
> ② 눈동자 윗부분에만 부분 속눈썹을 붙이게 되면 눈동자가 커 보인다.
> ③ 세척해서 재사용할 수도 있다.

53 눈의 형태에 따른 속눈썹 연장 시술에 대한 설명으로 옳지 않은 것은?

① 둥근 눈은 J컬의 가모로 눈 앞쪽이 포인트가 되도록 밀도 높게 풍성하게 시술한다.

② 가는 눈은 J, C컬의 가모를 사용하여 눈 중앙이 포인트가 되도록 시술한다.

③ 처진 눈은 C, CC, L컬 등 컬링이 많이 들어간 가모로 눈꼬리가 올라가 보이도록 시술한다.

④ 미간이 넓은 눈은 C컬의 가모로 눈 앞머리의 밀도와 컬을 높여 풍성하게 연장한다.

> 둥근 눈은 J컬의 가모로 눈꼬리 지점이 포인트가 되도록 시술한다.

54 <보기>에서 설명하는 눈의 형태에 해당하는 것은?

> **【보기】**
> • 고집, 심술, 퉁명한 이미지를 풍긴다.
> • 속눈썹 연장 시 J컬의 가모로 눈 앞머리와 눈꼬리 부분에 포인트를 주어 부드러운 이미지로 연장한다.
> • 속눈썹 연장 시 조금 짧은 가모를 선택한다.

① 큰 눈

② 작은 눈

③ 올라간 눈

④ 튀어나온 눈

> [보기]는 튀어나온 눈에 대한 설명이다.

55 화려한 스타일에 적합하며 다소 인위적이지만 눈매를 부각하고 커 보이게 할 때 사용하는 가모의 종류는?

① J컬

② CC컬

③ C컬

④ L컬

> CC컬은 C컬보다 더 높게 올라간 형태로 가장 볼륨감이 풍성하고 컬링감이 높은 컬로 화려한 스타일에 적합하며 다소 인위적이지만 눈매를 부각하고 커 보이게 한다.

56 인조 속눈썹 부착 방법에 대한 설명으로 옳지 않은 것은?

① 눈 모양, 길이, 형태에 따라 눈의 장단점을 보완할 수 있도록 인조 속눈썹을 재단한다.

② 스트립 래시를 눈의 형태에 따라 3등분 또는 5등분 등으로 잘라서 사용하면 좀 더 자연스러운 속눈썹을 연출할 수 있다.

③ 눈매의 길이가 짧으면 눈 뒷머리의 길이를 길게 표현하고 속눈썹 숱에 포인트를 준다.

④ 눈매의 지방층이 두껍고 쌍꺼풀이 없으며 강한 아이 메이크업을 선호하는 경우 일반적인 길이보다 1~2mm 정도 짧게 재단한다.

> 쌍꺼풀이 없고 강한 아이 메이크업을 선호하는 경우 일반적인 길이보다 1~2mm 길게 재단한다.

57 속눈썹 연장에 필요한 재료 및 도구에 해당하지 않는 것은?

① 핀셋

② 아이래시 컬

③ 글루판

④ 송풍기

> 아이래시 컬은 인조 속눈썹 부착 시 속눈썹 컬링을 조절할 때 사용하는 도구이다.

정답 **52** ④ **53** ① **54** ④ **55** ② **56** ④ **57** ②

58 ^{★★★} 속눈썹 연장 시술에 대한 설명으로 옳지 않은 것은?

① 시술 시 위아래 속눈썹이 붙지 않도록 아래 속눈썹의 눈밑 라인 곡선에 맞춰 아이패치를 부착한다.

② 핀셋 끝을 속눈썹 사이에 넣고 연장 시술할 한 올을 약 1mm 간격으로 벌린다.

③ 분리한 가모를 45° 각도로 잡고 가모의 1/2 지점까지 글루를 묻힌다.

④ 바로 옆 가모와 붙지 않도록 주의하면서 속눈썹 모근에 바짝 붙여 부착한다.

> ④ 속눈썹 모근에 바짝 붙이지 말고 모근에서 1~1.5mm 정도 떨어뜨려 부착한다.

59 ^{★★★} 속눈썹 리터치에 대한 설명으로 옳지 않은 것은?

① 속눈썹 리터치란 시간이 지나면서 약해진 연장 모를 제거한 후 가모가 탈락한 부분에 새로운 가모를 재부착하는 것을 말한다.

② 일반적인 리터치 주기는 4주를 기본으로 하며, 4주 이후에 리터치를 할 때에는 전체를 제거한 후 재시술하는 것이 바람직하다.

③ 가모를 제거할 때는 젤 타입, 크림 타입, 패치 타입 등이 주로 사용된다.

④ 크림 타입 리무버는 강한 제거력이 있으므로 좁은 부위 제거에 적합하다.

> 젤 타입은 좁은 부위 제거에 적합하고, 크림 타입은 전체 제거에 적합하다.

60 ^{★★★} 마스카라를 4번 정도 덧바른 느낌으로 진하고 풍성한 눈매 표현이 가능한 인조 가모의 굵기는?

① 0.10mm
② 0.15mm
③ 0.20mm
④ 0.25mm

> 마스카라를 4번 정도 덧바른 느낌으로 진하고 풍성한 눈매 표현이 가능한 가모의 굵기는 0.20mm이다.

61 ^{★★★} 속눈썹 연장 시술 후 주의사항으로 맞지 않는 것은?

① 연장 후 약 6시간 동안 세안을 금지한다.

② 꼼꼼한 세안을 위해 눈 화장 시 오일 클렌저를 사용한다.

③ 리터치 및 제거를 원할 경우 초보자는 젤 또는 크림 타입의 리무버를 사용하는 것이 적절하다.

④ 눈 주변을 강하게 문지르지 않는다.

> 속눈썹 연장을 시술한 뒤에는 오일 프리 제품을 사용하는 것이 적절하다.

62 ^{★★} 눈과 속눈썹 유형별 리터치 방법으로 잘못 연결된 것은?

① 힘이 없거나 노화로 얇아진 모 - 리터치 주기가 빠른 것은 좋지 않으며, 글루의 탈부착이 잦을수록 속눈썹의 상태는 불안정할 수 있다.

② 외부의 자극으로 약해진 모 - 터치 주기가 1~2주 느리게 진행되므로 인모의 건강 상태를 고려하여 신중하게 시술한다.

③ 정상적인 속눈썹 - 일반적으로 4주가 기본이며, 4주 이후에 리터치를 할 때에는 전체를 제거한 후 재시술한다.

④ 50~60대 - 앞선 연장에서 눈이 찔리지 않았는지 확인하고 눈꺼풀의 피부 처짐 현상을 고려하여 길이와 컬을 선택한다.

> 외부의 자극으로 약해진 모의 경우 리터치 주기는 1~2주 빠르게 진행되므로 인모의 건강 상태에 따라 시술 방법을 선정하여 신중하게 시술한다.

63 ^{★★★} 사극 수염 분장에 필요한 재료가 아닌 것은?

① 스피리트(Spirit gum)
② 쇠 브러시
③ 생사
④ 더마 왁스

> 더마 왁스는 얼굴의 일부분을 변형시키는 특수분장에 주로 사용된다.

정 답   58 ④   59 ④   60 ③   61 ②   62 ②   63 ④

202   제1장 메이크업 개론

64 플라스틱 캡을 이용한 볼드캡 캐릭터 표현에 대한 설명으로 옳지 않은 것은?

① 플라스틱 캡은 라텍스 캡에 비해 제작이 까다로운 단점이 있으나 완성도 있는 표현이 가능하다.
② 좌우 앞뒤의 균형이 맞는지 확인하고 이마 중심부터 뒷목, 좌우 귀 옆 부분에 분장용 접착제를 바르고 붙여 준다.
③ 스펀지를 사용하여 두피의 모공을 자연스럽게 연출해 준다.
④ 볼드캡을 제거할 때는 리무버가 묻은 브러시로 바깥쪽부터 발라 접착제를 녹인다.

바깥 부분에 리무버를 묻히면 눈에 들어갈 수 있으므로 리무버가 묻은 브러시로 안쪽부터 발라 접착제를 녹인다.

65 눈썹의 형태와 캐릭터의 성격의 연결이 옳은 것은?

① 일자 눈썹 – 강한 의지, 적극적
② 각진 눈썹 – 절도, 박력, 활동적, 엄격함
③ 가는 눈썹 – 불안정, 횡포, 명랑
④ 처진 눈썹 – 온화함, 소심함

① 일자 눈썹 – 실질적, 엄격하고 무뚝뚝함, 현명함
③ 가는 눈썹 – 연약함, 우유부단함, 섬세함, 부안, 세련미
④ 처진 눈썹 – 우울함, 인색함, 어리석음

66 얼굴 특성에 따른 캐릭터 성격의 특징에 대한 설명으로 옳지 않은 것은?

① 동그란 눈은 발랄, 경쾌, 불안, 공포의 특징을 가진다.
② 짧은 코는 명랑하고 낙천적으로 보인다.
③ 큰 입술은 보수적이고 소심하며, 자주성이 결여되어 보인다.
④ 미간이 좁은 눈썹은 속이 좁아 보이고 고집이 있어 보인다.

보수적이고 소심하며, 자주성이 결여되어 보이는 입술은 작은 입술이다.

67 <보기>는 어떤 패션 이미지에 대한 메이크업 표현 방법인가?

【보기】
• 활동적인 이미지로 보이기 위해 피부 톤을 글로시하게 표현한다.
• 브라운 색상으로 각진 기본형의 눈썹을 그리거나 상승형으로 그린다.
• 입술은 자연스러운 글로스로 마무리한다.
• 핑크, 피치, 브라운으로 사선 방향으로 볼 터치하여 마무리한다.

① 내추럴 이미지
② 액티브 이미지
③ 에스닉 이미지
④ 아방가르드 이미지

〈보기〉는 액티브 패션 이미지 표현 방법에 대한 설명이다.

68 클래식 패션 이미지 표현 방법에 대한 설명으로 옳지 않은 것은?

① 유행에 민감하지 않은 무채색, 브라운, 딥 그린 등의 컬러를 사용한다.
② 레드 브라운 또는 다크 브라운으로 눈썹을 일자로 진하게 그려 준다.
③ 입술은 립라인을 선명하게 그려 준 후 레드 또는 레드 브라운 계열의 립스틱으로 발라 립라인과 경계가 없게 표현한다.
④ 치크는 핑크 브라운 색상으로 광대뼈 주위를 사선 방향으로 볼터치하여 완성한다.

클래식 패션 이미지의 눈썹은 브라운색으로 각진 눈썹을 그려서 고전적인 이미지를 표현한다.

69 ★★★★ 세미스모키 메이크업 표현 방법으로 옳지 않은 것은?

① 파운데이션을 자연스럽고 얇게 펴 바른 후 컨실러로 잡티를 커버하고 소량의 파우더로 유분기를 잡아 준다.

② 눈썹은 모발과 색상을 맞추어 자연스러운 갈색으로 그려 준다.

③ 누드 톤 또는 짙은 색상으로 입술라인을 각지게 하여 입술을 표현한다.

④ 볼은 라이트한 코럴이나 라이트 핑크, 브론즈 색상의 블러셔로 가볍게 터치해 준다.

> 입술은 핑크 베이지나 코럴 베이지 색상을 사용하여 표현한다.

70 ★★★★ 글로시 메이크업 표현 방법으로 옳지 않은 것은?

① 리퀴드 파운데이션을 얇게 펴 발라 촉촉한 피부 톤을 표현한다.

② 눈썹은 브라운, 연그레이 색상으로 자연스럽게 그려 준다.

③ 입술은 투명한 립글로스를 사용하여 촉촉한 효과를 낸다.

④ 광대뼈 밑을 뉴트럴 계열이나 베이지 브라운 계열로 세련된 이미지를 연출한다.

> 피부의 광택감을 유지할 수 있는 크림 타입이나 리퀴드 타입의 블러셔로 광대뼈를 애플 치크의 형태로 감싸듯이 터치한다.

71 ★★★★ 피사체의 눈동자에 반사되어 인물을 생동감 넘치게 보이게 하는 효과가 있는 것은?

① 사이드 라이트
② 백 라이트
③ 톱 라이트
④ 캐치 라이트

> 피사체의 눈동자에 반사되어 인물을 생동감 넘치게 보이게 하는 효과가 있는 것은 캐치 라이트이다.

72 ★★★ '귀여운, 사랑스러운, 소녀적인, 낭만적인, 장식적인' 등의 이미지를 가진 로맨틱 웨딩 메이크업의 색조로 가장 적합한 배색 이미지는?

①

②

③

④

> '귀여운, 사랑스러운, 소녀적인, 낭만적인, 장식적인' 등의 이미지를 가진 로맨틱 웨딩 메이크업의 색조로 가장 적합한 배색 이미지는 ③번이다.

MAKEUP ARTIST CERTIFICATION

CHAPTER **02**

피부학

Makeup Artist Certification

SECTION 01 피부와 피부 부속기관

 이 섹션에서는 다소 깊이 있게 학습하기를 바란다. 표피와 진피의 세부 구조와 기능, 한선, 피지선, 모발까지 다양하게 출제가 예상된다. 예상문제에서 그대로 출제될 가능성이 높으니 모든 문제를 소홀히 하지 않도록 주의한다.

피부의 구조

- 표피
  - 각질층 ┐
  - 투명층 ├ 무핵층
  - 과립층 ┘
  - 유극층 ┐ 유핵층
  - 기저층 ┘
- 진피
  - 유두층
  - 망상층
- 피하조직

▶ **표피의 발생**
외배엽에서부터 시작

▶ **레인방어막의 역할**
- 외부로부터 이물질이 침입하는 것을 방어
- 체내에 필요한 물질이 체외로 빠져나가는 것을 방지
- 피부가 건조해지는 것을 방지
- 피부염 유발을 억제

▶ **피부색**
- 멜라닌(흑색소), 헤모글로빈(적색소), 카로틴(황색소)의 분포에 의해 결정
- 여성보다 남성, 젊은 층보다 고령층이 색소가 더 많이 분포

▶ **각화과정**
- 피부 위쪽으로 올라와 피부 밖으로 떨어져 나가는 현상을 말한다.

▶ **세라마이드**
- 피부 각질층을 구성하는 각질 세포간 지질 중 약 40% 이상 차지
- 기능 : 수분억제, 각질층의 구조 유지

01 피부의 구조 및 기능

1 표피

피부의 가장 표면층으로 외부의 자극으로부터 신체를 보호하고 신진대사 작용을 함

(1) 표피의 구조

각질층	• 표피를 구성하는 세포층 중 가장 바깥층(상층부) • 각화가 완전히 된 세포(죽은 세포)들로 구성 • 비듬이나 때처럼 박리현상을 일으키는 층
투명층	• 손바닥과 발바닥 등 비교적 피부층이 두터운 부위에 주로 분포 • 수분 침투 방지 • 단백질(엘라이딘)을 함유하고 있어 피부를 윤기있게 해 줌
과립층	• 3~5개층의 평평한 케라티노사이트층으로 구성 • 피부의 수분 증발을 방지하는 층(레인방어막) • 각화유리질과립(케라토히알린과립)이 존재하는 층 • 지방세포 생성
유극층	• 표피 중 가장 두꺼운 층 • 세포 표면에 가시 모양의 돌기가 세포 사이를 연결 • 케라틴의 성장과 분열에 관여
기저층	• 표피의 가장 아래층으로 진피의 유두층으로부터 영양분을 공급받으며, 새로운 세포가 형성되는 층 • 원주형의 세포가 단층으로 이어져 있으며 각질형성세포와 색소형성세포가 존재 • 털의 기질부(모기질)

(2) 표피층을 구성하는 세포

각질 형성 세포 (케라티노사이트)	• 기저층에 위치 • 각화주기 : 약 4주(28일)을 주기로 하여 반복적으로 각화과정이 이뤄짐
멜라닌 형성 세포 (멜라노사이트)	• 색소 형성 세포 • 대부분 기저층에 위치 • 멜라닌의 크기와 양에 따라 피부색 결정

랑게르한스 세포 (긴수뇨세포)	• 피부의 면역기능 담당, 항원 탐지 • 외부로부터 침입한 이물질을 림프구로 전달 • 내인성 노화가 진행될 때 감소
머켈 세포	• 기저층에 위치 • 신경세포와 연결되어 촉각 감지

② 진피

(1) 주성분

교원섬유(콜라겐) 조직과 탄력섬유(엘라스틴) 및 뮤코다당류로 구성

(2) 진피의 구조와 기능

유두층	• 표피의 경계 부위에 유두 모양의 돌기를 형성하고 있는 진피의 상단 부분 • 다량의 수분을 함유하고 있으며, 혈관을 통해 기저층에 영양분 공급 • 혈관과 신경이 존재
망상층	• 진피의 4/5를 차지하며 유두층의 아래에 위치 • 피하조직과 연결되는 층 • 옆으로 길고 섬세한 섬유가 그물모양으로 구성 • 혈관, 신경관, 림프관, 한선, 유선, 모발, 입모근 등의 부속기관이 분포

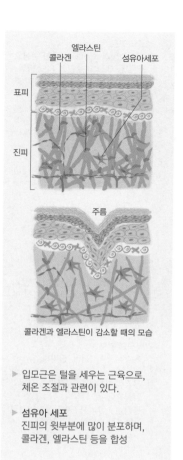

콜라겐과 엘라스틴이 감소할 때의 모습

▶ 입모근은 털을 세우는 근육으로, 체온 조절과 관련이 있다.

▶ **섬유아 세포**
진피의 윗부분에 많이 분포하며, 콜라겐, 엘라스틴 등을 합성

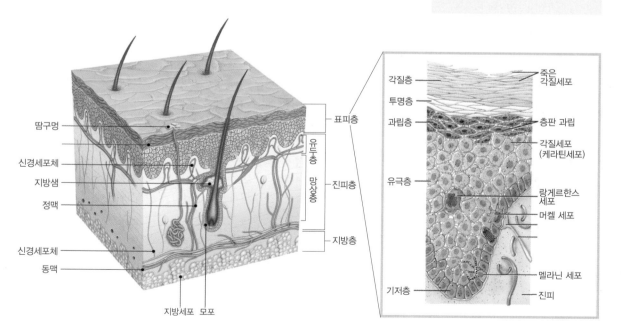

- 셀룰라이트
  - 피하지방이 축적되어 뭉친 현상으로 오렌지 껍질 모양의 피부 변화
  - 여성의 허벅지, 엉덩이, 복부에 주로 발생
  - 원인 : 혈액과 림프순환의 장애로 대사과정에서 노폐물, 독소 등이 배설되지 못하고 피부조직에 축적

▶ 피부 표면의 pH
신체 부위, 주위 환경에 따라 달라지지만 땀의 분비가 가장 크게 영향을 미침

  ▶ 피부의 가장 이상적 pH
  4.5~6.5의 약산성

▶ 피부의 감각기관
  - 통각 : 피부에 가장 많이 분포하며, 피부가 느낄 수 있는 가장 예민한 감각
  - 온각 : 오감 중 가장 둔한 감각

▶ 감각점의 분포
  - 촉각점·통각점 : 진피의 유두층에 위치
  - 온각점, 냉각점, 압각점 : 진피의 망상층에 위치
  - 통각점 〉압각점 〉촉각점 〉냉각점 〉온각점 순으로 많이 분포

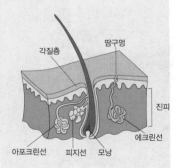

각질층 땀구멍
진피
에크린선
아포크린선 피지선 모낭

▶ 피지의 기능
  - 피부의 항상성 유지
  - 피부보호
  - 유독물질 배출작용
  - 살균작용

③ 피하조직
① 진피와 근육 사이에 위치하며, 피부의 가장 아래층에 해당
② 기능 : 영양분 저장, 지방 합성, 열의 차단, 충격 흡수

④ 피부의 기능
① 보호기능
  - 피하지방과 모발의 완충작용으로 외부로부터의 충격, 압력으로부터 보호
  - 열, 추위, 화학작용, 박테리아로부터 보호
  - 자외선 차단
② 체온조절기능 : 외부 온도의 변화에 적응하기 위해 체온 조절
③ 비타민 D 합성 기능 : 자외선 자극에 의해 비타민 D 생성
④ 분비·배설 기능 : 땀 및 피지의 분비
⑤ 저장기능 : 수분, 영양분, 혈액 저장
⑥ 호흡작용 : 산소를 흡수하고 이산화탄소를 방출하면서 에너지를 생성
⑦ 감각 및 지각 기능 : 통각, 온각, 촉각, 냉각, 압각

02 피부 부속기관의 구조 및 기능

① 한선(땀샘)
① 진피와 피하지방 조직의 경계부위에 위치
② 체온조절 기능
③ 분비물 배출 및 땀 분비
④ 종류

에크린선 (소한선)	• 분포 : 입술과 생식기를 제외한 전신(특히 손바닥, 발바닥, 겨드랑이에 많이 분포) • 기능 : 체온 유지 및 노폐물 배출
아포크린선 (대한선)	• 분포 : 겨드랑이, 눈꺼풀, 유두, 배꼽 주변 • 기능 : 모낭에 연결되어 피지선에 땀을 분비, 산성막의 생성에 관여 • 여성이 남성보다 발달 (흑인 〉백인 〉동양인) • 출생 시 몸 전체에 형성되어 생후 5개월경에 퇴화되다가 사춘기부터 분비량이 증가

② 피지선
① 진피의 망상층에 위치
② 손바닥과 발바닥을 제외한 전신에 분포
③ 안드로겐이 피지의 생성 촉진, 에스트로겐이 피지의 분비 억제
④ 피지의 1일 분비량 : 약 1~2g

❸ 모발

(1) 모발의 특징

① 모발의 구성 : 케라틴(단백질), 멜라닌, 지질, 수분 등
② 성장 속도 : 하루에 0.2~0.5mm 성장
③ 수명 : 3~6년
④ 건강한 모발의 pH : 4.5~5.5

(2) 모발의 결합구조

① 폴리펩티드결합(주쇄결합) : 세로 방향의 결합으로 모발의 결합 중 가장 강한 결합
② 측쇄결합 : 가로 방향의 결합

(3) 멜라닌

피부와 모발의 색을 결정하는 색소

① 유멜라닌 : 갈색-검정색 중합체, 입자형 색소
② 페오멜라닌 : 적색-갈색 중합체

(4) 모발의 구조

① 모간 : 피부 밖으로 나와 있는 부분
  • 모표피 : 모발의 가장 바깥부분
  • 모피질 : 모표피의 안쪽 부분으로 멜라닌 색소를 가장 많이 함유
  • 모수질 : 모발의 중심부로 멜라닌 색소 함유
② 모근 : 두부의 표피 밑에 모낭 안에 들어 있는 모발
③ 모낭 : 모근을 싸고 있는 부분
④ 모구 : 모낭의 아랫부분
⑤ 모유두 : 모낭 끝에 있는 작은 돌기 조직으로 모발에 영양을 공급하는 부분으로, 혈관과 신경이 분포함

(5) 모발의 생장주기

성장기 → 퇴화기 → 휴지기의 단계를 반복한다.

성장기	• 모근세포의 세포분열 및 증식작용으로 모발의 성장이 왕성한 단계 • 전체 모발의 88% 차지 • 기간 : 3~5년
퇴화기	• 모발의 성장이 느려지는 단계 • 전체 모발의 1% 차지 • 기간 : 약 1개월
휴지기	• 모발의 성장이 멈추고 가벼운 물리적 자극에 의해 쉽게 탈모가 되는 단계 • 전체 모발의 14~15% 차지 • 기간 : 2~3개월

▶ 케라틴
시스틴, 글루탐산, 알기닌 등의 아미노산으로 이루어져 있으며, 이 중 시스틴은 황을 함유하는 함황아미노산으로 함유량이 10~14%로 가장 높아 태우면 노린내가 나는 원인이 된다.

▶ 측쇄결합의 종류

종류	특징
시스틴 결합	두 개의 황(S) 원자 사이에서 형성되는 공유결합
수소 결합	수분에 의해 일시적으로 변형되며, 드라이어의 열을 가하면 다시 재결합되어 형태가 만들어지는 결합
염결합	산성의 아미노산과 알칼리성 아미노산이 서로 붙어서 구성되는 결합

▶ 모모(毛母) 세포
모유두에 접한 모모세포는 분열과 증식작용을 통해 새로운 머리카락을 만든다.

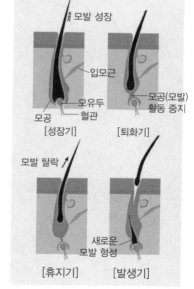

[성장기] [퇴화기]
[휴지기] [발생기]

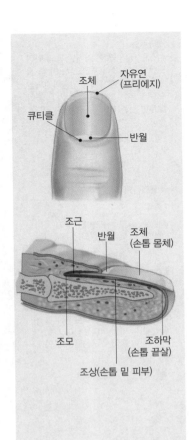

조체
자유연
(프리에지)
큐티클
반월

조근
반월 조체
(손톱 몸체)

조모
조하막
(손톱 끝살)
조상(손톱 밑 피부)

4 손톱

(1) 손톱의 구조

조체 (Nail Body) = 조판 (Nail Plate)	① 손톱의 몸체 부분 ② 역할 : 네일베드를 보호 ③ 조상(네일 베드)과 접해있는 아랫부분은 약하며 위로 갈수록 튼튼함
조근 (Nail Root)	① 손톱의 아랫부분에 묻혀있는 얇고 부드러운 부분 ② 새로운 세포가 만들어져 손톱의 성장이 시작되는 곳
자유연 (프리에지, Free Edge)	① 네일 베드와 접착되어 있지 않은 손톱의 끝부분 ② 네일의 길이와 모양을 자유롭게 조절할 수 있음
옐로우 라인 (스마일 라인)	① 프리에지와 네일 베드의 경계선 ② 네일 바디 상의 둥근 선

큐티클	① 손톱 주위를 덮고 있는 신경이 없는 부분
	② 역할 : 병균 및 미생물의 침입으로부터 보호
	③ 건강한 큐티클의 조건
	  • 적당한 수분을 함유할 것
	  • 탄력이 있을 것
	  • 갈라짐이 없을 것

스트레스 포인트	손톱이 피부와 분리되기 시작하는 곳

(2) 손톱 밑의 구조

조상 (네일 베드, Nail Bed)	① 네일 바디를 받치고 있는 밑부분 ② 혈관과 신경이 분포하고 있으며 네일의 신진대사와 수분 공급
조모 (네일 매트릭스, Nail Matrix)	① 조근(네일 뿌리) 밑에 위치하여 각질세포의 생산과 성장을 조절 ② 혈관 및 신경 분포
반월 (루눌라, Lunula)	① 반달 모양의 손톱 아래 부분 ② 매트릭스와 네일 베드가 만나는 부분 ③ 완전히 케라틴화되지 않음

(3) 손톱의 성장

① 성장 속도 : 하루에 0.1~0.15mm
② 손톱이 완전히 자라서 대체되는 기간 : 5~6개월
③ 10~14세에 가장 빨리 성장, 20세 이후 저하
④ 성장 속도가 가장 빠른 계절 : 여름
⑤ 손가락마다 성장 속도가 다름
⑥ 손가락을 많이 움직일수록 빨리 성장

(4) 건강한 네일의 조건

① 반투명의 분홍색을 띠며 윤택이 있을 것
② 둥근 모양의 아치형일 것
③ 갈라짐이 없을 것
④ 네일 바디가 네일 베드에 강하게 부착되어 있을 것
⑤ 단단하고 탄력이 있을 것
⑥ 12~18%의 수분을 함유하고 있을 것
⑦ 세균에 감염되지 않을 것

출제예상문제 | 단원별 구성의 문제 유형 파악!

01. 피부의 구조 및 기능

1 ★★
각질층에 대한 설명으로 옳지 않은 것은?

① 표피를 구성하는 세포층 중 가장 바깥층이다.
② 엘라이딘이라는 단백질을 함유하고 있어 피부를 윤기있게 해주는 기능이 있다.
③ 각화가 완전히 된 세포들로 구성되어 있다.
④ 비듬이나 때처럼 박리현상을 일으키는 층이다.

> 엘라이딘이라는 단백질을 함유하고 있어 피부를 윤기있게 해주는 기능을 하는 층은 투명층이다.

2 ★★★★★
다음 중 표피층을 순서대로 나열한 것은?

① 각질층, 유극층, 투명층, 과립층, 기저층
② 각질층, 유극층, 망상층, 기저층, 과립층
③ 각질층, 과립층, 유극층, 투명층, 기저층
④ 각질층, 투명층, 과립층, 유극층, 기저층

> 피부의 표피는 바깥에서부터 각질층, 투명층, 과립층, 유극층, 기저층으로 구성되어 있다.

3 ★★★★
피부의 표피 세포는 대략 몇 주 정도의 교체 주기를 가지고 있는가?

① 1주   ② 2주
③ 3주   ④ 4주

> 표피는 피부의 가장 표면층에 해당하는 부분이며, 표피 세포는 약 4주의 교체 주기를 가지고 있다.

4 ★★
피부의 각질층에 존재하는 세포간 지질 중 가장 많이 함유된 것은?

① 세라마이드(ceramide)
② 콜레스테롤(cholesterol)
③ 스쿠알렌(squalene)
④ 왁스(wax)

> 세라마이드는 피부 각질층을 구성하는 각질세포간 지질 중 약 40% 이상이 함유되어 있다.

5 ★★★
다음 중 표피에 있는 것으로 면역과 가장 관계가 있는 세포는?

① 멜라닌세포
② 랑게르한스 세포(긴수뇨세포)
③ 머켈세포(신경종말세포)
④ 콜라겐

> 랑게르한스 세포는 피부의 면역기능을 담당하며, 외부로부터 침입한 이물질을 림프구로 전달하는 역할을 한다.

6 ★★★★
우리 피부의 세포가 기저층에서 생성되어 각질세포로 변화하여 피부표면으로부터 떨어져 나가는 데 걸리는 기간은 약 얼마인가?

① 60일   ② 28일   ③ 120일   ④ 280일

정답 ▶ **1** 1 ② 2 ④ 3 ④ 4 ① 5 ② 6 ②

7 표피에서 촉감을 감지하는 세포는?

① 멜라닌 세포
② 머켈 세포
③ 각질형성 세포
④ 랑게르한스 세포

머켈세포는 표피의 기저층에 위치하며 신경세포와 연결되어 촉각을 감지한다.

8 다음 중 표피층에 존재하는 세포가 아닌 것은?

① 각질형성 세포
② 멜라닌 세포
③ 랑게르한스 세포
④ 비만세포

비만세포는 결합조직, 특히 혈관 주위에 많이 분포한다.

9 피부의 표피를 구성하는 세포층 중에서 가장 바깥에 존재하는 것은?

① 유극층
② 각질층
③ 과립층
④ 투명층

피부의 표피는 바깥에서부터 각질층, 투명층, 과립층, 유극층, 기저층으로 구성되어 있다.

10 피부 표피의 투명층에 존재하는 반유동성 물질은?

① 엘라이딘(elridin)
② 콜레스테롤(cholesterol)
③ 단백질(protein)
④ 세라마이드(ceramide)

투명층은 엘라이딘이라는 단백질을 함유하고 있어 피부를 윤기 있게 해주는 기능을 한다.

11 비늘모양의 죽은 피부세포가 얇은 회백색 조각으로 되어 떨어져 나가는 피부층은?

① 투명층
② 유극층
③ 기저층
④ 각질층

각질층은 표피를 구성하는 세포층 중 가장 바깥층을 구성하며, 비듬이나 때처럼 박리현상을 일으키는 층이다.

12 표피 중에서 각화가 완전히 된 세포들로 이루어진 층은?

① 과립층
② 각질층
③ 유극층
④ 투명층

각질층은 각화가 완전히 된 세포들로 구성되며, 비듬이나 때처럼 박리현상을 일으키는 층이다.

13 비듬이나 때처럼 박리현상을 일으키는 피부층은?

① 표피의 기저층
② 표피의 과립층
③ 표피의 각질층
④ 진피의 유두층

14 피부의 각질(케라틴)을 만들어 내는 세포는?

① 색소세포
② 기저세포
③ 각질형성세포
④ 섬유아세포

각질형성세포는 표피의 80~90%를 차지하는 세포로 각질을 만들어 낸다.

15 생명력이 없는 상태의 무색, 무핵층으로서 손바닥과 발바닥에 주로 있는 층은?

① 각질층
② 과립층
③ 투명층
④ 기저층

투명층은 손바닥과 발바닥 등 비교적 피부층이 두터운 부위에 주로 분포한다.

16 레인방어막의 역할이 아닌 것은?

① 외부로부터 침입하는 각종 물질을 방어한다.
② 체액이 외부로 새어 나가는 것을 방지한다.
③ 피부의 색소를 만든다.
④ 피부염 유발을 억제한다.

과립층에 존재하는 레인방어막은 외부로부터 이물질을 침입하는 것을 방어하는 역할을 하는 동시에 체내에 필요한 물질이 체외로 빠져나가는 것을 막고 피부가 건조해지거나 피부염이 유발하는 것을 억제하는 역할을 한다.

17 다음 세포층 가운데 손바닥과 발바닥에서만 볼 수 있는 것은?

① 과립층   ② 유극층
③ 각질층   ④ 투명층

18 투명층은 인체의 어떤 부위에 가장 많이 존재하는가?

① 얼굴, 목   ② 팔, 다리
③ 가슴, 등   ④ 손바닥, 발바닥

> 투명층은 손바닥과 발바닥 등 비교적 피부층이 두터운 부위에 주로 분포한다.

19 신체부위 중 투명층이 가장 많이 존재하는 곳은?

① 이마   ② 두정부
③ 손바닥   ④ 목

> 투명층은 손바닥과 발바닥 등 비교적 피부층이 두터운 부위에 주로 분포한다.

20 손바닥과 발바닥 등 비교적 피부층이 두터운 부위에 주로 분포되어 있으며 수분 침투를 방지하고 피부를 윤기 있게 해주는 기능을 가진 엘라이딘이라는 단백질을 함유하고 있는 표피 세포층은?

① 각질층   ② 유두층
③ 투명층   ④ 망상층

21 피부구조에 있어 물이나 일부의 물질을 통과시키지 못하게 하는 흡수 방어벽층은 어디에 있는가?

① 투명층과 과립층 사이
② 각질층과 투명층 사이
③ 유극층과 기저층 사이
④ 과립층과 유극층 사이

22 표피 중에서 피부로부터 수분이 증발하는 것을 막는 층은?

① 각질층   ② 기저층
③ 과립층   ④ 유극층

> 과립층은 유극층과 투명층 사이에 존재하며, 체내에서 필요한 물질이 체외로 빠져나가는 것을 억제해 수분의 증발을 막아 피부가 건조해지는 것을 방지하는 역할을 한다.

23 케라토히알린(keratohyaline) 과립은 피부 표피의 어느 층에 주로 존재하는가?

① 과립층   ② 유극층
③ 기저층   ④ 투명층

> 과립층에는 케라틴의 전구물질인 케라토히알린 과립이 형성되어 빛을 굴절시키는 작용을 하며, 수분이 빠져나가는 것을 막는다.

24 표피의 발생은 어디에서부터 시작되는가?

① 피지선   ② 한선
③ 간엽   ④ 외배엽

> 외배엽은 신경세포, 표피조직, 눈, 척추 등으로 분화한다.

25 표피의 부속기관이 아닌 것은?

① 손 · 발톱   ② 유선
③ 피지선   ④ 흉선

> 흉선은 흉골의 뒤쪽에 위치한 내분비선에 해당한다.

26 각화유리질과립은 피부 표피의 어떤 층에 주로 존재하는가?

① 과립층   ② 유극층
③ 기저층   ④ 투명층

> 과립층은 다이아몬드 모양의 세포로 구성되어 있으며, 각화유리질과립으로 채워져 있다.

27 피부 표피 중 가장 두꺼운 층은?

① 각질층   ② 유극층
③ 과립층   ④ 기저층

> 유극층은 5~10층으로 이루어져 표피층 중 가장 두꺼운 층을 형성한다.

정답   17 ④   18 ④   19 ③   20 ③   21 ①   22 ③   23 ①   24 ④   25 ④   26 ①   27 ②

28 피부 표피층 중에서 가장 두꺼운 층으로 세포 표면에는 가시 모양의 돌기를 가지고 있는 것은?

① 유극층   ② 과립층
③ 각질층   ④ 기저층

> 유극층은 표피 중 가장 두꺼운 층으로 세포 표면에 가시 모양의 돌기가 세포 사이를 연결하고 있으며, 케라틴의 성장과 분열에 관여한다.

29 피부의 새로운 세포 형성은 어디에서 이루어지는가?

① 기저층   ② 유극층
③ 과립층   ④ 투명층

> 표피의 가장 아래층에 있는 기저층에서 새로운 세포가 형성된다.

30 다음 중 기저층의 중요한 역할로 가장 적당한 것은?

① 수분방어
② 면역
③ 팽윤
④ 새로운 세포 형성

> 기저층은 유두층으로부터 영양분을 공급받고 새로운 세포가 형성되는 층이다.

31 피부에 있어 색소세포가 가장 많이 존재하고 있는 곳은?

① 표피의 각질층   ② 표피의 기저층
③ 진피의 유두층   ④ 진피의 망상층

> 기저층은 원주형의 세포가 단층으로 이어져 있으며 각질 형성세포와 색소형성세포가 존재한다.

32 피부의 색상을 결정짓는 데 주요한 요인이 되는 멜라닌 색소를 만들어 내는 피부층은?

① 과립층   ② 유극층
③ 기저층   ④ 유두층

> 기저층은 원주형의 세포가 단층으로 이어져 있으며 각질형성세포와 색소형성세포가 존재한다.

33 피부색소의 멜라닌을 만드는 색소형성세포는 어느 층에 위치하는가?

① 과립층   ② 유극층
③ 각질층   ④ 기저층

> 기저층에는 색소형성세포와 각질형성세포가 존재한다.

34 털의 기질부(모기질)는 표피층 중에서 어느 부분에 해당하는가?

① 각질층   ② 과립층
③ 유극층   ④ 기저층

> 털의 재생에 중요한 역할을 담당하는 기질부는 표피층 중 기저층에 해당한다.

35 피부의 각화과정(Keratinization)이란?

① 피부가 손톱, 발톱으로 딱딱하게 변하는 것을 말한다.
② 피부세포가 기저층에서 각질층까지 분열되어 올라가 죽은 각질 세포로 되는 현상을 말한다.
③ 기저세포 중의 멜라닌 색소가 많아져서 피부가 검게 되는 것을 말한다.
④ 피부가 거칠어져서 주름이 생겨 늙는 것을 말한다.

36 원주형의 세포가 단층으로 이어져 있으며 각질형성세포와 색소형성세포가 존재하는 피부 세포층은?

① 기저층   ② 투명층
③ 각질층   ④ 유극층

> 각질형성세포와 색소형성세포는 기저층에 존재한다.

37 피부의 주체를 이루는 층으로서 망상층과 유두층으로 구분되며 피부조직 외에 부속기관인 혈관, 신경관, 림프관, 땀샘, 기름샘, 모발과 입모근을 포함하고 있는 곳은?

① 표피   ② 진피
③ 근육   ④ 피하조직

> 유두층과 망상층으로 구성된 피부는 진피층이다.

정답 ▶ 28 ①   29 ①   30 ④   31 ②   32 ③   33 ④   34 ④   35 ②   36 ①   37 ②

38 *** 피부가 추위를 감지하면 근육을 수축시켜 털을 세우게 한다. 어떤 근육이 털을 세우게 하는가?

① 안륜근   ② 입모근
③ 전두근   ④ 후두근

교감신경의 지배를 받아 피부에 소름을 돋게 하는 근육을 입모근이라 하는데, 근육을 수축시켜 털을 세우게 한다.

39 *** 콜라겐과 엘라스틴이 주성분으로 이루어진 피부 조직은?

① 표피 상층   ② 표피 하층
③ 진피조직   ④ 피하조직

진피는 콜라겐 조직과 탄력적인 엘라스틴섬유 및 뮤코다당류로 구성되어 있다.

40 *** 모세혈관이 위치하며 콜라겐 조직과 탄력적인 엘라스틴섬유 및 뮤코다당류로 구성되어 있는 피부의 부분은?

① 표피   ② 유극층
③ 진피   ④ 피하조직

진피는 유두층과 망상층으로 구성되어 있으며 혈관과 신경이 존재하는 곳이다.

41 *** 교원섬유(collagen)와 탄력섬유(elastin)로 구성되어 있어 강한 탄력성을 지니고 있는 곳은?

① 표피   ② 진피
③ 피하조직   ④ 근육

진피는 교원섬유인 콜라겐과 탄력섬유인 엘라스틴으로 구성되어 있어 강한 탄력을 지니고 있다.

42 **** 진피에 함유되어 있는 성분으로 우수한 보습능력을 지니어 피부관리 제품에도 많이 함유되어 있는 것은?

① 알코올(alcohol)   ② 콜라겐(collagen)
③ 판테놀(panthenol)   ④ 글리세린(glycerine)

콜라겐은 진피의 약 70% 이상을 차지하고 있으며, 진피에 콜라겐이 감싸져서 탄력과 수분을 유지하게 된다. 화장품에 콜라겐을 배합하면 보습성이 아주 좋아지고 사용감이 향상된다.

43 *** 다음 중 진피의 구성세포는?

① 멜라닌 세포   ② 랑게르한스 세포
③ 섬유아 세포   ④ 머켈 세포

섬유아 세포는 진피의 윗부분에 많이 분포하며, 콜라겐, 엘라스틴 등을 합성한다.

44 **** 다음 중 피부의 진피층을 구성하고 있는 주요 단백질은?

① 알부민   ② 콜라겐
③ 글로불린   ④ 시스틴

진피는 콜라겐 조직과 탄력적인 엘라스틴섬유 및 뮤코다당류로 구성되어 있다.

45 *** 다음의 피부 구조 중 진피에 속하는 것은?

① 망상층   ② 기저층
③ 유극층   ④ 과립층

진피는 유두층과 망상층으로 구성되어 있다.

46 **** 콜라겐(collagen)에 대한 설명으로 틀린 것은?

① 노화된 피부에는 콜라겐 함량이 낮다.
② 콜라겐이 부족하면 주름이 발생하기 쉽다.
③ 콜라겐은 피부의 표피에 주로 존재한다.
④ 콜라겐은 섬유아세포에서 생성된다.

콜라겐은 피부의 진피에 주로 존재한다.

47 *** 피부구조에 있어 유두층에 관한 설명 중 틀린 것은?

① 혈관과 신경이 있다.
② 혈관을 통하여 기저층에 많은 영양분을 공급하고 있다.
③ 수분을 다량으로 함유하고 있다.
④ 표피층에 위치하여 모낭 주위에 존재한다.

유두층은 표피의 경계 부위에 유두 모양의 돌기를 형성하고 있는 진피의 상단 부분에 해당한다.

정답 38 ② 39 ③ 40 ③ 41 ② 42 ② 43 ③ 44 ② 45 ① 46 ③ 47 ④

48 피부의 구조 중 진피에 속하는 것은?

① 과립층 　　　　② 유극층
③ 유두층 　　　　④ 기저층

> 진피는 유두층과 망상층으로 구성되어 있다.

49 피부구조에서 진피 중 피하조직과 연결된 것은?

① 유극층 　　　　② 기저층
③ 유두층 　　　　④ 망상층

> 유두층의 아래에 위치하는 망상층은 진피의 4/5를 차지하며 피하조직과 연결되어 있다.

50 진피의 4/5를 차지할 정도로 가장 두꺼운 부분이며, 옆으로 길고 섬세한 섬유가 그물모양으로 구성되어 있는 층은?

① 망상층 　　　　② 유두층
③ 유두하층 　　　　④ 과립층

> 망상층은 진피의 4/5를 차지하는데 유두층의 아래에 위치하며, 피하조직과 연결되는 층이다.

51 신체부위 중 피부 두께가 가장 얇은 곳은?

① 손등 피부 　　　　② 볼 부위
③ 눈꺼풀 피부 　　　　④ 둔부

> 눈꺼풀의 두께는 약 0.6mm 정도로 신체부위 중 가장 얇은 부위이다.

52 다음 중 피하지방층이 가장 적은 부위는?

① 배 　　② 눈 　　③ 등 　　④ 대퇴

> 눈 부위는 얼굴의 다른 부위보다 매우 얇으며 피하지방층이 가장 적은 부위이다.

53 피부의 면역에 관한 설명으로 옳은 것은?

① 세포성 면역에는 보체, 항체 등이 있다.
② T림프구는 항원전달세포에 해당한다.
③ B림프구는 면역글로불린이라고 불리는 항체를 생성한다.

④ 표피에 존재하는 각질형성세포는 면역조절에 작용하지 않는다.

> ① 세포성 면역은 세포 대 세포의 접촉을 통해 직접 항원을 공격하며, 체액성 면역이 항체를 생성한다.
> ② T림프구는 항원전달세포에 해당하지 않는다.
> ④ 각질형성세포는 면역조절 작용을 한다.

54 피부표면의 수분증발을 억제하여 피부를 부드럽게 해주는 물질은?

① 방부제 　　　　② 보습제
③ 유연제 　　　　④ 계면활성제

> 유연제는 피부를 부드럽고 유연하게 유지할 수 있도록 해주는 물질이다.

55 우리 몸의 대사 과정에서 배출되는 노폐물, 독소 등이 배설되지 못하고 피부조직에 남아 비만으로 보이며 림프 순환이 원인인 피부 현상은?

① 쿠퍼로제 　　　　② 켈로이드
③ 알레르기 　　　　④ 셀룰라이트

> 셀룰라이트는 여성의 허벅지, 엉덩이, 복부에 발생하는 오렌지 껍질 모양의 피부를 말하는데, 우리 몸의 대사 과정에서 배출되는 노폐물, 독소 등이 피부조직에 남아 생기는 현상이다.

56 셀룰라이트(cellulite)의 설명으로 옳은 것은?

① 수분이 정체되어 부종이 생긴 현상
② 영양섭취의 불균형 현상
③ 피하지방이 축적되어 뭉친 현상
④ 화학물질에 대한 저항력이 강한 현상

> 셀룰라이트는 혈액순환 또는 림프순환 장애로 인해 피하지방이 축적되어 뭉친 현상이다.

57 피부의 기능이 아닌 것은?

① 피부는 강력한 보호 작용을 지니고 있다.
② 피부는 체온의 외부발산을 막고 외부온도 변화가 내부로 전해지는 작용을 한다.
③ 피부는 땀과 피지를 통해 노폐물을 분비·배설한다.
④ 피부도 호흡을 한다.

정답　48 ③　49 ④　50 ①　51 ③　52 ②　53 ③　54 ③　55 ④　56 ③　57 ②

피부는 체온조절기능이 있어 온도가 낮아질 때는 체온의 저하를 방지하고 온도가 높아질 때는 열의 발산을 증가시킨다. 또한 외부의 온도 변화를 신체 내부로 전달하지 않는 역할을 한다.

58 피부의 기능과 그 설명이 틀린 것은?

① 보호기능 - 피부 표면의 산성막은 박테리아의 감염과 미생물의 침입으로부터 피부를 보호한다.
② 흡수기능 - 피부는 외부의 온도를 흡수, 감지한다.
③ 영양분 교환기능 - 프로비타민 D가 자외선을 받으면 비타민 D로 전환된다.
④ 저장기능 - 진피조직은 신체 중 가장 큰 저장기관으로 각종 영양분과 수분을 보유하고 있다.

피부는 영양물질을 에너지원으로 사용하고 남은 물질을 저장하는데, 특히 피하조직에 많이 저장된다.

59 피부의 기능에 대한 설명으로 틀린 것은?

① 인체의 내부기관을 보호한다.
② 체온조절을 한다.
③ 감각을 느끼게 한다.
④ 비타민 B를 생성한다.

피부는 비타민 D를 생성한다.

60 피부의 기능이 아닌 것은?

① 보호작용　　　　② 체온조절작용
③ 비타민 A 합성작용　　④ 호흡작용

피부는 비타민 D를 합성하는 작용을 한다.

61 다음 중 피부의 기능이 아닌 것은?

① 보호작용　　　　② 체온조절작용
③ 감각작용　　　　④ 순환작용

피부의 기능
보호기능, 체온조절기능, 비타민 D 합성 기능, 분비 · 배설 기능, 호흡작용, 감각 및 지각 기능

62 다음 중 외부로부터 충격이 있을 때 완충작용으로 피부를 보호하는 역할을 하는 것은?

① 피하지방과 모발　　② 한선과 피지선
③ 모공과 모낭　　　　④ 외피 각질층

피하지방과 모발은 외부의 충격으로부터 피부를 보호해주는 완충작용을 한다.

63 피부가 느끼는 오감 중에서 가장 감각이 둔감한 것은?

① 냉각(冷覺)　　　　② 온각(溫覺)
③ 통각(痛覺)　　　　④ 압각(壓覺)

가장 예민한 감각은 통각이고, 가장 둔한 감각은 온각이다.

64 피부가 느낄 수 있는 감각 중에서 가장 예민한 감각은?

① 통각　　　　　　② 냉각
③ 촉각　　　　　　④ 압각

가장 예민한 감각은 통각이고, 가장 둔한 감각은 온각이다.

65 다음 중 피부의 감각기관인 촉각점이 가장 적게 분포하는 것은?

① 손끝　　　　　　② 입술
③ 혀끝　　　　　　④ 발바닥

발바닥에는 촉각점이 적게 분포되어 있다.

66 뜨거운 물을 피부에 사용할 때 미치는 영향이 아닌 것은?

① 혈관의 확장을 가져온다.
② 분비물의 분비를 촉진시킨다.
③ 모공을 수축한다.
④ 피부의 긴장감을 떨어뜨린다.

뜨거운 물은 모공을 확장시키고, 차가운 물은 수축시킨다.

정답　58 ④　59 ④　60 ③　61 ④　62 ①　63 ②　64 ①　65 ④　66 ③

67 피부 감각기관 중 피부에 가장 많이 분포되어 있는 것은? ****

① 온각점　　　　　② 통각점
③ 촉각점　　　　　④ 냉각점

피부의 감각점 분포

감각점	밀도(cm²)	감각점	밀도(cm²)
온각점	0~3개	압각점	100개
냉각점	6~23개	통각점	100~200개
촉각점	25개		

68 일반적으로 건강한 성인의 피부 표면의 pH는? ****

① 3.5~4.0　　　　② 6.5~7.0
③ 7.0~7.5　　　　④ 4.5~6.5

건강한 성인의 피부 표면의 pH 4.5~6.5의 약산성이다.

69 다음 중 피부표면의 pH에 가장 큰 영향을 주는 것은? ***

① 각질 생성　　　　② 침의 분비
③ 땀의 분비　　　　④ 호르몬의 분비

건강한 성인의 피부 표면의 pH는 4.5~6.5이며, 신체 부위, 온도, 습도, 계절 등에 따라 달라지지만 땀의 분비가 가장 크게 영향을 준다.

70 건강한 피부를 유지하기 위한 방법이 아닌 것은? **

① 적당한 수분을 항상 유지해 주어야 한다.
② 두꺼운 각질층은 제거해 주어야 한다.
③ 일광욕을 많이 해야 건강한 피부가 된다.
④ 충분한 수면과 영양을 공급해 주어야 한다.

건강한 피부를 유지하기 위해서는 적당한 일광욕이 필요하며, 지나치면 피부에 좋지 않다.

02. 피부 부속기관의 구조 및 기능

1 한선에 대한 설명 중 틀린 것은? ***

① 체온 조절기능이 있다.
② 진피와 피하지방 조직의 경계부위에 위치한다.
③ 입술을 포함한 전신에 존재한다.
④ 에크린선과 아포크린선이 있다.

한선은 입술, 음경의 귀두나 포피를 제외한 전신에 존재한다.

2 땀샘에 대한 설명으로 틀린 것은? ***

① 에크린선은 입술뿐만 아니라 전신 피부에 분포되어 있다.
② 에크린선에서 분비되는 땀은 냄새가 거의 없다.
③ 아포크린선에서 분비되는 땀은 분비량은 소량이나 나쁜 냄새의 요인이 된다.
④ 아포크린선에서 분비되는 땀 자체는 무취, 무색, 무균성이나 표피에 배출된 후, 세균의 작용을 받아 부패하여 냄새가 나는 것이다.

입술에는 땀샘이 존재하지 않는다.

3 한선(땀샘)의 설명으로 틀린 것은? ***

① 체온을 조절한다.
② 땀은 피부의 피지막과 산성막을 형성한다.
③ 땀을 많이 흘리면 영양분과 미네랄을 잃는다.
④ 땀샘은 손 · 발바닥에는 없다.

땀샘에는 에크린 땀샘과 아포크린 땀샘이 있는데, 에크린 땀샘은 손바닥, 발바닥, 겨드랑이 등에 많이 분포하고, 아포크린 땀샘은 겨드랑이, 눈꺼풀, 바깥귀길 등에 분포한다.

4 다음 중 피지선의 노화현상을 나타내는 것은? ***

① 피지의 분비가 많아진다.
② 피지의 분비가 감소된다.
③ 피부중화 능력이 상승된다.
④ pH의 산성도가 강해진다.

피부의 노화 결과 : 피지의 분비량이 감소하고, 피부의 중화능력이 떨어지며, 산성도도 약해진다.

5 일반적으로 아포크린샘(대한선)의 분포가 없는 곳은?

① 유두 　　　　　　　② 겨드랑이
③ 배꼽 주변 　　　　　④ 입술

> 입술에는 땀샘이나 모공이 없다.

6 피부의 한선(땀샘) 중 대한선은 어느 부위에서 볼 수 있는가?

① 얼굴과 손발 　　　　② 배와 등
③ 겨드랑이와 유두 주변 ④ 팔과 다리

> 대한선(아포크린선)은 겨드랑이, 눈꺼풀, 유두, 배꼽 주변 등에 분포한다.

7 사춘기 이후 성호르몬의 영향을 받아 분비되기 시작하는 땀샘으로 체취선이라고 하는 것은?

① 소화선 　　　　　　② 대한선
③ 갑상선 　　　　　　④ 피지선

> 대한선은 성호르몬의 영향을 받아 분비되기 시작하는 땀샘으로 겨드랑이, 유두, 배꼽 등에 존재한다.

8 다음 중 땀샘의 역할이 아닌 것은?

① 체온조절 　　　　　② 분비물 배출
③ 땀 분비 　　　　　　④ 피지 분비

> 피지는 땀샘이 아니라 피지선에서 분비된다.

9 피지에 대한 설명 중 잘못된 것은?

① 피지는 피부나 털을 보호하는 작용을 한다.
② 피지가 외부로 분출이 안 되면 여드름요소인 면포로 발전한다.
③ 일반적으로 남자는 여자보다도 피지의 분비가 많다.
④ 피지는 아포크린 한선(apocrine sweat gland)에서 분비된다.

> 피지는 피지선에서 분비된다.

10 피지선의 활성을 높여주는 호르몬은?

① 안드로겐 　　　　　② 에스트로겐
③ 인슐린 　　　　　　④ 멜라닌

> 안드로겐은 남성의 2차 성징 발달에 작용하는 호르몬으로 정자 형성을 촉진하기도 하며, 피지선을 자극해 피지의 생성을 촉진한다.

11 인체에 있어 피지선이 전혀 없는 곳은?

① 이마 　　　　　　　② 코
③ 귀 　　　　　　　　④ 손바닥

> 피지는 피지선에서 나오는 분비물로 손바닥과 발바닥에는 존재하지 않는다.

12 피지선에 대한 내용으로 틀린 것은?

① 진피층에 놓여 있다.
② 손바닥과 발바닥, 얼굴, 이마 등에 많다.
③ 사춘기 남성에게 집중적으로 분비된다.
④ 입술, 성기, 유두, 귀두 등에 독립피지선이 있다.

> 손바닥과 발바닥에는 피지선이 존재하지 않는다.

13 피지선에 대한 설명으로 틀린 것은?

① 피지를 분비하는 선으로 진피 중에 위치한다.
② 피지선은 손바닥에는 없다.
③ 피지의 1일 분비량은 10~20g 정도이다.
④ 피지선이 많은 부위는 코 주위이다.

> 피지의 1일 분비량은 1~2g 정도이다.

14 성인이 하루에 분비하는 피지의 양은?

① 약 1~2g
② 약 0.1~0.2g
③ 약 3~5g
④ 약 5~8g

> 피지는 피지선에서 나오는 분비물로 모낭을 거쳐 털구멍에서 배출되어 피부의 건조를 방지하는데, 성인 하루의 피지 분비량은 약 1~2g이다.

정답　5 ④　6 ③　7 ②　8 ④　9 ④　10 ①　11 ④　12 ②　13 ③　14 ①

15 **★★★★** 모발의 성분은 주로 무엇으로 이루어졌는가?

① 탄수화물   ② 지방
③ 단백질   ④ 칼슘

> 모발의 주성분은 케라틴이라는 단백질이다.

16 **★★★** 두발의 영양 공급에서 가장 중요한 영양소이며 가장 많이 공급되어야 할 것은?

① 비타민 A   ② 지방
③ 단백질   ④ 칼슘

> 두발의 주성분은 아미노산을 다량 함유한 케라틴이므로 단백질이 가장 중요한 영양소라 할 수 있다.

17 **★★★** 새로 만들어지는 신진대사의 현상을 모발의 성장이라 하는데 이에 관한 설명 중 가장 거리가 먼 것은?

① 봄, 여름보다 가을과 겨울이 더 빨리 성장한다.
② 필요한 영양은 모유두에서 공급된다.
③ 모발은 3~5년의 성장기에 주로 자란다.
④ 모발은 "성장기-퇴화기-휴지기"의 헤어 사이클 (hair-cycle)을 거친다.

> 모발은 낮보다 밤에, 가을·겨울보다 봄·여름에 더 빨리 성장한다.

18 **★★★** 모발을 구성하고 있는 케라틴(Keratin) 중에 제일 많이 함유하고 있는 아미노산은?

① 알라닌   ② 로이신
③ 바린   ④ 시스틴

> 케라틴의 주요 구성성분은 시스틴, 글루탐산, 알기닌 등이며, 시스틴의 함유량이 10~14%로 가장 높다.

19 **★★★** 모발은 하루에 얼마나 성장하는가?

① 0.2~0.5mm   ② 0.6~0.8mm
③ 0.9~1.0mm   ④ 1.0~1.2mm

> 모발은 하루에 0.2~0.5mm씩 성장한다.

20 **★★★★★** 건강한 모발의 pH 범위는?

① pH 3~4   ② pH 4.5~5.5
③ pH 6.5~7.5   ④ pH 8.5~9.5

> 모발은 70~80%의 단백질로 이루어져 있는데, 단백질은 알칼리 상태에서는 구조가 느슨해지고 산성에서는 강해지고 단단해진다. 건강한 모발의 pH는 4.5~5.5이다.

21 **★★★** 모발을 태우면 노린내가 나는데, 이는 어떤 성분 때문인가?

① 나트륨   ② 이산화탄소
③ 유황   ④ 탄소

> 모발의 주성분은 케라틴, 멜라닌, 지질, 수분 등으로 구성되어 있으며 모발을 태울 때 나는 노린내는 모발에 많이 함유하고 있는 유황 때문이다.

22 **★★** 모발 손상의 원인으로만 짝지어진 것은?

① 드라이어의 장시간 이용, 크림 린스, 오버프로세싱
② 두피 마사지, 염색제, 백 코밍
③ 브러싱, 헤어세팅, 헤어 팩
④ 자외선, 염색, 탈색

> 자외선은 모발의 케라틴을 파괴하고 탈색을 유발해 모발 손상의 큰 이유가 되며, 염색 및 탈색도 모발에 손상을 줄 수 있다. 이외에도 샴푸, 드라이, 빗질, 헤어드라이 등에 의해서도 손상될 수 있다.

23 **★★★** 다음 중 일반적으로 건강한 모발의 상태는?

① 단백질 10~20%, 수분 10~15%, pH 2.5~4.5
② 단백질 20~30%, 수분 70~80%, pH 4.5~5.5
③ 단백질 50~60%, 수분 25~40%, pH 7.5~8.5
④ 단백질 70~80%, 수분 10~15%, pH 4.5~5.5

24 **★★★** 모발의 구성 중 피부 밖으로 나와 있는 부분은?

① 피지선   ② 모표피
③ 모구   ④ 모유두

> 피부 밖으로 나와 있는 부분을 모간이라 하며, 이 모간에는 모표피, 모피질, 모수질이 있다.

정답   **15** ③   **16** ③   **17** ①   **18** ④   **19** ①   **20** ②   **21** ③   **22** ④   **23** ④   **24** ②

25 다음 모발에 관한 설명으로 틀린 것은?

① 모근부와 모간부로 구성되어 있다.

② 하루 약 0.2~0.5mm씩 자란다.

③ 모발의 수명은 보통 3~6년이다.

④ 모발은 퇴행기→성장기→탈락기→휴지기의 성장 단계를 갖는다.

> 모발은 성장기→퇴행기→휴지기의 성장 단계를 갖는다.

26 다음은 모발의 구조와 성질을 설명한 내용이다. 맞지 않는 것은?

① 두발은 주요 부분을 구성하고 있는 모표피, 모피질, 모수질 등으로 이루어졌으며, 주로 탄력성이 풍부한 단백질로 이루어져 있다.

② 케라틴은 다른 단백질에 비하여 유황의 함유량이 많은데, 황(S)은 시스틴(cystine)에 함유되어 있다.

③ 시스틴 결합은 알칼리에는 강한 저항력을 갖고 있으나 물, 알코올, 약산성이나 소금류에 대해서 약하다.

④ 케라틴의 폴리펩타이드는 쇠사슬 구조로서, 두발의 장축방향(長軸方向)으로 배열되어 있다.

> 시스틴 결합은 물, 알코올, 약산성이나 소금류에는 강하지만 알칼리에는 약하다.

27 모발의 측쇄결합으로 볼 수 없는 것은?

① 시스틴결합(cystine bond)

② 염결합(salt bond)

③ 수소결합(hydrogen bond)

④ 폴리펩티드결합(Poly peptide bond)

> 측쇄결합은 가로 방향의 결합으로 시스틴 결합, 염결합, 수소결합이 있다. 폴리펩티드결합은 주쇄결합이다.

28 모발의 색은 흑색, 적색, 갈색, 금발색, 백색 등 여러 가지 색이 있다. 다음 중 주로 검은 모발의 색을 나타나게 하는 멜라닌은?

① 유멜라닌(eumelanin)

② 티로신(tyrosine)

③ 페오멜라닌(pheomelanin)

④ 멜라노사이트(melanocyte)

> 유멜라닌은 갈색-검정색 중합체이며, 페오멜라닌은 적색-갈색 중합체이다. 멜라노사이트는 멜라닌 형성 세포이다.

29 모발의 결합 중 수분에 의해 일시적으로 변형되며, 드라이어의 열을 가하면 다시 재결합되어 형태가 만들어지는 결합은?

① S-S 결합

② 펩타이드 결합

③ 수소결합

④ 염 결합

측쇄결합의 종류	
시스틴 결합	두 개의 황(S) 원자 사이에서 형성되는 공유결합
수소 결합	수분에 의해 일시적으로 변형되며, 드라이어의 열을 가하면 다시 재결합되어 형태가 만들어지는 결합
염 결합	산성의 아미노산과 알칼리성 아미노산이 서로 붙어서 구성되는 결합

30 모발의 케라틴 단백질은 pH에 따라 물에 대한 팽윤성이 변한다. 다음 중 가장 낮은 팽윤성을 나타내는 pH는?

① 1~2

② 4~5

③ 7~9

④ 10~12

31 모발의 색을 나타내는 색소로 입자형 색소는?

① 티로신

② 멜라노사이트

③ 유멜라닌

④ 페오멜라닌

> 유멜라닌은 입자형 색소로 갈색-검정색 중합체이다.

32 모발의 케라틴 단백질은 pH에 따라 물에 대한 팽윤성이 변한다. 다음 중 가장 낮은 팽윤성을 나타내는 pH는?

① 1pH

② 4pH

③ 7pH

④ 9pH

> 모발이 수분을 흡수하면 부피가 증가하여 모발의 길이 방향 또는 직경 방향으로 크기가 늘어나는데 이 현상을 팽윤이라 한다. pH 4~5에서 가장 낮은 팽윤성을 나타내며, pH 8~9에서 급격히 증대한다.

정답 25 ④ 26 ③ 27 ④ 28 ① 29 ③ 30 ② 31 ③ 32 ②

33 두발의 색깔을 좌우하는 멜라닌은 다음 중 어느 곳에 가장 많이 함유되어 있는가?

① 모표피   ② 모피질
③ 모수질   ④ 모유두

모피질은 모표피의 안쪽 부분으로 멜라닌 색소를 가장 많이 함유하고 있다.

34 혈관과 림프관이 분포되어 있어 털에 영양을 공급하여 주로 발육에 관여하는 것은?

① 모유두   ② 모표피
③ 모피질   ④ 모수질

모유두는 모낭 끝에 있는 작은 돌기 조직으로 모발에 영양을 공급하는 부분이다.

35 세포의 분열 증식으로 모발이 만들어지는 곳은?

① 모모(毛母)세포   ② 모유두
③ 모구   ④ 모소피

모유두에 접한 모모세포는 분열과 증식작용을 통해 새로운 머리카락을 만든다.

36 모발의 성장이 멈추고 전체 모발의 14~15%를 차지하며 가벼운 물리적 자극에 의해 쉽게 탈모가 되는 단계는?

① 성장기   ② 퇴화기
③ 휴지기   ④ 모발주기

모발은 성장기와 퇴화기를 거쳐 2~3개월간의 휴지기에 들어가게 되면 성장이 멈추고 탈모가 일어나게 된다.

37 다음 중 모발의 성장단계를 옳게 나타낸 것은?

① 성장기 → 휴지기 → 퇴화기
② 휴지기 → 발생기 → 퇴화기
③ 퇴화기 → 성장기 → 발생기
④ 성장기 → 퇴화기 → 휴지기

모발은 성장기 → 퇴화기 → 휴지기의 성장 단계를 거친다.

38 다음 손톱의 구조 중 손톱의 성장 장소인 것은?

① 조소피
② 조근
③ 조하막
④ 조체

조근(네일 루트)은 손톱의 아랫부분에 묻혀 있는 얇고 부드러운 부분으로 새로운 세포가 만들어져 손톱의 성장이 시작되는 곳이다.

39 손톱, 발톱의 설명으로 틀린 것은?

① 정상적인 손·발톱의 교체는 대략 6개월가량 걸린다.
② 개인에 따라 성장의 속도는 차이가 있지만 매일 1mm가량 성장한다.
③ 손끝과 발끝을 보호한다.
④ 물건을 잡을 때 받침대 역할을 한다.

손톱은 매일 0.1mm 정도씩 성장한다.

40 건강한 손톱에 대한 설명으로 틀린 것은?

① 바닥에 강하게 부착되어야 한다.
② 단단하고 탄력이 있어야 한다.
③ 윤기가 흐르며 노란색을 띠어야 한다.
④ 아치모양을 형성해야 한다.

건강한 손톱은 반투명의 분홍색을 띠고 윤택이 있어야 한다.

41 모발 구조에서 영양을 관장하는 혈관과 신경이 들어 있는 부분은?

① 모유두
② 입모근
③ 모근
④ 모구

혈관과 신경이 분포되어 있는 부분은 모유두이다.

SECTION
02

Makeup Artist Certification

피부유형분석

이 섹션에서는 건성피부, 지성피부, 민감성피부의 특징에 대해 잘 구분할 수 있도록 한다. 크게 비중을 두지는 말고 문제 중심으로 학습하도록 한다.

1 정상 피부

(1) 피부 특징

    ① 유 · 수분의 균형이 잘 잡혀있다.
    ② 피부결이 부드럽고 탄력이 좋다.
    ③ 모공이 작고 주름이 형성되지 않는다.
    ④ 세안 후 피부가 당기지 않는다.

(2) 관리 목적

    정상적인 유 · 수분 관리를 계속 유지하기 위해 계절 및 나이에 맞는 적절한 화장품 선택

(3) 적용 화장품

    영양과 수분 크림, 유연 화장수

2 건성 피부

(1) 피부 특징

    ① 피지와 땀의 분비 저하로 유 · 수분의 균형이 정상적이지 못하다.
    ② 탄력이 좋지 못하다.
    ③ 세안 후 이마, 볼 부위가 당기고 화장이 잘 들뜬다.
    ④ 각질층의 수분이 10% 이하로 피부표면이 항상 건조하고 잔주름이 쉽게 생긴다.
    ⑤ 피부가 얇고 외관으로 피부결이 섬세해 보인다.
    ⑥ 유 · 수분의 균형이 정상적이지 않아 피부가 손상되기 쉬우며 주름 발생이 쉽다.
    ⑦ 모공이 작다.

(2) 관리 목적

    피부에 유 · 수분을 공급하여 보습기능 활성화 및 영양 공급

(3) 적용 화장품

    ① 영양, 보습 성분이 있는 오일이나 에센스
    ② 무알코올성 토너
    ③ 밀크 타입이나 유분기가 있는 크림 타입의 클렌저
    ④ 보습기능이 강화된 토닉
    ⑤ 주요 성분 : 콜라겐, 엘라스틴, 솔비톨, 아미노산, 세라마이드, 히알루론산

▶ 건성 피부의 분류

구분	특징
일반 건성피부	피부기름샘의 기능 감소와 땀샘 및 보습능력의 감소로 인해 유분 및 수분 함량이 부족한 피부
표피수분 부족 건성피부	자외선, 찬바람, 지나친 냉난방 등과 같은 환경적 요인과 부적절한 화장품 사용, 잘못된 피부관리 습관 등과 같은 외적 요인에 의해 유발된 건성피부
진피수분 부족 건성피부	피부 자체의 내적 원인에 의해 피부 자체의 수화기능에 문제가 되어 생기는 피부

chapter 02

❸ 지성 피부

(1) 피부 특징

① 남성피부에 많으며, 모공이 크고 여드름이 잘 생긴다.

② 피지분비가 왕성하여 피부 번들거림이 심하며 피부결이 곱지 못하다.

③ 정상피부보다 피지 분비량이 많다.

④ 뾰루지가 잘 나고, 정상피부보다 두껍다.

⑤ 블랙헤드가 생성되기 쉽고, 표면이 귤껍질같이 보이기 쉽다.

⑥ 화장이 쉽게 지워진다.

(2) 관리 목적

피지제거 및 세정을 주목적으로 한다.

① 피지분비 조절 및 각질 제거

② 모공 수축과 항염, 정화 기능

(3) 적용 화장품

① 피지조절제가 함유된 화장품

② 유분이 적은 영양크림

③ 수렴효과가 우수한 화장수

④ 오일이 많이 함유된 화장품 사용 자제

❹ 민감성 피부

(1) 피부 특징

① 표피가 얇고 투명해 보이며 외부자극에 쉽게 붉어진다.

② 어떤 물질에 대해 큰 반응을 일으킨다.

③ 모공이 거의 보이지 않는다.

④ 여드름, 알레르기 등의 피부 트러블이 자주 발생한다.

⑤ 얼굴이 자주 건조해진다.

(2) 관리 목적

진정 및 쿨링 효과

(3) 적용 화장품

① 저자극성 성분 화장품

② 피부의 진정 · 보습효과에 뛰어난 화장품

③ 향 · 알코올 · 색소 · 방부제가 적게 함유된 화장품

④ 유분기가 많이 함유된 영양크림 사용 자제

⑤ 주요 성분 : 아줄렌*, 위치하젤*, 클로로필, 판테놀, 비타민 P, 비타민 K

❺ 복합성 피부

(1) 피부 특징

① T존은 피지 분비가 많아 모공이 넓고 거칠며 피부 트러블이 생긴다.

② U존은 피지 분비가 적어 모공이 작다.

③ 유분은 많은데 세안 후 볼 부분이 당긴다.

④ 코 주위에 블랙 헤드가 많다
⑤ 피부의 윤기가 적고, 피부가 칙칙해 보이고 화장이 잘 지워진다.

(2) 관리 목적

　　T존은 피지 조절을 하고 U존은 유·수분 조절을 통해 pH 정상화

(3) 적용 화장품

　　① T존은 수렴효과, U존은 보습효과가 있는 화장수
　　② 보습용 크림

6 노화 피부

(1) 피부 특징

　　① 미세하거나 선명한 주름이 보인다.
　　② 피지 분비가 원활하지 못하다.
　　③ 피부가 건조하고 탄력이 떨어진다.
　　④ 색소침착 불균형이 나타난다.
　　⑤ 피부노화가 진행되면서 표피 및 진피가 모두 얇아진다.

(2) 관리 목적

　　① 피부 노화를 촉진하는 자극으로부터 피부 보호
　　② 주름을 완화하고 새로운 세포 형성을 촉진

(3) 적용 화장품

　　① 유·수분과 영양을 충분히 함유한 화장품 및 자외선 차단제
　　② 멜라닌 생성 억제 및 피부기능 활성화에 도움을 주는 화장품

▶ 노화 피부 화장품의 주요성분
　레티놀, 프로폴리스, 플라센타,
　AHA, 은행추출물, SOD, 비타민 E

7 여드름 피부

(1) 피부 특징

　　① 여드름은 사춘기에 피지 분비가 왕성해지면서 나타나는 비염증성, 염증
　　　성 피부 발진이다.
　　② 다양한 원인에 의해 피지가 많이 생기고, 모공 입구의 폐쇄로 인해 피지
　　　배출이 잘 되지 않는다.
　　③ 선천적인 체질상 체내 호르몬의 이상 현상으로 지루성 피부에서 발생되
　　　는 여드름 형태는 심상성 여드름이라 한다.

(2) 관리 목적

　　피지 분비 조절을 통해 피부 트러블 감소

(3) 적용 화장품

　　① 유분이 적은 화장품
　　② 효소 세안제, 중성 세안제

▶ 여드름 피부 화장품의 주요성분
　아줄렌, 살리실산, 글리시리진산

1 피부 유형에 맞는 화장품 선택이 아닌 것은? ★★★

① 건성 피부 – 유분과 수분이 많이 함유된 화장품
② 민감성 피부 – 향, 색소, 방부제를 함유하지 않거나 적게 함유된 화장품
③ 지성 피부 – 피지조절제가 함유된 화장품
④ 정상 피부 – 오일이 함유되어 있지 않은 오일 프리(oil free) 화장품

> 오일 프리 화장품은 지성 피부에 적합하다.

2 피부 유형에 대한 설명 중 틀린 것은? ★★

① 정상 피부 – 유·수분 균형이 잘 잡혀있다.
② 민감성 피부 – 각질이 드문드문 보인다.
③ 노화 피부 – 미세하거나 선명한 주름이 보인다.
④ 지성 피부 – 모공이 크고 표면이 귤껍질같이 보이기 쉽다.

> 각질이 잘 일어나는 피부는 건성 피부이다.

3 피부 타입과 화장품과의 연결이 틀린 것은? ★★

① 지성 피부 – 유분이 적은 영양크림
② 정상 피부 – 영양과 수분 크림
③ 민감 피부 – 지성용 데이크림
④ 건성 피부 – 유분과 수분 크림

> 민감성 피부에는 민감성 피부용 보습크림을 사용한다.

4 피부 유형과 화장품의 사용 목적이 잘못 연결된 것은? ★★★

① 민감성 피부 – 진정 및 쿨링 효과
② 여드름 피부 – 멜라닌 생성 억제 및 피부기능 활성화
③ 건성 피부 – 피부에 유·수분을 공급하여 보습기능 활성화
④ 노화 피부 – 주름 완화, 결체조직 강화, 새로운 세포의 형성 촉진 및 피부 보호

> 멜라닌 생성 억제 및 피부기능 활성화는 노화 피부의 목적에 해당한다.

5 피부 유형별 적용 화장품 성분이 맞게 짝지어진 것은? ★★★★★

① 건성 피부 – 클로로필, 위치하젤
② 지성 피부 – 콜라겐, 레티놀
③ 여드름 피부 – 아보카드오일, 올리브오일
④ 민감성 피부 – 아줄렌, 비타민 B_5

피부 유형별 적용 화장품 성분	
피부 유형	화장품 성분
건성피부	콜라겐, 엘라스틴
지성피부	실리실산, 클레이, 유황
민감성피부	아줄렌, 위치하젤, 비타민 B_5
노화피부	레티놀, 비타민 E

6 세안 후 이마, 볼 부위가 당기며, 잔주름이 많고 화장이 잘 들뜨는 피부유형은? ★★★

① 복합성 피부   ② 건성 피부
③ 노화 피부   ④ 민감 피부

> **건성피부의 주요 특징**
> • 피지와 땀의 분버 저하로 유·수분의 균형이 정상적이지 못함
> • 세안 후 이마, 볼 부위가 당김
> • 화장이 잘 들뜨고 잔주름이 많음

7 건성 피부의 화장품 사용법으로 옳지 않은 것은? ★★★

① 영양, 보습 성분이 있는 오일이나 에센스
② 알코올이 다량 함유되어 있는 토너
③ 클렌저는 밀크타입이나 유분기가 있는 크림 타입
④ 토닉으로 보습기능이 강화된 제품

> 알코올 성분은 건조한 피부를 더 건조하게 하므로 무알코올성 토너를 사용한다.

8 건성 피부의 특징과 가장 거리가 먼 것은? ★★★★

① 각질층의 수분이 50% 이하로 부족하다.
② 피부가 손상되기 쉬우며 주름 발생이 쉽다.
③ 피부가 얇고 외관으로 피부결이 섬세해 보인다.
④ 모공이 작다.

> 건성 피부는 각질층의 수분이 10% 이하로 유·수분의 균형이 정상적이지 않아 피부가 손상되기 쉬우며 주름 발생이 쉽다.

정 답 1 ④ 2 ② 3 ③ 4 ② 5 ④ 6 ② 7 ② 8 ①

9 피지와 땀의 분비 저하로 유·수분의 균형이 정상적이지 못하고, 피부결이 얇으며 탄력 저하와 주름이 쉽게 형성되는 피부는?

① 건성 피부 　　　　② 지성 피부
③ 이상 피부 　　　　④ 민감 피부

> 건성 피부는 유·수분의 균형이 정상적이지 못하고, 피부결이 얇아지고 탄력이 저하되며 주름이 쉽게 형성된다.

10 피부 유형별 관리방법으로 적합하지 않은 것은?

① 복합성 피부 – 유분이 많은 부위는 손을 이용한 관리를 행하여 모공을 막고 있는 피지 등의 노폐물이 쉽게 나올 수 있도록 한다.
② 모세혈관확장 피부 – 세안 시 세안제를 손에서 충분히 거품을 낸 후 미온수로 완전히 헹구어 내고 손을 이용한 관리를 부드럽게 진행한다.
③ 노화 피부 – 피부가 건조해지지 않도록 수분과 영양을 공급하고 자외선 차단제를 바른다.
④ 색소침착 피부 – 자외선 차단제를 색소가 침착된 부위에 집중적으로 발라준다.

> 자외선 차단제를 색소가 침착된 부위뿐만 아니라 주변 피부에도 골고루 발라주어야 한다.

11 피부유형과 관리 목적과의 연결이 틀린 것은?

① 민감 피부 : 진정, 긴장 완화
② 건성 피부 : 보습작용 억제
③ 지성 피부 : 피지 분비 조절
④ 복합 피부 : 피지, 유·수분 균형 유지

> 건성 피부의 관리목적은 보습작용 강화이다.

12 아래 설명과 가장 가까운 피부 타입은?

> • 모공이 넓다.　　　• 뽀루지가 잘 난다.
> • 정상피부보다 두껍다.　• 블랙헤드가 생성되기 쉽다.

① 지성 피부 　　　　② 민감성 피부
③ 건성 피부 　　　　④ 정상 피부

> 모공이 넓고 뽀루지나 블랙헤드가 잘 나며, 정상피부보다 두꺼운 피부는 지성 피부이다.

13 지성 피부의 특징으로 맞는 것은?

① 모세혈관이 약화되거나 확장되어 피부 표면으로 보인다.
② 피지분비가 왕성하여 피부 번들거림이 심하며 피부결이 곱지 못하다.
③ 표피가 얇고 피부표면이 항상 건조하고 잔주름이 쉽게 생긴다.
④ 표피가 얇고 투명해 보이며 외부자극에 쉽게 붉어진다.

> ① 모세혈관 확장 피부,　③ 건성 피부,　④ 민감성 피부

14 지성 피부에 대한 설명 중 틀린 것은?

① 지성 피부는 정상 피부보다 피지분비량이 많다.
② 피부결이 섬세하지만 피부가 얇고 붉은색이 많다.
③ 지성 피부가 생기는 원인은 남성호르몬인 안드로겐이나 여성호르몬이 프로게스테론의 기능이 활발해져서 생긴다.
④ 지성 피부의 관리는 피지제거 및 세정을 주목적으로 한다.

> 민감성 피부는 피부결이 섬세하지만 피부가 얇고 붉은색이 많다.

15 건성 피부, 중성 피부, 지성 피부를 구분하는 가장 기본적인 피부유형 분석기준은?

① 피부의 조직상태 　　② 피지분비 상태
③ 모공의 크기 　　　　④ 피부의 탄력도

> 피부를 건성, 중성, 지성으로 구분하는 가장 기본적인 피부유형 분석기준은 피지분비 상태이다.

16 피부유형별 화장품 사용방법으로 적합하지 않은 것은?

① 민감성 피부 – 무색, 무취, 무알코올 화장품 사용
② 복합성피부 – T존과 U존 부위별로 각각 다른 화장품 사용
③ 건성 피부 – 수분과 유분이 함유된 화장품 사용
④ 모세혈관확장 피부 – 일주일에 2번 정도 딥클렌징제 사용

> 모세혈관확장 피부는 2주일에 1번 정도 딥클렌징제를 사용한다.

정 답 **9** ① **10** ④ **11** ② **12** ① **13** ② **14** ② **15** ② **16** ④

17 ^{★★★} 민감성 피부의 화장품 사용에 대한 설명으로 틀린 것은?

① 석고팩이나 피부에 자극이 되는 제품의 사용을 피한다.

② 피부의 진정 · 보습효과에 뛰어난 제품을 사용한다.

③ 스크럽이 들어간 세안제를 사용하고 알코올 성분이 들어간 화장품을 사용한다.

④ 화장품 도포 시 첩포실험을 하여 적합성 여부를 확인 후 사용하는 것이 좋다.

> 스크럽식 세안제는 피부에 자극을 주로로 민감성 피부에는 적합하지 않으며 무알코올성 화장품을 사용한다.

18 ^{★★★} 여드름 피부에 관련된 설명으로 틀린 것은?

① 여드름은 사춘기에 피지 분비가 왕성해지면서 나타나는 비염증성, 염증성 피부 발진이다.

② 여드름은 사춘기에 일시적으로 나타나며 30대 정도에 모두 사라진다.

③ 다양한 원인에 의해 피지가 많이 생기고 모공 입구의 폐쇄로 인해 피지 배출이 잘 되지 않는다.

④ 선천적인 체질상 체내 호르몬의 이상 현상으로 지루성 피부에서 발생되는 여드름 형태는 심상성 여드름이라 한다.

> 30대 이후의 성인에게도 여드름이 생길 수 있다.

19 ^{★★★★} 여드름 피부용 화장품에 사용되는 성분과 가장 거리가 먼 것은?

① 살리실산   ② 글리시리진산
③ 아줄렌   ④ 알부틴

> 알부틴은 피부의 미백에 좋은 화장품 성분이다.

20 ^{★★} 다음 [보기]에 따르는 화장품이 가장 적합한 피부형은?

> 저자극성 성분을 사용하며, 향 · 알코올 · 색소 · 방부제가 적게 함유되어 있다.

① 지성 피부   ② 복합성 피부

③ 민감성 피부   ④ 건성 피부

> 민감성 피부는 피부 자극을 최소화해야 하기 때문에 저자극성 성분을 사용하며, 향 · 알코올 · 색소 · 방부제가 적게 함유되어 있는 화장품을 사용한다.

21 ^{★★★} 피부노화 현상으로 옳은 것은?

① 피부노화가 진행되어도 진피의 두께는 그대로 유지된다.

② 광노화에서는 내인성 노화와 달리 표피가 얇아지는 것이 특징이다.

③ 피부노화에는 나이에 따른 노화의 과정으로 일어나는 광노화와 누적된 햇빛노출에 의하여 야기되는 내인성 피부노화가 있다.

④ 내인성 노화보다는 광노화에서 표피두께가 두꺼워진다.

> ① 피부노화가 진행되면서 표피 및 진피가 모두 얇아진다.
> ② 광노화는 표피가 두꺼워진다.
> ③ 피부노화에는 나이에 따른 노화의 과정으로 일어나는 내인성 노화와 누적된 햇빛노출에 의하여 야기되는 광노화가 있다.

22 ^{★★★} 각 피부유형에 대한 설명으로 틀린 것은?

① 유성지루 피부 - 과잉 분비된 피지가 피부 표면에 기름기를 만들어 항상 번질거리는 피부

② 건성지루 피부 - 피지분비기능의 상승으로 피지는 과다 분비되어 표피에 기름기가 흐르나 보습기능이 저하되어 피부표면의 당김 현상이 일어나는 피부

③ 표피수분부족 건성 피부 - 피부 자체의 내적 원인에 의해 피부 자체의 수화기능에 문제가 되어 생기는 피부

④ 모세혈관확장 피부 - 코와 뺨 부위의 피부가 항상 붉거나 피부 표면에 붉은 실핏줄이 보이는 피부

> • 진피수분부족 건성피부 - 피부 자체의 내적 원인에 의해 피부 자체의 수화기능에 문제가 되어 생기는 피부
> • 표피수분부족 건성 피부 - 자외선, 찬바람, 지나친 냉난방 등과 같은 환경적 요인과 부적절한 화장품 사용, 잘못된 피부관리 습관 등과 같은 외적 요인에 의해 유발된 건성피부

정답 ▶ **17** ③ **18** ② **19** ④ **20** ③ **21** ④ **22** ③

SECTION
03

Makeup Artist Certification

피부와 영양

이 섹션에서는 탄수화물, 단백질, 지방, 비타민, 무기질에 대해 기본 개념을 익히도록 한다. 예상문제 중심으로 학습하도록 한다. 필수아미노산, 필수지방산은 반드시 암기하도록 한다. 마찬가지로 예상문제에서 그대로 출제될 가능성이 높다.

01 3대 영양소, 비타민, 무기질

1 탄수화물

(1) 기능 및 특징

① 신체의 중요한 에너지원
② 장에서 포도당, 과당 및 갈락토오스로 흡수
③ 소화흡수율은 99%에 가까움

(2) 분류

구분	종류
단당류	포도당, 과당, 갈락토오스
이당류	자당, 맥아당, 유당,
다당류	전분, 글리코겐, 섬유소

▶ 탄수화물 과잉 섭취 및 결핍 시 특징

구분	특징
과잉 섭취	혈액의 산도를 높이고 피부의 저항력을 약화시켜 세균감염을 초래하여 산성 체질을 만듦
결핍	체중 감소, 기력 부족

2 단백질

(1) 기능 및 특징

① 체조직의 구성성분 : 모발, 손톱, 발톱, 근육, 뼈 등
② 효소, 호르몬 및 항체 형성
③ 포도당 생성 및 에너지 공급
④ 혈장 단백질 형성 : 알부민, 글로불린, 피브리노겐
⑤ 체내의 대사과정 조절 : 수분의 균형 조절, 산-염기의 균형 조절
⑥ 과잉 섭취 시 : 비만, 골다공증, 불면증, 신경예민 등
⑦ 부족 시 : 성장발육 저조, 소화기 질환, 빈혈 등

(2) 아미노산

① 단백질의 기본 구성단위
② 필수아미노산 : 발린, 루신, 아이소루이신, 메티오닌, 트레오닌, 라이신, 페닐알라닌, 트립토판, 히스티딘, 아르기닌

3 지방

(1) 기능

① 고효율의 에너지 공급원
② 필수지방산 공급
③ 체온 조절 및 장기 보호
④ 필수 영양소로서의 기능

▶ 필수아미노산과 비필수아미노산

필수 아미노산	체내에서 합성할 수 없어 반드시 음식으로부터 공급해야 하는 아미노산
비필수 아미노산	체내에서 합성되는 아미노산

(2) 필수지방산
  ① 동물의 정상적인 발육과 유지에 필수적인 다가불포화지방산
  ② 종류 : 리놀산, 리놀렌산, 아라키돈산

(3) 왁스
  ① 고형의 유성 성분으로 고급 지방산에 고급 알코올이 결합된 에스테르
  ② 동·식물체의 표피에 존재하는 보호물질
  ③ 기능 : 미생물의 침입, 수분 증발 및 흡수 방지

4 비타민
(1) 수용성 비타민

구분	특징	결핍 증상
비타민 B₁ (티아민)	• 식품 : 현미, 보리, 콩류, 돼지고기	각기병, 식욕부진, 피로감 유발
비타민 B₂ (리보플라빈)	• 식품 : 우유, 치즈, 간, 달걀, 돼지고기	피부병, 구순염, 구각염, 백내장
비타민 C (아스코르빈 산)	• 모세혈관 강화 → 피부손상 억제, 멜라닌 색소 생성 억제 • 미백작용 • 기미, 주근깨 등의 치료에 사용 • 혈색을 좋게 하여 피부에 광택 부여 • 피부 과민증 억제 및 해독작용 • 진피의 결체조직 강화	기미, 괴혈병 유발, 잇몸 출혈, 빈혈

(2) 지용성 비타민

구분	특징	결핍 증상
비타민 A (레티놀)	• 피부의 각화작용 정상화 • 피지 분비 억제 • 각질 연화제로 많이 사용 • 카로틴 다량 함유 • 식품 : 귤, 당근	야맹증, 피부표면 경화

비타민 D
(칼시페롤)
	• 자외선에 의해 피부에서 만들어져
	  흡수
	• 칼슘 및 인의 흡수 촉진
	• 혈중 칼슘 농도 및 세포의 증식과
	  분화 조절
	• 골다공증 예방
	• 식품 : 우유, 계란노른자, 마가린
		구루병, 골다공증,
		골연화증

비타민 E (토코페롤)	• 호르몬 생성 및 조기노화 방지 • 갱년기 장애 예방 및 치료 • 불임증, 유산 예방 • 식품 : 식물성 기름, 우유, 달걀, 간 등	조산, 유산, 불임, 신경계 장애, 용혈성 빈혈 등

구분	특징	결핍 증상
비타민 K	• 혈액응고 및 뼈의 형성에 관여 • 모세혈관 강화 • 식품 : 녹색 채소, 과일, 곡류, 우유	피부나 점막에 출혈

5 무기질

구분	특징	결핍 증상
철(Fe)	• 인체에서 가장 많이 함유하고 있는 무기질 • 혈액 속의 헤모글로빈의 주성분 • 산소 운반 작용 • 면역 기능 • 혈색을 좋게 하는 기능	빈혈, 적혈구 수 감소
칼슘(Ca)	• 뼈 및 치아 형성 • 혈액 응고 • 근육의 이완과 수축 작용	구루병, 골다공증, 충치, 신경과민증 등
인(P)	• 뼈 및 치아 형성 • 비타민 및 효소 활성화에 관여	
요오드(I)	• 갑상선 및 부신의 기능 촉진 • 피부를 건강하게 해줌 • 모세혈관의 기능 정상화	
식염(NaCl)	• 근육 및 신경의 자극 전도 • 삼투압 조절	피로감, 노동력 저하

02 건강과 영양

1 피부와 영양

① 피부 건강을 위해 화장품을 이용해 영양을 공급받기도 하지만 대부분의 영양은 음식물을 통해 보충

② 비타민, 무기질 등의 필수 영양소를 섭취하여 건강한 피부 유지

2 체형과 영양

① 영양의 균형을 고려한 음식물 섭취 → 건강한 체형

② 인스턴트 식품을 줄일 것

③ 과식 및 편식을 줄이고 규칙적인 식습관 유지

01. 3대 영양소, 비타민, 무기질

1 ★★★
신체의 중요한 에너지원으로 장에서 포도당, 과당 및 갈락토오스로 흡수되는 물질은?

① 단백질　　　　　　　② 비타민
③ 탄수화물　　　　　　④ 지방

> 탄수화물은 신체의 중요한 에너지원으로 사용되고 장에서 포도당, 과당 및 갈락토오스로 흡수되며, 소화흡수율은 약 99%이다.

2 ★★★
탄수화물에 대한 설명으로 옳지 않은 것은?

① 당질이라고도 하며 신체의 중요한 에너지원이다.
② 장에서 포도당, 과당 및 갈락토오스로 흡수된다.
③ 지나친 탄수화물의 섭취는 신체를 알칼리성 체질로 만든다.
④ 탄수화물의 소화흡수율은 99%에 가깝다.

> 탄수화물을 많이 섭취하면 신체를 산성 체질로 변화시킨다.

3 ★★
다음 중 단당류에 해당하는 것은?

① 맥아당　　　　　　　② 자당
③ 포도당　　　　　　　④ 유당

> 맥아당, 자당, 유당은 이당류에 해당하며, 포도당, 과당, 갈락토오스는 단당류에 해당한다.

4 ★★★
다음 중 피부의 각질, 털, 손톱, 발톱의 구성성분인 케라틴을 가장 많이 함유한 것은?

① 동물성 단백질　　　　② 동물성 지방질
③ 식물성 지방질　　　　④ 탄수화물

> 케라틴은 동물성 단백질로 각질, 손톱, 발톱의 구성성분이다.

5 ★★★★
단백질의 최종 가수분해 물질은?

① 지방산　　　　　　　② 콜레스테롤
③ 아미노산　　　　　　④ 카로틴

> 아미노산은 단백질의 기본 구성단위이며, 최종 가수분해 물질이다.

6 ★★★
75%가 에너지원으로 쓰이고 에너지가 되고 남은 것은 지방으로 전환되어 저장되는데 주로 글리코겐 형태로 간에 저장된다. 이것의 과잉섭취는 혈액의 산도를 높이고 피부의 저항력을 약화시켜 세균감염을 초래하여 산성 체질을 만들고 결핍되었을 때는 체중감소, 기력부족 현상이 나타나는 영양소는?

① 탄수화물　　　　　　② 단백질
③ 비타민　　　　　　　④ 무기질

7 ★★★
다음 중 필수아미노산에 속하지 않는 것은?

① 아르기닌　　　　　　② 라이신
③ 히스티딘　　　　　　④ 글리신

> 필수아미노산 : 발린, 루신, 아이소루이신, 메티오닌, 트레오닌, 라이신, 페닐알라닌, 트립토판, 히스티딘, 아르기닌
> ※ 글리신은 아미노산의 일종이다.

8 ★★★
다음 중 필수아미노산에 속하지 않는 것은?

① 트립토판　　　　　　② 트레오닌
③ 발린　　　　　　　　④ 알라닌

> 알라닌은 단백질을 구성하는 기본단위인 아미노산의 일종으로 필수아미노산은 아니다.

9 ★★★
다음 중 필수지방산에 속하지 않는 것은?

① 리놀산(linolin acid)
② 리놀렌산(linolenic acid)
③ 아라키돈산(arachidonic acid)
④ 타르타르산(tartaric acid)

> 필수지방산은 리놀산, 리놀렌산, 아라키돈산 3가지이다.

10 ★★★
고형의 유성성분으로 고급 지방산에 고급 알코올이 결합된 에스테르를 말하며 화장품의 굳기를 증가시켜 주는 것은?

① 피마자유　　　　　　② 바셀린
③ 왁스　　　　　　　　④ 밍크오일

> 왁스는 고급 지방산에 고급 알코올이 결합된 에스테르를 말하며, 미생물의 침입, 수분 증발 및 흡수를 방지하는 역할을 한다.

정답 ▶ 1 1 ③　2 ③　3 ③　4 ①　5 ③　6 ①　7 ④　8 ④　9 ④　10 ③

11 체조직 구성 영양소에 대한 설명으로 틀린 것은?

① 지질은 체지방의 형태로 에너지를 저장하며 생체 막 성분으로 체구성 역할과 피부의 보호 역할을 한다.
② 지방이 분해되면 지방산이 되는데 이중 불포화지 방산은 인체 구성성분으로 중요한 위치를 차지하 므로 필수지방산으로도 부른다.
③ 필수지방산은 식물성 지방보다 동물성 지방을 먹 는 것이 좋다.
④ 불포화지방산은 상온에서 액체 상태를 유지한다.

> 필수지방산은 동물성 기름보다 식물성 기름에 많이 함유되어 있 다.

12 각 비타민의 효능에 대한 설명 중 옳은 것은?

① 비타민 E – 아스코르빈산의 유도체로 사용되며 미백제로 이용된다.
② 비타민 A – 혈액순환 촉진과 피부 청정효과가 우 수하다.
③ 비타민 P – 바이오플라보노이드(bioflavonoid)라고 도 하며 모세혈관을 강화하는 효과가 있다.
④ 비타민 B – 세포 및 결합조직의 조기노화를 예 방한다.

> 보기 ①, ②는 비타민 C, ④는 비타민 E에 대한 설명이다.

13 성장촉진, 생리대사의 보조역할, 신경안정과 면역 기능 강화 등의 역할을 하는 영양소는?

① 단백질   ② 비타민
③ 무기질   ④ 지방

> 비타민은 주 영양소는 아니지만 생명체의 정상적인 발육과 영양 을 위해 꼭 필요한 영양소이며, 비타민 A, B복합체, C, D, E, F, K, U, L, P 등의 종류가 있다.

14 미백작용과 가장 관계가 깊은 비타민은?

① 비타민 K   ② 비타민 B
③ 비타민 C   ④ 비타민 D

> 비타민 C는 미백작용이 있으며, 각질 제거에도 효과적이고 피부 를 탄력있게 만들어준다.

15 과일, 야채에 많이 들어있으면서 모세혈관을 강화 시켜 피부손상과 멜라닌 색소 형성을 억제하는 비타 민은?

① 비타민 K
② 비타민 C
③ 비타민 E
④ 비타민 B

> 비타민 C는 모세혈관을 강화시켜 피부손상과 멜라닌 색소 형 성을 억제하며, 진피의 결체조직을 강화하고 미백작용의 역할 도 한다.

16 피부 색소를 퇴색시키며 기미, 주근깨 등의 치료에 주로 쓰이는 것은?

① 비타민 A
② 비타민 B
③ 비타민 C
④ 비타민 D

> 비타민 C는 멜라닌 색소의 생성을 억제해 깨끗하고 주름 없는 피부를 만들어준다.

17 기미, 주근깨 피부관리에 가장 적합한 비타민은?

① 비타민 A
② 비타민 B_1
③ 비타민 B_2
④ 비타민 C

> 비타민 C는 기미, 주근깨 등의 치료에 사용된다.

18 다음 중 멜라닌 생성 저하 물질인 것은?

① 비타민 C
② 콜라겐
③ 티로시나제
④ 엘라스틴

> 비타민 C는 멜라닌 색소의 생성을 억제해 깨끗하고 주름 없는 피 부를 만들어주며, 기미, 주근깨의 치료에도 도움을 준다.

정답 11 ③   12 ③   13 ②   14 ③   15 ②   16 ③   17 ④   18 ①

19 비타민 C가 인체에 미치는 효과가 아닌 것은?

① 피부의 멜라닌 색소의 생성을 억제시킨다.
② 혈색을 좋게 하여 피부에 광택을 준다.
③ 호르몬의 분비를 억제시킨다.
④ 피부 과민증을 억제하는 힘과 해독작용이 있다.

> 호르몬의 분비를 억제하는 것은 비타민 E이다.

20 비타민 C가 피부에 미치는 영향으로 틀린 것은?

① 멜라닌 색소 생성 억제
② 광선에 대한 저항력 약화
③ 모세혈관의 강화
④ 진피의 결체조직 강화

> 비타민 C는 자외선으로부터 피부를 보호하는 역할을 한다.

21 비타민 C 부족 시 어떤 증상이 주로 일어날 수 있는가?

① 피부가 촉촉해진다.
② 색소 기미가 생긴다.
③ 여드름의 발생 원인이 된다.
④ 지방이 많이 낀다.

> 비타민 C 결핍 시 증상
> • 기미가 생기고, 괴혈병을 유발한다.
> • 잇몸 출혈, 빈혈 등이 나타난다.

22 산과 합쳐지면 레티놀산이 되고, 피부의 각화작용을 정상화시키며, 피지 분비를 억제하므로 각질 연화제로 많이 사용되는 비타민은?

① 비타민 A
② 비타민 B 복합체
③ 비타민 C
④ 비타민 D

> 카로틴이 다량 함유되어 있는 비타민 A는 피부의 각화작용을 정상화시키고 피지의 분비를 억제하는 역할을 하며, 결핍 시에는 피부표면이 경화된다.

23 비타민 E에 대한 설명 중 옳은 것은?

① 부족하면 야맹증이 된다.
② 자외선을 받으면 피부표면에서 만들어져 흡수된다.
③ 부족하면 피부나 점막에 출혈이 된다.
④ 호르몬 생성, 임신 등 생식기능과 관계가 깊다.

> ① 비타민 A 결핍 시 야맹증이 된다.
> ② 자외선을 받으면 피부표면에서 만들어져 흡수되는 것은 비타민 D이다.
> ③ 비타민 K 결핍 시 피부나 점막에 출혈이 된다.

24 다음 중 결핍 시 피부표면이 경화되어 거칠어지는 주된 영양물질은?

① 비타민 A
② 비타민 D
③ 탄수화물
④ 무기질

> 비타민 A는 피부의 각화작용을 정상화하는 기능이 있으며, 결핍 시에는 피부표면이 경화되어 거칠어진다.

25 비타민에 대한 설명 중 틀린 것은?

① 비타민 A가 결핍되면 피부가 건조해지고 거칠어진다.
② 비타민 C는 교원질 형성에 중요한 역할을 한다.
③ 레티노이드는 비타민 A를 통칭하는 용어이다.
④ 비타민 A는 많은 양이 피부에서 합성된다.

> 피부에서 합성되는 것은 비타민 D이다.

26 다음 중 비타민 A와 깊은 관련이 있는 카로틴을 가장 많이 함유한 식품은?

① 쇠고기, 돼지고기
② 감자, 고구마
③ 귤, 당근
④ 사과, 배

> 카로틴은 체내에서 비타민 A로 변하는데, 당근, 고추, 귤, 토마토, 수박에 많이 함유되어 있다.

정답 19 ③ 20 ② 21 ② 22 ① 23 ④ 24 ① 25 ④ 26 ③

27 햇빛에 노출되었을 때 피부 내에서 어떤 성분이 생성되는가?

① 비타민 B
② 글리세린
③ 천연보습인자
④ 비타민 D

> 자외선이 피부에 자극을 주게 되면 비타민 D 합성이 일어난다.

28 태양의 자외선에 의해 피부에서 만들어지며 칼슘과 인의 흡수를 촉진하는 기능이 있어 골다공증의 예방에 효과적인 것은?

① 비타민 D
② 비타민 E
③ 비타민 K
④ 비타민 P

> 태양의 자외선에 의해 피부에서 만들어지는 것은 비타민 D이다.

29 혈액 속의 헤모글로빈의 주성분으로서 산소와 결합하는 것은?

① 인(P)
② 칼슘(Ca)
③ 철(Fe)
④ 무기질

> 철은 인체에서 가장 많이 함유하고 있는 무기질로서 혈액 속의 헤모글로빈의 주성분이며, 산소 운반 작용 및 면역 기능을 한다.

30 헤모글로빈을 구성하는 매우 중요한 물질로 피부의 혈색과도 밀접한 관계에 있으며 결핍되면 빈혈이 일어나는 영양소는?

① 철분(Fe)
② 칼슘(Ca)
③ 요오드(I)
④ 마그네슘(Mg)

> 철은 혈액 속의 헤모글로빈의 주성분이며, 혈색을 좋게 하는 기능을 한다. 결핍 시에는 빈혈이 일어나고 적혈구 수가 감소한다.

31 뼈 및 치아를 형성하는 성분으로 비타민 및 효소 활성화에 관여하는 무기질은?

① 마그네슘
② 인
③ 철분
④ 나트륨

> 인은 뼈와 치아를 형성하는 성분이며 비타민 및 효소의 활성화에 관여한다.

32 갑상선과 부신의 기능을 활발히 해주어 피부를 건강하게 해주어 모세혈관의 기능을 정상화시키는 것은?

① 마그네슘
② 요오드
③ 철분
④ 나트륨

> 요오드는 갑상선 및 부신의 기능을 촉진하며 모세혈관의 기능을 정상화시켜 준다.

33 갑상선의 기능과 관계있으며 모세혈관 기능을 정상화시키는 것은?

① 칼슘
② 인
③ 철분
④ 요오드

> 요오드는 갑상선 및 부신의 기능을 촉진하며 모세혈관의 기능을 정상화시키는 역할을 한다.

34 체내에서 근육 및 신경의 자극 전도, 삼투압 조절 등의 작용을 하며, 식욕에 관계가 깊기 때문에 부족하면 피로감, 노동력의 저하 등을 일으키는 것은?

① 구리(Cu)
② 식염(NaCl)
③ 요오드(I)
④ 인(P)

> 식염은 삼투압 조절 등의 작용을 하며 결핍 시 피로감을 느끼게 되며, 노동력이 저하된다.

정답 27 ④ 28 ① 29 ③ 30 ① 31 ② 32 ② 33 ④ 34 ②

35 ★★★ 다음 중 뼈와 치아의 주성분이며, 결핍되면 혈액의 응고현상이 나타나는 영양소는?

① 인(P)
② 요오드(I)
③ 칼슘(Ca)
④ 철분(Fe)

> 칼슘은 뼈 및 치아를 형성하는 영양소이며, 결핍 시 구루병, 골다공증, 충치, 신경과민증 등이 나타난다.

36 ★★★ 다음 중 비타민 E를 많이 함유한 식품은?

① 당근
② 맥아
③ 복숭아
④ 브로콜리

> 비타민 E는 식물성 기름, 우유, 달걀, 간에 많이 함유되어 있다.

37 ★★★ 비타민 결핍증인 불임증 및 생식불능과 피부의 노화 방지 작용 등과 가장 관계가 깊은 것은?

① 비타민 A
② 비타민 B 복합체
③ 비타민 E
④ 비타민 D

> 비타민 E는 결핍시 불임증, 유산의 원인이 되며, 식물성 기름, 우유, 달걀 등에 많이 함유되어 있다.

38 ★★★★★ 비타민이 결핍되었을 때 발생하는 질병의 연결이 틀린 것은?

① 비타민 B_1 - 각기증
② 비타민 D - 괴혈병
③ 비타민 A - 야맹증
④ 비타민 E - 불임증

> 비타민 D 결핍 시 구루병, 골연화증을 유발한다.

39 ★★★★ 다음 중 비타민(Vitamin)과 그 결핍증과의 연결이 틀린 것은?

① Vitamin B_2 - 구순염
② Vitamin D - 구루병
③ Vitamin A - 야맹증
④ Vitamin C - 각기병

> 각기병은 비타민 B_1 결핍 시 발생한다.

40 ★★ 상피조직의 신진대사에 관여하며 각화 정상화 및 피부재생을 돕고 노화방지에 효과가 있는 비타민은?

① 비타민 C
② 비타민 E
③ 비타민 A
④ 비타민 K

> 비타민의 주요 기능
> • 비타민 A : 상피조직의 형성, 피부재생, 노화 방지
> • 비타민 C : 콜라겐 합성 촉진, 항산화 작용
> • 비타민 E : 항산화제, 피부노화 방지
> • 비타민 K : 혈액 응고

02. 건강과 영양

1 ★★★ 피부의 영양관리에 대한 설명 중 가장 올바른 것은?

① 대부분의 영양은 음식물을 통해 얻을 수 있다.
② 외용약을 사용하여서만 유지할 수 있다.
③ 마사지를 잘하면 된다.
④ 영양크림을 어떻게 잘 바르는가에 달려 있다.

> 피부는 화장품을 통해서도 영양을 보충하지만 식품을 통해서 대부분의 영양을 공급받는다.

2 ★★ 건강한 체형을 위한 영양 섭취에 대한 설명으로 옳지 않은 것은?

① 인스턴트 식품을 줄인다.
② 과식과 편식을 줄인다.
③ 매일매일 규칙적인 식습관을 유지한다.
④ 규칙적으로 식사를 하면 영양의 균형을 고려하지 않아도 된다.

> 영양의 균형을 고려하여 음식물을 섭취해야 건강한 체형을 유지할 수 있다.

SECTION 04

Makeup Artist Certification

피부면역 및 노화

이 섹션에서는 자외선이 피부에 미치는 영향에 대해서는 긍정적 영향과 부정적 영향을 구분해서 암기할 수 있도록 한다. 장파장, 중파장, 단파장의 주요 특징도 알아두도록 하고, 광노화 현상는 자연노화과구분 할 수 있도록 한다.

01 피부와 광선

태양광선은 파장에 따라 자외선, 적외선, 가시광선으로 나누어진다.

1 자외선이 미치는 영향

구분	특징	
긍정적 영향	• 신진대사 촉진 • 노폐물 제거	• 살균 및 소독기능 • 비타민 D 합성
부정적 영향	• 일광화상 • 색소침착 • 피부암	• 홍반반응 • 광노화

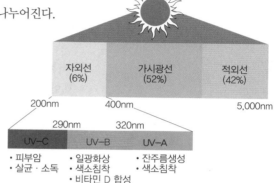

2 자외선의 구분

구분	파장 범위	특징
UV A	장파장 (320~400nm)	• 진피의 상부까지 침투 • 즉시 색소 침착 유발 • 피부 탄력 감소 및 주름 형성 • 콜라겐 및 엘라스틴 파괴 · 변형 → 광노화 현상
UV B	중파장 (290~320nm)	• 표피의 기저층 또는 진피의 상부까지 침투 • 홍반 발생 능력이 자외선 A의 1,000배 • 과다하게 노출될 경우 일광화상을 일으킬 수 있음
UV C	단파장 (200~290nm)	• 오존층에서 거의 흡수되어 피부에는 거의 도달 하지 않지만 오존층 파괴로 인해 영향을 미침 • 가장 강한 자외선으로 살균작용을 함

3 적외선이 미치는 영향

① 피부 깊숙이 침투하여 혈액순환 촉진
② 신진대사 촉진
③ 근육 이완
④ 피부에 영양분 침투
⑤ 식균 작용

02 피부면역

1 특이성 면역

체내에 침입하거나 체내에서 생성되는 항원에 대해 항체가 작용하여 제거하는 면역

구분	특징
B림프구	• 체액성 면역 • 특정 면역체에 대해 면역글로불린이라는 항체 생성
T림프구	• 세포성 면역 • 혈액 내 림프구의 70~80% 차지 • 세포 대 세포의 접촉을 통해 직접 항원을 공격

2 비특이성 면역

태어나면서부터 가지고 있는 자연면역체계

(1) 제1 방어계
　① 기계적 방어벽 : 피부 각질층, 점막, 코털
　② 화학적 방어벽 : 위산, 소화효소
　③ 반사작용 : 재채기, 섬모운동

(2) 제2 방어계
　① 식세포 작용 : 대식세포, 단핵구
　② 염증 및 발열 : 히스타민
　③ 방어 단백질 : 보체, 인터페론
　④ 자연살해세포 : 작은 림프구 모양의 세포로 종양 세포나 바이러스에 감염된 세포를 자발적으로 죽이는 세포

03 피부노화

1 피부노화의 원인

　① 유전자
　② 활성산소
　③ 신경세포의 피로
　④ 신진대사 과정에서 발생하는 독소
　⑤ 텔로미어 단축
　⑥ 아미노산 라세미화

▶ **활성산소의 종류** : 슈퍼옥사이드 라디칼, 하이드록시 라디칼, 퍼옥시 라디칼, 과산화수소 등

▶ **대표적인 항산화 효소** : SOD(Superoxide Dismutase), 카탈라아제, 글루타치온

▶ **텔로미어(Telomere)**
　• 염색체의 끝부분을 지칭
　• 세포분열이 진행될수록 길이가 점점 짧아져 나중에는 매듭만 남게 되고 세포복제가 멈추어 죽게 되면서 노화가 일어남

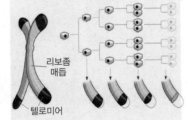

리보좀 매듭

텔로미어

▶ **라세미화(Racemization)**
　• 광학활성물질(생명체를 구성하는 기본물질) 자체의 선광도(순도 또는 농도)가 감소하거나 완전히 상실되는 현상
　• 생체에서 생합성이나 대사의 과정에서 아미노산이나 당 등이 라세미화됨으로써 노화의 원인이 된다.

② 피부노화 현상

(1) 내인성 노화(자연노화)

① 나이가 들면서 피부가 노화되는 현상
② 각질층의 두께, 피지선의 크기 증가
③ 건조해지고 잔주름이 늘어남
④ 피하지방세포, 멜라닌 세포, 랑게르한스 세포 수, 한선의 수, 땀의 분비 감소
⑤ 표피 및 진피의 두께 및 망상층이 얇아짐

(2) 외인성 노화(광노화)

① 햇빛, 바람, 추위, 공해 등에 피부가 노화되는 현상
② 표피의 두께가 두꺼워짐
③ 진피 내의 모세혈관 확장
④ 멜라닌 세포의 수 증가
⑤ 피부가 건조해지고 거칠어짐
⑥ 스트레스, 흡연, 알코올 섭취 등의 영향을 받음
⑦ 과색소침착증이 나타남
⑧ 주름이 비교적 깊고 굵음
⑨ 섬유아세포 수의 양 감소
⑩ 점다당질 증가
⑪ 콜라겐의 변성 및 파괴가 일어남

chapter 02

01. 피부와 광선

1 ***
강한 자외선에 노출될 때 생길 수 있는 현상이 아닌 것은?

① 만성 피부염
② 홍반
③ 광노화
④ 일광화상

> 자외선에 자주 노출되면 일광화상, 홍반반응, 색소침착, 광노화, 피부암 등의 피부 변화가 나타날 수 있다.

2 ***
자외선 B는 자외선 A보다 홍반 발생 능력이 몇 배 정도인가?

① 10배
② 100배
③ 1,000배
④ 10,000배

> 중파장인 자외선 B는 표피의 기저층 또는 진피의 상부까지 침투하는데, 장파장인 자외선 A보다 홍반 발생 능력이 1,000배에 해당한다.

3 ****
피부에 자외선을 너무 많이 조사했을 경우에 일어날 수 있는 일반적인 현상은?

① 멜라닌 색소가 증가해 기미, 주근깨 등이 발생한다.
② 피부가 윤기가 나고 부드러워진다.
③ 피부에 탄력이 생기고 각질이 엷어진다.
④ 세포의 탈피현상이 감소된다.

> 피부가 자외선에 자주 노출되면 기미, 주근깨, 검버섯 등의 과색소침착이 일어난다.

4 ***
자외선 중 홍반을 주로 유발시키는 것은?

① UV A
② UV B
③ UV C
④ UC D

> UV B는 290~320nm의 중파장으로 피부의 홍반을 유발한다.

5 ***
단파장으로 가장 강한 자외선이며, 원래는 오존층에 완전 흡수되어 지표면에 도달되지 않았으나 오존층의 파괴로 인해 인체와 생태계에 많은 영향을 미치는 자외선은?

① UV A
② UV B
③ UV C
④ UV D

> 자외선 C는 파장 범위가 200~290nm의 단파장으로 가장 강한 자외선이며, 오존층에서 거의 흡수되어 피부에는 영향을 미치지 않았으나, 최근 오존층의 파괴로 인해 인체에 많은 영향을 미치고 있다.

6 ****
다음 중 UV-A(장파장 자외선)의 파장 범위는?

① 320~400nm
② 290~320nm
③ 200~290nm
④ 100~200nm

자외선의 파장 범위	
구분	파장 범위
UV A	320~400nm
UV B	290~320nm
UV C	200~290nm

7 ***
다음 중 가장 강한 살균작용을 하는 광선은?

① 자외선
② 적외선
③ 가시광선
④ 원적외선

> 태양광선 중 자외선이 가장 강한 살균작용을 한다.

8 ***
다음 중 자외선이 피부에 미치는 영향이 아닌 것은?

① 색소침착
② 살균효과
③ 홍반형성
④ 비타민 A 합성

> 자외선이 피부에서 합성하는 것은 비타민 D이다.

정답 ▶ **1** 1 ① 2 ③ 3 ① 4 ② 5 ③ 6 ① 7 ① 8 ④

9 적외선을 피부에 조사시킬 때의 영향으로 틀린 것은?

① 신진대사에 영향을 미친다.
② 혈관을 확장시켜 순환에 영향을 미친다.
③ 근육을 수축시킨다.
④ 식균 작용에 영향을 미친다.

> 적외선을 피부에 조사시키면 근육이 이완된다.

10 다음 중 적외선에 관한 설명으로 옳지 않은 것은?

① 혈류의 증가를 촉진시킨다.
② 피부에 생성물을 흡수되도록 돕는 역할을 한다.
③ 노화를 촉진시킨다.
④ 피부에 열을 가하여 피부를 이완시키는 역할을 한다.

> 피부 노화를 촉진하는 것은 자외선이다.

02. 피부면역

1 특정 면역체에 대해 면역글로불린이라는 항체를 생성하는 것은?

① B림프구
② T림프구
③ 자연살해세포
④ 각질형성세포

> B림프구는 체액성 면역 반응을 담당하는 림프구의 일종으로 면역글로불린이라는 항체를 생성한다.

2 작은 림프구 모양의 세포로 종양 세포나 바이러스에 감염된 세포를 자발적으로 죽이는 세포를 무엇이라 하는가?

① 멜라닌 세포
② 랑게르한스세포
③ 각질형성세포
④ 자연살해세포

> 자연살해세포는 바이러스에 감염된 세포나 암세포를 직접 파괴하는 면역세포로 인체에 약 1억 개의 자연살해세포가 있으며, 간이나 골수에서 성숙한다.

3 피부의 면역에 관한 설명으로 맞는 것은?

① 세포성 면역에는 보체, 항체 등이 있다.
② T림프구는 항원전달세포에 해당한다.
③ B림프구는 면역글로불린이라고 불리는 항체를 생성한다.
④ 표피에 존재하는 각질형성세포는 면역조절에 작용하지 않는다.

> ① 세포성 면역은 세포 대 세포의 접촉을 통해 직접 항원을 공격하며, 체액성 면역이 항체를 생성한다.
> ② T림프구는 항원전달세포에 해당하지 않는다.
> ④ 각질형성세포는 면역조절 작용을 한다.

4 제1방어계 중 기계적 방어벽에 해당하는 것은?

① 피부 각질층
② 위산
③ 소화효소
④ 섬모운동

> 기계적 방어벽에는 피부 각질층, 점막, 코털 등이 있다.

03. 피부노화

1 내인성 노화가 진행될 때 감소 현상을 나타내는 것은?

① 각질층 두께
② 주름
③ 피부처짐 현상
④ 랑게르한스 세포

> 내인성 노화가 진행될수록 멜라닌 세포와 랑게르한스 세포의 수가 감소한다.

2 자연노화(생리적 노화)에 의한 피부 증상이 아닌 것은?

① 망상층이 얇아진다.
② 피하지방세포가 감소한다.
③ 각질층의 두께가 감소한다.
④ 멜라닌 세포의 수가 감소한다.

> 노화가 진행될수록 각질층의 두께는 증가한다.

3 피부노화 현상으로 옳은 것은?

① 피부노화가 진행되어도 진피의 두께는 그대로 유지된다.
② 광노화에서는 내인성 노화와 달리 표피가 얇아지는 것이 특징이다.
③ 피부 노화에는 나이에 따른 과정으로 일어나는 광노화와 누적된 햇빛 노출에 의하여 야기되기도 한다.
④ 내인성 노화보다는 광노화에서 표피 두께가 두꺼워진다.

① 피부노화가 진행될수록 진피의 두께는 감소한다.
② 광노화에서는 표피의 두께가 두꺼워진다.
③ 나이에 따른 과정으로 일어나는 노화를 내인성 노화 또는 자연노화라고 한다.

4 피부의 노화 원인과 가장 관련이 없는 것은?

① 노화 유전자와 세포 노화
② 항산화제
③ 아미노산 라세미화
④ 텔로미어(telomere) 단축

5 광노화의 반응과 가장 거리가 먼 것은?

① 거칠어짐
② 건조
③ 과색소침착증
④ 모세혈관 수축

광노화의 경우 모세혈관이 확장한다.

6 광노화 현상이 아닌 것은?

① 표피 두께 증가
② 멜라닌 세포 이상 항진
③ 체내 수분 증가
④ 진피 내의 모세혈관 확장

광노화 현상이 나타나는 피부는 건조해지고 거칠어진다.

7 어부들에게 피부의 노화가 조기에 나타나는 가장 큰 원인은?

① 생선을 너무 많이 섭취하여서
② 햇볕에 많이 노출되어서
③ 바다에 오존 성분이 많아서
④ 바다의 일에 과로하여서

어부들은 햇빛이 많이 노출되어 광노화 현상이 나타난다.

8 피부 노화인자 중 외부인자가 아닌 것은?

① 나이
② 자외선
③ 산화
④ 건조

나이가 증가함에 따라 피부가 노화되는 것은 내인성 노화에 속한다.

9 피부의 생물학적 노화 현상과 거리가 먼 것은?

① 표피 두께가 줄어든다.
② 피부의 색소침착이 증가된다.
③ 엘라스틴의 양이 늘어난다.
④ 피부의 저항력이 떨어진다.

노화가 진행하면서 엘라스틴의 양은 감소한다.

정답 3 ④ 4 ② 5 ④ 6 ③ 7 ② 8 ① 9 ③

Makeup Artist Certification

피부장애와 질환

이 섹션에서는 단순히 원발진과 속발진을 구분하는 문제에서부터 각 질환의 기본개념을 알아야 풀 수 있는 문제까지 다양하게 출제됩니다. 본문에 있는 내용은 모두 암기하되 예상문제 중심으로 학습하도록 합니다.

01 원발진과 속발진

1 원발진

건강한 피부에 처음으로 나타나는 병적인 변화

반점	피부 표면에 융기나 함몰이 없이 피부 색깔의 변화만 있는 것 (주근깨, 기미 등)
반	반점보다 넓은 피부상의 색깔 변화
팽진	피부 상층부의 부분적인 부종으로 인해 국소적으로 부풀어 오르는 증상으로 가려움증을 동반하며, 불규칙적인 모양
구진	지름 0.5~1cm 이하의 발진으로 안에 고름이 없는 것
결절	주로 손등과 손목에 나타나며 구진보다 크고 단단한 발진
수포	단백질 성분의 묽은 액체가 고여 생기는 물집
농포	피부에 약간 돋아 올라 보이며 고름이 차 있는 발진
낭종	액체나 반고체의 물질이 들어 있는 혹
판	구진이 커지거나 서로 뭉쳐서 형성된 넓고 평평한 병변
면포	얼굴, 이마, 콧등에 나타나는 나사 모양의 굳어진 피지덩어리
종양	직경 2cm 이상의 큰 결절

2 속발진

원발진에 이어서 나타나는 병적인 변화

인설	피부 표면의 상층에서 떨어져 나간 각질 덩어리
가피	피부 표면에 상처가 나거나 헐었을 때 조직액·혈액·고름 등이 말라 굳은 것
표피 박리	손톱으로 긁어서 생기는 표피선상의 작은 상처나 심한 마찰상
미란	피부의 표층이 결손된 것
균열	외상 또는 질병으로 인해 피부가 갈라진 상태
궤양	표피뿐만 아니라 진피까지 결손된 것으로 고름이나 출혈 동반

농양	피부에 고름이 생기는 상태
변지	손바닥이나 발바닥에 생기는 굳은살
반흔	외상이 치유된 후 피부에 남아있는 변성 부분
위축	진피의 세포나 성분 감소로 인해 피부가 얇아진 상태
태선화	장기간에 걸쳐 반복하여 긁거나 비벼서 표피가 건조하고 가죽처럼 두꺼워진 상태

02 | 피부질환

1 바이러스성·진균성 피부질환

(1) 바이러스성 피부질환

단순포진	• 입술 주위에 주로 생기는 수포성 질환 • 흉터 없이 치유되나 재발이 잘 됨
대상포진	• 지각신경 분포를 따라 군집 수포성 발진이 생기며 통증 동반 • 높은 연령층의 발생 빈도가 높음
사마귀	파보바이러스 감염에 의해 구진 발생
수두	가려움을 동반한 발진성 수포 발생
홍역	파라믹소 바이러스에 의해 발생하는 급성 발진성 질환
풍진	귀 뒤나 목 뒤의 림프절 비대 증상으로 통증 동반하며, 얼굴과 몸에 발진이 나타남

(2) 진균성(곰팡이) 피부질환

칸디다증	피부, 점막, 입안, 식도, 손·발톱 등 발생 부위에 따라 다양한 증상
백선(무좀)	• 곰팡이균에 의해 발생 • 증상 : 피부 껍질이 벗겨지고 가려움증 동반 • 주로 손과 발에서 번식 • 종류 : 족부백선(발), 두부백선(머리), 조갑백선(손·발톱), 체부백선(몸), 고부백선(성기 주위), 안면백선(얼굴), 수부백선(손바닥), 수발백선(수염)
어루러기	말라세지아균에 의해 피부 각질층, 손·발톱, 머리카락에 진균이 감염되어 발생

2 색소이상 증상

(1) 과색소침착 : 멜라닌 색소 증가로 인해 발생

기미	• 경계가 명백한 갈색점으로 중년 여성에게 주로 발생 • 원인 : 자외선 과다 노출, 경구 피임약 복용, 내분비장애, 선탠기 사용 • 종류 : 표피형, 진피형, 혼합형
주근깨	유전적 요인에 의해 주로 발생
검버섯	얼굴, 목, 팔, 다리 등에 경계가 뚜렷한 구진 형태로 발생
갈색반점	혈액순환 이상으로 발생
오타모반	청갈색 또는 청회색의 진피성 색소반점
릴 흑피증	화장품이나 연고 등으로 인해 발생하는 색소침착
벌록피부염	향료에 함유된 요소가 원인인 광접촉 피부염

(2) 저색소침착 : 멜라닌 색소 감소로 인해 발생

백반증	• 원형, 타원형 또는 부정형의 흰색 반점이 나타남 • 후천적 탈색소 질환
백피증	• 멜라닌 색소 부족으로 피부나 털이 하얗게 변하는 증상 • 눈의 경우 홍채의 색소 감소

3 기계적 손상에 의한 피부질환

굳은살	외부의 압력으로 인해 각질층이 두꺼워지는 현상
티눈	각질층의 한 부위가 두꺼워져 생기는 각질층의 증식 현상으로 통증 동반
욕창	반복적인 압박으로 인해 혈액순환이 안 되어 조직이 죽어서 발생한 궤양
마찰성 수포	압력이나 마찰로 인해 자극된 부위에 생기는 수포

4 열에 의한 피부질환

(1) 화상

제1도 화상	피부가 붉게 변하면서 국소 열감과 동통 수반
제2도 화상	진피층까지 손상되어 수포가 발생한 피부 홍반, 부종, 통증 동반
제3도 화상	• 피부 전층 및 신경이 손상된 상태 • 피부색이 흰색 또는 검은색으로 변함
제4도 화상	피부 전층, 근육, 신경 및 뼈 조직이 손상된 상태

▶ 기미, 주근깨 손질 방법
• 자외선차단제가 함유되어 있는 일소방용 화장품을 사용
• 비타민 C가 함유된 식품을 다량 섭취
• 미백효과가 있는 팩 사용

(2) 한진(땀띠)

땀관이 막혀 땀이 원활하게 표피로 배출되지 못하고 축적되어 발진과 물집이 생기는 질환

(3) 열성홍반

강한 열에 지속적으로 노출되면서 피부에 홍반과 과색소침착을 일으키는 질환

5 한랭에 의한 피부질환

동창	한랭 상태에 지속적으로 노출되어 피부의 혈관이 마비되어 생기는 국소적 염증반응
동상	영하 2~10℃의 추위에 노출되어 피부의 조직이 얼어 혈액 공급이 되지 않는 상태
한랭 두드러기	추위 또는 찬 공기에 노출되는 경우 생기는 두드러기

6 기타 피부질환

주사	• 피지선과 관련된 질환 • 혈액의 흐름이 나빠져 모세혈관이 파손되어 코를 중심으로 양 뺨에 나비 형태로 붉어진 증상 • 주로 40~50대에 발생
한관종	• 물사마귀알이라고도 함 • 2~3mm 크기의 황색 또는 분홍색의 반투명성 구진을 가지는 피부양성종양 • 땀샘관의 개출구 이상으로 피지 분비가 막혀 생성
비립종	• 직경 1~2mm의 둥근 백색 구진 • 눈 아래 모공과 땀구멍에 주로 발생
지루피부염	기름기가 있는 비듬이 특징이며 호전과 악화를 되풀이 하고 약간의 가려움증을 동반하는 피부염
하지정맥류	다리의 혈액순환 이상으로 피부 밑에 형성되는 검푸른 상태
소양감	자각증상으로서 피부를 긁거나 문지르고 싶은 충동에 의한 가려움증
흉터	세포 재생이 더 이상 되지 않으며 기름샘과 땀샘이 없는 것

01. 원발진과 속발진

***
1 피부질환의 초기 병변으로 건강한 피부에서 발생하지만 질병으로 간주되지 않는 피부의 변화는?

① 알레르기
② 속발진
③ 원발진
④ 발진열

> 건강한 피부에 처음으로 나타나는 병적인 변화를 원발진이라 하며, 원발진에 이어서 나타나는 병적인 변화를 속발진이라 한다.

***
2 피부질환의 상태를 나타낸 용어 중 원발진(primarylesions)에 해당하는 것은?

① 면포
② 미란
③ 가피
④ 반흔

> 미란, 가피, 반흔은 속발진에 속한다.

***
3 다음 중 원발진이 아닌 것은?

① 구진
② 농포
③ 반흔
④ 종양

***
4 다음 중 원발진에 속하는 것은?

① 수포, 반점, 인설
② 수포, 균열, 반점
③ 반점, 구진, 결절
④ 반점, 가피, 구진

> 원발진에는 반점, 구진, 결절, 수포, 농포, 면포 등이 있다.

***
5 다음 중 원발진으로만 짝지어진 것은?

① 농포, 수포
② 색소침착, 찰상
③ 티눈, 흉터
④ 동상, 궤양

> 원발진에는 반점, 구진, 결절, 수포, 농포, 면포 등이 있다.

***
6 다음 중 원발진에 해당하는 피부변화는?

① 가피
② 미란
③ 위축
④ 구진

> 가피, 미란, 위축 모두 속발진에 해당한다.

***
7 다음 중 속발진에 해당하지 않는 것은?

① 가피
② 균열
③ 변지
④ 면포

> 면포는 원발진에 속한다.

***
8 피부 발진 중 일시적인 증상으로 가려움증을 동반하여 불규칙적인 모양을 한 피부 현상은?

① 농포
② 팽진
③ 구진
④ 결절

> 팽진은 피부 상층부의 부분적인 부종으로 인해 국소적으로 부풀어 오르는 증상을 말하며, 가려움증을 동반한다.

정답 **1** 1③ 2① 3③ 4③ 5① 6④ 7④ 8②

chapter **02**

9 피부의 변화 중 결절(nodule)에 대한 설명으로 틀린 것은?

① 표피 내부에 직경 1cm 미만의 묽은 액체를 포함한 융기이다.
② 여드름 피부의 4단계에 나타난다.
③ 구진이 서로 엉켜서 큰 형태를 이룬 것이다.
④ 구진과 종양의 중간 염증이다.

> 결절은 구진(0.5~1cm)보다 크고 단단한 발진을 말한다.

10 다음 중 공기의 접촉 및 산화와 관계있는 것은?

① 흰 면포
② 검은 면포
③ 구진
④ 팽진

> 흰색 면포가 시간이 지나면서 커지면 구멍이 개방되어 내용물의 일부가 모공을 통해 피부 밖으로 나오게 되고 공기와 접촉하면서 지방이 산화되어 검은색이 된다.

11 진피에 자리하고 있으며 통증이 동반되고, 여드름 피부의 4단계에서 생성되는 것으로 치료 후 흉터가 남는 것은?

① 가피
② 농포
③ 면포
④ 낭종

> 여드름 피부의 4단계에는 결절과 낭종이 생기며, 낭종은 염증이 심하고 피부 깊숙이 자리하고 있으며 흉터가 남는다.

12 장기간에 걸쳐 반복하여 긁거나 비벼서 표피가 건조하고 가죽처럼 두꺼워진 상태는?

① 가피
② 낭종
③ 태선화
④ 반흔

> 코끼리 피부처럼 피부가 거칠고 두꺼워지는 현상을 태선화라 한다.

13 다음 중 태선화에 대한 설명으로 옳은 것은?

① 표피가 얇아지는 것으로 표피세포 수의 감소와 관련이 있으며 종종 진피의 변화와 동반된다.
② 둥글거나 불규칙한 모양의 굴착으로 점진적인 괴사에 의해서 표피와 함께 진피의 소실이 오는 것이다.
③ 질병이나 손상에 의해 진피와 심부에 생긴 결손을 메우는 새로운 결체조직의 생성으로 생기며 정상 치유 과정의 하나이다.
④ 표피 전체와 진피의 일부가 가죽처럼 두꺼워지는 현상이다.

> 장기간에 걸쳐 반복하여 긁거나 비벼서 표피가 건조하고 가죽처럼 두꺼워진 상태를 태선화라 한다.

02. 피부질환

1 다음 중 바이러스에 의한 피부질환은?

① 대상포진
② 식중독
③ 발무좀
④ 농가진

> 바이러스성 피부질환에는 단순포진, 대상포진, 사마귀, 수두, 홍역, 풍진 등이 있다.

2 바이러스성 질환으로 수포가 입술 주위에 잘 생기고 흉터 없이 치유되나 재발이 잘 되는 것은?

① 습진
② 태선
③ 단순포진
④ 대상포진

> 단순포진은 입술 주위에 주로 생기는 수포성 질환으로 재발이 잘 된다.

3 다음 중 바이러스성 피부질환은?

① 기미
② 주근깨
③ 여드름
④ 단순포진

> 바이러스성 피부질환에는 단순포진, 대상포진, 사마귀 등이 있다.

4 대상포진(헤르페스)에 대한 설명으로 맞는 것은?

① 지각신경 분포를 따라 군집 수포성 발진이 생기며 통증이 동반된다.
② 바이러스를 갖고 있지 않다.
③ 전염되지는 않는다.
④ 목과 눈꺼풀에 나타나는 전염성 비대 증식현상이다.

> 대상포진은 바이러스성, 감염성 피부질환이다.

5 다음 중 바이러스성 질환으로 연령이 높은 층에 발생 빈도가 높고 심한 통증을 유발하는 것은?

① 대상포진
② 단순포진
③ 습진
④ 태선

> 대상포진은 바이러스성 피부질환으로 지각신경 분포를 따라 군집 수포성 발진이 생기며 통증을 동반하는데, 높은 연령층에서 발생 빈도가 높다.

6 다음 중 진균에 의한 피부질환이 아닌 것은?

① 두부백선
② 족부백선
③ 무좀
④ 대상포진

> 대상포진은 바이러스성 피부질환이다.

7 다음 중 기미의 유형이 아닌 것은?

① 혼합형 기미
② 진피형 기미
③ 표피형 기미
④ 피하조직형 기미

> 기미에는 표피에 침착되는 표피형 기미, 진피까지 깊숙이 침착되는 진피형 기미, 표피와 진피에 침착되는 혼합형 기미 3가지가 있다.

8 피부진균에 의하여 발생하며 습한 곳에서 발생빈도가 가장 높은 것은?

① 모낭염　　　　② 족부백선
③ 붕소염　　　　④ 티눈

> 백선은 진균성 피부질환으로 발에 나타나는 백선을 족부백선이라 한다.

9 다음 내용과 가장 관계있는 것은?

> • 곰팡이균에 의해 발생한다.
> • 피부껍질이 벗겨진다.
> • 가려움증이 동반된다.
> • 주로 손과 발에서 번식한다.

① 농가진　　　　② 무좀
③ 홍반　　　　　④ 사마귀

> 무좀은 특히 발가락 사이에서 곰팡이균에 의해 발생하며 가려움증이 동반되는 질병이다.

10 기미에 대한 설명으로 틀린 것은?

① 피부 내에 멜라닌이 합성되지 않아 야기되는 것이다.
② 30~40대의 중년 여성에게 잘 나타나고 재발이 잘된다.
③ 선탠기에 의해서도 기미가 생길 수 있다.
④ 경계가 명확한 갈색의 점으로 나타난다.

> 기미는 멜라닌 색소가 피부에 과다하게 침착되어 나타나는 증상이다.

정답　3 ④　4 ①　5 ①　6 ④　7 ④　8 ②　9 ②　10 ①

11 기미, 주근깨의 손질에 대한 설명 중 잘못된 것은?

① 외출 시에는 화장을 하지 않고 기초손질만 한다.
② 자외선차단제가 함유되어 있는 일소방지용 화장품을 사용한다.
③ 비타민 C가 함유된 식품을 다량 섭취한다.
④ 미백효과가 있는 팩을 자주한다.

> 기미, 주근깨를 예방하기 위해서는 자외선에 많이 노출되지 않아야 하고, 외출 시 자외선차단제가 함유된 화장품을 바르도록 한다.

12 기미피부의 손질방법으로 틀린 것은?

① 정신적 스트레스를 최소화한다.
② 자외선을 자주 이용하여 멜라닌을 관리한다.
③ 화학적 필링과 AHA 성분을 이용한다.
④ 비타민 C가 함유된 음식물을 섭취한다.

> 기미를 예방하기 위해서는 자외선에 노출되지 않도록 해야 한다.

13 피부 색소침착에서 과색소침착 증상이 아닌 것은?

① 기미
② 백반증
③ 주근깨
④ 검버섯

> 백반증은 저색소침착으로 인해 발생한다.

14 백반증에 관한 내용 중 틀린 것은?

① 멜라닌 세포의 과다한 증식으로 일어난다.
② 백색 반점이 피부에 나타난다.
③ 후천적 탈색소 질환이다.
④ 원형, 타원형 또는 부정형의 흰색 반점이 나타난다.

> 백반증은 멜라닌 세포의 파괴로 인해 백색 반점이 나타나는 증상이다.

15 벌록 피부염(berlock dermatitis)이란?

① 향료에 함유된 요소가 원인인 광접촉 피부염이다.
② 눈 주위부터 볼에 걸쳐 다수 군집하여 생기는 담갈색의 색소반이다.
③ 안면이나 목에 발생하는 청자갈색조의 불명료한 색소 침착이다.
④ 절상이나 까진 상처의 전후처치를 잘못해서 생기는 색소의 침착이다.

> 벌록 피부염은 향료에 함유된 요소가 자외선을 쬐었을 때 피부의 색깔이 변하는 피부질환이다.

16 티눈의 설명으로 옳은 것은?

① 각질층의 한 부위가 두꺼워져 생기는 각질층의 증식현상이다.
② 주로 발바닥에 생기며 아프지 않다.
③ 각질핵은 각질 윗부분에 있어 자연스럽게 제거가 된다.
④ 발뒤꿈치에만 생긴다.

> ② 티눈은 통증을 동반한다.
> ③ 각질핵은 각질층을 깎아내면 병변의 중심에 각질핵을 확인할 수 있다.
> ④ 티눈은 발바닥과 발가락에 주로 발생한다.

17 기계적 손상에 의한 피부질환이 아닌 것은?

① 굳은살   ② 티눈
③ 종양   ④ 욕창

> 기계적 손상에 의한 피부질환은 외부의 마찰이나 압력에 의해 생기는 피부질환을 말하며, 굳은살, 티눈, 욕창, 마찰성 수포가 여기에 해당한다.

18 다음 중 각질이상에 의한 피부질환은?

① 주근깨(작반)
② 기미(간반)
③ 티눈
④ 릴 흑피증

> 기미, 주근깨, 릴 흑피증은 과색소침착에 의한 피부질환이다.

정답 11 ① 12 ② 13 ② 14 ① 15 ① 16 ① 17 ③ 18 ③

19 피부에 계속적인 압박으로 생기는 각질층의 증식현상이며, 원추형의 국한성 비후증으로 경성과 연성이 있는 것은? ***

① 사마귀
② 무좀
③ 굳은살
④ 티눈

> 경성 티눈은 발가락의 등 쪽이나 발바닥에 주로 발생하며, 연성 티눈은 발가락 사이에 주로 발생한다.

20 물사마귀알로도 불리우며 황색 또는 분홍색의 반투명성 구진(2~3mm 크기)을 가지는 피부양성종양으로 땀샘관의 개출구 이상으로 피지분비가 막혀 생성되는 것은? **

① 한관종
② 혈관종
③ 섬유종
④ 지방종

> 한관종은 사춘기 이후의 여성의 눈 주위, 뺨, 이마에 주로 발생한다.

21 화상의 구분 중 홍반, 부종, 통증뿐만 아니라 수포를 형성하는 것은? ****

① 제1도 화상
② 제2도 화상
③ 제3도 화상
④ 중급 화상

화상의 구분	
구분	특징
제1도 화상	피부가 붉게 변하면서 국소 열감과 동통 수반
제2도 화상	• 진피층까지 손상되어 수포가 발생한 피부 • 홍반, 부종, 통증 동반
제3도 화상	• 피부 전층 및 신경이 손상된 상태 • 피부색이 흰색 또는 검은색으로 변함
제4도 화상	피부 전층, 근육, 신경 및 뼈 조직이 손상된 상태

22 주로 40~50대에 보이며 혈액흐름이 나빠져 모세혈관이 파손되어 코를 중심으로 양 뺨에 나비형태로 붉어진 증상은? **

① 비립종
② 섬유종
③ 주사
④ 켈로이드

> 주사는 피지선에 염증이 생기면서 얼굴의 중간 부위에 주로 발생하는데, 간혹 구진이나 농포가 생기기도 한다.

23 다음 중 2도 화상에 속하는 것은? ****

① 햇볕에 탄 피부
② 진피층까지 손상되어 수포가 발생한 피부
③ 피하 지방층까지 손상된 피부
④ 피하 지방층 아래의 근육까지 손상된 피부

24 땀띠가 생기는 원인으로 가장 옳은 것은? ***

① 땀띠는 피부표면에 있는 땀구멍이 일시적으로 막히기 때문에 생기는 발한기능의 장애 때문에 발생한다.
② 땀띠는 여름철 너무 잦은 세안 때문에 발생한다.
③ 땀띠는 여름철 과다한 자외선 때문에 발생하므로 햇볕을 받지 않으면 생기지 않는다.
④ 땀띠는 피부에 미생물이 감염되어 생긴 피부질환이다.

> 땀띠는 땀구멍이 막혀서 땀이 원활하게 표피로 배출되지 못해서 생긴다.

25 모세혈관 파손과 구진 및 농도성 질환이 코를 중심으로 양볼에 나비모양을 이루는 증상은? **

① 접촉성 피부염
② 주사
③ 건선
④ 농가진

chapter 02

26 다음 중 피지선과 가장 관련이 깊은 질환은?

① 사마귀
② 주사(rosacea)
③ 한관종
④ 백반증

주사는 피지선에 염증이 생기면서 붉게 변하는 염증성 질환이다.

27 자각증상으로서 피부를 긁거나 문지르고 싶은 충동에 의한 가려움증은?

① 소양감
② 작열감
③ 촉감
④ 의주감

소양감은 가려움증을 의미한다.

28 모래알 크기의 각질 세포로서 눈 아래 모공과 땀구멍에 주로 생기는 백색 구진 형태의 질환은?

① 비립종
② 칸디다증
③ 매상혈관증
④ 화염성모반

비립종은 직경 1~2mm의 둥근 백색 구진으로 눈 아래 모공과 땀구멍에 주로 생기는 질환이다.

29 직경 1~2mm의 둥근 백색 구진으로 안면(특히 눈 하부)에 호발하는 것은?

① 비립종(Milium)
② 피지선 모반(Nevus sebaceous)
③ 한관종(Syringoma)
④ 표피낭종(Epidermal cyst)

30 다음 중 세포 재생이 더 이상 되지 않으며 기름샘과 땀샘이 없는 것은?

① 흉터
② 티눈
③ 두드러기
④ 습진

흉터는 손상된 피부가 치유된 흔적을 말하는데, 세포 재생이 더 이상 되지 않으며, 기름샘과 땀샘도 없다.

31 피부질환 중 지성의 피부에 여드름이 많이 나타나는 이유의 설명 중 가장 옳은 것은?

① 한선의 기능이 왕성할 때
② 림프의 역할이 왕성할 때
③ 피지가 계속 많이 분비되어 모낭구가 막혔을 때
④ 피지선의 기능이 왕성할 때

여드름은 피지가 많이 분비되어 표피의 각화이상으로 모낭구가 막혔을 때 많이 나타난다.

32 여드름 발생의 주요 원인과 가장 거리가 먼 것은?

① 아포크린 한선의 분비 증가
② 모낭 내 이상 각화
③ 여드름 균의 군락 형성
④ 염증반응

아포크린 한선은 겨드랑이, 유두 주위에 많이 분포하는 것으로 여드름 발생과는 상관이 없다.

33 다리의 혈액순환 이상으로 피부 밑에 형성되는 검푸른 상태를 무엇이라 하는가?

① 혈관 축소
② 심박동 증가
③ 하지정맥류
④ 모세혈관확장증

하지정맥류는 혈액순환 이상으로 정맥이 늘어나서 피부 밖으로 돌출되어 보이는 것을 말하는데, 다리가 무겁게 느껴지고 쉽게 피곤해지는 증상이 나타난다.

정답 ▶ 26 ② 27 ① 28 ① 29 ① 30 ① 31 ③ 32 ① 33 ③

MAKEUP
ARTIST
CERTIFICATION

CHAPTER 03

화장품학

Makeup Artist Certification

화장품 기초

화장품학이 별도의 과목으로 분류는 되었지만 다른 과목에 비해 비중은 크지 않을 것으로 보인다. 기본적인 개념을 중심으로 학습하도록 한다. 이 섹션에서는 화장품의 정의, 의약품과의 비교, 기능성화장품의 정의, 화장품의 분류는 확실히 암기하도록 한다.

01 화장품의 정의

1 화장품
① 인체를 청결 · 미화하여 매력을 더하고 용모를 밝게 변화시키기 위해 사용하는 물품
② 피부 혹은 모발을 건강하게 유지 또는 증진하기 위한 물품
③ 인체에 바르고 문지르거나 뿌리는 등의 방법으로 사용되는 물품
④ 인체에 사용되는 물품으로 인체에 대한 작용이 경미한 것
⑤ 의약품이 아닐 것

2 기능성 화장품
화장품 중에서 다음에 해당되는 것으로서 총리령으로 정하는 화장품
① 피부의 미백에 도움을 주는 제품
② 피부의 주름개선에 도움을 주는 제품
③ 피부를 곱게 태워주거나 자외선으로부터 피부를 보호하는 데에 도움을 주는 제품
④ 모발의 색상 변화 · 제거 또는 영양공급에 도움을 주는 제품
⑤ 피부나 모발의 기능 약화로 인한 건조함, 갈라짐, 빠짐, 각질화 등을 방지하거나 개선하는 데에 도움을 주는 제품

02 화장품의 분류

1 용도에 따른 분류

분류		종류
기초 화장품	세안	클렌징 폼, 페이셜 스크럽, 클렌징 크림, 클렌징 로션, 클렌징 워터, 클렌징 젤
	피부정돈	화장수, 팩, 마사지 크림
	피부보호	로션, 크림, 에센스, 화장유
메이크업 화장품	베이스 메이크업	메이크업 베이스, 파운데이션, 파우더
	포인트 메이크업	립스틱, 블러셔, 아이라이너, 마스카라, 아이섀도, 네일에나멜

▶ **의약품의 정의**
• 사람이나 동물의 질병을 진단 · 치료 · 경감 · 처치 또는 예방할 목적으로 사용하는 물품
• 사람이나 동물의 구조와 기능에 약리학적 영향을 줄 목적으로 사용하는 물품

▶ **화장품과 의약품의 비교**

구분	화장품	의약품
대상	정상인	환자
목적	청결 · 미화	질병의 진단 및 치료
기간	장기	단기
범위	전신	특정 부위
부작용 여부	없어야 함	있을 수 있음

분류		종류
모발 화장품	세발용	샴푸, 린스
	정발용	헤어오일, 헤어로션, 헤어크림, 헤어스프레이, 헤어 무스, 헤어젤, 헤어 리퀴드
	트리트먼트용	헤어트리트먼트, 헤어팩, 헤어블로우, 헤어코트
	양모용	헤어토닉
인체 세정용	세정	폼 클렌저, 바디 클렌저, 액체 비누, 외음부 세정제
네일 화장품	네일보호, 색채	베이스코트, 언더코트, 네일폴리시, 네일에나멜, 탑 코트, 네일 크림 · 로션 · 에센스, 네일폴리시 · 네일 에나멜 리무버
방향 화장품	향취	퍼퓸, 오데퍼퓸, 오데토일렛, 오데코롱, 샤워코롱

▶ 용어 이해
 • 세발 : 헤어 세정
 • 정발 : 헤어 세팅
 • 양모 : 탈모방지 및 두피건강

▶ 상태(제형)에 따라 가용화 제품, 유화 제품, 분산제품으로 구분된다. 자세한 내용은 다음 섹션의 화장품의 제조기술을 참고한다.

 출제예상문제 | 단원별 구성의 문제 유형 파악!

1 ***
화장품법상 화장품의 정의와 관련한 내용이 아닌 것은?

① 신체의 구조, 기능에 영향을 미치는 것과 같은 사용 목적을 겸하지 않는 물품
② 인체를 청결히 하고, 미화하고, 매력을 더하고 용모를 밝게 변화시키기 위해 사용하는 물품
③ 피부 혹은 모발을 건강하게 유지 또는 증진하기 위한 물품
④ 인체에 사용되는 물품으로 인체에 대한 작용이 경미한 것

화장품의 정의
인체를 청결 · 미화하여 매력을 더하고 용모를 밝게 변화시키거나 피부 · 모발의 건강을 유지 또는 증진하기 위하여 인체에 바르고 문지르거나 뿌리는 등 이와 유사한 방법으로 사용되는 물품으로서 인체에 대한 작용이 경미한 것

2 ***
화장품의 사용 목적과 가장 거리가 먼 것은?

① 인체를 청결, 미화하기 위하여 사용한다.
② 용모를 변화시키기 위하여 사용한다.
③ 피부, 모발의 건강을 유지하기 위하여 사용한다.

④ 인체에 대한 약리적인 효과를 주기 위해 사용한다.

인체에 대한 약리적인 효과를 주기 위해 사용하는 것은 의약품이다.

3 *****
화장품과 의약품의 차이를 바르게 정의한 것은?

① 화장품의 사용 목적은 질병의 치료 및 진단이다.
② 화장품은 특정부위만 사용 가능하다.
③ 의약품의 부작용은 어느 정도까지는 인정된다.
④ 의약품의 사용대상은 정상적인 상태인 자로 한정되어 있다.

화장품은 부작용이 없어야 하며, 의약품은 부작용이 있을 수 있다.

4 ***
화장품의 분류에 관한 설명 중 틀린 것은?

① 마사지 크림은 기초화장품에 속한다.
② 샴푸, 헤어린스는 모발용 화장품에 속한다.
③ 퍼퓸, 오데코롱은 방향화장품에 속한다.
④ 페이스파우더는 기초화장품에 속한다.

페이스파우더는 색조화장품에 속한다.

정답 1 ① 2 ④ 3 ③ 4 ④

5 다음 설명 중 기능성 화장품에 해당하지 않는 것은?

① 피부에 멜라닌 색소가 침착하는 것을 방지하여 기미 · 주근깨 등의 생성을 억제함으로써 피부의 미백에 도움을 주는 기능을 가진 화장품

② 미백과 더불어 신체적으로 약리학적 영향을 줄 목적으로 사용하는 제품

③ 피부에 탄력을 주어 피부의 주름을 완화 또는 개선하는 기능을 가진 화장품

④ 피부를 곱게 태워주거나 자외선으로부터 피부를 보호하는 데에 도움을 주는 제품

인체에 대한 약리적인 효과를 주기 위한 것은 의약품에 속한다.

6 화장품의 분류와 사용 목적, 제품이 일치하지 않는 것은?

① 모발 화장품 – 정발 – 헤어스프레이
② 방향 화장품 – 향취 부여 – 오데코롱
③ 메이크업 화장품 – 색채 부여 – 네일 에나멜
④ 기초화장품 – 피부정돈 – 클렌징 폼

클렌징 폼은 세안용으로 사용되며, 피부정돈용 화장품은 화장수, 팩, 마사지 크림 등이 있다.

7 다음 화장품 중 그 분류가 다른 것은?

① 화장수   ② 클렌징 크림
③ 샴푸   ④ 팩

화장수, 클렌징 크림, 팩은 기초화장품에 속하고 샴푸는 모발화장품에 속한다.

8 다음 중 기초화장품에 해당하는 것은?

① 파운데이션   ② 네일 폴리시
③ 볼연지   ④ 스킨로션

스킨로션, 크림, 에센스, 화장수 등은 기초화장품에 속한다.

9 다음 중 기초화장품에 해당하지 않는 것은?

① 에센스   ② 클렌징 크림
③ 파운데이션   ④ 스킨로션

파운데이션은 메이크업 화장품에 속한다.

10 샤워 코롱(Shower cologne)이 속하는 분류는?

① 방향용 화장품   ② 메이크업용 화장품
③ 모발용 화장품   ④ 세정용 화장품

방향용 화장품에는 퍼퓸, 오데퍼퓸, 오데토일렛, 오데코롱, 샤워코롱 등이 있다.

11 다음 중 베이스코트가 속하는 분류는?

① 방향용 화장품   ② 메이크업용 화장품
③ 네일 화장품   ④ 세정용 화장품

베이스코트는 네일 화장품에 속한다.

12 다음 중 네일 화장품에 속하지 않는 제품은?

① 언더코트   ② 네일폴리시
③ 블러셔   ④ 베이스코트

블러셔는 메이크업 화장품에 속한다.

13 향장품을 선택할 때에 검토해야 하는 조건이 아닌 것은?

① 피부나 점막, 두발 등에 손상을 주거나 알레르기 등을 일으킬 염려가 없는 것

② 구성 성분이 균일한 성상으로 혼합되어 있지 않는 것

③ 사용 중이나 사용 후에 불쾌감이 없고 사용감이 산뜻한 것

④ 보존성이 좋아서 잘 변질되지 않는 것

향장품을 선택할 때는 구성 성분이 균일한 성상으로 혼합되어 있는 것을 선택한다.

Makeup Artist Certification

화장품 제조

이 섹션에서는 오일의 분류, 계면활성제, 보습제를 중심으로 학습하도록 한다. 화장품의 4대 특성은 반드시 출제된다고 생각하기 바란다. 내용이 적은 만큼 많은 시간을 투자하지 않도록 한다.

01 화장품의 원료

1 정제수
① 화장수, 크림, 로션 등의 기초 물질로 사용
② 물에 포함된 불순물이 피부 트러블을 일으킬 수 있으므로 깨끗한 정제수 사용

2 에탄올
① 특징 : 휘발성
② 용도 : 화장수, 헤어토닉, 향수 등에 많이 사용
③ 효과 : 청량감, 수렴효과, 소독작용

3 오일

구분		종류	특징
천연 오일		식물성 (올리브유, 피마자유, 야자유, 맥아유 등)	• 피부에 대한 친화성이 우수 • 불포화 결합이 많아 공기 접촉 시 쉽게 변질 • 식물성 오일은 피부 흡수가 느린 반면 동물성 오일은 빠름
		동물성 (밍크오일, 난황유 등)	
		광물성 (유동파라핀, 바셀린 등)	• 포화 결합으로 변질의 우려는 없음 • 유성감이 강해 피부 호흡을 방해할 수 있음
합성 오일		실리콘 오일	• 사용성 및 화학적 안정성이 우수

4 왁스

구분	종류	특징
식물성	카르나우바 왁스	• 식물성 왁스 중 녹는 온도가 가장 높음 (80~86℃) • 크림, 립스틱, 탈모제 등에 사용
	칸델리라 왁스	• 립스틱에 주로 사용
동물성	밀납, 경납, 라놀린 등	

▶ 계면(Interface, 界面)
기체, 액체, 고체의 물질 상호간에 생기는 경계면

chapter 03

기름때

피부 또는 헤어

 세안 · 마사지

침투, 흡착 : 계면활성제의
친유성기가 기름때에
달라붙는다.)

유화 · 분산 : 친유성기 부분이
기름때와 피부 사이를 파고
들어가 기름때를 감싼다.

제거 : 피부 또는 헤어로부터
기름때를 분리

【세정 과정】

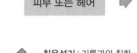
━ 친유성기 : 기름과의 친화
성이 강한 막대꼬리 모양

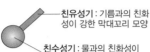
━ 친수성기 : 물과의 친화성이
강한 둥근머리 모양

5 계면활성제
두 물질 사이의 경계면이 잘 섞이도록 도와주는 물질

(1) 친수성기 : 물과의 친화성이 강한 둥근 머리 모양

양이온성	• 살균 및 소독작용이 우수 • 용도 : 헤어린스, 헤어트리트먼트 등
음이온성	• 세정 작용 및 기포 형성 작용이 우수 • 용도 : 비누, 샴푸, 클렌징 폼 등
비이온성	• 피부에 대한 자극이 적음 • 용도 : 화장수의 가용화제, 크림의 유화제, 클렌징 크림의 세정제 등
양쪽성	• 친수기에 양이온과 음이온을 동시에 가짐 • 세정 작용이 우수하고 피부 자극이 적음 • 용도 : 베이비 샴푸 등

(2) 친유성기(소수성기) : 기름과의 친화성이 강한 막대꼬리 모양

6 보습제
(1) 종류
① **천연보습인자**(NMF) : 아미노산(40%), 젖산(12%), 요소(7%), 지방산 등
② **고분자 보습제** : 가수분해 콜라겐, 히아루론산염, 콘트로이친 황산염 등
③ **폴리올**(다가 알코올) : 글리세린*, 프로필렌글리콜, 부틸렌글리콜, 솔비톨, 트레할로스 등

(2) 보습제가 갖추어야 할 조건
① 적절한 보습능력이 있을 것
② 보습력이 환경의 변화(온도, 습도 등)에 쉽게 영향을 받지 않을 것
③ 피부 친화성이 좋을 것
④ 다른 성분과의 혼용성이 좋을 것
⑤ 응고점이 낮을 것
⑥ 휘발성이 없을 것

7 방부제
(1) 기능 : 화장품의 변질 방지 및 살균 작용
(2) 종류 : 파라옥시안식향산메틸, 파라옥시안식향산 프로필 등

▶ 피부 자극
양이온성 > 음이온성 > 양쪽
성 > 비이온성

▶비누 제조 방법

구분	설명
검화법	지방산의 글리세린에스테르와 알칼리를 함께 가열하면 유지가 가수 분해되어 비누와 글리세린이 얻어지는 방법
중화법	유지를 미리 지방산과 글리세린으로 분해시키고 지방산에 알칼리를 작용시켜 중화되는 과정에서 비누가 얻어지는 방법

▶ 글리세린 : 공기 중의 습기를 흡수해서 피부표면 수분을 유지시켜 피부나 털의 건조방지를 한다.

8 색소

구분		특징
염료	수용성 염료	• 물에 녹는 염료 • 화장수, 로션, 샴푸 등의 착색에 사용
	유용성 염료	• 오일에 녹는 염료 • 헤어오일 등의 유성 화장품의 착색에 사용
안료	무기 안료	• 내광성 및 내열성이 우수 • 빛, 산, 알칼리에 강함 • 유기용제에 녹지 않음 • 가격이 저렴하고 많이 사용
	유기 안료	• 선명도 및 착색력이 우수하며, 색의 종류가 다양 • 빛, 산, 알칼리에 약함 • 유기용제에 녹아 색의 변질 우려가 있음

9 기타 주요 성분

아줄렌	피부진정 작용, 염증 및 상처 치료에 효과
솔비톨	보습작용 및 유연작용
알부틴	티로시나아제 효소의 작용을 억제
아미노산	수분 함량이 많고 피부 침투력이 우수
히아루론산	보습작용, 유연작용
레시틴	유연작용, 항산화 작용
AHA	• 각질 제거, 유연기능 및 보습기능 • 피부와 점막에 약간의 자극이 있음 • 종류 : 글리콜릭산, 젖산, 사과산, 주석산, 구연산
콜라겐	• 빛이나 열에 쉽게 파괴 • 수분 보유 및 결합 능력이 우수
라놀린	양모에서 정제한 것으로 화장품, 의약품에 사용
레티노산	비타민 A의 유도체로서 여드름 치유와 잔주름 개선에 사용

02 화장품의 제조기술(제형에 따른 분류)

1 가용화(Solubilization)
① 물에 소량의 오일 성분이 계면활성제에 의해 투명하게 용해된 상태
② 종류 : 화장수, 에센스, 향수, 헤어토닉, 헤어리퀴드 등

2 유화 (에멀전)
물에 오일 성분이 계면활성제에 의해 우윳빛으로 섞여있는 상태

▶ 방부제가 갖추어야 할 조건
• pH의 변화에 대해 항균력의 변화가 없을 것
• 다른 성분과 작용하여 변화되지 않을 것
• 무색 · 무취이며, 피부에 안정적일 것

▶ 염료와 안료의 비교

염료	• 물이나 오일에 잘 녹음 • 화장품에 시각적인 색상 효과를 부여하기 위해 사용
안료	• 물이나 오일에 잘 녹지 않음 • 빛을 반사 및 차단하는 능력이 우수

▶ 무기안료의 종류
• 착색안료 : 화장품에 색상을 부여하는 역할을 하는 안료로 색이 선명하지는 않으나 빛과 열에 강하여 변색이 잘 되지 않는 특성을 가짐(산화철, 울트라마린블루, 크롬옥사이드그린 등)
• 백색안료 : 피부의 커버력을 조절하는 역할을 하는 안료(티타늄다이옥사이드, 징크옥사이드)
• 체질안료 : 탈크(talc), 마이카(mica), 카올린(kaolin) 등
• 펄안료 : 색상에 진주 광택을 부여해 주고, 메이크업이 흐트러지게 되는 것을 방지

▶ AHA : Alpha Hydroxy Acid
α-Hydroxy Acid이라 표기하기도 하며, 사탕수수, 우유, 사과, 포도, 귤에서 추출하며, 천연재료이므로 수용성 성분으로 물에 잘 녹는 성질이 있다.

▶ 화장품 제조기술의 종류
가용성, 유화, 분산

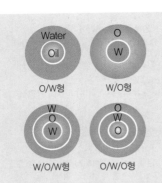

O/W형 W/O형

W/O/W형 O/W/O형

▶ 종류
  • O/W 에멀전 : 물에 오일이 분산되어 있는 형태 (로션, 크림, 에센스 등)
  • W/O 에멀전 : 오일에 물이 분산되어 있는 형태 (영양크림, 선크림 등)
  • W/O/W 에멀전 : 분산되어 있는 입자 자체가 에멀전을 형성하고 있는 상태

⑤ 분산

① 물 또는 오일에 미세한 고체입자가 계면활성제에 의해 균일하게 혼합되어 있는 상태
② 종류 : 립스틱, 마스카라, 아이섀도, 아이라이너, 파운데이션 등

03 화장품의 특성

① 화장품에서 요구되는 4대 품질 특성

안전성	피부에 대한 자극, 알레르기, 독성이 없을 것
안정성	변색, 변취, 미생물의 오염이 없을 것
사용성	피부에 사용감이 좋고 잘 스며들 것, 사용이 편리할 것
유효성	미백, 주름개선, 자외선 차단 등의 효과가 있을 것

② 포장에 기재할 사항

① 화장품의 명칭 / 가격 / 영업자의 상호 및 주소
② 해당 화장품 제조에 사용된 모든 성분
③ 내용물의 용량 또는 중량 및 제조번호
④ 사용기한 또는 개봉 후 사용기간(개봉 후 사용기간 기재 시 제조연월일을 병행 표기)
⑤ 기능성화장품의 경우 "기능성화장품"이라는 글자 또는 기능성화장품을 나타내는 도안으로서 식품의약품안전처장이 정하는 도안
⑥ 사용 시 주의사항 및 그 밖에 총리령으로 정하는 사항

③ 화장품 사용 시 주의사항

① 사용 중 다음과 같은 이상이 있는 경우 사용을 중지할 것
  • 사용 중 붉은 반점, 부어오름, 가려움증, 자극 등의 이상이 있는 경우
  • 적용 부위가 직사광선에 의하여 붉은 반점, 부어오름, 가려움증, 자극 등의 이상이 있는 경우
② 상처가 있는 부위, 습진 및 피부염 등의 이상이 있는 부위에는 사용을 하지 말 것
③ 보관 및 취급 시의 주의사항
  • 사용 후에는 반드시 마개를 닫아둘 것
  • 유아 · 소아의 손이 닿지 않는 곳에 보관할 것
  • 고온 또는 저온의 장소 및 직사광선이 닿는 곳에는 보관하지 말 것

▶ 그 밖에 총리령으로 정하는 사항
㉠ 식품의약품안전처장이 정하는 바코드
㉡ 기능성화장품의 경우 심사받거나 보고한 효능 · 효과, 용법 · 용량
㉢ 성분명을 제품 명칭의 일부로 사용한 경우 그 성분명과 함량(방향용 제품 제외)
㉣ 인체 세포 · 조직 배양액이 들어있는 경우 그 함량
㉤ 화장품에 천연 또는 유기농으로 표시 · 광고하려는 경우에는 원료의 함량
㉥ 수입화장품인 경우에는 제조국의 명칭(원산지를 표시한 경우 생략 가능), 제조회사명 및 그 소재지
㉦ "질병의 예방 및 치료를 위한 의약품이 아님"이라는 문구
  • 탈모 증상의 완화에 도움을 주는 화장품
  • 여드름성 피부를 완화하는 데 도움을 주는 화장품
  • 피부장벽의 기능을 회복하여 가려움 등의 개선에 도움을 주는 화장품
  • 튼살로 인한 붉은 선을 엷게 하는 데 도움을 주는 화장품
㉧ 사용기준이 지정 · 고시된 원료 중 보존제의 함량
  • 만 3세 이하의 영 · 유아용 제품류인 경우
  • 화장품에 어린이용 제품(만 13세 이하(영 · 유아용 제품류 제외)임을 특정하여 표시 · 광고하려는 경우)

▶ 1차 포장 필수 기재사항
  • 화장품의 명칭
  • 영업자의 상호
  • 제조번호
  • 사용기한 또는 개봉 후 사용기간

01. 화장품의 원료

1 화장품에 배합되는 에탄올의 역할이 아닌 것은?

① 청량감 ② 수렴효과
③ 소독작용 ④ 보습작용

> 에탄올은 휘발성이므로 화장수, 헤어토닉, 향수 등에 많이 사용된다.

2 다음 중 식물성 오일이 아닌 것은?

① 아보카도 오일 ② 피마자 오일
③ 올리브 오일 ④ 실리콘 오일

> 실리콘은 합성 오일에 속하며, 사용성 및 화학적 안정성이 우수하다.

3 다음 중 화장수, 크림, 로션 등의 기초 물질로 사용되는 화장품 원료는?

① 정제수 ② 에탄올
③ 오일 ④ 계면활성제

> 정제수는 화장수, 크림, 로션 등의 기초 물질로 사용되며, 물에 포함된 불순물이 피부 트러블을 일으킬 수 있으므로 깨끗한 정제수를 사용해야 한다.

4 오일의 설명으로 옳은 것은?

① 식물성 오일 – 향은 좋으나 부패하기 쉽다.
② 동물성 오일 – 무색투명하고 냄새가 없다.
③ 광물성 오일 – 색이 진하며 피부 흡수가 늦다.
④ 합성 오일 – 냄새가 나빠 정제한 것을 사용한다.

5 세정작용과 기포형성 작용이 우수하여 비누, 샴푸, 클렌징품 등에 주로 사용되는 계면활성제는?

① 양이온성 계면활성제
② 음이온성 계면활성제
③ 비이온성 계면활성제
④ 양쪽성 계면활성제

> 세정작용 및 기포형성 작용이 우수한 계면활성제는 음이온성 계면활성제이며 비누, 샴푸, 클렌징품 등에 주로 사용된다.

6 다음 중 기초화장품의 주된 사용목적에 속하지 않는 것은?

① 세안 ② 피부정돈
③ 피부보호 ④ 피부채색

7 다음 오일의 종류 중 사용성 및 화학적 안정성이 우수한 것은?

① 올리브유 ② 실리콘 오일
③ 난황유 ④ 바셀린

> 실리콘 오일은 합성 오일로서 천연 오일보다 사용성 및 화학적 안정성이 우수하다.

8 유아용 제품과 저자극성 제품에 많이 사용되는 계면활성제에 대한 설명 중 옳은 것은?

① 물에 용해될 때, 친수기에 양이온과 음이온을 동시에 갖는 계면활성제
② 물에 용해될 때, 이온으로 해리하지 않는 수산기, 에테르결합, 에스테르 등을 분자 중에 갖고 있는 계면활성제
③ 물에 용해될 때, 친수기 부분이 음이온으로 해리되는 계면활성제
④ 물에 용해될 때, 친수기 부분이 양이온으로 해리되는 계면활성제

> 유아용 제품과 저자극성 제품은 친수기에 양이온과 음이온을 동시에 갖는 양쪽성 계면활성제가 많이 사용된다.

정 답 **1** 1 ④ 2 ④ 3 ① 4 ① 5 ② 6 ④ 7 ② 8 ①

chapter **03**

9 천연보습인자(NMF)에 속하지 않는 것은?

① 아미노산
② 암모니아
③ 젖산염
④ 글리세린

보습제의 종류 및 구성성분	
천연보습인자 (NMF)	아미노산(40%), 젖산(12%), 요소(7%), 지방산 등
고분자 보습제	가수분해 콜라겐, 히아루론산염 등
폴리올 (다가 알코올)	글리세린, 프로필렌글리콜, 부틸렌글리콜 등

10 계면활성제에 대한 설명 중 잘못된 것은?

① 계면활성제는 계면을 활성화시키는 물질이다.
② 계면활성제는 친수성기와 친유성기를 모두 소유하고 있다.
③ 계면활성제는 표면장력을 높이고 기름을 유화시키는 등의 특징을 가지고 있다.
④ 계면활성제는 표면활성제라고도 한다.

계면활성제는 표면장력을 감소시키는 역할을 한다.

11 계면활성제에 대한 설명으로 옳은 것은?

① 계면활성제는 일반적으로 둥근 머리모양의 소수성기와 막대꼬리모양의 친수성기를 가진다.
② 계면활성제의 피부에 대한 자극은 양쪽성 > 양이온성 > 음이온성 > 비이온성의 순으로 감소한다.
③ 비이온성 계면활성제는 피부자극이 적어 화장수의 가용화제, 크림의 유화제, 클렌징 크림의 세정제 등에 사용된다.
④ 양이온성 계면활성제는 세정작용이 우수하여 비누, 샴푸 등에 사용된다.

① 계면활성제는 일반적으로 둥근 머리모양의 친수성기와 막대 꼬리 모양의 소수성기를 가진다.
② 계면활성제의 피부에 대한 자극은 양이온성 > 음이온성 > 양쪽성 > 비이온성의 순으로 감소한다.
④ 음이온성 계면활성제는 세정작용이 우수하여 비누, 샴푸 등에 사용된다.

12 천연보습인자 성분 중 가장 많이 차지하는 것은?

① 아미노산
② 피롤리돈 카르복시산
③ 젖산염
④ 포름산염

아미노산은 천연보습인자의 성분 중 40%로 가장 많이 차지한다.

13 천연보습인자(NMF)의 구성 성분 중 40%를 차지하는 중요 성분은?

① 요소
② 젖산염
③ 무기염
④ 아미노산

천연보습인자의 구성 성분 중 아미노산이 40%로 가장 많이 차지하며, 젖산 12%, 요소 7% 등으로 이루어져 있다.

14 다음 중 피부에 수분을 공급하는 보습제의 기능을 가지는 것은?

① 계면활성제
② 알파-히드록시산
③ 글리세린
④ 메틸파라벤

글리세린은 수분을 끌어당기는 힘이 강해 화장품에 첨가하면 보습 기능을 증가시킨다.

15 다음 중 글리세린의 가장 중요한 작용은?

① 소독작용
② 수분유지작용
③ 탈수작용
④ 금속염제거작용

글리세린은 보습작용을 한다.

16 천연보습인자의 설명으로 틀린 것은?

① NMF(Natural Moisturizing Factor)
② 피부수분 보유량을 조절한다.
③ 아미노산, 젖산, 요소 등으로 구성되고 있다.
④ 수소이온농도의 지수유지를 말한다.

천연보습인자는 우리 몸에서 생산되는 천연의 수분을 말하는 것으로 피부의 수분 보유량을 조절한다.

17 색소를 염료(dye) 와 안료(pigment)로 구분할 때 그 특징에 대해 잘못 설명된 것은? ***

① 염료는 메이크업 화장품을 만드는 데 주로 사용된다.
② 안료는 물과 오일에 모두 녹지 않는다.
③ 무기 안료는 커버력이 우수하고 유기안료는 빛, 산, 알칼리에 약하다.
④ 염료는 물이나 오일에 녹는다.

수용성 염료는 화장수, 로션, 샴푸 등의 착색에 사용하고, 유용성 염료는 헤어오일 등의 유성 화장품의 착색에 사용한다.

18 보습제가 갖추어야 할 조건이 아닌 것은? *****

① 다른 성분과의 혼용성이 좋을 것
② 휘발성이 있을 것
③ 적절한 보습능력이 있을 것
④ 응고점이 낮을 것

보습제는 휘발성이 없어야 한다.

19 다음 중 보습제가 갖추어야 할 조건으로 옳은 것은? *****

① 응고점이 높을 것
② 다른 성분과의 혼용성이 좋을 것
③ 휘발성이 있을 것
④ 환경의 변화에 따라 쉽게 영향을 받을 것

① 응고점이 낮을 것
③ 휘발성이 없을 것
④ 환경의 변화에 따라 쉽게 영향을 받지 않을 것

20 다음 중 화장품에 사용되는 주요 방부제는? ***

① 에탄올
② 벤조산
③ 파라옥시안식향산메틸
④ BHT

방부제는 화장품의 변질 방지 및 살균 작용을 하는데, 파라옥시안식향산메틸, 파라옥시안식향산 프로필 등이 있다.

21 화장품 성분 중 무기 안료의 특성은? ***

① 내광성, 내열성이 우수하다.
② 선명도와 착색력이 뛰어나다.
③ 유기 용매에 잘 녹는다.
④ 유기 안료에 비해 색의 종류가 다양하다.

②, ③, ④는 유기 안료의 특성에 해당한다.

22 화장품 성분 중 아줄렌은 피부에 어떤 작용을 하는가? ***

① 미백   ② 자극
③ 진정   ④ 색소침착

아줄렌은 피부진정 작용을 하며, 염증 및 상처 치료에도 효과적이다.

23 여드름 치유와 잔주름 개선에 널리 사용되는 것은? ***

① 레티노산(Retinoic acid)
② 아스코르빈산(Ascorbic acid)
③ 토코페롤(Tocopherol)
④ 칼시페롤(Calciferol)

레티노산은 비타민 A의 유도체로서 여드름 치유와 잔주름 개선에 주로 사용된다.

24 다음 중 여드름을 유발하지 않는 화장품 성분은? ***

① 올레인 산
② 라우린 산
③ 솔비톨
④ 올리브 오일

솔비톨은 보습작용 및 유연작용을 하며 여드름을 유발하지 않는다.

25 여드름 피부용 화장품에 사용되는 성분과 가장 거리가 먼 것은? ***

① 살리실산   ② 글리시리진산
③ 아줄렌   ④ 알부틴

알부틴은 피부의 멜라닌 색소의 생성을 억제해 피부를 하얗고 깨끗하게 유지해 주는 기능이 있어 미백화장품의 성분으로 사용된다.

정답 ▶ 17 ① 18 ② 19 ② 20 ③ 21 ① 22 ③ 23 ① 24 ③ 25 ④

26 진달래과의 월귤나무의 잎에서 추출한 하이드로퀴논 배당제로 멜라닌 활성을 도와주는 티로시나아제 효소의 작용을 억제하는 미백화장품의 성분은?

① 감마 -오리자놀

② 알부틴

③ AHA

④ 비타민 C

27 화장품 성분 중에서 양모에서 정제한 것은?

① 바셀린

② 밍크오일

③ 플라센타

④ 라놀린

> 라놀린은 면양의 털에서 추출한 기름을 정제한 것으로 화장품, 의약품 등에 사용된다.

28 아하(AHA)의 설명이 아닌 것은?

① 각질제거 및 보습기능이 있다.

② 글리콜릭산, 젖산, 사과산, 주석산, 구연산이 있다.

③ 알파 하이드록시카프로익에시드(Alpha hydroxy - caproic acid)의 약어이다.

④ 피부와 점막에 약간의 자극이 있다.

> AHA는 알파 히드록시산으로 Alpha Hydroxy Acid의 약어이다.

29 각질제거용 화장품에 주로 쓰이는 것으로 죽은 각질을 빨리 떨어져 나가게 하고 건강한 세포가 피부를 구성할 수 있도록 도와주는 성분은?

① 알파 -히드록시산

② 알파 -토코페롤

③ 라이코펜

④ 리포좀

> AHA(알파 히드록시산)은 각질 제거, 유연기능 및 보습기능이 있으며, 글리콜릭산, 젖산, 사과산, 주석산, 구연산 등의 종류가 있다.

1 다음 중 물에 오일성분이 혼합되어 있는 유화 상태는?

① O/W 에멀전

② W/O 에멀전

③ W/S 에멀전

④ W/O/W 에멀전

유화의 종류	
O/W 에멀전	물에 오일이 분산되어 있는 형태 (로션, 크림, 에센스 등)
W/O 에멀전	오일에 물이 분산되어 있는 형태 (영양크림, 선크림 등)
W/O/W 에멀전	분산되어 있는 입자 자체가 에멀전을 형성하고 있는 상태

2 화장품 제조의 3가지 주요기술이 아닌 것은?

① 가용화 기술　　② 유화 기술

③ 분산 기술　　　④ 용융 기술

3 다음 중 가용화 기술로 만든 화장품이 아닌 것은?

① 향수

② 헤어토닉

③ 헤어리퀴드

④ 파운데이션

> 파운데이션은 분산 기술에 의한 제품이다.

4 화장품의 제형에 따른 특징의 설명이 틀린 것은?

① 유화제품 - 물에 오일성분이 계면활성제에 의해 우윳빛으로 백탁화된 상태의 제품

② 유용화제품 - 물에 다량의 오일성분이 계면활성제에 의해 현탁하게 혼합된 상태의 제품

③ 분산제품 - 물 또는 오일 성분에 미세한 고체입자가 계면활성제에 의해 균일하게 혼합된 상태의 제품

④ 가용화제품 - 물에 소량의 오일성분이 계면활성제에 의해 투명하게 용해되어 있는 상태의 제품

> 화장품을 제형에 따라 분류하면 가용화제품, 유화제품, 분산제품으로 나뉘어진다.

정답 26 ② 27 ④ 28 ③ 29 ① 2 1 ① 2 ④ 3 ④ 4 ②

03. 화장품의 특성

1 화장품에서 요구되는 4대 품질 특성이 아닌 것은?

① 안전성
② 안정성
③ 보습성
④ 사용성

> 화장품의 4대 조건 : 안전성, 안정성, 사용성, 유효성

2 "피부에 대한 자극, 알레르기, 독성이 없어야 한다"는 내용은 화장품의 4대 요건 중 어느 것에 해당하는가?

① 안전성
② 안정성
③ 사용성
④ 유효성

3 화장품의 4대 요건에 해당되지 않는 것은?

① 안전성
② 안정성
③ 사용성
④ 보호성

화장품의 4대 요건	
안전성	피부에 대한 자극, 알레르기, 독성이 없을 것
안정성	변색, 변취, 미생물의 오염이 없을 것
사용성	피부에 사용감이 좋고 잘 스며들 것
유효성	미백, 주름개선, 자외선 차단 등의 효과가 있을 것

4 화장품을 만들 때 필요한 4대 조건은?

① 안전성, 안정성, 사용성, 유효성
② 안전성, 방부성, 방향성, 유효성
③ 발림성, 안정성, 방부성, 사용성
④ 방향성, 안전성, 발림성, 사용성

5 화장품의 4대 품질 조건에 대한 설명이 틀린 것은?

① 안전성 – 피부에 대한 자극, 알레르기, 독성이 없을 것
② 안정성 – 변색, 변취, 미생물의 오염이 없을 것
③ 사용성 – 피부에 사용감이 좋고 잘 스며들 것
④ 유효성 – 질병치료 및 진단에 사용할 수 있는 것

> 유효성 – 미백, 주름개선, 자외선 차단 등의 효과가 있을 것

6 기능성 화장품의 표시 및 기재사항이 아닌 것은?

① 제품의 명칭
② 내용물의 용량 및 중량
③ 제조자의 이름
④ 제조번호

> 제조자의 이름은 화장품의 표시 및 기재사항이 아니다.

7 다음 중 화장품 포장에 기재할 사항으로만 묶은 것은?

㉠ 화장품의 명칭	㉡ 화장품의 성분
㉢ 제조번호	㉣ 제조업자의 전화번호

① ㉠, ㉡, ㉢
② ㉠, ㉡, ㉣
③ ㉡, ㉢, ㉣
④ ㉠, ㉢, ㉣

> 제조업자의 전화번호는 기재할 필요가 없다.

8 화장품으로 인한 알레르기가 생겼을 때의 피부관리 방법 중 맞는 것은?

① 민감한 반응을 보인 화장품의 사용을 중지한다.
② 알레르기가 유발된 후 정상으로 회복될 때까지 두꺼운 화장을 한다.
③ 비누로 피부를 소독하듯이 자주 씻어낸다.
④ 뜨거운 타월로 피부의 알레르기를 진정시킨다.

> 알레르기 유발 후 더 이상 자극을 주지 않도록 하며 차가운 타월로 진정시킨다.

Makeup Artist Certification

화장품의 종류와 기능

이 섹션은 화장품의 분류와 특징, 향수, 오일 등 암기해야 할 내용이 많다. 하지만 부담은 가지지 말고 예상문제 위주로 학습하도록 하자. 네일 화장품 위주로 출제될 가능성이 높지만 일반 화장품에 대해서도 학습하도록 한다.

화장품의 종류

피부용

| 기초 화장품 | 세정, 정돈, 보호 |

| 메이크업 화장품 | • 베이스 메이크업
• 포인트 메이크업 |

| 바디 화장품 |

| 기능성 화장품 | • 주름개선
• 미백
• 자외선 차단
• 모발 색상 변화
• 피부, 모발 개선 |

| 에센셜(아로마) 오일
및 캐리어 오일 |

| 방향용(향수) |

▶ 세안용 화장품의 구비조건

구분	의미
안정성	변색, 변취, 미생물의 오염이 없을 것
용해성	냉수나 온수에 잘 풀릴 것
기포성	거품이 잘나고 세정력이 있을 것
자극성	피부를 자극시키지 않고 쾌적한 방향이 있을 것

▶ 용어 이해 : pH
• Potential of Hyfrogen, 수소이온농도
• 7 이하는 산성, 7 이상은 염기성으로 구분한다.

▶ 진흙 성분의 머드팩에는 카올린이 함유되어 있는데, 카올린은 피부 노폐물을 제거하고 피부를 매끄럽게 하는데 도움을 준다.

---

01 기초 화장품

1 기능
세안, 피부 정돈, 피부 보호

2 종류

세안	클렌징 폼, 페이셜 스크럽, 클렌징 크림, 클렌징 로션, 클렌징 워터, 클렌징 젤
피부 정돈	화장수, 팩, 마사지 크림
피부 보호	로션, 크림, 에센스, 화장유

3 세안용 화장품
피부의 노폐물 및 화장품의 잔여물 제거

4 피부 정돈용 화장품
(1) 화장수
　① 주요 기능
　　• 피부의 각질층에 수분 공급
　　• 피부에 청량감 부여, 피부 진정 또는 쿨링 작용
　　• 피부에 남은 클렌징 잔여물 제거 작용
　　• 피부의 pH 밸런스 조절 작용
　② 종류

유연 화장수	• 피부에 수분 공급 및 피부를 유연하게 함
수렴 화장수	• 피부에 수분 공급, 모공 수축 및 피지 과잉 분비 억제 • 지방성 피부에 적합 • 원료 : 알코올, 습윤제, 물, 알루미늄, 아연염, 멘톨

(2) 팩
　① 주요 기능
　　• 피부에 피막을 형성하여 수분 증발 억제
　　• 피부 온도 상승에 따른 혈액순환 촉진
　　• 유효성분의 침투를 용이하게 함
　　• 노폐물 제거 및 청결 작용

② 제거 방법에 따른 분류

필오프 타입 (Peel-off)	• 팩이 건조된 후 형성된 투명한 피막을 떼어내는 형태 • 노폐물 및 죽은 각질 제거 작용
워시오프 타입 (Wash-off)	• 팩 도포 후 일정 시간이 지나 미온수로 닦아내는 형태
티슈오프 타입 (Tissue-off)	• 티슈로 닦아내는 형태 • 피부에 부담이 없어 민감성 피부에 적합
시트 타입 (Sheet)	• 시트를 얼굴에 올려놓았다가 제거하는 형태
패치 타입 (Patch)	• 패치를 부분적으로 붙인 후 떼어내는 형태

▶ 용어 이해
• Peel-off : 벗겨서 떼어내는
• Wash-off : 씻겨 없어지는

⑤ 피부 보호용 화장품

로션	• 피부에 수분과 영양분 공급 • 구성 : 60~80%의 수분과 30% 이하의 유분
크림	• 세안 시 소실된 천연 보호막을 보충하여 피부를 촉촉하게 하고 보호함 • 피부의 생리기능을 돕고, 유효성분들로 피부의 문제점을 개선
에센스	• 피부 보습 및 노화억제 성분들을 농축해 만든 것 • 피부에 수분과 영양분 공급

chapter 03

02 메이크업 화장품

① 베이스 메이크업

메이크업 베이스	• 인공 피지막을 형성하여 피부 보호 • 파운데이션의 밀착성을 높여줌 • 색소 침착 방지
파운데이션	• 화장의 지속성 고조 • 주근깨, 기미 등 피부의 결점 커버 • 피부에 광택과 투명감 부여 • 자외선 차단
파우더	• 피부색 정돈 • 피부의 번들거림 방지 • 화사한 피부 표현 • 땀, 피지의 분비 억제

▶ 피부색에 맞는 베이스 메이크업 색상

색상	피부
녹색	붉은 피부
핑크	창백한 피부
흰색	어둡고 칙칙해 보이는 피부
보라	노란 피부
파랑	잡티가 있는 피부

② 포인트 메이크업

① 립스틱 : 입술의 건조를 방지하고, 입술에 색채감 및 입체감 부여

② 아이라이너 : 눈을 크고 뚜렷하게 보이게 하는 효과

③ 아이섀도 : 눈꺼풀에 색감을 주어 입체감을 살려 눈의 표정을 강조

④ 마스카라 : 속눈썹이 짙고 길어 보이게 함

⑤ 블러셔 : 얼굴에 입체감을 주고 건강하게 보이게 함

세정용	• 이물질 제거 및 청결 • 종류 : 비누, 바디샴푸 등
트리트먼트용	• 샤워 후 피부가 건조해지는 것을 막고 촉촉하게 해줌 • 종류 : 바디로션, 바디크림, 바디오일 등
일소용 (一燒, 선텐)	• 피부를 곱게 태워주고 피부가 거칠어지는 것을 방지 • 종류 : 선텐용 젤 · 크림 · 리퀴드 등
일소 방지용	• 햇볕에 타는 것을 방지하고 자외선으로부터 피부를 보호 • 종류 : 선스크린 젤, 선스크린 크림, 선스크린 리퀴드 등
액취 방지용	• 체취 방지 및 항균 기능 • 종류 : 데오도란트

04 방향용 화장품(향수)

1 향수의 분류

(1) 희석 정도에 따른 분류

구분	부향률	지속시간	특징
퍼퓸	15~30%	6~7시간	향이 오래 지속되며, 가격이 비쌈
오데퍼퓸	9~12%	5~6시간	퍼퓸보다는 지속성이나 부향률이 떨어지지만 경제적
오데토일렛	6~8%	3~5시간	일반적으로 가장 많이 사용
오데코롱	3~5%	1~2시간	향수를 처음 사용하는 사람에게 적합
샤워코롱	1~3%	약 1시간	샤워 후 가볍게 뿌려주는 향수

(2) 향수의 발산 속도에 따른 분류

탑 노트	휘발성이 강해 바로 향을 맡을 수 있음
미들 노트	부드럽고 따뜻한 느낌의 향으로, 대부분의 오일에 해당됨
베이스 노트	휘발성이 낮아 시간이 지난 뒤에 향을 맡을 수 있음

2 천연향의 추출 방법

수증기 증류법	식물의 향기 부분을 물에 담가 가온하여 증발된 기체를 냉각하여 추출
압착법	주로 열대성 과실에서 향을 추출할 때 사용하는 방법

▶ 향수의 구비요건
① 향의 특징이 있을 것
② 향의 지속성이 강할 것
③ 시대성에 부합하는 향일 것
④ 향의 조화가 잘 이루어질 것

▶ 용어 이해
부향률 : 향수에 향수 원액이 포함되어 있는 비율

▶ 향수의 부향률 순서
퍼퓸 > 오데퍼퓸 > 오데토일렛 > 오데코롱

▶ 향수의 종류
• 탑 노트 : 스트르스, 그린
• 미틀 노트 : 플로럴, 프루티
• 베이스 노트 : 무스크, 우디

용매 추출법	휘발성	• 에테르, 핵산 등의 휘발성 유기용매를 이용해서 낮은 온도에서 추출 • 장미, 자스민 등의 에센셜 오일을 추출할 때 사용
	비휘발성	동식물의 지방유를 이용한 추출법

▶ 수증기 증류법의 장단점
  • 장점 : 대량으로 천연향을 추출 가
    능
  • 단점 : 고온에서 일부 향기 성분이
    파괴될 수 있음

05 에센셜(아로마) 오일 및 캐리어 오일

1 에센셜 오일

(1) 취급 시 주의사항

① 100% 순수한 것을 사용할 것

② 원액을 그대로 사용하지 말고 희석하여 사용할 것

③ 사용하기 전에 안전성 테스트(패치 테스트)를 실시할 것

④ 고열이 있는 경우 사용하지 말 것

⑤ 사용 후 반드시 마개를 닫을 것

⑥ 갈색병에 넣어 냉암소에 보관할 것

(2) 아로마 오일의 사용법

입욕법	전신욕, 반신욕, 좌욕, 수욕, 족욕 등 몸을 담그는 방법
흡입법	손수건, 티슈 등에 1~2방울 떨어뜨리고 심호흡을 하는 방법
확산법	아로마 램프, 스프레이 등을 이용하는 방법
습포법	온수 또는 냉수 1리터 정도에 5~10 방울을 넣고, 수건을 담궈 적신 후 피부에 붙이는 방법

▶ 에센셜 오일의 효능
  • 면역강화
  • 항염작용
  • 항균작용
  • 피부미용
  • 피부진정 작용
  • 혈액순환 촉진
  • 화상, 여드름, 염증 치유에 효과적

(3) 에센셜 오일의 종류

라벤더	여드름성 피부 · 습진 · 화상 등에 효과 피부재생 및 이완작용	패츌리	주름살 예방, 노화피부, 여드름, 습진에 효과
자스민	건조하고 민감한 피부에 효과	레몬 그라스	여드름, 무좀에 효과 모공 수축
제라늄	피지분비 정상화, 셀룰라이트 분해	오렌지	여드름, 노화피부에 효과
티트리	피부 정화, 여드름 피부, 습진, 무좀에 효과	로즈 마리	피부 청결, 주름 완화, 노화피부, 두피 개선
팔마 로사	건조한 피부와 감염 피부 에 효과	그레이프 프루트	살균 · 소독작용, 셀룰라이트 분해작용
네롤리	건조하고 민감한 피부에 효과, 피부노화 방지		

▶ 광과민성
  그레이프 프루트, 라임, 레몬, 버거못,
  오렌지 스윗, 탄저린

chapter 03

① 아로마 오일을 피부에 효과적으로 침투시키기 위해 사용하는 식물성 오일으로, 에센셜 오일의 향을 방해하지 않게 향이 없어야 하고 피부 흡수력이 좋아야 한다.

② 주요 캐리어 오일

▶용어 이해
캐리어 : carrier(운반), 아로마 오일을 피부에 운반한다는 의미

호호바 오일 (Jojoba oil)	• 모든 피부 타입에 적합 • 인체의 피지와 화학구조가 유사하여 피부 친화성이 우수 • 쉽게 산화되지 않아 안정성이 우수 • 침투력 및 보습력이 우수 • 여드름, 습진, 건선피부에 사용
아보카도 오일	• 모든 피부 타입에 적합 • 비타민 E 풍부 • 비만 관리용으로 많이 사용
아몬드 오일	• 모든 피부 타입에 적합 • 비타민 A와 E 풍부 • 피부 보습력을 높여주고 건조 방지 효과
윗점 오일 (Wheatgerm Oil)	• 비타민 E와 미네랄 풍부 • 피부노화 방지 효과 • 혈액순환 촉진 및 항산화 작용 • 습진, 건성피부, 가려움증에 효과
포도씨 오일	• 비타민 E 풍부 • 여드름 피부에 효과 • 피부 재생에 효과적이며 항산화 작용
살구씨 오일	• 건조 피부와 민감성 피부에 적합 • 습진, 가려움증에 효과 • 끈적임이 적고 흡수가 빠르며, 유연성이 좋음

06 기능성 화장품

1 피부 미백제

(1) 기능

① 피부에 멜라닌 색소 침착 방지
② 기미 · 주근깨 등의 생성 억제
③ 피부에 침착된 멜라닌 색소의 색을 엷게 하는 기능

▶피부 미백제의 메커니즘
• 자외선 차단
• 도파(DOPA) 산화 억제
• 멜라닌 합성 저해
• 티로시나아제 효소의 활성 억제

(2) 성분

알부틴, 코직산, 비타민 C 유도체, 닥나무 추출물, 뽕나무 추출물, 감초 추출물, 하이드로퀴논

② 피부 주름 개선제

(1) 기능

① 피부에 탄력을 주어 피부의 주름을 완화 또는 개선
② 콜라겐 합성 · 표피 신진대사 · 섬유아세포 생성의 촉진

(2) 성분

레티놀, 아데노신, 레티닐팔미테이트, 폴리에톡실레이티드레틴아마이

③ 자외선 차단제

(1) 기능

① 강한 햇볕을 방지하여 피부를 곱게 태워주는 기능
② 자외선을 차단 또는 산란시켜 자외선으로부터 피부 보호

(2) 자외선 차단제의 종류에 따른 특징

구분	자외선 산란제	자외선 흡수제
성분	티타늄디옥사이드(이산화티타늄), 징크옥사이드(산화아연)	벤조페논, 에칠헥실디메칠파바(옥틸디메틸파바), 에칠헥실메톡시신나메이트(옥티메톡시신나메이트), 옥시벤존 등
특징	• 물리적인 산란작용 이용 • 발랐을 때 불투명	• 화학적인 흡수작용 이용 • 발랐을 때 투명
장점	자외선 차단율이 높음	촉촉하고 산뜻하며, 화장이 밀리지 않음
단점	화장이 밀림	피부 트러블의 가능성이 높음

(3) 자외선 차단지수 (SPF, Sun Protection Factor)

$$SPF = \frac{\text{자외선 차단제품을 바른 피부의 최소홍반량(MED)}}{\text{자외선 차단제품을 바르지 않은 외부의 최소홍반량(MED)}}$$

▶ 용어 이해 : 최소홍반량(minimal Hauterythemdosis)
피부에 홍반을 발생하게 하는데 최소한의 자외선량

① UV-B 방어효과를 나타내는 지수
② 수치가 높을수록 자외선 차단지수가 높음
③ 피부의 멜라닌 양과 자외선에 대한 민감도에 따라 효과가 달라질 수 있음
④ 평상시에는 SPF 15가 적당하며, 여름철 야외활동이나 겨울철 스키장에서는 SPF 30 이상의 제품 사용

chapter 03

01. 기초화장품

1 ★★★★★
다음 중 기초화장품의 필요성에 해당되지 않는 것은?

① 세안　　　　　　② 미백
③ 피부정돈　　　　④ 피부보호

> 기초화장품의 기능은 세안, 피부 정돈, 피부 보호이다.

2 ★★★
세안용 화장품의 구비조건으로 부적당한 것은?

① 안정성 : 물이 묻거나 건조해지면 형과 질이 잘 변해야 한다.
② 용해성 : 냉수나 온탕에 잘 풀려야 한다.
③ 기포성 : 거품이 잘나고 세정력이 있어야 한다.
④ 자극성 : 피부를 자극시키지 않고 쾌적한 방향이 있어야 한다.

> 안정성 : 변색, 변취 및 미생물의 오염이 없어야 한다.

3 ★★★
화장수의 설명 중 잘못된 것은?

① 피부의 각질층에 수분을 공급한다.
② 피부에 청량감을 준다.
③ 피부에 남아있는 잔여물을 닦아준다.
④ 피부의 각질을 제거한다.

> 화장수는 피부에 남아있는 잔여물을 닦아 주는 기능을 하지만 각질을 제거하지는 않는다.

4 ★★★
다음 중 지방성 피부에 가장 적당한 화장수는?

① 글리세린　　　　② 유연 화장수
③ 수렴 화장수　　　④ 영양 화장수

> 수렴 화장수는 피지가 과잉 분비되는 것을 억제해 주므로 지방성 피부에 적당하다.

5 ★★★
화장수의 도포 목적 및 효과로 옳은 것은?

① 피부 본래의 정상적인 pH 밸런스를 맞추어 주며 다음 단계에 사용할 화장품의 흡수를 용이하게 한다.
② 죽은 각질 세포를 쉽게 박리시키고 새로운 세포 형성 촉진을 유도한다.

③ 혈액 순환을 촉진시키고 수분 증발을 방지하여 보습효과가 있다.
④ 항상 피부를 pH 5.5의 약산성으로 유지시켜 준다.

> 화장수는 피부의 각질층에 수분을 공급하고 pH 밸런스를 맞추어 주는 기능을 한다.

6 ★★★
화장수의 작용이 아닌 것은?

① 피부에 남은 클렌징 잔여물 제거 작용
② 피부의 pH 밸런스 조절 작용
③ 피부에 집중적인 영양 공급 작용
④ 피부 진정 또는 쿨링 작용

> 화장수는 피부에 수분을 공급하며 영양 공급과는 거리가 멀다.

7 ★★★
수렴 화장수의 원료에 포함되지 않는 것은?

① 습윤제　　② 알코올　　③ 물　　④ 표백제

> 수렴 화장수의 원료 : 알코올, 습윤제, 물, 알루미늄, 아연염, 멘톨

8 ★★★
피지 분비의 과잉을 억제하고 피부를 수축시켜주는 것은?

① 소염 화장수　　　　② 수렴 화장수
③ 영양 화장수　　　　④ 유연 화장수

> 수렴 화장수는 피부에 수분을 공급하고 모공 수축 및 피지 과잉 분비를 억제한다.

9 ★★★
팩의 효과에 대한 설명 중 옳지 않은 것은?

① 팩의 재료에 따라 진정작용, 수렴작용 등의 효과가 있다.
② 혈액과 림프의 순환이 왕성해진다.
③ 피부와 외부를 일시적으로 차단하므로 피부의 온도가 낮아진다.
④ 팩의 흡착작용으로 피부가 청결해진다.

> 팩을 사용하면 일시적으로 피부의 온도를 높여 혈액순환을 촉진한다.

정답 **1** 1 ② 2 ① 3 ④ 4 ③ 5 ① 6 ③ 7 ④ 8 ② 9 ③

10 ★★★ 화장수(스킨로션)를 사용하는 목적과 가장 거리가 먼 것은?

① 세안을 하고나서도 지워지지 않는 피부의 잔여물을 제거하기 위해서
② 세안 후 남아있는 세안제의 알칼리성 성분 등을 닦아내어 피부표면의 산도를 약산성으로 회복시켜 피부를 부드럽게 하기 위해서
③ 보습제, 유연제의 함유로 각질층을 촉촉하고 부드럽게 하면서 다음 단계에 사용할 제품의 흡수를 용이하게 하기 위해서
④ 각종 영양 물질을 함유하고 있어 피부의 탄력을 증진시키기 위해서

화장수의 기능
• 피부의 각질층에 수분 공급
• 피부에 청량감 부여
• 피부에 남은 클렌징 잔여물 제거 작용
• 피부의 pH 밸런스 조절 작용
• 피부 진정 또는 쿨링 작용

11 ★★★ 피부에 좋은 영양성분을 농축해 만든 것으로 소량의 사용만으로도 큰 효과를 볼 수 있는 것은?

① 에센스　　　　② 로션
③ 팩　　　　　　④ 화장수

에센스는 피부에 좋은 영양성분을 고농축해서 만든 것이다.

12 ★★★ 팩의 목적 및 효과와 가장 거리가 먼 것은?

① 피부의 혈행 촉진 및 청정 작용
② 진정 및 수렴 작용
③ 피부 보습
④ 피하지방의 흡수 및 분해

팩은 피부의 노폐물을 제거하지만 피하지방을 분해하지는 않는다.

13 ★★★ 피부 관리에서 팩 사용 효과가 아닌 것은?

① 수분 및 영양 공급
② 각질 제거
③ 치유 작용
④ 피부 청정 작용

팩은 치유 효과는 없다.

14 ★★★ 팩제의 사용 목적이 아닌 것은?

① 팩제가 건조하는 과정에서 피부에 심한 긴장을 준다.
② 일시적으로 피부의 온도를 높여 혈액순환을 촉진한다.
③ 노화한 각질층 등을 팩제와 함께 제거시키므로 피부 표면을 청결하게 할 수 있다.
④ 피부의 생리 기능에 적극적으로 작용하여 피부에 활력을 준다.

팩제가 건조하는 과정에서 피부에 적당한 긴장감을 주며 건조 후 일시적으로 피부의 온도를 높여 혈액순환을 좋게 한다.

15 ★★★ 팩의 분류에 속하지 않는 것은?

① 필오프 타입　　　② 워시오프 타입
③ 패치 타입　　　　④ 워터 타입

16 ★★★ 팩 사용 시 주의사항이 아닌 것은?

① 피부 타입에 맞는 팩제를 사용한다.
② 잔주름 예방을 위해 눈 위에 직접 덧바른다.
③ 한방팩, 천연팩 등은 즉석에서 만들어 사용한다.
④ 안에서 바깥방향으로 바른다.

팩은 피부 타입에 맞는 팩제를 사용하고 눈 위에 직접 덧바르지 않도록 한다.

17 ★★★★ 팩의 제거 방법에 따른 분류가 아닌 것은?

① 티슈오프 타입 (Tissue off type)
② 석고 마스크 타입(Gypsum mask type)
③ 필오프 타입(Peel off type)
④ 워시오프 타입(Wash off type)

팩의 제거 방법에 따른 분류	
구분	특징
필오프 타입	팩이 건조된 후에 형성된 투명한 피막을 떼어내는 형태
워시오프 타입	팩 도포 후 일정 시간이 지나 미온수로 닦아내는 형태
티슈오프 타입	티슈로 닦아내는 형태
시트 타입	시트를 얼굴에 올려놓았다가 제거하는 형태

02. 메이크업 화장품

1 ★★★
메이크업 베이스 색상이 잘못 연결된 것은?

① 그린색 : 모세혈관이 확장되어 붉은 피부
② 핑크색 : 푸석푸석해 보이는 창백한 피부
③ 화이트색 : 어둡고 칙칙해 보이는 피부
④ 연보라색 : 생기가 없고 어두운 피부

> 어둡고 칙칙해 보이는 피부에는 흰색을 사용한다.

2 ★★★
메이크업 베이스 색상의 연결이 옳은 것은?

① 핑크색 : 잡티가 있는 피부
② 흰색 : 어둡고 칙칙해 보이는 피부
③ 보라색 : 창백한 피부
④ 파란색 : 밝고 깨끗한 피부

색상별 피부	
색상	피부
녹색	붉은 피부
핑크색	창백한 피부
흰색	어둡고 칙칙해 보이는 피부
보라색	노란 피부
파란색	잡티가 있는 피부

3 ★★★
다음 설명 중 파운데이션의 일반적인 기능과 가장 거리가 먼 것은?

① 피부색을 기호에 맞게 바꾼다.
② 피부의 기미, 주근깨 등 결점을 커버한다.
③ 자외선으로부터 피부를 보호한다.
④ 피지 억제와 화장을 지속시켜준다.

> 땀과 피지의 분비를 억제하는 것은 파우더의 기능이다.

4 ★★★
다음 설명 중 파운데이션의 일반적인 기능으로 옳은 것은?

① 피부에 광택과 투명감을 부여한다.
② 피부색을 정돈해준다.
③ 화사한 피부를 표현한다.
④ 땀, 피지의 분비를 억제한다.

> ②, ③, ④는 모두 파우더의 기능에 해당한다.

5 ★★★★★
메이크업 화장품 중에서 안료가 균일하게 분산되어 있는 형태로 대부분 O/W형 유화 타입이며, 투명감 있게 마무리되므로 피부에 결점이 별로 없는 경우에 사용하는 것은?

① 트윈 케이크
② 스킨커버
③ 리퀴드 파운데이션
④ 크림 파운데이션

> **유화형**
> • O/W형 : 리퀴드 파운데이션
> • W/O형 : 크림 파운데이션

6 ★★
속눈썹이 짙고 길어 보이게 하는 효과를 주는 화장품은?

① 아이라이너   ② 아이섀도
③ 블러셔   ④ 마스카라

7 ★
눈꺼풀에 색감을 주어 입체감을 살려 눈의 표정을 강조하는 화장품은?

① 아이라이너   ② 아이섀도
③ 블러셔   ④ 마스카라

포인트 메이크업의 종류	
종류	기능
립스틱	• 입술 건조 방지 • 입술에 색채감 및 입체감 부여
아이라이너	눈을 크고 뚜렷하게 보이게 하는 효과
마스카라	속눈썹이 짙고 길어 보이게 하는 효과
아이섀도	눈꺼풀에 색감을 주어 입체감을 살려 눈의 표정을 강조하는 효과
블러셔	얼굴에 입체감을 주고 건강하게 보이게 하는 효과

8 ★★★
다음 중 파우더의 일반적인 기능에 대한 설명으로 옳지 않은 것은?

① 피부색 정돈
② 피부의 번들거림 방지
③ 주근깨, 기미 등 피부의 결점 커버
④ 화사한 피부 표현

> 주근깨, 기미 등 피부의 결점을 커버해 주는 것은 파운데이션의 기능이다.

2 1 ④   2 ②   3 ④   4 ①   5 ③   6 ④   7 ②   8 ③

03. 바디 화장품

1 다음 중 바디용 화장품이 아닌 것은?

① 샤워젤　　　　② 바스오일
③ 데오도란트　　④ 헤어 에센스

> 헤어 에센스는 두발화장품에 속한다.

2 바디 관리 화장품이 가지는 기능과 가장 거리가 먼 것은?

① 세정　　　　② 트리트먼트
③ 연마　　　　④ 일소 방지

> 바디 관리 화장품에는 세정용, 트리트먼트용, 일소용, 일소 방지용, 액취 방지용 화장품이 있다.

3 다음 중 피부상재균의 증식을 억제하는 항균기능을 가지고 있고, 발생한 체취를 억제하는 기능을 가진 것은?

① 바디샴푸　　　　② 데오도란트
③ 샤워코롱　　　　④ 오데토일렛

4 바디 화장품의 종류와 사용 목적의 연결이 적합하지 않은 것은?

① 바디클렌저 – 세정 · 용제
② 데오도란트 파우더 – 탈색 · 제모
③ 썬스크린 – 자외선 방어
④ 바스 솔트 – 세정 · 용제

> 데오도란트는 액취 방지용 화장품이다.

5 바디 샴푸의 성질로 틀린 것은?

① 세포 간에 존재하는 지질을 가능한 보호
② 피부의 요소, 염분을 효과적으로 제거
③ 세균의 증식 억제
④ 세정제의 각질층 내 침투로 지질을 용출

> 세정제가 각질층 내로 침투하여 지질을 용출하는 것은 좋지 않다.

04. 방향용 화장품(향수)

1 다음 중 향료의 함유량이 가장 적은 것은?

① 퍼퓸　　　　② 오데토일렛
③ 샤워코롱　　④ 오데코롱

> 샤워코롱은 부향률이 1~3%로 가장 적다.

2 다음 중 향수의 부향률이 높은 것부터 순서대로 나열된 것은?

① 퍼퓸 > 오데퍼퓸 > 오데코롱 > 오데토일렛
② 퍼퓸 > 오데토일렛 > 오데코롱 > 오데퍼퓸
③ 퍼퓸 > 오데퍼퓸 > 오데토일렛 > 오데코롱
④ 퍼퓸 > 오데코롱 > 오데퍼퓸 > 오데토일렛

> **향수의 부향률 비교**
>
> | 구분 | 부향률 | 구분 | 부향률 |
> |---|---|---|---|
> | 퍼퓸 | 15~30% | 오데코롱 | 3~5% |
> | 오데퍼퓸 | 9~12% | 샤워코롱 | 1~3% |
> | 오데토일렛 | 6~8% | | |

3 내가 좋아하는 향수를 구입하여 샤워 후 바디에 나만의 향으로 산뜻하고 상쾌함을 유지시키고자 한다면, 부향률은 어느 정도로 하는 것이 좋은가?

① 1~3%　　　　② 3~5%
③ 6~8%　　　　④ 9~12%

> 샤워 후에 가볍게 뿌리는 향수는 샤워코롱으로 부향률은 1~3%, 지속시간은 약 1시간이다.

4 향수를 뿌린 후 즉시 느껴지는 향수의 첫 느낌으로 주로 휘발성이 강한 향료들로 이루어져 있는 노트(note)는?

① 탑 노트(Top note)　　　② 미들 노트(Middle note)
③ 하트 노트(Heart note)　④ 베이스 노트(Base note)

> **향수의 발산 속도에 따른 분류**
>
> | 탑 노트 | • 휘발성이 강해 바로 향을 맡을 수 있음
• 종류 : 스트르스, 그린 |
> |---|---|
> | 미들 노트 | • 부드럽고 따뜻한 느낌의 향으로 대부분의 오일이 여기에 해당
• 종류 : 플로럴, 프루티 |
> | 베이스 노트 | • 휘발성이 낮아 시간이 지난 뒤에 향을 맡을 수 있음
• 종류 : 무스크, 우디 |

chapter **03**

5 천연향의 추출방법 중에서 주로 열대성 과실에서 향을 추출할 때 사용하는 방법은?

① 수증기 증류법　　　② 압착법
③ 휘발성 용매 추출법　④ 비휘발성 용매 추출법

> 열대성 과실에서 향을 추출할 때는 주로 압착법을 사용한다.

6 향수의 구비요건이 아닌 것은?

① 향에 특징이 있어야 한다.
② 향이 강하므로 지속성이 약해야 한다.
③ 시대성에 부합하는 향이어야 한다.
④ 향의 조화가 잘 이루어져야 한다.

7 다음의 설명에 해당되는 천연향의 추출방법은?

> 식물의 향기 부분을 물에 담가 가온하여 증발된 기체를 냉각하면 물 위에 향기 물질이 뜨게 되는데, 이것을 분리하여 순수한 천연향을 얻어내는 방법이다. 이는 대량으로 천연향을 얻어낼 수 있는 장점이 있으나 고온에서 일부 향기 성분이 파괴될 수 있는 단점이 있다.

① 수증기 증류법　　　② 압착법
③ 휘발성 용매 추출법　④ 비휘발성 용매 추출법

> 지문은 수증기 증류법에 대한 설명으로 식물의 향기 부분을 물에 담가 가온하여 증발된 기체를 냉각하여 추출하는 방법이다.

05. 에센셜(아로마) 오일 및 캐리어 오일

1 아로마 오일에 대한 설명으로 가장 적절한 것은?

① 수증기 증류법에 의해 얻어진 아로마 오일이 주로 사용되고 있다.
② 아로마 오일은 공기 중의 산소나 빛에 안정하기 때문에 주로 투명 용기에 보관하여 사용한다.
③ 아로마 오일은 주로 향기식물의 줄기나 뿌리 부위에서만 추출된다.
④ 아로마 오일은 주로 베이스노트이다.

> ② 아로마 오일은 갈색 용기에 보관하여 사용한다.
> ③ 아로마 오일은 허브의 꽃, 잎, 줄기, 열매 등에서 추출한다.
> ④ 아로마 오일은 주로 미들 노트이다.

2 아로마테라피에 사용되는 아로마 오일에 대한 설명 중 가장 거리가 먼 것은?

① 아로마테라피에 사용되는 아로마 오일은 주로 수증기 증류법에 의해 추출된 것이다.
② 아로마 오일은 공기 중의 산소, 빛 등에 의해 변질될 수 있으므로 갈색병에 보관하여 사용하는 것이 좋다.
③ 아로마 오일은 원액을 그대로 피부에 사용해야 한다.
④ 아로마 오일을 사용할 때에는 안전성 확보를 위하여 사전에 패치 테스트를 실시하여야 한다.

> 아로마 오일은 원액을 그대로 사용하지 말고 소량이라도 희석해서 사용해야 한다.

3 아로마 오일에 대한 설명 중 틀린 것은?

① 아로마 오일은 면역기능을 높여준다.
② 아로마 오일은 피부미용에 효과적이다.
③ 아로마 오일은 피부관리는 물론 화상, 여드름, 염증 치유에도 쓰인다.
④ 아로마 오일은 피지에 쉽게 용해되지 않으므로 다른 첨가물을 혼합하여 사용한다.

> 아로마 오일은 피지에 쉽게 용해되며, 다른 첨가물을 혼합하지 말고 100% 순수한 것을 사용해야 한다.

4 에센셜 오일을 추출하는 방법이 아닌 것은?

① 수증기 증류법　　　② 혼합법
③ 압착법　　　　　　④ 용매 추출법

> 에센셜 오일을 추출하는 방법에는 수증기 증류법, 압착법, 휘발성 용매 추출법, 비휘발성 용매 추출법이 있다.

5 아로마 오일의 사용법 중 확산법으로 맞는 것은?

① 따뜻한 물에 넣고 몸을 담근다.
② 아로마 램프나 스프레이를 이용한다.
③ 수건에 적신 후 피부에 붙인다.
④ 손수건, 티슈 등에 1~2방울 떨어뜨리고 심호흡을 한다.

> ① 입욕법, ③ 습포법, ④ 흡입법

정답　5 ②　6 ②　7 ①　**5** 1 ①　2 ③　3 ④　4 ②　5 ②

6 아로마 오일의 사용법 중 습포법에 대한 설명으로 옳은 것은?

① 손수건, 티슈 등에 1~2방울 떨어뜨리고 심호흡을 한다.

② 온수 또는 냉수 1리터 정도에 5~10방울을 넣고, 수건을 담궈 적신 후 피부에 붙인다.

③ 아로마 램프나 스프레이를 이용한다.

④ 따뜻한 물에 넣고 몸을 담근다.

① 흡입법, ③ 확산법, ④ 입욕법

7 캐리어 오일 중 액체상 왁스에 속하고, 인체 피지와 지방산의 조성이 유사하여 피부 친화성이 좋으며, 다른 식물성 오일에 비해 쉽게 산화되지 않아 보존 안정성이 높은 것은?

① 아몬드 오일(almond oil)

② 호호바 오일(jojoba oil)

③ 아보카도 오일(avocado oil)

④ 맥아 오일(wheat germ oil)

호호바 오일은 우리 몸의 피지와 지방산의 조성이 거의 같아 흡수력이 좋으며 건조하고 민감한 피부, 아토피 피부에 효과적이다.

8 아로마 오일을 피부에 효과적으로 침투시키기 위해 사용하는 식물성 오일은?

① 에센셜 오일　　② 캐리어 오일

③ 트랜스 오일　　④ 미네랄 오일

아로마 오일을 피부에 효과적으로 침투시키기 위해 사용하는 식물성 오일을 캐리어 오일이라고 하는데, 에센셜 오일의 향을 방해하지 않게 향이 없어야 하고 피부 흡수력이 좋아야 한다.

9 캐리어 오일로서 부적합한 것은?

① 미네랄 오일　　② 살구씨 오일

③ 아보카도 오일　　④ 포도씨 오일

캐리어 오일은 아로마 오일을 피부에 효과적으로 침투시키기 위해 사용하는 식물성 오일로 호호바 오일, 아보카도 오일, 아몬드 오일, 윗점 오일, 포도씨 오일, 살구씨 오일, 코코넛 오일 등이 사용된다.

10 캐리어 오일에 대한 설명으로 틀린 것은?

① 캐리어는 운반이란 뜻으로 캐리어 오일은 마사지 오일을 만들 때 필요한 오일이다.

② 베이스 오일이라고도 한다.

③ 에센셜 오일을 추출할 때 오일과 분류되어 나오는 증류액을 말한다.

④ 에센셜 오일의 향을 방해하지 않도록 향이 없어야 하고 피부 흡수력이 좋아야 한다.

에센셜 오일을 추출할 때 오일과 분류되어 나오는 증류액을 플로럴 워터(Floral Water)라고 한다.

11 다음은 어떤 베이스 오일을 설명한 것인가?

인간의 피지와 화학구조가 매우 유사한 오일로 피부염을 비롯하여 여드름, 습진, 건선피부에 안심하고 사용할 수 있으며, 침투력과 보습력이 우수하여 일반 화장품에도 많이 함유되어 있다.

① 호호바 오일

② 스위트 아몬드 오일

③ 아보카도 오일

④ 그레이프 시드 오일

12 다음 중 여드름의 발생 가능성이 가장 적은 화장품 성분은?

① 호호바 오일

② 라놀린

③ 미네랄 오일

④ 이소프로필 팔미테이트

호호바 오일은 여드름, 습진, 건선피부에 안심하고 사용할 수 있는 오일이다.

chapter 03

1 ★★★★
다음 중 기능성 화장품의 영역이 아닌 것은?

① 피부의 미백에 도움을 주는 제품
② 피부의 주름 개선에 도움을 주는 제품
③ 피부의 여드름을 치료해 주는 제품
④ 자외선으로부터 피부를 보호하는 데 도움을 주는 제품

> **기능성 화장품의 기능**
> • 피부의 미백 및 주름 개선에 도움을 주는 제품
> • 피부를 곱게 태워주거나 자외선으로부터 피부를 보호하는 데에 도움을 주는 제품

2 ★★★★
기능성 화장품에 해당되지 않는 것은?

① 피부의 미백에 도움을 주는 제품
② 인체에 비만도를 줄여주는 데 도움을 주는 제품
③ 피부의 주름 개선에 도움을 주는 제품
④ 피부를 곱게 태워주거나 자외선으로부터 피부를 보호하는 데 도움을 주는 제품

3 ★★★★
다음 중 기능성 화장품의 범위에 해당하지 않는 것은?

① 미백 크림
② 바디 오일
③ 자외선 차단 크림
④ 주름 개선 크림

> **기능성 화장품의 범위**
> • 피부의 미백에 도움을 주는 제품
> • 피부의 주름 개선에 도움을 주는 제품
> • 피부를 곱게 태워주거나 자외선으로부터 피부를 보호하는 데에 도움을 주는 제품

4 ★★★
기능성 화장품류의 주요 효과가 아닌 것은?

① 피부 주름 개선에 도움을 준다.
② 자외선으로부터 보호한다.
③ 피부를 청결히 하여 피부 건강을 유지한다.
④ 피부 미백에 도움을 준다.

5 ★★★
기능성 화장품에 대한 설명으로 옳은 것은?

① 자외선에 의해 피부가 심하게 그을리거나 일광 화상이 생기는 것을 지연해 준다.
② 피부 표면에 더러움이나 노폐물을 제거하여 피부를 청결하게 해 준다.

③ 피부 표면의 건조를 방지해주고 피부를 매끄럽게 한다.
④ 비누 세안에 의해 손상된 피부의 pH를 정상적인 상태로 빨리 되돌아오게 한다.

> 피부 미백, 주름 개선, 선텐 및 자외선 차단, 모발 색상 변화, 피부 · 모발 개선 기능을 하는 화장품을 말한다.

6 ★★★
자외선 차단제에 대한 설명 중 틀린 것은?

① 자외선 차단제의 구성성분은 크게 자외선 산란제와 자외선 흡수제로 구분된다.
② 자외선 차단제 중 자외선 산란제는 투명하고, 자외선 흡수제는 불투명한 것이 특징이다.
③ 자외선 산란제는 물리적인 산란작용을 이용한 제품이다.
④ 자외선 흡수제는 화학적인 흡수작용을 이용한 제품이다.

> 자외선 산란제는 발랐을 때 불투명하고, 자외선 흡수제는 투명한 것이 특징이다.

7 ★★★
주름 개선 기능성 화장품의 효과와 가장 거리가 먼 것은?

① 피부탄력 강화
② 콜라겐 합성 촉진
③ 표피 신진대사 촉진
④ 섬유아세포 분해 촉진

> 주름개선 기능성 화장품은 섬유아세포의 생성을 촉진한다.

8 ★★
다음 중 자외선 흡수제에 대한 설명이 아닌 것은?

① 발랐을 때 투명하다.
② 촉촉하고 산뜻하며, 화장이 잘 밀리지 않는다.
③ 자외선 차단율이 높다.
④ 피부 트러블의 가능성이 높다.

자외선 차단제의 종류

구분	자외선 산란제	자외선 흡수제
특징	• 물리적인 산란작용 이용 • 발랐을 때 불투명	• 화학적인 흡수작용 이용 • 발랐을 때 투명
장점	자외선 차단율이 높음	촉촉하고 산뜻하며, 화장이 밀리지 않음
단점	화장이 밀림	피부 트러블의 가능성이 높음

정답 **6** 1 ③ 2 ② 3 ② 4 ③ 5 ① 6 ② 7 ④ 8 ③

9 ★★★ 미백 화장품에 사용되는 원료가 아닌 것은?

① 알부틴
② 코직산
③ 레티놀
④ 비타민 C 유도체

> 레티놀은 순수 비타민 A로 주름개선제로 사용된다.

10 ★★★ 미백 화장품의 메커니즘이 아닌 것은?

① 자외선 차단
② 도파(DOPA) 산화 억제
③ 티로시나아제 활성화
④ 멜라닌 합성 저해

> 티로시나아제 효소의 활성을 억제함으로써 미백 기능을 가진다.

11 ★★★ SPF란 무엇을 뜻하는가?

① 자외선의 썬텐지수
② 자외선이 우리 몸에 들어오는 지수
③ 자외선이 우리 몸에 머무는 지수
④ 자외선 차단지수

12 ★★★ 자외선 차단제에 대한 설명으로 옳은 것은?

① 일광의 노출 전에 바르는 것이 효과적이다.
② 피부 병변에 있는 부위에 사용하여도 무관하다.
③ 사용 후 시간이 경과하여도 다시 덧바르지 않는다.
④ SPF지수가 높을수록 민감한 피부에 적합하다.

> ② 피부 병변에 있는 부위에는 사용하면 안 된다.
> ③ 자외선 차단제는 지속적으로 덧발라야 자외선 차단 시간을 연장시킬 수 있다.
> ④ 민감한 피부에는 SPF지수가 낮은 것이 좋으며 수시로 발라주는 것이 좋다.

13 ★★★ 자외선 차단제에 관한 설명이 틀린 것은?

① 자외선 차단제는 SPF의 지수가 매겨져 있다.
② SPF는 수치가 낮을수록 자외선 차단지수가 높다.
③ 자외선 차단제의 효과는 피부의 멜라닌 양과 자외선에 대한 민감도에 따라 달라질 수 있다.
④ 자외선 차단지수는 제품을 사용했을 때 홍반을 일으키는 자외선의 양을, 제품을 사용하지 않았을 때 홍반을 일으키는 자외선의 양으로 나눈 값이다.

> SPF는 수치가 높을수록 자외선 차단지수가 높다.

14 ★★★ 다음 중 옳은 것만을 모두 짝지은 것은?

> ㉠ 자외선 차단제는 물리적 차단제와 화학적 차단제가 있다.
> ㉡ 물리적 차단제에는 벤조페논, 옥시벤존, 옥틸디메틸파바 등이 있다.
> ㉢ 화학적 차단제는 피부에 유해한 자외선을 흡수하여 피부 침투를 차단하는 방법이다.
> ㉣ 물리적 차단제는 자외선이 피부에 흡수되지 못하도록 피부 표면에서 빛을 반사 또는 산란시키는 방법이다.

① ㉠, ㉡, ㉢
② ㉠, ㉢, ㉣
③ ㉠, ㉡, ㉣
④ ㉡, ㉢, ㉣

> 벤조페논, 옥시벤존, 옥틸디메틸파바 등은 화학적 차단제에 해당한다.

15 ★★★ SPF에 대한 설명으로 틀린 것은?

① Sun Protection Factor의 약자로서 자외선 차단지수라 불리어진다.
② 엄밀히 말하면 UV-B 방어효과를 나타내는 지수라고 볼 수 있다.
③ 오존층으로부터 자외선이 차단되는 정도를 알아보기 위한 목적으로 이용된다.
④ 자외선 차단제를 바른 피부가 최소의 홍반을 일어나게 하는 데 필요한 자외선 양을, 바르지 않은 피부가 최소의 홍반을 일어나게 하는 데 필요한 자외선 양으로 나눈 값이다.

> 자외선 차단지수는 피부로부터 자외선이 차단되는 정도를 알아보기 위한 목적으로 이용된다.

16 ★★★ 다음 ( ) 안에 알맞은 것은?

> 자외선 차단지수(SPF)란 자외선 차단 제품을 사용했을 때와 사용하지 않았을 때의 ( )의 비율을 말한다.

① 최대 흑화량
② 최소 홍반량
③ 최소 흑화량
④ 최대 홍반량

chapter 03

MAKE-UP

Makeup Artist Certification

MAKEUP
ARTIST
CERTIFICATION

CHAPTER 04

공중위생관리학

SECTION
01

Makeup Artist Certification

공중보건학 총론

이 섹션에서는 공중보건학의 개념, 인구구성 형태, 보건지표를 중심으로 학습하도록 합니다. 내용은 많지 않지만 다양하게 출제될 수 있습니다.

01 공중보건학의 개념

(1) 윈슬로우의 정의

공중보건학이란 조직화된 지역사회의 노력으로 질병을 예방하고 수명을 연장하며 신체적·정신적 효율을 증진시키는 기술이며 과학이다.

(2) 대상 : 지역사회 전체 주민

(3) 공중보건사업의 최소 단위 : 지역사회

(4) 공중보건의 3대 요소 : 수명연장, 감염병 예방, 건강과 능률의 향상

(5) 공중보건학 = 지역사회의학

(6) 공중보건학의 목적

① 질병 예방
② 수명 연장
③ 신체적·정신적 건강 증진

> **Check!**
> 질병 치료는 공중보건학의 목적이 아니다.

(7) 접근 방법

목적을 달성하기 위한 접근 방법은 개인이나 일부 전문가의 노력에 의해 되는 것이 아니라 조직화된 지역사회 전체의 노력으로 달성될 수 있다.

(8) 공중보건학의 범위

구분	내용
환경보건 분야	환경위생, 식품위생, 환경오염, 산업보건
역학 및 질병 관리 분야	역학, 감염병 관리, 기생충질환 관리, 비감염성질환 관리
보건관리 분야	보건행정, 보건교육, 보건영양, 인구보건, 모자보건, 가족보건, 노인보건, 의료정보, 응급의료, 사회보장제도

(9) 공중보건학의 방법

① 환경위생 ② 감염병 관리 ③ 개인위생

02 건강과 질병

1 세계보건기구(WHO)의 건강의 정의

건강이란 단순히 질병이 없고 허약하지 않은 상태만을 의미하는 것이 아니라 육체적, 정신적 건강과 사회적 안녕이 완전한 상태를 의미한다.

> **Terms!**
> **사회적 안녕**
> 국민의 기본적 욕구가 만족되는 상태

2 질병 발생의 3가지 요인

(1) 숙주적 요인

생물학적 요인	선천적 요인	성별, 연령, 유전 등
	후천적 요인	영양상태
사회적 요인	경제적 요인	직업, 거주환경, 작업환경
	생활양식	흡연, 음주, 운동

(2) 병인적 요인

① 생물학적 병인 : 세균, 곰팡이, 기생충, 바이러스 등
② 물리적 병인 : 열, 햇빛, 온도 등
③ 화학적 병인 : 농약, 화학약품 등
④ 정신적 병인 : 스트레스, 노이로제 등

(3) 환경적 요인

기상, 계절, 매개물, 사회환경, 경제적 수준, 주택시설 등

03 인구보건 및 보건지표

1 인구의 구성 형태

구분	내용	특징
피라미드형	후진국형 (인구증가형)	출생률은 높고 사망률은 낮은 형(14세 이하가 65세 이상 인구의 2배를 초과)
종형	이상형 (인구정지형)	출생률과 사망률이 낮은 형 (14세 이하가 65세 이상 인구의 2배 정도)

항아리형	선진국형 (인구감소형)	평균수명이 높고 인구가 감퇴하는 형(14세 이하 인구가 65세 이상 인구의 2배 이하)
별형	도시형 (인구유입형)	생산층 인구가 증가되는 형 (15~49세 인구가 전체 인구의 50% 초과)
기타형	농촌형 (인구유출형)	생산층 인구가 감소하는 형 (15~49세 인구가 전체 인구의 50% 미만)

※토마스 R. 말더스 : 인구는 기하급수적으로 늘고 생산은 산술급수적으로 늘기 때문에 체계적인 인구조절이 필요하다고 주장

2 인구증가

인구증가 = 자연증가 + 사회증가

※자연증가 = 출생인구 – 사망인구
  사회증가 = 전입인구 – 전출인구

3 보건지표

(1) 인구통계

① 조출생률
  • 1년간의 총 출생아수를 당해연도의 총인구로 나눈 수치를 1,000분비로 나타낸 것
  • 한 국가의 출생수준을 표시하는 지표

② 일반출생률
  • 15~49세의 가임여성 1,000명당 출생률

(2) 사망통계

① 조사망률
  • 인구 1,000명당 1년 동안의 사망자 수

② 영아사망률
  • 한 국가의 보건수준을 나타내는 지표
  • 생후 1년 안에 사망한 영아의 사망률

③ 신생아사망률
  • 생후 28일 미만의 유아의 사망률

④ 비례사망지수
  • 한 국가의 건강수준을 나타내는 지표
  • 총 사망자 수에 대한 50세 이상의 사망자 수를 백분율로 표시한 지수

▶ 한 국가나 지역사회 간의 보건수준을 비교하는 데 사용되는 3대 지표
  영아사망률, 비례사망지수, 평균수명
▶ 한 나라의 건강수준을 다른 국가들과 비교할 수 있는 지표로 세계보건기구가 제시한 내용
  비례사망지수, 조사망률, 평균수명
▶ α-index 값이 1에 가까울수록 그 지역의 건강수준이 높다는 것을 의미

출제예상문제 | 단원별 구성의 문제 유형 파악!

01. 공중보건학의 개념

1 ★★★
공중보건학에 대한 설명으로 틀린 것은?
① 지역사회 전체 주민을 대상으로 한다.
② 목적은 질병예방, 수명연장, 신체적 · 정신적 건강증진이다.
③ 목적 달성의 접근방법은 개인이나 일부 전문가의 노력에 의해 달성될 수 있다.
④ 방법에는 환경위생, 감염병관리, 개인위생 등이 있다.

목적을 달성하기 위한 접근 방법은 개인이나 일부 전문가의 노력에 의해 되는 것이 아니라 조직화된 지역사회 전체의 노력으로 달성될 수 있다.

2 ★★★
공중보건학의 정의로 가장 적합한 것은?
① 질병예방, 생명연장, 질병치료에 주력하는 기술이며 과학이다.
② 질병예방, 생명유지, 조기치료에 주력하는 기술이며 과학이다.
③ 질병의 조기발견, 조기예방, 생명연장에 주력하는 기술이며 과학이다.
④ 질병예방, 생명연장, 건강증진에 주력하는 기술이며 과학이다.

공중보건학이란 조직화된 지역사회의 노력으로 질병을 예방하고 수명을 연장하며 신체적 · 정신적 효율을 증진시키는 기술이며 과학이다.

정답 ▶ 1 1③ 2④

3 공중보건학의 목적으로 적절하지 않은 것은?

① 질병예방
② 수명연장
③ 육체적 · 정신적 건강 및 효율의 증진
④ 물질적 풍요

> 공중보건학이란 조직화된 지역사회의 노력으로 질병을 예방하고 수명을 연장하며 신체적 · 정신적 효율을 증진시키는 기술이며 과학이다.

4 공중보건의 3대 요소에 속하지 않는 것은?

① 감염병 치료   ② 수명 연장
③ 건강과 능률의 향상   ④ 감염병 예방

5 공중보건학의 목적과 거리가 가장 먼 것은?

① 질병치료
② 수명연장
③ 신체적 · 정신적 건강증진
④ 질병예방

> 공중보건학의 목적은 질병치료가 아니라 질병예방에 있다.

6 공중보건학의 개념과 가장 관계가 적은 것은?

① 지역주민의 수명 연장에 관한 연구
② 감염병 예방에 관한 연구
③ 성인병 치료기술에 관한 연구
④ 육체적 정신적 효율 증진에 관한 연구

> 공중보건학이란 조직화된 지역사회의 노력으로 질병을 예방하고 수명을 연장하며 신체적 · 정신적 효율을 증진시키는 기술이며 과학이다.

7 다음 중 공중보건학의 개념과 가장 유사한 의미를 갖는 표현은?

① 치료의학   ② 예방의학
③ 지역사회의학   ④ 건설의학

> 공중보건학은 지역사회의 노력으로 질병을 예방하고 수명을 연장하며 신체적 · 정신적 효율을 증진시키는 데 목적이 있으므로 지역사회의학의 개념과 유사한 의미를 가진다.

8 공중보건학 개념상 공중보건사업의 최소 단위는?

① 직장 단위의 건강
② 가족단위의 건강
③ 지역사회 전체 주민의 건강
④ 노약자 및 빈민 계층의 건강

> 공중보건학은 특정 집단이나 계층에 제한되지 않고 지역사회 전체 주민의 건강을 최소 단위로 한다.

9 우리나라의 공중 보건에 관한 과제 해결에 필요한 사항은?

> ㉠ 제도적 조치
> ㉡ 직업병 문제 해결
> ㉢ 보건교육 활동
> ㉣ 질병문제 해결을 위한 사회적 투자

① ㉠, ㉡, ㉢   ② ㉠, ㉢
③ ㉡, ㉣   ④ ㉠, ㉡, ㉢, ㉣

10 다음 중 공중보건사업에 속하지 않는 것은?

① 환자 치료   ② 예방접종
③ 보건교육   ④ 감염병관리

> 공중보건사업의 목적은 질병의 치료에 있지 않고 질병의 예방에 있다.

11 다음 중 공중보건사업의 대상으로 가장 적절한 것은?

① 성인병 환자   ② 입원 환자
③ 암투병 환자   ④ 지역사회 주민

> 공중보건사업은 환자에 국한되지 않고 지역사회 주민 전체를 대상으로 한다.

12 다음 중 공중보건의 연구범위에서 제외되는 것은?

① 환경위생 향상
② 개인위생에 관한 보건교육
③ 질병의 조기발견
④ 질병의 치료방법 개발

정답   3 ④   4 ①   5 ①   6 ③   7 ③   8 ③   9 ④   10 ①   11 ④   12 ④

02. 건강과 질병

1 세계보건기구(WHO)에서 규정된 건강의 정의를 가장 적절하게 표현한 것은?

① 육체적으로 완전히 양호한 상태
② 정신적으로 완전히 양호한 상태
③ 질병이 없고 허약하지 않은 상태
④ 육체적, 정신적, 사회적 안녕이 완전한 상태

> 건강이란 단순히 질병이 없고 허약하지 않은 상태만을 의미하는 것이 아니라 육체적·정신적 건강과 사회적 안녕이 완전한 상태를 의미한다.

2 질병 발생의 세 가지 요인으로 연결된 것은?

① 숙주 – 병인 – 환경
② 숙주 – 병인 – 유전
③ 숙주 – 병인 – 병소
④ 숙주 – 병인 – 저항력

3 질병 발생의 요인 중 숙주적 요인에 해당되지 않는 것은?

① 선천적 요인
② 연령
③ 생리적 방어기전
④ 경제적 수준

> 경제적 수준은 환경적 요인에 해당한다.

4 질병 발생의 요인 중 병인적 요인에 해당되지 않는 것은?

① 세균　　　　　② 유전
③ 기생충　　　　④ 스트레스

병인적 요인	
생물학적 병인	세균, 곰팡이, 기생충, 바이러스 등
물리적 병인	열, 햇빛, 온도 등
화학적 병인	농약, 화학약품 등
정신적 병인	스트레스, 노이로제 등

03. 인구보건 및 보건지표

1 다음 중 "인구는 기하급수적으로 늘고 생산은 산술급수적으로 늘기 때문에 체계적인 인구조절이 필요하다"라고 주장한 사람은?

① 토마스 R. 말더스
② 프랜시스 플레이스
③ 포베르토 코흐
④ 에드워드 윈슬로우

> 영국의 토마스 R. 말더스가 그의 저서 〈인구론〉에서 주장한 내용이다.

2 다음 중 인구증가에 대한 사항으로 맞는 것은?

① 자연증가 = 전입인구 – 전출인구
② 사회증가 = 출생인구 – 사망인구
③ 인구증가 = 자연증가 + 사회증가
④ 초자연증가 = 전입인구 – 전출인구

> • 자연증가 = 출생인구 – 사망인구
> • 사회증가 = 전입인구 – 전출인구

3 출생률보다 사망률이 낮으며 14세 이하 인구가 65세 이상 인구의 2배를 초과하는 인구 구성형은?

① 피라미드형
② 종형
③ 항아리형
④ 별형

> ② 종형 : 출생률과 사망률이 낮은 형
> ③ 항아리형 : 평균수명이 높고 인구가 감퇴하는 형
> ④ 별형 : 생산층 인구가 증가되는 형

4 일명 도시형, 유입형이라고도 하며 생산층 인구가 전체인구의 50% 이상이 되는 인구 구성의 유형은?

① 별형(star form)
② 항아리형(pot form)
③ 농촌형(guitar form)
④ 종형(bell form)

5 인구구성 중 14세 이하가 65세 이상 인구의 2배 정도이며 출생률과 사망률이 모두 낮은 형은?

① 피라미드형(pyramid form)
② 종형(bell form)
③ 항아리형(pot form)
④ 별형(accessive form)

6 한 국가나 지역사회 간의 보건수준을 비교하는 데 사용되는 대표적인 3대 지표는?

① 영아사망률, 비례사망지수, 평균수명
② 영아사망률, 사인별 사망률, 평균수명
③ 유아사망률, 모성사망률, 비례사망지수
④ 유아사망률, 사인별 사망률, 영아사망률

7 한 나라의 건강수준을 나타내며 다른 나라들과의 보건수준을 비교할 수 있는 세계보건기구가 제시한 지표는?

① 비례사망지수   ② 국민소득
③ 질병이환율   ④ 인구증가율

8 전체 사망자 수에 대한 50세 이상의 사망자 수를 나타낸 구성 비율은?

① 평균수명   ② 조사망율
③ 영아사망률   ④ 비례사망지수

> **비례사망지수**
> • 한 국가의 건강수준을 나타내는 지표
> • 총 사망자 수에 대한 50세 이상의 사망자 수를 백분율로 표시한 지수

9 한 나라의 보건수준을 측정하는 지표로서 가장 적절한 것은?

① 의과대학 설치수   ② 국민소득
③ 감염병 발생률   ④ 영아사망률

10 한 지역이나 국가의 공중보건을 평가하는 기초자료로 가장 신뢰성 있게 인정되고 있는 것은?

① 질병이환율   ② 영아사망률
③ 신생아사망률   ④ 조사망률

11 가족계획 사업의 효과 판정상 가장 유력한 지표는?

① 인구증가율   ② 조출생률
③ 남녀출생비   ④ 평균여명년수

> **조출생률**
> • 1년간의 총 출생아수를 당해연도의 총인구로 나눈 수치를 1,000분비로 나타낸 것
> • 한 국가의 출생수준을 표시하는 지표

12 한 나라의 건강수준을 다른 국가들과 비교할 수 있는 지표로 세계보건기구가 제시한 내용은?

① 인구증가율, 평균수명, 비례사망지수
② 비례사망지수, 조사망률, 평균수명
③ 평균수명, 조사망률, 국민소득
④ 의료시설, 평균수명, 주거상태

13 아래 보기 중 생명표의 표현에 사용되는 인자들을 모두 나열한 것은?

㉠ 생존수	㉡ 사망수
㉢ 생존률	㉣ 평균여명

① ㉠, ㉡, ㉢   ② ㉠, ㉢
③ ㉡, ㉣   ④ ㉠, ㉡, ㉢, ㉣

> 생명표란 인구집단에 있어서 출생과 사망에 의한 생명현상을 이용하여 각 연령에서 앞으로 살게 될 것으로 기대되는 평균여명을 말하는데, 생존수, 사망수, 생존률, 사망률, 사력(死力), 평균여명 등 여섯 종의 생명함수로 나타낸다.

14 다음의 영아사망률 계산식에서 (A)에 알맞은 것은?

$$\frac{(A)}{\text{연간 출생아 수}} \times 1,000$$

① 연간 생후 28일까지의 사망자 수
② 연간 생후 1년 미만 사망자 수
③ 연간 1~4세 사망자 수
④ 연간 임신 28주 이후 사산 + 출생 1주 이내 사망자 수

15 지역사회의 보건수준을 비교할 때 쓰이는 지표가 아닌 것은?

① 영아사망률   ② 평균수명
③ 일반사망률   ④ 국세조사

정답 6 ① 7 ① 8 ④ 9 ④ 10 ② 11 ② 12 ② 13 ④ 14 ② 15 ④

Makeup Artist Certification

SECTION 02

질병관리

이 섹션에서는 법정감염병의 분류가 가장 중요합니다. 모든 질병의 암기는 어려우므로 출제예상문제 중심으로 학습하도록 합니다. 또한, 병원체, 병원소, 감염병의 특징도 학습하시기 바랍니다.

01 역학(疫學) 및 감염병 발생의 단계

1 역학의 역할

① 질병의 원인 규명
② 질병의 발생과 유행 감시
③ 지역사회의 질병 규모 파악
④ 질병의 예후 파악
⑤ 질병관리방법의 효과에 대한 평가
⑥ 보건정책 수립의 기초 마련

> **Terms!**
> 역학
> 인간 집단 내에서 일어나는 유행병의 원인을 규명하는 학문

2 감염병 발생의 단계

병원체 → 병원소 → 병원소로부터 병원체의 탈출 → 전파 → 새로운 숙주로의 침입 → 감수성 있는 숙주의 감염

> **Check!**
> 병원체의 탈출경로
> 호흡기계, 소화기계, 비뇨기계, 개방병소, 기계적 탈출

02 병원체 및 병원소

1 병원체

(1) 정의 : 숙주에 기생하면서 병을 일으키는 미생물

(2) 종류

① 세균

호흡기계	결핵, 디프테리아, 백일해, 한센병, 폐렴, 성홍열, 수막구균성수막염
소화기계	콜레라, 장티푸스, 파라티푸스, 세균성 이질, 파상열
피부점막계	파상풍, 페스트, 매독, 임질

② 바이러스

호흡기계	홍역, 유행성 이하선염, 인플루엔자, 두창
소화기계	폴리오, 유행성 간염, 소아마비, 브루셀라증
피부점막계	AIDS, 일본뇌염, 공수병, 트라코마, 황열

③ 리케차 : 발진티푸스, 발진열, 쯔쯔가무시병, 록키산 홍반열 등
④ 수인성(물) 감염병 : 콜레라, 장티푸스, 파라티푸스, 이질, 소아마비, A형간염 등
⑤ 기생충 : 말라리아, 사상충, 아메바성 이질, 회충증, 간흡충증, 폐흡충증, 유구조충증, 무구조충증 등
⑥ 진균 : 백선, 칸디다증 등
⑦ 클라미디아 : 앵무새병, 트라코마 등
⑧ 곰팡이 : 캔디디아시스, 스포로티코시스 등

2 병원소

(1) 정의 : 병원체가 증식하면서 생존을 계속하여 다른 숙주에 전파 가능한 상태로 저장되는 일종의 전염원

(2) 종류

① 인간 병원소 : 환자, 보균자 등
② 동물 병원소 : 개, 소, 말, 돼지 등
③ 토양 병원소 : 파상풍, 오염된 토양 등

(3) 보균자

건강 보균자	• 병원체를 보유하고 있으나 증상이 없으며 체외로 이를 배출하고 있는 자 • 감염병 관리상 어려운 이유 : 색출 · 격리가 어렵고, 넓은 활동영역
잠복기 보균자	• 전염성 질환의 잠복기간 중에 병원체를 배출하는 자 • 호흡기계 감염병
병후 보균자	• 전염성 질환에 이환된 후 그 임상 증상이 소실된 후에도 병원체를 배출하는 자 • 소화기계 감염병

> **Check!**
> 전파 방법에 따른 감염병
> • 증식형 : 페스트, 황열, 뎅기열, 재기열, 일본뇌염 등
> • 발육형 : 사상충증, 로아로아 등
> • 발육증식형 : 말라리아, 수면병 등
> • 경란형 : 록키산 홍반열, 쯔쯔가무시, 재귀열 등

chapter 04

1 선천적 면역
종속면역, 인종면역, 개인면역

2 후천적 면역

구분		의미
능동면역	자연능동면역	감염병에 감염된 후 형성되는 면역
	인공능동면역	예방접종을 통해 형성되는 면역
수동면역	자연수동면역	모체로부터 태반이나 수유를 통해 형성되는 면역
	인공수동면역	항독소 등 인공제제를 접종하여 형성되는 면역

3 자연능동면역
① 영구면역 : 홍역, 백일해, 장티푸스, 발진티푸스, 콜레라, 페스트
② 일시면역 : 디프테리아, 폐렴, 인플루엔자, 세균성 이질

4 인공능동면역
① 생균백신 : 결핵, 홍역, 폴리오(경구)
② 사균백신 : 장티푸스, 콜레라, 백일해, 폴리오(경피)
③ 순화독소 : 파상풍, 디프테리아

> **Terms!**
> DPT 접종
> 디프테리아(Diphtheria), 백일해(Pertussis), 파상풍(Tetanus)의 첫 글자를 뜻함

5 주요 감염병의 접종 시기

종류	접종시기
결핵	생후 1개월 이내
B형 간염	• 모체가 HBsAg 양성인 경우 : 생후 12시간 이내 • 모체가 HBsAg 음성인 경우 : 생후 1~2개월
디프테리아 백일해 파상풍	• 1차 : 생후 2개월 • 2차 : 생후 4개월 • 3차 : 생후 6개월
폴리오	• 1차 : 생후 2개월 • 2차 : 생후 4개월 • 3차 : 생후 6개월

종류	접종시기
홍역 유행성이하선염 풍진	• 1차 : 생후 12~15개월 • 2차 : 만 4~6세
일본뇌염	• 생후 12~23개월
수두	• 생후 12~15개월
폐렴구균	• 1차 : 생후 2개월 • 2차 : 생후 4개월 • 3차 : 생후 6개월

(1) 대상 : 감염병 유행지역에서 입국하는 사람이나 동물 또는 식품 등
(2) 목적 : 외국 질병의 국내 침입을 방지하여 국민의 건강을 유지·보호
(3) 검역 감염병 및 감시기간

종류	감시 기간
콜레라	120시간(5일)
페스트	144시간(6일)
황열	144시간(6일)
중증급성호흡기증후군(SARS)	240시간(10일)
조류인플루엔자인체감염증	240시간(10일)
신종인플루엔자	최대 잠복기

1 제1급 감염병
생물테러감염병 또는 치명률이 높거나 집단 발생의 우려가 커서 발생 또는 유행 즉시 신고하여야 하고, 음압격리와 같은 높은 수준의 격리가 필요한 감염병

> ▶ 종류
> 에볼라바이러스병, 마버그열, 라싸열, 크리미안콩고출혈열, 남아메리카출혈열, 리프트밸리열, 두창, 페스트, 탄저, 보툴리눔독소증, 야토병, 신종감염병증후군, 중증급성호흡기증후군(SARS), 중동호흡기증후군(MERS), 동물인플루엔자인체감염증, 신종인플루엔자, 디프테리아

② 제2급 감염병

전파가능성을 고려하여 발생 또는 유행 시 24시간 이내에 신고하여야 하고, 격리가 필요한 감염병

▶ 종류
결핵, 수두, 홍역, 콜레라, 장티푸스, 파라티푸스, 세균성이질, 장출혈성대장균감염증, A형간염, 백일해, 유행성이하선염, 풍진, 폴리오, 수막구균 감염증, b형헤모필루스인플루엔자, 폐렴구균 감염증, 한센병, 성홍열, 반코마이신내성황색포도알균(VRSA)감염증, 카바페넴내성장내세균속균종(CRE)감염증, E형간염, 코로나바이러스감염증-19

③ 제3급 감염병

발생을 계속 감시할 필요가 있어 발생 또는 유행 시 24시간 이내에 신고하여야 하는 감염병

▶ 종류
파상풍, B형간염, 일본뇌염, C형간염, 말라리아, 레지오넬라증, 비브리오패혈증, 발진티푸스, 발진열, 쯔쯔가무시증, 렙토스피라증, 브루셀라증, 공수병, 신증후군출혈열, 후천성면역결핍증(AIDS), 크로이츠펠트-야콥병(CJD) 및 변종크로이츠펠트-야콥병(vCJD), 황열, 뎅기열, 큐열, 웨스트나일열, 라임병, 진드기매개뇌염, 유비저, 치쿤구니야열, 중증열성혈소판감소증후군(SFTS), 지카바이러스감염증, 매독, 엠폭스(MPOX)

④ 제4급 감염병

제1급~제3급 감염병까지의 감염병 외에 유행 여부를 조사하기 위하여 표본감시 활동이 필요한 감염병

▶ 종류
인플루엔자, 회충증, 편충증, 요충증, 간흡충증, 폐흡충증, 장흡충증, 수족구병, 임질, 클라미디아감염증, 연성하감, 성기단순포진, 첨규콘딜롬, 반코마이신내성장알균(VRE) 감염증, 메티실린내성황색포도알균(MRSA)감염증, 다제내성녹농균(MRPA) 감염증, 다제내성아시네토박터바우마니균(MRAB) 감염증, 장관감염증, 급성호흡기감염증, 해외유입기생충감염증, 엔테로바이러스감염증, 사람유두종바이러스 감염증

▶ 감수성 지수
두창·홍역(95%), 백일해(60~80%), 성홍열(40%), 디프테리아(10%), 폴리오(0.1%)

▶ 제1·2급 감염병 암기법

⑤ 기타 보건복지부장관 고시 감염병

(1) 세계보건기구 감시대상 감염병(보건복지부장관 고시)

세계보건기구가 국제공중보건의 비상사태에 대비하기 위하여 감시대상으로 정한 질환

▶ 종류
두창, 폴리오, 신종인플루엔자, 콜레라, 폐렴형 페스트, 중증성호흡기증후군(SARS), 황열, 바이러스성 출혈열, 웨스트나일열

(2) 인수공통감염병

동물과 사람 간에 서로 전파되는 병원체에 의하여 발생되는 감염병

▶ 종류
장출혈성대장균감염증, 일본뇌염, 브루셀라증, 탄저, 공수병, 동물인플루엔자 인체감염증, 중증급성호흡기증후군(SARS), 변종크로이츠펠트-야콥병(vCJD), 큐열, 결핵, 중증열성혈소판감소증후군(SFTS)

(3) 성매개감염병(보건복지부장관 고시)

성 접촉을 통하여 전파되는 감염병

▶ 종류
매독, 임질, 클라미디아, 연성하감, 성기단순포진, 첨규콘딜롬, 사람유두종바이러스 감염증

06 주요 감염병의 특징

① 소화기계 감염병

콜레라	• 제2급 급성 법정감염병 • 수인성 감염병으로 경구 전염 • [증상] 발병이 빠르고 구토, 설사, 탈수 등
장티푸스	• 경구 침입 감염병 • [전파] 주로 파리에 의해 전파 • [증상] 고열, 식욕감퇴, 서맥, 림프절 종창, 피부발진, 변비, 불쾌감 등 • [예방접종] 인공 능동면역
폴리오	• 중추신경계 손상에 의한 영구 마비 • [전파] 호흡기계 분비물, 분변 및 음식물을 매개로 감염

② 호흡기계 감염병

디프테리아	• [증상] 심한 인후염을 일으키고 독소를 분비하여 신경염을 일으킬 수 있음 • [전파] 환자나 보균자의 콧물, 인후 분비물, 피부 상처

chapter **04**

백일해	• [증상] 심한 기침 • [전파] 호흡기 분비물, 비말을 통한 호흡기 전파
조류독감	• [증상] 기침, 호흡곤란, 발열, 오한, 설사, 근육통, 의식저하 • [전파] 조류인플루엔자 바이러스에 감염된 조류와의 접촉
중증급성 호흡기 증후군 (SARS)	• [증상] 발열, 두통, 근육통, 무력감, 기침, 호흡곤란 • [전파] 대기 중에 떠다니는 미세한 입자에 의해 호흡기를 통해 감염
신종 인플루엔자	• [증상] 발열, 오한, 두통, 근육통, 관절통, 구토, 피로감 • [전파] 호흡기를 통해 감염
결핵	• [증상] 기침, 객혈, 흉통 • [전파] 신체의 모든 부분에 침범 • [예방] 출생 후 4주 이내에 BCG 접종 실시 • [검사] 투베르쿨린 반응 검사

❸ 동물 매개 감염병

공수병 (광견병)	개에게 물리면서 개의 타액에 있는 병원체에 의해 감염
탄저	양모·모피공장에서 주로 감염(소, 말, 양)
렙토스피라증	들쥐의 배설물을 통해 주로 감염

❹ 절지동물 매개 감염병

페스트	• 패혈증 페스트 : 림프선에 병변을 일으켜 림프절 페스트와 패혈증을 일으킴 • 폐 페스트 : 폐렴을 일으킴 • [전파] 림프절 페스트는 쥐벼룩에 의해, 폐 페스트는 비말감염으로 사람에게 전파
발진티푸스	• [증상] 발열, 근육통, 전신신경증상, 발진 등 • [전파] 이가 흡혈해 상처를 통해 침입 또는 먼지를 통해 호흡기계로 감염
말라리아	• 세계적으로 가장 많이 이환되는 질병 • [전파] 모기를 매개로 전파
쯔쯔가 무시증	• [증상] 오한, 발열, 두통, 복통 등 • [전파] 감염된 들쥐의 털진드기에 의해 전파

유행성 일본뇌염	• 우리나라에서 8~10월에 주로 발생 • [전파] 작은빨간집모기에 의해 전파
기타	사상충증, 양중병, 황열, 신증후군출혈열

❺ 매개체별 감염병의 종류

구분	매개체	종류
곤충	모기	말라리아, 뇌염, 사상충, 황열, 뎅기열
	파리	콜레라, 장티푸스, 이질, 파라티푸스
	바퀴벌레	콜레라, 장티푸스, 이질
	진드기	신증후군출혈열, 쯔쯔가무시병, 록키산홍반열
	벼룩	페스트, 발진열, 재귀열
	이	발진티푸스, 재귀열, 참호열
	체체파리	수면병
동물	쥐	페스트, 살모넬라증, 발진열, 신증후군출혈열, 쯔쯔가무시병, 재귀열, 렙토스피라증
	소	결핵, 탄저, 파상열, 살모넬라증
	돼지	일본뇌염, 탄저, 렙토스피라증, 살모넬라증
	양	큐열, 탄저
	말	탄저, 살모넬라증
	개	공수병, 톡소프라스마증
	고양이	살모넬라증, 톡소프라스마증
	토끼	야토병

---

07 감염병의 신고 및 보고

❶ 감염병의 신고

의사, 치과의사 또는 한의사는 다음의 경우 소속 의료기관의 장에게 보고하여야 하고, 해당 환자와 그 동거인에게 보건복지부장관이 정하는 감염 방지 방법 등을 지도하여야 한다. 다만, 의료기관에 소속되지 않은 의사, 치과의사 또는 한의사는 그 사실을 관할 보건소장에게 신고해야 한다.

• 감염병 환자 등을 진단하거나 그 사체를 검안한 경우
• 예방접종 후 이상반응자를 진단하거나 그 사체를 검안한 경우
• 감염병환자가 제1급~제3급 감염병으로 사망한 경우
• 감염병환자로 의심되는 사람이 감염병병원체 검사를 거부하는 경우

② 신고 시기

① 제1급 감염병 : 즉시

② 제2, 3급 감염병 : 24시간 이내

③ 제4급 감염병 : 7일 이내

③ 보건소장의 보고

보건소장 → 관할 특별자치도지사 또는 시장·군수·구청장 → 보건복지부장관 및 시·도지사

 출제예상문제 | 단원별 구성의 문제 유형 파악!

02. 병원체 및 병원소

1 ★★★
다음 질병 중 병원체가 바이러스(virus)인 것은?

① 장티푸스 ② 쯔쯔가무시병

③ 폴리오 ④ 발진열

> 바이러스 : 홍역, 폴리오, 유행성 이하선염, 일본뇌염, 광견병, 후천성면역결핍증, 유행성 간염 등

2 ★★
인체에 질병을 일으키는 병원체 중 살아있는 세포에서만 증식하고 크기가 가장 작아 전자현미경으로만 관찰할 수 있는 것은?

① 구균 ② 간균

③ 원생동물 ④ 바이러스

3 ★★★
바이러스에 대한 일반적인 설명으로 옳은 것은?

① 항생제에 감수성이 있다.

② 광학 현미경으로 관찰이 가능하다.

③ 핵산 DNA와 RNA 둘 다 가지고 있다.

④ 바이러스는 살아있는 세포 내에서만 증식 가능하다.

4 ★★★
토양(흙)이 병원소가 될 수 있는 질환은?

① 디프테리아 ② 콜레라

③ 간염 ④ 파상풍

> **병원소의 종류**
> • 인간 병원소 : 환자, 보균자 등
> • 동물 병원소 : 개, 소, 말, 돼지 등
> • 토양 병원소 : 파상풍, 오염된 토양 등

5 ★★★
건강보균자를 설명한 것으로 가장 적절한 것은?

① 감염병에 이환되어 앓고 있는 자

② 병원체를 보유하고 있으나 증상이 없으며 체외로 이를 배출하고 있는 자

③ 감염병에 걸렸다가 완전히 치유된 자

④ 감염병에 걸렸지만 자각증상이 없는 자

> **보균자의 종류**
> • 건강보균자 : 병원체를 보유하고 있으나 증상이 없으며 체외로 이를 배출하고 있는 자
> • 잠복기보균자 : 전염성 질환의 잠복기간 중에 병원체를 배출하는 자
> • 병후보균자 : 전염성 질환에 이환된 후 그 임상 증상이 소실된 후에도 병원체를 배출하는 자

6 ★★
보균자(Carrier)는 감염병 관리상 어려운 대상이다. 그 이유와 관계가 가장 먼 것은?

① 색출이 어려우므로

② 활동영역이 넓기 때문에

③ 격리가 어려우므로

④ 치료가 되지 않으므로

7 ★★★
다음 중 감염병 관리상 가장 중요하게 취급해야 할 대상자는?

① 건강보균자

② 잠복기환자

③ 현성환자

④ 회복기보균자

정답 ② 1 ③ 2 ④ 3 ④ 4 ④ 5 ② 6 ④ 7 ①

chapter 04

03. 면역 및 주요 감염병의 접종 시기

1 예방접종(vaccine)으로 획득되는 면역의 종류는?
★★★

① 인공능동면역　　　② 인공수동면역
③ 자연능동면역　　　④ 자연수동면역

2 다음 중 인공능동면역의 특성을 가장 잘 설명한 것은?
★★★

① 항독소(antitoxin) 등 인공제제를 접종하여 형성되는 면역
② 생균백신, 사균백신 및 순화독소(toxoid)의 접종으로 형성되는 면역
③ 모체로부터 태반이나 수유를 통해 형성되는 면역
④ 각종 감염병 감염 후 형성되는 면역

① : 인공수동면역, ③ : 자연수동면역, ④ : 자연능동면역

3 장티푸스, 결핵, 파상풍 등의 예방접종은 어떤 면역인가?
★★★

① 인공능동면역
② 인공수동면역
③ 자연능동면역
④ 자연수동면역

예방접종을 통해 형성되는 면역은 인공능동면역이다.

4 콜레라 예방접종은 어떤 면역방법인가?
★★★★

① 인공수동면역　　　② 인공능동면역
③ 자연수동면역　　　④ 자연능동면역

콜레라는 사균백신 접종으로 예방되는 인공능동면역이다.

5 다음 중 예방법으로 생균백신을 사용하는 것은?
★★★

① 홍역　　　　　　② 콜레라
③ 디프테리아　　　④ 파상풍

• 생균백신 : 결핵, 홍역, 폴리오(경구)
• 사균백신 : 장티푸스, 콜레라, 백일해, 폴리오(경피)
• 순화독소 : 파상풍, 디프테리아

6 예방접종에 있어 생균 백신을 사용하는 것은?
★★★★

① 파상풍　　　　　② 결핵
③ 디프테리아　　　④ 백일해

생균백신 : 결핵, 홍역, 폴리오

7 인공능동면역의 방법에 해당하지 않는 것은?
★★★

① 생균백신 접종　　② 글로불린 접종
③ 사균백신 접종　　④ 순화독소 접종

인공능동면역 : 생균백신, 사균백신, 순화독소

8 예방접종 중 세균의 독소를 약독화(순화)하여 사용하는 것은?
★★★

① 폴리오　　　　　② 콜레라
③ 장티푸스　　　　④ 파상풍

순화독소 : 파상풍, 디프테리아

9 예방접종에 있어서 디피티(DPT)와 무관한 질병은?
★★★★

① 디프테리아　　　② 파상풍
③ 결핵　　　　　　④ 백일해

DPT : 디프테리아(Diphtheria), 백일해(Pertussis), 파상풍(Tetanus)에서 영어의 첫 글자를 뜻함

10 세균성 이질을 앓고 난 아이가 얻는 면역에 대한 설명으로 옳은 것은?
★★

① 인공면역을 획득한다.
② 수동면역을 획득한다.
③ 영구면역을 획득한다.
④ 면역이 거의 획득되지 않는다.

세균성 이질은 면역이 거의 생기지 않으므로 몇 번이라도 감염될 수 있다.

04. 검역

1
외래 감염병의 예방대책으로 가장 효과적인 방법은?

① 예방접종 　　　　② 환경개선
③ 검역 　　　　　　④ 격리

외국 질병의 국내 침입을 방지하여 국민의 건강을 유지·보호하기 위해 검역을 실시한다.

2
감염병 유행지역에서 입국하는 사람이나 동물 또는 식품 등을 대상으로 실시하며 외국 질병의 국내 침입 방지를 위한 수단으로 쓰이는 것은?

① 격리 　　　　　　② 검역
③ 박멸 　　　　　　④ 병원소 제거

05. 법정감염병의 분류

1
다음 법정 감염병 중 제2급 감염병이 아닌 것은?

① 장티푸스 　　　　② 콜레라
③ 세균성이질 　　　④ 파상풍

파상풍은 제3급 감염병에 속한다.

2
감염병 예방법 중 제1급 감염병인 것은?

① 세균성이질 　　　② 말라리아
③ B형간염 　　　　④ 신종인플루엔자

①: 제2급　②,③: 제3급 감염병

3
다음 중 제1급 감염병에 대해 잘못 설명된 것은?

① 치명률이 높거나 집단 발생 우려가 크다.
② 페스트, 탄저, 중동호흡기증후군이 속한다.
③ 발생 또는 유행 시 24시간 이내에 신고하고 격리가 필요하다.
④ 감염병 발생 신고를 받은 즉시 보건소장을 거쳐 보고한다.

발생 또는 유행 시 24시간 이내에 신고하고 격리가 필요한 감염병은 제2급 감염병이다.

4
감염병 예방법 중 제1급 감염병에 속하는 것은?

① 한센병 　　　　　② 폴리오
③ 일본뇌염 　　　　④ 페스트

①,②: 제2급　③: 제3급 감염병

5
발생 즉시 환자의 격리가 필요한 제1급에 해당하는 법정 감염병은?

① 인플루엔자 　　　② 신종감염병증후군
③ 폴리오 　　　　　④ B형 간염

①: 제4급　③: 제2급　④: 제3급 감염병

6
감염병 예방법 중 제2급 감염병이 아닌 것은?

① 말라리아 　　　　② 홍역
③ 콜레라 　　　　　④ 장티푸스

말라리아는 제3급 감염병에 속한다.

7
감염병 예방법상 제2급에 해당되는 법정감염병은?

① 급성호흡기감염증
② A형간염
③ 신종감염병증후군
④ 중증급성호흡기증후군(SARS)

①: 제4급 감염병　③,④: 제1급 감염병

8
법정감염병 중 제3급 감염병에 속하지 않는 것은

① 성홍열 　　　　　② 공수병
③ 렙토스피라증 　　④ 쯔쯔가무시증

성홍열은 제2급 감염병에 속한다.

9
법정감염병 중 제3급 감염병에 해당하는 것은?

① 장티푸스 　　　　② 풍진
③ 수족구병 　　　　④ 황열

①,②: 제2급,　③: 제4급

정답 ▶ 4 1③ 2② 5 1④ 2④ 3③ 4④ 5② 6① 7② 8① 9④

10 감염병 예방법 중 제3급 감염병에 해당되는 것은?

① A형 간염
② 수막구균 감염증
③ 후천성면역결핍증
④ 수두

> ①,②,④ : 제2급 감염병

11 감염병 예방법 중 제3급 감염병에 속하는 것은?

① 폴리오
② 풍진
③ 공수병
④ 페스트

> ①,② : 제2급 감염병 ④ : 제1급 감염병

12 법정 감염병 중 제3급 감염병에 속하는 것은?

① 비브리오패혈증
② 장티푸스
③ 장출혈성대장균감염증
④ 백일해

> ②,③,④ : 제2급 감염병

13 감염병 예방법상 제4급 감염병에 속하는 것은?

① 콜레라
② 디프테리아
③ 급성호흡기감염증
④ 말라리아

> ① : 2급, ② : 1급, ④ : 3급 감염병

14 우리나라 법정 감염병 중 가장 많이 발생하는 감염병으로 대개 1~5년을 간격으로 많은 유행을 하는 것은?

① 백일해
② 홍역
③ 유행성 이하선염
④ 폴리오

> 우리나라에서 가장 많이 발생하는 감염병은 홍역이다.

15 발생 또는 유행 시 24시간 이내에 신고하고 발생을 계속 감시할 필요가 있는 감염병은?

① 말라리아
② 콜레라
③ 디프테리아
④ 유행성이하선염

> 문제는 제3급 감염병을 설명한 것으로, 말라리아가 이에 속한다.

16 수인성(水因性) 감염병이 아닌 것은?

① 일본뇌염
② 이질
③ 콜레라
④ 장티푸스

> **수인성(물) 감염병**
> 이질, 콜레라, 장티푸스, 파라티푸스, 소아마비, A형간염 등

17 수인성으로 전염되는 질병으로 엮어진 것은?

① 장티푸스 – 파라티푸스 – 간흡충증 – 세균성이질
② 콜레라 – 파라티푸스 – 세균성이질 – 폐흡충증
③ 장티푸스 – 파라티푸스 – 콜레라 – 세균성이질
④ 장티푸스 – 파라티푸스 – 콜레라 – 간흡충증

18 다음 감염병 중 호흡기계 감염병에 속하는 것은?

① 콜레라
② 장티푸스
③ 유행성 간염
④ 백일해

> **호흡기계 감염병** : 백일해, 디프테리아, 조류독감, 결핵 등

19 다음 감염병 중 세균성인 것은?

① 말라리아
② 결핵
③ 일본뇌염
④ 유행성간염

> **세균성 감염병** : 결핵, 콜레라, 장티푸스, 파라티푸스, 백일해, 페스트 등

20 다음 중 파리가 전파할 수 있는 소화기계 감염병은?

① 페스트
② 일본뇌염
③ 장티푸스
④ 황열

21 인수공통감염병이 아닌 것은?

① 조류인플루엔자
② 결핵
③ 나병
④ 공수병

> **인수공통감염병의 종류**
> 장출혈성대장균감염증, 일본뇌염, 브루셀라증, 탄저, 공수병, 조류인플루엔자 인체감염증, 중증급성호흡기증후군(SARS), 변종 크로이츠펠트-야콥병(vCJD), 큐열, 결핵

22 ★★★ 호흡기계 감염병에 해당되지 않는 것은?

① 인플루엔자   ② 유행성 이하선염
③ 파라티푸스   ④ 홍역

> 파라티푸스는 소화기계 감염병에 속한다.

23 ★★★★★ 다음 중 파리가 옮기지 않는 병은?

① 장티푸스   ② 이질
③ 콜레라   ④ 신증후군출혈열

> 신증후군출혈열은 진드기에 의해 전염된다.

24 ★★★★★ 인수공통감염병에 해당되는 것은?

① 홍역   ② 한센병
③ 풍진   ④ 공수병

> **인수공통감염병의 종류**
> 장출혈성대장균감염증, 일본뇌염, 브루셀라증, 탄저, 공수병, 조류인플루엔자 인체감염증, 중증급성호흡기증후군(SARS), 변종크로이츠펠트-야콥병(vCJD), 큐열, 결핵

06. 주요 감염병의 특징

1 ★★★★★ 위생 해충인 파리에 의해서 전염될 수 있는 감염병이 아닌 것은?

① 장티푸스   ② 발진열
③ 콜레라   ④ 세균성이질

> 발진열은 벼룩에 의해 감염된다.

2 ★★★★ 위생해충인 바퀴벌레가 주로 전파할 수 있는 병원균의 질병이 아닌 것은?

① 재귀열   ② 이질
③ 콜레라   ④ 장티푸스

> 재귀열은 벼룩에 의해 전파되는 감염병이다.

3 ★★★★★ 모기가 매개하는 감염병이 아닌 것은?

① 말라리아   ② 뇌염
③ 사상충   ④ 발진열

> 발진열은 벼룩에 의해 감염된다.

4 ★★★★★ 감염병을 옮기는 매개곤충과 질병의 관계가 올바른 것은?

① 재귀열 – 이   ② 말라리아 – 진드기
③ 일본뇌염 – 체체파리   ④ 발진티푸스 – 모기

> ② 말라리아 : 모기
> ③ 일본뇌염 : 모기
> ④ 발진티푸스 : 이

5 ★★★★★ 모기를 매개곤충으로 하여 일으키는 질병이 아닌 것은?

① 말라리아   ② 사상충
③ 일본뇌염   ④ 발진티푸스

> 발진티푸스는 이를 매개를 하는 감염병이다.

6 ★★★ 다음 중 감염병 질환이 아닌 것은?

① 폴리오   ② 풍진
③ 성병   ④ 당뇨병

7 ★★ 바퀴벌레에 의해 전파될 수 있는 감염병에 속하지 않는 것은?

① 이질   ② 말라리아
③ 콜레라   ④ 장티푸스

> 말라리아는 모기를 매개로 전파된다.

8 ★★★ 들쥐의 똥, 오줌 등에 의해 논이나 들에서 상처를 통해 경피 전염될 수 있는 감염병은?

① 신증후군출혈열   ② 이질
③ 렙토스피라증   ④ 파상풍

> 렙토스피라증은 들쥐의 똥, 오줌 등에 의해 경피 감염되는 감염병으로 감염 시 발열, 오한, 두통 등의 증상이 나타난다.

정답   22 ③   23 ④   24 ④   **6** 1 ②   2 ①   3 ④   4 ①   5 ④   6 ④   7 ②   8 ③

9 오염된 주사기, 면도날 등으로 인해 감염이 잘되는 만성 감염병은?

① 렙토스피라증 　　② 트라코마
③ B형 간염 　　④ 파라티푸스

> B형간염은 수혈, 성적인 접촉, 오염된 주사기, 면도날 등을 통해 주로 감염된다.

10 매개곤충과 전파하는 감염병의 연결이 틀린 것은?

① 진드기 – 신증후군출혈열 　② 모기 – 일본뇌염
③ 파리 – 사상충 　　④ 벼룩 – 페스트

> 사상충은 모기를 매개로 전파된다.

11 쥐와 관계가 가장 적은 감염병은?

① 페스트 　　② 신증후군출혈열
③ 발진티푸스 　　④ 렙토스피라증

> 발진티푸스는 발열, 근육통, 전신신경증상, 발진 등의 증상을 보이며, 이가 환자를 흡혈해 환자의 상처를 통해 침입 또는 먼지를 통해 호흡기계로 감염된다.

12 페스트, 살모넬라증 등을 전염시킬 가능성이 가장 큰 동물은?

① 쥐 　② 말 　③ 소 　④ 개

> 쥐에 의해 감염되는 감염병 : 페스트, 살모넬라증, 발진열, 신증후군출혈열, 쯔쯔가무시병, 발진열, 재귀열, 렙토스피라증 등

13 절지동물에 의해 매개되는 감염병이 아닌 것은?

① 일본뇌염 　　② 발진티푸스
③ 탄저 　　④ 페스트

> 절지동물 매개 감염병 : 페스트, 발진티푸스, 일본뇌염, 발진열, 말라리아, 사상충증, 양충병, 황열, 신증후군출혈열 등
> 탄저는 소, 말, 양 등에 의해 감염된다.

14 위생해충의 구제방법으로 가장 효과적이고 근본적인 방법은?

① 성충 구제 　　② 살충제 사용
③ 유충 구제 　　④ 발생원 제거

> 위생해충을 구제하는 가장 효과적인 방법 : 발생원을 제거

15 접촉자의 색출 및 치료가 가장 중요한 질병은?

① 성병 　　② 암
③ 당뇨병 　　④ 일본뇌염

> 성매개감염병은 일차적으로 사람과 사람 사이의 성적 접촉을 통해 전파되므로 접촉자의 색출 및 치료가 중요한 질병이다.

16 출생 후 4주 이내에 기본접종을 실시하는 것이 효과적인 감염병은?

① 볼거리 　　② 홍역
③ 결핵 　　④ 일본뇌염

> • 홍역 : 생후 12~15개월 　• 일본뇌염 : 생후 12~23개월

17 감염병 중 음용수를 통하여 전염될 수 있는 가능성이 가장 큰 것은?

① 이질 　　② 백일해
③ 풍진 　　④ 한센병

> 마시는 물 또는 식품을 매개로 발생하는 감염병에는 콜레라, 장티푸스, 파라티푸스, 세균성이질, 장출혈성대장균감염증, A형간염 등이 있다.

18 다음 중 소독되지 아니한 면도기를 사용했을 때 가장 전염 위험성이 높은 것은?

① 간염 　　② 결핵
③ 이질 　　④ 콜레라

> 간염에 감염된 환자와는 면도기, 칫솔, 손톱깎기 등은 함께 사용하지 않아야 한다.

19 음식물로 매개될 수 있는 감염병이 아닌 것은?

① 유행성간염 　　② 폴리오
③ 일본뇌염 　　④ 콜레라

> 일본뇌염은 모기를 매개로 감염된다.

20 폐결핵에 관한 설명 중 틀린 것은?

① 호흡기계 감염병이다.
② 병원체는 세균이다.
③ 예방접종은 PPD로 한다.
④ 제2급 법정감염병이다.

> 폐결핵은 BCG 접종으로 예방한다.

21 비말감염과 가장 관계있는 사항은?

① 영양　　　　② 상처
③ 피로　　　　④ 밀집

> 비말감염이란 환자의 기침을 통해 퍼지는 병균으로 감염되는 것을 말하며, 예방을 위해서는 밀집된 장소를 피해야 한다.

22 감염병 유행의 요인 중 전파경로와 가장 관계가 깊은 것은?

① 개인의 감수성　　② 영양상태
③ 환경 요인　　　　④ 인종

> 환경 요인 : 기상, 계절, 전파경로, 사회환경, 경제적 수준 등

23 감염경로와 질병과의 연결이 틀린 것은?

① 공기감염 – 공수병
② 비말감염 – 인플루엔자
③ 우유감염 – 결핵
④ 음식물감염 – 폴리오

> 공수병은 개에게 물리면서 개의 타액에 있는 병원체에 의해 감염되는 병을 말한다.

24 다음 중 콜레라에 관한 설명으로 잘못된 것은?

① 검역질병으로 검역기간은 120시간을 초과할 수 없다.
② 수인성 감염병으로 경구 전염된다.
③ 제2급 법정감염병이다.
④ 예방접종은 생균백신(vaccine)을 사용한다.

> 콜레라의 예방접종은 사균백신을 사용한다.

25 다음 감염병 중 기본 예방접종의 시기가 가장 늦은 것은?

① 디프테리아　　② 백일해
③ 폴리오　　　　④ 일본뇌염

> • 디프테리아 : 생후 2개월
> • 백일해 　　 : 생후 2개월
> • 폴리오 　　 : 생후 2개월
> • 일본뇌염 　 : 생후 12~23개월

26 장티푸스에 대한 설명으로 옳은 것은?

① 식물매개 감염병이다.
② 우리나라에서는 제1급 법정감염병이다.
③ 대장점막에 궤양성 병변을 일으킨다.
④ 일종의 열병으로 경구침입 감염병이다.

> 장티푸스는 살모넬라균에 오염된 음식이나 물을 섭취했을 때 감염되고 고열 증세를 보이는데, 우리나라에서는 제2급 법정감염병으로 지정되어 있다.

07. 감염병의 신고 및 보고

1 감염병 발생 시 일반인이 취하여야 할 사항으로 적절하지 않은 것은?

① 환자를 문병하고 위로한다.
② 예방접종을 받도록 한다.
③ 주위환경을 청결히 하고 개인위생에 힘쓴다.
④ 필요한 경우 환자를 격리한다.

> 감염병 발생 시에는 환자와의 접촉을 피해야 한다.

2 결핵 관리상 효율적인 방법으로 가장 거리가 먼 것은?

① 환자의 조기발견
② 집회장소의 철저한 소독
③ 환자의 등록치료
④ 예방접종의 철저

> 결핵은 결핵 환자의 기침 등을 통해 감염되므로 집회장소를 소독한다고 해서 예방할 수 있는 것은 아니다.

chapter 04

SECTION
03
Makeup Artist Certification

기생충 질환 관리

기생충 질환과 관련된 문제의 출제 빈도는 높지 않지만 간간이 출제될 가능성이 있으니 선충류, 흡충류, 조충류별로 출제예상문제 위주로 학습하도록 합니다. 특히 중간숙주는 확실하게 숙지하기 바랍니다.

① 선충류 : 소화기 · 근육 · 혈액 등에 기생

회충	• [기생 부위] 소장 • [전파] 오염된 음식물로 경구 침입 → 위에서 부화하여 심장, 폐포, 기관지, 식도를 거쳐 소장에 정착 • [증상] 발열, 구토, 복통, 권태감, 미열 등 • [예방] 철저한 분변관리, 파리의 구제, 정기 검사 및 구충 • [검사] 집란법 또는 도말법 • 토양매개성 선충으로 오염된 날 채소, 상추 쌈, 김치, 먼지 등을 통한 경구감염 • 감염형으로 발육하는 데 1~2개월 소요 • 감염 후 성충이 되기까지는 60~75일 소요
구충 (십이지장충)	• 기생 부위 : 공장(소장의 상부) • [전파] 경구감염 또는 경피감염 • [증상] 경구감염일 경우 채독증, 폐로 이행된 경우 기침, 가래 등 • [예방] 인분의 위생적 관리, 채소밭 작업 시 보호장비 착용
요충	• [전파] 자충포장란의 형태로 경구감염, 항문 주위에 산란 • 집단감염이 가장 잘되는 기생충 • 어린 연령층이 집단으로 생활하는 공간에서 쉽게 감염 • [증상] 항문 주위에 심한 소양감, 구토, 설사, 복통, 야뇨증 등 • [예방] 화장실 사용 후 손을 잘 씻고 가족이 같은 시기에 구충 실시
편충	• [기생 부위] 대장 • [전파] 경구감염

Terms!
• 경구감염 : 병원체가 입을 통해 소화기로 침입하여 감염
• 경피감염 : 병원체가 피부를 통해 침입하여 감염

② 흡충류 : 숙주의 간, 폐 등 기관 등에 흡착하여 기생

간흡충 (간디스토마)	• [기생 부위] 간의 담도 • 제1중간숙주 : 왜우렁이 • 제2중간숙주 : 참붕어, 잉어, 중고기, 황어, 뱅어 등 • [증상] 간비대, 간종대, 황달, 빈혈, 소화장애 등 • [예방] 담수어의 생식 자제
폐흡충 (폐디스토마)	• 사람 등 포유류의 폐에 충낭을 만들어 기생 • 제1중간숙주 : 다슬기 • 제2중간숙주 : 가재, 게 • [증상] 기침, 객혈, 흉통, 국소마비, 시력장애 등 • [예방] 가재 및 게의 생식 자제
요꼬가와 흡충	• 제1중간숙주 : 다슬기 • 제2중간숙주 : 은어, 숭어 등

③ 조충류 : 주로 숙주의 소화기관에 기생

무구조충	• 중간숙주 : 소 • 무구조충의 유충이 포함된 쇠고기를 생식하면서 감염 • [증상] 복통, 설사, 구토, 소화장애, 장폐쇄 등 • [예방] 쇠고기 생식 자제
유구조충	• 중간숙주 : 돼지 • 인간의 작은창자에 기생 • [증상] 설사, 구토, 식욕감퇴, 호산구 증가증 등 • [예방] 돼지고기 생식 자제
광절열두조 충(긴촌충)	• 기생 부위 : 사람, 개, 고양이 등의 돌창자 • 제1중간숙주 : 물벼룩 • 제2중간숙주 : 송어, 연어, 대구 등 • [증상] 복통, 설사, 구토, 열두조충성 빈혈 등 • [예방] 담수어 및 바다생선 생식 자제

1 다음 기생충 중 집단감염이 가장 잘되는 것은?

① 요충
② 십이지장충
③ 회충
④ 간흡충

> 요충은 어린 연령층이 집단으로 생활하는 공간에서 쉽게 감염되며, 화장실 사용 후 손을 잘 씻고 가족이 같은 시기에 구충을 실시함으로써 예방할 수 있다.

2 다음 중 산란과 동시에 감염능력이 있으며 건조에 저항성이 커서 집단감염이 가장 잘되는 기생충은?

① 회충
② 십이지장충
③ 광절열두조충
④ 요충

3 사람의 항문 주위에서 알을 낳는 기생충은?

① 구충
② 사상충
③ 요충
④ 회충

4 어린 연령층이 집단으로 생활하는 공간에서 가장 쉽게 감염될 수 있는 기생충은?

① 회충
② 구충
③ 유구노충
④ 요충

5 중간숙주와 관계없이 감염이 가능한 기생충은?

① 아니사키스충
② 회충
③ 폐흡충
④ 간흡충

> 아니사키스충은 오징어·대구 등을 매개로 감염되며, 폐흡충은 가재, 간흡충은 붕어·잉어 등을 매개로 감염된다.

6 회충은 인체의 어느 부위에 기생하는가?

① 간
② 큰창자
③ 허파
④ 작은창자

7 간흡충증(디스토마)의 제1중간숙주는?

① 다슬기
② 왜우렁이
③ 피라미
④ 게

8 잉어, 참붕어, 피라미 등의 민물고기를 생식하였을 때 감염될 수 있는 것은?

① 간흡충증
② 구충증
③ 유구조충증
④ 말레이사상충증

9 간흡충(간디스토마)에 관한 설명으로 틀린 것은?

① 인체 감염형은 피낭유충이다.
② 제1중간숙주는 왜우렁이이다.
③ 인체 주요 기생부위는 간의 담도이다.
④ 경피감염한다.

> 간디스토마는 민물고기를 생식하거나 오염된 물을 섭취할 때 경구감염된다.

10 우리나라에서 제2중간 숙주인 가재, 게를 통해 감염되는 기생충 질병은?

① 편충
② 폐흡충증
③ 구충
④ 회충

11 폐흡충증의 제2중간숙주에 해당되는 것은?

① 잉어
② 다슬기
③ 모래무지
④ 가재

> • 제1중간숙주 – 다슬기　　　　• 제2중간숙주 – 가재, 게

12 민물 가재를 날것으로 먹었을 때 감염되기 쉬운 기생충 질환은?

① 회충
② 간디스토마
③ 폐디스토마
④ 편충

13 생활습관과 관계될 수 있는 질병과의 연결이 틀린 것은?

① 담수어 생식 – 간디스토마
② 여름철 야숙 – 일본뇌염
③ 경조사 등 행사 음식 – 식중독
④ 가재 생식 – 무구조충

> 가재 생식 – 폐디스토마

정답 **1** ① **2** ④ **3** ③ **4** ④ **5** ② **6** ④ **7** ② **8** ① **9** ④ **10** ② **11** ④ **12** ③ **13** ④

chapter **04**

14 기생충의 인체 내 기생 부위 연결이 잘못된 것은?

① 구충증 – 폐   ② 간흡충증 – 간의 담도

③ 요충증 – 직장   ④ 폐흡충 – 폐

> 구충증 – 공장

15 다음 중 기생충과 전파 매개체의 연결이 옳은 것은?

① 무구조충 – 돼지고기

② 간디스토마 – 바다회

③ 폐디스토마 – 가재

④ 광절열두조충 – 쇠고기

> ① 무구조충 – 쇠고기
> ② 간디스토마 – 담수어
> ④ 광절열두조충 – 물벼룩

16 다음 중 기생충과 중간 숙주와의 연결이 잘못된 것은?

① 무구조충 – 소   ② 폐흡충 – 가재, 게

③ 간흡충 – 민물고기   ④ 유구조충 – 물벼룩

> 유구조충 : 돼지

17 주로 돼지고기를 생식하는 지역주민에게 많이 나타나며 성충 감염보다는 충란 섭취로 뇌, 안구, 근육, 장벽, 심장, 폐 등에 낭충증 감염을 많이 유발시키는 것은?

① 유구조충증   ② 무구조충증

③ 광절열두조충증   ④ 폐흡충증

18 일반적으로 돼지고기 생식에 의해 감염될 수 없는 것은?

① 유구조충   ② 무구조충

③ 선모충   ④ 살모넬라

> 무구조충은 쇠고기를 생식하였을 때 감염될 수 있다.

19 다음 중 일본뇌염의 중간숙주가 되는 것은?

① 돼지   ② 쥐

③ 소   ④ 벼룩

20 돼지와 관련이 있는 질환으로 거리가 먼 것은?

① 유구조충   ② 살모넬라증

③ 일본뇌염   ④ 발진티푸스

> 발진티푸스는 이가 환자를 흡혈해 환자의 상처를 통해 침입 또는 먼지를 통해 호흡기계로 감염된다.

21 무구조충은 다음 중 어느 것을 날것으로 먹었을 때 감염될 수 있는가?

① 돼지고기   ② 잉어

③ 게   ④ 쇠고기

> 유구조충의 중간숙주는 돼지이며, 무구조충의 중간숙주는 소이다.

22 어류인 송어, 연어 등을 날로 먹었을 때 주로 감염될 수 있는 것은?

① 갈고리촌충   ② 긴촌충

③ 폐디스토마   ④ 선모충

> 긴촌충은 광절열두조충이라고도 하며, 송어, 연어 등을 제2중간숙주로 한다.

23 민물고기와 기생충 질병의 관계가 틀린 것은?

① 송어, 연어 – 광절열두조충증

② 참붕어, 왜우렁이 – 간디스토마증

③ 잉어, 피라미 – 폐디스토마증

④ 은어, 숭어 – 요꼬가와흡충증

> • 폐디스토마는 가재 또는 게를 생식했을 때 감염된다.
> • 잉어, 피라미 – 간디스토마증

24 다음 기생충 중 중간숙주와의 연결이 틀리게 된 것은?

① 회충 – 채소   ② 흡충류 – 돼지

③ 무구조충 – 소   ④ 사상충 – 모기

> 돼지를 중간숙주로 하는 기생충은 유구조충이다.

정답   14 ①   15 ③   16 ④   17 ①   18 ②   19 ①   20 ④   21 ④   22 ②   23 ③   24 ②

Makeup Artist Certification

보건 일반

이 섹션에서는 환경보건과 산업보건 위주로 공부하도록 합니다. 대기오염물질, 대기오염현상, 인체에 미치는 영향에 대해서는 반드시 학습하도록 하고 산업보건에서는 직업병에 관한 문제의 출제 가능성이 높으므로 반드시 구분할 수 있도록 합니다.

01 정신보건 및 가족 · 노인보건

1 정신보건

(1) 기본이념

① 모든 정신질환자는 인간으로서의 존엄 · 가치 및 최적의 치료와 보호를 받을 권리를 보장받는다.

② 모든 정신질환자는 부당한 차별대우를 받지 않는다.

③ 미성년자인 정신질환자에 대해서는 특별히 치료, 보호 및 필요한 교육을 받을 권리가 보장되어야 한다.

④ 입원치료가 필요한 정신질환자에 대하여는 항상 자발적 입원이 권장되어야 한다.

⑤ 입원 중인 정신질환자에게 가능한 한 자유로운 환경과 타인과의 자유로운 의견교환이 보장되어야 한다.

(2) 정신질환자

정신병(기질적 정신병 포함) · 인격장애 · 알코올 및 약물중독 기타 비정신병적 정신장애를 가진 자

(3) 조현병

① 양성 증상 : 망각, 환각, 행동장애 등

② 음성 증상 : 무언어증, 무욕증 등

(4) 신경증

공황장애, 강박장애, 고소공포증, 폐쇄공포증 등

2 가족 및 노인보건

(1) 가족계획

① 의미 : 우생학적으로 우수하고 건강한 자녀 출산을 위한 출산계획

② 내용
- 초산연령 조절
- 출산횟수 조절
- 출산간격 조절
- 출산기간 조절

(2) 노인보건

① 노령화의 4대 문제
- 빈곤문제
- 건강문제
- 무위문제(역할 상실)
- 고독 및 소외문제

② 보건교육 방법 : 개별접촉을 통한 교육

02 환경보건

1 환경보건의 개념

(1) 환경위생

구충, 구서, 방제, 음용수 수질관리, 미생물 등의 오염 방지

(2) 기후

① 기후의 3대 요소 : 기온, 기습, 기류

② 4대 온열인자 : 기온, 기습, 기류, 복사열

③ 인간이 활동하기 좋은 온도와 습도
- 온도 : 18℃
- 습도 : 40~70%

④ 불쾌지수
- 기온과 기습을 이용하여 사람이 느끼는 불쾌감의 정도를 수치로 나타낸 것
- 불쾌지수가 70~75인 경우 약 10%, 75~80인 경우 약 50%, 80 이상인 경우 대부분의 사람이 불쾌감을 느낌

(3) 공기와 건강

이산화탄소	• 실내공기 오염의 지표로 사용 • 지구온난화 현상의 주된 원인 • 공기 중 약 0.03% 차지
산소	• 저산소증 : 산소량이 10%이면 호흡곤란, 7% 이하이면 질식사

chapter 04

일산화탄소	• 물체의 불완전 연소 시 많이 발생하며 혈중 헤모글로빈의 친화성이 산소에 비해 약 300배 정도로 높아 중독 시 신경이상증세를 나타냄 • 신경기능 장애 • 세포 내에서 산소와 헤모글로빈의 결합을 방해 • 세포 및 각 조직에서 산소부족 현상 유발 • 중독 증상 : 정신장애, 신경장애, 의식 소실	
질소	감압병, 잠수병(잠함병) : 혈액 속의 질소가 기포를 발생하게 하여 모세혈관에 혈전현상을 일으키는 것	
군집독	일정한 공간의 실내에 수용범위를 초과한 많은 사람이 있는 경우 이산화탄소 농도 증가, 기온상승, 습도증가, 연소가스 등으로 인해 두통, 현기증, 구토, 불쾌감 등의 생리적 현상을 일으키는 것 (환기 필요)	

※ 공기의 자정 작용 : 산화작용, 희석작용, 세정작용, 살균작용, CO_2와 O_2의 교환 작용

Check!
▶ 환경오염의 특성 : 다양화, 누적화, 다발화, 광역화

2 대기오염

(1) 원인 : 기계문명의 발달, 교통량의 증가, 중화학공업의 난립 등

(2) 오염물질

1차 오염 물질	황산화물	• 석탄이나 석유 속에 포함되어 있어 연소할 때 산화되어 발생 • 만성기관지염과 산성비 등 유발
	질소산화물	광화학반응에 의해 2차오염물질 발생
	일산화탄소	불완전 연소 시 주로 발생
	기타	이산화탄소, 탄화수소, 불화수소, 알데히드, 분진, 매연
2차 오염 물질	스모그	런던 스모그, 로스엔젤레스 스모그로 구분
	오존(O_3)	무색의 강한 산화제로 눈과 목을 자극
	질산과산화 아세틸	강한 산화력과 눈에 대한 자극성이 있음

(3) 대기오염현상

기온역전	• 고도가 높은 곳의 기온이 하층부보다 높은 경우 • 바람이 없는 맑은 날, 춥고 긴 겨울밤, 눈이나 얼음으로 덮인 경우 주로 발생 • 태양이 없는 밤에 지표면의 열이 대기 중으로 복사되면서 발생
열섬현상	도심 속의 온도가 대기오염 또는 인공열 등으로 인해 주변지역보다 높게 나타나는 현상
온실효과	복사열이 지구로부터 빠져나가지 못하게 막아 지구가 더워지는 현상
산성비	• 원인 물질 : 아황산가스, 질소산화물, 염화수소 등 • pH 5.6 이하의 비

(4) 인체에 미치는 영향

황산화물	만성기관지염 등의 호흡기계 질환, 세균감염에 의한 저항력 약화
질소산화물	기관지염, 폐색성 폐질환 등의 호흡기계 질환
일산화탄소	헤모글로빈과 산소의 결합 및 운반 저해, 생리기능 장애
탄화수소	폐기능 저하
납	신경위축, 사지경련 등 신경계통 손상
수은	단백뇨, 구내염, 피부염, 중추신경장애

(5) 대기환경기준

항목	기준	측정방법
아황산가스 (SO_2)	• 연간 평균치 0.02ppm 이하 • 24시간 평균치 0.05ppm 이하 • 1시간 평균치 0.15ppm 이하	자외선 형광법
일산화탄소 (CO)	• 8시간 평균치 9ppm 이하 • 1시간 평균치 25ppm 이하	비분산적외선 분석법
이산화질소 (NO_2)	• 연간 평균치 0.03ppm 이하 • 24시간 평균치 0.06ppm 이하 • 1시간 평균치 0.10ppm 이하	화학 발광법

Check!
아황산가스(이산화황)
식물이 이산화황에 오래 노출되면 엽맥 또는 잎의 가장자리의 색이 변하게 되며, 해면조직과 표피조직의 세포가 얇아지게 된다.

항목	기준	측정방법
미세먼지 (PM-10)	• 연간 평균치 50μg/m³ 이하 • 24시간 평균치 100μg/m³ 이하	베타선 흡수법
미세먼지 (PM-2.5)	• 연간 평균치 25μg/m³ 이하 • 24시간 평균치 50μg/m³ 이하	중량농도법 또는 이에 준하는 자동 측정법
오존(O_3)	• 8시간 평균치 0.06ppm 이하 • 1시간 평균치 0.1ppm 이하	자외선 광도법
납 (Pb)	• 연간 평균치 0.5μg/m³ 이하	원자흡광 광도법
벤젠	• 연간 평균치 5μg/m³ 이하	가스크로마토그래피

Check!
▶ 염화불화탄소(CFC) : 오존층을 파괴시키는 대표적인 가스

③ 수질오염 및 상하수 처리

(1) 수질오염지표

① 용존산소(Dissolved Oxygen, DO)
- 물속에 녹아있는 유리산소량
- DO가 낮을수록 물의 오염도가 높음
- 물의 온도가 낮을수록, 압력이 높을수록 많이 존재

② 생물화학적 산소요구량(Biochemical Oxygen Demand, BOD)
- 하수 중의 유기물이 호기성 세균에 의해 산화·분해될 때 소비되는 산소량
- 하수 및 공공수역 수질오염의 지표로 사용
- 유기성 오염이 심할수록 BOD 값이 높음

③ 화학적 산소요구량(Chemical Oxygen Demand, COD)
- 물속의 유기물을 화학적으로 산화시킬 때 화학적으로 소모되는 산소의 양을 측정하는 방법
- 공장폐수의 오염도를 측정하는 지표로 사용
- 산화제로 과망간산칼륨법(국내), 중크롬산칼륨법 사용
- COD가 높을수록 오염도가 높음

Check!
음용수의 일반적인 오염지표 : 대장균 수

(2) 수질오염에 따른 건강장애

병명	중독물질	증상
미나마타병	수은	언어장애, 청력장애, 시야협착, 사지마비
이타이이타이병	카드뮴	골연화증, 신장기능장애, 보행장애 등

(3) 하수처리 과정

예비 처리 ➡ 본 처리 ➡ 오니 처리

① 하수 처리법(본 처리)

호기성 처리법	산소를 공급하여 호기성균이 유기물을 분해 **예** 활성오니법, 산화지법, 관개법
혐기성 처리법	무산소 상태에서 혐기성균이 유기물을 분해 **예** 부패조법, 임호프조법

(4) 상수처리과정

수원지 ▶ 도수로 ▶ 정수장 ▶ 송수로 ▶ 배수지 ▶ 급수로 ▶ 가정

취수→도수→정수(침사 → 침전→여과→소독)→송수→배수→급수

Terms!
- 취수 : 수원지에서 물을 끌어옴
- 도수 : 취수한 물을 정수장까지 끌어옴
- 침사 : 모래를 가라앉히는 것

(5) 상수 및 수도전에서의 적정 유리 잔류 염소량

① 평상시 : 0.2ppm 이상
② 비상시 : 0.4ppm 이상

▶ 먹는물 수질기준

구분	기준
유리잔류염소	4mg/L 이하
경도	300mg/L 이하
색도	5도 이하
수소이온 농도	pH 5.8~8.5
탁도	1NTU(수돗물 : 0.5NTU 이하)

(6) 경수

① 일시경수 : 물을 끓일 때 경도가 저하되어 연화되는 물(탄산염, 중탄산염 등)
② 영구경수 : 물을 끓일 때 경도의 변화가 없는 물(황산염, 질산염, 염화염 등)

4 주거환경

(1) 천정의 높이 : 일반적으로 바닥에서부터 210cm 정도

(2) 실내 CO_2량 : 약 20~22L

(3) 자연조명
    ① 창의 방향 : 남향
    ② 창의 넓이 : 방바닥 면적의 1/7~1/5
    ③ 거실의 안쪽길이 : 바닥에서 창틀 윗부분의 1.5
      배 이하

(4) 인공조명
    ① 직접조명 : 조명 효율이 크고 경제적이지만 불쾌
      감을 줌
    ② 간접조명 : 눈의 보호를 위해 가장 좋은 조명 방법
      으로 실내조명에서 조명효율이 천정의 색깔에 가
      장 크게 좌우, 균일한 조도
    ③ 반간접조명 : 광선의 1/2 이상을 간접광에, 나머지
      광선을 직접광에 의하는 방법

▶ 적정조명			
초정밀작업	정밀작업	보통작업	기타 작업
750Lux 이상	300Lux 이상	150Lux 이상	75Lux 이상

(5) 실내온도
    ① 적정 실내온도 : 18℃
    ② 적정 침실온도 : 15℃
    ③ 적정 실내습도 : 40~70%
    ④ 적정 실내외 온도차 : 5~7℃
    ⑤ 10℃ 이하 : 난방, 26℃ 이상 : 냉방 필요

03 산업보건

1 산업피로

(1) 개념 : 정신적 · 육체적 · 신경적 노동의 부하로 인해
    충분한 휴식을 가졌는데도 회복되지 않는 피로

(2) 산업피로의 본질
    ① 생체의 생리적 변화, ② 피로감각, ③ 작업량 변화

(3) 산업피로의 종류
    ① 정신적 피로 : 중추신경계의 피로
    ② 육체적 피로 : 근육의 피로

(4) 산업피로의 대표적 증상
    체온 변화, 호흡기 변화, 순환기계 변화

(5) 산업피로의 대책
    ① 작업방법의 합리화
    ② 개인차를 고려한 작업량 할당
    ③ 적절한 휴식
    ④ 효율적인 에너지 소모

2 산업재해

(1) 발생 원인

종류	원인
인적 요인	· 관리상 원인 · 생리적 원인 · 심리적 원인
환경적 요인	· 시설 및 공구 불량 · 재료 및 취급품의 부족 · 작업장 환경 불량 · 휴식시간 부족

(2) 산업재해지표

건수율 (발생률)	· 산업체 근로자 1,000명당 재해 발생 건수 · $\dfrac{재해건수}{평균\ 실제\ 근로자\ 수} \times 1,000$
도수율 (빈도율)	· 연근로시간 100만 시간당 재해 발생 건수 · 국제노동기구(ILO)에서 사용하는 국제지표 · $\dfrac{재해건수}{연간\ 근로\ 시간수} \times 1,000,000$
강도율	· 근로시간 1,000시간당 발생한 근로손실일수 · $\dfrac{근로손실일수}{연간\ 근로\ 시간수} \times 1,000$

(3) 하인리히의 재해비율

    현성재해 : 불현성재해 : 잠재성재해의 비율 =
    1 : 29 : 300

(4) 산업재해방지의 4대원칙
    ① 손실우연의 원칙 : 조건과 상황에 따라 손실이 달
      라진다.
    ② 예방가능의 원칙 : 재해는 예방이 가능하다.
    ③ 원인연인의 원칙 : 재해는 여러 요인에 의해 복합
      적으로 발생한다.
    ④ 대책선정의 원칙 : 재해의 원인은 다르기 때문에
      정확히 규명하여 대책을 세워야 한다.

❸ 직업병

(1) 발생 요인에 의한 직업병의 종류

발생 요인	종류
고열·고온	열경련증, 열허탈증, 열사병, 열쇠약증, 열중증 등
이상저온	전신 저체온, 동상, 참호족, 침수족 등
이상기압	감압병(잠함병), 이상저압
방사선	조혈지능장애, 백혈병, 생식기능장애, 정신장애, 탈모, 피부건조, 수명단축, 백내장 등
진동	레이노드병
분진	허파먼지증(진폐증), 규폐증, 석면폐증
불량조명	안정피로, 근시, 안구진탕증

(2) 잠함병의 4대 증상

① 피부소양감 및 사지관절통
② 척주전색증 및 마비
③ 내이장애
④ 뇌내혈액순환 및 호흡기장애

(3) 소음

① 인체에 미치는 영향
불안증 및 노이로제, 청력장애, 작업능률 저하

② 소음에 의한 직업병의 요인
소음의 크기, 주파수, 폭로기간에 따라 다르다.

③ 소음 노출시간에 따른 허용한계

1일 8시간	1일 4시간	1일 2시간	1일 1시간
90dB	95dB	100dB	105dB

※ dB(데시벨) : 소음의 강도를 나타내는 단위

❹ 공업중독의 종류 및 증상

납중독	빈혈, 권태, 신경마비, 뇌중독증상, 체중감소, 헤모글로빈 양 감소 ※징후 • 적혈구 수명단축으로 인한 연빈혈 • 치은연에 암자색의 황화연이 침착되어 착색되는 연선 • 염기성 과립적혈구의 수 증가 • 소변에서 코프로포르피린 검출
수은중독	두통, 구토, 설사, 피로감, 기억력 감퇴, 치은괴사, 구내염 등
카드뮴중독	당뇨병, 신장기능장애, 폐기종, 오심, 구토, 복통, 급성폐렴 등
크롬중독	비염, 기관지염, 인두염, 피부염 등
벤젠중독	두통, 구토, 이명, 현기증, 조혈기능장애, 백혈병 등

출제예상문제 | 단원별 구성의 문제 유형 파악!

01. 정신보건 및 가족 · 노인보건

1 ★★
정신보건에 대한 설명 중 잘못된 것은?

① 모든 정신질환자는 인간으로서의 존엄 · 가치 및 최적의 치료와 보호를 받을 권리를 보장받는다.
② 모든 정신질환자는 부당한 차별대우를 받지 않는다.
③ 미성년자인 정신질환자에 대해서는 특별히 치료, 보호 및 필요한 교육을 받을 권리가 보장되어야 한다.
④ 입원 중인 정신질환자는 타인에게 해를 줄 염려가 있으므로 타인과의 의견교환이 필요에 따라 제한되어야 한다.

2 ★★
다음 중 가족계획에 포함되는 것은?

㉠ 결혼연령 제한	㉡ 초산연령 조절
㉢ 인공임신중절	㉣ 출산횟수 조절

① ㉠ ,㉡, ㉢　　　　　　② ㉠, ㉢
③ ㉡, ㉣　　　　　　④ ㉠, ㉡, ㉢, ㉣

정답 ❶ 1 ④　2 ③

3 ★★★ 가족계획과 가장 가까운 의미를 갖는 것은?

① 불임시술
② 수태제한
③ 계획출산
④ 임신중절

> 가족계획은 우생학적으로 우수하고 건강한 자녀 출산을 위한 출산계획을 의미한다.

4 ★ 피임의 이상적 요건 중 틀린 것은?

① 피임효과가 확실하여 더 이상 임신이 되어서는 안 된다.
② 육체적·정신적으로 무해하고 부부생활에 지장을 주어서는 안 된다.
③ 비용이 적게 들어야 하고, 구입이 불편해서는 안 된다.
④ 실시방법이 간편하여야 하고, 부자연스러우면 안 된다.

5 ★ 임신 초기에 감염이 되어 백내장아, 농아 출산의 원인이 되는 질환은?

① 심장질환
② 뇌질환
③ 풍진
④ 당뇨병

> 풍진은 제2급 감염병으로 지정되어 있으며, 임신 초기에 감염되면 태아의 90%가 선천성 풍진 증후군에 걸리게 된다.

6 ★★★ 지역사회에서 노인층 인구에 가장 적절한 보건교육 방법은?

① 신문
② 집단교육
③ 개별접촉
④ 강연회

> 노인층에게는 개별접촉을 통한 보건교육이 가장 적합한 방법이다.

02. 환경보건

1 ★★★★ 다음 중 기후의 3대 요소는?

① 기온 - 복사량 - 기류
② 기온 - 기습 - 기류
③ 기온 - 기압 - 복사량
④ 기류 - 기압 - 일조량

2 ★★★ 체감온도(감각온도)의 3요소가 아닌 것은?

① 기온 ② 기습
③ 기류 ④ 기압

3 ★★★ 다음 중 특별한 장치를 설치하지 아니한 일반적인 경우에 실내의 자연적인 환기에 가장 큰 비중을 차지하는 요소는?

① 실내외 공기 중 CO_2의 함량의 차이
② 실내외 공기의 습도 차이
③ 실내외 공기의 기온 차이 및 기류
④ 실내외 공기의 불쾌지수 차이

> 자연환기는 자연적으로 환기가 되는 것을 의미하며, 실내외의 기온차, 기류 등에 의해 이루어진다.

4 ★★ 기온측정 등에 관한 설명 중 틀린 것은?

① 실내에서는 통풍이 잘 되는 직사광선을 받지 않은 곳에 매달아 놓고 측정하는 것이 좋다.
② 평균기온은 높이에 비례하여 하강하는데, 고도 11,000m 이하에서는 보통 100m 당 0.5~0.7도 정도이다.
③ 측정할 때 수은주 높이와 측정자의 눈의 높이가 같아야 한다.
④ 정상적인 날의 하루 중 기온이 가장 낮을 때는 밤 12시 경이고 가장 높을 때는 오후 2시경이 일반적이다.

> 정상적인 날의 하루 중 기온이 가장 낮을 때는 새벽 4시~5시 사이이다.

5 불쾌지수를 산출하는 데 고려해야 하는 요소들은?

① 기류와 복사열　　　② 기온과 기습
③ 기압과 복사열　　　④ 기온과 기압

> 불쾌지수란 기온과 기습을 이용하여 사람이 느끼는 불쾌감의 정도를 수치로 나타낸 것을 말한다.

6 일반적으로 활동하기 가장 적합한 실내의 적정 온도는?

① 15±2℃　　　　　② 18±2℃
③ 22±2℃　　　　　④ 24±2℃

> 활동하기 가장 적합한 실내 조건
> 온도 : 18℃, 습도 : 40~70%

7 다음 중 이·미용업소의 실내온도로 가장 알맞은 것은?

① 10℃　　② 14℃　　③ 21℃　　④ 26℃

8 일반적으로 이·미용업소의 실내 쾌적 습도 범위로 가장 알맞은 것은?

① 10~20%　　　　② 20~40%
③ 40~70%　　　　④ 70~90%

9 다음 중 군집독의 가장 큰 원인은?

① 저기압
② 공기의 이화학적 조성 변화
③ 대기오염
④ 질소 증가

> 군집독이란 일정한 공간의 실내에 수용범위를 초과한 많은 사람이 있는 경우 이산화탄소 농도 증가, 기온상승, 습도증가, 연소가스 등으로 인해 두통, 현기증, 구토, 불쾌감 등의 생리적 현상을 일으키는 것을 말한다.

10 실내에 다수인이 밀집한 상태에서 실내공기의 변화는?

① 기온 상승 – 습도 증가 – 이산화탄소 감소

② 기온 하강 – 습도 증가 – 이산화탄소 감소
③ 기온 상승 – 습도 증가 – 이산화탄소 증가
④ 기온 상승 – 습도 감소 – 이산화탄소 증가

> 밀폐된 공간에서 다수인이 밀집해 있으면 기온, 습도, 이산화탄소가 모두 증가한다.

11 고도가 상승함에 따라 기온도 상승하여 상부의 기온이 하부의 기온보다 높게 되어 대기가 안정화되고 공기의 수직 확산이 일어나지 않게 되며, 대기오염이 심화되는 현상은?

① 고기압　　　　　② 기온역전
③ 엘니뇨　　　　　④ 열섬

> 기온역전 현상 : 고도가 높은 곳의 기온이 하층부보다 높은 경우 주로 발생하는 대기오염현상

12 대기오염에 영향을 미치는 기상조건으로 가장 관계가 큰 것은?

① 강우, 강설　　　　② 고온, 고습
③ 기온역전　　　　　④ 저기압

> 기온역전이란 고도가 높은 곳의 기온이 하층부보다 높은 경우를 말하는데, 태양이 없는 밤에 지표면의 열이 대기 중으로 복사되면서 발생하는 대기오염현상의 하나이다.

13 공기의 자정작용과 관련이 가장 먼 것은?

① 이산화탄소와 일산화탄소의 교환 작용
② 자외선의 살균작용
③ 강우, 강설에 의한 세정작용
④ 기온역전작용

14 물체의 불완전 연소 시 많이 발생하며. 혈중 헤모글로빈의 친화성이 산소에 비해 약 300배 정도로 높아 중독 시 신경이상증세를 나타내는 성분은?

① 아황산가스　　　　② 일산화탄소
③ 질소　　　　　　　④ 이산화탄소

> 일산화탄소는 물체의 불완전 연소 시 많이 발생하는 가스로 정신장애, 신경장애, 의식소실 등의 중독 증상을 보인다.

정답　**5** ②　**6** ②　**7** ③　**8** ③　**9** ②　**10** ③　**11** ②　**12** ③　**13** ④　**14** ②

15 고기압 상태에서 올 수 있는 인체 장애는?

① 안구 진탕증 ② 잠함병
③ 레이노이드병 ④ 섬유증식증

> 잠함병(잠수병)은 고기압상태에서 작업하는 잠수부들에게 흔히 나타나는 증상으로 체액 및 혈액 속의 질소 기포 증가가 주 원인이다. 예방을 위해서는 감압의 적절한 조절이 매우 중요하다.

16 잠함병의 직접적인 원인은?

① 혈중 CO_2 농도 증가
② 체액 및 혈액 속의 질소 기포 증가
③ 혈중 O_2 농도 증가
④ 혈중 CO 농도 증가

17 다음 중 일산화탄소가 인체에 미치는 영향이 아닌 것은?

① 신경기능 장애를 일으킨다.
② 세포 내에서 산소와 Hb의 결합을 방해한다.
③ 혈액 속에 기포를 형성한다.
④ 세포 및 각 조직에서 O_2 부족 현상을 일으킨다.

> 감압병이나 잠수병(잠함병)의 경우 혈액 속의 질소가 기포를 발생하게 하여 모세혈관에 혈전현상을 일으킨다.

18 다음 중 일산화탄소 중독의 증상이나 후유증이 아닌 것은?

① 정신장애 ② 무균성 괴사
③ 신경장애 ④ 의식소실

> 일산화탄소 중독은 세포 및 각 조직에서 산소부족 현상을 유발하여 정신장애, 신경장애, 의식소실 등의 증상을 나타낸다.

19 다음 중 지구의 온난화 현상(Global warming)의 원인이 되는 주된 가스는?

① NO ② CO_2
③ Ne ④ CO

> 이산화탄소는 공기 중 약 0.03%를 차지하는데, 실내공기 오염의 지표로 사용되며 지구온난화 현상의 주된 원인이다.

20 일반적으로 공기 중 이산화탄소(CO_2)는 약 몇 %를 차지하고 있는가?

① 0.03% ② 0.3%
③ 3% ④ 13%

> 일반적으로 공기 중 에는 질소와 산소가 대부분을 차지하고 있으며, 아르곤이 약 0.9%, 이산화탄소가 약 0.03%를 차지한다.

21 대기오염의 주원인 물질 중 하나로 석탄이나 석유 속에 포함되어 있어 연소할 때 산화되어 발생되며 만성기관지염과 산성비 등을 유발시키는 것은?

① 일산화탄소 ② 질소산화물
③ 황산화물 ④ 부유분진

> 대기오염의 1차오염물질로는 황산화물, 질소산화물, 일산화탄소 등이 있는데, 만성기관지염과 산성비 등을 유발하는 물질은 황산화물이다.

22 대기오염을 일으키는 원인으로 거리가 가장 먼 것은?

① 도시의 인구감소
② 교통량의 증가
③ 기계문명의 발달
④ 중화학공업의 난립

> 대기오염은 도시의 인구증가와 관련이 있다.

23 대기오염물질 중 그 종류가 다른 하나는?

① 황산화물(SOx) ② 일산화탄소(CO)
③ 오존(O_3) ④ 질소산화물(NOx)

> 황산화물, 일산화탄소, 질소산화물은 1차오염물질이며, 오존은 2차오염물질이다.

24 대기오염으로 인한 건강장애의 대표적인 것은?

① 위장질환 ② 호흡기질환
③ 신경질환 ④ 발육저하

> 대기오염이 인체에 미치는 영향 중 가장 큰 것은 호흡기질환이다.

정답 ▶ **15** ② **16** ② **17** ③ **18** ② **19** ② **20** ① **21** ③ **22** ① **23** ③ **24** ②

25 다음 중 공해의 피해가 아닌 것은?

① 경제적 손실
② 자연환경의 파괴
③ 정신적 영향
④ 인구 증가

26 대기오염 방지 목표와 연관성이 가장 적은 것은?

① 생태계 파괴 방지
② 경제적 손실 방지
③ 자연환경의 악화 방지
④ 직업병의 발생 방지

대기오염은 직업병과는 직접적인 관련이 없다.

27 일산화탄소(CO)의 환경기준은 8시간 기준으로 얼마인가?

① 9ppm
② 1ppm
③ 0.03ppm
④ 25ppm

일산화탄소의 환경기준
• 8시간 평균치 9ppm 이하
• 1시간 평균치 25ppm 이하

28 연탄가스 중 인체에 중독현상을 일으키는 주된 물질은?

① 일산화탄소
② 이산화탄소
③ 탄산가스
④ 메탄가스

연탄가스는 연탄이 탈 때 발생하는 유독성가스로 일산화탄소가 주성분이다.

29 환경오염의 발생요인인 산성비의 가장 주요한 원인과 산도는?

① 이산화탄소 pH 5.6 이하
② 아황산가스 pH 5.6 이하
③ 염화불화탄소 pH 6.6 이하
④ 탄화수소 pH 6.6 이하

pH 5.6 이하의 비를 산성비라 하며, 아황산가스, 질소산화물, 염화수소 등이 주요 원인이다.

30 다음 중 환경위생 사업이 아닌 것은?

① 오물처리
② 예방접종
③ 구충구서
④ 상수도 관리

환경위생 사업은 주위 환경의 위생과 관련된 사업을 말하며, 상하수도, 오물처리, 구충구서, 공기, 냉난방 등에 관한 사업을 말한다. 예방접종은 보건사업에 해당한다.

31 다음 중 환경보전에 영향을 미치는 공해 발생 원인으로 관계가 먼 것은?

① 실내의 흡연
② 산업장 폐수방류
③ 공사장의 분진 발생
④ 공사장의 굴착작업

32 환경오염 방지대책과 거리가 가장 먼 것은?

① 환경오염의 실태파악
② 환경오염의 원인규명
③ 행정대책과 법적규제
④ 경제개발 억제정책

33 수질오염의 지표로 사용하는 "생물학적 산소요구량"을 나타내는 용어는?

① BOD
② DO
③ COD
④ SS

• DO : 용존산소
• COD : 화학적 산소요구량

34 하수오염이 심할수록 BOD는 어떻게 되는가?

① 수치가 낮아진다.
② 수치가 높아진다.
③ 아무런 영향이 없다.
④ 높아졌다 낮아졌다 반복한다.

BOD는 하수의 오염지표로 주로 이용되는데 하수의 오염이 심할수록 BOD 수치는 높아진다.

chapter 04

35 다음 중 하수의 오염지표로 주로 이용하는 것은?

① db ② BOD
③ COD ④ 대장균

> 생물화학적 산소요구량(BOD)은 하수 중의 유기물이 호기성 세균에 의해 산화·분해될 때 소비되는 산소량을 말하는데, 하수 및 공공수역 수질오염의 지표로 사용된다.

36 상수 수질오염의 대표적 지표로 사용하는 것은?

① 이질균 ② 일반세균
③ 대장균 ④ 플랑크톤

37 다음 중 하수에서 용존산소(DO)가 아주 낮다는 의미에 적합한 것은?

① 수생식물이 잘 자랄 수 있는 물의 환경이다.
② 물고기가 잘 살 수 있는 물의 환경이다.
③ 물의 오염도가 높다는 의미이다.
④ 하수의 BOD가 낮은 것과 같은 의미이다.

> 용존산소는 물에 녹아있는 유리산소를 의미하는데, 용존산소가 높을수록 물의 오염도가 낮고 용존산소가 낮을수록 물의 오염도가 높다.

38 수질오염을 측정하는 지표로서 물에 녹아있는 유리산소를 의미하는 것은?

① 용존산소(DO)
② 생물화학적산소요구량(BOD)
③ 화학적산소요구량 (COD)
④ 수소이온농도(pH)

> DO는 Dissolved Oxygen의 약자로 물에 녹아있는 유리산소를 의미하는데, 용존산소가 높을수록 물의 오염도가 낮다.

39 생물학적 산소요구량(BOD)과 용존산소량(DO)의 값은 어떤 관계가 있는가?

① BOD와 DO는 무관하다.
② BOD가 낮으면 DO는 낮다.
③ BOD가 높으면 DO는 낮다.
④ BOD가 높으면 DO도 높다.

40 다음 중 음용수에서 대장균 검출의 의의로 가장 큰 것은?

① 오염의 지표
② 감염병 발생예고
③ 음용수의 부패상태 파악
④ 비병원성

> 대장균은 음용수의 일반적인 오염지표로 사용된다.

41 음용수의 일반적인 오염지표로 사용되는 것은?

① 탁도
② 일반세균 수
③ 대장균 수
④ 경도

42 합성세제에 의한 오염과 가장 관계가 깊은 것은?

① 수질오염
② 중금속오염
③ 토양오염
④ 대기오염

43 다음 중 상호 관계가 없는 것으로 연결된 것은?

① 상수 오염의 생물학적 지표 - 대장균
② 실내공기 오염의 지표 - CO_2
③ 대기오염의 지표 - SO_2
④ 하수 오염의 지표 - 탁도

> 하수 오염의 지표로 사용되는 것은 BOD이다.

44 환경오염지표와 관련해서 연결이 바르게 된 것은?

① 수소이온농도 - 음료수오염지표
② 대장균 - 하천오염지표
③ 용존산소 - 대기오염지표
④ 생물학적 산소요구량 - 수질오염지표

> • 수질오염지표 : 용존산소, 생물화학적 산소요구량, 화학적 산소요구량
> • 음용수 오염지표 : 대장균 수

정답 35 ② 36 ③ 37 ③ 38 ① 39 ③ 40 ① 41 ③ 42 ① 43 ④ 44 ④

45 하수 처리법 중 호기성 처리법에 속하지 않는 것은?

① 활성오니법
② 살수여과법
③ 산화지법
④ 부패조법

> 부패조법은 혐기성 처리법에 속한다.

46 상수를 정수하는 일반적인 순서는?

① 침전→여과→소독
② 예비처리→본처리→오니처리
③ 예비처리→여과처리→소독
④ 예비처리→침전→여과→소독

> **상수 정수 순서**
> 침사 → 침전 → 여과 → 소독

47 예비 처리-본 처리-오니 처리 순서로 진행되는 것은?

① 하수 처리
② 쓰레기 처리
③ 상수도 처리
④ 지하수 처리

> 가정이나 공장에서 배출하는 하수는 생태계를 파괴하는 원인이 되므로 예비 처리, 본 처리, 오니 처리를 통해 강이나 바다로 방류시킨다.

48 하수처리 방법 중 혐기성 분해처리에 해당하는 것은?

① 부패조법
② 활성오니법
③ 살수여과법
④ 산화지법

> 혐기성 처리법에는 부패조법과 임호프조법이 있다.

49 다음의 상수 처리 과정에서 가장 마지막 단계는?

① 급수
② 취수
③ 정수
④ 도수

> **상수 처리 과정**
> 취수→도수→정수→송수→배수→급수

50 도시 하수처리에 사용되는 활성오니법의 설명으로 가장 옳은 것은?

① 상수도부터 하수까지 연결되어 정화시키는 법
② 대도시 하수만 분리하여 처리하는 방법
③ 하수 내 유기물을 산화시키는 호기성 분해법
④ 쓰레기를 하수에서 걸러내는 법

> 산소를 공급하여 호기성 균이 유기물을 분해하는 방법을 호기성 처리법이라 하며, 이 호기성 처리법에는 활성오니법, 산화지법, 관개법이 있다.

51 하수도의 복개로 가장 문제가 되는 것은?

① 대장균의 증가
② 일산화탄소의 증가
③ 이끼류의 번식
④ 메탄가스의 발생

> 하수도가 복개되면 상류에서 유입된 생활하수 등의 영양물질이 부패하면서 메탄가스를 발생한다.

52 다음 중 수질오염 방지대책으로 묶인 것은?

> ㉠ 대기의 오염실태 파악
> ㉡ 산업폐수의 처리시설 개선
> ㉢ 어류 먹이용 부패시설 확대
> ㉣ 공장폐수 오염실태 파악

① ㉠, ㉡, ㉢
② ㉠, ㉢
③ ㉡, ㉣
④ ㉠, ㉡, ㉢, ㉣

53 일반적인 음용수로서 적합한 잔류 염소(유리 잔류 염소를 말함) 기준은?

① 250mg/L 이하
② 4mg/L 이하
③ 2mg/L 이하
④ 0.1mg/L 이하

먹는물 수질기준	
유리잔류염소	4mg/L 이하
경도	300mg/L 이하
색도	5도 이하
수소이온 농도	pH 5.8~8.5
탁도	1NTU(수돗물 : 0.5NTU 이하)

54 다음 중 물의 일시경도의 원인 물질은?

① 중탄산염　　　　② 염화염

③ 질산염　　　　　④ 황산염

> • 일시경도의 원인물질 : 탄산염, 중탄산염 등
> • 영구경수의 원인물질 : 황산염, 질산염, 염화염 등

55 평상시 상수와 수도전에서의 적정한 유리 잔류 염소량은?

① 0.002ppm 이상　　② 0.2ppm 이상

③ 0.5ppm 이상　　　④ 0.55ppm 이상

> • 평상시 : 0.2ppm 이상
> • 비상시 : 0.4ppm 이상

03. 산업보건

1 작업환경의 관리원칙은?

① 대치 – 격리 – 폐기 – 교육

② 대치 – 격리 – 환기 – 교육

③ 대치 – 격리 – 재생 – 교육

④ 대치 – 격리 – 연구 – 홍보

> • 대치 : 공정변경, 시설변경, 물질변경
> • 격리 : 작업장과 유해인자 사이를 차단하는 방법
> • 환기 : 작업장 내 오염된 공기를 제거하고 신선한 공기로 바꾸는 것
> • 교육 : 작업훈련을 통해 얻은 지식을 실제로 이용

2 야간작업의 폐해가 아닌 것은?

① 주야가 바뀐 부자연스런 생활

② 수면 부족과 불면증

③ 피로회복 능력 강화와 영양 저하

④ 식사시간, 습관의 파괴로 소화불량

3 산업보건에서 작업조건의 합리화를 위한 노력으로 옳은 것은?

① 작업강도를 강화시켜 단 시간에 끝낸다.

② 작업속도를 최대한 빠르게 한다.

③ 운반방법을 가능한 범위에서 개선한다.

④ 근무시간은 가능하면 전일제로 한다.

4 산업피로의 본질과 가장 관계가 먼 것은?

① 생체의 생리적 변화　　② 피로감각

③ 산업구조의 변화　　　④ 작업량 변화

5 산업피로의 대표적인 증상은?

① 체온 변화 – 호흡기 변화 – 순환기계 변화

② 체온 변화 – 호흡기 변화 – 근수축력 변화

③ 체온 변화 – 호흡기 변화 – 기억력 변화

④ 체온 변화 – 호흡기 변화 – 사회적 행동 변화

6 산업피로의 대책으로 가장 거리가 먼 것은?

① 작업과정 중 적절한 휴식시간을 배분한다.

② 에너지 소모를 효율적으로 한다.

③ 개인차를 고려하여 작업량을 할당한다.

④ 휴직과 부서 이동을 권고한다.

> 휴직과 부서 이동은 산업피로의 근본적인 대책이 되지 못한다.

7 산업재해 발생의 3대 인적요인이 아닌 것은?

① 예산 부족　　　　② 관리 결함

③ 생리적 결함　　　④ 작업상의 결함

8 다음 중 산업재해의 지표로 주로 사용되는 것을 전부 고른 것은?

㉠ 도수율	㉡ 발생률
㉢ 강도율	㉣ 사망률

① ㉠, ㉡, ㉢　　　　② ㉠, ㉢

③ ㉡, ㉣　　　　　④ ㉠, ㉡, ㉢, ㉣

> • 도수율(빈도율) : 연근로시간 100만 시간당 재해 발생 건수
> • 건수율(발생률) : 산업체 근로자 1,000명당 재해 발생 건수
> • 강도율 : 근로시간 1,000시간당 발생한 근로손실일수

9 다음 중 산업재해 방지 대책과 관련이 가장 먼 내용은?

① 정확한 관찰과 대책 ② 정확한 사례조사
③ 생산성 향상 ④ 안전관리

생산성 향상은 산업재해 방지 대책과 관련이 없다.

10 산업재해 방지를 위한 산업장 안전관리대책으로만 짝지어진 것은?

㉠ 정기적인 예방접종	㉡ 작업환경 개선
㉢ 보호구 착용 금지	㉣ 재해방지 목표설정

① ㉠, ㉡, ㉢ ② ㉠, ㉢
③ ㉡, ㉣ ④ ㉠, ㉡, ㉢, ㉣

11 다음 중 직업병에 해당하는 것은?

㉠ 잠함병	㉡ 규폐증
㉢ 소음성 난청	㉣ 식중독

① ㉠, ㉡, ㉢, ㉣ ② ㉠, ㉡, ㉢
③ ㉠, ㉢ ④ ㉡, ㉣

식중독은 음식물 섭취와 관련된 것이므로 직업병과는 무관하다.

12 직업병과 관련 직업이 옳게 연결된 것은?

① 근시안 - 식자공 ② 규폐증 - 용접공
③ 열사병 - 채석공 ④ 잠함병 - 방사선기사

② 규폐증 - 채석공, 채광부
③ 열사병 - 제련공, 초자공
④ 잠함병 - 잠수부

13 합병증으로 고환염, 뇌수막염 등이 초래되어 불임이 될 수도 있는 질환은?

① 홍역 ② 뇌염
③ 풍진 ④ 유행성 이하선염

일반적으로 볼거리로 알려진 유행성 이하선염은 사춘기에 감염되어 고환염으로 발전될 경우 남성불임의 원인이 될 수도 있다.

14 다음 중 직업병으로만 구성된 것은?

① 열중증 - 잠수병 - 식중독
② 열중증 - 소음성난청 - 잠수병
③ 열중증 - 소음성난청 - 폐결핵
④ 열중증 - 소음성난청 - 대퇴부골절

• 열중증 : 고온 환경에서 발생
• 소음성난청 : 소음에 오랜 시간 노출 시 발생
• 잠수병 : 이상기압에서 발생

15 직업병과 직업종사자의 연결이 바르게 된 것은?

① 잠수병 - 수영선수
② 열사병 - 비만자
③ 고산병 - 항공기조종사
④ 백내장 - 인쇄공

① 잠수병 - 잠수부 ② 열사병 - 제련공, 초자공 ④ 백내장 - 용접공

16 이상저온 작업으로 인한 건강 장애인 것은?

① 참호족
② 열경련
③ 울열증
④ 열쇠약증

참호족은 발을 오랜 시간 축축하고 차가운 환경에 노출할 경우 발생하는 질병이다.

17 다음 중 방사선에 관련된 직업에 의해 발생할 수 있는 것이 아닌 것은?

① 조혈지능장애
② 백혈병
③ 생식기능장애
④ 잠함병

잠함병은 이상기압에 의해 발생할 수 있는 직업병이다.

chapter 04

18 소음이 인체에 미치는 영향으로 가장 거리가 먼 것은?

① 불안증 및 노이로제
② 청력장애
③ 중이염
④ 작업능률 저하

중이염은 중이강 내에 생기는 염증을 말하는데, 미생물에 의한 감염 등 복합적인 원인에 의해 발생하는데, 소음과는 무관하다.

19 소음에 관한 건강장애와 관련된 요인에 대한 설명으로 가장 옳은 것은?

① 소음의 크기, 주파수, 방향에 따라 다르다.
② 소음의 크기, 주파수, 내용에 따라 다르다.
③ 소음의 크기, 주파수, 폭로기간에 따라 다르다.
④ 소음의 크기, 주파수, 발생지에 따라 다르다.

소음에 의한 건강장애는 소음의 크기가 클수록, 주파수가 높을수록, 폭로기간이 길수록 심하게 나타난다.

20 dB(decibel)은 무슨 단위인가?

① 소리의 파장
② 소리의 질
③ 소리의 강도(음압)
④ 소리의 음색

21 조도불량, 현휘가 과도한 장소에서 장시간 작업하여 눈에 긴장을 강요함으로써 발생되는 불량 조명에 기인하는 직업병이 아닌 것은?

① 안정피로
② 근시
③ 원시
④ 안구진탕증

원시는 망막의 뒤쪽에 물체의 상이 맺혀 먼 곳은 잘 보이지만 가까운 곳은 잘 보이지 않는 상태를 말하며, 유전적 요인에 의해 주로 발생한다.

22 불량조명에 의해 발생되는 직업병은?

① 규폐증
② 피부염
③ 안정피로
④ 열중증

불량조명에 의해 발생하는 직업병으로는 안정피로, 근시, 안구진탕증이 있다.

23 진동이 심한 작업을 하는 사람에게 국소진동 장애로 생길 수 있는 직업병은?

① 레이노드병
② 파킨슨씨 병
③ 잠함병
④ 진폐증

레이노드병은 진동이 심한 작업을 하는 사람에게 국소 진동 장애로 생길 수 있는 직업병이다.

24 다음 중 불량조명에 의해 발생되는 직업병이 아닌 것은?

① 안정피로
② 근시
③ 근육통
④ 안구진탕증

근육통 다양한 원인에 의해 근육에 나타나는 통증을 말하며, 불량조명과는 상관이 없다.

25 눈의 보호를 위해서 가장 좋은 조명 방법은?

① 간접조명
② 반간접조명
③ 직접조명
④ 반직접조명

간접조명은 조명에서 나오는 빛의 90% 이상을 천장이나 벽에서 반사되어 나오는 빛을 이용하는 조명으로 눈부심이 적어 눈의 보호를 위해서 가장 좋은 방법이다.

26 실내조명에서 조명효율이 천정의 색깔에 가장 크게 좌우되는 것은?

① 직접조명
② 반직접 조명
③ 반간접 조명
④ 간접조명

간접조명은 천장이나 벽에서 반사되어 나오는 빛을 이용하는 조명이므로 조명효율이 천정의 색깔에 크게 좌우된다.

27 주택의 자연조명을 위한 이상적인 주택의 방향과 창의 면적은?

① 남향, 바닥면적의 1/7~1/5
② 남향, 바닥면적의 1/5~1/2
③ 동향, 바닥면적의 1/10~1/7
④ 동향, 바닥면적의 1/5~1/2

28 저온폭로에 의한 건강장애는?

① 동상 - 무좀 - 전신체온 상승
② 참호족 - 동상 - 전신체온 하강
③ 참호족 - 동상 - 전신체온 상승
④ 동상 - 기억력 저하 - 참호족

이상저온에 의해 나타나는 건강장애로는 전신 저체온, 동상, 참호족, 침수족 등이 있다.

29 실내·외의 온도차는 몇 도가 가장 적합한가?

① 1~3℃
② 5~7℃
③ 8~12℃
④ 12℃ 이상

30 다음 중 만성적인 열중증을 무엇이라 하는가?

① 열허탈증
② 열쇠약증
③ 열경련
④ 울열증

열쇠약증은 만성적인 체열의 소모로 일어나는 만성 열중증이 원인이 되어 나타나며, 전신권태, 빈혈, 위장장애 등의 증상을 보이는데, 회복을 위해서는 충분한 영양공급과 휴식이 필요하다.

31 납중독과 가장 거리가 먼 증상은?

① 빈혈
② 신경마비
③ 뇌중독증상
④ 과다행동장애

과다행동장애는 지속적으로 주의력이 부족하고 산만하고 과다활동을 보이는 상태를 말하는데, 아동기에 많이 나타나는 장애이다.

32 수은중독의 증세와 관련 없는 것은?

① 치은괴사
② 호흡장애
③ 구내염
④ 혈성구토

수은중독의 증상으로는 두통, 구토, 설사, 피로감, 기억력 감퇴, 치은괴사, 구내염 등이 있다.

33 만성 카드뮴(Cd) 중독의 3대 증상이 아닌 것은?

① 당뇨병
② 빈혈
③ 신장기능장애
④ 폐기종

카드뮴에 중독되면 당뇨병, 신장기능장애, 폐기종, 오심, 구토, 복통, 급성폐렴 등의 증상을 보인다.

34 이따이이따이병의 원인물질로 주로 음료수를 통해 중독되며, 구토, 복통, 신장장애, 골연화증을 일으키는 유해금속물질은?

① 비소
② 카드뮴
③ 납
④ 다이옥신

이따이이따이병은 '아프다 아프다'라는 의미의 일본어에서 유래된 것으로 카드뮴에 의한 공해병의 일종이다.

35 분진 흡입에 의하여 폐에 조직반응을 일으킨 상태는?

① 진폐증
② 기관지염
③ 폐렴
④ 결핵

분진에 의한 직업병으로는 진폐증, 규폐증, 석면폐증이 있다.

정답 26 ④ 27 ① 28 ② 29 ② 30 ② 31 ④ 32 ② 33 ② 34 ② 35 ①

SECTION 05 식품위생과 영양

이 섹션은 출제비중이 높은 편은 아니지만 식중독의 종류별 특징에 대해서는 알아두도록 합니다. 비타민의 종류별 특징도 가볍게 학습하도록 합니다.

01 식품위생의 개념

1 식품위생의 정의(식품위생법)

식품위생이란 식품, 식품첨가물, 기구 또는 용기·포장을 대상으로 하는 음식에 관한 위생을 말한다.

02 식중독

1 식중독의 정의

① 식품 섭취로 인하여 인체에 유해한 미생물 또는 유독물질에 의하여 발생하였거나 발생한 것으로 판단되는 감염성 질환 또는 독소형 질환
② 25~37℃에서 가장 잘 증식

2 식중독의 분류

세균성	감염형	살모넬라균, 장염비브리오균, 병원성 대장균
	독소형	포도상구균, 보툴리누스균, 웰치균 등
	기타	장구균, 알레르기성 식중독, 노로 바이러스 등
자연독	식물성	버섯독, 감자 중독, 맥각균 중독, 곰팡이류 중독 등
	동물성	복어 식중독, 조개류 식중독 등
곰팡이독		황변미독, 아플라톡신, 루브라톡신 등
화학물질		불량 첨가물, 유독물질, 유해금속물질

3 세균성 식중독

(1) 특징

① 2차 감염률이 낮다. ② 다량의 균이 발생한다.
③ 잠복기가 아주 짧다. ④ 수인성 전파는 드물다.
⑤ 면역성이 없다.

(2) 종류

① 감염형

살모넬라 식중독	• [잠복기] 12~48시간 • [증상] 고열, 오한, 두통, 설사, 구토, 복통 등
장염비브리오 식중독	• [잠복기] 8~20시간 • [원인] 여름철 어패류 생식, 오염 어패류에 접촉한 도마, 식칼, 행주 등에 의한 2차 감염 • [증상] 급성 위장염, 복통, 설사, 두통, 구토 등
병원성 대장균 식중독	• [잠복기] 2~8일 • [원인] 감염된 우유, 치즈 및 김밥, 햄버거, 햄 등의 섭취 • [증상] 복통, 설사 등 • 합병증 : 용혈성 요독증후군

② 독소형

포도상구균	• [잠복기] 30분~6시간 • [원인] 감염된 우유, 치즈 및 김밥, 도시락, 빵 등의 섭취 • [증상] 급성 위장염, 구토, 설사, 복통 등
보툴리누스균	• [잠복기] 12~36시간 • [원인] 신경독소 섭취, 오염된 햄, 소시지, 육류, 과일 등의 섭취 • [증상] 구토, 설사, 호흡곤란 등 • 식중독 중 치명률이 가장 높다.
웰치균	• [잠복기] 6~22시간 • [원인] 가열된 조리 식품, 육류, 어패류, 단백질 식품 등 • [증상] 설사, 복통, 출혈성 장염 등

④ 자연독

구분	종류	독성물질
식물성	독버섯	무스카린, 팔린, 아마니타톡신
	감자	솔라닌, 셉신
	매실	아미그달린
	목화씨	고시풀
	독미나리	시큐톡신
	맥각	에르고톡신
동물성	복어	테트로도톡신
	섭조개, 대합	색시톡신
	모시조개, 굴, 바지락	베네루핀

⑤ 곰팡이독

① 아플라톡신 : 땅콩, 옥수수

② 시트리닌 : 황변미, 쌀에 14~15% 이상의 수분 함유 시 발생

③ 파툴린 : 부패된 사과나 사과주스의 오염에서 볼 수 있는 신경독 물질

④ 루브라톡신 : 페니실륨 루브륨에 오염된 옥수수를 소나 양의 사료로 이용 시

03 영양소

① 영양소의 분류

구분	종류	
열량소	단백질, 탄수화물, 지방	⎤ 5대 영양소
조절소	비타민, 무기질	⎦

② 영양소의 3대 작용

① 신체의 열량공급 작용 : 탄수화물, 지방, 단백질

② 신체의 조직구성 작용 : 단백질, 무기질, 물

③ 신체의 생리기능조절 작용 : 비타민, 무기질, 물

③ 영양상태 판정 및 영양장애

(1) Kaup 지수

① $\dfrac{체중(kg)}{(신장(cm))^2} \times 10^4$

• 영유아기부터 학령기 전반까지 사용

• 22 이상 : 비만, 15 이하 : 마름

(2) Rohrer 지수

① $\dfrac{체중(kg)}{(신장(cm))^3} \times 10^7$

• 학령기 이후의 소아에게 사용

• 160 이상 : 비만, 110 미만 : 마름

(3) Broca 지수(표준체중)

[신장(cm) − 100] × 0.9

• 성인의 비만 평가에 이용

(4) 비만도(%)

① $\dfrac{실측체중 − 표준체중}{표준체중} \times 100$

비만도(%)	판정
10~20	과체중
20~30	경도비만
30~50	중등비만
50 이상	고도비만

② $\dfrac{실측체중}{표준체중} \times 100$

비만도(%)	판정
90% 이하	저체중
91~109	정상
110~119	과체중
120 이상	비만

(5) 영양장애

결핍증	필요영양소의 결핍으로 발생되는 병적상태
저영양	영양 섭취가 부족한 상태
영양실조증	영양소의 공급이 질적 및 양적으로 부족한 불건강상태
기아상태	저영양과 영양실조증이 함께 발생된 상태
비만증	체지방의 이상 축적 상태

1 식중독에 대한 설명으로 옳은 것은? ★★★

① 음식섭취 후 장시간 뒤에 증상이 나타난다.
② 근육통 호소가 가장 빈번하다.
③ 병원성 미생물에 오염된 식품 섭취 후 발병한다.
④ 독성을 나타내는 화학물질과는 무관하다.

> 식중독은 원인 물질에 따라 증상의 정도가 다르게 나타나는데, 일반적으로 음식물 섭취 후 72시간 이내에 구토, 설사, 복통 등의 증상이 나타난다.

2 다음 중 식중독 세균이 가장 잘 증식할 수 있는 온도 범위는? ★★★

① 0~10℃ ② 10~20℃
③ 18~22℃ ④ 25~37℃

> 식중독의 원인균으로는 장염, 살모넬라, 병원대장균, 황색포도구균 등이 있으며, 25~37℃에서 가장 잘 증식한다.

3 세균성 식중독이 소화기계 감염병과 다른 점은? ★★★★

① 균량이나 독소량이 소량이다.
② 대체적으로 잠복기가 길다.
③ 연쇄전파에 의한 2차 감염이 드물다.
④ 원인식품 섭취와 무관하게 일어난다.

> **세균성 식중독의 특징**
> • 2차 감염률이 낮다. • 다량의 균이 발생한다.
> • 수인성 전파는 드물다. • 면역성이 없다.
> • 잠복기가 아주 짧다.

4 독소형 식중독의 원인균은? ★★★

① 황색 포도상구균 ② 장티푸스균
③ 돈 콜레라균 ④ 장염균

5 독소형 식중독을 일으키는 세균이 아닌 것은? ★★★★

① 포도상구균 ② 보툴리누스균
③ 살모넬라균 ④ 웰치균

> 독소형 식중독 : 포도상구균, 보툴리누스균, 웰치균 등이며 살모넬라균은 감염형 식중독을 일으킨다.

6 식중독의 분류가 맞게 연결된 것은? ★★

① 세균성 – 자연독 – 화학물질 – 수인성
② 세균성 – 자연독 – 화학물질 – 곰팡이독
③ 세균성 – 자연독 – 화학물질 – 수술전후 감염
④ 세균성 – 외상성 – 화학물질 – 곰팡이독

식중독의 분류		
세균성	감염형	살모넬라균, 장염비브리오균, 병원성대장균
	독소형	포도상구균, 보툴리누스균, 웰치균 등
	기타	장구균, 알레르기성 식중독, 노로 바이러스 등
자연독	식물성	버섯독, 감자 중독, 맥각균 중독, 곰팡이류 중독 등
	동물성	복어 식중독, 조개류 식중독 등
곰팡이독		황변미독, 아플라톡신, 루브라톡신 등
화학물질		불량 첨가물, 유독물질, 유해금속물질

7 세균성 식중독의 특성이 아닌 것은? ★★★★

① 2차 감염률이 낮다.
② 잠복기가 길다.
③ 다량의 균이 발생한다.
④ 수인성 전파는 드물다.

> 세균성 식중독은 잠복기가 짧다.

8 다음 중 감염형 식중독에 속하는 것은? ★★★

① 살모넬라 식중독 ② 보툴리누스 식중독
③ 포도상구균 식중독 ④ 웰치균 식중독

> 감염형 식중독 : 살모넬라균, 장염비브리오균, 병원성대장균 등

9 식품을 통한 식중독 중 독소형 식중독은? ★★★★

① 포도상구균 식중독
② 살모넬라균에 의한 식중독
③ 장염 비브리오 식중독
④ 병원성 대장균 식중독

> ②, ③, ④ 모두 감염형 식중독에 속한다.

정답 1 ③ 2 ④ 3 ③ 4 ① 5 ③ 6 ② 7 ② 8 ① 9 ①

10 $^{★★★}$ 주로 여름철에 발병하며 어패류 등의 생식이 원인이 되어 복통, 설사 등의 급성위장염 증상을 나타내는 식중독은?

① 포도상구균 식중독
② 병원성대장균 식중독
③ 장염비브리오 식중독
④ 보툴리누스균 식중독

> 장염비브리오 식중독은 생선회, 초밥, 조개 등을 생식하는 식습관이 원인이 되어 발생하는데, 심한 복통, 설사, 구토 등의 증상을 보이며, 잠복기는 10시간 이내이다.

11 $^{★★★}$ 주로 7~9월 사이에 많이 발생되며, 어패류가 원인이 되어 발병, 유행하는 식중독은?

① 포도상구균 식중독
② 살모넬라 식중독
③ 보툴리누스균 식중독
④ 장염비브리오 식중독

12 $^{★★}$ 다음 식중독 중에서 치명률이 가장 높은 것은?

① 살모넬라증
② 포도상구균중독
③ 연쇄상구균중독
④ 보툴리누스균중독

> 보툴리누스균중독은 보툴리누스독소를 생산하는 것을 섭취할 때 발생하는 식중독으로 호흡중추마비, 순환장애에 의해 사망할 수도 있다.

13 $^{★★★}$ 신경독소가 원인이 되는 세균성 식중독 원인균은?

① 쥐 티프스균
② 황색 포도상구균
③ 돈 콜레라균
④ 보툴리누스균

> 보툴리누스균은 신경독소 섭취, 오염된 햄, 소시지 등의 섭취로 인해 나타난다.

14 $^{★★★}$ 식품의 혐기성 상태에서 발육하여 체외독소로서 신경독소를 분비하며 치명률이 가장 높은 식중독으로 알려진 것은?

① 살모넬라 식중독
② 보툴리누스균 식중독
③ 웰치균 식중독
④ 알레르기성 식중독

15 $^{★★★★}$ 다음 중 독소형 식중독이 아닌 것은?

① 보툴리누스균 식중독
② 살모넬라균 식중독
③ 웰치균 식중독
④ 포도상구균 식중독

> 살모넬라균 식중독은 감염형 식중독에 속한다.

16 $^{★★★}$ 식중독 발생의 원인인 솔라닌(solanin) 색소와 관련이 있는 것은?

① 버섯
② 복어
③ 감자
④ 모시조개

> **자연독의 종류**
> • 버섯 : 무스카린, 팔린, 아마니타톡신
> • 복어 : 테트로도톡신
> • 감자 : 솔라닌, 셉신
> • 모시조개 : 베네루핀

17 $^{★★}$ 다음 탄수화물, 지방, 단백질의 3가지를 지칭하는 것은?

① 구성영양소
② 열량영양소
③ 조절영양소
④ 구조영양소

chapter 04

18 *** 감자에 함유되어 있는 독소는?

① 에르고톡신　　　　② 솔라닌
③ 무스카린　　　　　④ 베네루핀

자연독의 종류

구분	종류	독성물질
식물성	독버섯	무스카린, 팔린, 아마니타톡신
	감자	솔라닌, 셉신
	매실	아미그달린
	목화씨	고시풀
	독미나리	시큐톡신
	맥각	에르고톡신
동물성	복어	테트로도톡신
	섭조개, 대합	색시톡신
	모시조개, 굴, 바지락	베네루핀

19 **** 다음 영양소 중 인체의 생리적 조절작용에 관여하는 조절소는?

① 단백질　　　　　② 비타민
③ 지방질　　　　　④ 탄수화물

인체의 생리적기능조절 작용을 하는 것으로는 비타민, 무기질, 물이 있다.

20 ** 영양소의 3대 작용에서 제외되는 사항은?

① 신체의 열량공급작용
② 신체의 조직구성작용
③ 신체의 사회적응작용
④ 신체의 생리기능조절작용

영양소의 3대 작용
• 신체의 열량공급 작용 – 탄수화물, 지방, 단백질
• 신체의 조직구성 작용 – 단백질, 무기질, 물
• 신체의 생리기능조절 작용 – 비타민, 무기질, 물

21 ** 일반적으로 식품의 부패란 무엇이 변질된 것인가?

① 비타민　　　　　② 탄수화물
③ 지방　　　　　　④ 단백질

식품의 부패는 미생물의 작용에 의해 악취를 내면서 분해되는 현상을 말하는데, 주로 단백질이 변질되는 것을 의미한다.

SECTION
06 보건행정

Makeup Artist Certification

이 섹션은 출제비중이 높은 편은 아니지만 보건소의 기능과 업무, 관리과정 그리고 사회보장에 대해서는 외워두도록 합니다.

01 보건행정의 정의 및 체계

1 정의

공중보건의 목적(수명연장, 질병예방, 신체적 · 정신적 건강 증진)을 달성하기 위해 공공의 책임하에 수행하는 행정활동

2 보건행정의 특성

공공성, 사회성, 교육성, 과학성, 기술성, 봉사성, 보장성 등

3 보건행정의 범위(세계보건기구 정의)

① 보건관계 기록의 보존 ② 대중에 대한 보건교육
③ 환경위생 ④ 감염병 관리
⑤ 모자보건 ⑥ 의료 및 보건간호

4 보건기획 전개과정

전제 → 예측 → 목표설정 → 구체적 행동계획

5 보건소

(1) 기능 : 우리나라 지방보건행정의 최일선 조직으로 보건행정의 말단 행정기관
(2) 업무
① 국민건강증진 · 보건교육 · 구강건강 및 영양관리 사업
② 감염병의 예방 · 관리 및 진료
③ 모자보건 및 가족계획사업
④ 노인보건사업
⑤ 공중위생 및 식품위생
⑥ 의료인 및 의료기관에 대한 지도 등에 관한 사항
⑦ 의료기사 · 의무기록사 및 안경사에 대한 지도 등에 관한 사항
⑧ 응급의료에 관한 사항
⑨ 공중보건의사 · 보건진료원 및 보건진료소에 대한 지도 등에 관한 사항

⑩ 약사에 관한 사항과 마약 · 향정신성의약품의 관리에 관한 사항
⑪ 정신보건에 관한 사항
⑫ 가정 · 사회복지시설 등을 방문하여 행하는 보건의료사업
⑬ 지역주민에 대한 진료, 건강진단 및 만성퇴행성질환 등의 질병관리에 관한 사항
⑭ 보건에 관한 실험 또는 검사에 관한 사항
⑮ 장애인의 재활사업 기타 보건복지부령이 정하는 사회복지사업
⑯ 기타 지역주민의 보건의료의 향상 · 증진 및 이를 위한 연구 등에 관한 사업

02 사회보장과 국제보건기구

1 사회보장

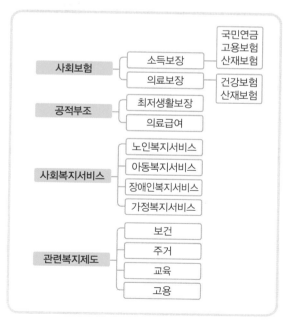

사회보험	소득보장	국민연금 고용보험 산재보험
	의료보장	건강보험 산재보험
공적부조	최저생활보장	
	의료급여	
사회복지서비스	노인복지서비스	
	아동복지서비스	
	장애인복지서비스	
	가정복지서비스	
관련복지제도	보건	
	주거	
	교육	
	고용	

종류	의미
사회보장	출산, 양육, 실업, 노령, 장애, 질병, 빈곤 및 사망 등의 사회적 위험으로부터 모든 국민을 보호하고 국민 삶의 질을 향상시키는 데 필요한 소득·서비스를 보장하는 사회보험, 공공부조, 사회서비스를 말함
사회보험	국민에게 발생하는 사회적 위험을 보험의 방식으로 대처함으로써 국민의 건강과 소득을 보장하는 제도
공공부조	국가와 지방 자치단체의 책임하에 생활유지 능력이 없거나 생활이 어려운 국민의 최저 생활을 보장하고 자립을 지원하는 제도
사회서비스	국가·지방자치단체 및 민간부문의 도움이 필요한 모든 국민에게 복지, 보건의료, 교육, 고용, 주거, 문화, 환경 등의 분야에서 인간다운 생활을 보장하고 상담, 재활, 돌봄, 정보의 제공, 관련시설의 이용, 역량개발, 사회참여지원 등을 통하여 국민의 삶의 질이 향상되도록 지원하는 제도

종류	의미
평생사회 안전망	생애주기에 걸쳐 보편적으로 충족되어야 하는 기본욕구와 특정한 사회위험에 의하여 발생하는 특수 욕구를 동시에 고려하여 소득·서비스를 보장하는 맞춤형 사회보장제도

② 대표적인 국제보건기구

① 세계보건기구(WHO)
② 유엔환경계획(UNEP)
③ 식량및농업기구(FAO)
④ 국제연합아동긴급기금(UNICEF)
⑤ 국제노동기구(ILO) 등

출제예상문제 | 단원별 구성의 문제 유형 파악!

1 ★★★★ 보건행정의 정의에 포함되는 내용과 가장 거리가 먼 것은?

① 국민의 수명연장
② 질병예방
③ 공적인 행정활동
④ 수질 및 대기보전

2 ★★ 세계보건기구에서 정의하는 보건행정의 범위에 속하지 않는 것은?

① 산업발전
② 모자보건
③ 환경위생
④ 감염병관리

3 ★★ 보건행정의 목적달성을 위한 기본요건이 아닌 것은?

① 법적 근거의 마련
② 건전한 행정조직과 인사
③ 강력한 소수의 지지와 참여
④ 사회의 합리적인 전망과 계획

> 보건행정의 목적을 달성하기 위해서는 다수의 지지와 참여가 필요하다.

4 ★★★ 보건행정에 대한 설명으로 가장 올바른 것은?

① 공중보건의 목적을 달성하기 위해 공공의 책임하에 수행하는 행정활동
② 개인보건의 목적을 달성하기 위해 공공의 책임하에 수행하는 행정활동
③ 국가 간의 질병교류를 막기 위해 공공의 책임하에 수행하는 행정활동

정답 1 ④ 2 ① 3 ③ 4 ①

④ 공중보건의 목적을 달성하기 위해 개인의 책임하에 수행하는 행정활동

5 보건기획이 전개되는 과정으로 옳은 것은?

① 전제 – 예측 – 목표설정 – 구체적 행동계획
② 전제 – 평가 – 목표설정 – 구체적 행동계획
③ 평가 – 환경분석 – 목표설정 – 구체적 행동계획
④ 환경분석 – 사정 – 목표설정 – 구체적 행동계획

6 우리나라 보건행정의 말단 행정기관으로 국민건강증진 및 감염병 예방관리 사업 등을 하 는 기관명은?

① 의원
② 보건소
③ 종합병원
④ 보건기관

7 현재 우리나라 근로기준법상에서 보건상 유해하거나 위험한 사업에 종사하지 못하도록 규정되어 있는 대상은?

① 임신 중인 여자와 18세 미만인 자
② 산후 1년 6개월이 지나지 아니한 여성
③ 여자와 18세 미만인 자
④ 13세 미만인 어린이

사용자는 임신 중이거나 산후 1년이 지나지 않은 여성과 18세 미만자를 도덕상 또는 보건상 유해 · 위험한 사업에 사용하지 못한다.

8 공중보건학의 범위 중 보건 관리 분야에 속하지 않는 사업은?

① 보건 통계
② 사회보장제도
③ 보건 행정
④ 산업 보건

산업 보건은 환경보건 분야에 속한다.

9 사회보장의 종류 중 공적부조에 해당하는 것을 모두 고르시오.

㉠ 국민연금	㉡ 고용보험
㉢ 산재보험	㉣ 의료급여
㉤ 건강보험	㉥ 최저생활보장

① ㉠, ㉡
② ㉢, ㉣
③ ㉢, ㉤
④ ㉣, ㉥

국민연금, 고용보험, 산재보험, 건강보험은 사회보장 중 사회보험에 해당한다.

SECTION 07 소독학 일반

이 섹션에서는 물리적 소독법과 화학적 소독법은 반드시 구분하며, 각 소독법별로 주요 특징은 반드시 암기하도록 합니다. 출제예상문제의 범위에서 크게 벗어나지 않을 예상이므로 기출문제에 충실하도록 합니다.

01 소독 일반

1 용어 정의

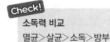

Check!
소독력 비교
멸균 > 살균 > 소독 > 방부

① **소독** : 병원성 미생물의 생활력을 파괴하여 죽이거나 또는 제거하여 감염력을 없애는 것
② **멸균** : 병원성 또는 비병원성 미생물 및 포자를 가진 것을 전부 사멸 또는 제거(무균 상태)
③ **살균** : 생활력을 가지고 있는 미생물을 여러 가지 물리·화학적 작용에 의해 급속히 사멸
④ **방부** : 병원성 미생물의 발육과 그 작용을 제거하거나 정지시켜서 음식물의 부패나 발효를 방지

2 소독제 및 소독작용

(1) 소독제의 구비조건
① 생물학적 작용을 충분히 발휘할 수 있을 것
② 효과가 빠르고, 살균 소요시간이 짧을 것
③ 독성이 적으면서 사용자에게도 자극성이 없을 것
④ 원액 혹은 희석된 상태에서 화학적으로 안정할 것
⑤ 살균력이 강할 것
⑥ 용해성이 높을 것
⑦ 경제적이고 사용이 용이할 것
⑧ 부식성 및 표백성이 없을 것

(2) 소독작용에 영향을 미치는 요인
① 온도가 높을수록 : 소독 효과가 큼
② 접속시간이 길수록 : 소독 효과가 큼
③ 농도가 높을수록 : 소독 효과가 큼
④ 유기물질이 많을수록 : 소독 효과가 작음

(3) 소독약 사용 및 보존 시 주의사항
① 약품을 냉암소에 보관한다.
② 소독대상물품에 적당한 소독약과 소독방법을 선정한다.

③ 병원미생물의 종류, 저항성 및 멸균, 소독의 목적에 의해서 그 방법과 시간을 고려한다.

(4) 소독에 영향을 미치는 인자
온도, 수분, 시간

(5) 살균작용의 작용기전(Action Mechanism)

구분	종류
산화작용	과산화수소, 오존, 염소 및 그 유도체, 과망간산칼륨
균체의 단백질 응고작용	석탄산, 크레졸, 승홍, 알코올, 포르말린, 생석회
균체의 효소 불활성화 작용	석탄산, 알코올, 역성비누, 중금속염
균체의 가수분해작용	강산, 강알칼리, 중금속염
탈수작용	알코올, 포르말린, 식염, 설탕
중금속염의 형성	승홍, 머큐로크롬, 질산은
핵산에 작용	자외선, 방사선, 포르말린, 에틸렌옥사이드
균체의 삼투성 변화작용	석탄산, 역성비누, 중금속염

02 물리적 소독법

1 건열멸균법

(1) 화염멸균법
① 물체 표면의 미생물을 화염으로 직접 태워 멸균하는 방법
② 금속기구, 유리기구, 도자기 등의 멸균에 사용
③ 알코올램프, 천연가스의 화염 사용

(2) 소각법
① 병원체를 불꽃으로 태우는 방법
② 감염병 환자의 배설물 등을 처리하는 가장 적합한 방법

소독법의 분류

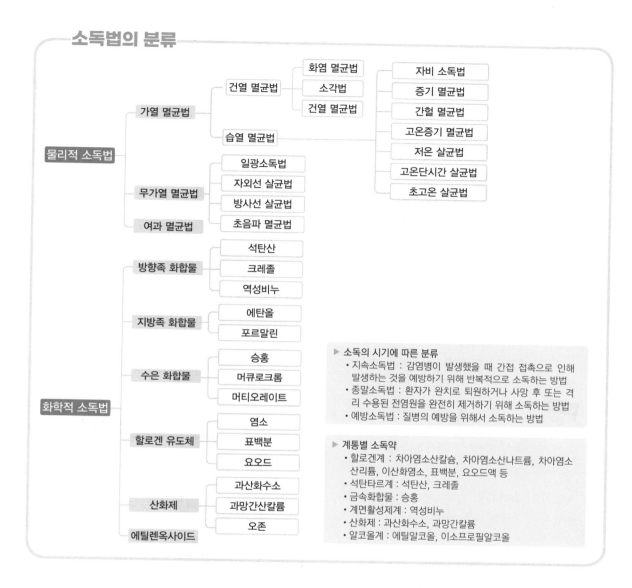

물리적 소독법
- 가열 멸균법
  - 건열 멸균법
    - 화염 멸균법
    - 소각법
    - 건열 멸균법
  - 습열 멸균법
    - 자비 소독법
    - 증기 멸균법
    - 간헐 멸균법
    - 고온증기 멸균법
    - 저온 살균법
    - 고온단시간 살균법
    - 초고온 살균법
- 무가열 멸균법
  - 일광소독법
  - 자외선 살균법
  - 방사선 살균법
  - 초음파 멸균법
- 여과 멸균법

화학적 소독법
- 방향족 화합물
  - 석탄산
  - 크레졸
  - 역성비누
- 지방족 화합물
  - 에탄올
  - 포르말린
- 수은 화합물
  - 승홍
  - 머큐로크롬
  - 머티오레이트
- 할로겐 유도체
  - 염소
  - 표백분
  - 요오드
- 산화제
  - 과산화수소
  - 과망간산칼륨
  - 오존
- 에틸렌옥사이드

▶ **소독의 시기에 따른 분류**
- 지속소독법 : 감염병이 발생했을 때 간접 접촉으로 인해 발생하는 것을 예방하기 위해 반복적으로 소독하는 방법
- 종말소독법 : 환자가 완치로 퇴원하거나 사망 후 또는 격리 수용된 전염원을 완전히 제거하기 위해 소독하는 방법
- 예방소독법 : 질병의 예방을 위해서 소독하는 방법

▶ **계통별 소독약**
- 할로겐계 : 차아염소산칼슘, 차아염소산나트륨, 차아염소산리튬, 이산화염소, 표백분, 요오드액 등
- 석탄타르계 : 석탄산, 크레졸
- 금속화합물 : 승홍
- 계면활성제계 : 역성비누
- 산화제 : 과산화수소, 과망간칼륨
- 알코올계 : 에틸알코올, 이소프로필알코올

chapter 04

③ 이·미용업소에서 손님으로부터 나온 객담이 묻은 휴지 등을 소독하는 방법

(3) 건열멸균법
① 건열멸균기(dry oven)에서 고온으로 멸균
② 165~170℃의 건열멸균기에 1~2시간 동안 멸균하는 방법
③ 유리기구, 금속기구, 자기제품, 주사기, 분말 등의 멸균에 이용
④ 습기가 침투하기 어려운 바세린, 글리세린 등의 멸균도 효과

2 습열멸균법

(1) 자비(열탕)소독법
① 100℃의 끓는 물속에서 20~30분간 가열하는 방법
② 물에 탄산나트륨 1~2%를 넣으면 살균력이 강해진다.
③ 유리제품, 소형기구, 스테인리스 용기, 도자기, 수건 등의 소독법으로 적합
④ 끝이 날카로운 금속기구 소독 시 날이 무뎌질 수 있으므로 거즈나 소독포에 싸서 소독
⑤ 금속제품은 물이 끓기 시작한 후, 유리제품은 찬물에 투입
⑥ 보조제 : 탄산나트륨, 붕산, 크레졸액, 석탄산
⑦ 아포형성균, B형 간염 바이러스에는 부적합

(2) 간헐멸균법
① 100℃의 유통증기 속에서 30~60분간 멸균시킨 다음 20℃ 이상의 실온에서 24시간 방치하는 방법을 3회 반복하는 멸균법
② 코흐멸균기 사용
③ 아포를 형성하는 미생물 멸균 시 사용

(3) 증기멸균법
① 물이 끓을 때 생기는 수증기를 이용하여 병원균을 멸균시키는 방법
② 100℃에서 30분간 처리

(4) 고압증기 멸균법
① 고압증기 멸균기를 이용하여 소독하는 방법
② 소독 방법 중 완전 멸균으로 가장 빠르고 효과적인 방법
③ 포자를 형성하는 세균을 멸균
④ 수증기가 통과하므로 용해되는 물질은 멸균할 수 없다.

Check!
열원으로 수증기를 사용하는 이유
• 일정 온도에서 쉽게 열을 방출하기 때문
• 미세한 공간까지 침투성이 높기 때문
• 열 발생에 소요되는 비용이 저렴하기 때문

⑤ 의료기구, 유리기구, 금속기구, 의류, 고무제품, 미용기구, 무균실 기구, 약액 등에 사용
⑥ 소독 시간

• 10LBs(파운드) : 115℃에서 30분간
• 15LBs(파운드) : 121℃에서 20분간
• 20LBs(파운드) : 126℃에서 15분간

(5) 저온살균법
① 62~63℃에서 30분간 실시
② 우유 속의 결핵균 등의 오염 방지 목적
③ 파스퇴르가 발명

(6) 초고온살균법
① 130~150℃에서 0.75~2초간 가열 후 급랭
② 우유의 내열성 세균의 포자를 완전 사멸

③ 여과멸균법
① 열이나 화학약품을 사용하지 않고 여과기를 이용하여 세균을 제거하는 방법

② 혈청이나 약제, 백신 등 열에 불안정한 액체의 멸균에 주로 이용되는 멸균법
③ Chamberland 여과기, Barkefeld 여과기, Seiz 여과기, 세균여과막 사용

④ 무가열 멸균법

일광 소독법	• 태양광선 중의 자외선을 이용하는 방법 • 결핵균, 페스트균, 장티푸스균 등의 사멸에 사용
자외선 살균법	• 무균실, 실험실, 조리대 등의 표면적 멸균 효과를 얻기 위한 방법 • 자외선은 260~280nm에서 살균력이 가장 강함
방사선 살균법	• 코발트나 세슘 등의 감마선을 이용한 방법 • 포장 식품이나 약품의 멸균 등에 이용 • 단점 : 시설비가 비싸다.
초음파 멸균법	• 8,800cycle 음파의 강력한 교반작용을 이용한 미생물 살균 방법

03 화학적 소독법

① 석탄산(페놀)

(1) 특성
① 승홍수 1,000배의 살균력
② 조직에 독성이 있어서 인체에는 잘 사용되지 않고 소독제의 평가기준으로 사용
③ 고온일수록 소독력이 우수
④ 유기물에 약화되지 않고 취기와 독성이 강함
⑤ 안정성이 높고 화학적 변화가 적음
⑥ 금속 부식성이 있음
⑦ 단백질 응고작용으로 살균기능
⑧ 삼투압 변화 작용, 효소의 불활성화 작용
⑨ 소독의 원리 : 균체 원형질 중의 단백질 변성

(2) 용도
① 고무제품, 의류, 가구, 배설물 등의 소독에 적합
② 넓은 지역의 방역용 소독제로 적합
③ 세균포자나 바이러스에는 작용력이 없음

(3) 사용 방법
① 3% 농도의 석탄산에 97%의 물을 혼합하여 사용
② 소독력 강화를 위해 식염이나 염산 첨가

Check!
석탄산 계수
- 5% 농도의 석탄산을 사용하여 장티푸스균에 대한 살균력과 비교하여 각종 소독제의 효능을 표시
- 어떤 소독약의 석탄산 계수가 2.0이면 살균력이 석탄산의 2배를 의미
- 석탄산 계수 = $\dfrac{\text{소독액의 희석배수}}{\text{석탄산의 희석배수}}$

2 크레졸
① 페놀화합물로 3%의 수용액을 주로 사용 (손 소독에는 1~2%)
② 석탄산에 비해 2배의 소독력을 가짐
③ 물에 잘 녹지 않음
④ 용도 : 손, 오물, 배설물 등의 소독 및 이 · 미용실의 실내소독용으로 사용

3 역성비누
① 양이온 계면활성제의 일종으로 세정력은 거의 없으며 살균작용이 강하다.
② 냄새가 거의 없고 자극이 적다.
③ 물에 잘 녹고 흔들면 거품이 난다.
④ 일반비누와 혼용할 경우 살균력이 없어진다.
⑤ 용도 : 수지 · 기구 · 식기 및 손 소독

4 에탄올(에틸알코올)
① 70%의 에탄올이 살균력이 가장 강력
② 포자 형성 세균에는 살균효과가 없음
③ 탈수 및 응고작용에 의한 살균작용
④ 용도 : 칼, 가위, 유리제품 등의 소독에 사용

5 포르말린
① 포름알데히드 36% 수용액으로 약물소독제 중 유일한 가스 소독제
② 수증기를 동시에 혼합하여 사용
③ 온도가 높을수록 소독력이 강함
④ 용도 : 무균실, 병실, 거실 등의 소독 및 금속제품, 고무제품, 플라스틱 등의 소독에 적합

6 승홍(염화제2수은)
① 1,000배(0.1%)의 수용액을 사용
② 액 온도가 높을수록 살균력이 강함
③ 금속 부식성이 있어 금속류의 소독에는 적당하지 않음
④ 상처가 있는 피부에는 적합하지 않음
⑤ 유기물에 대한 완전한 소독이 어려움
⑥ 피부점막에 자극성이 강함
⑦ 염화칼륨 첨가 시 자극성 완화
⑧ 무색의 결정 또는 백색의 결정성 분말이므로 적색 또는 청색으로 착색하여 보관
⑨ 무색, 무취이며, 맹독성이 강하므로 보관에 주의
⑩ 조제법 : 승홍(1) : 식염(1) : 물(998)
⑪ 염화칼륨 또는 식염을 첨가하면 용액이 중성으로 변하여 자극성이 완화됨
⑫ 용도 : 손 및 피부 소독

7 염소
① 살균력은 강하며, 자극성과 부식성이 강해 상수 또는 하수의 소독에 주로 이용
② 잔류효과가 크며 소독력이 강함
③ 음용수 소독에 사용 시 : 잔류염소가 0.1~0.2ppm이 되게 한다.
④ 과일, 채소, 기구 등에 사용 시 : 유효염소량 50~100ppm으로 2분 이상 소독
⑤ 세균 및 바이러스에도 작용
⑥ 저렴하다.
⑦ 자극적인 냄새가 난다.

8 과산화수소
① 3%의 과산화수소 수용액 사용
② 피부 상처 부위나 구내염, 인두염 및 구강세척제 등에 사용
③ 살균 · 탈취 및 표백에 효과
④ 일반 세균, 바이러스, 결핵균, 진균, 아포에 모두 효과

9 생석회
① 산화칼슘을 98% 이상 함유한 백색의 분말
② 용도 : 화장실 분변, 하수도 주위의 소독

10 에틸렌옥사이드(Ethylene Oxide, EO)
① 50~60℃의 저온에서 멸균하는 방법
② 멸균시간이 비교적 길다.
③ 고압증기 멸균법에 비해 보존기간이 길다.
④ 비용이 비교적 많이 듦
⑤ 가열로 인해 변질되기 쉬운 것들을 대상으로 함
⑥ 일반세균은 물론 아포까지 불활성화 가능

⑦ 폭발 위험을 감소하기 위해 이산화탄소 또는 프레온을 혼합하여 사용

⑧ 용도 : 플라스틱 및 고무제품 등의 멸균에 이용

11 오존
① 반응성이 풍부하고 산화작용이 강하여 물의 살균에 이용
② 습도가 높은 공기보다 건조한 공기에서 안정적임

12 요오드 화합물
① 세균, 포자, 곰팡이, 원충류 및 조류 등과 같이 광범위한 미생물에 대해 살균력을 가짐
② 페놀에 비해 강한 살균력을 갖는 반면, 독성은 훨씬 적음

13 대상물에 따른 소독 방법

대상물	소독법
대소변, 배설물, 토사물	소각법, 석탄산, 크레졸, 생석회 분말
침구류, 모직물, 의류	석탄산, 크레졸, 일광소독, 증기소독, 자비소독
초자기구, 목죽제품, 자기류	석탄산, 크레졸, 승홍, 포르말린, 증기소독, 자비소독
모피, 칠기, 고무·피혁제품	석탄산, 크레졸, 포르말린
병실	석탄산, 크레졸, 포르말린
환자	석탄산, 크레졸, 승홍, 역성비누

---

① 타월 : 1회용을 사용하거나 소독 후 사용
② 가운 : 사용 후 세탁 및 일광 소독 후 사용
③ 가위
 • 70% 에탄올 사용
 • 고압증기 멸균기 사용 시에는 소독 전에 수건으로 이물질을 제거한 후 거즈에 싸서 소독
④ 브러시 : 미온수 세척 후 자외선 소독기로 소독
⑤ 스펀지, 퍼프 : 중성세제로 세척한 뒤 건조, 자외선 소독기로 소독
⑥ 유리제품 : 건열멸균기에 넣고 소독
⑦ 바닥에 떨어진 도구는 반드시 소독 후 사용

Check!

농도 표시 방법

❶ 퍼센트(%) : 용액 100g(ml) 속에 포함된 용질의 양을 표시한 수치

$$\% \text{ 농도} = \frac{\text{용질량}}{\text{용액량}} \times 100(\%) = \frac{\text{원액}}{\text{물+원액}} \times 100(\%)$$

❷ 피피엠(ppm) : 용액 100만g(ml) 속에 포함된 용질의 양을 표시한 수치

$$\text{ppm 농도} = \frac{\text{용질량}}{\text{용액량}} \times 10^6 (\text{ppm})$$

 • 용액 : 두 종류 이상의 물질이 섞여있는 혼합물
 • 용질 : 용액 속에 용해되어 있는 물질

출제예상문제 | 단원별 구성의 문제 유형 파악!

01. 소독 일반

★★★
1 소독과 멸균에 관련된 용어의 설명 중 틀린 것은?
 ① 살균 : 생활력을 가지고 있는 미생물을 여러 가지 물리·화학적 작용에 의해 급속히 죽이는 것을 말한다.
 ② 방부 : 병원성 미생물의 발육과 그 작용을 제거하거나 정지시켜서 음식물의 부패나 발효를 방지하는 것을 말한다.
 ③ 소독 : 사람에게 유해한 미생물을 파괴시켜 감염의 위험성을 제거하는 비교적 강한 살균작용으로 세균의 포자까지 사멸하는 것을 말한다.
 ④ 멸균 : 병원성 또는 비병원성 미생물 및 포자를 가진 것을 전부 사멸 또는 제거하는 것을 말한다.

소독은 비교적 약한 살균력을 작용시켜 병원 미생물의 생활력을 파괴하여 감염의 위험성을 없애는 방법이다.

정답 🔳 1 ③

2 소독의 정의로서 옳은 것은?

① 모든 미생물 일체를 사멸하는 것
② 모든 미생물을 열과 약품으로 완전히 죽이거나 또는 제거하는 것
③ 병원성 미생물의 생활력을 파괴하여 죽이거나 또는 제거하여 감염력을 없애는 것
④ 균을 적극적으로 죽이지 못하더라도 발육을 저지하고 목적하는 것을 변화시키지 않고 보존하는 것

> 병원성 또는 비병원성 미생물을 사멸하는 것은 멸균에 해당되며, 소독은 병원성 미생물을 죽이거나 제거하여 감염력을 없애는 것을 말한다.

3 비교적 약한 살균력을 작용시켜 병원 미생물의 생활력을 파괴하여 감염의 위험성을 없애는 조작은?

① 소독
② 고압증기멸균
③ 방부처리
④ 냉각처리

> 비교적 약한 살균력으로 병원 미생물의 감염 위험을 없애는 것은 소독에 해당하며, 병원성 또는 비병원성 미생물 및 포자를 가진 것을 전부 사멸 또는 제거하는 것을 멸균이라 한다.

4 소독에 대한 설명으로 가장 옳은 것은?

① 감염의 위험성을 제거하는 비교적 약한 살균작용이다.
② 세균의 포자까지 사멸한다.
③ 아포형성균을 사멸한다.
④ 모든 균을 사멸한다.

> 소독은 병원성 또는 비병원성 미생물 및 포자까지 사멸하는 멸균보다 약한 살균작용이다.

5 병원성 또는 비병원성 미생물 및 아포를 가진 것을 전부 사멸 또는 제거하는 것을 무엇이라 하는가?

① 멸균(Sterilization)
② 소독(Disinfection)
③ 방부(Antiseptic)
④ 정균(Microbiostasis)

> 멸균은 병원성 또는 비병원성 미생물 및 포자를 가진 것을 전부 사멸 또는 제거하는 무균 상태를 의미한다.

6 멸균의 의미로 가장 옳은 표현은?

① 병원성 균의 증식억제
② 병원성 균의 사멸
③ 아포를 포함한 모든 균의 사멸
④ 모든 세균의 독성만의 파괴

7 소독에 대한 설명으로 가장 적합한 것은?

① 병원 미생물의 성장을 억제하거나 파괴하여 감염의 위험성을 없애는 것이다.
② 소독은 무균상태를 말한다.
③ 소독은 병원 미생물의 발육과 그 작용을 제지 및 정지시키며 특히 부패 및 발효를 방지시키는 것이다.
④ 소독은 포자를 가진 것 전부를 사멸하는 것을 말한다.

> ②, ④는 멸균, ③은 방부에 대한 설명이다.

8 미생물을 대상으로 한 작용이 강한 것부터 순서대로 옳게 배열된 것은?

① 멸균 > 소독 > 살균 > 청결 > 방부
② 멸균 > 살균 > 소독 > 방부 > 청결
③ 살균 > 멸균 > 소독 > 방부 > 청결
④ 소독 > 살균 > 멸균 > 청결 > 방부

9 소독약의 구비조건으로 틀린 것은?

① 값이 비싸고 위험성이 없다.
② 인체에 해가 없으며 취급이 간편하다.
③ 살균하고자 하는 대상물을 손상시키지 않는다.
④ 살균력이 강하다.

> 소독약은 값이 저렴해야 한다.

10 소독약품으로서 갖추어야 할 구비조건이 아닌 것은?

① 안전성이 높을 것
② 독성이 낮을 것
③ 부식성이 강할 것
④ 용해성이 높을 것

chapter 04

11 미생물의 발육과 그 작용을 제거하거나 정지시켜 음식물의 부패나 발효를 방지하는 것은?

① 방부   ② 소독
③ 살균   ④ 살충

> • 소독 : 병원성 미생물의 생활력을 파괴하여 죽이거나 또는 제거하여 감염력을 없애는 것
> • 살균 : 생활력을 가지고 있는 미생물을 여러 가지 물리·화학적 작용에 의해 급속히 죽이는 것

12 이상적인 소독제의 구비조건과 거리가 먼 것은?

① 생물학적 작용을 충분히 발휘할 수 있어야 한다.
② 빨리 효과를 내고 살균 소요시간이 짧을수록 좋다.
③ 독성이 적으면서 사용자에게도 자극성이 없어야 한다.
④ 원액 혹은 희석된 상태에서 화학적으로는 불안정된 것이라야 한다.

> 소독제는 화학적으로 안정된 것이어야 한다.

13 화학적 약제를 사용하여 소독 시 소독약품의 구비조건으로 옳지 않은 것은?

① 용해성이 낮아야 한다.
② 살균력이 강해야 한다.
③ 부식성, 표백성이 없어야 한다.
④ 경제적이고 사용방법이 간편해야 한다.

> 소독약품은 용해성이 높아야 한다.

14 화학적 소독제의 조건으로 잘못된 것은?

① 독성 및 안전성이 약할 것
② 살균력이 강할 것
③ 용해성이 높을 것
④ 가격이 저렴할 것

15 소독약의 보존에 대한 설명 중 부적합한 것은?

① 직사일광을 받지 않도록 한다.
② 냉암소에 둔다.

③ 사용하다 남은 소독약은 재사용을 위해 밀폐시켜 보관한다.
④ 식품과 혼동하기 쉬운 용기나 장소에 보관하지 않도록 한다.

> 소독약은 시간이 지나면 변질의 우려가 있기 때문에 희석 즉시 사용하고 남은 소독약은 보관하지 않는다.

16 소독약에 대한 설명 중 적합하지 않은 것은?

① 소독시간이 적당한 것
② 소독 대상물을 손상시키지 않는 소독약을 선택할 것
③ 인체에 무해하며 취급이 간편할 것
④ 소독약은 항상 청결하고 밝은 장소에 보관할 것

> 소독약은 밀폐시켜 햇빛이 들지 않는 냉암소에 보관해야 한다.

17 소독법의 구비 조건에 부적합한 것은?

① 장시간에 걸쳐 소독의 효과가 서서히 나타나야 한다.
② 소독대상물에 손상을 입혀서는 안 된다.
③ 인체 및 가축에 해가 없어야 한다.
④ 방법이 간단하고 비용이 적게 들어야 한다.

> 소독은 즉시 효과를 낼 수 있어야 한다.

18 소독에 영향을 미치는 인자가 아닌 것은?

① 온도   ② 수분
③ 시간   ④ 풍속

> 소독에 영향을 주는 인자
> 온도, 시간, 수분, 열, 농도, 자외선

19 살균작용 기전으로 산화작용을 주로 이용하는 소독제는?

① 오존   ② 석탄산
③ 알코올   ④ 머큐로크롬

> 산화작용 : 과산화수소, 오존, 염소 및 그 유도체, 과망간산칼륨

정답   **11** ①   **12** ④   **13** ①   **14** ①   **15** ③   **16** ④   **17** ①   **18** ④   **19** ①

20 석탄산, 알코올, 포르말린 등의 소독제가 가지는 소독의 주된 원리는? ★★★★

① 균체 원형질 중의 탄수화물 변성
② 균체 원형질 중의 지방질 변성
③ 균체 원형질 중의 단백질 변성
④ 균체 원형질 중의 수분 변성

살균작용의 기전	
구분	종류
산화작용	과산화수소, 오존, 염소 및 그 유도체, 과망간산칼륨
균체의 단백질 응고작용	석탄산, 크레졸, 승홍, 알코올, 포르말린, 생석회
균체의 효소 불활성화 작용	석탄산, 알코올, 역성비누, 중금속염
균체의 가수분해작용	강산, 강알칼리, 중금속염
탈수작용	알코올, 포르말린, 식염, 설탕
중금속염의 형성	승홍, 머큐로크롬, 질산은
핵산에 작용	자외선, 방사선, 포르말린, 에틸렌옥사이드
균체의 삼투성 변화작용	석탄산, 역성비누, 중금속염

21 알코올 소독의 미생물 세포에 대한 주된 작용기전은? ★★★★

① 할로겐 복합물 형성
② 단백질 변성
③ 효소의 완전 파괴
④ 균체의 완전 용해

22 반응성이 풍부하고 산화작용이 강하여 수년 동안 물의 소독에 사용되어 왔던 소독기제는 무엇인가? ★★★

① 과산화수소　　　② 오존
③ 메틸브로마이드　　④ 에틸렌옥사이드

23 석탄산의 소독작용과 관계가 가장 먼 것은? ★★★

① 균체 단백질 응고작용
② 균체 효소의 불활성화 작용
③ 균체의 삼투압 변화작용
④ 균체의 가수분해작용

> 균체의 가수분해작용 : 강산, 강알칼리, 중금속염

24 각종 살균제와 그 기전을 연결하였다. 틀린 항은? ★★★

① 과산화수소(H_2O_2) – 가수분해
② 생석회(CaO) – 균체 단백질 변성
③ 알코올(C_2H_5OH) – 대사저해 작용
④ 페놀(C_5H_5OH) – 단백질 응고

> 과산화수소 – 산화작용

25 다음 중 세균의 단백질 변성과 응고작용에 의한 기전을 이용하여 살균하고자 할 때 주로 이용되는 방법은? ★★★

① 가열　　　　　② 희석
③ 냉각　　　　　④ 여과

> 단백질은 열을 가하거나 양이온 용액을 넣으면 응고되어 세균의 기능이 상실된다.

02. 물리적 소독법

1 다음 중 물리적 소독법에 해당하는 것은? ★★★★★

① 승홍소독　　　② 크레졸소독
③ 건열소독　　　④ 석탄산소독

> 건열소독은 물체 표면의 미생물을 화염으로 직접 태워 살균하는 방법으로 물리적 소독법에 해당한다.

2 다음 중 물리적 소독법에 속하지 않는 것은? ★★★★★

① 건열멸균법　　　② 고압증기멸균법
③ 크레졸 소독법　　④ 자비소독법

> 크레졸 소독법은 화학적 소독법에 속한다.

3 물리적 소독법으로 사용하는 것이 아닌 것은? ★★★★★

① 알코올　　　　② 초음파
③ 일광　　　　　④ 자외선

> 알코올은 화학적 소독법에 해당한다.

4 다음 중 화학적 소독법에 해당되는 것은? *****

① 알코올 소독법　　② 자비소독법
③ 고압증기멸균법　　④ 간헐멸균법

> 알코올 소독법은 화학적 소독법에 속한다.

5 다음 중 건열멸균법이 아닌 것은? ****

① 화염멸균법　　② 자비소독법
③ 건열멸균법　　④ 소각소독법

> 자비소독법은 습열멸균법에 해당한다.

6 다음 중 화학적 소독법은? *****

① 건열 소독법　　② 여과세균 소독법
③ 포르말린 소독법　　④ 자외선 소독법

7 다음 중 화학적 소독 방법이라 할 수 없는 것은? *****

① 포르말린　　② 석탄산
③ 크레졸 비누액　　④ 고압증기

> 고압증기를 이용한 소독 방법은 물리적 소독 방법이다.

8 다음 중 할로겐계에 속하지 않는 것은? ****

① 차아염소산나트륨　　② 표백분
③ 석탄산　　④ 요오드액

> 할로겐계 살균제 : 차아염소산칼슘, 차아염소산나트륨, 차아염소산리튬, 이산화소소, 표백분, 요오드액 등

9 다음 중 건열멸균에 관한 내용이 아닌 것은? ***

① 화학적 살균 방법이다.
② 주로 건열멸균기(dry oven)를 사용한다.
③ 유리기구, 주사침 등의 처리에 이용된다.
④ 160℃에서 1시간 30분 정도 처리한다.

> 건열멸균은 물리적 소독 방법이다.

10 병원에서 감염병 환자가 퇴원 시 실시하는 소독법은? ***

① 반복소독　　② 수시소독
③ 지속소독　　④ 종말소독

> 소독의 시기에 따른 분류
> • 지속소독법 : 감염병이 발생했을 때 간접 접촉으로 인해 발생하는 것을 예방하기 위해 반복적으로 소독하는 방법
> • 종말소독법 : 환자가 완치로 퇴원하거나 사망 후 또는 격리 수용된 전염원을 완전히 제거하기 위해 소독하는 방법
> • 예방소독법 : 질병의 예방을 위해서 소독하는 방법

11 유리제품의 소독방법으로 가장 적합한 것은? ***

① 끓는 물에 넣고 10분간 가열한다.
② 건열멸균기에 넣고 소독한다.
③ 끓는 물에 넣고 5분간 가열한다.
④ 찬물에 넣고 75℃까지만 가열한다.

> 건열멸균법은 유리기구, 금속기구, 자기제품, 주사기, 분말 등의 멸균에 이용된다.

12 다음 중 습열멸균법에 속하는 것은? ***

① 자비소독법　　② 화염멸균법
③ 여과멸균법　　④ 소각소독법

> 습열멸균법 : 자비소독법, 증기멸균법, 간헐멸균법, 고압증기멸균법 등

13 다음 중 이·미용업소에서 손님에게서 나온 객담이 묻은 휴지 등을 소독하는 방법으로 가장 적합한 것은? *****

① 소각소독법　　② 자비소독법
③ 고압증기멸균법　　④ 저온소독법

> 소각법 : 병원체를 불꽃으로 태우는 방법으로 결핵환자의 객담처리 또는 감염병 환자의 배설물 등의 처리 방법으로 주로 사용된다.

14 금속성 식기, 면 종류의 의류, 도자기의 소독에 적합한 소독방법은? ***

① 화염멸균법　　② 건열멸균법
③ 소각소독법　　④ 자비소독법

정답　4 ①　5 ②　6 ③　7 ④　8 ③　9 ①　10 ④　11 ②　12 ①　13 ①　14 ④

15 자비소독법에 대한 설명 중 틀린 것은?

① 아포형성균에는 부적당하다.
② 물에 탄산나트륨 1~2%를 넣으면 살균력이 강해진다.
③ 금속기구 소독 시 날이 무뎌질 수 있다.
④ 물리적 소독법에서 가장 효과적이다.

> 소독 방법 중 완전 멸균으로 가장 빠르고 효과적인 방법은 고압 증기 멸균법이다.

16 일반적으로 자비소독법으로 사멸되지 않는 것은?

① 아포형성균   ② 콜레라균
③ 임균   ④ 포도상구균

> 자비소독은 아포형성균, B형 간염바이러스에는 적합하지 않다.

17 이·미용업소에서 일반적 상황에서의 수건 소독법으로 가장 적합한 것은?

① 석탄산 소독   ② 크레졸 소독
③ 자비소독   ④ 적외선 소독

> 일반적으로 수건의 소독은 끓는 물을 이용한 자비소독법이 적합하다.

18 이·미용업소에서 사용하는 수건의 소독방법으로 적합하지 않은 것은?

① 건열소독   ② 자비소독
③ 역성비누소독   ④ 증기소독

> 건열소독은 유리기구, 금속기구, 자기제품 등에 사용되며, 수건의 소독방법으로는 적당하지 않다.

19 금속제품의 자비소독 시 살균력을 강하게 하고 금속의 녹을 방지하는 효과를 나타낼 수 있도록 첨가하는 약품은?

① 1~2%의 염화칼슘   ② 1~2%의 탄산나트륨
③ 1~2%의 알코올   ④ 1~2%의 승홍수

20 자비소독 시 살균력 상승과 금속의 상함을 방지하기 위해서 첨가하는 물질(약품)로 알맞은 것은?

① 승홍수   ② 알코올
③ 염화칼슘   ④ 탄산나트륨

> 자비소독 시 살균력을 높이기 위해 탄산나트륨, 붕산, 크레졸액 등의 보조제를 사용한다.

21 자비소독 시 살균력을 강하게 하고 금속기자재가 녹스는 것을 방지하기 위하여 첨가하는 물질이 아닌 것은?

① 2% 중조   ② 2% 크레졸 비누액
③ 5% 승홍수   ④ 5% 석탄산

> 승홍수는 강력한 살균력이 있어 기물(器物)의 살균이나 피부 소독에는 0.1% 용액, 매독성 질환에는 0.2% 용액을 쓰며, 점막이나 금속 기구를 소독하는 데는 적당하지 않다.

22 자비소독 시 금속제품이 녹스는 것을 방지하기 위하여 첨가하는 물질이 아닌 것은?

① 2% 붕소   ② 2% 탄산나트륨
③ 5% 알코올   ④ 2~3% 크레졸 비누액

> 자비소독 시 보조제로서 탄산나트륨, 붕산, 크레졸액을 사용한다.

23 다음 중 자비소독에서 자비효과를 높이고자 일반적으로 사용하는 보조제가 아닌 것은?

① 탄산나트륨   ② 붕산
③ 크레졸액   ④ 포르말린

> 자비소독의 효과를 높이기 위해 탄산나트륨, 붕산, 크레졸액 등을 사용한다.

24 금속제품을 자비소독할 경우 언제 물에 넣는 것이 가장 좋은가?

① 가열 시작 전   ② 가열시작 직후
③ 끓기 시작한 후   ④ 수온이 미지근할 때

> 금속제품은 물이 끓기 시작한 후, 유리제품은 찬물에 투입한다.

정답 **15** ④ **16** ① **17** ③ **18** ① **19** ② **20** ④ **21** ③ **22** ③ **23** ④ **24** ③

25 내열성이 강해서 자비소독으로는 멸균이 되지 않는 것은?

① 이질 아메바 영양형   ② 장티푸스균
③ 결핵균   ④ 포자형성 세균

26 다음 중 열에 대한 저항력이 커서 자비소독법으로 사멸되지 않는 균은?

① 콜레라균   ② 결핵균
③ 살모넬라균   ④ B형 간염 바이러스

> B형 간염 바이러스의 예방을 위해서는 고압증기 멸균법을 이용한 살균이 효과적이다.

27 100℃의 유통증기 속에서 30분 내지 60분간 멸균시킨 다음 20℃ 이상의 실온에서 24시간 방치하는 방법을 3회 반복하는 멸균법은?

① 열탕소독법   ② 간헐멸균법
③ 건열멸균법   ④ 고압증기멸균법

> 간헐멸균법은 100℃의 유통증기 속에서 30~60분간 멸균시킨 다음 20℃ 이상의 실온에서 24시간 방치하는 방법을 3회 반복하는 멸균법으로 아포를 형성하는 미생물의 멸균에 적합하다.

28 코흐(koch)멸균기를 사용하는 소독법은?

① 간헐멸균법   ② 자비소독법
③ 저온살균법   ④ 건열멸균법

29 100℃ 이상 고온의 수증기를 고압상태에서 미생물, 포자 등과 접촉시켜 멸균할 수 있는 것은?

① 자외선 소독기   ② 건열 멸균기
③ 고압증기 멸균기   ④ 자비소독기

30 다음 중 아포를 형성하는 세균에 대한 가장 좋은 소독법은?

① 적외선 소독   ② 자외선 소독
③ 고압증기멸균 소독   ④ 알코올 소독

31 다음 소독 방법 중 완전 멸균으로 가장 빠르고 효과적인 방법은?

① 유통증기법
② 간헐살균법
③ 고압증기법
④ 건열 소독

> 고압증기법은 고압증기 멸균기를 이용하여 소독하는 방법으로 가장 빠르고 효과적인 소독 방법이며, 포자를 형성하는 세균을 멸균하는 데 적합하다.

32 고압증기 멸균법을 실시할 때 온도, 압력, 소요시간으로 가장 알맞은 것은?

① 71℃에 10lbs 30분간 소독
② 105℃에 15lbs 30분간 소독
③ 121℃에 15lbs 20분간 소독
④ 211℃에 10lbs 10분간 소독

> **소독 시간**
> • 10LBs : 115℃에 30분간
> • 15LBs : 121℃에 20분간
> • 20LBs : 126℃에 15분간

33 고압증기 멸균법에 있어 20LBs, 126.5C의 상태에서 몇 분간 처리하는 것이 가장 좋은가?

① 5분   ② 15분
③ 30분   ④ 60분

34 고압증기 멸균법의 압력과 처리시간이 틀린 것은?

① 10LB(파운드)에서 30분
② 15LB(파운드)에서 20분
③ 20LB(파운드)에서 15분
④ 30LB(파운드)에서 3분

35 고압증기 멸균법에서 20파운드(Lbs)의 압력에서는 몇 분간 처리하는 것이 가장 적절한가?

① 40분   ② 30분
③ 15분   ④ 5분

36 고압증기 멸균법의 대상물로 가장 부적당한 것은?

① 의료기구　　　　② 의류
③ 고무제품　　　　④ 음용수

> 고압증기 멸균법은 의료기구, 유리기구, 금속기구, 의류, 고무제품, 미용기구, 무균실 기구, 약액 등에 사용된다.

37 고압멸균기를 사용하여 소독하기에 가장 적합하지 않은 것은?

① 유리기구　　　　② 금속기구
③ 약액　　　　　　④ 가죽제품

38 고압증기 멸균기의 열원으로 수증기를 사용하는 이유가 아닌 것은?

① 일정 온도에서 쉽게 열을 방출하기 때문
② 미세한 공간까지 침투성이 높기 때문
③ 열 발생에 소요되는 비용이 저렴하기 때문
④ 바세린(vaseline)이나 분말 등도 쉽게 통과할 수 있기 때문

> 고압증기 멸균기의 수증기는 용해되는 물질은 멸균할 수 없다.

39 AIDS나 B형 간염 등과 같은 질환의 전파를 예방하기 위한 이·미용기구의 가장 좋은 소독방법은?

① 고압증기 멸균기　　② 자외선 소독기
③ 음이온계면활성제　　④ 알코올

> 고압증기 멸균기를 이용한 소독은 완전 멸균으로 가장 빠르고 효과적인 방법이다.

40 고압증기 멸균법에 해당하는 것은?

① 멸균 물품에 잔류독성이 많다.
② 포자를 사멸시키는 데 멸균시간이 짧다.
③ 비경제적이다.
④ 많은 물품을 한꺼번에 처리할 수 없다.

> ① 멸균 물품에 잔류독성이 없다.
> ③ 고압증기 멸균법은 경제적인 소독 방법이다.
> ④ 많은 물품을 한꺼번에 처리할 수 있다.

41 무균실에서 사용되는 기구의 가장 적합한 소독법은?

① 고압증기 멸균법
② 자외선 소독법
③ 자비 소독법
④ 소각 소독법

42 고압증기 멸균기의 소독대상물로 적합하지 않은 것은?

① 금속성 기구　　　　② 의류
③ 분말제품　　　　　④ 약액

43 고압증기 멸균법의 단점은?

① 멸균비용이 많이 든다.
② 많은 멸균 물품을 한꺼번에 처리할 수 없다.
③ 멸균물품에 잔류독성이 있다.
④ 수증기가 통과하므로 용해되는 물질은 멸균할 수 없다.

> ① 멸균비용이 적게 들어 경제적인 소독 방법이다.
> ② 많은 멸균 물품을 한꺼번에 처리할 수 있다.
> ③ 멸균물품에 잔류독성이 없다.

44 파스퇴르가 발명한 살균방법은?

① 저온살균법　　　　② 증기살균법
③ 여과살균법　　　　④ 자외선 살균법

> 저온살균법은 파스퇴르가 발명한 살균방법으로 62~63℃에서 30분간 소독을 실시하며, 우유 속의 결핵균 등의 오염 방지 목적으로 사용된다.

45 최근에 많이 이용되고 있는 우유의 초고온 순간멸균법으로 140℃에서 가장 적절한 처리시간은?

① 1~3초　　　　② 30~60초
③ 1~3분　　　　④ 5~6분

> 초고온 순간멸균법은 130~150℃에서 0.75~2초간 가열 후 급랭하는 방법으로 우유의 내열성 세균의 포자를 완전 사멸하는 방법으로 사용된다.

정답　36 ④　37 ④　38 ④　39 ①　40 ②　41 ①　42 ③　43 ④　44 ①　45 ①

46 저온소독법(Pasteurization)에 이용되는 적절한 온도와 시간은?

① 50~55℃, 1시간
② 62~63℃, 30분
③ 65~68℃, 1시간
④ 80~84℃, 30분

47 일광소독법은 햇빛 중의 어떤 영역에 의해 소독이 가능한가?

① 적외선   ② 자외선
③ 가시광선   ④ 감마선

> 일광소독법은 태양광선 중의 자외선을 이용하는 방법으로 결핵균, 페스트균, 장티푸스균 등의 사멸에 사용된다.

48 자외선의 파장 중 가장 강한 범위는?

① 200~220nm   ② 260~280nm
③ 300~320nm   ④ 360~380nm

> 자외선의 파장 중 260~280nm에서 살균력이 가장 강하다.

49 자외선의 인체에 대한 작용으로 관계가 없는 것은?

① 비타민D 형성   ② 멜라닌 색소 침착
③ 체온상승   ④ 피부암 유발

50 코발트나 세슘 등을 이용한 방사선 멸균법의 단점이라 할 수 있는 것은?

① 시설설비에 소요되는 비용이 비싸다.
② 투과력이 약해 포장된 물품에 소독효과가 없다.
③ 소독에 소요되는 시간이 길다.
④ 고온하에서 적용되기 때문에 열에 약한 기구소독이 어렵다.

> **방사선 멸균법**
> • 코발트나 세슘 등의 감마선을 이용한 방법
> • 포장 식품이나 약품의 멸균 등에 이용
> • 시설비가 비싼 단점이 있다.

51 다음 중 일광소독법의 가장 큰 장점인 것은?

① 아포도 죽는다.
② 산화되지 않는다.
③ 소독효과가 크다.
④ 비용이 적게 든다.

> 일광소독법은 태양광선 중의 자외선을 이용하는 방법으로 결핵균, 페스트균, 장티푸스균 등의 사멸에 사용되며 소독효과가 큰 방법은 아니다. 비용이 적게 들면서 가장 간편하게 소독할 수 있는 방법이다.

52 결핵환자가 사용한 침구류 및 의류의 가장 간편한 소독 방법은?

① 일광 소독   ② 자비소독
③ 석탄산 소독   ④ 크레졸 소독

53 자외선의 살균에 대한 설명으로 가장 적절한 것은?

① 투과력이 강해서 매우 효과적인 살균법이다.
② 직접 쪼여져 노출된 부위만 소독된다.
③ 짧은 시간에 충분히 소독된다.
④ 액체의 표면을 통과하지 못하고 반사한다.

> 자외선 살균은 효과적인 살균 방법은 아니며 표면적인 멸균 효과를 얻기 위한 방법이다.

54 당이나 혈청과 같이 열에 의해 변성되거나 불안정한 액체의 멸균에 이용되는 소독법은?

① 저온살균법   ② 여과멸균법
③ 간헐멸균법   ④ 건열멸균법

> 여과멸균법은 열이나 화학약품을 사용하지 않고 여과기를 이용하여 세균을 제거하는 방법이다.

03. 화학적 소독법

1 ★★★
소독약을 사용하여 균 자체에 화학반응을 일으켜 세균의 생활력을 빼앗아 살균하는 것은?

① 물리적 멸균법　　　　② 건열 멸균법
③ 여과 멸균법　　　　　④ 화학적 살균법

> **화학적 살균법**은 화학적 반응을 이용하는 방법이며, 석탄산, 크레졸, 역성비누, 포르말린, 승홍 등이 주로 사용된다.

2 ★★★
화학적 소독법에 가장 많은 영향을 주는 것은?

① 순수성　　　　　　　② 융접
③ 빙점　　　　　　　　④ 농도

> 일반적으로 소독제의 농도가 높을수록 소독제의 효과도 높아진다.

3 ★★★
소독제로서 석탄산에 관한 설명이 틀린 것은?

① 유기물에도 소독력은 약화되지 않는다.
② 고온일수록 소독력이 커진다.
③ 금속 부식성이 없다.
④ 세균단백에 대한 살균작용이 있다.

> 석탄산은 금속 부식성이 있다.

4 ★★★
다음 중 방역용 석탄산수의 알맞은 사용 농도는?

① 1%　　　　　　　　② 3%
③ 5%　　　　　　　　④ 70%

> 석탄산수는 3% 농도의 석탄산에 97%의 물을 혼합하여 사용한다.

5 ★★★
소독약으로서의 석탄산에 관한 내용 중 틀린 것은?

① 사용농도는 3% 수용액을 주로 쓴다.
② 고무제품, 의류, 가구, 배설물 등의 소독에 적합하다.
③ 단백질 응고작용으로 살균기능을 가진다.
④ 세균포자나 바이러스에 효과적이다.

> 석탄산은 3% 농도의 석탄산에 97%의 물을 혼합하여 사용하는데, 고무제품, 의류, 가구, 배설물 등의 소독에 적합하며, 세균포자나 바이러스에는 작용력이 없다.

6 ★★★★
소독제의 살균력을 비교할 때 기준이 되는 소독약은?

① 요오드　　　　　　　② 승홍
③ 석탄산　　　　　　　④ 알코올

7 ★★★★★
소독제의 살균력 측정검사의 지표로 사용되는 것은?

① 알코올　　　　　　　② 크레졸
③ 석탄산　　　　　　　④ 포르말린

8 ★★★
다음 중 넓은 지역의 방역용 소독제로 적당한 것은?

① 석탄산　　　　　　　② 알코올
③ 과산화수소　　　　　④ 역성비누액

> **석탄산의 용도**
> • 고무제품, 의류, 가구, 배설물 등의 소독에 적합
> • 넓은 지역의 방역용 소독제로 적합

9 ★★★
다음 소독약 중 할로겐계의 것이 아닌 것은?

① 표백분　　　　　　　② 석탄산
③ 차아염소산나트륨　　④ 요오드

> 석탄산은 방향족 화합물이다. 할로겐계 소독약에는 염소, 표백분, 요오드 등이 있다.

10 ★★★
석탄산 계수가 2인 소독약 A를 석탄산 계수 4인 소독약 B와 같은 효과를 내려면 그 농도를 어떻게 조정하면 되는가?(단, A, B의 용도는 같다)

① A를 B보다 2배 묽게 조정한다.
② A를 B보다 4배 묽게 조정한다.
③ A를 B보다 2배 짙게 조정한다.
④ A를 B보다 4배 짙게 조정한다.

> 소독약 A는 석탄산보다 살균력이 2배 높고, 소독약 B는 석탄산보다 4배 높으므로 소독약 A를 B보다 2배 짙게 조정해야 한다.

chapter 04

11 다음 중 석탄산 소독의 장점은?

① 안정성이 높고 화학변화가 적다.
② 바이러스에 대한 효과가 크다.
③ 피부 및 점막에 자극이 없다.
④ 살균력이 크레졸 비누액보다 높다.

② 세균포자나 바이러스에는 작용력이 없다.
③ 조직에 독성이 있어 인체에 잘 사용하지 않는다.
④ 크레졸 비누액은 석탄산에 비해 2배의 소독력을 가진다.

12 다음 중 석탄산의 설명으로 가장 거리가 먼 것은?

① 저온일수록 소독효과가 크다.
② 살균력이 안정하다.
③ 유기물에 약화되지 않는다.
④ 취기와 독성이 강하다.

석탄산은 고온일수록 소독효과가 크다.

13 석탄산 계수(페놀 계수)가 5일 때 의미하는 살균력은?

① 페놀보다 5배 높다.　② 페놀보다 5배 낮다.
③ 페놀보다 50배 높다.　④ 페놀보다 50배 낮다.

석탄산 계수가 5라는 의미는 살균력이 삭탄산의 5배라는 의미이다.

14 어떤 소독약의 석탄산 계수가 2.0이라는 것은 무엇을 의미하는가?

① 석탄산의 살균력이 2이다.
② 살균력이 석탄산의 2배이다.
③ 살균력이 석탄산의 2%이다.
④ 살균력이 석탄산의 120%이다.

15 석탄산의 희석배수 90배를 기준으로 할 때 어떤 소독약의 석탄산 계수가 4이었다면 이 소독약의 희석배수는?

① 90배　② 94배　③ 360배　④ 400배

어떤 소독약의 석탄산 계수가 4라면 살균력이 석탄산의 4배라는 의미이므로 90배의 4배는 360배이다.

16 이·미용실 바닥 소독용으로 가장 알맞은 소독약품은?

① 알코올　　　② 크레졸
③ 생석회　　　④ 승홍수

크레졸은 손, 오물, 배설물 등의 소독 및 이·미용실의 실내소독용으로 사용된다.

17 어느 소독약의 석탄산 계수가 1.5이었다면 그 소독약의 적당한 희석배율은 몇 배인가?(단, 석탄산의 희석배율은 90배이었다)

① 60배　　　② 135배
③ 150배　　　④ 180배

$1.5 = \dfrac{x}{90},\ x = 1.5 \times 90 = 135$

18 다음 중 크레졸의 설명으로 틀린 것은?

① 3%의 수용액을 주로 사용한다.
② 석탄산에 비해 2배의 소독력이 있다.
③ 손, 오물 등의 소독에 사용된다.
④ 물에 잘 녹는다.

크레졸은 물에 잘 녹지 않는다.

19 3%의 크레졸 비누액 900ml를 만드는 방법으로 옳은 것은?

① 크레졸 원액 270ml에 물 630ml를 가한다.
② 크레졸 원액 27ml에 물 873ml를 가한다.
③ 크레졸 원액 300ml에 물 600ml를 가한다.
④ 크레졸 원액 200ml에 물 700ml를 가한다.

• 크레졸 원액 = 900 mL의 3% = 900 × 0.03 = 27mL
• 물 = 900 mL − 27 mL = 873mL

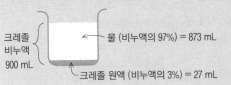

크레졸 비누액 900 mL　　물 (비누액의 97%) = 873 mL
크레졸 원액 (비누액의 3%) = 27 mL

20 *** 객담 등의 배설물 소독을 위한 크레졸 비누액의 가장 적합한 농도는?

① 0.1%　　　　　　② 1%
③ 3%　　　　　　　④ 10%

크레졸은 페놀화합물로 3%의 수용액을 주로 사용하며, 손 소독에는 1~2%의 수용액을 사용한다.

21 *** 다음 중 배설물의 소독에 가장 적당한 것은?

① 크레졸　　　　　　② 오존
③ 염소　　　　　　　④ 승홍

크레졸은 손, 오물, 배설물 등의 소독 및 이·미용실의 실내소독용으로 사용된다.

22 *** 다음 소독제 중에서 페놀화합물에 속하는 것은?

① 포르말린　　　　　② 포름알데히드
③ 이소프로판올　　　④ 크레졸

23 *** 역성비누액에 대한 설명으로 틀린 것은?

① 냄새가 거의 없고 자극이 적다.
② 소독력과 함께 세정력이 강하다.
③ 수지·기구·식기소독에 적당하다.
④ 물에 잘 녹고 흔들면 거품이 난다.

역성비누는 소독력은 강하지만 세정력은 약하다.

24 **** 이·미용업 종사자가 손을 씻을 때 많이 사용하는 소독약은?

① 크레졸 수　　　　　② 페놀 수
③ 과산화수소　　　　④ 역성비누

역성비누는 수지·기구·식기 및 손 소독에 주로 사용된다.

25 *** 다음 중 소독 실시에 있어 수증기를 동시에 혼합하여 사용할 수 있는 것은?

① 승홍수 소독　　　　② 포르말린수 소독
③ 석회수 소독　　　　④ 석탄산수 소독

26 **** 일반적으로 사용하는 소독제로서 에탄올의 적정 농도는?

① 30%　　　　　　② 50%
③ 70%　　　　　　④ 90%

70%의 에탄올이 살균력이 가장 강력하다.

27 *** 다음 소독약 중 가장 독성이 낮은 것은?

① 석탄산　　　　　　② 승홍수
③ 에틸알코올　　　　④ 포르말린

에틸알코올은 독성이 약하며 칼, 가위, 유리제품 등의 소독에 사용된다.

28 *** 비교적 가격이 저렴하고 살균력이 있으며 쉽게 증발되어 잔여량이 없는 살균제는?

① 알코올　　　　　　② 요오드
③ 크레졸　　　　　　④ 페놀

알코올은 탈수 및 응고작용에 의한 살균작용을 하며 쉽게 증발되는 성질이 있다.

29 *** 다음 중 에탄올에 의한 소독 대상물로서 가장 적합한 것은?

① 유리제품　　　　　② 셀룰로이드 제품
③ 고무제품　　　　　④ 플라스틱 제품

에탄올은 칼, 가위, 유리제품 등의 소독에 사용된다.

30 *** 포르말린 소독법 중 올바른 설명은?

① 온도가 낮을수록 소독력이 강하다.
② 온도가 높을수록 소독력이 강하다.
③ 온도가 높고 낮음에 관계없다.
④ 포르말린은 가스상으로는 작용하지 않는다.

포르말린은 가스 소독제로서 온도가 높을수록 소독력이 강하다.

정답　20 ③　21 ①　22 ④　23 ②　24 ④　25 ②　26 ③　27 ③　28 ①　29 ①　30 ②

31 다음 중 포르말린수 소독에 가장 적합하지 않은 것은?

① 고무제품
② 배설물
③ 금속제품
④ 플라스틱

포르말린은 무균실, 병실, 거실 등의 소독 및 금속제품, 고무제품, 플라스틱 등의 소독에 적합하다. 배설물 소독은 크레졸이 적합하다.

32 훈증소독법으로도 사용할 수 있는 약품인 것은?

① 포르말린
② 과산화수소
③ 염산
④ 나프탈렌

33 훈증소독법에 대한 설명 중 틀린 것은?

① 분말이나 모래, 부식되기 쉬운 재질 등을 멸균할 수 있다.
② 가스(gas)나 증기(fume)를 사용한다.
③ 화학적 소독방법이다.
④ 위생해충 구제에 많이 이용된다.

훈증소독법은 식품에 살균가스를 뿌려 미생물과 해충을 죽이는 방법으로 과일을 오래 보관하기 위해 주로 사용한다.

34 승홍에 관한 설명으로 틀린 것은?

① 액 온도가 높을수록 살균력이 강하다.
② 금속 부식성이 있다.
③ 0.1% 수용액을 사용한다.
④ 상처 소독에 적당한 소독약이다.

상처 소독에는 과산화수소가 주로 사용된다.

35 다음 중 소독약품과 적정 사용농도의 연결이 가장 거리가 먼 것은?

① 승홍수 – 1%
② 알코올 – 70%
③ 석탄산 – 3%
④ 크레졸 – 3%

승홍수는 0.1% 농도의 수용액을 사용한다.

36 승홍을 희석하여 소독에 사용하고자 한다. 경제적 희석 배율은 어느 정도로 되는가?(단, 아포살균 제외)

① 500배
② 1,000배
③ 1,500배
④ 2,000배

37 다음 소독제 중 상처가 있는 피부에 가장 적합하지 않은 것은?

① 승홍수
② 과산화수소
③ 포비돈
④ 아크리놀

승홍수는 손 및 피부 소독에 사용되는데 상처가 있는 피부에는 적합하지 않다.

38 다음 중 금속제품 기구소독에 가장 적합하지 않은 것은?

① 알코올
② 역성비누
③ 승홍수
④ 크레졸수

승홍수는 금속 부식성이 있어 금속류의 소독에는 적당하지 않다.

39 승홍수의 설명으로 틀린 것은?

① 금속을 부식시키는 성질이 있다.
② 피부소독에는 0.1%의 수용액을 사용한다.
③ 염화칼륨을 첨가하면 자극성이 완화된다.
④ 살균력이 일반적으로 약한 편이다.

승홍수는 강력한 살균력이 있다.

40 소독제로서 승홍수의 장점인 것은?

① 금속의 부식성이 강하다.
② 냄새가 없다.
③ 유기물에 대한 완전한 소독이 어렵다.
④ 피부점막에 자극성이 강하다.

①, ③, ④는 승홍수의 단점에 해당한다.

41 다음 중 음료수 소독에 사용되는 소독 방법과 가장 거리가 먼 것은?

① 염소소독
② 표백분 소독
③ 자비소독
④ 승홍액 소독

승홍수는 손 및 피부 소독에 주로 사용되며, 음료수 소독에는 적합하지 않다.

42 승홍에 소금을 섞었을 때 일어나는 현상은?

① 용액이 중성으로 되고 자극성이 완화된다.
② 용액의 기능을 2배 이상 증대시킨다.
③ 세균의 독성을 중화시킨다.
④ 소독대상물의 손상을 막는다.

승홍에 염화칼륨 또는 식염을 첨가하면 용액이 중성으로 변하여 자극이 완화된다.

43 음용수 소독에 사용할 수 있는 소독제는?

① 요오드
② 페놀
③ 염소
④ 승홍수

44 살균력은 강하지만 자극성과 부식성이 강해서 상수 또는 하수의 소독에 주로 이용되는 것은?

① 알코올
② 질산은
③ 승홍
④ 염소

염소는 상수 및 하수의 소독에 주로 이용되며, 음용수 소독에 사용 시 잔류염소가 0.1~0.2ppm이 되게 한다.

45 보통 상처의 표면에 소독하는 데 이용하며 발생기 산소가 강력한 산화력으로 미생물을 살균하는 소독제는?

① 석탄산
② 과산화수소수
③ 크레졸
④ 에탄올

과산화수소의 소독 효과
• 피부 상처 부위나 구내염, 인두염 및 구강세척제 등에 사용
• 살균 · 탈취 및 표백에 효과
• 일반세균, 바이러스, 결핵균, 진균, 아포에 모두 효과

46 3% 수용액으로 사용하며, 자극성이 적어서 구내염, 인두염, 입안세척, 상처 등에 사용되는 소독약은?

① 승홍수
② 과산화수소
③ 석탄산
④ 알코올

47 다음 소독제 중 피부 상처 부위나 구내염 소독 시에 가장 적당한 것은?

① 과산화수소
② 크레졸수
③ 승홍수
④ 메틸알코올

48 다음 중 피부 자극이 적어 상처 표면의 소독에 가장 적당한 것은?

① 10% 포르말린
② 3% 과산화수소
③ 15% 염소화합물
④ 3% 석탄산

과산화수소는 피부 상처 부위나 구내염, 인두염 및 구강세척제 등에 사용된다.

49 살균 및 탈취뿐만 아니라 특히 표백의 효과가 있어 두발 탈색제와도 관계가 있는 소독제는?

① 알코올
② 석탄수
③ 크레졸
④ 과산화수소

50 살균력과 침투성은 약하지만 자극이 없고 발포작용에 의해 구강이나 상처 소독에 주로 사용되는 소독제는?

① 페놀
② 염소
③ 과산화수소수
④ 알코올

51 에틸렌 옥사이드가스(Ethylene Oxide : E.O) 멸균법에 대한 설명 중 틀린 것은?

① 고압증기 멸균법에 비해 장기보존이 가능하다.
② 50~60℃의 저온에서 멸균된다.
③ 경제성이 고압증기 멸균법에 비해 저렴하다.
④ 가열에 변질되기 쉬운 것들이 멸균대상이 된다.

에틸렌 옥사이드는 비용이 비교적 많이 든다.

정답 **41** ④ **42** ① **43** ③ **44** ④ **45** ② **46** ② **47** ① **48** ② **49** ④ **50** ③ **51** ③

52 구내염, 입안 세척 및 상처 소독에 발포작용으로 소독이 가능한 것은?

① 알코올　　　　　② 과산화수소
③ 승홍수　　　　　④ 크레졸 비누액

53 생석회 분말소독의 가장 적절한 소독 대상물은?

① 감염병 환자실　　② 화장실 분변
③ 채소류　　　　　④ 상처

생석회는 산화칼슘을 98% 이상 함유한 백색의 분말로 화장실 분변, 하수도 주위의 소독에 주로 사용된다.

54 에틸렌 옥사이드(Ethylene Oxide) 가스의 설명으로 적합하지 않은 것은?

① 50~60℃의 저온에서 멸균된다.
② 멸균 후 보존기간이 길다.
③ 비용이 비교적 비싸다.
④ 멸균 완료 후 즉시 사용 가능하다.

에틸렌 옥사이드 가스는 독성가스이므로 소독 후 허용치 이하로 떨어질 때까지 장시간 공기에 노출시킨 후 사용해야 한다.

55 E.O 가스의 폭발 위험성을 감소시키기 위하여 흔히 혼합하여 사용하게 되는 물질은?

① 질소　　　　　　② 산소
③ 아르곤　　　　　④ 이산화탄소

E.O 가스는 폭발 위험성을 감소시키기 위해 이산화탄소 또는 프레온을 혼합하여 사용한다.

56 E.O(Ethylene Oxide) 가스 소독이 갖는 장점이라 할 수 있는 것은?

① 소독에 드는 비용이 싸다.
② 일반세균은 물론 아포까지 불활성화시킬 수 있다.
③ 소독 절차 및 방법이 쉽고 간단하다.
④ 소독 후 즉시 사용이 가능하다.

E.O 가스 소독은 멸균시간이 비교적 길고 비용이 많이 드는 소독 방법이다.

57 고무장갑이나 플라스틱의 소독에 가장 적합한 것은?

① E.O 가스 살균법　　② 고압증기 멸균법
③ 자비 소독법　　　　④ 오존 멸균법

E.O 가스 살균법은 50~60℃의 저온에서 멸균하는 방법으로 가열로 인해 변질되기 쉬운 플라스틱 및 고무제품 등의 멸균에 이용되며, 일반세균은 물론 아포까지 불활성화시킬 수 있는 방법이다.

58 플라스틱. 전자기기, 열에 불안정한 제품들을 소독하기에 가장 효과적인 방법은?

① 열탕소독　　　　② 건열소독
③ 가스소독　　　　④ 고압증기 소독

59 오존(O₃)을 살균제로 이용하기에 가장 적절한 대상은?

① 밀폐된 실내 공간　② 물
③ 금속기구　　　　④ 도자기

오존은 반응성이 풍부하고 산화작용이 강하여 물의 살균에 이용된다.

60 다음 중 섭씨 100도에서도 살균되지 않는 균은?

① 결핵균　　　　　② 장티푸스균
③ 대장균　　　　　④ 아포형성균

섭씨 100도에서는 일반 균은 살균할 수 있지만 아포형성균이나 B형 간염 바이러스 살균에는 부적합하다.

61 다음 내용 중 틀린 것은?

① 식기 소독에는 크레졸수가 적당하다.
② 승홍은 객담이 묻은 도구나 기구류 소독에는 사용할 수 없다.
③ 역성비누는 세정력은 강하지만 살균작용은 하지 못한다.
④ 역성비누는 보통비누와 병용해서는 안 된다.

역성비누는 세정력은 거의 없으며 살균작용이 강하다.

정답　52 ②　53 ②　54 ④　55 ④　56 ②　57 ①　58 ③　59 ②　60 ④　61 ③

62 살균력이 좋고 자극성이 적어서 상처소독에 많이 사용되는 것은?

① 승홍수   ② 과산화수소
③ 포르말린   ④ 석탄산

63 다음 중 소독방법과 소독대상이 바르게 연결된 것은?

① 화염멸균법 – 의류나 타월
② 자비소독법 – 아마인유
③ 고압증기멸균법 – 예리한 칼날
④ 건열멸균법 – 바세린(vaseline) 및 파우더

> ① 화염멸균법 – 금속기구, 유리기구, 도자기 등
> ② 자비소독법 – 수건, 소형기구, 용기 등
> ③ 고압증기멸균법 – 의료기구, 의류, 고무제품, 미용기구, 무균실 기구 등

04. 미용기구의 소독 방법

1 이·미용업소에서 B형 간염의 전염을 방지하려면 다음 중 어느 기구를 가장 철저히 소독하여야 하는가?

① 수건   ② 머리빗
③ 면도칼   ④ 클리퍼(전동형)

> B형 간염은 면도칼이나 손톱깎기 등 상처가 날 수 있는 기구 사용 시 감염의 위험이 있기 때문에 특별히 사용에 주의해야 한다.

2 이·미용업소에서 종업원이 손을 소독할 때 가장 보편적이고 적당한 것은?

① 승홍수   ② 과산화수소
③ 역성비누   ④ 석탄수

> 역성비누는 수지 · 기구 · 식기 및 손 소독에 주로 사용된다.

3 이·미용실의 기구(가위, 레이저) 소독으로 가장 적당한 약품은?

① 70~80%의 알코올
② 100~200배 희석 역성비누

③ 5% 크레졸 비누액
④ 50%의 페놀액

> 에탄올은 칼, 가위, 유리제품 등의 소독에 사용되며 약 70%의 에탄올이 살균력이 가장 강력하다.

4 미용용품이나 기구 등을 일차적으로 청결하게 세척하는 것은 다음의 소독방법 중 어디에 해당되는가?

① 희석   ② 방부
③ 정균   ④ 여과

5 이·미용실에 사용하는 타월류는 다음 중 어떤 소독법이 가장 좋은가?

① 포르말린 소독
② 석탄산 소독
③ 건열소독
④ 증기 또는 자비소독

6 다음 중 플라스틱 브러시의 소독방법으로 가장 알맞은 것은?

① 0.5%의 역성비누에 1분 정도 담근 후 물로 씻는다.
② 100℃의 끓는 물에 20분 정도 자비소독을 행한다.
③ 세척 후 자외선 소독기를 사용한다.
④ 고압증기 멸균기를 이용한다.

> 플라스틱 브러시의 경우 세척 후 자외선 소독기를 사용해서 소독하는 것이 가장 좋다.

7 유리제품의 소독방법으로 가장 적당한 것은?

① 끓는 물에 넣고 10분간 가열한다.
② 건열멸균기에 넣고 소독한다.
③ 끓는 물에 넣고 5분간 가열한다.
④ 찬물에 넣고 75℃까지만 가열한다.

> 건열멸균법은 유리기구, 금속기구, 자기제품, 주사기, 분말 등의 멸균에 이용된다.

8 레이저(Razor) 사용 시 헤어살롱에서 교차 감염을 예방하기 위해 주의할 점이 아닌 것은?

① 매 고객마다 새로 소독된 면도날을 사용해야 한다.

② 면도날을 매번 고객마다 갈아 끼우기 어렵지만, 하루에 한 번은 반드시 새것으로 교체해야만 한다.

③ 레이저 날이 한 몸체로 분리가 안 되는 경우 70% 알코올을 적신 솜으로 반드시 소독 후 사용한다.

④ 면도날을 재사용해서는 안 된다.

> 면도날을 재사용할 경우 감염의 우려가 있으므로 반드시 매 고객마다 갈아 끼우도록 한다.

9 다음 중 올바른 도구 사용법이 아닌 것은?

① 시술도중 바닥에 떨어뜨린 빗을 다시 사용하지 않고 소독한다.

② 더러워진 빗과 브러시는 소독해서 사용해야 한다.

③ 에머리보드는 한 고객에게만 사용한다.

④ 일회용 소모품은 경제성을 고려하여 재사용한다.

> 일회용 소모품은 사용 후 반드시 버리도록 한다.

10 소독액을 표시할 때 사용하는 단위로 용액 100ml 속에 용질의 함량을 표시하는 수치는?

① 푼　　　　　　　② 퍼센트
③ 퍼밀리　　　　　④ 피피엠

> 퍼센트는 용액 100ml 속에 용질의 함량을 표시하는 수치로 $\frac{용질량}{용액량} \times 100$의 식으로 구한다.

11 소독액의 농도표시법에 있어서 소독액 1,000,000 ml 중에 포함되어 있는 소독약의 양을 나타내는 단위는?

① 밀리그램(mg)　　　② 피피엠(ppm)
③ 퍼밀리(0/00)　　　④ 퍼센트(%)

> 피피엠은 용액 100만g(ml) 속에 포함된 용질의 양을 표시한 수치로 $\frac{용질량}{용액량} \times 10^6$의 식으로 구한다.

12 다음 중 일회용 면도기를 사용함으로써 예방 가능한 질병은?(단, 정상적인 사용의 경우를 말한다)

① 옴(개선)병　　　　② 일본뇌염
③ B형 간염　　　　　④ 무좀

> B형 간염은 바이러스에 감염된 혈액 등의 체액, 성적 접촉, 수혈, 오염된 주사기 등의 재사용 등을 통해 감염된다.

13 이·미용업소에서 소독하지 않은 면체용 면도기로 주로 전염될 수 있는 질병에 해당되는 것은?

① 파상풍　　　　　② B형 간염
③ 트라코마　　　　④ 결핵

14 다음 중 중량 백만분율을 표시하는 단위는?

① ppm　　　　　② ppt
③ ppb　　　　　④ ‰

> ppm은 Parts Per Million의 약자로 백만분율을 표시하는 단위로 쓰인다.

15 소독약이 고체인 경우 1% 수용액이란?

① 소독약 0.1g을 물 100ml에 녹인 것
② 소독약 1g을 물 100ml에 녹인 것
③ 소독약 10g을 물 100ml에 녹인 것
④ 소독약 10g을 물 990ml에 녹인 것

16 무수알코올(100%)을 사용해서 70%의 알코올 1,800 mL를 만드는 방법으로 옳은 것은?

① 무수알코올 700mL에 물 1,100mL를 가한다.
② 무수알코올 70mL에 물 1,730mL를 가한다.
③ 무수알코올 1,260mL에 물 540mL를 가한다.
④ 무수알코올 126mL에 물 1,674mL를 가한다.

> 1,800mL의 70%는 1,260mL이므로 무수알코올 1,260mL에 물 540mL를 첨가해서 만든다.
> 1,800 × 0.7 = 1,260
> 1,800 − 1,260 = 540

17 소독약 10mL를 용액(물) 40mL에 혼합시키면 몇 %의 수용액이 되는가?

① 2%
② 10%
③ 20%
④ 50%

$$\text{농도}(\%) = \frac{\text{용질량(소독약)}}{\text{용액량(물+소독약)}} \times 100(\%) = \frac{10}{10+40} \times 100(\%) = 20\%$$

18 용질 6g이 용액 300mL에 녹아 있을 때 이 용액은 몇 % 용액인가?

① 500%
② 50%
③ 20%
④ 2%

$$\text{농도}(\%) = \frac{\text{용질량}}{\text{용액량}} \times 100(\%) = \frac{6}{300} \times 100(\%) = 2\%$$

19 순도 100% 소독약 원액 2mL에 증류수 98mL를 혼합하여 100mL의 소독약을 만들었다면 이 소독약의 농도는?

① 2%
② 3%
③ 5%
④ 98%

$$\text{농도}(\%) = \frac{\text{용질량(소독약)}}{\text{용액량(물+소독약)}} \times 100(\%) = \frac{2}{100} \times 100(\%) = 2\%$$

20 3% 소독액 1,000mL를 만드는 방법으로 옳은 것은?(단, 소독액 원액의 농도는 100%이다)

① 원액 300mL에 물 700mL를 가한다.
② 원액 30mL에 물 970mL를 가한다.
③ 원액 3mL에 물 997mL를 가한다.
④ 원액 3mL에 물 1,000mL를 가한다.

1,000mL의 3%는 1,000×0.03=30mL이므로
여기에 물 970mL를 섞으면 된다.

21 100%의 알코올을 사용해서 70%의 알코올 400mL를 만드는 방법으로 옳은 것은?

① 물 70mL와 100% 알코올 330mL 혼합
② 물 100mL와 100% 알코올 300mL 혼합
③ 물 120mL와 100% 알코올 280mL 혼합
④ 물 330mL와 100% 알코올 70mL 혼합

400mL의 70%는 280mL이므로 알코올 280mL에 물 120mL를 첨가한다.
- 알코올 : 400×0.7 = 280mL
- 물 : 400 - 280 = 120mL

22 70%의 희석 알코올 2L를 만들려면 무수알코올(알코올 원액) 몇 mL가 필요한가?

① 700mL
② 1,400mL
③ 1,600mL
④ 1,800mL

농도란 물(용액)에 알코올 원액(용질)을 희석시켰을 때, 이 혼합물에서 알코올 원액이 얼마만큼인지를 나타낸다.
희석 알코올이란 '알코올 원액+물'을 의미한다.

$$\text{농도}(\%) = \frac{\text{용질량(원액)}}{\text{용액량(물+원액)}} \times 100(\%) \text{에서}$$

$70 = \frac{\alpha}{2} \times 100 = 1.4L$, '1L = 1,000 mL'이므로 1,400 mL이다.

23 95% 농도의 소독약 200mL가 있다. 이것을 70% 정도로 농도를 낮추어 소독용으로 사용하고자 할 때 얼마의 물을 더 첨가하면 되는가?

① 약 25mL
② 약 50mL
③ 약 70mL
④ 약 140mL

$$\text{농도}(\%) = \frac{\text{용질량(원액)}}{\text{용액량(물+원액)}} \times 100(\%) \text{에서}$$

먼저 소독약 원액의 용량을 먼저 구하면,
$95(\%) = \frac{\alpha}{200} \times 100$ 이므로 소독약 원액(α)은 190 mL이다.

따라서, 물은 200 - 190 = 10 mL이다.

그리고 70%의 소독약에 필요한 물(β) 용량을 구하면

$70(\%) = \frac{190}{\beta + 190} \times 100$, $\beta = 81.428$이다.

따라서 첨가되어야 할 물의 용량은
70%의 물 용량 - 90%의 물 용량 = 81.428-10 ≒ 71.428 mL이다.

정답 **17** ③ **18** ④ **19** ① **20** ② **21** ③ **22** ② **23** ③

SECTION 08

Makeup Artist Certification

미생물 총론

이 섹션에서는 호기성 세균, 혐기성 세균, 통성혐기성균의 의미와 해당 세균들을 구분할 수 있도록 합니다. 아울러 병원성 미생물의 특징과 미생물의 구조에 대해서도 학습하도록 합니다.

01 미생물의 분류

1 비병원성 미생물과 병원성 미생물

구분	의미	종류
비병원성 미생물	인체 내에서 병적인 반응을 일으키지 않는 미생물	발효균, 효모균, 곰팡이균, 유산균 등
병원성 미생물	인체 내에서 병적인 반응을 일으키며 증식하는 미생물	세균(구균, 간균, 나선균), 바이러스, 리케차, 진균 등

> **Check!**
> **미생물의 정의**
> • 미생물이란 육안의 가시한계를 넘어선 0.1mm 이하의 미세한 생물체를 총칭하는 것
> • 단일세포 또는 균사로 구성되어 있다.
> • 최초 발견 : 레벤후크

2 병원성 미생물의 종류 및 특징

(1) 세균

① 구균 : 둥근 모양의 세균

포도상구균	• 손가락 등의 화농성 질환의 병원균 • 식중독의 원인균
연쇄상구균	• 편도선염 및 인후염의 원인균
임균	• 임질의 병원균
수막염균	• 유행성 수막염의 병원균

② 간균 : 긴 막대기 모양의 세균
  • 종류 : 탄저균, 파상풍균, 결핵균, 나균, 디프테리아균 등

> **Check!**
> **결핵균의 특징**
> • 지방성분이 많은 세포벽에 둘러싸여 있는데, 이 세포벽이 보호막 구실을 하므로 건조한 상태에서도 살아남을 수 있다.
> • 강산성이나 알칼리에도 잘 견딘다.
> • 햇볕이나 열에 약하다.

③ 나선균 : S자 또는 나선 모양의 세균
  • 종류 : 매독균, 렙토스피라균, 콜레라균 등

(2) 바이러스

① 가장 작은 크기의 미생물
② 주요 질환 : 홍역, 뇌염, 폴리오, 인플루엔자, 간염 등

(3) 리케차

① 바이러스와 세균의 중간 크기
② 주로 진핵생물체의 세포 내에 기생
③ 벼룩, 진드기, 이 등의 절지동물과 공생
④ 주요 질환 : 큐열, 참호열, 티푸스열 등

(4) 진균

① 종류 : 곰팡이, 효모, 버섯 등
② 무좀, 백선 등의 피부병 유발

> **Check!**
> **미생물의 크기 비교**
> 곰팡이 > 효모 > 스피로헤타 > 세균 > 리케차 > 바이러스

02 미생물의 생장에 영향을 미치는 요인

1 온도

① 미생물의 성장과 사멸에 가장 큰 영향을 미치는 환경요인
② 분류

구분	온도	종류
저온균	15~20℃	해양성 미생물
중온균	28~45℃	곰팡이, 효모 등
고온균	50~80℃	토양미생물, 온천에 증식하는 미생물

② 산소

호기성 세균	미생물의 생장을 위해 반드시 산소가 필요한 균(결핵균, 백일해, 디프테리아 등)
혐기성 세균	산소가 없어야만 증식할 수 있는 균 (파상풍균, 보툴리누스균 등)
통성혐기성균	산소가 있으면 증식이 더 잘 되는 균 (대장균, 포도상구균, 살모넬라균 등)

③ 수소이온농도(pH)

가장 증식이 잘되는 pH 범위 : 6.5~7.5(중성)

④ 수분

미생물의 생육에 필요한 수분량은 40% 이상이며, 40% 미만이면 증식이 억제됨

⑤ 영양

미생물의 생장을 위해 탄소, 질소원, 무기염류 등의 영양이 충분히 공급되어야 한다.

> **Check!**
> 미생물 증식의 3대 조건
> 영양소, 수분, 온도

 출제예상문제 | 단원별 구성의 문제 유형 파악!

1 ★★★
다음 ( ) 안에 알맞은 것은?

> 미생물이란 일반적으로 육안의 가시 한계를 넘어선 ( )mm 이하의 미세한 생물체를 총칭하는 것이다.

① 0.01　　　　　　　　② 0.1
③ 1　　　　　　　　　④ 10

2 ★★★★
일반적인 미생물의 번식에 가장 중요한 요소로만 나열된 것은?

① 온도, 적외선, pH
② 온도, 습도, 자외선
③ 온도, 습도, 영양분
④ 온도, 습도, 시간

> 미생물의 번식에 가장 큰 영향을 미치는 요인은 온도이며 수분, 영양, 산소, 수소이온농도 등이 중요한 요인이다.

3 ★★★
다음 미생물 중 크기가 가장 작은 것은?

① 세균　　　　　　　　② 곰팡이
③ 리케차　　　　　　　④ 바이러스

> 바이러스는 가장 작은 크기의 미생물로 홍역, 뇌염, 폴리오, 인플루엔자, 간염 등의 질환을 일으킨다.

4 ★★★
미생물의 종류에 해당하지 않는 것은?

① 벼룩　　　　　　　　② 효모
③ 곰팡이　　　　　　　④ 세균

5 ★★★
미생물의 성장과 사멸에 주로 영향을 미치는 요소로 가장 거리가 먼 것은?

① 영양　　　　　　　　② 빛
③ 온도　　　　　　　　④ 호르몬

6 ★★★
다음 중 미생물의 종류에 해당하지 않는 것은?

① 편모　　　　　　　　② 세균
③ 효모　　　　　　　　④ 곰팡이

> 편모는 가늘고 긴 돌기 모양의 세포 소기관이다.

7 ★★★★
병원성 미생물이 일반적으로 증식이 가장 잘 되는 pH의 범위는?

① 3.5~4.5　　　　　　② 4.5~5.5
③ 5.5~6.5　　　　　　④ 6.5~7.5

정답 1② 2③ 3④ 4① 5④ 6① 7④

8 세균 증식에 가장 적합한 최적 수소이온농도는?

① pH 3.5~5.5   ② pH 6.0~8.0
③ pH 8.5~10.0   ④ pH 10.5~11.5

> 세균은 중성인 pH 6~8의 농도에서 가장 잘 번식한다.

9 다음 중 세균이 가장 잘 자라는 최적 수소이온(pH) 농도에 해당되는 것은?

① 강산성   ② 약산성
③ 중성   ④ 강알칼리성

10 세균의 형태가 S자형 혹은 가늘고 길게 만곡되어 있는 것은?

① 구균   ② 간균
③ 구간균   ④ 나선균

> 나선균은 S자 또는 나선 모양의 세균으로 매독균, 렙토스피라균, 콜레라균 등이 이에 속한다.

11 손가락 등의 화농성 질환의 병원균이며 식중독의 원인균으로 될 수 있는 것은?

① 살모넬라균   ② 포도상구균
③ 바이러스   ④ 곰팡이독소

> 포도상구균은 식중독, 피부의 화농·중이염 등 화농성질환을 일으키는 원인균이다.

12 빌딩이나 건물의 냉온방 및 환기시스템을 통해 전파 가능한 질환은?

① 레지오넬라증   ② B형간염
③ 농가진   ④ AIDS

> 레지오넬라증은 물에서 서식하는 레지오넬라균으로 인해 발생하는데, 에어컨의 냉각수나 공기가 세균에 의해 오염되어 분무입자의 형태로 호흡기를 통해 감염될 수 있다.

13 다음의 병원성 세균 중 공기의 건조에 견디는 힘이 가장 강한 것은?

① 장티푸스균   ② 콜레라균
③ 페스트균   ④ 결핵균

> 결핵균은 긴 막대기 모양의 간균으로 지방성분이 많은 세포벽에 둘러싸여 있는데, 이 세포벽이 보호막 구실을 하므로 건조한 상태에서도 살아남을 수 있다.

14 다음 중 호기성 세균이 아닌 것은?

① 결핵균   ② 백일해균
③ 보툴리누스균   ④ 녹농균

> • 호기성 세균 : 미생물의 생장을 위해 반드시 산소가 필요한 균으로 결핵균, 백일해, 디프테리아, 녹농균 등이 이에 해당한다.
> • 보툴리누스균은 산소가 없어야만 증식할 수 있는 혐기성 세균이다.

15 다음 중 산소가 없는 곳에서만 증식을 하는 균은?

① 파상풍균   ② 결핵균
③ 디프테리아균   ④ 백일해균

> 산소가 없어야만 증식할 수 있는 균을 혐기성 세균이라 하며 파상풍균, 보툴리누스균 등이 이에 속한다.

16 다음 중 100℃에서도 살균되지 않는 균은?

① 대장균   ② 결핵균
③ 파상풍균   ④ 장티푸스균

> 곰팡이, 탄저균, 파상풍균, 기종저균, 아포균 등은 100℃에서도 살균되지 않는다.

17 산소가 있어야만 잘 성장할 수 있는 균은?

① 호기성균   ② 혐기성균
③ 통기혐기성균   ④ 호혐기성균

> • 호기성 세균 : 미생물의 생장을 위해 반드시 산소가 필요한 균 (결핵균, 백일해, 디프테리아 등)
> • 혐기성 세균 : 산소가 없어야만 증식할 수 있는 균(파상풍균, 보툴리누스균 등)
> • 통성혐기성균 : 산소가 있으면 증식이 더 잘 되는 균(대장균, 포도상구균, 살모넬라균 등)

정답   8 ②   9 ③   10 ④   11 ②   12 ①   13 ④   14 ③   15 ①   16 ③   17 ①

18 다음 중 이·미용실에서 사용하는 수건을 철저하게 소독하지 않았을 때 주로 발생할 수 있는 감염병은?

① 장티푸스   ② 트라코마
③ 페스트   ④ 일본뇌염

> 트라코마는 환자의 안분비물 접촉, 환자가 사용하던 타월 등을 통해 전파되므로 위험지역에서는 손과 얼굴을 자주 씻고, 더러운 손가락으로 눈을 만지지 않아야 한다.

19 다음 중 이·미용업소에서 시술과정을 통하여 전염될 수 있는 가능성이 가장 큰 질병 2가지는?

① 뇌염, 소아마비   ② 피부병, 발진티푸스
③ 결핵, 트라코마   ④ 결핵, 장티푸스

> 결핵은 호흡기를 통해 감염되며, 트라코마는 환자가 사용한 수건, 세면기 등을 통해 감염된다.

20 다음 중 여드름 짜는 기계를 소독하지 않고 사용했을 때 감염 위험이 가장 큰 질환은?

① 후천성면역결핍증   ② 결핵
③ 장티푸스   ④ 이질

> 후천성면역결핍증은 환자의 혈액이나 체액을 통해 감염될 수 있는 질환이다.

21 음식물을 냉장하는 이유가 아닌 것은?

① 미생물의 증식억제   ② 자기소화의 억제
③ 신선도 유지   ④ 멸균

> 음식물을 냉장하는 것으로 멸균의 효과를 가질 수는 없다.

22 이·미용업소에서 공기 중 비말전염으로 가장 쉽게 옮겨질 수 있는 감염병은?

① 인플루엔자   ② 대장균
③ 뇌염   ④ 장티푸스

> 인플루엔자는 비말을 통한 호흡기 감염병으로 오한, 근육통, 두통, 기침이 동반된다.

23 세균들은 외부환경에 대하여 저항하기 위해서 아포를 형성하는데 다음 중 아포를 형성하지 않는 세균은?

① 탄저균   ② 젖산균
③ 파상풍균   ④ 보툴리누스균

> 아포를 형성하는 균에는 탄저균, 파상풍균, 보툴리누스균, 기종저균 등이 있다.

24 세균이 영양부족, 건조, 열 등의 증식 환경이 부적당한 경우 균의 저항력을 키우기 위해 형성하게 되는 형태는?

① 섬모   ② 세포벽
③ 아포   ④ 핵

> 세균은 증식 환경이 적당하지 않을 경우 아포를 형성함으로써 강한 내성을 지니게 된다.

25 균(菌)의 내성을 가장 잘 설명한 것은?

① 균이 약에 대하여 저항성이 있는 것
② 균이 다른 균에 대하여 저항성이 있는 것
③ 인체가 약에 대하여 저항성을 가진 것
④ 약이 균에 대하여 유효한 것

> 세균이 약제에 대하여 저항성이 강한 균주로 변했을 경우 그 세균은 내성을 가졌다고 한다.

26 자신이 제작한 현미경을 사용하여 미생물의 존재를 처음으로 발견한 미생물학자는?

① 파스퇴르   ② 히포크라테스
③ 제너   ④ 레벤후크

> 현미경을 발명해서 미생물의 존재를 처음으로 발견한 사람은 네덜란드의 직물 상인이었던 안톤 판 레벤후크이다.

정답 18 ② 19 ③ 20 ① 21 ④ 22 ① 23 ② 24 ③ 25 ① 26 ④

공중위생관리법

공중위생관리법 섹션에서는 7문제 정도가 출제됩니다. 가장 까다롭게 느껴지는 과목이지만 최대한 학습하기 편하도록 정리했으므로 관련 용어 정의 및 법령 내용은 가급적 모두 암기하도록 합니다. 신고의 주체에 대해서는 별도로 정리했으니 혼동하지 않도록 하고, 과태료와 벌금은 모두 암기하기 어렵다면 출제문제 위주로 학습하기 바랍니다.

01 공중위생관리법의 목적 및 정의

1 목적

공중이 이용하는 영업의 위생관리 등에 관한 사항을 규정함으로써 위생수준을 향상시켜 국민의 건강증진에 기여

2 정의

① 공중위생영업 : 다수인을 대상으로 위생관리서비스를 제공하는 영업으로서 숙박업·목욕장업·이용업·미용업·세탁업·건물위생관리업을 말한다.

② 공중이용시설 : 다수인이 이용함으로써 이용자의 건강 및 공중위생에 영향을 미칠 수 있는 건축물 또는 시설로서 대통령령이 정하는 것

③ 이용업 : 손님의 머리카락(또는 수염)을 깎거나 다듬는 등의 방법으로 손님의 용모를 단정하게 하는 영업

④ 미용업 : 손님의 얼굴·머리·피부 및 손톱·발톱 등을 손질하여 손님의 외모를 아름답게 꾸미는 영업

⑤ 건물위생관리업 : 공중이 이용하는 건축물·시설물 등의 청결유지와 실내공기정화를 위한 청소 등을 대행하는 영업

02 영업신고 및 폐업신고

1 영업신고 (주체 : 시장·군수·구청장)

① 공중위생영업의 종류별로 보건복지부령이 정하는 시설 및 설비를 갖추고 시장·군수·구청장(자치구의 구청장에 한함)에게 신고

▶ 첨부서류
- 영업시설 및 설비개요서 • 면허증
- 교육필증(미리 교육을 받은 사람만 해당)

② 신고서를 제출받은 시장·군수·구청장은 건축물대장, 토지이용계획확인서, 면허증을 확인해야 한다.

③ 신고인이 확인에 동의하지 않을 경우에는 그 서류를 첨부

④ 신고를 받은 시장·군수·구청장은 즉시 영업신고증을 교부하고, 신고관리대장을 작성·관리해야 한다.

⑤ 신고를 받은 시장·군수·구청장은 해당 영업소의 시설 및 설비에 대한 확인이 필요 시 영업신고증을 교부한 후 30일 이내에 확인

⑥ 재교부 신청
- 영업신고증의 분실 또는 훼손 시
- 신고인의 성명이나 생년월일이 변경 시

※ 면허증을 잃어버린 후 재교부받은 자가 그 잃어버린 면허증을 찾은 때에는 지체없이 반납

2 변경신고

① 변경신고 사항

▶ 보건복지부령이 정하는 중요사항
- 영업소의 명칭 또는 상호
- 영업소의 소재지
- 신고한 영업장 면적의 3분의 1 이상의 증감
- 대표자의 성명 또는 생년월일
- 미용업 업종 간 변경

② 변경신고 시 제출서류

영업신고사항 변경신고서에 다음의 서류를 첨부하여 시장·군수·구청장에게 제출

▶ 첨부서류
- 영업신고증(신고증을 분실하여 영업신고사항 변경신고서에 분실 사유를 기재하는 경우에는 첨부하지 않음)
- 변경사항을 증명하는 서류

③ 시장 · 군수 · 구청장이 확인해야 할 서류

> ▶ **첨부서류**
> • 건축물대장, 토지이용계획확인서, 면허증
> • 전기안전점검확인서(신고인이 동의하지 않는 경우 서류를 첨부하도록 함)

④ 신고를 받은 시장 · 군수 · 구청장은 영업신고증을 고쳐 쓰거나 재교부하여야 한다.

⑤ 미용업 업종 간 변경인 경우의 확인 기간 : 영업소의 시설 및 설비 등의 변경신고를 받은 날부터 30일 이내

❸ 폐업 신고

폐업한 날부터 20일 이내에 시장 · 군수 · 구청장에게 신고

03 영업의 승계

❶ 승계 가능한 사람

① 양수인 : 미용업을 양도한 때
② 상속인 : 미용업 영업자가 사망한 때
③ 법인 : 합병 후 존속하는 법인 또는 합병에 의해 설립되는 법인
④ 경매, 환가, 압류재산의 매각 그 밖에 이에 준하는 절차에 따라 미용업 영업 관련시설 및 설비의 전부를 인수한 자

❷ 승계의 제한 및 신고

① 제한 : 이용업과 미용업의 경우 면허를 소지한 자에 한하여 승계 가능
② 신고 : 공중위생영업자의 지위를 승계한 자는 1월 이내에 시장 · 군수 또는 구청장에게 신고

> ▶ **제출서류**
> 영업자지위승계신고서에 다음의 서류를 첨부한다.
> • 영업양도의 경우 : 양도 · 양수를 증명할 수 있는 서류사본 및 양도인의 인감증명서
> ※ 예외사항) 양도인의 행방불명 등으로 양도인의 인감증명서를 첨부하지 못하는 경우, 시장 · 군수 · 구청장이 사실확인 등을 통해 양도 · 양수가 이루어졌다고 인정할 수 있는 경우 또는 양도인과 양수인이 신고관청에 함께 방문하여 신고를 하는 경우
> • 상속의 경우 : 가족관계증명서 및 상속인임을 증명할 수 있는 서류
> • 기타의 경우 : 해당 사유별로 영업자의 지위를 승계하였음을 증명할 수 있는 서류

04 면허 발급 및 취소

❶ 면허 발급 대상자

① 전문대학(또는 이와 동등 이상의 학력이 있다고 교육부장관이 인정하는 학교)에서 미용에 관한 학과를 졸업한 자
② 대학 또는 전문대학을 졸업한 자와 동등 이상의 학력이 있는 것으로 인정되어 미용에 관한 학위를 취득한 자
③ 고등학교(또는 이와 동등의 학력이 있다고 교육부장관이 인정하는 학교)에서 미용에 관한 학과를 졸업한 자
④ 특성화고등학교, 고등기술학교나 고등학교 또는 고등기술학교에 준하는 각종 학교에서 1년 이상 미용에 관한 소정의 과정을 이수한 자
⑤ 국가기술자격법에 의해 미용사의 자격을 취득한 자

❷ 면허 결격 사유자

① 피성년후견인(질병, 장애, 노령 등의 사유로 인한 정신적 제약으로 사무처리 능력이 지속적으로 결여된 사람)
② 정신질환자(전문의가 미용사로서 적합하다고 인정하는 사람은 예외)
③ 공중의 위생에 영향을 미칠 수 있는 감염병환자로서 결핵환자(비감염성 제외)
④ 약물 중독자
⑤ 공중위생관리법의 규정에 의한 명령 위반 또는 면허증 불법 대여의 사유로 면허가 취소된 후 1년이 경과되지 않은 자

❸ 면허 신청 절차 (시장·군수·구청장)

(1) 서류 제출

면허 신청서에 다음의 서류를 첨부하여 시장 · 군수 · 구청장에게 제출

구분	종류
전문대학 또는 이와 동등 이상의 학력이 있다고 교육부장관이 인정하는 학교에서 미용에 관한 학과를 졸업한 자	• 졸업증명서 또는 학위증명서 1부
대학 또는 전문대학을 졸업한 자와 동등 이상의 학력이 있는 것으로 인정되어 미용에 관한 학위를 취득한 자	
고등학교 또는 이와 동등의 학력이 있다고 교육부장관이 인정하는 학교에서 미용에 관한 학과를 졸업한 자	

구분	종류
특성화고등학교, 고등기술학교나 고등학교 또는 고등기술학교에 준하는 각종 학교에서 1년 이상 미용에 관한 소정의 과정을 이수한 자	• 이수증명서 1부

- 정신질환자가 아님을 증명하는 최근 6개월 이내의 의사 또는 전문의의 진단서 1부
- 감염병 환자 또는 약물중독자가 아님을 증명하는 최근 6개월 이내의 의사의 진단서 1부
- 최근 6개월 이내에 찍은 가로 3cm, 세로 4cm의 탈모 정면 상반신 사진 2매

(2) 서류 확인 (주체 : 시장·군수·구청장)

행정정보의 공동이용을 통하여 다음의 서류를 확인 (신청인이 확인에 동의하지 않는 경우 해당 서류를 첨부)

- 학점은행제학위증명(해당하는 사람만)
- 국가기술자격취득사항확인서(해당하는 사람만)

(3) 면허증 교부 (주체 : 시장·군수·구청장)

신청내용이 요건에 적합하다고 인정되는 경우 면허증을 교부하고, 면허등록관리대장을 작성·관리해야 한다.

④ 면허증의 재교부

(1) 재교부 신청 요건

① 면허증의 기재사항 변경 시
② 면허증 분실 또는 훼손 시

(2) 서류 제출

① 면허증 원본(기재사항 변경 또는 훼손 시)
② 최근 6월 이내에 찍은 3×4cm의 사진 1매

> **Check!**
> 미용업에 종사하고 있는 자는 영업소를 관할하는 시장·군수·구청장에게, 미용업에 종사하고 있지 않은 자는 면허를 받은 시장·군수·구청장에게 서류를 제출한다.

⑤ 면허 취소 (시장·군수·구청장)

다음의 경우 면허를 취소하거나 6월 이내의 기간을 정하여 그 면허의 정지를 명할 수 있다.

① '② 면허 결격 사유자' 중 ①~④에 해당하게 된 때
② 국가기술자격법에 따라 자격이 취소된 때
③ 이중으로 면허를 취득한 때(나중에 발급받은 면허를 말함)

④ 면허정지처분을 받고도 그 정지 기간 중에 업무를 한 때
⑤ 면허증을 다른 사람에게 대여한 때
⑥ 국가기술자격법에 따라 자격정지처분을 받은 때(자격정지처분 기간에 한정)
⑦ 「성매매알선 등 행위의 처벌에 관한 법률」이나 「풍속영업의 규제에 관한 법률」을 위반하여 관계 행정기관의 장으로부터 그 사실을 통보받은 때
※ ①~④ : 면허취소에만 해당

⑥ 면허증의 반납

면허 취소 또는 정지명령을 받을 시 : 관할 시장·군수·구청장에게 면허증 반납

※ 면허 정지명령을 받은 자가 반납한 면허증은 그 면허정지기간 동안 관할 시장·군수·구청장이 보관

05 영업자 준수사항

① 위생관리의무

공중위생영업자는 영업관련 시설 및 설비를 위생적이고 안전하게 관리해야 한다.

② 미용업 영업자의 준수사항(보건복지부령)

① 의료기구와 의약품을 사용하지 않는 순수한 화장 또는 피부미용을 할 것
② 미용기구는 소독을 한 기구와 소독을 하지 않은 기구로 분리하여 보관할 것
③ 면도기는 1회용 면도날만을 손님 1인에 한하여 사용할 것
④ 영업소 내부에 미용업 신고증 및 개설자의 면허증 원본을 게시할 것
⑤ 피부미용을 위해 의약품 또는 의료기기를 사용하지 말 것
⑥ 점빼기·귓볼뚫기·쌍꺼풀수술·문신·박피술 등의 의료행위를 하지 말 것
⑦ 영업장 안의 조명도는 75룩스 이상이 되도록 유지
⑧ 영업소 내부에 최종지불요금표를 게시 또는 부착

> **Check!**
> **영업소 외부에도 부착하는 경우**
> • 영업장 면적이 66m² 이상인 영업소인 경우
> • 요금표에는 일부항목만 표시 가능(5개 이상)
>
> **영업소 내에 게시해야 할 사항**
> 미용업 신고증, 개설자의 면허증 원본, 최종지불요금표

3 시설 및 설비기준

(1) 미용업 공통

① 미용기구는 소독을 한 기구와 소독을 하지 않은 기구를 구분하여 보관할 수 있는 용기를 비치

② 소독기 · 자외선살균기 등 미용기구를 소독하는 장비를 구비

③ 공중위생영업장은 독립된 장소이거나 공중위생영업 외의 용도로 사용되는 시설 및 설비와 분리(벽이나 층 등으로 구분하는 경우) 또는 구획(칸막이 · 커튼 등으로 구분하는 경우)되어야 한다.

④ 다음에 해당하는 경우에는 공중위생영업장을 별도로 분리 또는 구획하지 않아도 된다.
미용업을 2개 이상 함께 하는 경우(해당 미용업자의 명의로 각각 영업신고를 하거나 공동신고를 하는 경우 포함)로서 각각의 영업에 필요한 시설 및 설비기준을 모두 갖추고 있으며, 각각의 시설이 선 · 줄 등으로 서로 구분될 수 있는 경우

(2) 이용업

① 이용기구는 소독을 한 기구와 소독을 하지 아니한 기구를 구분하여 보관할 수 있는 용기를 비치하여야 한다.

② 소독기 · 자외선살균기 등 이용기구를 소독하는 장비를 갖추어야 한다.

③ 영업소 안에는 별실 그 밖에 이와 유사한 시설을 설치하여서는 안 된다.

> **Check!**
> **이 · 미용기구의 소독기준 및 방법(보건복지부령)**
> (1) 일반기준
> ① 자외선소독 : 1cm²당 85μW 이상의 자외선을 20분 이상 쬐어준다.
> ② 건열멸균소독 : 100℃ 이상의 건조한 열에 20분 이상 쬐어준다.
> ③ 증기소독 : 100℃ 이상의 습한 열에 20분 이상 쬐어준다
> ④ 열탕소독 : 100℃ 이상의 물속에 10분 이상 끓여준다.
> ⑤ 석탄산수소독 : 석탄산수(석탄산 3%, 물 97%의 수용액)에 10분 이상 담가둔다.
> ⑥ 크레졸소독 : 크레졸수(크레졸 3%, 물 97%의 수용액)에 10분 이상 담가둔다.
> ⑦ 에탄올소독 : 에탄올수용액(에탄올이 70%인 수용액)에 10분 이상 담가두거나 에탄올수용액을 머금은 면 또는 거즈로 기구의 표면을 닦아준다.
> (2) 개별기준
> 이용기구 및 미용기구의 종류, 재질 및 용도에 따른 구체적인 소독기준 및 방법은 보건복지부장관이 정하여 고시한다.

4 위생관리기준

(1) 공중이용시설의 실내공기 위생관리기준(보건복지부령)

① 24시간 평균 실내 미세먼지의 양이 150μg/m³을 초과하는 경우에는 실내공기정화시설(덕트) 및 설비를 교체 또는 청소를 해야 한다.

② 청소를 해야 하는 실내공기정화시설 및 설비
- 공기정화기(이에 연결된 급 · 배기관)
- 중앙집중식 냉 · 난방시설의 급 · 배기구
- 실내공기의 단순배기관
- 화장실용 또는 조리실용 배기관

(2) 오염물질의 종류와 오염허용기준(보건복지부령)

종류	오염허용기준
미세먼지(PM-10)	24시간 평균치 150μg/m³ 이하
일산화탄소(CO)	1시간 평균치 25ppm 이하
이산화탄소(CO₂)	1시간 평균치 1,000ppm 이하
포름알데이드(HCHO)	1시간 평균치 120μg/m³ 이하

06 미용사의 업무

1 업무범위

① 미용업을 개설하거나 그 업무에 종사하려면 반드시 면허를 받아야 한다.

> **Check!**
> 미용사의 감독을 받아 미용 업무의 보조를 행하는 경우에는 면허가 없어도 된다.

② 영업소 외의 장소에서 행할 수 없다(보건복지부령이 정하는 특별한 사유가 있는 경우에는 예외).

> ▶ 보건복지부령이 정하는 특별한 사유
> - 질병이나 그 밖의 사유로 영업소에 나올 수 없는 자에 대하여 미용을 하는 경우
> - 혼례나 그 밖의 의식에 참여하는 자에 대하여 그 의식 직전에 미용을 하는 경우
> - 사회복지시설에서 봉사활동으로 미용을 하는 경우
> - 방송 등의 촬영에 참여하는 사람에 대하여 그 촬영 직전에 이용 또는 미용을 하는 경우
> - 기타 특별한 사정이 있다고 시장 · 군수 · 구청장이 인정하는 경우

③ 이용사 및 미용사의 업무범위에 관하여 필요한 사항은 보건복지부령으로 정한다.

chapter 04

2 구체적 업무

① 미용에 관한 학과를 졸업한 자 및 학위를 받은 자와 2007년 12월 31일 이전에 국가기술자격법에 따라 미용사 자격을 취득한 자로서 미용사면허를 받은 자 : 미용업(종합)에 해당하는 업무

3 미용업의 세분화 및 업무

미용업(일반)	파마, 머리카락 자르기, 머리카락 모양내기, 머리피부 손질, 머리카락 염색, 머리감기, 의료기기나 의약품을 사용하지 않는 눈썹손질을 하는 영업
미용업(피부)	의료기기나 의약품을 사용하지 않은 피부상태분석 · 피부관리 · 제모 · 눈썹손질을 하는 영업
미용업(손톱 · 발톱)	손톱과 발톱을 손질 · 화장하는 영업
미용업(화장 · 분장)	얼굴 등 신체의 화장, 분장 및 의료기기나 의약품을 사용하지 않는 눈썹손질을 하는 영업
미용업(종합)	위의 업무를 모두 하는 영업

---

07 행정지도감독

1 보고 및 출입·검사
(주체 : 시·도지사 또는 시장·군수·구청장)

① 공중위생영업자 및 공중이용시설의 소유자 등에 대하여 필요한 보고를 하게 함

② 소속공무원으로 하여금 영업소 · 사무소 등에 출입하여 공중위생영업자의 위생관리의무이행 등에 대하여 검사하게 하거나 필요에 따라 공중위생영업장부나 서류를 열람하게 함

2 검사 의뢰

소속 공무원이 공중위생영업소 또는 공중이용시설의 위생관리실태를 검사하기 위하여 검사대상물을 수거한 경우에는 수거증을 공중위생영업자 또는 공중이용시설의 소유자 · 점유자 · 관리자에게 교부하고 검사를 의뢰하여야 한다.

> ▶ 검사의뢰 기관
> • 특별시 · 광역시 · 도의 보건환경연구원
> • 국가표준기본법의 규정에 의하여 인정을 받은 시험 · 검사기관
> • 시 · 도지사 또는 시장 · 군수 · 구청장이 검사능력이 있다고 인정하는 검사기관

3 영업의 제한 (주체 : 시·도지사)

공익상 또는 선량한 풍속 유지를 위해 필요 시 영업시간 및 영업행위에 관해 제한 가능

4 위생지도 및 개선명령
(주체 : 시·도지사 또는 시장·군수·구청장)

(1) 개선명령

다음에 해당하는 자에 대해 보건복지부령으로 정하는 바에 따라 그 개선을 명할 수 있다.

① 공중위생영업의 종류별 시설 및 설비기준을 위반한 공중위생영업자

② 위생관리의무 등을 위반한 공중위생영업자

③ 위생관리의무를 위반한 공중위생시설의 소유자

(2) 개선기간

공중위생영업자 및 공중이용시설의 소유자 등에게 개선명령 시 : 위반사항의 개선에 소요되는 기간 등을 고려하여 즉시 또는 6개월의 범위 내에서 기간을 정하여 개선을 명하여야 한다.

※ 연장을 신청한 경우 6개월의 범위 내에서 개선기간을 연장할 수 있다.

(3) 개선명령 시의 명시사항

① 위생관리기준

② 발생된 오염물질의 종류

③ 오염허용기준을 초과한 정도

④ 개선기간

5 영업소 폐쇄 (주체 : 시장·군수·구청장)

(1) 폐쇄 명령

① 다음에 해당하는 공중위생영업자에게 6월 이내의 기간을 정하여 영업의 정지 또는 일부 시설의 사용중지를 명하거나 영업소폐쇄 등을 명할 수 있다.

• 공중위생 영업신고를 하지 않거나 시설과 설비기준을 위반한 경우

• 보건복지부령이 정하는 중요사항의 변경신고를 하지 않은 경우

- 공중위생영업자의 지위승계 신고를 하지 않은 경우
- 공중위생영업자의 위생관리의무 등을 지키지 않은 경우
- 영업소 외의 장소에서 이용 또는 미용 업무를 한 경우
- 공중위생관리상 필요한 보고를 하지 않거나 거짓으로 보고한 경우 또는 관계 공무원의 출입, 검사 또는 공중위생영업 장부 또는 서류의 열람을 거부·방해하거나 기피한 경우
- 위생관리에 관한 개선명령을 이행하지 않은 경우
- 성매매알선 등 행위의 처벌에 관한 법률, 풍속영업의 규제에 관한 법률, 청소년 보호법 또는 의료법을 위반하여 관계 행정기관의 장으로부터 그 사실을 통보받은 경우
② 영업정지처분을 받고도 영업정지 기간에 영업을 한 경우에는 영업소 폐쇄를 명할 수 있다.
③ 영업소 폐쇄를 명할 수 있는 경우
- 공중위생영업자가 정당한 사유 없이 6개월 이상 계속 휴업하는 경우
- 공중위생영업자가 관할 세무서장에게 폐업신고를 하거나 관할 세무서장이 사업자 등록을 말소한 경우
④ 위 ①에 따른 행정처분의 세부기준은 그 위반행위의 유형과 위반 정도 등을 고려하여 보건복지부령으로 정한다.

(2) 폐쇄를 위한 조치
영업소 폐쇄 명령을 받고도 계속하여 영업을 한 공중위생영업자에게 영업소 폐쇄를 위해 다음의 조치를 하게 할 수 있다.
① 간판 기타 영업표지물의 제거
② 위법한 영업소임을 알리는 게시물 등의 부착
③ 영업을 위하여 필수불가결한 기구 또는 시설물을 사용할 수 없게 하는 봉인

(3) 영업소 폐쇄 봉인 해제 가능한 경우
① 영업소 폐쇄를 위한 봉인을 한 후 봉인을 계속할 필요가 없다고 인정되는 때
② 영업자 등이나 그 대리인이 당해 영업소를 폐쇄할 것을 약속하는 때

③ 정당한 사유를 들어 봉인의 해제를 요청하는 때
※ 위법 영업소임을 알리는 게시물 등의 제거를 요청하는 경우도 같다.

6 공중위생감시원

(1) 공중위생감시원의 설치
관계 공무원의 업무를 행하게 하기 위하여 특별시·광역시·도 및 시·군·구(자치구에 한함)에 공중위생감시원을 둔다.

(2) 공중위생감시원의 자격·임명(대통령령)
① 자격 및 임명 : 시·도지사 또는 시장·군수·구청장은 아래의 소속 공무원 중에서 임명한다.
- 위생사 또는 환경기사 2급 이상의 자격증이 있는 자
- 대학에서 화학·화공학·환경공학 또는 위생학 분야를 전공하고 졸업한 자 또는 이와 동등 이상의 자격이 있는 자
- 외국에서 위생사 또는 환경기사 면허를 받은 자
- 1년 이상 공중위생 행정에 종사한 경력이 있는 자
② 추가 임명 : 공중위생감시원의 인력 확보가 곤란하다고 인정되는 때에는 공중위생 행정에 종사하는 자 중 공중위생 감시에 관한 교육훈련을 2주 이상 받은 자를 공중위생 행정에 종사하는 기간 동안 공중위생감시원으로 임명할 수 있다.

(3) 공중위생감시원의 업무범위
① 관련 시설 및 설비의 확인 및 위생상태 확인·검사
② 공중위생영업자의 위생관리의무 및 영업자준수사항 이행 여부의 확인
③ 공중이용시설의 위생관리상태의 확인·검사
④ 위생지도 및 개선명령 이행 여부의 확인
⑤ 공중위생영업소의 영업의 정지, 일부 시설의 사용중지 또는 영업소 폐쇄명령 이행 여부의 확인
⑥ 위생교육 이행 여부의 확인

(4) 명예공중위생감시원(주체 : 시·도지사)
① 공중위생의 관리를 위한 지도·계몽 등을 행하게 하기 위하여 명예공중위생감시원을 둘 수 있다.
② 명예공중위생감시원의 자격
- 공중위생에 대한 지식과 관심이 있는 자
- 소비자단체, 공중위생관련 협회 또는 단체의 소속직원 중에서 당해 단체 등의 장이 추천하는 자

③ 명예감시원의 업무
- 공중위생감시원이 행하는 검사대상물의 수거 지원
- 법령 위반행위에 대한 신고 및 자료 제공
- 그 밖에 공중위생에 관한 홍보 · 계몽 등 공중위생관리업무와 관련하여 시 · 도지사가 따로 정하여 부여하는 업무

1 위생서비스수준의 평가

(1) 평가 목적 (주체 : 시 · 도지사)

공중위생영업소의 위생관리수준 향상을 위해 위생서비스평가계획을 수립하여 시장 · 군수 · 구청장에게 통보

(2) 평가 방법 (주체 : 시장 · 군수 · 구청장)
① 평가계획에 따라 관할지역별 세부평가계획을 수립한 후 평가
② 관련 전문기관 및 단체로 하여금 위생서비스평가를 실시 가능

(3) 평가 주기 : 2년마다 실시

※ 공중위생영업소의 보건 · 위생관리를 위하여 필요한 경우 공중위생영업의 종류 또는 위생관리등급별로 평가 주기를 달리할 수 있다.

(4) 위생관리등급의 구분(보건복지부령)

구분	등급
최우수업소	녹색 등급
우수업소	황색 등급
일반관리대상 업소	백색 등급

Check!
위생서비스평가의 주기 · 방법, 위생관리등급의 기준, 기타 평가에 관하여 필요한 사항은 보건복지부령으로 정한다.

(5) 위생등급관리 공표 (주체 : 시장 · 군수 · 구청장)
① 보건복지부령이 정하는 바에 의하여 위생서비스평가의 결과에 따른 위생관리등급을 해당 공중위생영업자에게 통보 및 공표
② 공중위생영업자는 통보받은 위생관리등급의 표지를 영업소의 명칭과 함께 영업소의 출입구에 부착 가능

(6) 위생 감시 (주체 : 시 · 도지사 또는 시장 · 군수 · 구청장)
① 위생서비스평가의 결과에 따른 위생관리등급별로 영업소에 대한 위생 감시를 실시
② 영업소에 대한 출입 · 검사와 위생 감시의 실시 주기 및 횟수 등 위생관리등급별 위생감시기준은 보건복지부령으로 정함

2 위생교육

(1) 교육 횟수 및 시간 : 매년 3시간

(2) 교육 대상 및 시기
① 영업 신고를 하려면 미리 위생교육을 받아야 한다.

Check!
이 · 미용업 종사자는 위생교육 대상자가 아니다.

② 영업개시 후 6개월 이내에 위생교육을 받을 수 있는 경우
- 천재지변, 본인의 질병 · 사고, 업무상 국외출장 등의 사유로 교육을 받을 수 없는 경우
- 교육을 실시하는 단체의 사정 등으로 미리 교육을 받기 불가능한 경우

(3) 교육내용
① 공중위생관리법 및 관련 법규
② 소양교육(친절 및 청결에 관한 사항 포함)
③ 기술교육
④ 기타 공중위생에 관하여 필요한 내용

(4) 교육 대체
위생교육 대상자 중 보건복지부장관이 고시하는 도서 · 벽지지역에서 영업을 하고 있거나 하려는 자에 대하여는 교육교재를 배부하여 이를 익히고 활용하도록 함으로써 교육에 갈음할 수 있다.

(5) 영업장별 교육
위생교육을 받아야 하는 자 중 영업에 직접 종사하지 않거나 2 이상의 장소에서 영업을 하는 자는 종업원 중 영업장별로 공중위생에 관한 책임자를 지정하고 그 책임자로 하여금 위생교육을 받게 하여야 한다.

(6) 교육기관
보건복지부장관이 허가한 단체 또는 공중위생영업자 단체

> **위생교육 실시단체의 업무**
> • 교육 교재를 편찬하여 교육 대상자에게 제공
> • 위생교육을 수료한 자에게 수료증 교부 : 위생교육 실시단체의 장
> • 교육실시 결과를 교육 후 1개월 이내에 시장 · 군수 · 구청장에게 통보
> • 수료증 교부대장 등 교육에 관한 기록을 2년 이상 보관 · 관리

(7) 교육의 면제

위생교육을 받은 자가 위생교육을 받은 날부터 2년 이내에 위생교육을 받은 업종과 같은 업종의 영업을 하려는 경우에는 해당 영업에 대한 위생교육을 받은 것으로 본다.

09 위임 및 위탁 (주체 : 보건복지부장관)

1 권한 위임

보건복지부장관은 권한의 일부를 대통령령이 정하는 바에 의하여 시 · 도지사 또는 시장 · 군수 · 구청장에게 위임할 수 있다.

2 업무 위탁

보건복지부장관은 대통령령이 정하는 바에 의하여 관계전문기관 등에 그 업무의 일부를 위탁할 수 있다.

> **▶ 주체별 주요업무**

주체	업무
시 · 도지사	• 영업시간 및 영업행위 제한 • 위생서비스 평가계획 수립
시장 · 군수 · 구청장	• 영업신고, 변경신고, 폐업신고 및 영업신고증 교부 • 면허 신청 · 취소 및 면허증 교부 · 반납, 폐쇄명령 • 위생서비스평가 • 위생등급관리 공표 • 과태료 및 과징금 부과 · 징수 • 청문
보건복지부장관	• 업무 위탁
보건복지부령	• 위생기준 및 소독기준 • 미용사의 업무범위 • 위생서비스 수준의 평가주기와 방법, 위생관리등급
대통령령	공중위생감시원의 자격 · 임명 · 업무 · 범위

10 행정처분, 벌칙, 양벌규정 및 과태료

1 면허취소 · 정지처분의 세부기준

위반사항	행정처분기준			
	1차 위반	2차 위반	3차 위반	4차 위반
미용사의 면허에 관한 규정을 위반한 때				
① 국가기술자격법에 따라 미용사자격 취소 시	면허취소			
② 국가기술자격법에 따라 미용사자격정지처분을 받을 시	면허정지	(국가기술자격법에 의한 자격정지처분기간에 한한다)		
③ 금치산자, 정신질환자, 결핵환자, 약물중독자에 의한 결격사유에 해당한 때	면허취소			
④ 이중으로 면허 취득 시	면허취소	(나중에 발급받은 면허를 말한다)		
⑤ 면허증을 타인에게 대여 시	면허정지 3월	면허정지 6월	면허취소	
⑥ 면허정지처분을 받고 그 정지기간중 업무를 행한 때	면허취소			

위반사항	행정처분기준			
	1차 위반	2차 위반	3차 위반	4차 위반
법 또는 법에 의한 명령에 위반한 때				
① 시설 및 설비기준을 위반 시	개선명령	영업정지 15일	영업정지 1개월	영업장 폐쇄명령
② 신고를 하지 않고 영업소의 명칭 및 상호 또는 영업장 면적의 1/3 이상 변경 시	경고 또는 개선명령	영업정지 15일	영업정지 1개월	영업장 폐쇄명령
③ 신고를 하지 않고 영업소의 소재지 변경 시	영업정지 1개월	영업정지 2개월	영업장 폐쇄명령	
④ 영업자의 지위를 승계한 후 1월 이내에 신고하지 않을 시	경고	영업정지 10일	영업정지 1개월	영업장 폐쇄명령
⑤ 소독한 기구와 소독하지 않은 기구를 각기 다른 용기에 보관하지 않거나 1회용 면도날을 2인 이상의 손님에게 사용 시	경고	영업정지 5일	영업정지 10일	영업장 폐쇄명령
⑥ 피부미용을 위하여 「약사법」에 따른 의약품 또는 「의료기기법」에 따른 의료기기를 사용 시	영업정지 2월	영업정지 3월	영업장 폐쇄명령	
⑦ 점빼기 · 귓볼뚫기 · 쌍꺼풀수술 · 문신 · 박피술 그 밖에 유사한 의료행위를 할 시	영업정지 2월	영업정지 3월	영업장 폐쇄명령	
⑧ 미용업 신고증 및 면허증 원본을 게시하지 않거나 업소내 조명도를 준수하지 않을 시	경고 또는 개선명령	영업정지 5일	영업정지 10일	영업장 폐쇄명령
⑨ 영업소 외의 장소에서 업무를 행할 시	영업정지 1개월	영업정지 2개월	영업장 폐쇄명령	
⑩ 시 · 도지사, 시장 · 군수 · 구청장이 하도록 한 필요한 보고를 하지 아니하거나 거짓으로 보고한 때 또는 관계공무원의 출입 · 검사를 거부 · 기피하거나 방해 시	영업정지 10일	영업정지 20일	영업정지 1개월	영업장 폐쇄명령
⑪ 시 · 도지사 또는 시장 · 군수 · 구청장의 개선명령을 이행하지 않을 시	경고	영업정지 10일	영업정지 1개월	영업장 폐쇄명령
⑫ 영업정지처분을 받고 그 영업정지기간 중 영업 시	영업장 폐쇄명령			
「성매매알선 등 행위의 처벌에 관한 법률」 · 「풍속영업의 규제에 관한 법률」 · 「의료법」에 위반하여 관계행정기관의 장의 요청이 있는 때				
① 손님에게 성매매알선등행위(또는 음란행위)를 하게 하거나 이를 알선 또는 제공 시				
• 영업소	영업정지 3개월	영업장 폐쇄명령		
• 미용사(업주)	면허정지 3개월	면허취소		
② 손님에게 도박 그 밖에 사행행위를 하게 할 시	영업정지 1개월	영업정지 2개월	영업장 폐쇄명령	
③ 음란한 물건을 관람 · 열람하게 하거나 진열 또는 보관 시	경고	영업정지 15일	영업정지 1월	영업장 폐쇄명령
④ 무자격 안마사로 하여금 안마 행위를 하게 할 시	영업정지 1월	영업정지 2월	영업장 폐쇄명령	

2 벌칙(징역 또는 벌금)

(1) 1년 이하의 징역 또는 1천만원 이하의 벌금

① 영업신고를 하지 않을 시
② 영업정지명령(또는 일부 시설의 사용중지명령)을 받고도 그 기간 중에 영업을 하거나 그 시설을 사용 시
③ 영업소 폐쇄명령을 받고도 계속하여 영업 시

(2) 6월 이하의 징역 또는 500만원 이하의 벌금

① 변경신고를 하지 않을 시
② 공중위생영업자의 지위를 승계한 경우 지위승계 신고를 하지 않을 시
③ 건전한 영업질서를 위하여 공중위생영업자가 준수하여야 할 사항을 준수하지 않을 시

(3) 300만원 이하의 벌금

① 타인에게 미용사 면허증을 빌려주거나 타인으로부터 면허증을 빌린 자 및 알선한 사람
② 면허의 취소 또는 정지 중에 미용업을 한 사람
③ 면허를 받지 않고 미용업을 개설하거나 그 업무에 종사한 사람

3 양벌규정

법인의 대표자나 법인 또는 개인의 대리인, 사용인, 그 밖의 종업원이 그 법인(또는 개인)의 업무에 관하여 위 벌칙에 해당하는 행위 위반 시 그 행위자를 벌하는 외에 그 법인(또는 개인)에게도 해당 조문의 벌금형을 과(科)한다.

※ 법인(또는 개인)이 그 위반행위를 방지하기 위해 주의와 감독을 게을리하지 않은 경우에는 벌금형을 과하지 않음

4 과태료

(1) 300만원 이하의 과태료

① 공중위생 관리상 필요한 보고를 하지 않거나 관계 공무원의 출입 · 검사 기타 조치를 거부 · 방해 또는 기피 시
② 위생관리의무에 대한 개선명령 위반 시
③ 시설 및 설비기준에 대한 개선명령 위반 시

(2) 200만원 이하의 과태료

① 영업소 외의 장소에서 미용업무를 행한 자
② 위생교육을 받지 않은 자
③ 다음의 위생관리의무를 지키지 않은 자

• 의료기구와 의약품을 사용하지 아니하는 순수한 화장 또는 피부미용을 할 것
• 미용기구는 소독을 한 기구와 소독을 하지 아니한 기구로 분리하여 보관하고, 면도기는 1회용 면도날만을 손님 1인에 한하여 사용할 것
• 미용사면허증을 영업소안에 게시할 것

(3) 과태료의 부과 · 징수

과태료는 대통령령으로 정하는 바에 따라 보건복지부장관 또는 시장 · 군수 · 구청장이 부과 · 징수

> ▶ **과태료 부과기준**
> ㉠ 일반기준 : 시장 · 군수 · 구청장은 위반행위의 정도, 위반횟수, 위반행위의 동기와 그 결과 등을 고려하여 그 해당 금액의 2분의 1의 범위에서 경감하거나 가중할 수 있다.
> ㉡ 개별기준
>
> | 위반행위 | 과태료 |
> | --- | --- |
> | 미용업소의 위생관리 의무 불이행 시 | 80만원 |
> | 영업소 외의 장소에서 미용업무를 행할 시 | 80만원 |
> | 공중위생 관리상 필요한 보고를 하지 않거나 관계공무원의 출입·검사, 기타 조치를 거부·방해 또는 기피 시 | 150만원 |
> | 위생관리업무에 대한 개선명령 위반 시 | 150만원 |
> | 위생교육 미수료시 | 60만원 |

5 과징금 처분

(1) 과징금 부과(주체 : 시장 · 군수 · 구청장)

영업정지가 이용자에게 심한 불편을 주거나 그 밖에 공익을 해할 우려가 있는 경우에는 영업정지 처분에 갈음하여 1억원 이하의 과징금을 부과할 수 있다 (예외 : 성매매알선 등 행위의 처벌에 관한 법률, 풍속영업의 규제에 관한 법률 또는 이에 상응하는 위반행위로 인하여 처분을 받게 되는 경우).

(2) 과징금을 부과할 위반행위의 종별과 과징금의 금액

① 과징금의 금액은 위반행위의 종별 · 정도 등을 감안하여 보건복지부령이 정하는 영업정지기간에 과징금 산정기준을 적용하여 산정한다.

> ▶ **과징금 산정기준**
> • 영업정지 1월은 30일로 계산
> • 과징금 부과의 기준이 되는 매출금액은 처분일이 속한 연도의 전년도의 1년간 총 매출금액을 기준
> • 신규사업·휴업 등으로 인하여 1년간의 총 매출금액을 산출할 수 없거나 1년간의 매출금액을 기준으로 하는 것이 불합리하다고 인정되는 경우에는 분기별·월별 또는 일별 매출금액을 기준으로 산출 또는 조정

② 시장 · 군수 · 구청장(자치구 구청장)은 공중위생영업자의 사업규모 · 위반행위의 정도 및 횟수 등을 참작하여 과징금 금액의 1/2 범위 안에서 가중 또는 감경할 수 있다.

※ 가중하는 경우에도 과징금의 총액이 1억원을 초과할 수 없다.

(3) 과징금 납부

통지를 받은 날부터 20일 이내에 시장 · 군수 · 구청장이 정하는 수납기관에 납부

※ 천재지변 및 부득이한 사유가 있는 경우 : 사유가 없어진 날부터 7일 이내

(4) 과징금 징수

① 과징금 미납부시 시장 · 군수 · 구청장은 과징금 부과 처분을 취소하고, 영업정지 처분을 하거나 지방세외수입금의 징수 등에 관한 법률에 따라 징수

② 부과 · 징수한 과징금은 당해 시 · 군 · 구에 귀속된다.

③ 과징금의 징수를 위하여 필요한 경우 다음 사항을 기재한 문서로 관할 세무관서의 장에게 과세정보의 제공을 요청할 수 있다.

• 납세자의 인적사항

• 사용 목적

• 과징금 부과기준이 되는 매출금액

④ 과징금의 징수절차에 관하여는 국고금관리법 시행규칙을 준용한다. 이 경우 납입고지서에는 이의신청의 방법 및 기간 등을 함께 적어야 한다.

(5) 청문

보건복지부장관 또는 시장 · 군수 · 구청장이 청문을 실시해야 하는 처분

① 면허취소 · 면허정지

② 공중위생영업의 정지

③ 일부 시설의 사용중지

④ 영업소폐쇄명령

⑤ 공중위생영업 신고사항의 직권 말소

▶ 참고 : 벌금, 과태료, 과징금의 차이
• 벌금 : 재산형 형벌(금전 박탈)로 미부과 시 노역 유치 가능
• 과료 : 벌금과 같은 재산형으로 일정한 금액의 지불의무를 강제하지만 경범죄처벌법과 같이 벌금형에 비해 주로 경미한 범죄에 대해 부과
• 과태료 : 행정법상 의무 위반(불이행)에 대한 제재로 부과 징수하는 금전부담(형벌의 성질을 가지지 않음)
• 과징금 : 행정법상 의무 위반(불이행) 시 발생된 경제적 이익에 대해 징수하는 금전부담(형벌의 성질을 가지지 않음)
※부과주체 : 벌금과 과료는 판사, 과태료와 과징금은 해당 행정관청이 부과

 출제예상문제 | 단원별 구성의 문제 유형 파악!

01. 공중위생관리법의 목적 및 정의

★★★★
1 다음은 법률상에서 정의되는 용어이다. 바르게 서술된 것은 다음 중 어느 것인가?

① 위생관리 용역업이란 공중이 이용하는 시설물의 청결유지와 실내공기정화를 위한 청소 등을 대행하는 영업을 말한다.

② 미용업이란 손님의 얼굴과 피부를 손질하여 모양을 단정하게 꾸미는 영업을 말한다.

③ 이용업이란 손님의 머리, 수염, 피부 등을 손질하여 외모를 꾸미는 영업을 말한다.

④ 공중위생영업이란 미용업, 숙박업, 목욕장업, 수영장업, 유기영업 등을 말한다.

• 미용업 : 손님의 얼굴 · 머리 · 피부 및 손톱 · 발톱 등을 손질하여 손님의 외모를 아름답게 꾸미는 영업
• 이용업 : 손님의 머리카락 또는 수염을 깎거나 다듬는 등의 방법으로 손님의 용모를 단정하게 하는 영업
• 공중위생영업 : 다수인을 대상으로 위생관리서비스를 제공하는 영업으로서 숙박업 · 목욕장업 · 이용업 · 미용업 · 세탁업 · 건물위생관리업을 말한다.

★★★★★
2 다음 중 공중위생관리법의 궁극적인 목적은?

① 공중위생영업 종사자의 위생 및 건강관리

② 공중위생영업소의 위생 관리

③ 위생수준을 향상시켜 국민의 건강증진에 기여

④ 공중위생영업의 위상 향상

정답 ▶ **1** 1 ① 2 ③

3 공중위생관리법상 ( ) 속에 가장 적합한 것은?

> 공중위생관리법은 공중이 이용하는 영업과 시설의 ( )
> 등에 관한 사항을 규정함으로써 위생수준을 향상시켜
> 국민의 건강증진에 기여함을 목적으로 한다.

① 위생
② 위생관리
③ 위생과 소독
④ 위생과 청결

4 공중위생관리법의 목적을 적은 아래 조항 중 ( ) 속에
순서대로 알맞은 말은?

> 제1조(목적) 이 법은 공중이 이용하는 ( )의 위생관
> 리 등에 관한 사항을 규정함으로써 위생수준을 향상시
> 켜 국민의 건강증진에 기여함을 목적으로 한다.

① 영업소
② 영업장
③ 위생영업소
④ 영업

5 다음 중 공중위생관리법에서 정의되는 공중위생영업
을 가장 잘 설명한 것은?

① 공중에게 위생적으로 관리하는 영업
② 다수인을 대상으로 위생관리서비스를 제공하는
   영업
③ 다수인에게 공중위생을 준수하여 시행하는 영업
④ 공중위생서비스를 전달하는 영업

6 공중위생관리법에서 공중위생영업이란 다수인을 대
상으로 무엇을 제공하는 영업으로 정의되고 있는가?

① 위생관리서비스
② 위생서비스
③ 위생안전서비스
④ 공중위생서비스

7 이용업 및 미용업은 다음 중 어디에 속하는가?

① 공중위생영업
② 위생관련영업
③ 위생처리업
④ 위생관리용역업

8 다음 중 ( ) 안에 가장 적합한 것은?

> 공중위생관리법상 "미용업"의 정의는 손님의 얼굴, 머
> 리, 피부 및 손톱 · 발톱 등을 손질하여 손님의 ( )를
> (을) 아름답게 꾸미는 영업이다.

① 모습
② 외양
③ 외모
④ 신체

9 공중위생영업에 해당하지 않는 것은?

① 세탁업
② 위생관리업
③ 미용업
④ 목욕장업

10 공중위생영업에 속하지 않는 것은?

① 식당조리업
② 숙박업
③ 이 · 미용업
④ 세탁업

11 공중위생관리법상 미용업의 정의로 가장 올바른 것
은?

① 손님의 얼굴 등에 손질을 하여 손님의 용모를 아
   름답고 단정하게 하는 영업
② 손님의 머리를 손질하여 손님의 용모를 아름답고
   단정하게 하는 영업
③ 손님의 머리카락을 다듬거나 하는 등의 방법으로
   손님의 용모를 단정하게 하는 영업
④ 손님의 얼굴 · 머리 · 피부 및 손톱 · 발톱 등을 손
   질하여 손님의 외모를 아름답게 꾸미는 영업

chapter 04

정답   3 ②   4 ④   5 ②   6 ①   7 ①   8 ③   9 ②   10 ①   11 ④

12 공중위생관리법상에서 미용업이 손질할 수 있는 손님의 신체범위를 가장 잘 나타낸 것은?

① 얼굴, 손, 머리
② 손, 발, 얼굴, 머리
③ 머리, 피부
④ 얼굴, 피부, 머리, 손톱·발톱

> 미용업 : 손님의 얼굴·머리·피부 및 손톱·발톱 등을 손질하여 손님의 외모를 아름답게 꾸미는 영업

13 "공중위생 영업자는 그 이용자에게 건강상 (   )이 발생하지 아니하도록 영업 관련 시설 및 설비를 안전하게 관리해야 한다." (   ) 안에 들어갈 단어는?

① 질병   ② 사망
③ 위해요인   ④ 감염병

02. 영업신고 및 폐업신고

1 공중위생영업을 하고자 하는 자가 필요로 하는 것은?

① 통보   ② 인가   ③ 신고   ④ 허가

> 공중위생영업을 하고자 하는 자는 공중위생영업의 종류별로 보건복지부령이 정하는 시설 및 설비를 갖추고 시장·군수·구청장에게 신고하여야 한다. 보건복지부령이 정하는 중요사항을 변경하고자 하는 때에도 또한 같다.

2 공중위생영업자가 중요사항을 변경하고자 할 때 시장, 군수, 구청장에게 어떤 절차를 취해야 하는가?

① 통보   ② 통고   ③ 신고   ④ 허가

3 이·미용업의 신고에 대한 설명으로 옳은 것은?

① 이·미용사 면허를 받은 사람만 신고할 수 있다.
② 일반인 누구나 신고할 수 있다.
③ 1년 이상의 이·미용업무 실무경력자가 신고할 수 있다.
④ 미용사 자격증을 소지하여야 신고할 수 있다.

4 다음 중 이·미용업을 개설할 수 있는 경우는?

① 이·미용사 면허를 받은 자
② 이·미용사의 감독을 받아 이·미용을 행하는 자
③ 이·미용사의 자문을 받아서 이·미용을 행하는 자
④ 위생관리 용역업 허가를 받은 자로서 이·미용에 관심이 있는 자

> 이·미용사 면허를 받은 사람만 이·미용업을 개설할 수 있다.

5 이·미용 영업을 개설할 수 있는 자의 자격은?

① 자기 자금이 있을 때
② 이·미용의 면허증이 있을 때
③ 이·미용의 자격이 있을 때
④ 영업소 내에 시설을 완비하였을 때

6 공중위생영업을 하고자 하는 자가 시설 및 설비를 갖추고 다음 중 누구에게 신고해야 하는가?

① 보건복지부장관
② 안전행정부장관
③ 시·도지사
④ 시장·군수·구청장(자치구의 구청장)

7 이·미용사가 되고자 하는 자는 누구의 면허를 받아야 하는가?

① 보건복지부장관
② 시·도지사
③ 시장·군수·구청장
④ 대통령

8 다음 중 이·미용사의 면허를 발급하는 기관이 아닌 것은?

① 서울시 마포구청장
② 제주도 서귀포시장
③ 인천시 부평구청장
④ 경기도지사

> 면허 발급은 시장, 군수, 구청장이 한다.

9 ★★★★★
공중위생관리법상 공중위생영업의 신고를 하고자 하는 경우 반드시 필요한 첨부서류가 아닌 것은?

① 영업시설 및 설비개요서
② 교육필증
③ 이·미용사 자격증
④ 면허증 원본

> **신고 시 첨부서류**
> • 영업시설 및 설비개요서
> • 교육필증(미리 교육을 받은 사람만 해당)
> • 면허증

10 ★★★★
공중위생관리법상 이·미용업자의 변경신고사항에 해당되지 않는 것은?

① 영업소의 명칭 또는 상호변경
② 영업소의 소재지 변경
③ 영업정지 명령 이행
④ 대표자의 성명(단, 법인에 한함)

> **변경신고사항**
> • 영업소의 명칭 또는 상호
> • 영업소의 소재지
> • 신고한 영업장 면적의 3분의 1 이상의 증감
> • 대표자의 성명(법인의 경우만 해당)
> • 미용업 업종 간 변경

11 ★★★★
다음 중 이·미용업 영업자가 변경신고를 해야 하는 것을 모두 고른 것은?

> ㉠ 영업소의 소재지
> ㉡ 영업소 바닥면적의 3분의 1 이상의 증감
> ㉢ 종사자의 변동사항
> ㉣ 영업자의 재산변동사항

① ㉠
② ㉠, ㉡
③ ㉠, ㉡, ㉢
④ ㉠, ㉡, ㉢, ㉣

> **변경신고 사항**
> • 영업소의 명칭 또는 상호
> • 영업소의 소재지
> • 영업장 면적의 3분의 1 이상의 증감
> • 대표자의 성명(법인의 경우 해당)
> • 미용업 업종 간 변경

12 ★★★
이·미용업자가 신고한 영업장 면적의 ( ) 이상의 증감이 있을 때 변경신고를 하여야 하는가?

① 5분의 1
② 4분의 1
③ 3분의 1
④ 2분의 1

03. 영업의 승계

1 ★★★★
이·미용업을 승계할 수 있는 경우가 아닌 것은?(단, 면허를 소지한 자에 한함)

① 이·미용업을 양수한 경우
② 이·미용업 영업자의 사망에 의한 상속에 의한 경우
③ 공중위생관리법에 의한 영업장폐쇄명령을 받은 경우
④ 이·미용업 영업자의 파산에 의해 시설 및 설비의 전부를 인수한 경우

> **이·미용업 승계 가능한 사람**
> • 양수인 : 이·미용업 영업자가 이·미용업을 양도한 때
> • 상속인 : 이·미용업 영업자가 사망한 때
> • 법인 : 합병 후 존속하는 법인 또는 합병에 의해 설립되는 법인
> • 경매, 환가, 압류재산의 매각 그 밖에 이에 준하는 절차에 따라 이·미용업 영업 관련시설 및 설비의 전부를 인수한 자

2 ★★★
이·미용사 영업자의 지위를 승계 받을 수 있는 자의 자격은?

① 자격증이 있는 자
② 면허를 소지한 자
③ 보조원으로 있는 자
④ 상속권이 있는 자

> 이용업과 미용업의 경우 면허를 소지한 자에 한하여 승계 가능하다.

3 ★★★★
이·미용업의 상속으로 인한 영업자 지위승계 신고 시 구비서류가 아닌 것은?

① 영업자 지위승계 신고서
② 가족관계증명서
③ 양도계약서 사본
④ 상속자임을 증명할 수 있는 서류

> 양도계약서 사본은 영업양도인 경우 필요한 서류이다.

4 ★★★★★
이·미용업 영업자의 지위를 승계한 자는 얼마의 기간 이내에 관계기관장에게 신고해야 하는가?

① 7일 이내   ② 15일 이내
③ 1월 이내   ④ 2월 이내

> 공중위생영업자의 지위를 승계한 자는 1월 이내에 시장·군수 또는 구청장에게 신고해야 한다.

5 ★★★★★
다음 (　) 안에 적합한 것은?

> 법이 준하는 절차에 따라 공중영업 관련시설을 인수하여 공중위생영업자의 지위를 승계한 자는 (　)월 이내에 보건복지부령이 정하는 바에 따라 시장·군수 또는 구청장에게 신고하여야 한다.

① 1   ② 2   ③ 3   ④ 6

6 ★★★
영업자의 지위를 승계한 후 누구에게 신고하여야 하는가?

① 보건복지부장관   ② 시·도지사
③ 시장·군수·구청장   ④ 세무서장

04. 면허 발급 및 취소

1 ★★★★
다음 중 이·미용사의 면허를 받을 수 없는 자는?

① 전문대학의 이·미용에 관한 학과를 졸업한 자
② 교육부장관이 인정하는 고등기술학교에서 1년 이상 미용에 관한 소정의 과정을 이수한 자
③ 국가기술자격법에 의해 미용사의 자격을 취득한 자
④ 외국의 유명 이·미용학원에서 2년 이상 기술을 습득한 자

2 ★★★★
다음 중 이·미용사 면허를 받을 수 있는 자가 아닌 것은?

① 고등학교에서 이용 또는 미용에 관한 학과를 졸업한 자
② 국가기술자격법에 의한 이용사 또는 미용사 자격을 취득한자

③ 보건복지부장관이 인정하는 외국의 이용사 또는 미용사 자격 소지자
④ 전문대학에서 이용 또는 미용에 관한 학과 졸업자

3 ★★★★
이용사 또는 미용사의 면허를 받을 수 없는 자는?

① 전문대학 또는 이와 동등 이상의 학력이 있다고 교육부장관이 인정하는 학교에서 미용에 관한 학과를 졸업한 자
② 고등학교 또는 이와 동등의 학력이 있다고 교육부장관이 인정하는 학교에서 미용에 관한 학과를 졸업한 자
③ 교육부장관이 인정하는 고등기술학교에서 6월 이상 미용에 관한 소정의 과정을 이수한 자
④ 국가기술자격법에 의해 미용사의 자격을 취득한 자

> **면허 발급 대상자**
> • 전문대학 또는 이와 동등 이상의 학력이 있다고 교육부장관이 인정하는 학교에서 미용에 관한 학과를 졸업한 자
> • 대학 또는 전문대학을 졸업한 자와 동등 이상의 학력이 있는 것으로 인정되어 미용에 관한 학위를 취득한 자
> • 고등학교 또는 이와 동등의 학력이 있다고 교육부장관이 인정하는 학교에서 미용에 관한 학과를 졸업한 자
> • 특성화고등학교, 고등기술학교나 고등학교 또는 고등기술학교에 준하는 각종 학교에서 1년 이상 미용에 관한 소정의 과정을 이수한 자
> • 국가기술자격법에 의해 미용사의 자격을 취득한 자

4 ★★★
다음 중 이·미용사의 면허를 받을 수 있는 사람은?

① 공중위생영업에 종사자로 처음 시작하는 자
② 공중위생영업에 6개월 이상 종사자
③ 공중위생영업에 2년 이상 종사자
④ 공중위생영업을 승계한 자

5 ★★
다음 중 이용사 또는 미용사의 면허를 취소할 수 있는 대상에 해당되지 않는 자는?

① 정신질환자   ② 감염병 환자
③ 금치산자   ④ 당뇨병 환자

> 당뇨병환자는 이용사 또는 미용사 영업을 할 수 있다.

6 이·미용사의 면허는 누가 취소할 수 있는가?

① 대통령
② 보건복지부장관
③ 시장·군수·구청장
④ 시·도지사

7 이·미용사 면허증을 분실하였을 때 누구에게 재교부 신청을 하여야 하는가?

① 보건복지부장관
② 시·도지사
③ 시장·군수·구청장
④ 협회장

8 이·미용사가 면허증 재교부 신청을 할 수 없는 경우는?

① 면허증을 잃어버린 때
② 면허증 기재사항의 변경이 있는 때
③ 면허증이 못쓰게 된 때
④ 면허증이 더러운 때

> 재교부 신청을 할 수 있는 경우
> • 신고증 분실 또는 훼손 시
> • 신고인의 성명이나 생년월일이 변경된 때

9 이·미용사의 면허증을 재교부 신청할 수 없는 경우는?

① 국가기술자격법에 의한 이·미용사 자격증이 취소된 때
② 면허증의 기재사항에 변경이 있을 때
③ 면허증을 분실한 때
④ 면허증이 못쓰게 된 때

10 미용사 면허증의 재교부 사유가 아닌 것은?

① 성명 또는 주민등록번호 등 면허증의 기재사항에 변경이 있을 때
② 영업장소의 상호 및 소재지가 변경될 때
③ 면허증을 분실했을 때
④ 면허증이 헐어 못쓰게 된 때

11 이·미용사 면허증을 분실하여 재교부를 받은 자가 분실한 면허증을 찾았을 때 취하여야 할 조치로 옳은 것은?

① 시·도지사에게 찾은 면허증을 반납한다.
② 시장·군수에게 찾은 면허증을 반납한다.
③ 본인이 모두 소지하여도 무방하다.
④ 재교부 받은 면허증을 반납한다.

> 면허증 분실 후 재교부받으면 그 잃어버린 면허증을 찾은 경우 지체없이 재교부 받은 시장·군수·구청장에게 반납해야 한다.

12 이·미용사의 면허증을 재교부 받을 수 있는 자는 다음 중 누구인가?

① 공중위생관리법의 규정에 의한 명령을 위반한 자
② 간질병자
③ 면허증을 다른 사람에게 대여한 자
④ 면허증이 헐어 못쓰게 된 자

13 다음 중 이용사 또는 미용사의 면허를 받을 수 있는 자는?

① 약물 중독자　　② 암환자
③ 정신질환자　　④ 금치산자

> 암환자도 이용사 또는 미용사의 면허를 받을 수 있다.

14 다음 중 이·미용사의 면허를 받을 수 있는 사람은?

① 전과기록이 있는 자
② 금치산자
③ 마약, 기타 대통령령으로 정하는 약물중독자
④ 정신질환자

> 전과기록이 있는 자는 결격사유에 해당하지 않는다.

15 다음 중 이·미용사 면허를 취득할 수 없는 자는?

① 면허 취소 후 1년 경과자　② 독감환자
③ 마약중독자　　　　　　④ 전과기록자

> 약물 중독자는 면허 결격 사유자에 해당된다.

정답　6 ③　7 ③　8 ④　9 ①　10 ②　11 ②　12 ④　13 ②　14 ①　15 ③

chapter 04

16 이·미용사의 면허가 취소되었을 경우 몇 개월이 경과되어야 또 다시 그 면허를 받을 수 있는가?

① 3개월　　　　　② 6개월
③ 9개월　　　　　④ 12개월

17 다음 중 이용사 또는 미용사의 면허를 받을 수 있는 경우는?

① 금치산자　　　　② 벌금형이 선고된 자
③ 정신병자　　　　④ 간질병자

> 벌금형이 선고되었더라도 이용사 또는 미용사의 면허를 받을 수 있다.

18 이·미용사가 간질병자에 해당하는 경우의 조치로 옳은 것은?

① 이환기간 동안 휴식하도록 한다.
② 3개월 이내의 기간을 정하여 면허정지 한다.
③ 6개월 이내의 기간을 정하여 면허정지 한다.
④ 면허를 취소한다.

> 정신질환자(전문의가 미용사로서 적합하다고 인정하는 사람은 예외)는 면허 결격 사유자에 해당한다.

19 다음 중 이·미용사의 면허정지를 명할 수 있는 자는?

① 안전행정부장관　　② 시·도지사
③ 시장·군수·구청장　④ 경찰서장

> 시장·군수·구청장은 면허 취소 또는 정지 사유가 있는 경우 면허를 취소하거나 6월 이내의 기간을 정하여 그 면허의 정지를 명할 수 있다.

20 면허의 정지명령을 받은 자는 그 면허증을 누구에게 제출해야 하는가?

① 보건복지부장관　　② 시·도지사
③ 시장·군수·구청장　④ 이미용 협회회장

> 면허가 취소되거나 면허의 정지명령을 받은 자는 지체없이 관할 시장·군수·구청장에게 면허증을 반납해야 한다.

05. 영업자 준수사항

1 공중위생관리법규에서 규정하고 있는 이·미용영업자의 준수사항이 아닌 것은?

① 소독을 한 기구와 소독을 하지 아니한 기구는 각각 다른 용기에 넣어 보관하여야 한다.
② 손님의 피부에 닿는 수건은 악취가 나지 않아야 한다.
③ 이·미용 요금표를 업소 내에 게시하여야 한다.
④ 이·미용업 신고중 개설자의 면허증 원본 등은 업소 내에 게시하여야 한다.

> 이·미용영업자의 준수사항에 수건의 악취에 대한 내용은 없다.

2 이·미용업자의 준수사항 중 옳은 것은?

① 업소 내에서는 이·미용 보조원의 명부만 비치하고 기록·관리하면 된다.
② 업소 내 게시물에는 준수사항이 포함된다.
③ 면도기는 1회용 면도날을 손님 1인에게 사용해야 한다.
④ 손님이 사용하는 앞가리개는 반드시 흰색이어야 한다.

> 영업소 내부에 게시해야 할 사항
> 이·미용업 신고증, 개설자의 면허증 원본, 최종지불요금표

3 이·미용업자가 준수하여야 하는 위생관리기준에 대한 설명으로 틀린 것은?

① 영업장 안의 조명도는 100룩스 이상이 되도록 유지해야 한다.
② 업소 내에 이·미용업 신고증, 개설자의 면허증 원본 및 이·미용 요금표를 게시하여야 한다.
③ 1회용 면도날은 손님 1인에 한하여 사용하여야 한다.
④ 이·미용 기구 중 소독을 한 기구와 소독을 하지 아니한 기구는 각각 다른 용기에 넣어 보관하여야 한다.

> 영업장 안의 조명도는 75룩스 이상이 되도록 유지해야 한다.

정답 **16** ④ **17** ② **18** ④ **19** ③ **20** ③ **5** **1** ② **2** ③ **3** ①

4 이·미용업 영업자가 준수하여야 하는 위생관리기준으로 틀린 것은? ★★★★

① 손님이 보기 쉬운 곳에 준수사항을 게시하여야 한다.
② 이 · 미용요금표를 게시하여야 한다.
③ 영업장 안의 조명도는 75룩스 이상이어야 한다.
④ 일회용 면도날은 손님 1인에 한하여 사용하여야 한다.

> 이 · 미용영업자의 준수사항을 영업장 내에 게시할 필요는 없다.

5 이·미용업소에 반드시 게시하여야 할 것은? ★★★

① 이 · 미용 요금표
② 이 · 미용업소 종사자 인적사항표
③ 면허증 사본
④ 준수 사항 및 주의사항

> **영업소 내에 게시해야 할 사항**
> 이 · 미용업 신고증, 개설자의 면허증 원본, 최종지불요금표

6 이·미용업소 내 반드시 게시하여야 할 사항으로 옳은 것은? ★★★

① 요금표 및 준수사항만 게시하면 된다.
② 이 · 미용업 신고증만 게시하면 된다.
③ 이 · 미용업 신고증 및 면허증사본, 요금표를 게시하면 된다.
④ 이 · 미용업 신고증, 면허증원본, 요금표를 게시하여야 한다.

7 공중이용시설의 위생관리 기준이 아닌 것은? ★★★★

① 소독을 한 기구와 소독을 하지 아니한 기구를 각각 다른 용기에 보관한다.
② 1회용 면도날을 손님 1인에 한하여 사용하여야 한다.
③ 업소 내에 요금표를 게시하여야 한다.
④ 업소 내에 화장실을 갖추어야 한다.

> 업소 내 화장실의 유무는 위생관리기준이 아니다.

8 이·미용 업소 내에 게시하지 않아도 되는 것은? ★★★

① 이 · 미용업 신고증
② 개설자의 면허증 원본
③ 근무자의 면허증 원본
④ 이 · 미용요금표

9 이·미용업소에 손님이 보기 쉬운 곳에 게시하지 않아도 되는 것은? ★★★★

① 면허증 원본   ② 신고필증
③ 요금표   ④ 사업자등록증

10 미용업소의 시설 및 설비 기준으로 적합한 것은? ★★★★

① 소독을 한 기구와 소독을 하지 아니한 기구를 구분하여 보관할 수 있는 용기를 비치하여야 한다.
② 소독기, 적외선 살균기 등 기구를 소독하는 장비를 갖추어야 한다.
③ 미용업(피부)의 경우 작업장소 내 베드와 베드 사이에는 칸막이를 설치할 수 없다.
④ 작업장소와 응접장소, 상담실, 탈의실 등을 분리하여 칸막이를 설치하려는 때에는 각각 전체 벽면적의 2분의 1이상은 투명하게 하여야 한다.

> ② 소독기, 자외선 살균기 등 기구를 소독하는 장비를 갖추어야 한다(적외선이 아니라 자외선).
> ③ 작업장소 내 베드와 베드 사이에 칸막이를 설치할 수 있다.
> ④ 관련 규정이 삭제되어 칸막이 기준에 대한 제한이 없다.

11 미용업(손톱, 발톱)을 하는 영업소의 시설과 설비기준에 적합하지 않은 것은? ★★★★

① 탈의실, 욕실, 욕조 및 샤워기를 설치해야 한다.
② 소독기, 자외선 살균기 등 기구를 소독하는 장비를 갖춘다.
③ 미용기구는 소독을 한 기구와 소독을 하지 않은 기구를 구분하여 보관할 수 있는 용기를 비치한다.
④ 작업장소, 응접장소, 상담실 등을 분리하기 위해 칸막이를 설치할 수 있다.

> 탈의실, 욕실, 욕조 등은 목욕장업의 시설기준에 해당한다.

chapter 04

12 이·미용업소에서의 면도기 사용에 대한 설명으로 가장 옳은 것은?

① 매 손님마다 소독한 정비용 면도기 교체 사용
② 정비용 면도기를 소독 후 계속 사용
③ 정비용 면도기를 손님 1인에 한하여 사용
④ 1회용 면도날만을 손님 1인에 한하여 사용

> 면도기는 1회용 면도날만을 손님 1인에 한하여 사용해야 한다.

13 이용사 또는 미용사의 업무 등에 대한 설명 중 맞는 것은?

① 이용사 또는 미용사의 업무범위는 보건복지부령으로 정하고 있다.
② 이용 또는 미용의 업무는 영업소 이외 장소에서도 보편적으로 행할 수 있다.
③ 미용사의 업무범위는 파마, 면도, 머리피부 손질, 피부미용 등이 포함된다.
④ 이용사 또는 미용사의 면허를 받은 자가 아닌 경우, 일정기간의 수련과정을 마쳐야만 이용 또는 미용업무에 종사할 수 있다.

> ② 이용 또는 미용의 업무는 영업소 이외 장소에서는 행할 수 없다(보건복지부령이 정하는 특별한 사유가 있는 경우에는 예외).
> ③ 면도는 미용사의 업무에 포함되지 않는다.
> ④ 면허를 받은 자가 아닌 경우 이용 또는 미용업무에 종사할 수 없다.

14 다음 중 미용업자가 갖추어야 할 시설 및 설비, 위생관리 기준에 관련된 사항이 아닌 것은?

① 이·미용사 및 보조원이 착용해야 하는 깨끗한 위생복
② 소독기, 자외선 살균기 등 미용기구 소독장비
③ 면도기는 1회용 면도날만을 손님 1인에 한하여 사용할 것
④ 영업장 안의 조명도는 75룩스 이상이 되도록 유지할 것

> 위생관리기준에 위생복에 관한 기준은 없다.

15 미용업소의 시설 및 설비기준으로 적당한 것은?

① 소독을 한 기구와 소독을 하지 아니한 기구를 구분하여 보관할 수 있는 용기를 비치하여야 한다.
② 적외선 살균기를 갖추어야 한다.
③ 작업 장소 및 탈의실의 출입문은 투명하게 해야 한다.
④ 먼지, 일산화탄소, 이산화탄소를 측정하는 측정 장비를 갖추어야 한다.

> ② 소독기, 자외선 살균기 등의 소독장비를 갖추어야 한다.
> ③ 탈의실의 출입문은 투명하게 해서는 안 된다.
> ④는 위생관리용역업의 시설 및 설비기준에 해당한다.

16 영업소 안에 면허증을 게시하도록 위생관리 기준으로 명시한 경우는?

① 세탁업을 하는 자
② 목욕장업을 하는 자
③ 미·이용업을 하는 자
④ 위생관리용역업을 하는 자

> 미·이용업을 하는 자는 영업소 내에 미용업 신고증, 개설자의 면허증 원본, 최종지불요금표를 게시해야 한다.

17 이·미용업자의 준수사항 중 틀린 것은?

① 소독한 기구와 하지 아니한 기구는 각각 다른 용기에 넣어 보관할 것
② 조명은 75룩스 이상 유지되도록 할 것
③ 신고증과 함께 면허증 사본을 게시할 것
④ 1회용 면도날은 손님 1인에 한하여 사용할 것

> 영업장 내에 신고증과 함께 면허증 원본을 게시해야 한다.

18 이·미용소의 조명시설은 얼마 이상이어야 하는가?

① 50룩스   ② 75룩스
③ 100룩스   ④ 125룩스

19 이·미용기구의 소독기준 및 방법을 정한 것은?

① 대통령령   ② 보건복지부령
③ 환경부령   ④ 보건소령

정답 12 ④   13 ①   14 ①   15 ①   16 ③   17 ③   18 ②   19 ②

20 이·미용 업소의 위생관리기준으로 적합하지 않은 것은?

① 소독한 기구와 소독을 하지 아니한 기구를 분리하여 보관한다.
② 1회용 면도날을 손님 1인에 한하여 사용한다.
③ 피부 미용을 위한 의약품은 따로 보관한다.
④ 영업장 안의 조명도는 75룩스 이상이어야 한다.

> 피부미용을 위해 의약품 또는 의료기기를 사용하면 안 된다.

21 공중위생영업자가 준수하여야 할 위생관리기준은 다음 중 어느 것으로 정하고 있는가?

① 대통령령
② 국무총리령
③ 고용노동부령
④ 보건복지부령

22 다음 이·미용기구의 소독기준 중 잘못된 것은?

① 열탕소독은 100℃ 이상의 물속에 10분 이상 끓여준다.
② 자외선소독은 1cm²당 85㎼ 이상의 자외선을 20분 이상 쬐어준다.
③ 건열멸균소독은 100℃ 이상의 건조한 열에 20분 이상 쐬어준다.
④ 증기소독은 100℃ 이상의 습한 열에 10분 이상 쐬어준다.

> 증기소독은 100℃ 이상의 습한 열에 20분 이상 쐬어준다.

23 이·미용 기구 소독 시의 기준으로 틀린 것은?

① 자외선 소독 : 1cm²당 85㎼ 이상의 자외선을 10분 이상 쬐어준다.
② 석탄산수소독 : 석탄산 3% 수용액에 10분 이상 담가둔다.
③ 크레졸소독 : 크레졸 3% 수용액에 10분 이상 담가둔다.
④ 열탕소독 : 100℃ 이상의 물속에 10분 이상 끓여준다.

> 자외선소독 : 1cm²당 85㎼ 이상의 자외선을 20분 이상 쬐어준다.

24 공중위생관리법 시행규칙에 규정된 이·미용기구의 소독기준으로 적합한 것은?

① 1cm² 당 85㎼ 이상의 자외선을 10분 이상 쬐어준다.
② 100℃ 이상의 건조한 열에 10분 이상 쐬어준다.
③ 석탄산수(석탄산 3%, 물 97%)에 10분 이상 담가둔다.
④ 100℃ 이상의 습한 열에 10분 이상 쐬어준다.

> ① 1cm² 당 85㎼ 이상의 자외선을 20분 이상 쬐어준다.
> ② 100℃ 이상의 건조한 열에 20분 이상 쐬어준다.
> ④ 100℃ 이상의 습한 열에 20분 이상 쐬어준다.

25 다음 중 공중이용시설의 위생관리 항목에 속하는 것은?

① 영업소 실내공기
② 영업소 실내 청소상태
③ 영업소 외부 환경상태
④ 영업소에서 사용하는 수돗물

> 공중이용시설의 위생관리 항목에는 실내공기 기준과 오염물질 허용기준이 있다.

06. 미용사의 업무

1 영업소 외의 장소에서 이·미용 업무를 행할 수 있는 경우가 아닌 것은?

① 질병으로 영업소에 나올 수 없는 경우
② 결혼식 등의 의식 직전인 경우
③ 손님의 간곡한 요청이 있을 경우
④ 시장 · 군수 · 구청장이 인정하는 경우

> **영업소 외의 장소에서 이 · 미용 업무를 행할 수 있는 경우**
> • 질병 등의 이유로 영업소에 방문할 수 없는 자에게 미용을 하는 경우
> • 혼례나 그 밖의 행사(의식) 참여자에게 행사 직전 미용을 하는 경우
> • 사회복지시설에서 봉사활동으로 미용을 하는 경우
> • 방송 등의 촬영에 참여하는 사람에 대하여 그 촬영 직전에 이용 또는 미용을 하는 경우
> • 기타 특별한 사정이 있다고 시장 · 군수 · 구청장이 인정하는 경우

2 다음 중 이용사 또는 미용사의 업무범위에 관한 필요한 사항을 정한 것은?

① 대통령령
② 국무총리령
③ 보건복지부령
④ 노동부령

> 이용사 및 미용사의 업무범위에 관하여 필요한 사항은 보건복지부령으로 정한다.

3 이용사 또는 미용사의 면허를 받지 아니한 자 중 이용사 또는 미용사 업무에 종사할 수 있는 자는?

① 이·미용 업무에 숙달된 자로 이·미용사 자격증이 없는 자
② 이·미용사로서 업무정지 처분 중에 있는 자
③ 이·미용업소에서 이·미용사의 감독을 받아 이·미용업무를 보조하고 있는 자
④ 학원 설립·운영에 관한 법률에 의하여 설립된 학원에서 3월 이상 이용 또는 미용에 관한 강습을 받은 자

> 미용사의 감독을 받아 미용 업무의 보조를 행하는 경우에는 면허가 없어도 된다.

4 이·미용업무의 보조를 할 수 있는 자는?

① 이·미용사의 감독을 받는 자
② 이·미용사 응시자
③ 이·미용학원 수강자
④ 시·도지사가 인정한 자

> 미용사의 감독을 받아 미용 업무의 보조를 행하는 경우에는 면허가 없어도 된다.

5 영업소 외의 장소에서 이용 및 미용의 업무를 할 수 있는 경우가 아닌 것은?

① 질병으로 영업소에 나올 수 없는 경우
② 혼례 직전에 이용 또는 미용을 하는 경우
③ 야외에서 단체로 이용 또는 미용을 하는 경우
④ 사회복지시설에서 봉사활동으로 이용 또는 미용을 하는 경우

6 영업소 외에서의 이용 및 미용업무를 할 수 없는 경우는?

① 관할 소재 동지역 내에서 주민에게 이·미용을 하는 경우
② 질병, 기타의 사유로 인하여 영업소에 나올 수 없는 자에 대하여 미용을 하는 경우
③ 혼례나 기타 의식에 참여하는 자에 대하여 그 의식의 직전에 미용을 하는 경우
④ 특별한 사정이 있다고 인정하여 시장·군수·구청장이 인정하는 경우

7 이·미용사는 영업소 외의 장소에서는 이·미용업무를 할 수 없다. 그러나 특별한 사유가 있는 경우에는 예외가 인정되는데 다음 중 특별한 사유에 해당하지 않는 것은?

① 질병으로 영업소까지 나올 수 없는 자에 대한 이·미용
② 혼례 기타 의식에 참여하는 자에 대하여 그 의식 직전에 행하는 이·미용
③ 긴급히 국외에 출타하려는 자에 대한 이·미용
④ 시장·군수·구청장이 특별한 사정이 있다고 인정하는 경우에 행하는 이·미용

8 보건복지부령이 정하는 특별한 사유가 있을 시 영업소 외의 장소에서 이·미용업무를 행할 수 있다. 그 사유에 해당하지 않는 것은?

① 기관에서 특별히 요구하여 단체로 이·미용을 하는 경우
② 질병으로 인하여 영업소에 나올 수 없는 자에 대하여 이·미용을 하는 경우
③ 혼례에 참여하는 자에 대하여 그 의식 직전에 이·미용을 하는 경우
④ 시장·군수·구청장이 특별한 사정이 있다고 인정한 경우

9 다음 중 신고된 영업소 이외의 장소에서 이·미용 영업을 할 수 있는 곳은?

① 생산 공장
② 일반 가정
③ 일반 사무실
④ 거동이 불가한 환자 처소

10 미용사의 업무가 아닌 것은?

① 파마
② 면도
③ 머리카락 모양내기
④ 손톱의 손질 및 화장

07. 행정지도감독

1 영업소 출입·검사 관련공무원이 영업자에게 제시해야 하는 것은?

① 주민등록증
② 위생검사 통지서
③ 위생감시 공무원증
④ 위생검사 기록부

> 출입·검사하는 관계공무원은 그 권한을 표시하는 증표를 지녀야 하며, 관계인에게 이를 내보여야 한다.

2 위생지도 및 개선을 명할 수 있는 대상에 해당하지 않는 것은?

① 공중위생영업의 종류별 시설 및 설비기준을 위반한 공중위생영업자
② 위생관리의무 등을 위반한 공중위생영업자
③ 공중위생영업의 승계규정을 위반한 자
④ 위생관리의무를 위반한 공중위생시설의 소유자

3 공중위생업자에게 개선명령을 명할 수 없는 것은?

① 보건복지부령이 정하는 공중위생업의 종류별 시설 및 설비기준을 위반한 경우
② 공중위생업자는 그 이용자에게 건강상 위해 요인이 발생하지 아니하도록 영업 관련 시설 및 설비를 위생적이고 안전하게 관리해야 하는 위생관리 의무를 위반한 경우
③ 면도기는 1회용 면도날만을 손님 1인에 한하여 사용한 경우
④ 이·미용기구는 소독을 한 기구와 소독을 하지 아니한 기구로 분리하여 보관해야 하는 위생관리 의무를 위반한 경우

4 공익상 또는 선량한 풍속유지를 위하여 필요하다고 인정하는 경우에 이·미용업의 영업시간 및 영업행위에 관한 필요한 제한을 할 수 있는 자는?

① 관련 전문기관 및 단체장
② 보건복지부장관
③ 시·도지사
④ 시장·군수·구청장

> 시·도지사는 공익상 또는 선량한 풍속을 유지하기 위하여 필요하다고 인정하는 때에는 공중위생영업자 및 종사원에 대하여 영업시간 및 영업행위에 관한 필요한 제한을 할 수 있다.

5 공중위생영업자가 위생관리 의무사항을 위반한 때의 당국의 조치사항으로 옳은 것은?

① 영업정지
② 자격정지
③ 업무정지
④ 개선명령

> 시·도지사 또는 시장·군수·구청장은 다음에 해당하는 자에 대하여 즉시 또는 일정한 기간을 정하여 그 개선을 명할 수 있다.
> • 공중위생영업의 종류별 시설 및 설비기준을 위반한 공중위생영업자
> • 위생관리의무 등을 위반한 공중위생영업자
> • 위생관리의무를 위반한 공중위생시설의 소유자 등

6 공중 이용시설의 위생관리 규정을 위반한 시설의 소유자에게 개선명령을 할 때 명시하여야 할 것에 해당되는 것은?(모두 고를 것)

| ㉠ 위생관리기준 | ㉡ 개선 후 복구 상태 |
| ㉢ 개선기간 | ㉣ 발생된 오염물질의 종류 |

① ㉠, ㉢
② ㉡, ㉣
③ ㉠, ㉢, ㉣
④ ㉠, ㉡, ㉢, ㉣

> **개선명령 시의 명시사항**
> 위생관리기준, 발생된 오염물질의 종류, 오염허용기준을 초과한 정도, 개선기간

7 공중위생업소가 의료법을 위반하여 폐쇄명령을 받았다. 최소한 몇 월의 기간이 경과되어야 동일 장소에서 동일 영업이 가능한가?

① 3
② 6
③ 9
④ 12

> **같은 종류의 영업 금지**
> ① 영업소 불법카메라 설치 조항, 성매매알선 등 행위의 처벌에 관한 법률, 아동·청소년의 성보호에 관한 법률, 풍속영업의 규제에 관한 법률, 청소년 보호법을 위반하여 영업소 폐쇄명령을 받은 자는 2년 경과 후 같은 종류의 영업 가능

chapter 04

② 위 ① 외의 법률을 위반하여 영업소 폐쇄명령을 받은 자는 1년 경과 후 같은 종류의 영업 가능
③ 위 ①의 법률을 위반하여 영업소 폐쇄명령을 받은 영업장소에서는 1년 경과 후 같은 종류의 영업 가능
④ 위 ① 외의 법률을 위반하여 영업소 폐쇄명령을 받은 영업장소에서는 6개월 경과 후 같은 종류의 영업 가능

8 ★★★ 다음 ( ) 안에 알맞은 내용은?

> 이·미용업 영업자가 공중위생관리법을 위반하여 관계 행정기관의 장의 요청이 있는 때에는 ( ) 이내의 기간을 정하여 영업의 정지 또는 일부시설의 사용중지 혹은 영업소 폐쇄 등을 명할 수 있다.

① 3개월   ② 6개월
③ 1년   ④ 2년

9 ★★★ 영업소의 폐쇄명령을 받고도 계속하여 영업을 하는 때에 관계공무원으로 하여금 영업소를 폐쇄할 수 있도록 조치를 하게 할 수 있는 자는?

① 보건복지부장관   ② 시·도지사
③ 시장·군수·구청장   ④ 보건소장

> 시장·군수·구청장은 공중위생영업자가 영업소 폐쇄 명령을 받고도 계속하여 영업을 하는 때에는 관계공무원으로 하여금 당해 영업소를 폐쇄하기 위하여 조치를 하게 할 수 있다.

10 ★★★ 이·미용 영업소 폐쇄의 행정처분을 받고도 계속하여 영업을 할 때에는 당해 영업소에 대하여 어떤 조치를 할 수 있는가?

① 폐쇄 행정처분 내용을 재통보한다.
② 언제든지 폐쇄 여부를 확인만 한다.
③ 당해 영업소 출입문을 폐쇄하고, 벌금을 부과한다.
④ 당해 영업소가 위법한 영업소임을 알리는 게시물 등을 부착한다.

> **영업소 폐쇄 조치**
> • 당해 영업소의 간판 기타 영업표지물의 제거
> • 당해 영업소가 위법한 영업소임을 알리는 게시물 등의 부착
> • 영업을 위하여 필수불가결한 기구 또는 시설물을 사용할 수 없게 하는 봉인

11 ★★★★ 영업소의 폐쇄명령을 받고도 계속하여 영업을 하는 때에 영업소를 폐쇄하기 위해 관계공무원이 행할 수 있는 조치가 아닌 것은?

① 영업소의 간판 기타 영업표지물의 제거
② 위법한 영업소임을 알리는 게시물 등의 부착
③ 영업을 위하여 필수불가결한 기구 또는 시설물을 사용할 수 없게 하는 봉인
④ 출입문의 봉쇄

12 ★★★ 영업소 폐쇄명령을 받고도 계속하여 영업을 하는 경우 해당 공무원으로 하여금 당해 영업소를 폐쇄하기 위하여 할 수 있는 조치가 아닌 것은?

① 당해 영업소의 간판 기타 영업표지물의 제거
② 당해 영업소가 위법한 것임을 알리는 게시물 등의 부착
③ 영업을 위하여 필수불가결한 기구 또는 시설물을 이용할 수 없게 하는 봉인
④ 영업시설물의 철거

13 ★★★★ 영업허가 취소 또는 영업장 폐쇄명령을 받고도 계속하여 이·미용 영업을 하는 경우에 시장, 군수, 구청장이 취할 수 있는 조치가 아닌 것은?

① 당해 영업소의 간판 기타 영업표지물의 제거 및 삭제
② 당해 영업소가 위법한 것임을 알리는 게시물 등의 부착
③ 영업을 위하여 필수불가결한 기구 또는 시설물 봉인
④ 당해 영업소의 업주에 대한 손해 배상 청구

14 ★★★ 이·미용 영업소 폐쇄의 행정처분을 한 때에는 당해 영업소에 대하여 어떻게 조치하는가?

① 행정처분 내용을 통보만 한다.
② 언제든지 폐쇄 여부를 확인만 한다.
③ 행정처분 내용을 행정처분 대장에 기록, 보관만 하게 된다.
④ 영업소 폐쇄의 행정처분을 받은 업소임을 알리는 게시물 등을 부착한다.

정답   8 ②   9 ③   10 ④   11 ④   12 ④   13 ④   14 ④

15 ★★★ 대통령령이 정하는 바에 의하여 관계전문기관 등에 공중위생관리 업무의 일부를 위탁할 수 있는 자는?

① 시 · 도지사
② 시장 · 군수 · 구청장
③ 보건복지부장관
④ 보건소장

16 ★★★ 위생서비스 평가의 전문성을 높이기 위하여 필요하다고 인정하는 경우에 관련 전문기관 및 단체로 하여금 위생 서비스 평가를 실시하게 할 수 있는 자는?

① 시장 · 군수 · 구청장
② 대통령
③ 보건복지부장관
④ 시 · 도지사

17 ★★★ 공중위생영업소의 위생관리수준을 향상시키기 위하여 위생서비스 평가계획을 수립하는 자는?

① 대통령
② 보건복지부장관
③ 시 · 도지사
④ 공중위생관련협회 또는 단체

18 ★★★ 공중위생감시원의 자격·임명·업무·범위 등에 필요한 사항을 정한 것은?

① 법률
② 대통령령
③ 보건복지부령
④ 당해 지방자치단체 조례

> 공중위생감시원의 자격 · 임명 · 업무범위 기타 필요한 사항은 대통령령으로 정한다.

19 ★★★ 이·미용업 영업소에 대하여 위생관리의무 이행검사 권한을 행사할 수 없는 자는?

① 도 소속 공무원
② 국세청 소속 공무원
③ 시 · 군 · 구 소속 공무원
④ 특별시 · 광역시 소속 공무원

> 시 · 도지사 또는 시장 · 군수 · 구청장이 소속 공무원 중에서 임명한다.

20 ★★★ 이용 또는 미용의 영업자에게 공중위생에 관하여 필요한 보고 및 출입·검사 등을 할 수 있게 하는 자가 아닌 것은?

① 보건복지부장관
② 구청장
③ 시 · 도지사
④ 시장

21 ★★★ 시·도지사 또는 시장·군수·구청장은 공중위생관리상 필요하다고 인정하는 때에 공중위생영업자 등에 대하여 필요한 조치를 취할 수 있다. 이 조치에 해당하는 것은?

① 보고
② 청문
③ 감독
④ 협의

> **시 · 도지사 또는 시장 · 군수 · 구청장의 권한**
> • 공중위생관리상 필요하다고 인정하는 때에는 공중위생영업자 및 공중이용시설의 소유자 등에 대하여 필요한 보고를 하게 함
> • 소속공무원으로 하여금 영업소 · 사무소 · 공중이용시설 등에 출입하여 공중위생영업자의 위생관리의무이행 및 공중이용시설의 위생관리실태 등에 대하여 검사하게 함.
> • 필요에 따라 공중위생영업장부나 서류의 열람 가능

22 ★★★ 공중위생영업소의 위생관리수준을 향상시키기 위하여 위생 서비스 평가계획을 수립하여야 하는 자는?

① 안전행정부장관
② 보건복지부장관
③ 시 · 도지사
④ 시장 · 군수 · 구청장

23 ★★★ 공중위생감시원을 둘 수 없는 곳은?

① 특별시
② 광역시 · 도
③ 시 · 군 · 구
④ 읍 · 면 · 동

> 관계 공무원의 업무를 행하게 하기 위하여 특별시 · 광역시 · 도 및 시 · 군 · 구(자치구에 한한다)에 공중위생감시원을 둔다.

24 ★★★ 공중위생감시원의 자격에 해당되지 않는 자는?

① 위생사 자격증이 있는 자
② 대학에서 미용학을 전공하고 졸업한 자
③ 외국에서 환경기사의 면허를 받은 자
④ 1년 이상 공중위생 행정에 종사한 경력이 있는 자

25 공중위생감시원에 관한 설명으로 틀린 것은?

① 특별시·광역시·도 및 시·군·구에 둔다.
② 위생사 또는 환경기사 2급 이상의 자격증이 있는 소속 공무원 중에서 임명한다.
③ 자격·임명·업무범위, 기타 필요한 사항은 보건복지부령으로 정한다.
④ 위생지도 및 개선명령 이행 여부의 확인 등의 업무가 있다.

> 자격·임명·업무범위, 기타 필요한 사항은 대통령령으로 정한다.

26 다음 중 공중위생감시원의 업무범위가 아닌 것은?

① 공중위생 영업 관련 시설 및 설비의 위생상태 확인 및 검사에 관한 사항
② 공중위생영업소의 위생서비스 수준평가에 관한 사항
③ 공중위생영업소 개설자의 위생교육 이행여부 확인에 관한 사항
④ 공중위생영업자의 위생관리의무 영업자준수 사항 이행여부의 확인에 관한 사항

> **공중위생감시원의 업무범위**
> • 관련 시설 및 설비의 확인
> • 관련 시설 및 설비의 위생상태 확인·검사, 공중위생영업자의 위생관리의무 및 영업자준수사항 이행 여부의 확인
> • 공중이용시설의 위생관리상태의 확인·검사
> • 위생지도 및 개선명령 이행 여부의 확인
> • 공중위생영업소의 영업의 정지, 일부 시설의 사용중지 또는 영업소 폐쇄명령 이행 여부의 확인
> • 위생교육 이행 여부의 확인

27 공중위생의 관리를 위한 지도, 계몽 등을 행하게 하기 위하여 둘 수 있는 것은?

① 명예공중위생감시원
② 공중위생조사원
③ 공중위생평가단체
④ 공중위생전문교육원

> 시·도지사는 공중위생의 관리를 위한 지도·계몽 등을 행하게 하기 위하여 명예공중위생감시원을 둘 수 있다.

28 다음 중 법에서 규정하는 명예공중위생감시원의 위촉대상자가 아닌 것은?

① 공중위생관련 협회장이 추천하는 자
② 소비자 단체장이 추천하는 자
③ 공중위생에 대한 지식과 관심이 있는 자
④ 3년 이상 공중위생 행정에 종사한 경력이 있는 공무원

> **명예공중위생감시원의 위촉대상자**
> • 공중위생에 대한 지식과 관심이 있는 자
> • 소비자단체, 공중위생관련 협회 또는 단체의 소속직원 중에서 당해 단체 등의 장이 추천하는 자

29 공중위생영업자 단체의 설립에 관한 설명 중 관계가 먼 것은?

① 영업의 종류별로 설립한다.
② 영업의 단체이익을 위하여 설립한다.
③ 전국적인 조직을 갖는다.
④ 국민보건 향상의 목적을 갖는다.

> 공중위생영업자는 공중위생과 국민보건의 향상을 기하고 그 영업의 건전한 발전을 도모하기 위하여 영업의 종류별로 전국적인 조직을 가지는 영업자단체를 설립할 수 있다.

30 위생영업단체의 설립 목적으로 가장 적합한 것은?

① 공중위생과 국민보건 향상을 기하고 영업종류별 조직을 확대하기 위하여
② 국민보건의 향상을 기하고 공중위생 영업자의 정치·경제적 목적을 향상시키기 위하여
③ 영업의 건전한 발전을 도모하고 공중위생 영업의 종류별 단체의 이익을 옹호하기 위하여
④ 공중위생과 국민보건 향상을 기하고 영업의 건전한 발전을 도모하기 위하여

> 공중위생영업자는 공중위생과 국민보건의 향상을 기하고 그 영업의 건전한 발전을 도모하기 위하여 영업의 종류별로 전국적인 조직을 가지는 영업자단체를 설립할 수 있다.

31 공중위생감시원 업무범위에 해당되지 않는 것은?

① 시설 및 설비의 확인
② 시설 및 설비의 위생상태 확인·검사

정답 ▶ 25 ③ 26 ② 27 ① 28 ④ 29 ② 30 ④ 31 ④

③ 위생관리의무 이행여부 확인
④ 위생관리 등급 표시 부착 확인

32 공중위생감시원의 업무범위에 해당하는 것은?
① 위생서비스 수준의 평가계획 수립
② 공중위생 영업자와 소비자 간의 분쟁조정
③ 공중위생 영업소의 위생관리상태의 확인
④ 위생서비스 수준의 평가에 따른 포상실시

33 다음 중 공중위생감시원의 직무가 아닌 것은?
① 시설 및 설비의 확인에 관한 사항
② 영업자의 준수사항 이행 여부에 관한 사항
③ 위생지도 및 개선명령 이행 여부에 관한 사항
④ 세금납부의 적정 여부에 관한 사항

08. 업소 위생등급 및 위생교육

1 위생서비스평가의 결과에 따른 위생관리 등급은 누구에게 통보하고 이를 공표하여야 하는가?
① 해당 공중위생영업자   ② 시장 · 군수 · 구청장
③ 시 · 도지사   ④ 보건소장

> 시장 · 군수 · 구청장은 보건복지부령이 정하는 바에 의하여 위생서비스평가의 결과에 따른 위생관리등급을 해당 공중위생영업자에게 통보하고 이를 공표하여야 한다.

2 다음의 위생서비스 수준의 평가에 대한 설명 중 맞는 것은?
① 평가의 전문성을 높이기 위해 관련 전문기관 및 단체로 하여금 평가를 실시하게 할 수 있다.
② 평가주기는 3년마다 실시한다.
③ 평가주기와 방법, 위생관리등급은 대통령령으로 정한다.
④ 위생관리 등급은 2개 등급으로 나뉜다.

> ② 평가주기는 2년마다 실시한다.
> ③ 평가주기와 방법, 위생관리등급은 보건복지부령으로 정한다.
> ④ 위생관리 등급은 3개 등급으로 나뉜다.

3 위생관리 등급 공표사항으로 틀린 것은?
① 시장 · 군수 · 구청장은 위생서비스 평가결과에 따른 위생 관리등급을 공중위생영업자에게 통보하고 공표한다.
② 공중위생영업자는 통보받은 위생관리등급의 표지를 영업소 출입구에 부착할 수 있다.
③ 시장, 군수, 구청장은 위생서비스 결과에 따른 위생 관리등급 우수업소에는 위생감시를 면제할 수 있다.
④ 시장, 군수, 구청장은 위생서비스평가의 결과에 따른 위생관리등급별로 영업소에 대한 위생감시를 실시하여야 한다.

> 시 · 도지사 또는 시장 · 군수 · 구청장은 위생서비스평가의 결과 위생서비스의 수준이 우수하다고 인정되는 영업소에 대하여 포상을 실시할 수 있다.

4 위생서비스 평가의 결과에 따른 조치에 해당되지 않는 것은?
① 이 · 미용업자는 위생관리 등급 표지를 영업소 출입구에 부착할 수 있다.
② 시 · 도지사는 위생서비스의 수준이 우수하다고 인정되는 영업소에 대한 포상을 실시할 수 있다.
③ 시 · 군수는 위생관리 등급별로 영업소에 대한 위생 감시를 실시할 수 있다.
④ 구청장은 위생관리 등급의 결과를 세무서장에게 통보할 수 있다.

> 위생관리 등급의 결과는 해당 공중위생영업자에게 통보한다.

5 공중위생영업소 위생관리 등급의 구분에 있어 최우수 업소에 내려지는 등급은 다음 중 어느 것인가?
① 백색등급   ② 황색등급
③ 녹색등급   ④ 청색등급

위생관리등급의 구분(보건복지부령)	
구분	등급
최우수업소	녹색등급
우수업소	황색등급
일반관리대상 업소	백색등급

chapter 04

정답 32 ③ 33 ④ **8** 1 ① 2 ① 3 ③ 4 ④ 5 ③

6 공중위생영업소의 위생서비스수준의 평가는 몇 년마다 실시하는가?

① 4년
② 2년
③ 6년
④ 5년

7 공중위생서비스평가를 위탁받을 수 있는 기관은?

① 보건소
② 동사무소
③ 소비자단체
④ 관련 전문기관 및 단체

> 시장·군수·구청장은 위생서비스평가의 전문성을 높이기 위하여 필요하다고 인정하는 경우에는 관련 전문기관 및 단체로 하여금 위생서비스평가를 실시하게 할 수 있다.

8 위생서비스평가의 결과에 따른 위생관리등급별로 영업소에 대한 위생 감시를 실시할 때의 기준이 아닌 것은?

① 위생교육 실시 횟수
② 영업소에 대한 출입·검사
③ 위생 감시의 실시 주기
④ 위생 감시의 실시 횟수

> 위생 감시의 기준
> • 영업소에 대한 출입·검사
> • 위생 감시의 실시 주기 및 횟수 등

9 보건복지부장관은 공중위생관리법에 의한 권한의 일부를 무엇이 정하는 바에 의해 시·도지사에게 위임할 수 있는가?

① 대통령령
② 보건복지부령
③ 공중위생관리법 시행규칙
④ 안전행정부령

10 이·미용업의 업주가 받아야 하는 위생교육 기간은 몇 시간인가?

① 매년 3시간
② 분기별 3시간
③ 매년 6시간
④ 분기별 6시간

11 부득이한 사유가 없는 한 공중위생영업소를 개설할 자는 언제 위생교육을 받아야 하는가?

① 영업개시 후 2월 이내
② 영업개시 후 1월 이내
③ 영업개시 전
④ 영업개시 후 3월 이내

12 관련법상 이·미용사의 위생교육에 대한 설명 중 옳은 것은?

① 위생교육 대상자는 이·미용업 영업자이다.
② 위생교육 대상자에는 이·미용사의 면허를 가지고 이·미용업에 종사하는 모든 자가 포함된다.
③ 위생교육은 시·군·구청장만이 할 수 있다.
④ 위생교육 시간은 매년 4시간이다.

> ② 위생교육 대상자는 이·미용업에 종사하는 자가 아니라 신고하고자 하는 영업자이다.
> ③ 위생교육은 보건복지부장관이 허가한 단체 또는 공중위생 영업자단체가 실시할 수 있다.
> ④ 위생교육 시간은 매년 3시간이다.

13 공중위생관리법상의 위생교육에 대한 설명 중 옳은 것은?

① 위생교육 대상자는 이·미용업 영업자이다.
② 위생교육 대상자는 이·미용사이다.
③ 위생교육 시간은 매년 8시간이다.
④ 위생교육은 공중위생관리법 위반자에 한하여 받는다.

> ②, ④ 위생교육 대상자는 영업을 위해 신고를 하고자 하는 자이다. ③ 위생교육 시간은 매년 3시간이다.

14 보건복지부령으로 정하는 위생교육을 반드시 받아야 하는 자에 해당되지 않는 것은?

① 공중위생관리법에 의한 명령을 위반한 영업소의 영업주
② 공중위생영업의 신고를 하고자 하는 자
③ 공중위생영업소에 종사하는 자
④ 공중위생영업을 승계한 자

> 공중위생영업소에 종사하는 자는 위생교육 대상자가 아니다.

15 이·미용업 종사자로 위생교육을 받아야 하는 자는?

① 공중위생 영업에 종사자로 처음 시작하는 자
② 공중위생 영업에 6개월 이상 종사자
③ 공중위생 영업에 2년 이상 종사자
④ 공중위생 영업을 승계한 자

위생교육 대상자는 이·미용업 종사자가 아니라 영업을 하기 위해 신고하려는 자이다.

16 위생교육 대상자가 아닌 것은?

① 공중위생영업의 신고를 하고자 하는 자
② 공중위생영업을 승계한 자
③ 공중위생영업자
④ 면허증 취득 예정자

17 위생교육에 대한 설명으로 틀린 것은?

① 공중위생 영업자는 매년 위생교육을 받아야 한다.
② 위생교육 시간은 3시간으로 한다.
③ 위생교육에 관한 기록을 1년 이상 보관·관리하여야 한다.
④ 위생교육을 받지 아니한 자는 200만원 이하의 과태료에 처한다.

위생교육에 관한 기록을 2년 이상 보관·관리하여야 한다.

18 위생교육을 실시한 전문기관 또는 단체가 교육에 관한 기록을 보관·관리하여야 하는 기간은?

① 1월
② 6월
③ 1년
④ 2년

19 위생교육에 대한 내용 중 틀린 것은?

① 위생교육을 받은 자가 위생교육을 받은 날부터 1년 이내에 위생교육을 받은 업종과 같은 업종의 변경을 하려는 경우에는 해당 영업에 대한 위생교육을 받은 것으로 본다.
② 위생교육의 내용은 공중위생관리법 및 관련법규, 소양교육, 기술교육, 그 밖에 공중위생에 관

하여 필요한 내용으로 한다.
③ 영업신고 전에 위생교육을 받아야 하는 자 중 천재지변, 본인의 질병, 사고, 업무상 국외출장 등의 사유로 교육을 받을 수 없는 자는 영업신고를 한 후 6개월 이내에 위생교육을 받을 수 있다.
④ 위생교육실시 단체는 교육교재를 편찬하여 교육대상자에게 제공해야 한다.

위생교육을 받은 자가 위생교육을 받은 날부터 2년 이내에 위생교육을 받은 업종과 같은 업종의 영업을 하려는 경우에는 해당 영업에 대한 위생교육을 받은 것으로 본다.

10. 행정처분, 벌칙, 양벌규정 및 과태료

1 이·미용사 면허가 일정기간 정지되거나 취소되는 경우는?

① 영업하지 아니한 때
② 해외에 장기 체류 중일 때
③ 다른 사람에게 대여해주었을 때
④ 교육을 받지 아니한 때

면허증을 다른 사람에게 대여한 때의 행정처분기준
• 1차 위반 : 면허정지 3개월
• 2차 위반 : 면허정지 6개월
• 3차 위반 : 면허취소

2 이·미용 영업소에서 1회용 면도날을 손님 2인에게 사용한 때의 1차 위반 시 행정처분은?

① 시정명령
② 개선명령
③ 경고
④ 영업정지 5일

• 1차 위반 : 경고
• 2차 위반 : 영업정지 5일
• 3차 위반 : 영업정지 10일
• 4차 위반 : 영업장 폐쇄명령

3 행정처분사항 중 1차 처분이 경고에 해당하는 것은?

① 귓볼 뚫기 시술을 한 때
② 시설 및 설비기준을 위반한 때
③ 신고를 하지 아니하고 영업소 소재를 변경한 때
④ 위생교육을 받지 아니한 때

① 영업정지 2개월, ② 개선명령, ③ 영업정지 1개월

chapter **04**

4 ★★★★★ 신고를 하지 않고 영업소 명칭(상호)을 바꾼 경우에 대한 1차 위반 시의 행정처분은?

① 주의
② 경고 또는 개선명령
③ 영업정지 15일
④ 영업정지 1개월

- 1차 위반 : 경고 또는 개선명령
- 2차 위반 : 영업정지 15일
- 3차 위반 : 영업정지 1개월
- 4차 위반 : 영업장 폐쇄명령

5 ★★★ 이·미용업 영업자가 업소 내 조명도를 준수하지 않았을 때에 대한 1차 위반 시 행정처분 기준은?

① 개선명령 또는 경고
② 영업정지 5일
③ 영업정지 10일
④ 영업정지 15일

- 1차 위반 : 경고 또는 개선명령
- 2차 위반 : 영업정지 5일
- 3차 위반 : 영업정지 10일
- 4차 위반 : 영업장 폐쇄명령

6 ★★★★ 1회용 면도날을 2인 이상의 손님에게 사용한 때에 대한 1차 위반 시 행정처분 기준은?

① 시정명령
② 경고
③ 영업정지 5일
④ 영업정지 10일

- 1차 위반 : 경고
- 2차 위반 : 영업정지 5일
- 3차 위반 : 영업정지 10일
- 4차 위반 : 영업장 폐쇄명령

7 ★★★ 이·미용 영업소 안에 면허증 원본을 게시하지 않은 경우 1차 행정처분 기준은?

① 개선명령 또는 경고
② 영업정지 5일
③ 영업정지 10일
④ 영업정지 15일

- 1차 위반 : 경고 또는 개선명령
- 2차 위반 : 영업정지 5일
- 3차 위반 : 영업정지 10일
- 4차 위반 : 영업장 폐쇄명령

8 ★★★ 소독을 한 기구와 소독을 하지 아니한 기구를 각각 다른 용기에 넣어 보관하지 아니한 때에 대한 2차 위반 시의 행정처분 기준에 해당하는 것은?

① 경고
② 영업정지 5일
③ 영업정지 10일
④ 영업장 폐쇄명령

- 1차 위반 : 경고
- 2차 위반 : 영업정지 5일
- 3차 위반 : 영업정지 10일
- 4차 위반 : 영업장 폐쇄명령

9 ★★★ 1회용 면도날을 2인 이상의 손님에게 사용한 때에 대한 2차 위반 시 행정처분 기준은?

① 시정명령
② 경고
③ 영업정지 5일
④ 영업정지 10일

- 1차 위반 : 경고
- 2차 위반 : 영업정지 5일
- 3차 위반 : 영업정지 10일
- 4차 위반 : 영업장 폐쇄명령

10 ★★★ 신고를 하지 않고 이·미용업소의 면적을 3분의 1이상 변경한 때의 1차 위반 행정처분 기준은?

① 경고 또는 개선명령
② 영업정지 15일
③ 영업정지 1개월
④ 영업장 폐쇄명령

- 1차 위반 : 경고 또는 개선명령
- 2차 위반 : 영업정지 15일
- 3차 위반 : 영업정지 1개월
- 4차 위반 : 영업장 폐쇄명령

11 ★★★ 이·미용업 영업소에서 손님에게 음란한 물건을 관람·열람하게 한 때에 대한 1차 위반 시 행정처분 기준은?

① 영업정지 15일
② 영업정지 1개월
③ 영업장 폐쇄명령
④ 경고

- 1차 위반 : 경고
- 2차 위반 : 영업정지 15일
- 3차 위반 : 영업정지 1개월
- 4차 위반 : 영업장 폐쇄명령

12 미용사가 손님에게 도박을 하게 했을 때 2차 위반 시 적절한 행정처분 기준은?

① 영업정지 15일　　　　② 영업정지 1개월
③ 영업정지 2개월　　　　④ 영업장 폐쇄명령

• 1차 위반 : 영업정지 1개월
• 2차 위반 : 영업정지 2개월
• 3차 위반 : 영업장 폐쇄명령

13 영업소에서 무자격 안마사로 하여금 손님에게 안마 행위를 하였을 때 1차 위반 시 행정처분은?

① 경고　　　　　　　　② 영업정지 15일
③ 영업정지 1개월　　　　④ 영업장 폐쇄

• 1차 위반 : 영업정지 1개월
• 2차 위반 : 영업정지 2개월
• 3차 위반 : 영업장 폐쇄명령

14 이·미용사가 이·미용업소 외의 장소에서 이·미용을 했을 때 1차 위반 행정처분 기준은?

① 영업정지 1개월　　　　② 개선 명령
③ 영업정지 10일　　　　④ 영업정지 20일

• 1차 위반 : 영업정지 1개월
• 2차 위반 : 영업정지 2개월
• 3차 위반 : 영업장 폐쇄명령

15 이·미용업소에서 음란행위를 알선 또는 제공 시 영업소에 대한 1차 위반 행정처분 기준은?

① 경고　　　　　　　　② 영업정지 1개월
③ 영업정지 3개월　　　　④ 영업장 폐쇄명령

구분	1차 위반	2차 위반
영업소	영업정지 3월	영업장 폐쇄명령
미용사(업주)	면허정지 3월	면허취소

16 미용업자가 점빼기, 귓볼뚫기, 쌍꺼풀수술, 문신, 박피술 기타 이와 유사한 의료행위를 하여 1차 위반했을 때의 행정처분은 다음 중 어느 것인가?

① 면허취소　　　　　　② 경고

③ 영업장 폐쇄명령　　　　④ 영업정지 2개월

• 1차 위반 : 영업정지 2개월
• 2차 위반 : 영업정지 3개월
• 3차 위반 : 영업장 폐쇄명령

17 이·미용사의 면허증을 대여한 때의 1차 위반 행정처분 기준은?

① 면허정지 3개월　　　　② 면허정지 6개월
③ 영업정지 3개월　　　　④ 영업정지 6개월

• 1차 위반 : 면허정지 3개월
• 2차 위반 : 면허정지 6개월
• 3차 위반 : 면허취소

18 면허증을 다른 사람에게 대여한 때의 2차 위반 행정처분 기준은?

① 면허정지 6개월
② 면허정지 3개월
③ 영업정지 3개월
④ 영업정지 6개월

19 이·미용업에 있어 위반행위의 차수에 따른 행정처분 기준은 최근 어느 기간 동안 같은 위반행위로 행정처분을 받은 경우에 적용하는가?

① 6개월　　　　　　　② 1년
③ 2년　　　　　　　　④ 3년

20 1차 위반 시의 행정처분이 면허취소가 아닌 것은?

① 국가기술자격법에 의하여 이 · 미용사 자격이 취소된 때
② 공중의 위생에 영향을 미칠 수 있는 감염병환자로서 보건복지부령이 정하는 자
③ 면허정지처분을 받고 그 정지 기간 중 업무를 행한 때
④ 국가기술자격법에 의하여 미용사자격 정지처분을 받을 때

국가기술자격법에 의하여 미용사자격 정지처분을 받을 때 1차 위반 시 면허정지의 행정처분을 받게 된다.

21 공중위생영업자가 풍속관련법령 등 다른 법령에 위반하여 관계 행정기관장의 요청이 있을 때 당국이 취할 수 있는 조치사항은?

① 개선명령
② 국가기술자격 취소
③ 일정기간 동안의 업무정지
④ 6월 이내 기간의 영업정지

22 이·미용사가 면허정지 처분을 받고 업무 정지 기간 중 업무를 행한 때 1차 위반 시 행정처분 기준은?

① 면허정지 3월　　② 면허정지 6월
③ 면허취소　　　　④ 영업장 폐쇄

> **1차 위반 시 면허취소가 되는 경우**
> • 국가기술자격법에 따라 미용사 자격이 취소된 때
> • 결격사유에 해당한 때
> • 이중으로 면허를 취득한 때
> • 면허정지처분을 받고 그 정지기간 중 업무를 행한 때

23 국가기술자격법에 의하여 이·미용사 자격이 취소된 때의 행정처분은?

① 면허취소　　　　② 업무정지
③ 50만원 이하의 과태료　④ 경고

24 이중으로 이·미용사 면허를 취득한 때의 1차 행정처분 기준은?

① 영업정지 15일
② 영업정지 30일
③ 영업정지 6월
④ 나중에 발급받은 면허의 취소

25 미용업 영업소에서 영업정지처분을 받고 그 영업정지 중 영업을 한 때에 대한 1차 위반 시의 행정처분 기준은?

① 영업정지 1개월
② 영업정지 3개월
③ 영업장 폐쇄 명령
④ 면허취소

26 영업신고를 하지 아니하고 영업소의 소재지를 변경한 때 3차 위반 행정처분 기준은?

① 경고　　　　　　② 면허정지
③ 면허취소　　　　④ 영업장 폐쇄명령

27 이·미용사가 이·미용업소 외의 장소에서 이·미용을 한 경우 3차 위반 행정처분 기준은?

① 영업장 폐쇄명령
② 영업정지 10일
③ 영업정지 1월
④ 영업정지 2월

> • 1차 위반 : 영업정지 1개월
> • 2차 위반 : 영업정지 2개월
> • 3차 위반 : 영업장 폐쇄명령

28 일부시설의 사용중지 명령을 받고도 그 기간 중에 그 시설을 사용한 자에 대한 벌칙은?

① 3년 이하의 징역 또는 3천만원 이하의 벌금
② 2년 이하의 징역 또는 2백만원 이하의 벌금
③ 1년 이하의 징역 또는 1천만원 이하의 벌금
④ 5백만원 이하의 벌금

29 다음 위법사항 중 가장 무거운 벌칙기준에 해당하는 자는?

① 신고를 하지 아니하고 영업한 자
② 변경신고를 하지 아니하고 영업한 자
③ 면허정지처분을 받고 그 정지 기간 중 업무를 행한 자
④ 관계 공무원 출입, 검사를 거부한 자

위법사항에 따른 벌칙 및 과태료	
구분	벌칙 및 과태료
신고하지 않고 영업한 자	1년 이하의 징역 또는 1천만원 이하의 벌금
변경신고를 하지 않고 영업한 자	6월 이하의 징역 또는 500만원 이하의 벌금
면허정지처분을 받고 그 정지 기간 중 업무를 행한 자	300만원 이하의 벌금
관계 공무원 출입, 검사를 거부한 자	300만원 이하의 과태료

30 공중위생관리법에 규정된 벌칙으로 1년 이하의 징역 또는 1천만원 이하의 벌금에 해당하는 것은?

① 영업정지명령을 받고도 그 기간 중에 영업을 행한 자

② 변경신고를 하지 아니한 자

③ 공중위생영업자의 지위를 승계하고도 변경신고를 아니한 자

④ 건전한 영업질서를 위반하여 공중위생영업자가 지켜야 할 사항을 준수하지 아니한 자

②, ③, ④ 6월 이하의 징역 또는 500만원 이하의 벌금

31 이·미용 영업의 영업정지 기간 중에 영업을 한 자에 대한 벌칙은?

① 2년 이하의 징역 또는 1,000만원 이하의 벌금

② 2년 이하의 징역 또는 300만원 이하의 벌금

③ 1년 이하의 징역 또는 1,000만원 이하의 벌금

④ 1년 이하의 징역 또는 300만원 이하의 벌금

32 이·미용사의 면허증을 다른 사람에게 대여한 때의 법적 행정저분 조치 사항으로 옳은 것은?

① 시 · 도지사가 그 면허를 취소하거나 6월 이내의 기간을 정하여 업무정지를 명할 수 있다.

② 시 · 도지사가 그 면허를 취소하거나 1년 이내의 기간을 정하여 업무정지를 명할 수 있다.

③ 시장, 군수, 구청장은 그 면허를 취소하거나 6월 이내의 기간을 정하여 업무정지를 명할 수 있다.

④ 시장, 군수, 구청장은 그 면허를 취소하거나 1년 이내의 기간을 정하여 업무정지를 명할 수 있다.

33 건전한 영업질서를 위하여 공중위생영업자가 준수하여야 할 사항을 준수하지 아니한 자에 대한 벌칙 기준은?

① 1년 이하의 징역 또는 1천만원 이하의 벌금

② 6월 이하의 징역 또는 500만원 이하의 벌금

③ 3월 이하의 징역 또는 300만원 이하의 벌금

④ 300만원의 과태료

34 영업소의 폐쇄명령을 받고도 영업을 하였을 시에 대한 벌칙기준은?

① 2년 이하의 징역 또는 3천만원 이하의 벌금

② 1년 이하의 징역 또는 1천만원 이하의 벌금

③ 200만원 이하의 벌금

④ 100만원 이하의 벌금

35 다음 사항 중 1년 이하의 징역 또는 1천만원 이하의 벌금에 처할 수 있는 것은?

① 이 · 미용업 허가를 받지 아니하고 영업을 한 자

② 이 · 미용업 신고를 하지 아니하고 영업을 한 자

③ 음란행위를 알선 또는 제공하거나 이에 대한 손님의 요청에 응한 자

④ 면허 정지 기간 중 영업을 한 자

③ 면허정지 또는 취소
④ 300만원 이하의 벌금

36 영업자의 지위를 승계한 자로서 신고를 하지 아니하였을 경우 해당하는 처벌기준은?

① 1년 이하의 징역 또는 1천만원 이하의 벌금

② 6월 이하의 징역 또는 500만원 이하의 벌금

③ 200만원 이하의 벌금

④ 100만원 이하의 벌금

37 이용사 또는 미용사가 아닌 사람이 이용 또는 미용의 업무에 종사할 때에 대한 벌칙은?

① 1년 이하의 징역 또는 1천만원 이하의 벌금

② 6월 이하의 징역 또는 5백만원 이하의 벌금

③ 300만원 이하의 벌금

④ 100만원 이하의 벌금

38 이용 또는 미용의 면허가 취소된 후 계속하여 업무를 행한 자에 대한 벌칙사항은?

① 6월 이하의 징역 또는 300만원 이하의 벌금

② 500만원 이하의 벌금

③ 300만원 이하의 벌금

④ 200만원 이하의 벌금

정답 30 ① 31 ③ 32 ③ 33 ② 34 ② 35 ② 36 ② 37 ③ 38 ③

39 이용사 또는 미용사의 면허를 받지 아니한 자가 이·미용 영업업무를 행하였을 때의 벌칙사항은?

① 6월 이하의 징역 또는 500만원 이하의 벌금
② 300만원 이하의 벌금
③ 500만원 이하의 벌금
④ 400만원 이하의 벌금

40 법인의 대표자나 법인 또는 개인의 대리인, 사용인 기타 총괄하여 그 법인 또는 개인의 업무에 관하여 벌금형에 행하는 위반행위를 한 때에 행위자를 벌하는 외에 그 법인 또는 개인에 대하여도 동조의 벌금형을 과하는 것을 무엇이라 하는가?

① 벌금   ② 과태료
③ 양벌규정   ④ 위암

41 이·미용업자에게 과태료를 부과·징수할 수 있는 처분권자에 해당되지 않는 자는?

① 행정자치부장관   ② 시장
③ 군수   ④ 구청장

> 과태료는 시장 · 군수 · 구청장이 부과 · 징수한다.

42 과태료는 누가 부과 징수하는가?

① 행정자치부장관
② 시 · 도지사
③ 시장 · 군수 · 구청장
④ 세무서장

43 관계공무원의 출입·검사 기타 조치를 거부·방해 또는 기피했을 때의 과태료 부과기준은?

① 300만원 이하
② 200만원 이하
③ 100만원 이하
④ 50만원 이하

44 다음 중 과태료 처분 대상에 해당되지 않는 자는?

① 관계공무원의 출입 · 검사 등 업무를 기피한 자
② 영업소 폐쇄명령을 받고도 영업을 계속한 자
③ 이 · 미용업소 위생관리 의무를 지키지 아니한 자
④ 위생교육 대상자 중 위생교육을 받지 아니한 자

> 영업소 폐쇄명령을 받고도 계속하여 영업을 한 자는 1년 이하의 징역 또는 1천만원 이하의 벌금에 처한다.

45 이·미용 영업자가 이·미용사 면허증을 영업소 안에 게시하지 않아 당국으로부터 개선명령을 받았으나 이를 위반한 경우의 법적 조치는?

① 100만원 이하의 벌금
② 100만원 이하의 과태료
③ 200만원 이하의 벌금
④ 300만원 이하의 과태료

46 이·미용사의 면허를 받지 않은 자가 이·미용의 업무를 하였을 때의 벌칙기준은?

① 100만원 이하의 벌금
② 200만원 이하의 벌금
③ 300만원 이하의 벌금
④ 500만원 이하의 벌금

47 공중위생영업에 종사하는 자가 위생교육을 받지 아니한 경우에 해당되는 벌칙은?

① 300만원 이하의 벌금
② 300만원 이하의 과태료
③ 200만원 이하의 벌금
④ 200만원 이하의 과태료

48 이·미용의 업무를 영업장소 외에서 행하였을 때 이에 대한 처벌기준은?

① 3년 이하의 징역 또는 1천만원 이하의 벌금
② 500만원 이하의 과태료
③ 200만원 이하의 과태료
④ 100만원 이하의 벌금

정답 39 ② 40 ③ 41 ① 42 ③ 43 ① 44 ② 45 ④ 46 ③ 47 ④ 48 ③

49 영업정지에 갈음한 과징금 부과의 기준이 되는 매출금액은?

① 처분일이 속한 연도의 전년도의 1년간 총 매출액
② 처분일이 속한 연도의 전년 2년간 총 매출액
③ 처분일이 속한 연도의 전년 3년간 총 매출액
④ 처분일이 속한 연도의 전년 4년간 총 매출액

50 시장·군수·구청장이 영업정지가 이용자에게 심한 불편을 주거나 그 밖에 공익을 해할 우려가 있는 경우에 영업정지처분에 갈음한 과징금을 부과할 수 있는 금액기준은?

① 1천만원 이하
② 2천만원 이하
③ 1억원 이하
④ 4천만원 이하

51 공중위생관리법령에 따른 과징금의 부과 및 납부에 관한 사항으로 틀린 것은?

① 과징금을 부과하고자 할 때에는 위반행위의 종별과 해당 과징금의 금액을 명시하여 이를 납부할 것을 서면으로 통지하여야 한다.
② 통지를 받은 자는 통지를 받은 날부터 20일 이내에 과징금을 납부해야 한다.
③ 과징금액이 클 때는 과징금의 2분의 1 범위에서 각각 분할 납부가 가능하다.
④ 과징금의 징수절차는 보건복지부령으로 정한다.

> 시장·군수·구청장은 공중위생영업자의 사업규모·위반행위의 정도 및 횟수 등을 참작하여 과징금 금액의 2분의 1의 범위 안에서 이를 가중 또는 감경할 수 있다.

52 다음 중 청문을 실시하는 사항이 아닌 것은?

① 공중위생영업의 정지처분을 하고자 하는 경우
② 정신질환자 또는 간질병자에 해당되어 면허를 취소하고자 하는 경우
③ 공중위생영업의 일부시설의 사용중지 및 영업소 폐쇄처분을 하고자 하는 경우
④ 공중위생영업의 폐쇄처분 후 그 기간이 끝난 경우

> **청문을 실시하는 사항**
> ① 면허취소·면허정지 ② 공중위생영업의 정지
> ③ 일부 시설의 사용중지 ④ 영업소 폐쇄명령
> ⑤ 공중위생영업 신고사항의 직권 말소

53 행정처분 대상자 중 중요처분 대상자에게 청문을 실시할 수 있다. 그 청문대상이 아닌 것은?

① 면허정지 및 면허취소
② 영업정지
③ 영업소 폐쇄 명령
④ 자격증 취소

54 이·미용 영업과 관련된 청문을 실시하여야 할 경우에 해당되는 것은?

① 폐쇄명령을 받은 후 재개업을 하려 할 때
② 공중위생영업의 일부 시설의 사용중지처분을 하고자 할 때
③ 과태료를 부과하려 할 때
④ 영업소의 간판 기타 영업표지물을 제거 처분하려 할 때

55 이·미용업에 있어 청문을 실시하여야 하는 경우가 아닌 것은?

① 면허취소 처분을 하고자 하는 경우
② 면허정지 처분을 하고자 하는 경우
③ 일부시설의 사용중지 처분을 하고자 하는 경우
④ 위생교육을 받지 아니하여 1차 위반한 경우

56 다음 ( ) 안에 알맞은 것은?

> 시장·군수·구청장은 공중위생영업의 정지 또는 일부 시설의 사용중지 등의 처분을 하고자 하는 때에는 ( )을(를) 실시하여야 한다.

① 위생서비스 수준의 평가
② 공중위생감사
③ 청문
④ 열람

57 법령 위반자에 대해 행정처분을 하고자 하는 때는 청문을 실시하여야 하는데 다음 중 청문대상이 아닌 것은?

① 면허를 취소하고자 할 때
② 면허를 정지하고자 할 때
③ 영업소 폐쇄명령을 하고자 할 때
④ 벌금을 책정하고자 할 때

58 다음 중 미용사의 청문을 실시하는 경우가 아닌 것은?

① 영업의 정지
② 일부 시설의 사용중지
③ 영업소 폐쇄명령
④ 위생등급 결과 이의

59 이·미용 영업에 있어 청문을 실시하여야 할 대상이 되는 행정처분 내용은?

① 시설개수
② 경고
③ 시정명령
④ 영업정지

60 다음 중 청문을 거치지 않아도 되는 행정처분은?

① 영업장의 개선명령
② 이·미용사의 면허취소
③ 공중위생영업의 정지
④ 영업소 폐쇄명령

61 이·미용 영업상 잘못으로 관계기관에서 청문을 하고자 하는 경우 그 대상이 아닌 것은?

① 면허취소
② 면허정지
③ 영업소 폐쇄
④ 1,000만원 이하 벌금

62 다음 중 청문을 실시하여야 할 경우에 해당되는 것은?

① 영업소의 필수불가결한 기구의 봉인을 해제하려 할 때
② 폐쇄명령을 받은 후 폐쇄명령을 받은 영업과 같은 종류의 영업을 하려 할 때
③ 벌금을 부과 처분하려 할 때
④ 영업소 폐쇄명령을 처분하고자 할 때

정답 57 ④ 58 ④ 59 ④ 60 ① 61 ④ 62 ④

MAKEUP ARTIST CERTIFICATION

CBT
상시시험 대비
모의고사

CBT 상시 모의고사 제1회

실력테스트를 위해 해설 란을 가리고 문제를 풀어보세요

해설

▶ 정답은 396쪽에 있습니다.

01 태양광선의 살균작용으로 옳지 않은 것은?

① 빛의 파장에 따라서 살균력이 다르다.
② 태양광선의 살균작용은 2600~2800Å의 범위에서 가장 강하다.
③ 살균력은 적외선이 자외선이나 가시광선보다 강하나 열을 발생시키므로 사용하지 않는다.
④ 살균은 자외선을 주로 이용한다.

> 01 태양광선의 살균력은 2600~2800Å의 자외선이 가장 강하다.

02 다음 중 염증질환으로서 주변 조직이 파손되지 않도록 빨리 제거해야 하는 것은?

① 수포   ② 반점
③ 담마진   ④ 농포

> 02 농포란 표피 부위에 고름이 차이는 작은 융기를 말하는데, 주변 조직이 파괴되지 않도록 빨리 제거해주어야 한다.

03 기초 화장품에 대한 설명으로 틀린 것은?

① 피부를 청정하게 한다.
② 피부의 거칠음을 방지하고 피부결을 가다듬는다.
③ 피부의 잡티나 결점의 커버력이 우수하다.
④ 피부에 수분을 공급하고 조절하여 촉촉함을 주며 유연하게 한다.

> 03 잡티나 결점 커버는 기초 화장품과는 무관하다.

04 조명 색을 더하는 가산 혼합(색광의 혼합)에 대한 설명으로 틀린 것은?

① 녹색(G) + 파랑(B) = 시안(C)
② 노랑(Y) + 시안(C) = 빨강(R)
③ 빨강(R) + 녹색(G) + 파랑(B) = 백색광(W)
④ 빨강(R) + 녹색(G) = 노랑(Y)

> 04 노랑 + 시안 = 녹색이며, 이는 색료의 혼합인 감법 혼색에 해당한다.

05 화장품의 제형에 따른 특징의 설명으로 틀린 것은?

① 유화제품 – 물에 오일성분이 계면활성제에 의해 우유 빛으로 백탁화된 상태의 제품
② 가용화제품 – 물에 소량의 오일성분이 계면활성제에 의해 투명하게 용해되어 있는 상태의 제품
③ 분산제품 – 물 또는 오일 성분에 미세한 고체입자가 계면활성제에 의해 균일하게 혼합된 상태의 제품
④ 유용화제품 – 물에 다량의 오일성분이 계면활성제에 의해 현탁하게 혼합된 상태의 제품

> 05 화장품을 제형에 따라 분류하면 가용화제품, 유화제품, 분산제품으로 나눌 수 있다.

06 윤곽수정 메이크업 시 둥근 얼굴형에 적합한 하이라이트의 위치는?

① 광대뼈 아랫부분

② 얼굴 윤곽 전체

③ T존

④ 이마를 가로방향으로

06 둥근 얼굴형에 대한 윤곽 수정은 양쪽 측면에 셰이딩을 주고, 콧등과 이마, 턱 부위에 하이라이트를 주어 얼굴이 길어 보이게 한다.

07 핸드케어(hand care) 제품 중 사용할 때 물을 사용하지 않고 직접 바르는 것으로 피부 청결 및 소독효과를 위해 사용하는 것은?

① 핸드 로션(hand lotion)

② 비누(soap)

③ 핸드 새니타이저(hand sanitizer)

④ 핸드 워시(hand wash)

07 물을 이용하여 손을 씻는 것을 대신해 피부 청결과 소독효과를 위해 사용하는 것은 핸드 새니타이저이다.

08 티오글리콜산(Thioglycolic acid)과 암모니아(Ammonia) 같은 화학물질 등으로 오염된 실내 공기 환경을 개선하기 위해 필요한 것은?

① 조명

② 청결

③ 수질

④ 환풍, 환기

08 오염된 실내공기를 개선하기 위해서는 환풍, 환기가 필요하다.

09 공기의 자정작용현상이 아닌 것은?

① 산소, 오존, 과산화수소 등에 의한 산화작용

② 태양광선 중 자외선에 의한 살균작용

③ 식물의 탄소동화작용에 의한 CO_2의 생산작용

④ 공기 자체의 희석작용

09 공기의 자정 작용 : 산화작용, 희석작용, 세정작용, 살균작용, CO_2와 O_2의 교환 작용

10 사마귀(Wart, Verruca)의 주원인은?

① 진균

② 내분비이상

③ 당뇨병

④ 바이러스

10 사마귀는 유두선 바이러스에 의한 감염 질환이다.

11 다음의 (A)와 (B)에 들어갈 도구의 이름이 순서대로 옳은 것은?

【보기】

메이크업 제품을 위생적으로 덜어서 사용할 때 쓰이는 도구는 (A)이고, 속눈썹을 컬링하기 위한 도구는 (B)이다.

① (A) 퍼프, (B) 스파출라

② (A) 팔레트, (B) 스파출라

③ (A) 스파출라, (B) 팔레트

④ (A) 스파출라, (B) 아이래시 컬

11 메이크업 제품을 위생적으로 덜어서 사용할 때 쓰이는 도구는 스파출라이고, 속눈썹을 컬링하기 위한 도구는 아이래시 컬이다.

해설

chapter 05

12 변경신고를 하지 아니하고 이·미용영업소의 소재지를 변경한 때의 3차 위반 행정처분 기준은?

① 영업장 폐쇄명령   ② 경고

③ 영업정지 2월   ④ 개선명령

13 현대에서 행해지고 있는 페이스페인팅, 바디페인팅, 문신, 피어싱, 머리염색 등은 메이크업 기원설 중 어느 것에 해당되는가?

① 장식설   ② 이성유인설   ③ 신분설   ④ 보호설

14 다음 두발염색제의 성분 중에서 두피에 알레르기를 일으키기 가장 쉬운 물질은?

① 메타-아미노페놀(m-aminophenol)

② 메타-페닐렌디아민(m-phenylenediamine)

③ 파라-페닐렌디아민(p-phenylenediamine)

④ 레조르신(resorcin)

15 항피부염성 비타민으로 광예민성피부, 습진, 두피의 부스럼, 주사, 입술 염증의 관리에 효과적인 것은?

① 비타민 C   ② 비타민 P

③ 비타민 B_2 ④ 비타민 A

16 다음 ( )에 적합한 내용으로 틀린 것은?

┤【보기】├
공중위생영업자는 (㉠)과 (㉡)의 향상을 기하고 그 영업의 건전한 발전을 도모하기 위하여 영업의 (㉢)(으)로 전국적인 조직을 가지는(㉣)을/를 설립할 수 있다.

① ㉡ 국민보건   ② ㉠ 공중위생

③ ㉢ 시도별   ④ ㉣ 영업자단체

17 S자형으로 가늘고 길게 굽은 형태의 세균은?

① 간균(bacillus)   ② 구균(coccus)

③ 쌍구균(diplococcus)   ④ 나선균(spirillum)

18 TV 메이크업에서 주의해야 할 사항으로 잘못된 것은?

① 너무 밝거나 붉은 계열의 색상은 주의하여 사용한다.

② 밝은색 표현을 위해 백색을 사용한다.

③ 얼굴이 다소 평면적이고 확장되어 보이므로 윤곽수정에 유의한다.

④ 강한 색은 더 강하게 표현되므로 컬러 선택에 신중하여야 한다.

12 변경신고를 하지 아니하고 이·미용영업소의 소재지를 변경한 때의 3차 위반 행정처분 기준은 영업장 폐쇄명령이다.

13 장식설은 원시시대 나체상태에서 피부에 그림을 그려넣거나 조각, 문신, 회화를 새겼는데, 이를 화장의 시초로 보는 학설로 바디페인팅, 문신 등이 여기에 속한다고 볼 수 있다.

14 알레르기를 일으키기 가장 쉬운 물질은 파라-페닐렌디아민이다.

15 항피부염성 비타민에 해당하는 것은 비타민 B_2이다.

16 공중위생영업자는 공중위생과 국민보건의 향상을 기하고 그 영업의 건전한 발전을 도모하기 위하여 영업의 종류별로 전국적인 조직을 가지는 영업자단체를 설립할 수 있다.

17 S자 혹은 가늘고 길게 만곡되어 있는 형태의 세균은 나선균이다.

18 영상 메이크업에서 밝은색 표현은 흰색보다는 아이보리 컬러나 크림컬러를 사용한다.

19 분대화장과 비분대화장으로 이원화되어 신분에 따른 화장을 보여준 시대는?

① 삼국시대   ② 고려시대
③ 중세시대   ④ 신라시대

19 분대화장과 비분대화장으로 이원화되어 신분에 따른 화장을 보여준 시대는 고려시대이다.

20 기온과 기류의 흐름이 일정한 값일 때 감각온도를 지배하는 직접적인 요소는?

① 하늘의 구름상태   ② 기압
③ 태양고도   ④ 습도

20 기온, 습도, 기류의 조건에 따라 결정하는 체감온도를 감각온도라고 한다. 기온과 기류의 흐름이 일정한 값일 때는 감각온도를 지배하는 직접적인 요소는 습도이다.

21 아이 메이크업 시 메인컬러(Main Color)에 대한 설명으로 옳은 것은?

① 아이섀도의 분위기를 좌우하는 색상이다.
② 돌출되어 보이고자 하는 부위에 발라준다.
③ 눈 밑 아이섀도를 깨끗이 표현하는 것이다.
④ 눈매의 강조를 위해 바르는 컬러이다.

21 아이섀도의 전체 분위기를 좌우하는 색상은 메인컬러이다.

22 소독 시에 가장 많이 사용하는 알코올의 농도는?

① 70%   ② 95%
③ 60%   ④ 50%

22 소독 시 70%의 알코올을 가장 많이 사용한다.

23 T.P.O를 고려한 나이트 메이크업의 특징으로 틀린 것은?

① 자연 조명이다.
② 데이 메이크업보다 톤을 진하게 표현한다.
③ 밤에 하는 메이크업이다.
④ 모임의 성격이나 장소에 따라 이미지를 결정한다.

23 나이트 메이크업은 자연 조명이 아니라 인공 조명이다.

24 공중위생영업의 시설 및 설비의 위반사항에 대한 개선명령을 받은 공중위생업자가 부득이한 사유로 인하여 규정된 개선기간 이내에 개선을 완료할 수 없어 개선기간의 연장을 신청하려고 한다. 이 경우에 연장 가능한 기간의 한계는?

① 1개월   ② 6개월
③ 3개월   ④ 2개월

24 개선기간 연장을 신청할 경우 6개월의 범위 내에서 연장할 수 있다.

25 아포가 없는 통성 혐기성균으로서 감염 시 복통, 설사, 발열, 오한 등이 동반되는 감염형 식중독의 대부분을 차지하는 식중독은?

① 보툴리누스 식중독   ② 포도상구균 식중독
③ 장염비브리오 식중독   ④ 살모넬라 식중독

25 주로 9월에 발생하며 감염형 식중독의 대부분을 차지하는 식중독은 장염비브리오 식중독이다.

chapter 05

26 다음은 어떤 계절 메이크업에 대한 설명인가?

【보기】

㉠ 리퀴드 파운데이션을 이용해 얇고 투명하게 바른다.
㉡ 아이섀도는 핑크, 그린, 옐로우, 오렌지 등의 컬러를 이용한다.
㉢ 블러셔는 오렌지나 핑크색으로 얇게 바른다.
㉣ 립 컬러는 연한 핑크, 오렌지 톤 등의 밝은 계열을 사용한다.

① 봄   ② 여름
③ 겨울   ④ 가을

27 공중위생업자는 법령에 의거하여 "보건복지부령이 정하는 중요사항"이 있을 시, 공중위생영업의 변경신고를 하여야 한다. 이때 "보건복지부령이 정하는 중요사항"에 해당하지 않는 것은?

① 신고한 영업장 면적의 4분의 1 이하의 증감
② 대표자의 생년월일
③ 영업소의 명칭 또는 상호
④ 미용업 업종 간 변경

28 제시된 시대와 동일한 서양미용문화의 설명으로 옳은 것은?

【보기】

인간성 상실을 경고하고 휴머니즘을 강조하는 반전 운동이 사회적으로 지지를 받았으며, 냉소적인 시대로 기존질서에 반항하는 퇴폐적이고 무질서한 하위문화가 발생하였다. 여성들의 사회적 영향력과 사회참여에 대한 인식이 높아져 자기 직업을 중시하는 인식이 크게 확산되었다.

① 오드리 햅번의 굵은 눈썹과 아이라인을 길게 그려 눈을 강조하는 메이크업이 유행하였다.
② 석유파동, 재정적자의 시기, 복고가 유행하고 우아한 여성미와 아이홀을 강조하였다.
③ 2차 세계대전 이후 여성이 산업 일선에 투입되었고, 강인한 여성의 모습이 대두되었다.
④ 눈을 크게 강조하는 메이크업이 유행하였고, 대표적인 모델은 트위기이다.

29 다음 중 피지선의 특징이 아닌 것은?

① 출생 시 발달되어 있지 않다.
② 피지선의 활동은 개인에 따라 다르며 호르몬 분비와 관련이 있다.
③ 피지를 분비한다.
④ 손바닥, 발바닥을 제외한 몸 전체 피부에 존재한다.

26 핑크, 그린, 옐로우, 오렌지 등의 색을 사용하는 메이크업은 봄 메이크업이다.

27 보건복지부령이 정하는 중요사항이란 다음 사항을 말한다.
• 영업소의 명칭 또는 상호
• 영업소의 소재지
• 신고한 영업장 면적의 3분의 1 이상의 증감
• 대표자의 성명 또는 생년월일
• 미용업 업종 간 변경

28 보기의 지문은 1970년대에 대한 설명인데, 이 시기에 석유파동, 재정적자의 시기, 복고가 유행하였으며, 메이크업은 우아한 여성미와 아이홀을 강조하였다.

29 피지선은 출생 시 발달되어 있다가 곧 작아지고 7세경에 다시 발달하여 20세까지 증가한다.

30 회색과 붉은 바탕 위에 놓인 빨간색 중, 회색 바탕 위의 빨간색이 더 뚜렷하게 보이는 현상은?

① 명도대비
② 채도대비
③ 색상대비
④ 면적대비

31 임신초기에 감염이 되어 백내장아, 농아 출산의 원인이 되는 질환은?

① 당뇨병
② 심장질환
③ 뇌질환
④ 풍진

32 현행 화장품법상 기능성 화장품의 범위에 해당하지 않는 것은?

① 자외선차단 크림
② 화이트닝 화장품
③ 슬리밍 젤
④ 주름개선 크림

33 메이크업 브러시의 기능 중 틀린 것은?

① 파우더 브러시 – 섬세한 선을 그릴 때
② 팬 브러시 – 여분의 파우더를 제거할 때
③ 팁 브러시 – 아이섀도나 립에 포인트를 줄 때
④ 스크루 브러시 – 눈썹과 속눈썹을 정리할 때

34 공중위생관리법상 이·미용업자가 준수하여야 할 사항으로 옳은 것은?

① 업소 내 뚜껑 있는 오물용기를 반드시 비치하여야 한다.
② 영업소 내부에 미용업 신고증 및 개설자의 면허증 사본을 게시하여야 한다.
③ 앞가리개는 반드시 흰색을 사용하여야 한다.
④ 영업소 내부에 최종지불요금표를 게시 또는 부착하여야 한다.

35 입술이 두껍고 얼굴이 긴 형에게 어울리는 가을 메이크업에 대한 설명으로 가장 거리가 먼 것은?

① 골드 펄을 사용하면 좀 더 화려한 인상을 줄 수 있다.
② 아이섀도는 오렌지, 카키, 브라운 색상을 이용하여 깊이 있게 표현한다.
③ 세련된 이미지를 위하여 눈썹은 브라운 컬러를 이용하여 상승형으로 연출하여 준다.
④ 본래의 입술선보다 1mm 정도 안쪽으로 차분한 브라운 컬러의 립스틱을 발라준다.

---

30 동일한 빨간색이라도 붉은색 배경에서는 채도가 낮게 보이고, 회색의 배경에서는 채도가 높게 보여 더 뚜렷하게 보인다.

31 풍진은 임신초기에 감염되어 백내장아, 농아 출산의 원인이 된다.

32 기능성화장품이란 화장품 중에서 다음의 어느 하나에 해당되는 것을 말한다.
· 피부의 미백에 도움을 주는 제품
· 피부의 주름개선에 도움을 주는 제품
· 피부를 곱게 태워주거나 자외선으로부터 피부를 보호하는 데에 도움을 주는 제품
· 모발의 색상 변화·제거 또는 영양공급에 도움을 주는 제품
· 피부나 모발의 기능 약화로 인한 건조함, 갈라짐, 빠짐, 각질화 등을 방지하거나 개선하는 데에 도움을 주는 제품

33 파우더 브러시는 얼굴 전체에 파우더를 바를 때 사용하는 브러시로 섬세한 선을 그릴 때에는 적합하지 않다.

34 영업소 내부에는 미용업 신고증, 개설자의 면허증 원본 및 최종지불요금표를 게시해야 한다.

35 긴 얼굴형에는 수평적인 직선형의 눈썹이 가장 적합하다.

36 컬러 파우더의 사용과 관련한 내용으로 틀린 것은?

① 브라운 : 자연스러운 섀딩 효과가 있다.

② 그린 : 붉은 기를 줄여준다.

③ 퍼플 : 노란피부를 중화시켜 화사한 피부 표현에 적합하다.

④ 핑크 : 볼에 붉은 기가 있는 경우 더욱 잘 어울린다.

36 핑크는 창백한 피부에 혈색을 부여하고자 할 때 사용한다.

37 [보기]에서 영업소 외에서 이용 또는 미용업무를 할 수 있는 경우를 모두 선택한 것은?

――――【보기】――――

ㄱ. 중병에 걸려 영업소에 나올 수 없는 자의 경우
ㄴ. 혼례 기타 의식에 참여하는 자에 대한 경우
ㄷ. 이·미용장의 감독을 받은 보조원이 업무를 하는 경우
ㄹ. 이·미용사가 손님유치를 위하여 통행이 빈번한 장소에서 업무를 하는 경우

① ㄱ, ㄴ, ㄷ, ㄹ   ② ㄷ

③ ㄱ, ㄴ, ㄷ   ④ ㄱ, ㄴ

37 영업소 이외의 장소에서 미용업무를 할 수 있는 경우
• 질병이나 그 밖의 사유로 영업소에 나올 수 없는 자에 대하여 이용 또는 미용을 하는 경우
• 혼례나 그 밖의 의식에 참여하는 자에 대하여 그 의식 직전에 이용 또는 미용을 하는 경우
• 사회복지시설에서 봉사활동으로 이용 또는 미용을 하는 경우
• 방송 등의 촬영에 참여하는 사람에 대하여 그 촬영 직전에 이용 또는 미용을 하는 경우
• 특별한 사정이 있다고 시장·군수·구청장이 인정하는 경우

38 피부의 뮤코다당질과 당단백질의 합성과 관계되는 세포는?

① 비만세포   ② 머켈세포

③ 섬유아세포   ④ 대식세포

38 뮤코다당질과 당단백질의 합성과 관계되는 세포는 섬유아세포이다.

39 다음은 호텔 파티 메이크업에 대한 설명이다. 아래에 제시된 메이크업 테크닉에 대한 설명 중 옳은 내용만 고른 것은?

――――【보기】――――

㉮ 전체적으로 면을 중시하는 내추럴 메이크업을 한다.
㉯ 얼굴이 평면적으로 보일 수 있으므로 하이라이트와 섀딩을 활용해 입체감을 표현한다.
㉰ 펄이 들어간 제품을 활용해 화려함을 표현한다.
㉱ 아이브로우는 눈썹 사이를 메우는 정도로 자연스럽게 표현한다.
㉲ 동일색상 배색으로 온화하고 튀지 않는 이미지로 표현한다.

① ㉯, ㉱   ② ㉮, ㉲   ③ ㉯, ㉰   ④ ㉮, ㉰

39 파티 메이크업은 화려한 인공조명 아래 보여지는 메이크업으로 펄이나 광택 제품을 사용하여 화려함을 강조하고 입체감을 표현한다.

40 계절별 메이크업 특징에 대한 설명으로 가장 적합한 것은?

① 겨울 메이크업은 방수 효과가 뛰어난 제품을 사용한다.

② 여름 메이크업은 성숙하고 지적인 이미지가 특징으로 톤의 강약을 조절해 깊이감을 주면 좋다.

③ 봄 메이크업은 색감을 강하게 강조하지 않고 투명감을 살려 화사하고 자연스럽게 표현한다.

④ 가을 메이크업은 따뜻하고 로맨틱한 이미지를 표현하기 위해 난색 계열로 명암을 주면서 메이크업을 한다.

40 계절별 메이크업 특징으로 가장 적합한 설명은 ③ 봄 메이크업에 대한 설명이다.

41 메이크업의 기원에 관한 설명으로 틀린 것은?

① 이성 유인설 : 이성에게 매력적으로 인식하기 위한 장식
② 종교설 : 주술적 · 종교적 행위로 병이나 재해를 물리치고 복을 기원하는 행위
③ 신분표시설 : 자신에 대한 위협, 위항(은혜), 보호를 위한 미화 수단
④ 장식설 : 인간의 욕구와 미적본능의 장식적 수단

42 색의 주목성을 높이는 방법은?

① 검정 바탕에 저명도의 고채도 색을 선택한다.
② 배경색과 명도차를 크게 한다.
③ 흰색 바탕에 채도가 낮은 노란색을 선택한다.
④ 난색보다 한색을 선택한다.

43 건열멸균법에 대한 설명 중 틀린 것은?

① 건열멸균기를 사용한다.
② 유리기구, 주사침, 유지, 분말 등에 이용된다.
③ 화염을 대상에 직접 접하여 멸균하는 방식이다.
④ 물리적 소독법에 속한다.

44 태양의 자외선에 의해 피부에서 만들어지며 칼슘과 인의 흡수를 촉진하는 기능이 있어 골다공증의 예방에 효과적인 것은?

① 비타민 K
② 비타민 E
③ 비타민 P
④ 비타민 D

45 보건정책의 기술적 원칙에 기본적으로 포함되어야 하는 분야들로 엮어진 것은?

① 생태학 – 역학 – 의학 – 사회학
② 생태학 – 화학 – 의학 – 사회학
③ 생태학 – 역학 – 의학 – 법학
④ 생태학 – 역학 – 의학 – 환경학

46 피부의 면역에 관한 설명으로 옳은 것은?

① 세포성 면역에는 보체, 항체 등이 있다.
② T 림프구는 항원전달세포에 해당한다.
③ 표피에 존재하는 각질형성세포는 면역조절에 작용하지 않는다.
④ B 림프구는 면역글로불린이라고 불리는 항체를 형성한다.

41 메이크업의 기원 중 신분표시설은 화장이 어떤 종족이나 개인의 계급, 신분, 부족의 우월성을 알리는 신분을 표시하는 것이라는 학설이다.

42 색의 주목성이란 사람들의 시선을 끄는 힘이 강한 정도를 말하는데, 빨강, 주황, 노랑 등의 난색계열과 같이 고명도, 고채도 색이 주목성이 높다.

43 화염을 대상에 직접 접하여 멸균하는 방식은 화염멸균법이다.

44 태양의 자외선에 의해 피부에서 만들어지는 비타민은 비타민 D이다.

45 공중보건의 원리에 입각하여 보건행정을 합리적, 과학적으로 달성하기 위해서는 생태학적, 역학적, 의학적, 환경위생학적 기술이 필요하다.

46 ① 세포성 면역은 세포 대 세포의 접촉을 통해 직접 항원을 공격하며, 체액성 면역이 항체를 형성한다.
② T 림프구는 항원전달세포에 해당하지 않는다.
③ 각질형성세포는 면역조절 작용을 한다.

47 다음 중 병원성 미생물의 증식이 가장 잘되는 pH 범위는?

① 4.5~5.5
② 6.5~7.5
③ 3.5~4.0
④ 5.5~6.0

48 메이크업 도구에 대한 설명으로 틀린 것은?

① 스크루 브러시 : 눈썹을 그리기 전에 눈썹을 정리해주고 길게 그려진 눈썹을 부드럽게 수정할 때 사용할 수 있다.
② 라텍스 스펀지 : 파운데이션을 바를 때 사용하는 도구로 손에 힘을 빼고 사용하는 것이 좋다.
③ 아이래시 컬 : 속눈썹에 자연스러운 컬을 주어 속눈썹을 올려주는 기구이다.
④ 팬 브러시 : 부채꼴 모양으로 생긴 브러시로 아이섀도를 바를 때 넓은 면적을 한 번에 바를 수 있는 장점이 있다.

49 다음에서 설명하는 아이섀도 제품의 타입은?

【보기】

- 장시간 지속효과가 낮다.
- 기온변화로 번들거림이 생기는 단점이 있다.
- 유분이 함유되어 부드럽고 매끄럽게 펴바를 수 있다.
- 제품 도포 후 파우더로 색을 고정시켜 지속력과 색의 선명도를 향상시킬 수 있다.

① 파우더 타입
② 크림 타입
③ 케이크 타입
④ 펜슬 타입

50 얼굴의 균형도에 대한 설명으로 틀린 것은?

① 눈썹 길이 : 콧방울에서 눈꼬리를 지난 연장선과 눈썹이 만나는 지점이다.
② 눈썹 산 위치 : 눈썹 앞머리부터 전체 길이의 2/3의 지점에 위치한다.
③ 얼굴 가로 분할 : 헤어라인에서 눈썹, 눈썹에서 콧방울, 콧방울에서 턱끝까지 3등분으로 나누어진다.
④ 눈썹 머리 위치 : 눈동자 중앙에서 일직선으로 연장했을 때 만나는 점에 위치한다.

47 pH 6.5~7.5에서 미생물의 증식이 가장 잘된다.

48 팬 브러시는 파우더나 아이섀도를 바른 후 좁은 부위에 묻은 가루를 털어낼 때 사용한다.

49 크림 타입의 아이섀도는 유분이 함유된 타입으로 발색도가 선명하고 지속력이 우수한 반면 장시간 지속효과가 낮으며, 번들거림이 생기는 단점이 있는 제품이다.

50 눈썹 머리는 콧방울 지점을 수직으로 올려 만나는 곳에서 시작된다.

51 의류 브랜드 광고를 위한 카탈로그 제작 과정을 바르게 나열한 것은?

【보기】

Ⓐ 장소 선택 　Ⓑ 시안 검토 　Ⓒ 제작 　Ⓓ 피팅 　Ⓔ 캐스팅
Ⓕ 의상의 개념화 　Ⓖ 사전 제작 회의

① Ⓕ - Ⓐ - Ⓖ - Ⓑ - Ⓔ - Ⓓ - Ⓒ
② Ⓐ - Ⓖ - Ⓑ - Ⓕ - Ⓔ - Ⓓ - Ⓒ
③ Ⓕ - Ⓖ - Ⓐ - Ⓑ - Ⓔ - Ⓓ - Ⓒ
④ Ⓕ - Ⓖ - Ⓐ - Ⓑ - Ⓓ - Ⓔ - Ⓒ

52 공중위생영업소(관광숙박업 제외)의 위생관리수준을 향상시키기 위한 위생서비스 평가계획을 수립하는 자는?

① 시 · 도지사
② 공중위생관련협회 또는 단체
③ 대통령
④ 보건복지부장관

53 서로 대비되는 색상차가 큰 배색의 방법으로 화려하고 강한 느낌의 배색은?

① 근접보색 색상배색
② 인접색상 배색
③ 유사 배색
④ 동일 배색

54 화장품에 대한 올바른 정의가 아닌 것은?

① 인체를 청결히 하고 아름답게 가꾸며 건강하게 유지시켜 주기 위한 물품
② 신체에 바르거나 뿌려서 신체 및 모발을 청결히 할 수 있는 물품
③ 피부 · 모발의 건강을 유지 또는 증진하기 위하여 인체에 사용되는 물품
④ 인체에 대해 확실한 작용을 하고 약리적인 효과를 발휘하는 물품

55 다음 소독 방법 중 완전 멸균으로 가장 빠르고 효과적인 방법은?

① 유통증기법　　　　　② 간헐살균법
③ 건열소독　　　　　　④ 고압증기법

---

51 의류 브랜드 광고를 위한 카탈로그 제작 과정은 다음과 같다.
　1. 의상의 개념화
　2. 사전 제작 회의
　3. 장소 선택
　4. 시안 검토
　5. 캐스팅
　6. 피팅
　7. 제작

52 시 · 도지사는 공중위생영업소의 위생관리수준을 향상시키기 위하여 위생서비스 평가계획을 수립하여 시장 · 군수 · 구청장에게 통보하여야 한다.

53 근접보색이란 보색과 근접해 있는 색을 말하는 것으로 이를 이용한 배색은 화려하고 강한 느낌을 준다.

54 화장품이란 인체를 청결 · 미화하여 매력을 더하고 용모를 밝게 변화시키거나 피부 · 모발의 건강을 유지 또는 증진하기 위하여 인체에 바르고 문지르거나 뿌리는 등 이와 유사한 방법으로 사용되는 물품으로서 인체에 대한 작용이 경미한 것을 말한다.

55 고압증기멸균법은 고압증기멸균기를 이용하여 소독하는 방법으로 가장 빠르고 효과적인 완전멸균 방법이며, 포자를 형성하는 세균의 멸균도 가능하다.

56 샤워 후 바디에 나만의 향으로 산뜻하고 상쾌함을 유지시키고자 한다면, 부향률은 어느 정도로 하는 것이 좋은가?

① 9~12%
② 4~6%
③ 1~3%
④ 6~8%

57 아이라이너와 관련한 내용으로 가장 거리가 먼 것은?

① 눈에 음영을 주어 입체감을 강조해준다.
② 눈 모양의 수정효과가 있다.
③ 눈매를 보다 선명하고 뚜렷하게 연출해 준다.
④ 다양한 이미지를 연출할 수 있다.

58 세계보건기구가 정의한 건강의 의미를 가장 잘 표현한 것은?

① 육체적, 정신적, 사회적 안녕이 완전한 상태
② 허약하지 않은 상태
③ 육체적으로 완전한 상태
④ 질병이 없는 상태

59 일반적인 전염병 생성 및 전파과정 중 인간 병원소로부터의 병원체의 탈출경로로 가장 거리가 먼 것은?

① 호흡기계
② 신경계
③ 소화기계
④ 비뇨기계

60 파운데이션의 유분기 제거와 난반사 효과를 지니므로 파운데이션 위에 누르듯이 발라서 메이크업의 지속효과를 높여 주는 제품은?

① 프라이머
② 파운데이션
③ 메이크업 베이스
④ 파우더

해설

56 샤워 후에 가볍게 뿌리는 향수는 샤워코롱으로 부향률은 1~3%, 지속시간은 약 1시간이다.

57 눈에 음영을 주어 입체감을 강조해 주는 것은 아이섀도의 기능이다.

58 육체적, 정신적, 사회적 안녕이 완전한 상태를 건강으로 정의한다.

59 병원체의 탈출경로 : 호흡기계, 소화기계, 비뇨기계, 개방병소, 기계적 탈출

60 파우더는 파운데이션 위에 누르듯이 발라서 메이크업의 지속효과를 높여 준다.

CBT 상시 모의고사 제1회 / 정답									
01 ③	02 ④	03 ③	04 ②	05 ④	06 ③	07 ③	08 ④	09 ③	10 ④
11 ④	12 ①	13 ①	14 ③	15 ③	16 ③	17 ④	18 ②	19 ②	20 ④
21 ①	22 ①	23 ①	24 ②	25 ③	26 ①	27 ①	28 ②	29 ①	30 ②
31 ④	32 ③	33 ①	34 ④	35 ③	36 ④	37 ④	38 ③	39 ③	40 ③
41 ③	42 ②	43 ③	44 ④	45 ④	46 ④	47 ②	48 ④	49 ②	50 ④
51 ③	52 ①	53 ①	54 ④	55 ④	56 ③	57 ①	58 ①	59 ②	60 ④

CBT 상시 모의고사 제2회

실력테스트를 위해
해설 란을 가리고
문제를 풀어보세요

해설

▶ 정답은 406쪽에 있습니다.

01 관계 공무원의 출입, 검사, 기타 조치를 방해하거나 기피한 자에 대한 처분기준은?

① 200만원 이하의 벌금
② 300만원 이하의 벌금
③ 200만원 이하의 과태료
④ 300만원 이하의 과태료

01 관계 공무원의 출입, 검사, 기타 조치를 거부·방해 또는 기피한 자에 대해서는 300만원 이하의 과태료에 처한다.

02 광노화로 인한 피부 변화가 아닌 것은?

① 피부의 표면이 얇아진다.
② 굵고 깊은 주름이 생긴다.
③ 피부가 거칠고 건조해진다.
④ 불규칙한 색소침착이 생긴다.

02 광노화 피부는 햇빛, 바람, 추위, 공해 등에 피부가 노화되는 현상으로 피부의 표면이 두꺼워진다.

03 TPO 메이크업과 관련하여 문상을 갈 때의 코디네이션으로 가장 거리가 먼 것은?

① 피부는 가능한 한 노출을 삼가고 어두운 계열의 의상을 선택하며, 장신구는 가급적 착용하지 않는다.
② 급하게 문상을 갈 경우 복장은 고려하지 않아도 되며, 레드 계열의 입술을 바른다.
③ 화장은 안 하거나 과하지 않게 하며, 안정한 이미지를 줄 수 있도록 코디네이션 한다.
④ 검정색으로 광택이 없는 소재로 피부가 비치지 않는 것을 입는다.

03 문상을 갈 경우에는 레드 계열 등의 메이크업은 피하도록 한다.

04 다음 중 바이러스성 피부질환은?

① 모낭염
② 용종
③ 단순포진
④ 절종

04 단순포진은 바이러스에 의해 발병하는 바이러스성 피부질환이다.

05 먼셀의 색채조화에 대한 설명으로 틀린 것은?

① 색상이 다른 색채를 배색할 경우 명도와 채도에 변화를 주면 조화롭다.
② 채도는 같으나 명도가 다른 색채들을 선택하면 조화롭다.
③ 색상, 명도, 채도가 모두 다른 색채를 배색할 경우는 그라데이션을 이루는 색채를 선택하면 조화롭다.
④ 명도는 같으나 채도가 다른 색채들을 선택하면 조화롭다.

05 먼셀의 색채조화론 중 동일 색상 조화 : 명도와 채도가 같이 달라지지만 순차적으로 변하는 색채들은 조화롭다.

chapter **05**

06 피지 분비가 많은 사람에게 메이크업하는 방법으로 가장 거리가 먼 것은?

① 오일프리 제품을 사용한다.
② 화장이 얼룩지기 쉬우므로 파우더는 생략한다.
③ 깨끗한 티슈로 눌러주어 유분기를 제거한 후 메이크업을 수정한다.
④ 피지 조절 기능이 있는 화장품을 사용한다.

07 수분함량이 가장 높은 파운데이션은?

① 리퀴드 파운데이션 ② 크림 파운데이션
③ 스틱 파운데이션 ④ 스킨 커버

08 홍반, 피부 자극 상태에 바르면 좋은 화장품 성분은?

① 탈크(talc) ② 위치 하젤(witch hazel)
③ 아세트산(acetic acid) ④ 페놀(phenol)

09 메이크업의 효과에 대한 설명으로 틀린 것은?

① 개성과 아름다움, 가치관 등을 표현할 수 있다.
② 자외선, 먼지 등 외부 자극으로부터 피부를 보호할 수 있다.
③ 화장품과 의약품, 도구를 사용하여 얼굴의 장점을 부각시킬 수 있다.
④ 얼굴의 단점을 보완하고 균형과 조화를 맞추어 아름답게 꾸밀 수 있다.

10 그라데이션(Gradation) 효과를 표현하고자 할 때 배색 방법으로 틀린 것은?

① 순색에서 탁색으로 채도 변화에 의한 그라데이션 방법
② 수평, 수직, 사선으로 연결되는 색조 변화에 의한 그라데이션 방법
③ 검정-흰색-회색의 순차적 배색에 따른 명도에 의한 그라데이션 방법
④ 노랑-연두-초록-파랑 등 색상 변화에 의한 그라데이션 방법

11 자비소독법에 대한 설명 중 옳은 것은?

① 유리기구는 물이 끓을 때 넣고 가열 비등시킨다.
② 금속제 기구는 물이 끓기 전에 넣고 가열 비등시킨다.
③ 자비소독은 아포형성균을 사멸시킬 수 있다.
④ 비등 후 15~20분 정도면 충분히 자비소독의 효과를 거둘 수 있다.

12 병원미생물 중 대부분의 중온균에 가장 잘 자라는 최적 온도는?

① 12~18℃
② 25~37℃
③ 50~60℃
④ 0~10℃

13 기초화장품의 사용 목적이 아닌 것은?

① 세안, 세정
② 피부정돈
③ 피부보호
④ 체취 억제

14 다음은 어떤 계절 메이크업에 대한 설명인가?

【보기】
㉠ 리퀴드 파운데이션을 이용해 얇고 투명하게 바른다.
㉡ 아이섀도는 핑크, 그린, 옐로, 오렌지 등의 컬러를 이용한다.
㉢ 블러셔는 오렌지나 핑크색으로 엷게 바른다.
㉣ 립 컬러는 연한 핑크, 오렌지 톤 등의 밝은 계열을 사용한다.

① 봄
② 여름
③ 가을
④ 겨울

15 호흡기계 감염병이 아닌 것은?

① 홍역
② 백일해
③ 풍진
④ 세균성이질

16 눈썹 수정 시 사용되는 도구로 틀린 것은?

① 스파출라
② 눈썹 가위
③ 쪽집게
④ 눈썹 칼

17 습열 멸균법에 속하지 않는 것은?

① 저온소독법
② 고압증기멸균법
③ 방사선멸균법
④ 간헐 멸균법

18 위생관리 의무 등을 지키지 아니한 공중위생영업자에게 영업의 정지를 명하려는 경우 법령에서 정하는 기간의 한계는?

① 1월 이내
② 3월 이내
③ 6월 이내
④ 12월 이내

19 흑백 사진 메이크업에 대한 설명 중 맞는 것은?

① 피부색은 모델의 피부톤보다 어둡게 한다.
② 펄 제품을 사용하여 개성을 살려 준다.
③ 다양한 컬러를 사용하여 색감을 살려 준다.
④ 피부색은 모델의 피부톤보다 약간 밝게 표현한다.

12 온도에 따라 저온균, 중온균, 고온균으로 분류할 수 있는데, 중온균은 25~37℃에서 가장 잘 자라는 미생물을 말한다.

13 기초화장품의 사용 목적은 세안, 피부정돈, 피부보호이다.

14 핑크, 오렌지, 그린 등의 컬러를 주로 사용하는 메이크업은 봄 메이크업이다.

15 세균성이질은 소화기기계 감염병에 해당한다.

16 스파출라는 화장품을 덜어 쓸 때 사용하는 도구이다.

17 방사선멸균법은 건열 멸균법에 속한다.

18 위생관리 의무 등을 지키지 아니한 공중위생영업자에게 시장·군수·구청장은 6월 이내의 기간을 정하여 영업의 정지 또는 일부 시설의 사용중지를 명하거나 영업소폐쇄 등을 명할 수 있다.

19 흑백 사진 메이크업 시 색상은 화려한 무채색 계열이나 음영을 나타낼 수 있는 컬러를 주로 사용하고 피부색은 모델의 피부톤보다 어두우면 안 되고 약간 밝게 표현해야 한다.

chapter **05**

20 다음 중 에탄올에 의한 소독 대상물로서 가장 적합한 것은?

① 셀룰로이드 제품 ② 유리 제품
③ 플라스틱 제품 ④ 고무 제품

21 손님에게 음란행위를 알선한 사람에 대한 1차 위반 시의 행정처분기준으로 영업소와 업주 각각에 대한 기준이 바르게 짝지어진 것은?

① 영업정지 1월 – 면허정지 1월
② 영업정지 2월 – 면허정지 2월
③ 영업정지 3월 – 면허정지 3월
④ 영업장 폐쇄명령 – 면허 취소

22 피부 표피의 투명층에 존재하는 반유동성 물질은?

① 콜레스테롤 ② 엘라이딘
③ 세라마이드 ④ 단백질

23 일산화탄소의 환경기준은 8시간 기준으로 얼마인가?

① 1ppm ② 0.03ppm
③ 25ppm ④ 9ppm

24 감염병 유행의 요인 중 전파경로와 가장 관계가 깊은 것은?

① 영양상태 ② 인종
③ 환경요인 ④ 개인의 감수성

25 누룩의 발효를 통해 얻은 물질로 멜라닌 활성을 도와주는 티로시나제 효소의 작용을 억제하는 미백화장품의 성분은?

① 감마-오리자놀 ② AHA
③ 코직산 ④ 비타민 C

26 우리나라의 암 발생자 중 사망자 수가 가장 많은 것은?

① 폐암 ② 자궁암
③ 유방암 ④ 췌장암

27 이·미용업 영업신고를 할 때 신고서에 발부하는 구비서류에 해당하지 않는 것은? (단, 예외의 경우를 배제함)

① 이 · 미용사의 이력서
② 영업시설 및 설비개요서
③ 교육필증
④ 국유재산 사용허가서

20 에탄올 70% 수용액이 살균력이 가장 좋으며, 칼, 가위, 유리제품 등의 소독에 사용된다.

21 • 1차 위반 : 영업정지 3월 – 면허정지 3월
• 2차 위반 : 영업장 폐쇄명령 – 면허 취소

22 표피의 투명층에 존재하는 반유동성 물질을 엘라이딘이라 한다.

23 • 8시간 기준 : 9ppm 이하
• 1시간 기준 : 25ppm 이하

24 감염병 유행의 요인에는 병원체, 환경요인, 인간이 있는데, 전파경로와 관계있는 것은 환경요인이다.

25 누룩의 발효를 통해 얻은 물질로 멜라닌 활성을 도와주는 티로시나제 효소의 작용을 억제하는 성분은 코직산이다.

26 우리나라 암 발생자 중 사망자 수가 가장 많은 것은 폐암이다.

27 **영업신고 시 구비서류**
영업시설 및 설비개요서, 면허증, 교육필증, 국유재산 사용허가서(국유철도 정거장 시설 또는 군사시설에서 영업하려는 경우에만 해당)

28 아이섀도 색상과 이미지에 대한 설명으로 가장 거리가 먼 것은?

① 갈색 계열 : 자연스러움, 건강함, 차분함, 피부와 모발색을 잘 매치해준다.

② 분홍 계열 : 귀여움, 젊음, 흰 피부에 어울린다.

③ 보라 계열: 우아함, 요염함, 고급스러움, 흰 피부에 어울린다.

④ 초록 계열 : 시원한 느낌, 눈을 가장 뚜렷하게 보이게 한다.

28 초록 계열은 계절 메이크업 시 봄을 나타내는 포인트 컬러로 주로 사용되므로 시원한 느낌을 주는 컬러가 아니다.

29 시술 도중 고객의 피나 고름이 수건에 묻은 경우의 처리법으로 가장 적합한 것은?

① 따뜻한 물로 손세탁한다.

② 찬물로 손세탁한다.

③ 고압증기 멸균 처리한다.

④ 세탁기를 이용하여 세탁한다.

29 시술 도중 고객의 피나 고름이 수건에 묻은 경우 가장 효과적인 방법은 고압증기 멸균법을 사용하는 것이다.

30 수인성 감염병이 아닌 것은?

① 장티푸스　　　　　② 콜레라

③ 결핵　　　　　　　④ 이질

30 수인성 감염병 : 콜레라, 장티푸스, 파라티푸스, 이질, 소아마비, A형간염 등

31 인공조명을 할 때 고려사항 중 틀린 것은?

① 광색은 주광색에 가깝고, 유해 가스의 발생이 없어야 한다.

② 균등한 조도를 위해 직접조명이 되도록 해야 한다.

③ 충분한 조도를 위해 빛이 좌상방에서 비춰줘야 한다.

④ 열의 발생이 적고, 폭발이나 발화의 위험이 없어야 한다.

31 균등한 조도를 위해 간접조명이 되도록 해야 한다.

32 세계보건기구에서 보건수준 평가방법으로 종합건강지표로 제시한 내용이 아닌 것은?

① 의료봉사지수　　　② 평균수명

③ 비례사망지수　　　④ 보통사망률

32 세계보건기구에서 보건수준 평가방법으로 종합건강지표로 제시한 내용은 평균수명, 비례사망지수, 보통사망률이다.

33 가산혼합의 3원색이 아닌 것은?

① 파랑　　　　　　　② 노랑

③ 빨강　　　　　　　④ 녹색

33 가산혼합(가법혼색)의 3원색은 파랑, 빨강, 녹색이다.

34 메이크업 시 표준형이 되는 가장 이상적인 얼굴 형태는?

① 계란형 얼굴　　　② 둥근형 얼굴

③ 삼각형 얼굴　　　④ 마름모형 얼굴

34 가장 이상적인 얼굴 형태는 계란형 얼굴이다.

35 공중위생관리법상 공중이용시설의 위생관리 의무에 해당하는 것은?

① 미용사의 경우 의료기구와 의약품을 사용하여 화장 또는 피부미용을 할 것
② 이·미용사 면허증을 영업소 외부에 부착할 것
③ 면도기 날 재사용 시 소독을 하여 사용할 것
④ 이용업소의 경우 이용업소표시등을 영업소 외부에 설치할 것

36 다음 중 속발진에 속하는 것은?

① 반점   ② 구진
③ 결절   ④ 인설

37 두드러기의 특징으로 틀린 것은?

① 국부적 혹은 전신적으로 나타난다.
② 크기가 다양하며 소양증을 동반하기도 한다.
③ 주로 여자보다는 남자에게 많이 나타난다.
④ 급성과 만성이 있다.

38 근세부터 근대시기의 화장 문화에 대한 올바른 설명은?

① 중세시대 : 화려한 의상과 함께 남녀 모두 과도한 장식이나 화장을 하였다.
② 로코코 시대 : 화장은 점차 진하고 화려해졌지만 헤어스타일과 의상은 자연스러워졌다.
③ 르네상스 시대 : 자유성과 인간미가 가미된 시대로 색조화장은 거의 하지 않고, 창백하고 깨끗한 피부를 표현하였다.
④ 바로크 시대 : 연지 화장은 쇠퇴하고 흰 피부가 유행하여 백납분을 과도하게 사용하고 여성들은 피를 흘려 안색을 창백하게 만들기도 하였다.

39 사회보장의 종류에 따른 내용의 연결이 옳은 것은?

① 공적부조 – 기초생활보장, 보건의료서비스
② 공적부조 – 의료보장, 사회복지서비스
③ 사회보험 – 기초생활보장, 의료보장
④ 사회보험 – 소득보장, 의료보장

40 공중위생영업소의 위생서비스 수준은 원칙적으로 몇 년마다 실시하는가?

① 1년   ② 2년
③ 3년   ④ 5년

35 ① 의료기구와 의약품을 사용하지 않는 순수한 화장 또는 피부미용을 해야 한다.
② 이·미용사 면허증을 영업소 안에 부착해야 한다.
③ 면도기는 1회용 면도날만을 손님 1인에 한하여 사용해야 한다.

36 반점, 구진, 결절은 원발진에 해당하며, 인설은 속발진에 해당한다.

37 두드러기는 남녀 구분없이 나타난다.

38 ① 중세시대 : 초기 크리스트교의 영향으로 화장이 활성화되지 못했다.
② 로코코 시대 : 헤어스타일과 의상도 사치스러워졌다.
④ 바로크 시대 : 뺨의 위치보다 약간 아래에 붉은색 연지를 표현하였다.

39 • 사회보험 – 소득보장, 의료보장
• 공적부조 – 최저생활보장, 의료급여

40 공중위생영업소의 위생서비스수준의 평가는 2년마다 실시한다.

41 소독제에 따른 살균작용을 기술한 것으로 잘못 연결된 것은?

① 과산화수소 – 무포자균은 빨리 살균 못함

② 석탄산 – 균체 단백 응고작용

③ 생석회 – 습기가 있는 분변 등에 소독

④ 알코올 – 무포자균에 유효

42 눈썹을 빗어주거나 마스카라 후 뭉친 속눈썹을 정돈할 때 사용하기에 가장 적합한 브러시는?

① 스크루 브러시

② 아이라이너 브러시

③ 노즈섀도 브러시

④ 팬 브러시

42 눈썹을 빗어주거나 뭉친 속눈썹을 정돈할 때는 스크루 브러시를 사용한다.

43 메이크업베이스 종류별 색에 따른 효과로 틀린 것은?

① 녹색 : 검은 피부를 더욱 희게 연출한다.

② 보라색 : 노란 피부를 밝고 화사하게 연출한다.

③ 주황색 : 선탠 피부를 건강한 피부로 연출한다.

④ 핑크색 : 혈색 없는 피부를 화사하게 연출한다.

43 녹색은 붉은 피부톤을 조절하거나 잡티가 많은 얼굴에 사용한다.

44 여름 메이크업에 사용되는 제품으로 땀이나 물에 잘 지워지지 않는 제품을 일컫는 용어는?

① 모이스처라이저

② 워터프루프

③ 안티에이징

④ 쉬머

44 땀이나 물에 강한 제품을 총칭하는 말로 워터프루프라 한다.

45 자외선이 피부에 미치는 긍정적 영향은?

① 살균효과

② 일광화상

③ 홍반반응

④ 색소침착

45 일광화상, 홍반반응, 색소침착은 모두 자외선의 부정적 영향에 해당한다.

46 립 메이크업 시 필요하지 않은 것은?

① 립 펜슬

② 면봉

③ 립 브러시

④ 스크루 브러시

46 스크루 브러시는 눈썹을 정리할 때 사용한다.

47 얼굴형에 따른 올바른 아이브로 수정 방법 중 틀린 것은?

① 사각 얼굴형 : 둥글고 부드러운 아치 형태로 그린다.

② 역삼각 얼굴형 : 눈썹산을 약간 안으로 강조한 아치형으로 그린다.

③ 둥근 얼굴형 : 눈썹산을 강조한 각진 눈썹으로 그려준다.

④ 긴 얼굴형 : 눈썹산을 높게 둥근 형태로 그린다.

47 긴 얼굴형의 아이브로는 수평적인 직선형의 눈썹을 그려 긴 얼굴이 분할되어 보이도록 한다.

48 웨딩 메이크업의 방법으로 가장 거리가 먼 것은?

① 신부는 투명 파우더로 화사하게 표현하고 하이라이트와 섀딩으로 자연스럽게 얼굴 윤곽을 수정한다.

② 유행보다는 신부의 이미지, 예식 장소, 부케, 드레스 등을 모두 고려해야 한다.

③ 혼주는 한복에 어울리는 컬러로 한복의 선을 살려 자연스럽고 은은하게 표현한다.

④ 신랑은 자연스러운 인상을 위해 눈썹의 잔털을 수정하지 않고 신부보다 밝은 톤으로 표현한다.

49 나이트 메이크업에 대한 설명으로 옳은 것은?

① 낮의 일상생활을 위해 연출되는 메이크업이다.

② 데이 메이크업에 비해 색상이나 선을 조금 강하게 표현한다.

③ 전체적으로 자연스러운 색상을 사용하는 것이 좋다.

④ 데이 메이크업의 눈썹과 눈보다 선을 약하고 부드럽게 표현한다.

50 얼굴형에 따른 눈썹의 이미지에 대한 설명으로 틀린 것은?

① 처진 눈썹 : 동적이며 야성적인 느낌을 주기도 한다.

② 아치형 눈썹 : 여성적이고 온화한 이미지로 이마가 넓은 얼굴형에 어울린다.

③ 각진 눈썹 : 도도하고 지적인 이미지로 둥근 얼굴형에 어울린다.

④ 직선형 눈썹 : 활동적이고 젊은 이미지로 긴 얼굴형에 어울린다.

51 3%의 크레졸 비누액 1,500 mL를 만드는 방법으로 옳은 것은?(단, 크레졸 원액의 농도는 100%이다)

① 크레졸원액 100 mL에 물 1,400 mL를 가한다.

② 크레졸원액 30 mL에 물 1,470 mL를 가한다.

③ 크레졸원액 50 mL에 물 1,450 mL를 가한다.

④ 크레졸원액 45 mL에 물 1,455 mL를 가한다.

해설

48 웨딩 메이크업에서 신랑은 자연스러운 인상을 위해 피부톤을 보정하되, 신부보다 밝은 톤으로 표현하지 않는다. 신부와 조화를 이루도록 자연스럽고 깔끔한 피부톤을 유지하는 것이 중요하다. 그리고 신랑의 눈썹은 다듬어 자연스럽게 정리하는 것이 일반적이다.

49 나이트 메이크업은 데이 메이크업에 비해 강하게 표현한다.

50 동적이며 야성적인 느낌을 주는 눈썹의 모양은 두꺼운 눈썹이다. 처진 눈썹은 부드럽고 온화한 이미지를 준다.

51 • 크레졸 원액 = 1,500 mL의 3%
　　= 1,500 × 0.03 = 45 mL
• 물 = 1,500 mL − 45 mL = 1,455 mL

52 인간이 색채를 지각하기 위한 3요소로 옳은 것은?

① 가시광선, 물체, 스펙트럼
② 각막, 홍체, 뇌
③ 빛, 물체, 관찰자의 감각기관
④ 홍채, 수정체, 망막

53 세균, 포자, 곰팡이, 원충류 및 조류 등과 같이 광범위한 미생물에 대한 살균력을 갖고 페놀에 비해 강한 살균력을 갖는 반면, 독성은 훨씬 적은 소독제는?

① 유기염소 화합물　　　② 요오드 화합물
③ 무기염소 화합물　　　④ 수은 화합물

54 인체로부터 수분이 배출되는 양을 표시한 것 중 옳은 것은?

① 소변 > 땀 > 폐와 피부 > 대변
② 소변 > 폐와 피부 > 땀 > 대변
③ 소변 > 대변 > 폐와 피부 > 땀
④ 땀 > 대변 > 폐와 피부 > 소변

55 아로마 오일에 대한 설명 중 틀린 것은?

① 피지에 쉽게 용해되지 않으므로 캐리어오일과 반드시 혼합하여 사용한다.
② 피부관리 및 화상, 여드름, 염증 치유에도 쓰인다.
③ 면역기능을 높여준다.
④ 감기, 피부미용에 효과적이다.

56 메이크업의 기원에 대한 설명으로 틀린 것은?

① 장식설 : 자신의 아름다움에 대한 과시 욕망으로 몸을 치장하였다.
② 이성유인설 : 이성의 관심을 끌고 성적 매력을 나타내기 위해 메이크업을 시작하였다.
③ 종교설 : 신분과 계급을 구별하기 위한 목적으로 메이크업을 시작하였다.
④ 보호설 : 자연환경 및 위험으로부터 보호하기 위해 메이크업을 시작하였다.

57 가을 메이크업으로 가장 잘 어울리는 이미지는?

① 큐트 이미지　　　② 클래식 이미지
③ 모던 이미지　　　④ 로맨틱 이미지

---

52 색채 지각의 3요소 : 빛(광원), 물체, 관찰자(눈)

53 요오드 화합물은 세균, 포자, 곰팡이, 원충류 및 조류 등과 같이 광범위한 미생물에 대한 살균력을 가진다.

54 성인의 평균 수분 배출량은 소변(1,500ml) 〉 폐와 피부(700ml) 〉 땀(200ml) 〉 대변(100ml) 정도 배출한다.

55 아로마 오일은 피부에 쉽게 용해된다.

56 신분과 계급을 구별하기 위한 목적으로 메이크업을 시작하였다는 기원은 신분표시설에 해당한다.

57 가을 메이크업에 가장 잘 어울리는 이미지는 클래식 이미지이다.

chapter 05

58 이·미용사의 면허 취소사유에 해당되지 않는 것은?

① 면허증을 다른 사람에게 대여하여 3차 위반한 경우

② 마약중독자에 해당한 경우

③ 업무정지 처분된 경우

④ 감염성 결핵환자인 경우

58 업무정지 처분된 경우는 면허 취소사유에 해당하지 않는다.

59 우리나라 메이크업의 역사 중 다음에서 설명하는 시대는?

─────【보기】─────

부녀자의 생활지침서인 규합총서에 화장방법 및 화장품 제조방법이 기록되어 있으며, 일반 여성들도 화장품을 직접 자가제조하여 화장했음을 알 수 있다.

① 조선시대　　　　② 개화기

③ 신라시대　　　　④ 고려시대

59 규합총서는 조선시대 가정살림에 관한 내용의 책으로 화장방법 및 화장품 제조방법이 기록되어 있다.

60 피부 유형에 따른 베이스 메이크업에 대한 설명으로 틀린 것은?

① 지성 피부 : 오일프리(oil-free)의 리퀴드 파운데이션을 사용한다.

② 민감성 피부 : 유·수분이 충분한 핑크빛 리퀴드 파운데이션을 사용한다.

③ 모공이 큰 피부 : 프라이머를 사용하여 모공 및 피부 요철을 메꾸고 파운데이션을 사용한다.

④ 건성 피부: 수분 함량이 높은 리퀴드 파운데이션이나 크림 파운데이션을 사용한다.

60 민감성피부는 유·수분이 들어있는 베이스보다는 수분과 진정 성분이 함유된 무향료·무알코올 화운데이션을 추천한다. 유분은 피부 트러블을 일으킨다.

CBT 상시 모의고사 제2회 / 정답									
01 ④	02 ①	03 ②	04 ③	05 ③	06 ②	07 ①	08 ②	09 ③	10 ②
11 ④	12 ②	13 ④	14 ①	15 ④	16 ①	17 ③	18 ③	19 ④	20 ②
21 ③	22 ②	23 ④	24 ③	25 ③	26 ①	27 ①	28 ④	29 ③	30 ②
31 ②	32 ①	33 ②	34 ①	35 ④	36 ④	37 ③	38 ②	39 ④	40 ②
41 ①	42 ①	43 ①	44 ②	45 ①	46 ④	47 ④	48 ④	49 ②	50 ①
51 ④	52 ③	53 ②	54 ②	55 ①	56 ③	57 ②	58 ③	59 ①	60 ②

CBT 상시 모의고사 제3회

실력테스트를 위해 해설 란을 가리고 문제를 풀어보세요

해설

▶ 정답은 416쪽에 있습니다.

01 컬러 파우더의 색상 선택과 활용법의 연결로 가장 거리가 먼 것은?

① 퍼플 : 노란 피부를 중화시켜 화사한 피부 표현에 적합하다.
② 그린 : 붉은 기를 줄여준다.
③ 브라운 : 자연스러운 섀딩 효과가 있다.
④ 핑크 : 볼에 붉은 기가 있는 경우 더욱 잘 어울린다.

01 핑크색 파우더는 창백한 피부에 혈색을 부여하고자 할 때 사용한다.

02 영업 신고에 관한 설명 중 틀린 것은?

① 시설 및 설비는 영업신고 전에 갖추어야 한다.
② 보건복지부령이 정하는 시설 및 설비를 갖추어야 한다.
③ 바닥면적을 줄인 경우는 변경신고 대상이 아니다.
④ 시장 · 군수 · 구청장에게 신고하여야 한다.

02 영업장 면적의 3분의 1 이상의 증감이 있는 경우 변경신고를 해야 한다.

03 신고를 하지 아니하고 미용업소의 소재지를 변경한 때에 대한 1차 위반 시의 행정처분 기준은?

① 영업장 폐쇄명령　　　② 영업정지 3월
③ 영업정지 1월　　　　④ 영업정지 6월

03 신고를 하지 않고 미용업소의 소재지를 변경한 때에 대한 1차 위반 시 영업정지 1월의 행정처분을 받는다.

04 최근(2010년 기준) 우리나라에서 질병으로 인한 사망원인 중 가장 높은 것은?

① 심장질환　　　　　② 암
③ 뇌혈관질환　　　　④ 당뇨병

04 우리나라는 암으로 인한 사망의 비율이 가장 높다.

05 브러시 소독법으로 적당하지 않은 것은?

① 포르말린수 소독　　② 건열멸균 소독
③ 석탄산수 소독　　　④ 크레졸 소독

05 브러시 소독법으로는 포르말린수, 석탄산수, 크레졸 등을 이용한 소독이 가장 적당하다.

06 피부의 노화현상에 대한 설명으로 틀린 것은?

① 초기의 노화는 일반적으로 피부의 건성화 현상으로부터 시작된다.
② 광노화는 장파장인 UVC에 의해 발생한다.
③ 결합조직이 느슨해지고 탄력성을 잃는다.
④ 내인성 노화와 광노화로 크게 구분한다.

06 광노화는 장파장인 UVA에 의해 발생한다.

chapter **05**

07 인체가 느끼는 불쾌지수 산출에 고려하는 사항은?

① 기류와 기습   ② 기류와 온도

③ 기습과 기온   ④ 기습과 복사열

08 얼굴 윤곽 수정 메이크업에서 셰이딩을 넣기 적합하지 않은 곳은?

① T존   ② 코벽

③ 광대뼈   ④ 헤어라인

09 다음에서 설명하는 아이섀도 제품의 타입은?

┤【보기】├

• 장시간 지속효과가 낮다.
• 기온 변화로 번들거림이 생기는 단점이 있다.
• 유분이 함유되어 부드럽고 매끄럽게 펴바를 수 있다.
• 제품 도포 후 파우더로 색을 고정시켜 지속력과 색의 선명도를 향상시킬 수 있다.

① 파우더 타입   ② 크림 타입

③ 케이크 타입   ④ 펜슬 타입

10 보건행정의 특성에 관한 사항으로 묶여진 것은?

① 공공성 – 봉사성 – 수익성 – 과학성

② 공공성 – 봉사성 – 사회성 – 독점성

③ 공공성 – 봉사성 – 교육성 – 과학성

④ 공공성 – 정치성 – 수익성 – 과학성

11 다음 중 색채의 무게감과 가장 관계가 있는 것은?

① 색상   ② 명도

③ 채도   ④ 순도

12 봄 계절에 어울리는 아이섀도의 색상과 톤으로 가장 적절한 것은?

① 파랑 – 그레이시톤   ② 빨강 – 딥톤

③ 주황 – 덜톤   ④ 그린 – 라이트톤

13 AIDS나 B형간염 등의 질환 전파를 예방하기 위해 사용하는 가장 좋은 소독 방법은?

① 고압증기멸균기   ② 알코올

③ 자외선소독기   ④ 음이온계면활성제

---

07 불쾌지수 산출에 고려되는 사항은 기습과 기온이다.

08 T존은 하이라이트를 이용해 코 길이를 조절할 수 있다.

09 보기는 크림 타입에 대한 설명이다.

10 보건행정의 특성 : 공공성, 사회성, 교육성, 과학성, 기술성, 봉사성, 보장성 등

11 무게감(중량감)은 색의 삼속성 중에서 명도의 영향을 가장 많이 받으며, 명도가 낮을수록 중량감이 더해진다.

12 봄에는 그린과 라이트톤이 가장 적절하다.

13 AIDS나 B형간염 등의 질환 전파를 예방하기 위해서는 고압증기멸균기가 가장 적합하다.

14 흡연과 피부와의 관계에 관한 설명이 옳지 않은 것은?

① 노화촉진은 담배 속의 니코틴 때문이다.

② 담배 속의 니코틴은 모세혈관을 자극하여 혈액순환을 촉진시킨다.

③ 흡연은 피부노화를 촉진해 주름살을 빨리 생기게 한다.

④ 흡연은 피부대사를 방해하여 여드름이나 염증 등의 문제를 일으킬 수 있다.

해설

14 니코틴은 혈액순환의 장애를 초래한다.

15 기초 메이크업 베이스의 사용 목적이 아닌 것은?

① 파운데이션의 색소침착을 방지해준다.

② 얼굴에 입체감을 부여한다.

③ 파운데이션의 밀착력을 높여준다.

④ 얼굴의 피부톤을 조절한다.

15 기초 메이크업 베이스는 얼굴에 입체감을 주지는 않는다.

16 계면활성제에 대한 설명으로 틀린 것은?

① 표면활성제라고도 한다.

② 계면을 활성화시키는 물질이다.

③ 친수성기와 친유성기를 모두 소유하고 있다.

④ 표면장력을 높이고 기름을 유화시키는 등의 특성을 지니고 있다.

16 계면활성제는 표면장력을 감소시키는 역할을 한다.

17 다음 중 소독의 강도를 옳게 표시한 것은?

① 멸균 > 소독 > 방부

② 소독 = 멸균 > 방부

③ 방부 < 멸균 < 소독

④ 소독 < 방부 < 멸균

17 소독의 강도
멸균 > 살균 > 소독 > 방부

18 브러시 사용법과 보관법에 대한 설명 중 틀린 것은?

① 미지근한 물에서 브러시 전용 세척제를 묻혀 결대로 세척한다.

② 브러시는 사용 후 즉시 물과 알코올 1 : 1 혼합액을 뿌린 티슈에 닦아내는 것이 좋다.

③ 말릴 때는 물기를 제거한 후 손으로 모양을 잡고 털끝을 위로 세워서 말린다.

④ 린스와 물을 섞은 물에 헹구어 꺼낸 후 흐르는 물에 세척한다.

18 브러시를 세척한 후 말릴 때는 마른 타월로 물기를 제거한 후 그늘에 뉘어서 모양이 흐트러지지 않게 말린다.

19 화장품 원료로 심해 상어의 간유에서 추출한 성분은?

① 파라핀　　　　　② 스쿠알렌

③ 레시틴　　　　　④ 라놀린

19 심해 상어의 간유에서 추출한 액상의 물질로 화장품 원료로 사용되는 것은 스쿠알렌이다.

20 이·미용업 영업자가 준수하여야 하는 위생관리기준에 해당하지 않는 것은?

① 업소 내에 이·미용업 신고증, 개설자의 면허증 원본을 게시하여야 한다.

② 점 빼기, 귓볼 뚫기, 쌍꺼풀 수술, 문신, 박피술과 같은 간단한 의료행위는 할 수 있다.

③ 영업장 내 조명도는 75룩스 이상이 되도록 유지하여야 한다.

④ 1회용 면도날은 손님 1인에 한하여 사용하여야 한다.

20 이·미용업 영업자는 점 빼기, 귓볼 뚫기, 쌍꺼풀 수술, 문신, 박피술 등의 의료행위를 해서는 안 된다.

21 우리나라 시대별 화장 문화사에 대한 설명으로 틀린 것은?

① 고려 : 처음에 신분별 메이크업이 자리잡았으나 '기생제도'가 생겨난 이후로 기생을 중심으로 '분대 메이크업'이 생겼다.

② 조선시대 : 규합총서에 따르면 백분은 분꽃을 심어 그 씨앗을 그늘에 말려 빻아서 만들었고, 연지는 홍람화를 직접 재배하여 꽃잎을 거두어 말려서 빻아 만들었다.

③ 조선시대 : 여염집 규수와 부인들은 평상시에 농장(濃粧)을 즐겨하였다.

④ 부족국가시대 : 한반도 동북쪽에 살았던 읍루 사람들은 겨울에 돼지기름을 발라 피부를 부드럽게 하고 동상을 예방하였다.

21 조선시대 여염집 규수들은 평상시에 화장을 하지 않았다.

22 영업소에서 B형간염의 전파를 방지하려면 다음 중 가장 철저히 소독하여야 하는 기구는?

① 면도칼　　　　② 수건

③ 머리빗　　　　④ 클리퍼(전동형)

22 B형간염은 면도칼에 묻어있는 피를 통해 감염될 수 있으므로 주의해야 한다.

23 행정처분에 앞서서 청문을 실시하여야 하는 경우에 해당하지 않는 것은?

① 위생교육을 받지 아니하여 1차 위반한 경우

② 면허취소 처분을 하고자 하는 경우

③ 일부시설의 사용중지 처분을 하고자 하는 경우

④ 면허정지 처분을 하고자 하는 경우

23 위생교육을 받지 않은 자는 200만원 이하의 과태료 처분을 받는다.

24 얼굴형을 결정짓는 가장 중요한 얼굴의 골격은?

① 관자뼈(측두골)　　　　② 코뼈(비골)

③ 위턱뼈(상악골)　　　　④ 아래턱뼈(하악골)

24 얼굴형을 결정짓는 가장 중요한 얼굴의 골격은 아래턱뼈이다.

25 신라 때에 굴참나무, 너도나무 등의 나무 재를 유연에 개어 눈썹을 그리는 데 사용한 화장품은?

① 미묵　　② 연지　　③ 백분　　④ 향료

25 신라시대에 굴참나무, 너도나무 등의 나무 재를 유연에 개어 눈썹을 그리는 데 사용한 화장품은 미묵이다.

26 다음 중 필수지방산에 속하지 않는 것은?

① 리놀산
② 타르타르산
③ 리놀렌산
④ 아라키돈산

27 법정감염병 중 제4급 감염병에 속하는 것은?

① 쯔쯔가무시증
② 인플루엔자
③ 신증후군출혈열
④ 뎅기열

28 건조한 공기에 견디는 힘이 가장 강한 것은?

① 콜레라균
② 페스트균
③ 결핵균
④ 장티푸스균

29 네일 폴리시가 갖추어야 할 요건에 대한 설명으로 틀린 것은?

① 손톱에 바른 후 건조된 막에 핀홀이 남아야 하며, 현탁이 없어야 한다.
② 가능한 신속히 건조하고 균일한 막을 형성하여야 한다.
③ 안료가 균일하게 분산되고 일정한 색조와 광택을 유지해야 한다.
④ 손톱에 도포하기 쉬운 적당한 점도가 있어야 한다.

30 긴 얼굴형에 적합한 눈썹 메이크업으로 가장 적합한 것은?

① 눈썹산이 높은 아치형으로 그린다.
② 다소 두께감이 느껴지는 직선형으로 그린다.
③ 가는 곡선형으로 그린다.
④ 각진 아치형이나 상승형, 사선 형태로 그린다.

31 색과 관련한 설명으로 틀린 것은?

① 장파장은 단파장보다 산란이 잘 되지 않는 특성이 있어 신호등의 빨강색은 흐린 날 멀리서도 식별 가능하다.
② 물체의 색은 빛이 거의 모두 반사되어 보이는 색이 백색, 빛이 모두 흡수되어 보이는 색이 흑색이다.
③ 불투명한 물체의 색은 표면의 반사율에 의해 결정된다.
④ 유리잔에 담긴 레드 와인은 장파장의 빛은 흡수하고, 그 외의 파장은 투과하여 붉게 보이는 것이다.

32 다음 중 소독약품과 적정 사용농도의 연결이 틀린 것은?

① 석탄산 : 3%
② 알코올 : 70%
③ 승홍수 : 1%
④ 크레졸 : 3%

26 필수지방산에는 리놀산, 리놀렌산, 아라키돈산이 있다.

27 ①, ③, ④ 모두 제3급 감염병에 속한다.

28 건조한 공기에 견디는 힘이 가장 강한 것은 결핵균이다.

29 네일 폴리시는 손톱에 바른 후 핀홀이 남지 않아야 한다.

30 긴 얼굴형에는 수평적인 직선형의 눈썹이 가장 적합하다.

31 레드 와인이 빨갛게 보이는 것은 장파장의 빨간빛이 투과되고 그 외의 파장은 흡수되기 때문이다.

32 승홍수는 0.1%의 수용액을 사용한다.

chapter 05

33 다음 <보기>에서 설명하는 것은?

【보기】

얼굴형 수정 중 돌출감이나 빛나는 느낌을 줄 필요가 있는 부위에 적용해 빛의 효과를 노리는 것

① 명암 효과
② 미광 효과
③ 쉐이딩(음영)
④ 하이라이트

33 돌출감이나 빛나는 느낌을 줄 필요가 있는 부위에 적용해 빛의 효과를 노리는 것은 하이라이트이다.

34 메이크업 베이스나 크림 파운데이션과 같이 용기에 든 화장품을 위생적으로 덜어 쓸 때 사용되며, 베이스의 색상을 서로 섞어서 쓸 때도 사용하는 도구는?

① 스파츌라
② 아이리쉬 컬러
③ 핀셋
④ 아이브러시와 콤

34 스파츌라는 용기에 든 화장품을 위생적으로 덜어 쓸 때 사용하는 도구이다.

35 영양소의 3대 작용으로 틀린 것은?

① 신체의 조직구성
② 열량공급 작용
③ 신체의 생리기능 조절
④ 에너지 열량 감소

35 영양소의 3대 작용은 신체의 조직구성, 열량공급 작용, 신체의 생리기능 조절이다.

36 위생교육의 내용과 가장 거리가 먼 것은?

① 시사상식교육
② 기술교육
③ 친절 및 청결에 관한 교육
④ 공중위생관리법 및 관련 법규

36 시사상식교육은 위생교육과 거리가 멀다.

37 메이크업 시 피부에 남아있는 잔여물을 털어낼 때 사용하기에 적합한 브러시는?

① 팬 브러시
② 스크루 브러시
③ 노즈 브러시
④ 치크 브러시

37 메이크업 시 피부에 남아있는 잔여물을 털어낼 때 사용하는 브러시는 팬 브러시이다.

38 다음 중 감염성 피부질환인 두부 백선의 병원체는?

① 리케차
② 사상균
③ 원생동물
④ 바이러스

38 두부 백선의 병원체는 사상균이다.

39 누룩의 발효를 통해 얻은 물질로 티로시나아제의 작용을 억제하여 미백효과를 주는 화장품 성분은?

① 비타민 C
② 코직산
③ AHA
④ 감마-오리자놀

39 코직산은 술, 된장, 간장 등의 양조식품을 만드는 누룩의 발효를 통해 얻어지는 물질로 티로시나아제의 작용을 억제하여 기미나 주근깨 등을 억제해 주는 성분이다.

40 사진이나 영상 메이크업 시 적합한 파운데이션은?

① 리퀴드 파운데이션
② 펄파운데이션
③ 스틱형 파운데이션
④ 무스파운데이션

40 지속력과 커버력이 좋은 스틱형 파운데이션으로 조명으로부터 피부를 보호할 수 있다.

41 아로마 오일에 대한 설명 중 틀린 것은?

① 피지에 쉽게 용해되지 않으므로 반드시 캐리어 오일과 혼합하여 사용한다.

② 면역기능을 높여준다.

③ 감기, 피부미용에 효과적이다.

④ 피부관리 및 화상, 여드름, 염증완화에도 쓰인다.

42 파운데이션의 종류와 그 기능에 대한 설명으로 틀린 것은?

① 크림 타입은 보습력과 커버력이 우수하여 짙은 메이크업을 할 때나 건조한 피부에 적합하다.

② 고형스틱 타입은 커버력은 약하지만 사용이 간편해서 스피드한 메이크업에 적합하다.

③ 트윈케익 타입은 커버력이 우수하고 땀과 물에 강하여 지속력을 요하는 메이크업에 적합하다.

④ 리퀴드 타입은 부드럽고 쉽게 퍼지며 자연스러운 화장을 원할 때 적합하다.

43 보건복지부장관이 공중위생관리법에 의한 권한의 일부를 위임할 수 있는 대상으로 틀린 것은?

① 보건소장　　　　　　② 시장

③ 시 · 도지사　　　　　④ 군수

44 고객에게 사용하는 화장품의 고려사항으로 가장 거리가 먼 것은?

① 철저한 위생관리　　　② 안전성 테스트

③ 품질과 안정성 테스트　④ 맞춤 제조 및 효과 테스트

45 색에 대한 설명으로 틀린 것은?

① 흰색, 회색, 검정 등 색감이 없는 계열의 색을 통틀어 무채색이라고 한다.

② 색의 순도는 색의 탁하고 선명한 강약의 정도를 나타내는 명도를 의미한다.

③ 색의 강약을 채도라고 하며 눈에 들어오는 빛이 단일 파장으로 이루어진 색일수록 채도가 높다.

④ 인간이 분류할 수 있는 색의 수는 개인적인 차이는 존재하지만 대략 750만 가지 정도이다.

46 포인트 메이크업 화장품에 속하지 않는 것은?

① 립스틱　　　　　　　② 파운데이션

③ 아이라이너　　　　　④ 마스카라

41 아로마 오일은 피지에 쉽게 용해된다.

42 고형스틱 타입의 파운데이션은 완벽한 커버력으로 주로 분장용의 메이크업에 적합하다.

43 보건복지부장관은 권한의 일부를 대통령령이 정하는 바에 의하여 시 · 도지사 또는 시장 · 군수 · 구청장에게 위임할 수 있다.

44 맞춤 제조 및 효과 테스트는 특정 고객의 요구에 맞춘 제품을 개발하는 과정으로, 모든 화장품에 필수적인 요소는 아니다. 따라서 일반적인 화장품의 고려사항으로 가장 거리가 먼 항목이다.

45 색의 탁하고 선명한 강약의 정도를 나타내는 것은 채도이다. 순색에 가까울수록 채도가 높아지며, 다른 색이 섞일수록 채도가 낮아진다.

46 파운데이션은 베이스 메이크업에 속한다.

47 에틸렌옥사이드 가스를 이용한 멸균법에 대한 설명으로 틀린 것은?

① 쉽게 저장하고 취급할 수 있다.
② 멸균시간이 증기보다 오래 걸린다.
③ 비부식성이고 물품에 손상을 주지 않는다.
④ 구멍이 있는 물질을 투과하지 못한다.

48 겨울 메이크업 시 차가운 듯 우아하고 깔끔해 보이는 이미지를 연출하려고 한다. 어울리는 컬러 조합은?

① 실버 – 와인
② 핑크 – 그린
③ 골드 – 브라운
④ 옐로우 – 오렌지

49 이·미용사 면허증을 잃어버린 후 재교부 받은 자가 그 잃어버린 면허증을 찾은 때의 조치로 옳은 것은?

① 찾은 면허증은 찢어버리거나 소각한다.
② 찾은 면허증도 영업소 안에 게시한다.
③ 지체없이 사실을 통보한 후에 일정기간 내에 반납한다.
④ 지체없이 재교부를 한 시장·군수·구청장에게 이를 반납한다.

50 공중위생관리법상 ( ) 안에 들어갈 수 있는 교육기관으로 맞는 것은?

【보기】

( )에서 1년 이상 이용 또는 미용에 관한 소정의 과정을 이수한 사람은 이용사 또는 미용사 면허를 받을 수 있다.

① 고등학교
② 전문대학
③ 전문기술학원
④ 미용학원

51 다음의 설명은 어떤 입술형태를 수정하는 입 메이크업 방법인가?

【보기】

짙은 립 라인을 이용하여 입술라인을 짙게 그린 후, 전체적으로 바를 립스틱 색상 역시 흑장미색, 짙은 브라운 계열, 퍼플 계열 등 수축되고 후퇴되어 보일 수 있는 짙은 색상을 선택하여 바른다.

① 두꺼운 입술
② 돌출된 입술
③ 처진 입술
④ 얇은 입술

52 다음 중 화장수의 역할이 아닌 것은?

① 피부의 pH 균형을 유지시킨다.
② 피부 노폐물의 분비를 촉진시킨다.
③ 각질층에 수분을 공급한다.
④ 피부의 수렴작용을 한다.

53 얼굴형에 따른 블러셔의 위치 및 방법으로 가장 적합한 것은?

① 다이아몬드형 : 둥근 느낌으로 광대뼈를 감싸듯이
② 긴 형 : 입꼬리를 향해서
③ 둥근형 : 둥근 느낌으로 턱 끝을 향해서
④ 역삼각형 : 입꼬리를 향해서

54 페놀화합물에 속하는 소독제는?

① 포르말린   ② 이소프로판올
③ 포름알데히드   ④ 크레졸

55 인공능동면역 시 순화독소를 항원으로 접종하는 것은?

① 장티푸스   ② 광견병
③ 페스트   ④ 디프테리아

56 피부의 생성작용 중에서 세포의 각화주기는 약 며칠인가?

① 20일   ② 10일
③ 15일   ④ 28일

57 우리 몸의 대사과정에서 배출되는 노폐물, 독소 등이 배설되지 못하고 피부조직에 남아 비만으로 보이며 림프순환이 원인인 피부현상은?

① 셀룰라이트   ② 켈로이드
③ 알레르기   ④ 쿠퍼로제

58 메이크업의 의미와 목적에 대한 설명으로 틀린 것은?

① 자신의 결점을 보완하고 장점을 부각시키는 자기표현에 목적이 있다.
② 심리적 안정과 자신감 획득에 정신적 목적이 있다.
③ 메이크업의 사전적 의미는 '제작하다', '보완하다' 이다.
④ 16세기 이탈리아 여인의 짙은 화장을 가리키는 용어로 셰익스피어의 희곡에 처음 등장했다.

---

52 화장수는 피부 노폐물 분비를 촉진시키는 역할을 하지는 않는다.

53 ② 긴 형 : 길이가 분할되어 보이게 볼 중앙부분에서 귀 앞쪽으로 수평느낌을 살려 넣어준다.
③ 둥근형 : 갸름하고 길어보이는 느낌으로 입꼬리 끝을 향해 세로 느낌이 많이 나게 블러셔를 해준다.
④ 역삼각형 : 광대뼈 윗부분에서 약간 갸름하게 넣어준다.

54 크레졸은 페놀화합물로 3%의 수용액을 주로 사용한다.

55 인공능동면역 시 순화독소를 항원으로 접종하는 것에는 파상풍, 디프테리아가 있다.

56 세포의 각화주기는 약 28일이다.

57 우리 몸의 대사과정에서 배출되는 노폐물, 독소 등이 배설되지 못하고 피부조직에 남아 비만으로 보이며 림프순환이 원인인 피부현상을 셀룰라이트라 한다.

58 16세기 영국의 셰익스피어의 희곡에 처음 등장한 용어는 페인팅이다.

59 얼굴의 윤곽 수정에 관한 설명으로 틀린 것은?

① 색의 명암 차이를 이용해 얼굴에 입체감을 부여하는 메이크업 방법이다.

② 하이라이트 표현은 1~2톤 밝은 파운데이션을 사용한다.

③ 섀딩 표현은 1~2톤 어두운 브라운 컬러 파운데이션을 사용한다.

④ 하이라이트 부분은 돌출되어 보이도록 베이스 컬러와의 경계선을 잘 만들어 준다.

60 메이크업의 기능에 대한 설명으로 가장 거리가 먼 것은?

① 사회적인 면 : 무언의 의사전달, 사회적 관습, 예의적인 표현, 신분, 직업 등을 표현한다.

② 개인적인 면 : 일관된 이미지를 창출하게 하여 개성미를 표현할 수 없다.

③ 심리적인 면 : 인물의 성격, 사고방식, 가치추구 방향을 그대로 표현한다.

④ 물리적인 면 : 외형의 아름다움을 표현하는 미화 효과가 있다.

CBT 상시 모의고사 제3회 / 정답									
01 ④	02 ③	03 ③	04 ②	05 ②	06 ②	07 ③	08 ①	09 ②	10 ③
11 ②	12 ④	13 ①	14 ②	15 ②	16 ④	17 ①	18 ③	19 ②	20 ②
21 ③	22 ①	23 ①	24 ④	25 ①	26 ②	27 ②	28 ③	29 ①	30 ②
31 ④	32 ③	33 ④	34 ①	35 ④	36 ①	37 ①	38 ②	39 ②	40 ③
41 ①	42 ②	43 ①	44 ④	45 ②	46 ②	47 ④	48 ①	49 ④	50 ①
51 ②	52 ②	53 ①	54 ④	55 ②	56 ④	57 ①	58 ④	59 ④	60 ②

최종점검 - 출제 가능성이 높은 문제를 통해 마무리하자!

CBT 상시 모의고사 제4회

실력테스트를 위해
해설 란을 가리고
문제를 풀어보세요

해설

▶ 정답은 426쪽에 있습니다.

01 화장의 농도에 따라 어휘와 뜻이 달랐다. 알맞게 짝지어진 것은?

① 담장 - 엷은 화장
② 농장 - 담장보다 엷은 화장
③ 염장 - 신부화장
④ 야용 - 요염한 색채 사용

01 화장 용어

담장	엷은 화장(기초화장)
농장	담장보다 짙은 화장(색채화장)
염장	요염한 색채를 표현한 화장
응장	농장과 비슷하면서 좀더 또렷하게 표현한 화장으로 혼례 등의 의례에 사용
성장	남의 시선을 끌만큼 화려하게 표현한 화장
야용	분장을 의미

02 메이크업의 기능 중 보호의 기능에 대한 설명으로 옳은 것은?

① 인간의 본능적인 미화 기능을 충족시키는 목적으로 아름다워지고 싶어하는 기본적인 욕구충족을 위하여 메이크업 제품을 사용한다.
② 외모에 자신감을 부여함으로써 심리적으로 능동적이고 적극적인 자신감을 가지게 됨으로써 긍정적 효과를 기대할 수 있다.
③ 자신이 사회에서 갖는 지위, 직업, 신분을 표시하고 사회적인 관습을 나타낸다.
④ 피부 보호의 목적으로 외부의 먼지나 자외선, 대기오염, 온도 등의 변화로부터 피부를 보호하는 기능을 한다.

02 ① 미화의 기능
② 심리적 기능
③ 사회적 기능

03 과징금을 산정할 때 영업정지 1월은 며칠로 계산되는가?

① 30일
② 28일
③ 31일
④ 해당 월의 말일

03 과징금 산정 시 영업정지 1월은 30일을 기준으로 한다.

04 보건복지부가 관장하는 업무내용과 가장 거리가 먼 것은?

① 의정업무
② 보건위생
③ 환경보전
④ 사회보장

04 보건복지부는 보건위생·방역·의정·약정·생활보호·자활지원·여성복지·아동·노인·장애인 및 사회보장에 관한 사무를 관장한다. 환경보전은 환경부의 소관이다.

05 파운데이션을 바르는 요령으로 틀린 것은?

① 안쪽에서 바깥쪽으로 펴 발라준다.
② 커버력을 위해서는 두드리며 발라주는 것이 좋다.
③ 슬라이딩 기법은 자연스러운 메이크업에 많이 사용되는 기법이다.
④ 주름이 깊은 곳을 두껍게 발라주어야 한다.

05 주름이 깊은 곳에 많은 양을 바르게 되면 표정으로 인해 골이 많이 생기게 되므로 너무 두껍지 않게 바르도록 한다.

chapter **05**

06 땀이나 물에 잘 지워지지 않아 여름철에 사용하기에 적당한 마스카라의 종류는?

① 컬링 마스카라   ② 볼륨 마스카라
③ 롱래쉬 마스카라   ④ 워터프루프 마스카라

07 립 메이크업 시 유의사항이 아닌 것은?

① 의상 색에 맞춘다.
② 입술에 주름이 많을 경우 컬러가 강한 립글로스를 발라준다.
③ T.P.O에 맞게 연출한다.
④ 피부톤에 맞는 컬러를 선택한다.

08 정열적이고 관능적이며 여성적인 느낌을 주는 립스틱 색상은?

① 핑크 계열   ② 레드 계열
③ 오렌지 계열   ④ 브라운 계열

09 눈 형태에 따른 섀도 기법에 대한 설명으로 틀린 것은?

① 큰 눈 – 진한 색으로 눈 전체에 포인트를 준다.
② 외겹의 가는 눈 – 눈 중앙부에 진하고 넓게 펴준다
③ 둥근눈 – 눈앞머리와 눈꼬리를 진한 색상으로 발라준다.
④ 처진눈 – 눈앞머리에서 눈꼬리까지 라인을 살려 사선 방향으로 펴 바른다.

10 수정 화장의 목적이 아닌 것은?

① 얼굴의 단점을 보완한다.
② 색의 진출과 후퇴의 성질을 이용하여 보완한다.
③ 색의 팽창과 수축의 성질을 이용하여 보완한다.
④ 하이라이트 부분에 자신의 파운데이션 색상보다 더 어두운 색조를 사용한다.

11 얼굴 부위별 명칭에 대한 설명으로 잘못된 것은?

① 헤어라인 : 귀의 위에서 이마 쪽으로 머리카락이 난 부분
② T존 : 이마에서 콧대를 연결하는 부분
③ Y존 : 눈 밑, 광대뼈 위의 Y모양의 부위
④ V(U)존 : 귓볼에서 턱선을 따라 입꼬리로 향하는 부위

12 여드름을 유발하는 호르몬은?

① 인슐린   ② 안드로겐
③ 에스트로겐   ④ 티록신

---

06 • 컬링 마스카라 : 하드한 느낌을 주는 원료를 사용하며, 속눈썹의 컬을 잘 살린다.
• 볼륨 마스카라 : 내용물이 많이 발려져 속눈썹이 풍부해 보인다.
• 롱래쉬 마스카라 : 섬유소가 들어있어 속눈썹이 길어 보이는 효과가 있다.

07 입술에 주름이 많을 경우 립글로스는 주름을 타고 번질 수 있으므로 립글로스는 자제하는 것이 좋다.

08 립스틱 색상계열

핑크	• 소녀적인 이미지와 여성미, 청순미가 강조되는 색 • 흰 피부에 잘 어울리며, 봄 메이크업에 응용
레드	• 정열적이고 관능적이며 여성적인 색으로 립스틱의 대표적 컬러
오렌지	• 건강미 넘치는 발랄함이 강조되며 약간 검은 피부에 잘 어울림
브라운	• 무난하고 차분하며 세련된 이미지를 전달 • 가을 이미지에 적합
퍼플	• 우아하고 여성미가 강조되는 품위 있는 색 • 화려한 메이크업에 어울리며, 흰 피부에 적합

09 큰 눈은 엷은 색으로 부드럽고 자연스럽게 그라데이션을 하고 짙고 강한 색은 피하는 것이 좋다.

10 하이라이트 부분은 파운데이션 색상보다 1~2단계 밝은 색조를 사용한다.

11 V(U)존 – 양쪽 입꼬리 주변에서 턱으로 연결되는 부위

12 남성호르몬인 안드로겐의 영향으로 피지가 증가하게 되고 이 피지가 충분히 배출되지 못하면서 여드름이 생기게 된다.

13 블러셔를 바르는 기본 위치에 대한 설명으로 적합한 것은?

① 눈동자와 수직이 되는 선과 콧방울과 수평이 되는 선의 바깥쪽 볼 부위

② 눈동자 안쪽에서 수직이 되는 선과 구각에서 수평이 되는 선 위의 볼 전체

③ 관자놀이에서 구각을 향하는 위치

④ 귀 부분에서 눈동자 안쪽까지 수평적으로 볼 부위에 터치

14 아이섀도의 부위별 명칭으로 틀린 것은?

① 하이라이트 컬러 – 눈썹뼈 부위에 흰색, 아이보리, 연핑크, 펄 등 밝은색을 발라주어서 팽창되어 보이는 효과를 준다.

② 섀도 컬러 – 눈 위에 자연스러운 음영을 주어서 깊이 있는 눈매를 연출하고자 한다.

③ 메인컬러 – 아이섀도 전체 분위기를 내는 색으로서 전체 이미지에 맞게 눈 중앙 부분에 은은하게 펴 바른다.

④ 언더컬러 – 선명한 눈매를 표현하기 위해 짙은 계열의 아이섀도를 선택하여 쌍꺼풀 라인을 중심으로 바른다.

15 메이크업의 조건이 아닌 것은?

① 조화   ② 대비
③ 대칭   ④ 강조

16 다음 메이크업 도구 중 가장 가는 브러시는?

① 치크 브러시   ② 아이라이너 브러시
③ 팬 브러시   ④ 파우더 브러시

17 겨울 메이크업 시 적당한 파운데이션은?

① 리퀴드 파운데이션   ② 무스 파운데이션
③ 파우더 파운데이션   ④ 크림 파운데이션

18 나이트 메이크업에 대한 설명으로 옳지 않은 것은?

① 파우더는 연한 핑크계나 투명 톤의 파우더로 유분기 제거를 위해 누르듯이 바른다.

② 아이브로는 얼굴형에 맞게끔 그려서 앞부분은 브라운 계열 아이섀도로 자연스럽게 펴 바른다.

③ 화사함을 주기 위해 옐로 계열을 우선 눈두덩이에 펴 바르고 오렌지, 핑크 톤의 아이섀도를 아이홀 방향으로 그라데이션을 표현한다.

④ 입술화장은 무난한 파스텔 계열의 색을 선택하여 바른다.

13 블러셔는 모델이 정면을 보고 있을 때 검정 눈동자가 위치하는 곳을 수직으로 내리고 코 끝부분을 수평으로 연결해서 만나는 바깥부분에 위치하도록 한다.

14 ・하이라이트 컬러 : 눈썹뼈 부위에 흰색, 아이보리, 연핑크, 펄 등 밝은색을 발라주어서 팽창되어 보이는 효과를 줄 수도 있다.
・섀도 컬러 : 눈 위에 자연스러운 음영을 주어서 깊이 있는 눈매를 연출하고자 한다.
・메인 컬러 : 아이섀도 전체 분위기를 내는 색으로서 전체 이미지에 맞게 눈 중앙 부분에 은은하게 펴 바른다.
・포인트 컬러 : 선명한 눈매를 표현하기 위해 짙은 계열의 아이섀도를 선택하여 쌍꺼풀 라인을 중심으로 발라준다.
・언더컬러 : 눈동자 아랫부분에 선 느낌으로 깨끗하게 발라준다. 보통 포인트 컬러로 사용한 색상을 선택해서 언더 컬러로 바르면 자연스럽고 무난하다.

15 메이크업의 조건에는 TPO, 조화, 대비, 대칭, 그라데이션이 있으며, 강조는 패션디자인의 원리로 어느 한 부분을 강조하여 눈에 띄게 만들어 체형의 단점을 보완하는 역할을 한다.

16 아이라이너 브러시는 아이라인을 그릴 때 사용하는 브러시로 브러시 중 가장 가늘다.

17 겨울철은 피부가 많이 건조해지므로 수분과 유분이 적당히 포함된 크림 파운데이션이 적당하다.

18 입술화장은 약간 아웃커브로 라인을 정하고 와인이나 레드 계열의 화려한 립스틱을 바른다.

chapter **05**

19 엘레강스 이미지의 웨딩메이크업에 대한 설명으로 옳지 않은 것은?

① 피부에 잡티가 보이지 않도록 피부를 표현하고, 자연스러운 색의 파운데이션으로 커버해준다.

② 눈썹은 너무 각지지 않은 모양으로 약간 진하게 그려준다.

③ 입술은 와인색을 칠해 시각적으로 포인트를 주며, 누드톤으로도 엘레강스한 분위기를 표현한다.

④ 블러셔는 레드 계열을 사용하여 광대뼈를 다소 과장되게 표현한다.

20 메이크업 도구에 대한 설명으로 옳지 않은 것은?

① 스펀지는 파운데이션이 뭉치지 않게 고루 펴주는 역할을 한다.

② 퍼프는 파우더를 눌러 바를 때 사용한다.

③ 스크루 브러시는 강한 포인트 색을 바를 때 사용한다.

④ 핀셋은 눈썹 주위에 난 지저분한 잔털을 뽑을 때 사용한다.

21 미국의 건축학자 문(Moon)과 스펜서(Spencer)의 조화이론 중 부조화의 종류와 설명이 아닌 것은?

① 제1 부조화 : 아주 가까운 배색

② 제2 부조화 : 유사배색처럼 공통속성도 없으며 대비배색처럼 눈에 띄게 차이가 있는 배색이 아니다.

③ 제3 부조화 : 오메가 공간에 나타낸 점이 간단한 기하하적 관계에 있도록 선택된 배색

④ 눈부심

22 가시광선에 대한 설명 중 옳은 것은?

① 보통 마이크로미터, 밀리미터의 파장 단위를 쓰고 있다.

② 단파장, 중파장, 장파장으로 구분되며 인체가 색감을 지각하는 빛이다.

③ 가시광선은 피부를 검게 하는 작용을 한다.

④ 900~1,200nm의 파장 범위를 지칭한다.

23 다음 색의 3속성에 대한 설명 중 옳은 것은?

① 두 색 중에서 빛의 반사율이 높은 쪽이 밝은 색이다.

② 색의 강약, 즉 포화도를 명도라고 한다.

③ 감각에 따라 식별되는 색의 종류를 채도라 한다.

④ 그레이 스케일(Gray scale)은 채도의 기준 척도로 사용된다.

19 엘레강스 이미지의 웨딩메이크업의 블러셔는 브라운 계열과 오렌지 계열을 섞어서 볼 뒷부분부터 그라데이션을 해준다.

20 강한 포인트 색을 바를 때는 팁 브러시를 사용하며, 스크루 브러시는 마스카라를 바른 후 엉켜붙은 속눈썹을 빗거나 눈썹을 빗어줄 때 사용한다.

21 문·스펜서의 부조화 : 제1부조화, 제2부조화, 눈부심

22 가시광선의 파장 범위는 380~780nm이며, 단위로는 나노미터(nm)를 사용한다.

23 ② 색의 강약(즉, 포화도) : 채도
③ 감각에 따라 식별되는 색의 종류 : 색상
④ 그레이 스케일(Gray scale)은 명도의 기준 척도로 사용된다.

24 멜라닌 세포가 주로 위치하는 곳은?

① 각질층　　　　　② 기저층
③ 유극층　　　　　④ 망상층

25 빨강과 보라를 나란히 붙여 놓으면 빨강은 더욱 선명하게 보이나 보라는 더욱 탁하게 보이는 현상은?

① 색상대비　　　　② 명도대비
③ 채도대비　　　　④ 연변대비

26 저드의 조화론 중 '질서의 원리'에 대한 설명이 옳은 것은?

① 사용자의 환경에 익숙한 색이 잘 조화된다.
② 색채의 요소가 규칙적으로 선택된 색들끼리 잘 조화된다.
③ 색의 속성이 비슷할 때 잘 조화된다.
④ 색의 속성 차이가 분명할 때 잘 조화된다.

27 광원의 분광복사강도분포에 대한 설명 중 맞는 것은?

① 백열전구는 단파장보다 장파장의 복사분포가 매우 적다.
② 백열전구 아래에서의 난색계열은 보다 생생히 보인다.
③ 형광등 아래에서는 단파장보다 장파장의 반사율이 높다.
④ 형광등 아래에서의 한색계열은 색채가 죽어 보인다.

28 케라토히알린(keratohyaline) 과립은 피부 표피의 어느 층에 주로 존재하는가?

① 과립층　　　　　② 유극층
③ 기저층　　　　　④ 투명층

29 다음 중 뼈와 치아의 주성분이며, 결핍되면 혈액의 응고현상이 나타나는 영양소는?

① 인(P)　　　　　② 요오드(I)
③ 칼슘(Ca)　　　　④ 철분(Fe)

30 팩의 제거 방법에 따른 분류가 아닌 것은?

① 티슈오프 타입 (Tissue off type)
② 석고 마스크 타입(gysum mask type)
③ 필오프 타입(Peel off type)
④ 워시오프 타입(Wash off type)

31 기미, 주근깨 피부관리에 가장 적합한 비타민은?

① 비타민 A　　　　② 비타민 B_1
③ 비타민 B_2　　　　④ 비타민 C

해설

24 기저층은 원주형의 세포가 단층으로 이어져 있으며 각질형성세포와 색소형성세포가 존재한다.

25 같은 채도를 저채도 위에 놓으면 채도가 더 높아 보이고 고채도 위에 놓으면 채도가 더 낮아 보이는 현상을 채도대비라 한다.

26 저드의 색채조화론 중 질서의 원리는 체계적으로 선택된 두 가지 이상의 색 사이에는 어떤 규칙적인 질서가 있을 경우에 조화롭다는 의미이다.

27 백열전구에는 장파장이 많아 난색 계열의 색이 살아나고, 형광등 아래에는 단파장이 많아 한색 계열의 색이 살아난다.

28 과립층에는 케라틴의 전구물질인 케라토히알린 과립이 형성되어 빛을 굴절시키는 작용을 하며, 수분이 빠져나가는 것을 막는다.

29 칼슘은 뼈 및 치아를 형성하는 영양소이며, 결핍 시 구루병, 골다공증, 충치, 신경과민증 등이 나타난다.

30 **팩의 제거 방법에 따른 분류**

필오프 타입	팩이 건조된 후에 형성된 투명한 피막을 떼어냄
워시오프 타입	팩 도포 후 일정 시간이 지나 미온수로 닦아냄
티슈오프 타입	티슈로 닦아냄
시트 타입	시트를 얼굴에 올려놓았다가 제거

31 비타민 C는 기미, 주근깨 등의 치료에 사용된다.

32 제1방어계 중 기계적 방어벽에 해당하는 것은?

① 피부 각질층　　　② 위산

③ 소화효소　　　　④ 섬모운동

32 기계적 방어벽에는 피부 각질층, 점막, 코털 등이 있다.

33 광노화와 거리가 먼 것은?

① 피부 두께가 두꺼워진다.

② 섬유아세포 수의 양이 감소한다.

③ 콜라겐이 비정상적으로 늘어난다.

④ 점다당질이 증가한다.

33 광노화의 경우 콜라겐의 변성 및 파괴가 일어난다.

34 피부 표면에 물리적인 장벽을 만들어 자외선을 반사하고 분산하는 자외선 차단 성분은?

① 옥틸메톡시신나메이트　　② 파라아미노안식향산(PABA)

③ 이산화티탄　　　　　　　④ 벤조페논

34 **자외선 차단제의 성분**
이산화티탄, 산화아연, 티타늄디옥사이드, 징크옥사이드, 카오린 등

35 다량의 유성 성분을 물에 일정기간 동안 안정한 상태로 균일하게 혼합시키는 화장품 제조기술은?

① 유화　　　② 경화

③ 분산　　　④ 가용화

35 물에 오일 성분이 계면활성제에 의해 우윳빛으로 섞여있는 상태를 유화 또는 에멀전이라고 하며, O/W 에멀전, W/O 에멀전, W/O/W 에멀전 등의 종류가 있다.

36 아줄렌은 어디에서 얻어지는가?

① 카모마일(Camomile)　　② 로얄젤리(Royal Jelly)

③ 아르니카(Arnica)　　　　④ 조류(Algae)

36 아줄렌은 국화과 식물인 카모마일을 증류하여 추출한 것으로 피부 진정, 알레르기, 염증 치유 등의 효과가 있다.

37 립 메이크업의 색상에 따른 이미지에 대한 설명으로 틀린 것은?

① 오렌지 : 활동적이고 발랄한 이미지

② 핑크 : 여성스럽고 귀여운 이미지

③ 브라운 : 관능적이고 정열적인 이미지

④ 퍼플 : 우아하고 여성적인 이미지

37 관능적이고 정열적인 이미지는 레드색이다. 브라운은 무난하고 차분하며 세련된 이미지를 전달한다.

38 다음 중 식물에게 가장 피해를 많이 줄 수 있는 기체는?

① 일산화탄소　　　② 이산화탄소

③ 탄화수소　　　　④ 이산화황

38 식물이 이산화황에 오래 노출되면 엽맥 또는 잎의 가장자리의 색이 변하게 되며, 해면조직과 표피조직의 세포가 얇아지게 된다.

39 다음 중 기생충과 전파 매개체의 연결이 옳은 것은?

① 무구조충 – 돼지고기

② 간디스토마 – 바다회

③ 폐디스토마 – 가재

④ 광절열두조충 – 쇠고기

39 ① 무구조충 – 쇠고기
　② 간디스토마 – 담수어
　④ 광절열두조충 – 물벼룩

40 자외선 산란제로 가장 많이 쓰이는 것은?

① 산화철
② 울트라마린
③ 산화알루미늄
④ 이산화티탄

41 다음 중 호기성 세균이 아닌 것은?

① 결핵균
② 백일해균
③ 파상풍균
④ 녹농균

42 화장품 원료로서 알코올의 작용에 대한 설명으로 틀린 것은?

① 다른 물질과 혼합해서 그것을 녹이는 성질이 있다.
② 소독작용이 있어 화장수, 양모제 등에 사용된다.
③ 흡수작용이 강하기 때문에 건조의 목적으로 사용한다.
④ 피부에 자극을 줄 수도 있다.

43 자력으로 의료문제를 해결할 수 없는 생활무능력자 및 저소득층을 대상으로 공적으로 의료를 보장하는 제도는?

① 의료보험
② 의료보호
③ 실업보험
④ 연금보험

44 상수(上水)에서 대장균 검출의 주된 의미는?

① 소독상태가 불량하다.
② 환경위생 상태가 불량하다.
③ 오염의 지표가 된다.
④ 전염병 발생의 우려가 있다.

45 여러 가지 물리화학적 방법으로 병원성 미생물을 가능한 한 제거하여 사람에게 감염의 위험이 없도록 하는 것은?

① 멸균
② 소독
③ 방부
④ 살충

46 다음 중 금속제품 기구소독에 가장 적합하지 않은 것은?

① 알코올
② 역성비누
③ 승홍수
④ 크레졸수

47 다음 중 화학적 살균법이라고 할 수 없는 것은?

① 자외선 살균법
② 알코올 살균법
③ 염소 살균법
④ 과산화수소 살균법

---

40 자외선 산란제는 자외선을 반사하거나 산란시키는 물질인데, 자외선 산란제로 가장 많이 쓰이는 것은 이산화티탄이다.

41 파상풍균은 산소가 없는 곳에서만 증식을 하는 혐기성 세균에 속한다.

42 알코올은 흡수작용이 강한 것이 아니라 휘발성이 강하다.

43 **의료보험** : 일반 국민들의 각종 사고와 질병으로부터 건강을 보장하는 제도
의료보호 : 생활무능력자 및 저소득층을 대상으로 공적으로 의료를 보장하는 제도

44 음용수의 일반적인 오염지표로 사용되는 것은 대장균 수이다.

45

소독	병원성 미생물의 생활력을 파괴하여 죽이거나 또는 제거하여 감염력을 없애는 것
멸균	병원성 또는 비병원성 미생물 및 포자를 가진 것을 전부 사멸 또는 제거하는 것 (무균 상태)
살균	생활력을 가지고 있는 미생물을 여러 가지 물리·화학적 작용에 의해 급속히 죽이는 것
방부	병원성 미생물의 발육과 그 작용을 제거하거나 정지시켜서 음식물의 부패나 발효를 방지하는 것

46 승홍수는 금속 부식성이 있어 금속류의 소독에는 적합하지 않다.

47 자외선을 이용한 소독법은 물리적 소독법에 해당한다.

chapter **05**

48 주로 여름철에 발병하며 어패류 등에 생식이 원인이 되어 복통, 설사 등의 급성위장염 증상을 나타내는 식중독은?

① 포도상구균 식중독

② 병원성대장균 식중독

③ 장염비브리오 식중독

④ 보툴리누스균 식중독

49 사회보장의 종류에 따른 내용의 연결이 옳은 것은?

① 사회보험 - 기초생활보장, 의료보장

② 사회보험 - 소득보장, 의료보장

③ 공적부조 - 기초생활보장, 보건의료서비스

④ 공적부조 - 의료보장, 사회복지서비스

50 소독제의 구비조건이라고 할 수 없는 것은?

① 살균력이 강할 것

② 부식성이 없을 것

③ 표백성이 있을 것

④ 용해성이 높을 것

51 석탄산, 알코올, 포르말린 등의 소독제가 가지는 소독의 주된 원리는?

① 균체 원형질 중의 탄수화물 변성

② 균체 원형질 중의 지방질 변성

③ 균체 원형질 중의 단백질 변성

④ 균체 원형질 중의 수분 변성

52 다음 중 열에 대한 저항력이 커서 자비소독법으로 사멸되지 않는 균은?

① 콜레라균

② 결핵균

③ 살모넬라균

④ B형 간염 바이러스

53 보통 상처의 표면에 소독하는 데 이용하며 발생기 산소가 강력한 산화력으로 미생물을 살균하는 소독제는?

① 석탄산

② 과산화수소수

③ 크레졸

④ 에탄올

48 장염비브리오 식중독은 생선회, 초밥, 조개 등을 생식하는 식습관이 원인이 되어 발생하는데, 심한 복통, 설사, 구토 등의 증상을 보이며, 잠복기는 10시간 이내이다.

49 **사회보장의 종류**

사회보험	• 소득보장 : 국민연금, 고용보험, 산재보험 • 의료보장 : 건강보험, 산재보험
공적부조	최저생활보장, 의료급여
사회복지 서비스	노인복지, 아동복지, 장애인복지, 가정복지
관련복지 제도	보건, 주거, 교육, 고용

50 **소독제의 구비조건**
- 생물학적 작용을 충분히 발휘할 수 있을 것
- 빨리 효과를 내고 살균 소요시간이 짧을 것
- 독성이 적으면서 사용자에게도 자극성이 없을 것
- 원액 혹은 희석된 상태에서 화학적으로 안정할 것
- 살균력이 강할 것
- 용해성이 높을 것
- 경제적이고 사용방법이 간편할 것
- 부식성 및 표백성이 없을 것

51 **살균작용의 기전에 따른 종류**

산화작용	과산화수소, 오존, 염소 및 그 유도체, 과망간산칼륨
균체의 단백질 응고작용	석탄산, 크레졸, 승홍, 알코올, 포르말린, 생석회
균체의 효소 불활성화 작용	석탄산, 알코올, 역성비누, 중금속염
균체의 가수분해작용	강산, 강알칼리, 중금속염
탈수작용	알코올, 포르말린, 식염, 설탕
중금속염의 형성	승홍, 머큐로크롬, 질산은
핵산에 작용	자외선, 방사선, 포르말린, 에틸렌옥사이드
균체의 삼투성 변화작용	석탄산, 역성비누, 중금속염

52 B형 간염 바이러스의 예방을 위해서는 고압증기 멸균법을 이용한 살균이 효과적이다.

53 **과산화수소의 소독 효과**
- 피부 상처 부위나 구내염, 인두염 및 구강세척제 등에 사용
- 살균 · 탈취 및 표백에 효과
- 일반세균, 바이러스, 결핵균, 진균, 아포에 모두 효과

54 다음 중 공중위생감시원을 두는 곳을 모두 고른 것은?

【보기】
㉠ 특별시 ㉡ 광역시 ㉢ 도 ㉣ 군

① ㉡, ㉢
② ㉠, ㉢
③ ㉠, ㉡, ㉢
④ ㉠, ㉡, ㉢, ㉣

55 과태료의 부과·징수 절차에 관한 설명으로 틀린 것은?

① 시장·군수·구청장이 부과·징수한다.
② 과태료 처분의 고지를 받은 날부터 30일 이내에 이의를 제기할 수 있다.
③ 과태료 처분을 받은 자가 이의를 제기한 처분권자는 보건복지부장관에게 이를 통보한다.
④ 기간 내 이의제기 없이 과태료를 납부하지 아니한 때에는 지방세 체납처분의 예에 따른다.

56 이·미용업 영업소에 대하여 위생관리의무 이행검사 권한을 행사할 수 없는 자는?

① 도 소속 공무원
② 국세청 소속 공무원
③ 시·군·구 소속 공무원
④ 특별시·광역시 소속 공무원

57 한국의 메이크업 역사에 대한 설명으로 틀린 것은?

① 고조선 시대 : 백색 피부가 미의 기준이었으며, 관련 민간요법들이 있었다.
② 신라시대 : 영육일치사상의 영향으로 남자, 여자 모두가 치장하였다.
③ 고려시대 : 기생의 상징인 분대화장과 여염집 여성들이 기생으로 오해받지 않기 위해 대조되는 화장을 즐겼다.
④ 조선시대 : 모든 여성들이 다양한 화장기법으로 아름다움을 표현하였다.

58 신고를 하지 아니하고 영업소의 소재지를 변경한 때에 대한 1차 위반 시 행정처분 기준은?

① 영업정지 1월
② 영업정지 6월
③ 영업정지 3월
④ 영업정지 2월

54 **공중위생감시원의 설치**
관계 공무원의 업무를 행하게 하기 위하여 특별시·광역시·도 및 시·군·구(자치구에 한함)에 공중위생감시원을 둔다.

55 과태료 처분을 받은 자가 이의를 제기한 때에는 시장·군수·구청장은 지체없이 관할법원에 그 사실을 통보하여야 한다.

56 시·도지사 또는 시장·군수·구청장이 소속 공무원 중에서 임명한다.

57 조선시대에는 유교의 영향으로 화려한 화장보다는 자연스럽고 단아한 화장을 추구하는 경향이 강했다. 특히 양반 계층의 여성들은 지나치게 꾸미는 것을 삼갔으며, 최소한의 화장으로 내면의 아름다움을 강조했다.

58 • 1차 위반 : 영업정지 1월
• 2차 위반 : 영업정지 2월
• 3차 위반 : 영업장 폐쇄명령

chapter 05

59 이·미용업의 시설 및 설비기준 중 틀린 것은?

① 미용업(종합)의 경우, 피부미용업무에 필요한 베드(온열장치 포함), 미용기구, 화장품, 수건, 온장고, 사물함 등을 갖추어야 한다.

② 이용실에는 별실 또는 이와 유사한 시설을 설치할 수 있다.

③ 소독을 한 기구와 소독을 하지 아니한 기구는 구분하여 보관할 수 있는 용기를 비치하여야 한다.

④ 소독기 · 자외선 살균기 등 기구를 소독하는 장비를 갖추어야 한다.

60 얼굴의 이상적인 비율에 맞는 각 부위별 위치에 대한 설명으로 틀린 것은?

① 눈썹꼬리는 콧방울에서 눈꼬리를 연결한 45°사선과 만나는 지점에 위치한다.

② 윗입술과 아랫입술의 비는 1 : 1.5이다.

③ 눈썹 앞머리는 콧방울에서 수직으로 올린 선에 위치한다.

④ 눈썹머리는 입술구각에서 일직선으로 올린 선에 위치한다.

59 이용실에는 별실 또는 이와 유사한 시설을 설치할 수 없다.

60 눈썹머리는 콧방울에서 일직선으로 올린 선에 위치한다. 입술구각은 입술의 끝을 의미하므로 눈썹머리와는 맞지 않다.

CBT 상시 모의고사 제4회 / 정답

01 ①	02 ④	03 ①	04 ③	05 ④	06 ④	07 ②	08 ②	09 ①	10 ④
11 ④	12 ②	13 ①	14 ④	15 ④	16 ②	17 ④	18 ④	19 ④	20 ③
21 ③	22 ②	23 ①	24 ②	25 ③	26 ②	27 ④	28 ①	29 ③	30 ②
31 ④	32 ①	33 ③	34 ③	35 ①	36 ①	37 ③	38 ④	39 ③	40 ④
41 ③	42 ③	43 ②	44 ③	45 ②	46 ③	47 ①	48 ③	49 ②	50 ③
51 ③	52 ④	53 ②	54 ④	55 ③	56 ②	57 ④	58 ①	59 ②	60 ④

CBT 상시 모의고사 제5회

실력테스트를 위해 해설 란을 가리고 문제를 풀어보세요

해설

▶ 정답은 436쪽에 있습니다.

01 자신이 사회에서 갖는 지위, 직업, 신분을 표시하고 사회적인 관습을 나타내는 메이크업 의 기능은?

① 보호의 기능
② 미화의 기능
③ 사회적 기능
④ 심리적 기능

01 메이크업의 기능 중 사회적 기능에 대한 설명이다.

02 초자연과의 융합을 위한 주술적, 종교적 행위로서 색상을 부여하거나 향을 이용하여 병이나 재앙을 물리치고 신에게 경배하기 위하여 얼굴과 몸을 꾸몄다는 메이크업의 기원설은?

① 미화설
② 신분표시설
③ 보호설
④ 종교설

02 주술적, 종교적 행위로서 신에게 경배하기 위하여 얼굴과 몸을 꾸몄다는 기원설은 종교설에 해당한다.

03 신라시대 때 눈썹을 그리는 재료로 사용된 것은?

① 쌀겨
② 난초
③ 굴참나무
④ 홍화

03 신라시대에는 굴참나무, 너도나무 등을 태운 재를 유연에 개어 눈썹을 그리는 데 사용하였다.

04 문예부흥으로 연극이 발달하여 연극분장과 의상도 함께 발달하게 된 시대는?

① 이집트시대
② 르네상스 시대
③ 로코코 시대
④ 바로크 시대

04 르네상스 시대에는 문예부흥운동으로 연극이 발달함으로써 연극분장과 의상이 함께 발달하였다.

05 립스틱 위에 발라서 립스틱의 지속력을 증대시켜 주는 역할을 하는 제품은?

① 립코트
② 립틴트
③ 립밤
④ 립글로스

05 **입술 메이크업의 종류**

립글로스	입술을 윤기있고 촉촉하게 해주는 역할
립틴트	고체인 립스틱과 달리 액체 형태로 립스틱에 비해 자연스럽고 발색력이 우수
립밤	바세린 성분이 많이 들어있어 입술 케어용으로 많이 사용

06 다음은 어떤 메이크업 제품에 대한 설명인가?

【보기】
• 피부톤을 조절한다.
• 자외선을 차단하고 유해환경으로부터 피부를 보호한다.
• 파운데이션의 밀착력을 높이고 유분기를 제거하여 메이크업의 지속력을 높인다.

① 컨실러
② 파우더
③ 파운데이션
④ 메이크업 베이스

06 파우더는 파운데이션 도포 후 번들거림을 방지하여 메이크업을 오래 지속시키며, 자외선을 차단하고 유해환경으로부터 피부를 보호하는 역할을 한다.

chapter **05**

07 브러시의 보관 방법으로 틀린 것은?

① 사용할 때마다 색조화장품의 잔여물을 말끔히 털어 낸다.
② 세척할 경우 미지근한 물에 샴푸나 비누로 풀어서 가볍게 문지르듯 빨아준다.
③ 브러시 끝을 가지런히 모아서 마른 타월로 물기를 제거한 후, 그늘에 뉘어서 모양이 흐트러지지 않게 말린다.
④ 드라이기로 바짝 말린다.

08 크고 둥근 눈의 아이라인 테크닉 중 틀린 것은?

① 중앙을 굵게 그려 강조한다.
② 아이라인을 강조하지 않는다.
③ 펜슬타입으로 가볍게 그려준다.
④ 눈 앞머리와 눈꼬리 부분을 중심으로 그린다.

09 눈썹을 그릴 때 주의사항으로 맞지 않는 것은?

① 좌우 대칭이 되도록 한다.
② 눈썹의 머리와 꼬리는 일직선상에 놓이게 한다.
③ 눈썹의 길이는 눈길이보다 짧게 하지 않는다.
④ 눈동자 색상과 비슷한 계열의 색상을 이용한다.

10 긴 얼굴형의 립 메이크업 수정 방법으로 적합한 것은?

① 인커브로 귀엽게 연출한다.
② 수평적인 느낌으로 구각만 살짝 올려 그린다.
③ 아웃커브형으로 그려준다.
④ 입술 폭이 좁고 도톰하게 그려준다.

11 원형 얼굴을 기본형에 가깝도록 하기 위한 각 부위의 화장법으로 맞는 것은?

① 얼굴의 양 관자놀이 부분을 화사하게 해준다.
② 이마와 턱의 중간부는 어둡게 해준다.
③ 눈썹은 활모양이 되지 않도록 약간 치켜 올린듯하게 그린다.
④ 콧등은 뚜렷하고 자연스럽게 뻗어 나가도록 어둡게 표현한다.

12 다음 중 흰 얼굴에 가장 알맞은 메이크업 베이스 색상은?

① 흰색   ② 갈색계
③ 베이지계   ④ 핑크계

---

07 브러시를 말릴 때는 마른 타월로 물기를 제거한 후 그늘에 뉘어서 모양이 흐트러지지 않게 말린다.

08 둥근 눈은 더 둥글게 보이지 않게 하기 위해 눈동자 중간 부분은 생략하고 눈 앞머리와 꼬리 부분만 살짝 그려준다.

09 눈썹은 모발의 색과 비슷한 컬러를 이용한다.

10 긴 얼굴형의 경우 길어 보이는 단점을 커버하기 위해 수평적인 느낌으로 구각만 살짝 올려 그려준다.

11 둥근 얼굴형은 얼굴의 양 관자놀이 부분을 셰이딩 처리를 해주고, 콧등과 이마, 턱 부위에 하이라이트를 강조해서 얼굴이 길어보이게 하는 것이 중요하다.

12 흰 얼굴에는 보습성분을 함유하고 있는 핑크색의 에센스 타입 메이크업 베이스 크림이 적합하다.

13 블러셔 메이크업의 테크닉에 대한 설명으로 적합하지 않은 것은?

① 선적인 느낌을 강조할 때는 한쪽 방향으로 터치한다.
② 좁게 바를 때는 브러시를 상하로 움직여 바른다.
③ 넓게 바를 때는 바깥쪽에서 중심을 향해 부드럽게 터치한다.
④ 기본 위치는 눈동자 바깥 부분과 콧방울 위쪽의 광대뼈를 스치는 부분이다.

14 다음 중 메이크업의 설명이 잘못 연결된 것은?

① 데이타임 메이크업 – 짙은 화장
② 소셜 메이크업 – 성장 화장
③ 선번 메이크업 – 햇볕 방지 화장
④ 그리스 페인트 메이크업 – 무대 화장

15 그리스 페인트 화장이란?

① 낮 화장
② 햇볕 그을림 방지 화장
③ 밤 화장
④ 무대용 화장

16 가을 메이크업에 어울리는 컬러로 차분함과 지적인 이미지를 주는 컬러 조합은?

① 실버, 라이트 블루, 다크 블루
② 페일 핑크, 핑크, 마르살라
③ 펄 베이지, 펄 브라운, 다크 브라운
④ 화이트, 레드, 골드 펄

17 영상 메이크업에서 참고하여야 할 사항이 아닌 것은?

① 흰색 파운데이션을 사용한다.
② 육안으로 보는 색보다 밝고 진하게 나온다.
③ 짙은 핑크는 붉게 표현될 수 있다.
④ 실제보다 평면적이고 확장된 형태로 보여질 수 있다.

18 파운데이션 등을 용기로부터 덜어낼 때 사용하는 도구는?

① 스파출라   ② 컨실러 브러시
③ 면봉   ④ 아이래쉬 컬러

---

13 블러셔를 넓게 바를 때는 중심에서 바깥쪽으로 바른다.

14 데이타임 메이크업은 진하지 않은 일상적인 화장을 의미한다.

15 화장의 목적에 따른 분류
  • 데이타임 메이크업 : 낮 화장. 진하지 않은 일상적인 화장
  • 소셜 메이크업 : 성장 화장. 사교모임 등의 짙은 화장
  • 그리스 페인트 메이크업 : 페인트 메이크업, 스테이지 메이크업, 무대용 화장
  • 컬러 포토 메이크업 : 컬러 사진을 찍을 때의 화장

16 가을 메이크업에는 펄 베이지, 펄 브라운, 다크 브라운 등과 같이 차분함과 지적인 이미지를 주는 것이 좋다.

17 영상 메이크업에서는 흰색 파운데이션이 적합하지 않다.

18 파운데이션, 크림 등을 용기로부터 덜어낼 때는 스파출라를 사용한다.

chapter 05

19 아래 [보기]의 화장법에 해당하는 얼굴 부위는?

【보기】

- 하이라이트를 주어 얼굴을 화사하게 표현한다.
- 피지분비량이 많아 화장이 잘 뜨는 부위이므로 자주 수정하고, 소량의 파운데이션을 사용한다.

① V존   ② T존
③ S존   ④ O존

20 먼셀 색체계의 색표기 HV/C에서 C는 무엇의 약자인가?

① Color   ② Chroma
③ Coordination   ④ Communication

21 다음 중 인간이 색을 지각하기 위한 3요소가 아닌 것은?

① 물체   ② 조도
③ 시각   ④ 광원

22 다음은 색채 현상 중 어느 것에 관한 설명인가?

【보기】

해가 지고 주위가 어둑어둑해질 무렵 낮에 화사하게 보이던 빨간 꽃은 거무스름해져 어둡게 보이고, 그 대신 연한 파랑이나 초록의 물체들이 밝게 보인다.

① 푸르킨예 현상   ② 색음현상
③ 베졸트-브뤼케 현상   ④ 헌트효과

23 '자연경관처럼 사람들에게 잘 알려진 색은 조화롭다'와 연관된 색채조화론 원리는?

① 명료성의 원리   ② 유사성의 원리
③ 질서의 원리   ④ 친근감의 원리

24 문과 스펜서의 조화이론에 해당하지 않는 것은?

① 동등의 조화   ② 유사의 조화
③ 불명료의 조화   ④ 대비의 조화

25 건강한 피부를 유지하기 위한 방법이 아닌 것은?

① 적당한 수분을 항상 유지해 주어야 한다.
② 두꺼운 각질층은 제거해 주어야 한다.
③ 일광욕을 많이 해야 건강한 피부가 된다.
④ 충분한 수면과 영양을 공급해 주어야 한다.

---

26 레인방어막의 역할이 아닌 것은?

① 외부로부터 침입하는 각종 물질을 방어한다.
② 체액이 외부로 새어 나가는 것을 방지한다.
③ 피부의 색소를 만든다.
④ 피부염 유발을 억제한다.

27 다음 중 피부표면의 pH에 가장 큰 영향을 주는 것은?

① 각질 생성
② 침의 분비
③ 땀의 분비
④ 호르몬의 분비

28 다음 중 간접 조명에 대한 설명으로 옳은 것은?

① 반사갓을 사용하여 광원의 빛을 모아 직접 비추는 방식
② 반투명의 유리나 플라스틱을 사용하여 광원 빛의 60~90%가 대상체에 직접 조사되고 나머지가 천장이나 벽에서 반사되어 조사되는 방식
③ 반투명의 유리나 플라스틱을 사용하여 광원 빛의 10~40%가 대상체에 직접 조사되고 나머지가 천장이나 벽에서 반사되어 조사되는 방식
④ 광원의 빛을 대부분 천장이나 벽에 부딪혀 확산된 반사광으로 비추는 방식

29 피지선에 대한 내용으로 틀린 것은?

① 진피층에 놓여 있다.
② 손바닥과 발바닥, 얼굴, 이마 등에 많다.
③ 사춘기 남성에게 집중적으로 분비된다.
④ 입술, 성기, 유두, 귀두, 등에 독립피지선이 있다.

30 건성피부의 특징과 가장 거리가 먼 것은?

① 각질층의 수분이 50% 이하로 부족하다.
② 피부가 손상되기 쉬우며 주름 발생이 쉽다.
③ 피부가 얇고 외관으로 피부결이 섬세해 보인다.
④ 모공이 작다.

31 노화피부의 특징이 아닌 것은?

① 노화피부는 탄력이 떨어진다.
② 피지 분비가 왕성해 번들거린다.
③ 주름이 형성되어 있다.
④ 색소침착 불균형이 나타난다.

26 과립층에 존재하는 레인방어막은 외부로부터 이물질을 침입하는 것을 방어하는 역할을 하는 동시에 체내에 필요한 물질이 체외로 빠져나가는 것을 막고 피부가 건조해지거나 피부염이 유발하는 것을 억제하는 역할을 한다.

27 건강한 성인의 피부 표면의 pH는 4.5~6.5이며, 신체 부위, 온도, 습도, 계절 등에 따라 달라지지만 땀의 분비가 가장 크게 영향을 준다.

28 간접 조명은 광원의 90~100%를 천장이나 벽에 부딪혀 확산된 반사광으로 비추는 방식이다.

29 손바닥과 발바닥에는 피지선이 존재하지 않는다.

30 건성피부는 각질층의 수분함량이 10% 이하의 피부를 말한다.

31 노화피부는 피지의 분비가 원활하지 못하다.

32 눈 형태에 따른 속눈썹 연장 디자인 방법이 잘못 짝지어진 것은?

① 둥근 눈 – J컬의 가모로 눈꼬리 지점이 포인트가 되도록 한다.
② 미간이 넓은 눈 – C컬의 가모로 눈 앞머리를 밀도나 컬을 높여 풍성하게 연장한다.
③ 처진 눈 – C, CC컬 등 컬링이 많이 들어간 가모를 사용한다.
④ 큰 눈 – C와 CC컬의 가모로 눈 중앙에서 눈꼬리 부분에 길이와 밀도를 높인다.

32 큰 눈은 J컬의 가모로 부채꼴 모양으로 연장한다.

33 화장품 성분 중 기초화장품이나 메이크업 화장품에 널리 사용되는 고형의 유성성분으로 화학적으로는 고급지방산에 고급알코올이 결합된 에스테르이며, 화장품의 굳기를 증가시켜 주는 원료에 속하는 것은?

① 왁스　　　　　　② 폴리에틸렌글리콜
③ 피마자유　　　　④ 바셀린

33 기초화장품이나 메이크업 화장품에 널리 사용되는 고형의 유성성분은 왁스이다.

34 신체의 중요한 에너지원으로 장에서 포도당, 과당 및 갈락토오스로 흡수되는 물질은?

① 단백질　　　　　② 비타민
③ 탄수화물　　　　④ 지방

34 탄수화물은 신체의 중요한 에너지원으로 사용되고 장에서 포도당, 과당 및 갈락토오스로 흡수되며, 소화흡수율은 약 99%이다.

35 다음 중 식물성 오일이 아닌 것은?

① 아보카도 오일　　② 피마자 오일
③ 올리브 오일　　　④ 실리콘 오일

35 실리콘은 합성 오일에 속하며, 사용성 및 화학적 안정성이 우수하다.

36 미백 화장품에 사용되는 원료가 아닌 것은?

① 알부틴　　　　　② 코직산
③ 레티놀　　　　　④ 비타민C 유도체

36 레티놀은 순수 비타민 A로 주름개선제로 사용된다.

37 생물학적 전파 중 발육증식형 전파에 해당하는 질병은?

① 황열　　　　　　② 페스트
③ 말라리아　　　　④ 발진티푸스

37 황열, 페스트, 발진티푸스는 증식형 전파에 해당되며, 말라리아는 발육증식형 전파에 해당한다.

38 라벤더 에센셜 오일의 효능에 대한 설명으로 가장 거리가 먼 것은?

① 재생작용
② 화상치유작용
③ 이완작용
④ 모유생성작용

39 식물의 꽃, 잎, 줄기, 뿌리, 씨, 과피, 수지 등에서 방향성이 높은 물질을 추출한 휘발성 오일은?

① 동물성 오일
② 에센셜 오일
③ 광물성 오일
④ 밍크 오일

40 장티푸스, 결핵, 파상풍 등의 예방접종으로 얻어지는 면역은?

① 인공 능동면역
② 인공 수동면역
③ 자연 능동면역
④ 자연 수동면역

41 아황산가스와 마찬가지로 기관지염, 만성폐섬유화, 폐기종, 폐렴, 폐암 및 혈액의 산소결핍에 의한 중추신경계 증상을 유발할 수 있는 유해한 대기 오염물질은?

① 일산화탄소
② 질소산화물
③ 탄화수소
④ 황산화물

42 다음 중 수인성 감염병에 속하는 것은?

① 유행성 출혈열
② 성홍열
③ 세균성 이질
④ 탄저병

43 ( ) 안에 들어갈 알맞은 것은?

【보기】
( ) (이)란 감염병 유행지역의 입국자에 대하여 감염병 감염이 의심되는 사람의 강제격리로서 "건강격리"라고도 한다.

① 검역
② 감금
③ 감시
④ 전파예방

44 솔라닌이 원인이 되는 식중독과 관계 깊은 것은?

① 버섯
② 복어
③ 감자
④ 조개

---

38 라벤더 에센셜 오일은 여드름성 피부, 습진, 화상 등에 효과가 있으며, 피부 재생 및 이완작용을 한다.

39 에센셜 오일은 식물의 꽃, 잎, 줄기 등 다양한 부위에서 추출한 방향성이 높은 물질을 말하는데, 인체 내에서 분비되는 호르몬과 같은 역할을 한다.

40 **인공능동면역**
- 생균백신 : 결핵, 홍역, 폴리오(경구)
- 사균백신 : 장티푸스, 콜레라, 백일해, 폴리오(경피)
- 순화독소 : 파상풍, 디프테리아

41 질소산화물(NOx)은 대표적인 대기 오염물질로, 기관지염, 만성 폐질환, 폐섬유화, 폐기종 등 호흡기와 관련된 질환을 유발할 수 있다. 또한 혈액의 산소 운반 능력을 저하시키며, 중추신경계에 영향을 미칠 수 있다.

42 수인성 감염병 : 콜레라, 장티푸스, 파라티푸스, 세균성 이질, 소아마비, A형 간염 등

43 감염병 유행지역의 입국자에 대하여 감염병 감염이 의심되는 사람의 강제격리를 검역이라 한다.

44 **자연독의 종류**

구분	종류	독성물질
식물성	독버섯	무스카린, 팔린, 아마니타톡신
	감자	솔라닌, 셉신
	매실	아미그달린
	목화씨	고시폴
	독미나리	시큐톡신
	맥각	에르고톡신
동물성	복어	테트로도톡신
	섭조개, 대합	색시톡신
	모시조개, 굴, 바지락	베네루핀

45 감염병을 옮기는 질병과 그 매개곤충을 연결한 것으로 옳은 것은?

① 말라리아 – 진드기

② 발진티푸스 – 모기

③ 양충병(쯔쯔가무시) – 진드기

④ 일본뇌염 – 체체파리

46 석탄산 계수가 2인 소독약 A를 석탄산 계수 4인 소독약 B와 같은 효과를 내려면 그 농도를 어떻게 조정하면 되는가? (단, A, B의 용도는 같다)

① A를 B보다 2배 묽게 조정한다.

② A를 B보다 4배 묽게 조정한다.

③ A를 B보다 2배 짙게 조정한다.

④ A를 B보다 4배 짙게 조정한다.

47 이·미용업소에서 공기 중 비말감염으로 가장 쉽게 옮겨질 수 있는 감염병은?

① 인플루엔자   ② 대장균

③ 뇌염   ④ 장티푸스

48 다음 중 크레졸의 설명으로 틀린 것은?

① 3%의 수용액을 주로 사용한다.

② 석탄산에 비해 2배의 소독력이 있다.

③ 손, 오물 등의 소독에 사용된다.

④ 물에 잘 녹는다.

49 고압증기 멸균법에 있어 20LBs, 126.5C의 상태에서 몇 분간 처리하는 것이 가장 좋은가?

① 5분   ② 15분

③ 30분   ④ 60분

50 에틸렌 옥사이드(Ethylene Oxide) 가스의 설명으로 적합하지 않은 것은?

① 50~60℃의 저온에서 멸균된다.

② 멸균 후 보존기간이 길다.

③ 비용이 비교적 비싸다.

④ 멸균 완료 후 즉시 사용 가능하다.

해설

45 ① 말라리아 – 모기
   ② 발진티푸스 – 이
   ④ 일본뇌염 – 모기

46 소독약 A는 석탄산보다 살균력이 2배 높고, 소독약 B는 석탄산보다 4배 높으므로 소독약 A를 B보다 2배 짙게 조정해야 한다.

47 기침이나 재채기 등을 통해 나오는 침방울이 타인의 코나 입으로 들어가면서 감염되는 것을 비말감염이라 하는데, 인플루엔자, 결핵, 백일해, 디프테리아 등이 이에 속한다.

48 크레졸은 물에 잘 녹지 않는다.

49 **소독 시간**
   • 10LBs : 115℃에 30분간
   • 15LBs : 121℃에 20분간
   • 20LBs : 126℃에 15분간

50 에틸렌 옥사이드 가스는 독성가스이므로 소독 후 허용치 이하로 떨어질 때까지 장시간 공기에 노출시킨 후 사용해야 한다.

51 다음 중 이·미용실에서 사용하는 타월을 철저하게 소독하지 않았을 때 주로 발생할 수 있는 감염병은?

① 장티푸스
② 트라코마
③ 페스트
④ 일본뇌염

52 다음 중 섭씨 100도에서도 살균되지 않는 균은?

① 결핵균
② 장티푸스균
③ 대장균
④ 아포형성균

53 다음 중 이·미용업 영업자가 변경신고를 해야 하는 것을 모두 고른 것은?

【보기】

㉠ 영업소의 소재지
㉡ 영업소 바닥면적의 3분의 1 이상의 증감
㉢ 종사자의 변동사항
㉣ 영업자의 재산변동사항

① ㉠
② ㉠, ㉡
③ ㉠, ㉡, ㉢
④ ㉠, ㉡, ㉢, ㉣

54 색채와 조명의 관계에 대한 설명으로 틀린 것은?

① 백열등은 전류가 필라멘트를 가열하여 빛이 방출되는 열광원으로 장파장의 붉은색을 띤다.
② 텅스텐 등은 텅스텐 필라멘트를 사용하는 백열램프의 종류로 장파장의 붉은색을 띤다.
③ 나트륨등은 나트륨의 증기방전을 이용해 빛을 내는 광원으로 황색 빛을 띤다.
④ 형광등은 저압방전등의 일종으로 빛에 푸른기가 돌아 차가운 느낌을 줄 뿐 아니라 연색성이 높은 장점을 가진다.

55 소독액을 표시할 때 사용하는 단위로 용액 100 ㎖ 속에 용질의 함량을 표시하는 수치는?

① 푼
② 퍼센트
③ 퍼밀리
④ 피피엠

56 이·미용업 종사자로 위생교육을 받아야 하는 자는?

① 공중위생 영업에 종사자로 처음 시작하는 자
② 공중위생 영업에 6개월 이상 종사자
③ 공중위생 영업에 2년 이상 종사자
④ 공중위생 영업을 승계한 자

51 트라코마는 환자의 안분비물 접촉, 환자가 사용하던 타월 등을 통해 전파되므로 위험지역에서는 손과 얼굴을 자주 씻고, 더러운 손가락으로 눈을 만지지 않아야 한다.

52 섭씨 100도에서는 일반 균은 살균할 수 있지만 아포형성균이나 B형 간염 바이러스 살균에는 부적합하다.

53 **변경신고 사항**
• 영업소의 명칭 또는 상호
• 영업소의 소재지
• 영업장 면적의 3분의 1 이상의 증감
• 대표자의 성명(법인의 경우 해당)

54 형광등은 푸른기가 돌아 차가운 느낌을 주지만, 연색성이 낮은 편이다.
연색성(Color Rendering Index)은 조명이 물체의 색을 얼마나 자연스럽게 보이게 하는지를 나타내는 지표인데, 형광등은 상대적으로 백열등이나 자연광에 비해 연색성이 낮은 편이다.

55 퍼센트는 용액 100 ㎖ 속에 용질의 함량을 표시하는 수치로 다음의 식으로 구한다.
$$\frac{용질량}{용액량} \times 100$$

56 위생교육 대상자는 이·미용업 종사자가 아니라 영업을 하기 위해 신고하려는 자이다.

57 다음 중 이·미용사의 면허를 받을 수 없는 자는?

① 전문대학의 이·미용에 관한 학과를 졸업한 자
② 교육부장관이 인정하는 고등기술학교에서 1년 이상 미용에 관한 소정의 과정을 이수한 자
③ 국가기술자격법에 의해 미용사의 자격을 취득한 자
④ 외국의 유명 이·미용학원에서 2년 이상 기술을 습득한 자

58 공중위생관리법령에 따른 이·미용 기구의 소독기준으로 틀린 것은?

① 크레졸소독 : 크레졸수(크레졸 3%, 물 97%의 수용액)에 10분 이상 담가둔다.
② 열탕소독 : 섭씨 100℃ 이상의 물속에 10분 이상 끓여준다.
③ 증기소독 : 섭씨 100℃ 이상의 습한 열에 10분 이상 쐬어준다.
④ 석탄산수소독 : 석탄산수(석탄산 3%, 물 97%의 수용액)에 10분 이상 담가둔다.

59 손님에게 음란행위를 알선한 사람에 대한 관계행정기관의 장의 요청이 있는 때, 1차 위반에 대하여 행할 수 있는 행정처분으로 영업소와 업주에 대한 행정 처분기준이 바르게 짝지어진 것은?

① 영업정지 1월 – 면허정지 1월
② 영업정지 1월 – 면허정지 2월
③ 영업정지 3월 – 면허정지 3월
④ 영업정지 6월 – 면허정지 6월

60 공중위생영업자가 영업소 폐쇄명령을 받고도 계속하여 영업을 하는 때에 대한 조치사항으로 옳은 것은?

① 당해 영업소가 위법한 영업소임을 알리는 게시물 등의 부착
② 당해 영업소의 출입자 통제
③ 당행 영업소의 출입금지구역 설정
④ 당해 영업소의 강제 폐쇄집행

57 면허 발급 대상자
• 전문대학 또는 이와 동등 이상의 학력이 있다고 교육부장관이 인정하는 학교에서 미용에 관한 학과를 졸업한 자
• 대학 또는 전문대학을 졸업한 자와 동등 이상의 학력이 있는 것으로 인정되어 미용에 관한 학위를 취득한 자
• 고등학교 또는 이와 동등의 학력이 있다고 교육부장관이 인정하는 학교에서 미용에 관한 학과를 졸업한 자
• 특성화고등학교, 고등기술학교나 고등학교 또는 고등기술학교에 준하는 각종 학교에서 1년 이상 미용에 관한 소정의 과정을 이수한 자
• 국가기술자격법에 의해 미용사의 자격을 취득한 자

58 증기소독 : 섭씨 100℃ 이상의 습한 열에 20분 이상 쐬어준다.

59 손님에게 음란행위를 알선한 사람에 대한 관계행정기관의 장의 요청이 있는 때, 1차 위반에 대하여 영업소는 영업정지 3월, 업주는 면허정지 3개월의 행정 처분을 받게 된다.

60 영업소 폐쇄 조치
• 당해 영업소의 간판 기타 영업표지물의 제거
• 당해 영업소가 위법한 영업소임을 알리는 게시물 등의 부착
• 영업을 위하여 필수불가결한 기구 또는 시설물을 사용할 수 없게 하는 봉인

CBT 상시 모의고사 제5회 / 정답									
01 ③	02 ④	03 ③	04 ②	05 ①	06 ②	07 ④	08 ①	09 ④	10 ②
11 ③	12 ④	13 ③	14 ①	15 ④	16 ③	17 ①	18 ①	19 ②	20 ②
21 ②	22 ①	23 ④	24 ③	25 ③	26 ②	27 ③	28 ④	29 ②	30 ①
31 ②	32 ④	33 ①	34 ③	35 ④	36 ③	37 ③	38 ④	39 ②	40 ①
41 ②	42 ③	43 ①	44 ③	45 ③	46 ④	47 ①	48 ④	49 ②	50 ④
51 ②	52 ④	53 ②	54 ④	55 ②	56 ④	57 ④	58 ③	59 ③	60 ①

※ 추가 모의고사 다운로드
에듀웨이 카페에 방문하여 "메이크업미용사 필기 기출문제"에서 추가 모의고사를 다운받으실 수 있습니다.

CHAPTER 06

CBT 이전
기출문제

2016년 수시 2회 기출문제

▶ 정답 : 445쪽

01 요충에 대한 설명으로 옳은 것은?

① 집단감염의 특징이 있다.
② 충란을 산란한 곳에는 소양증이 없다.
③ 흡충류에 속한다.
④ 심한 복통이 특징적이다.

> 요충은 집단감염이 가장 잘되는 기생충으로 어린 연령층이 집단으로 생활하는 공간에서 쉽게 감염된다. 항문 주위에 심한 소양감이 있으며, 선충류에 속한다.

02 공중보건학의 대상으로 가장 적합한 것은?

① 개인   ② 지역주민
③ 의료인   ④ 환자집단

> 공중보건학은 지역주민을 대상으로 한다.

03 다음 ( ) 안에 알맞은 말을 순서대로 옳게 나열한 것은?

【보기】
세계보건기구(WHO)의 본부는 스위스 제네바에 있으며, 6개의 지역사무소를 운영하고 있다. 이 중 우리나라는 ( ) 지역에, 북한은 ( ) 지역에 소속되어 있다.

① 서태평양, 서태평양
② 동남아시아, 동남아시아
③ 동남아시아, 동남아시아
④ 서태평양, 동남아시아

> 6개의 WHO 지역사무소 중 우리나라는 서태평양 지역에 소속되어 있으며, 북한은 동남아시아 지역에 소속되어 있다.

04 다음 중 이·미용업소의 실내온도로 가장 알맞은 것은?

① 10℃ 이하   ② 12~15℃
③ 18~21℃   ④ 25℃ 이상

> 이·미용업소의 실내온도는 18~21℃ 정도가 적당하다.

05 다음 질병 중 모기가 매개하지 않는 것은?

① 일본뇌염
② 황열
③ 발진티푸스
④ 말라리아

> 발진티푸스는 이가 매개하는 질병이다.

06 다음 중 절족 동물 매개 감염병이 아닌 것은?

① 페스트
② 유행성 출혈열
③ 말라리아
④ 탄저

> 절족동물은 벼룩, 이, 모기, 진드기 등을 말한다.
> ① 페스트 : 벼룩
> ② 유행성 출혈열(신증후성 출혈열) : 진드기
> ③ 말라리아 : 모기
> ④ 탄저 : 돼지

07 일산화탄소(CO)와 가장 관계가 적은 것은?

① 혈색소화와 친화력이 산소보다 강하다.
② 실내공기 오염의 대표적인 지표로 사용된다.
③ 중독 시 중추신경계에 치명적인 영향을 미친다.
④ 냄새와 자극이 없다.

> 실내공기 오염의 대표적인 지표로 사용되는 것은 이산화탄소이다.

08 분해 시 발생하는 발생기 산소의 산화력을 이용하여 표백, 탈취, 살균효과를 나타내는 소독제는?

① 승홍수
② 과산화수소
③ 크레졸
④ 생석회

> 과산화수소의 분해에 의해 발생되는 발생기 산소가 강력한 산화력을 나타내며, 표백, 탈취, 살균효과를 나타낸다. 3%의 과산화수소 수용액을 사용한다.

09 다음 전자파 중 소독에 가장 일반적으로 사용되는 것은?

① 음극선   ② 엑스선

③ 자외선   ④ 중성자

자외선은 가시광선보다 짧은 전자파로 살균 및 소독에 많이 사용된다.

10 다음의 계면활성제 중 살균보다는 세정의 효과가 더 큰 것은?

① 양성 계면활성제

② 비이온 계면활성제

③ 양이온 계면활성제

④ 음이온 계면활성제

양이온 계면활성제는 살균 및 소독작용이 우수한 데 반해, 음이온 계면활성제는 세정 작용 및 기포 형성 작용이 우수하다.

11 다음 기구(집기) 중 열탕소독이 적합하지 않은 것은?

① 금속성 식기

② 면 종류의 타월

③ 도자기

④ 고무제품

열탕소독은 자비소독이라고도 하며, 끓는 물을 이용한 소독 방법으로 유리제품, 소형기구, 도자기, 수건 등의 소독에 적합한 소독 방법이다. 고무제품은 고압증기멸균법에 의한 소독 방법을 사용하면 된다.

12 바이러스에 대한 설명으로 틀린 것은?

① 독감 인플루엔자를 일으키는 원인이 여기에 해당한다.

② 크기가 작아 세균여과기를 통과한다.

③ 살아있는 세포 내에서 증식이 가능하다.

④ 유전자는 DNA와 RNA 모두로 구성되어 있다.

바이러스는 가장 작은 크기의 미생물로 살아있는 세포 내에서 증식이 가능한데, DNA나 RNA의 단일분자 핵산만을 함유하고 있다.

13 다음 중 세균 세포벽의 가장 외층을 둘러싸고 있는 물질로 백혈구의 식균작용에 대항하여 세균의 세포를 보호하는 것은?

① 편모   ② 섬모

③ 협막   ④ 아포

세균 세포벽의 가장 외층을 둘러싸고 있는 물질을 협막이라 하는데, 백혈구의 식균작용에 대항하여 세포를 보호하는 역할을 한다.

14 역성 비누액에 대한 설명으로 틀린 것은?

① 냄새가 거의 없고 자극이 적다.

② 소독력과 함께 세정력이 강하다.

③ 수지, 기구, 식기소독에 적당하다.

④ 물에 잘 녹고 흔들면 거품이 난다.

역성비누는 소독력은 강하지만 세정력은 약하다.

15 기미를 악화시키는 주요한 원인으로 틀린 것은?

① 경구 피임약의 복용

② 임신

③ 자외선 차단

④ 내분비 이상

자외선을 차단하면 어느 정도 기미를 예방할 수 있다.

16 모세혈관 파손과 구진 및 농포성 질환이 고름 중심으로 양볼에 나비모양을 이루는 피부병변은?

① 접촉성 피부염

② 주사

③ 건선

④ 농가진

모세혈관이 파손되어 코를 중심으로 양볼에 나비모양으로 붉어지는 증상을 주사라고 하는데, 40~50대에 주로 발생한다.

17 에크린 한선에 대한 설명으로 틀린 것은?

① 실밥을 둥글게 한 것 같은 모양으로 진피 내에 존재한다.

② 사춘기 이후에 주로 발달한다.

③ 특수한 부위를 제외한 거의 전신에 분포한다.

④ 손바닥, 발바닥, 이마에 가장 많이 분포한다.

사춘기 이후에 주로 발달하는 것은 아포크린선이다.

18 폐경기의 여성이 골다공증에 걸리기 쉬운 이유와 관련이 있는 것은?

① 에스트로겐의 결핍
② 안드로겐의 결핍
③ 테스토스테론의 결핍
④ 티록신의 결핍

> 에스트로겐은 뼈와 관절을 튼튼하게 해주는 역할을 해주는데, 에스트로겐이 부족하면 골다공증에 걸리기 쉽다.

19 B림프구의 특징으로 틀린 것은?

① 세포사멸을 유도한다.
② 체액성 면역에 관여한다.
③ 림프구의 20~30%를 차지한다.
④ 골수에서 생성되며 비장과 림프절로 이동한다.

> 세포사멸을 유도하는 림프구는 T림프구이다.

20 피부색에 대한 설명으로 옳은 것은?

① 피부의 색은 건강상태와 관계없다.
② 적외선은 멜라닌 생성에 큰 영향을 미친다.
③ 남성보다 여성, 고령층보다 젊은 층에 색소가 많다.
④ 피부의 황색은 카로틴에서 유래한다.

> ① 피부의 색은 건강상태와 관계가 있다.
> ② 자외선은 멜라닌 생성에 큰 영향을 미친다.
> ③ 여성보다 남성, 젊은 층보다 고령층에 색소가 많다.

21 광노화로 인한 피부 변화로 틀린 것은?

① 굵고 깊은 주름이 생긴다.
② 피부의 표면이 얇아진다.
③ 불규칙한 색소침착이 생긴다.
④ 피부가 거칠고 건조해진다.

> 광노화는 햇빛, 바람, 추위, 공해 등에 의해 피부가 노화되는 현상을 말하는데, 표피의 두께가 두꺼워진다.

22 영업정지 명령을 받고도 그 기간 중에 계속하여 영업을 한 공중위생영업자에 대한 벌칙기준은?

① 6월 이하의 징역 또는 500만원 이하의 벌금
② 1년 이하의 징역 또는 1천만원 이하의 벌금
③ 2년 이하의 징역 또는 2천만원 이하의 벌금
④ 3년 이하의 징역 또는 3천만원 이하의 벌금

> 영업정지 명령을 받고도 그 기간 중에 계속하여 영업을 한 공중위생영업자는 1년 이하의 징역 또는 1천만원 이하의 벌금에 처한다.

23 다음 ( ) 안에 알맞은 것은?

【보기】
공중위생영업자의 지위를 승계한 자는 ( ) 이내에 보건복지부령이 정하는 바에 따라 시장·군수 또는 구청장에게 신고하여야 한다.

① 7일　　　　② 15일
③ 1월　　　　④ 2월

> 공중위생영업자의 지위를 승계한 자는 1월 이내에 시장·군수 또는 구청장에게 신고하여야 한다.

24 공중위생관리법에 규정된 사항으로 옳은 것은?(단, 예외 사항은 제외한다)

① 이·미용사의 업무범위에 관하여 필요한 사항은 보건복지부령으로 정한다.
② 이·미용사의 면허를 가진 자가 아니어도 이·미용업을 개설할 수 있다.
③ 미용사(일반)의 업무범위에는 파마, 아이론, 면도, 머리피부 손질, 피부미용 등이 포함된다.
④ 일정한 수련과정을 거친 자는 면허가 없어도 이용 또는 미용업무에 종사할 수 있다.

> ② 이·미용사의 면허를 가진 자에 한해 이·미용업을 개설할 수 있다.
> ③ 아이론, 면도는 이용사의 업무범위에 해당하며, 피부미용은 미용사(피부)의 업무범위에 해당한다.
> ④ 면허가 없으면 이용 또는 미용업무에 종사할 수 없다.

25 이·미용업소의 폐쇄명령을 받고도 계속하여 영업을 하는 때 관계공무원이 취할 수 있는 조치로 틀린 것은?

① 당해 영업소의 간판 기타 영업표지물의 제거
② 영업을 위하여 필수불가결한 기구 또는 시설물을 사용할 수 없게 하는 봉인
③ 당해 영업소가 위법한 영업소임을 알리는 게시물 등의 부착
④ 당해 영업소 시설 등의 개선명령

26 영업소 외의 장소에서 이·미용 업무를 행할 수 있는 경우에 해당하지 않는 것은?

① 질병이나 그 밖의 사유로 영업소에 나올 수 없는 자에 대하여 이·미용을 하는 경우

② 혼례나 그 밖의 의식에 참여하는 자에 대하여 그 의식 직전에 이·미용을 하는 경우

③ 방송 등의 촬영에 참여하는 사람에 대하여 그 촬영 직전에 이·미용을 하는 경우

④ 특별한 사정이 있다고 사회복지사가 인정하는 경우

27 시청·군수·구청장이 영업정지가 이용자에게 심한 불편을 주거나 그 밖에 공익을 해할 우려가 있는 경우에 영업정지처분에 갈음한 과징금을 부과할 수 있는 금액기준은? (단, 예외의 경우는 제외한다)

① 1천만원 이하

② 2천만원 이하

③ 1억원 이하

④ 4천만원 이하

28 이·미용업 영업자가 지켜야 하는 사항으로 옳은 것은?

① 부작용이 없는 의약품을 사용하여 순수한 화장과 피부미용을 하여야 한다.

② 이·미용기구는 소독하여야 하며 소독하지 않은 기구와 함께 보관하는 때에는 반드시 소독한 기

구라고 표시하여야 한다.

③ 1회용 면도날은 사용 후 정해진 소독기준과 방법에 따라 소독하여 재사용하여야 한다.

④ 이·미용업 개설자의 면허증 원본을 영업소 안에 게시하여야 한다.

29 비누에 대한 설명으로 틀린 것은?

① 비누의 세정작용은 비누 수용액이 오염과 피부 사이에 침투하여 부착을 약화시켜 떨어지기 쉽게 하는 것이다.

② 거품이 풍성하고 잘 헹구어져야 한다.

③ pH가 중성인 비누는 세정작용뿐만 아니라 살균·소독효과가 뛰어나다.

④ 메디케이티드(medicated) 비누는 소염제를 배합한 제품으로 여드름, 면도 상처 및 피부 거칠음을 방지하는 효과가 있다.

30 자외선차단 방법 중 자외선을 흡수시켜 소멸시키는 자외선 흡수제가 아닌 것은?

① 이산화티탄

② 신나메이트

③ 벤조페논

④ 살리실레이트

31 미백 화장품의 기능으로 틀린 것은?

① 각질세포의 탈락을 유도하여 멜라닌 색소 제거

② 티로시나아제를 활성하여 도파(DOPA) 산화 억제

③ 자외선 차단 성분이 자외선 흡수 방지

④ 멜라닌 합성과 확산을 억제

32 캐리어 오일(carrier oil)이 아닌 것은?

① 라벤더 에센셜 오일
② 호호바 오일
③ 아몬드 오일
④ 아보카도 오일

> 캐리어 오일은 아로마 오일을 피부에 효과적으로 침투시키기 위해 사용하는 식물성 오일을 말하는데, 호호바 오일, 아보카도 오일, 아몬드 오일, 윗점 오일 등이 있다.

33 기초화장품에 대한 내용으로 틀린 것은?

① 기초화장품이란 피부의 기능을 정상적으로 발휘하도록 도와주는 역할을 한다.
② 기초화장품의 가장 중요한 기능은 각질층을 충분히 보습시키는 것이다.
③ 마사지 크림은 기초화장품에 해당하지 않는다.
④ 화장수의 기본기능으로 각질층에 수분, 보습성분을 공급하는 것이 있다.

> 마사지 크림은 피부 정돈 기능을 하는 기초화장품이다.

34 자외선 차단제에 관한 설명으로 틀린 것은?

① 자외선 차단제는 SPF(Sun Protect Factor)의 지수가 표기되어 있다.
② SPF(Sun Protect Factor)는 수치가 낮을수록 자외선 차단지수가 높다.
③ 자외선 차단제의 효과는 피부의 멜라닌 양과 자외선에 대한 민감도에 따라 달라질 수 있다.
④ 자외선 차단지수는 제품을 사용했을 때 홍반을 일으키는 자외선의 양을, 제품을 사용하지 않았을 때 홍반을 일으키는 자외선의 양으로 나눈 값이다.

> SPF는 수치가 높을수록 자외선 차단지수가 높다.

35 여드름 관리에 효과적인 화장품 성분은?

① 유황(Sulfur)
② 하이드로퀴논(Hydroquinone)
③ 코직산(Kojic acid)
④ 알부틴(Arbutin)

> 하이드로퀴논, 코직산, 알부틴 모두 미백 기능을 하는 성분이다.

36 메이크업 도구의 세척 방법이 바르게 연결된 것은?

① 립 브러시 – 브러시 클리너 또는 클렌징 크림으로 세척한다.
② 라텍스 스펀지 – 뜨거운 물로 세척, 햇빛에 건조한다.
③ 아이섀도 브러시 – 클렌징 크림이나 클렌징 오일로 세척한다.
④ 팬 브러시 – 브러시 클리너로 세척 후 세워서 건조한다.

> **브러시 세척 방법**
> 미지근한 물에 샴푸나 비누를 풀어서 가볍게 문지르듯 빨아주고, 브러시 끝을 가지런히 모아서 마른 타월로 물기를 제거한 후 그늘에 뉘어서 모양이 흐트러지지 않게 말린다.

37 눈썹을 빗어주거나 마스카라 후 뭉친 속눈썹을 정돈할 때 사용하면 편리한 브러시는?

① 팬 브러시　　　　② 스크루 브러시
③ 노즈 섀도 브러시　④ 아이라이너 브러시

> ① 팬 브러시 : 얼굴에 묻은 파우더 가루를 털어낼 때 사용하는 브러시
> ③ 노즈 섀도 브러시 : 코벽에 셰이딩을 줄 때 사용하는 브러시
> ④ 아이라이너 브러시 : 눈매를 선명하게 그려줄 때 사용하는 브러시

38 긴 얼굴형의 화장법으로 옳은 것은?

① 턱에 하이라이트를 처리한다.
② T존에 하이라이트를 길게 넣어준다.
③ 이마 양옆에 셰이딩을 넣어 얼굴 폭을 감소시킨다.
④ 블러셔는 눈밑 방향으로 가로로 길게 처리한다.

> **긴 얼굴형의 화장법**
> • 하이라이트 : 양 볼에 하이라이트를 넣어 길어 보이는 얼굴형을 커버한다.
> • 셰이딩 : 이마와 턱쪽에 셰이딩을 넣어 긴 느낌을 보완시켜 준다.

39 먼셀의 색상환표에서 가장 먼 거리를 두고 서로 마주보는 관계의 색채를 의미하는 것은?

① 한색　　　　　② 난색
③ 보색　　　　　④ 잔여색

> 색상환표에서 서로 마주보는 관계의 색을 보색이라 한다.

40 기미, 주근깨 등의 피부결점이나 눈밑 그늘에 발라 커버하는 데 사용하는 제품은?

① 스틱 파운데이션　　② 투웨이 케이크
③ 스킨 커버　　　　　④ 컨실러

기미, 주근깨 등의 피부결점을 커버할 때 사용하는 제품은 컨실러이다.

41 다음 중 컬러 파우더의 색상 선택과 활용법의 연결이 가장 거리가 먼 것은?

① 퍼플 : 노란 피부를 중화시켜 화사한 피부 표현에 적합하다.
② 핑크 : 볼에 붉은 기가 있는 경우 더욱 잘 어울린다.
③ 그린 : 붉은 기를 줄여준다.
④ 브라운 : 자연스러운 셰이딩 효과가 있다.

핑크색 파우더는 창백한 피부에 혈색을 부여하고자 할 때 사용한다.

42 색에 대한 설명으로 틀린 것은?

① 흰색, 회색, 검정 등 색감이 없는 계열의 색을 통틀어 무채색이라고 한다.
② 색의 순도는 색의 탁하고 선명한 강약의 정도를 나타낸 명도를 의미한다.
③ 인간이 분류할 수 있는 색의 수는 개인적인 차이는 존재하지만 대략 750만 가지 정도이다.
④ 색의 강약을 채도라고 하며 눈에 들어오는 빛이 단일 파장으로 이루어진 색일수록 채도가 높다.

색의 탁하고 선명한 강약의 정도를 나타내는 것은 채도이다. 순색에 가까울수록 채도가 높아지며, 다른 색이 섞일수록 채도가 낮아진다.

43 메이크업 미용사의 작업과 관련한 내용으로 가장 거리가 먼 것은?

① 모든 도구와 제품은 청결히 준비하도록 한다.
② 마스카라나 아이라인 작업 시 입으로 불어 신속히 마르게 도와준다.
③ 고객의 신체에 힘을 주거나 누르지 않도록 주의한다.
④ 고객의 옷에 화장품이 묻지 않도록 가운을 입혀준다.

입으로 부는 행위는 위생상 좋지 않기 때문에 삼가도록 한다.

44 얼굴의 윤곽 수정과 관련한 설명으로 틀린 것은?

① 색의 명암 차이를 이용해 얼굴에 입체감을 부여하는 메이크업 방법이다.
② 하이라이트 표현은 1~2톤 밝은 파운데이션을 사용한다.
③ 셰이딩 표현은 1~2톤 어두운 브라운색 파운데이션을 사용한다.
④ 하이라이트 부분은 돌출되어 보이도록 베이스 컬러와의 경계선을 잘 만들어 준다.

하이라이트 부분은 베이스 컬러와 경계선이 생기지 않도록 그라데이션을 잘 표현해 주도록 한다.

45 메이크업 색과 조명에 관한 설명으로 틀린 것은?

① 메이크업의 완성도를 높이는 데는 자연광선이 가장 이상적이다.
② 조명에 의해 색이 달라지는 현상은 저채도 색보다는 고채도 색에서 잘 일어난다.
③ 백열등은 장파장 계열로 사물의 붉은색을 증가시키는 효과가 있다.
④ 형광등은 보라색과 녹색의 파장 부분이 강해 사물을 시원하게 보이는 효과가 있다.

조명에 의해 색이 달라지는 현상은 고채도 색보다는 저채도 색에서 잘 일어난다.

46 메이크업 미용사의 자세로 가장 거리가 먼 것은?

① 고객의 연령, 직업, 얼굴모양 등을 살펴 표현해 주는 것이 중요하다.
② 시대의 트렌드를 대변하고 전문인으로서의 자세를 취해야 한다.
③ 공중위생을 철저히 지켜야 한다.
④ 고객에게 메이크업 미용사의 개성을 적극 권유한다.

미용사의 개성을 표현하기보다는 고객의 연령, 직업, 얼굴모양 등을 고려하여 권유하도록 한다.

47 눈썹의 종류에 따른 메이크업의 이미지를 연결한 것으로 틀린 것은?

① 짙은 색상 눈썹 - 고전적인 레트로 메이크업
② 긴 눈썹 - 성숙한 가을 이미지 메이크업
③ 각진 눈썹 - 사랑스런 로맨틱 메이크업
④ 엷은 색상 눈썹 - 여성스러운 엘레강스 메이크업

> 각진 눈썹은 세련미와 지적 이미지의 메이크업을 나타낸다.

48 메이크업 도구에 대한 설명으로 가장 거리가 먼 것은?

① 스펀지 퍼프를 이용해 파운데이션을 바를 때에는 손에 힘을 빼고 사용하는 것이 좋다.
② 팬 브러시는 부채꼴 모양으로 생긴 브러시로 아이섀도를 바를 때 넓은 면적을 한 번에 바를 수 있는 장점이 있다.
③ 아이래시 컬(Eyelash curler)은 속눈썹에 자연스러운 컬을 주어 속눈썹을 올려주는 기구이다.
④ 스크루 브러시는 눈썹을 그리기 전에 눈썹을 정리해주고 짙게 그려진 눈썹을 부드럽게 수정할 때 사용할 수 있다.

> 팬 브러시는 세심하고 좁은 부위에 묻은 파우더나 아이섀도를 털어낼 때 사용하는 브러시이다.

49 봄 메이크업의 컬러 조합으로 가장 적합한 것은?

① 흰색, 파랑, 핑크 계열
② 겨자색, 별독색, 갈색 계열
③ 옐로, 오렌지, 그린 계열
④ 자주색, 핑크, 진보라 계열

> 봄 메이크업은 옐로, 오렌지, 그린 계열의 컬러가 어울린다.

50 아이브로 화장 시 우아하고 성숙한 느낌과 세련미를 표현하고자 할 때 가장 잘 어울릴 수 있는 것은?

① 회색 아이브러 펜슬
② 검정색 아이섀도
③ 갈색 아이브로 섀도
④ 에보니 펜슬

> 우아하고 성숙한 느낌과 세련미를 표현하고자 할 때는 갈색 아이브로 섀도를 사용한다.

51 아이브로 메이크업의 효과와 가장 거리가 먼 것은?

① 인상을 자유롭게 표현할 수 있다.
② 얼굴의 표정을 변화시킨다.
③ 얼굴형을 보완할 수 있다.
④ 얼굴에 입체감을 부여해 준다.

> 셰이딩과 하이라이트를 통해 얼굴에 입체감을 부여할 수 있다.

52 다음에서 설명하는 메이크업이 가장 잘 어울리는 계절은?

【보기】
강렬하고 이지적인 이미지가 느껴지도록 심플하고 단아한 스타일이나 콘트라스트가 강한 색상과 밝은 색상을 사용하는 것이 좋다.

① 봄   ② 여름
③ 가을   ④ 겨울

> 심플하고 단아한 스타일이나 콘트라스트가 강한 색상과 밝은 색상은 4계절 중 겨울에 적합한 메이크업이다.

53 아이섀도의 종류와 그 특징을 연결한 것으로 가장 거리가 먼 것은?

① 펜슬 타입 : 발색이 우수하고 사용하기 편리하다.
② 파우더 타입 : 펄이 섞인 제품이 많으며 하이라이트 표현이 용이하다.
③ 크림 타입 : 유분기가 많고 촉촉하며 발색도가 선명하다.
④ 케이크 타입 : 그라데이션이 어렵고 색상이 뭉칠 우려가 있다.

> 케이크 타입의 아이섀도는 방수성과 내수성, 지속력이 대단히 우수하여 장시간 흐트러짐이 없는 제품이다.

54 얼굴형과 그에 따른 이미지의 연결이 가장 적절한 것은?

① 둥근형 - 성숙한 이미지
② 긴형 - 귀여운 이미지
③ 사각형 - 여성스러운 이미지
④ 역삼각형 - 날카로운 이미지

> ① 둥근형 - 귀여운 이미지
> ② 긴형 - 성숙한 이미지
> ③ 사각형 - 남성적이고 활동적인 이미지

55 얼굴의 골격 중 얼굴형을 결정짓는 가장 중요한 요소가 되는 것은?

① 위턱뼈(상악골)
② 아래턱뼈(하악골)
③ 코뼈(비골)
④ 관자뼈(측두골)

얼굴의 골격 중 얼굴형을 결정짓는 가장 중요한 부분은 아래턱뼈이다.

56 한복 메이크업 시 유의하여야 할 내용으로 옳은 것은?

① 눈썹을 아치형으로 그려 우아해 보이도록 표현한다.
② 피부는 한 톤 어둡게 표현하여 자연스러운 피부톤을 연출하도록 한다.
③ 한복의 화려한 색상과 어울리는 강한 색조를 사용하여 조화롭게 보이도록 한다.
④ 입술의 구각을 정확히 맞추어 그리는 것보다는 아웃커브로 그려 여유롭게 표현하는 것이 좋다.

② 피부는 밝고 화사한 느낌이 들도록 한다.
③ 한복의 색상과 조화를 이룰 수 있는 색을 두 가지 정도의 톤으로 선택하여 너무 화려하지 않게 표현한다.
④ 입술은 새도 색상과 조화롭게 바르며 라인은 아웃커브보다는 윗입술을 인커브로, 아랫입술은 표준형으로 그려준다.

57 여름 메이크업에 대한 설명으로 가장 거리가 먼 것은?

① 시원하고 상쾌한 느낌이 들도록 표현한다.
② 난색 계열을 사용해 따뜻한 느낌을 표현한다.
③ 구릿빛 피부 표현을 위해 오렌지색 메이크업 베이스를 사용한다.
④ 방수 효과를 지닌 제품을 사용하는 것이 좋다.

여름철은 시원한 청량감을 줄 수 있는 메이크업으로 표현한다.

58 미국의 색채학자 파버 비렌이 탁색계를 '톤(Tone)'이라고 부르고 있었던 것에서 유래한 배색 기법은?

① 까마이외(Camaieu) 배색
② 토널(Tonal) 배색
③ 트리콜로레(Tricolore) 배색
④ 톤온톤(Tone on tone) 배색

파버 비렌이 탁색계를 '톤(Tone)'이라고 부르고 있었던 것에서 유래한 배색기법은 토널 배색이다.

59 메이크업의 정의와 가장 거리가 먼 것은?

① 화장품과 도구를 사용한 아름다움의 표현방법이다.
② '분장'의 의미를 가지고 있다.
③ 색상으로 외형적인 아름다움을 나타낸다.
④ 의료기기나 의약품을 사용한 눈썹 손질을 포함한다.

메이크업은 의료기기나 의약품을 사용하지 않는 눈썹 손질을 포함한다.

60 파운데이션의 종류와 그 기능에 대한 설명으로 가장 거리가 먼 것은?

① 크림 파운데이션은 보습력과 커버력이 우수하여 짙은 메이크업을 할 때나 건조한 피부에 적합하다.
② 리퀴드 타입은 부드럽고 쉽게 퍼지며 자연스러운 화장을 원할 때 적합하다.
③ 트윈 케이크 타입은 커버력이 우수하고 땀과 물에 강하여 지속력을 요하는 메이크업에 적합하다.
④ 고형스틱 타입의 파운데이션은 커버력은 약하지만 사용이 간편해져 스피드한 메이크업에 적합하다.

고형스틱 타입의 파운데이션은 완벽한 커버력으로 주로 분장용의 메이크업에 적합하다.

2016년 수시 2회 정답

01 ①	02 ②	03 ④	04 ③	05 ③
06 ④	07 ②	08 ②	09 ③	10 ④
11 ④	12 ④	13 ③	14 ②	15 ③
16 ②	17 ②	18 ①	19 ①	20 ④
21 ②	22 ②	23 ③	24 ①	25 ②
26 ④	27 ④	28 ④	29 ③	30 ①
31 ②	32 ①	33 ③	34 ②	35 ①
36 ①	37 ②	38 ④	39 ④	40 ④
41 ②	42 ②	43 ②	44 ④	45 ②
46 ④	47 ②	48 ②	49 ③	50 ④
51 ④	52 ②	53 ④	54 ④	55 ②
56 ①	57 ②	58 ②	59 ④	60 ④

2016년 수시 3회 기출문제

▶ 정답 : 453쪽

01 18세기 말 "인구는 기하급수적으로 늘고 생산은 산술급수적으로 늘기 때문에 체계적인 인구조절이 필요하다"라고 주장한 사람은?

① 프랜시스 플레이스
② 에드워드 윈슬로우
③ 토마스 R. 말더스
④ 포베르토 코흐

18세기 영국의 통계학자이자 경제학자인 토마스 R. 말더스는 그의 저서 〈인구론〉에서 "인구는 기하급수적으로 늘고 생산은 산술급수적으로 늘기 때문에 체계적인 인구조절이 필요하다"라고 주장했다.

02 제1급 감염병에 해당하는 것은?

① 파상풍, 말라리아　　② 결핵, 수두
③ 홍역, 콜레라　　④ 페스트, 탄저

① : 제3급 감염병, ②, ③ : 제2급 감염병

03 장염비브리오 식중독의 설명으로 가장 거리가 먼 것은?

① 원인균은 보균자의 분변이 주원인이다.
② 복통, 설사, 구토 등이 생기며 발열이 있고, 2~3일이면 회복된다.
③ 예방은 저온저장, 조리기구 · 손 등의 살균을 통해서 할 수 있다.
④ 여름철에 집중적으로 발생한다.

장염비브리오 식중독은 여름철 어패류 생식, 오염 어패류에 접촉한 도마, 식칼, 행주 등에 의한 2차 감염이 주요 원인이다.

04 이·미용사의 위생복을 흰색으로 하는 것이 좋은 주된 이유는?

① 오염된 상태를 가장 쉽게 발견할 수 있다.
② 가격이 비교적 저렴하다.
③ 미관상 가장 보기가 좋다.
④ 열 교환이 가장 잘 된다.

위생복은 이 · 미용 작업 중 이물질 등으로부터 오염되는 상태를 쉽게 확인할 수 있기 때문에 흰색을 사용한다.

05 보건행정에 대한 설명으로 가장 적합한 것은?

① 공중보건의 목적을 달성하기 위해 공공의 책임하에 수행하는 행정활동
② 개인보건의 목적을 달성하기 위해 공공의 책임하에 수행하는 행정활동
③ 국가 간의 질병교류를 막기 위해 공공의 책임하에 수행하는 행정활동
④ 공중보건의 목적을 달성하기 위해 개인의 책임하에 수행하는 행정활동

보건행정이란 공중보건의 목적(수명연장, 질병예방, 신체적 · 정신적 건강 증진)을 달성하기 위해 공공의 책임하에 수행하는 행정활동을 말한다.

06 모기가 매개하는 감염병이 아닌 것은?

① 일본뇌염　　② 콜레라
③ 말라리아　　④ 사상충증

콜레라는 모기에 의해 매개되지 않으며, 파리, 바퀴벌레 등에 매개되는 감염병이다.

07 대기오염 방지 목표와 연관성이 가장 적은 것은?

① 경제적 손실 방지
② 직업병의 발생 방지
③ 자연환경의 악화 방지
④ 생태계 파괴 방지

대기오염을 방지하는 것은 직업병 발생과는 거리가 멀다.

08 다음 중 식기류 소독에 가장 적당한 것은?

① 30% 알코올
② 역성비누액
③ 40℃의 온수
④ 염소

역성비누는 양이온 계면활성제의 일종으로 세정력은 거의 없으며 살균작용이 강한 특징을 가진 소독제로 식기류, 기구 소독 및 손소독에 효과적이다.

09 살균력과 침투성은 약하지만 자극이 없고 발포 작용에 의해 구강이나 상처소독에 주로 사용되는 소독제는?

① 페놀
② 염소
③ 과산화수소수
④ 알코올

> 소독제로 사용되는 과산화수소는 3%의 수용액을 사용하며, 피부의 상처 부위나 구내염, 인두염 및 구강세척제 등에 사용된다.

10 세균증식 시 높은 염도를 필요로 하는 호염성 (halo-philic)에 속하는 것은?

① 콜레라
② 장티푸스
③ 장염비브리오
④ 이질

> 장염비브리오균은 식중독을 일으키는 주요 원인균으로 염분이 높은 환경에서도 잘 자라는 호염성 세균이다.

11 소독방법에서 고려되어야 할 사항으로 가장 거리가 먼 것은?

① 소독대상물의 성질
② 병원체의 저항력
③ 병원체의 아포 형성 유무
④ 소독 대상물의 그람 염색 유무

> 그람 염색은 세균 염색법의 하나로 항생제의 선택에 중요한 지표가 되는데, 소독 방법을 선택하는 데 있어 고려되어야 할 사항은 아니다.

12 병원체의 병원소 탈출 경로와 가장 거리가 먼 것은?

① 호흡기로부터 탈출
② 소화기 계통으로 탈출
③ 비뇨생식기 계통으로 탈출
④ 수질 계통으로 탈출

> 병원소로부터의 병원체 탈출은 호흡기계, 소화기계, 비뇨기계, 신체 표면의 상처 등의 경로를 통해 이루어진다.

13 따뜻한 물에 중성세제로 잘 씻은 후 물기를 뺀 다음 70% 알코올에 20분 이상 담그는 소독법으로 가장 적합한 것은?

① 유리제품
② 고무제품
③ 금속제품
④ 비닐제품

> 유리제품은 따뜻한 물에 중성세제로 잘 씻은 후 물기를 뺀 다음 70% 알코올에 20분 이상 담가 소독하면 효과적이다.

14 병원성 미생물의 발육을 정지시키는 것은?

① 희석
② 방부
③ 정균
④ 여과

> 방부란 병원성 미생물의 발육을 저지 또는 정지시켜 부패나 발효를 방지하는 방법을 말한다.

15 계란 모양의 핵을 가진 세포들이 일렬로 밀접하게 정렬되어 있는 한 개의 층으로 새로운 세포 형성이 가능한 층은?

① 각질층
② 기저층
③ 유극층
④ 망상층

> 기저층은 표피의 가장 아래층에 해당되며, 새로운 세포가 형성되는 층이다.

16 피부의 과색소 침착 증상이 아닌 것은?

① 기미
② 백반증
③ 주근깨
④ 검버섯

> 백반증은 색소 결핍 피부질환이다.

17 정상적인 피부의 pH 범위는?

① pH 3~4
② pH 6.5~8.5
③ pH 4.5~6.5
④ pH 7~9

> 정상적인 피부의 pH 범위는 pH 4.5~6.5이다.

18 적외선이 피부에 미치는 영향으로 가장 거리가 먼 것은?

① 온열효과가 있다.
② 혈액순환, 개선에 도움을 준다.
③ 피부건조화, 주름 형성, 피부탄력 감소를 유발한다.
④ 피지선과 한선의 기능을 활성화하여 피부 노폐물 배출에 도움을 준다.

> 적외선은 피부건조화, 주름 형성, 피부탄력 감소와는 거리가 멀다.

chapter **06**

19 식후 12~16시간 경과되어 정신적, 육체적으로 아무것도 하지 않고 가장 안락한 자세로 조용히 누워있을 때 생명을 유지하는 데 소요되는 최소한의 열량을 의미하는 것은?

① 순환대사량
② 기초대사량
③ 활동대사량
④ 상대대사량

> 기초대사량은 생물체가 생명을 유지하는 데 소요되는 최소한의 열량을 의미한다.

20 비듬이 생기는 원인과 관계없는 것은?

① 신진대사가 계속적으로 나쁠 때
② 탈지력이 강한 샴푸를 계속 사용할 때
③ 염색 후 두피가 손상되었을 때
④ 샴푸 후 린스를 하였을 때

> 비듬은 린스 사용과는 거리가 멀다.

21 피부 노화의 이론과 가장 거리가 먼 것은?

① 셀룰라이트 형성
② 프리래디컬 이론
③ 노화의 프로그램설
④ 텔로미어 학설

> 피부 노화이론에는 프리래디컬 이론, 노화의 프로그램설, 텔로미어 학설 등이 있으며, 셀룰라이트 형성은 피부 노화 이론과 거리가 멀다.

22 이·미용업을 하고자 하는 자가 하여야 하는 절차는?

① 시장·군수·구청장에게 신고한다.
② 시장·군수·구청장에게 통보한다.
③ 시장·군수·구청장의 허가를 얻는다.
④ 시·도지사의 허가를 얻는다.

> 이·미용업을 하고자 하는 자는 시장·군수·구청장에게 신고를 해야 한다.

23 건전한 영업질서를 위하여 공중위생영업자가 준수하여야 할 사항을 준수하지 아니한 자에 대한 벌칙기준은?

① 1년 이하의 징역 또는 1천만원 이하의 벌금
② 6월 이하의 징역 또는 500만원 이하의 벌금
③ 3월 이하의 징역 또는 300만원 이하의 벌금
④ 300만원 과태료

> 건전한 영업질서를 위하여 공중위생영업자가 준수하여야 할 사항을 준수하지 아니한 자는 6월 이하의 징역 또는 500만원 이하의 벌금에 처한다.

24 면허가 취소된 자는 누구에게 면허증을 반납하여야 하는가?

① 보건복지부장관
② 시·도지사
③ 시장·군수·구청장
④ 읍·면장

> 미용사 면허가 취소된 경우 시장·군수·구청장에게 면허증을 반납해야 한다.

25 이·미용영업소에서 영업정지 처분을 받고 그 정지 기간 중에 영업을 한 때의 1차 위반 행정처분 내용은?

① 영업정지 1월　　② 영업정지 2월
③ 영업정지 3월　　④ 영업장 폐쇄명령

> 이·미용영업소에서 영업정지 처분을 받고 그 정지 기간 중에 영업을 한 때의 1차 위반 행정처분은 영업장 폐쇄명령이다.

26 영업자의 위생관리 의무가 아닌 것은?

① 영업소에서 사용하는 기구를 소독한 것과 소독하지 아니한 것을 분리 보관한다.
② 영업소에서 사용하는 1회용 면도날은 손님 1인에 한하여 사용한다.
③ 자격증을 영업소 안에 게시한다.
④ 면허증을 영업소 안에 게시한다.

> 영업소 내에 게시해야 하는 것은 미용업 신고증, 개설자의 면허증 원본, 최종지불요금표이다.

27 의료법 위반으로 영업장 폐쇄명령을 받은 이·미용업 영업자는 얼마의 기간 동안 같은 종류의 영업을 할 수 없는가?

① 2년　　　　　　② 1년
③ 6개월　　　　　④ 3개월

의료법 위반으로 영업장 폐쇄명령을 받은 이·미용업 영업자는 폐쇄명령을 받은 후 1년 경과 후 같은 종류의 영업이 가능하다.

28 공중위생관리법규상 위생관리등급의 구분이 바르게 짝지어진 것은?

① 최우수업소 : 녹색등급
② 우수업소 : 백색등급
③ 일반관리대상 업소 : 황색등급
④ 관리미흡대상 업소 : 적색등급

위생관리등급의 구분	
최우수업소	녹색등급
우수업소	황색등급
일반관리대상 업소	백색등급

29 유연화장수의 작용으로 가장 거리가 먼 것은?

① 피부에 보습을 주고 윤택하게 해준다.
② 피부에 남아있는 비누의 알칼리 성분을 중화시킨다.
③ 각질층에 수분을 공급해준다.
④ 피부의 모공을 넓혀준다.

유연화장수는 피부에 수분을 공급하고 피부를 유연하게 해주는 기능을 하는데, 피부의 모공을 넓혀주는 것은 아니다.

30 크림 파운데이션에 대한 설명 중 가장 적합한 것은?

① 얼굴의 형태를 바꾸어 준다.
② 피부의 잡티나 결점을 커버해 주는 목적으로 사용된다.
③ O/W 형은 W/O형에 비해 비교적 사용감이 무겁고 퍼짐성이 낮다.
④ 화장 시 산뜻하고 청량감이 있으나 커버력이 약하다.

크림 파운데이션은 가장 대중적인 타입으로 보습력과 커버력이 우수하여 피부의 잡티나 결점을 커버해 주는 목적으로 사용된다.

31 피지조절, 항 우울과 함께 분만 촉진에 효과적인 아로마 오일은?

① 라벤더　　　　　② 로즈마리
③ 자스민　　　　　④ 오렌지

피지조절, 항 우울과 함께 분만 촉진에 효과적인 아로마 오일은 자스민이다.

32 피부 클렌저(cleanser)로 사용하기에 적합하지 않은 것은?

① 강알칼리성 비누
② 약산성 비누
③ 탈지를 방지하는 클렌징 제품
④ 보습효과를 주는 클렌징 제품

강알칼리성 비누는 피부 클렌징에는 적합하지 않다.

33 가용화(solubilization) 기술을 적용하여 만들어진 것은?

① 마스카라　　　　② 향수
③ 립스틱　　　　　④ 크림

가용화는 물에 소량의 오일 성분이 계면활성제에 의해 투명하게 용해되어 있는 상태를 말하며 화장수, 에센스, 향수 등이 이 가용화 기술을 적용해 만들어진다.

34 미백 화장품에 사용되는 대표적인 미백 성분은?

① 레티노이드(retinoid)
② 알부틴(arbutin)
③ 라놀린(lanolin)
④ 토코페롤 아세테이트(tocopherol acetate)

알부틴, 코직산, 닥나무 추출물 등이 피부 미백제로 사용된다.

35 진피층에도 함유되어 있으며 보습기능으로 피부관리 제품에 사용되어지는 성분은?

① 알코올(alcohol)
② 콜라겐(collagen)
③ 판테놀(panthenol)
④ 글리세린(glycerine)

진피층에도 함유되어 있으며 보습기능으로 피부관리 제품에 사용되는 것은 콜라겐이다.

36 눈의 형태에 따른 아이섀도 기법으로 틀린 것은?

① 부은 눈 : 펄 감이 없는 브라운이나 그레이 컬러로 아이 홀을 중심으로 넓지 않게 펴 바른다.

② 처진 눈 : 포인트 컬러를 눈꼬리 부분에서 사선 방향으로 올려주고, 언더컬러는 사용하지 않는다.

③ 올라간 눈 : 눈 앞머리 부분에 짙은 컬러를 바르고 눈 중앙에서 꼬리까지 엷은 색을 발라주며, 언더부분은 넓게 펴 바른다.

④ 작은 눈 : 눈두덩이 중앙에 밝은 컬러로 하이라이트를 하며 눈앞머리에 포인트를 주고, 아이라인은 그리지 않는다.

> 작은 눈의 경우 자연스러운 음영을 주어 눈을 좀더 깊이 있고 크게 보이도록 표현하는 것이 중요한데, 가로 터치법을 이용하여 파스텔 브라운이나 내추럴 그레이를 위쪽으로 자연스럽게 전체적으로 그라데이션을 해준다.

37 아이섀도를 바를 때 눈밑에 떨어진 가루나 과다한 파우더를 털어내는 도구로 가장 적절한 것은?

① 파우더 퍼프　　② 파우더 브러시
③ 팬 브러시　　　④ 블러셔 브러시

> 아이섀도를 바를 때 눈밑에 떨어진 가루나 과다한 파우더를 털어내는 도구로 사용되는 브러시는 팬 브러시이다.

38 눈썹을 그리기 전, 후 자연스럽게 눈썹을 빗어주는 나사 모양의 브러시는?

① 립 브러시　　　② 팬 브러시
③ 스크루 브러시　④ 파우더 브러시

> 스크루 브러시는 눈썹을 그리기 전이나 후에 눈썹을 빗어주는 나사 모양의 브러시를 말한다.

39 각 눈썹 형태에 따른 이미지와 그에 알맞은 얼굴형의 연결이 가장 적합한 것은?

① 상승형 눈썹 - 동적이고 시원한 느낌 - 둥근형
② 아치형 눈썹 - 우아하고 여성적인 느낌 - 삼각형
③ 각진형 눈썹 - 지적이며 단정하고 세련된 느낌 - 긴형, 장방형
④ 수평형 눈썹 - 젊고 활동적인 느낌 - 둥근형, 얼굴길이가 짧은 형

> 아치형 눈썹은 역삼각형의 얼굴에 적합하고, 긴 얼굴형에는 직선형의 눈썹이 적당하며, 둥근형의 얼굴에는 상승형 눈썹이 적당하다.

40 색의 배색과 그에 따른 이미지를 연결한 것으로 옳은 것은?

① 액센트 배색 - 부드럽고 차분한 느낌
② 동일색 배색 - 무난하면서 온화한 느낌
③ 유사색 배색 - 강하고 생동감 있는 느낌
④ 그라데이션 배색 - 개성 있고 아방가르드한 느낌

> ① 액센트 배색 - 단조로운 배색에 작은 면적의 대조색을 배색하여 생기와 포인트를 주는 배색
> ③ 유사색 배색 - 정적이면서 무난한 느낌
> ④ 그라데이션 배색 - 단계적인 변화를 주는 배색 방법으로 편안하고 안정적인 느낌

41 뷰티메이크업과 관련한 내용으로 가장 거리가 먼 것은?

① 눈썹, 아이섀도, 입술 메이크업 시 고객의 부족한 면을 보완하여 균형 잡힌 얼굴로 표현한다.
② 메이크업은 색상, 명도, 채도 등을 고려하여 고객의 상황에 맞는 컬러를 선택하도록 한다.
③ 사람은 대부분 얼굴의 좌우가 다르므로 자연스러운 메이크업을 위해 최대한 생김새를 그대로 표현하여 생동감을 준다.
④ 의상, 헤어, 분위기 등의 전체적인 이미지 조화를 고려하여 메이크업한다.

42 계절별 화장법으로 가장 거리가 먼 것은?

① 봄 메이크업 : 투명한 피부표현을 위해 리퀴드 파운데이션을 사용하며, 눈썹과 아이섀도를 자연스럽게 표현한다.
② 여름 메이크업 : 콘트라스트가 강한 색상으로 선을 강조하고 베이지 컬러의 파우더로 피부를 매트하게 표현한다.
③ 가을 메이크업 : 아이메이크업 시, 저채도의 베이지, 브라운 컬러를 사용하여 그윽하고 깊은 눈매를 연출한다.
④ 겨울 메이크업 : 전체적으로 깨끗하고 심플한 이미지를 표현하고, 립은 레드나 와인 계열 등의 컬러를 바른다.

> 콘트라스트가 강한 색상은 여름 메이크업에 어울리지 않으며, 두껍지 않은 가벼운 느낌의 메이크업이 적합하다.

43 사각형 얼굴의 수정 메이크업 방법으로 틀린 것은?

① 이마의 각진 부위와 튀어나온 턱뼈 부위에 어두운 파운데이션을 발라서 갸름하게 보이게 한다.

② 눈썹은 각진 얼굴형과 어울리도록 시원하게 아치형으로 그려준다.

③ 일자형 눈썹과 길게 뺀 아이라인으로 포인트 메이크업하는 것이 효과적이다.

④ 입술 모양은 곡선의 형태로 부드럽게 표현한다.

사각형 얼굴은 일 자형 눈썹이 아니라 아치형으로 그려준다.

44 다음에서 설명하는 아이섀도 제품의 타입은?

【보기】
• 장시간 지속효과가 낮다.
• 기온변화로 번들거림이 생기는 단점이 있다.
• 유분이 함유되어 부드럽고 매끄럽게 펴 바를 수 있다.
• 제품도포 후 파우더로 색을 고정시켜 지속력과 색의 선명도를 향상시킬 수 있다.

① 크림 타입
② 펜슬 타입
③ 케이크 타입
④ 파우더 타입

크림 타입의 아이섀도는 유분이 함유된 타입으로 발색도가 선명하고 지속력이 우수한 반면 장시간 지속효과가 낮으며, 번들거림이 생기는 단점이 있는 제품이다.

45 파운데이션을 바르는 방법으로 가장 거리가 먼 것은?

① O존은 피지분비량이 적어 소량의 파운데이션으로 가볍게 바른다.

② V존은 잡티가 많으므로 슬라이딩 기법으로 여러 번 겹쳐 발라 결점을 가려준다.

③ S존은 슬라이딩 기법과 가볍게 두드리는 패팅기법을 병행하여 메이크업의 지속성을 높여준다.

④ 헤어라인은 귀 앞머리 부분까지 라텍스 스펀지에 남아있는 파운데이션을 사용해 슬라이딩 기법으로 발라준다.

기미나 잡티가 있는 부분은 스펀지를 이용하여 패팅하듯 두드려 발라주면 깨끗이 커버가 되고 밀착력을 높일 수 있다.

46 긴 얼굴형에 적합한 눈썹 메이크업으로 가장 적합한 것은?

① 가는 곡선형으로 그린다.

② 눈썹 산이 높은 아치형으로 그린다.

③ 각진 아치형이나 상승형, 사선 형태로 그린다.

④ 다소 두께감이 느껴지는 직선형으로 그린다.

긴 얼굴형은 길어 보이는 얼굴형을 커버하기 위해 눈썹을 직선형으로 그려주는 것이 좋다.

47 조선시대 화장문화에 대한 설명으로 틀린 것은?

① 이중적인 성 윤리관이 화장문화에 영향을 주었다.

② 여염집 여성의 화장과 기생 신분의 여성의 화장이 구분되었다.

③ 영육일치사상의 영향으로 남·여 모두 미(美)에 대한 관심이 높았다.

④ 미인박명(美人薄命) 사상이 문화적 관념으로 자리 잡음으로써 미(美)에 대한 부정적인 인식이 형성되었다.

영육일치사상의 영향으로 남·여 모두 미(美)에 대한 관심이 높았던 시기는 신라시대이다.

48 메이크업 도구 및 재료의 사용법에 대한 설명으로 가장 거리가 먼 것은?

① 브러시는 전용 클리너로 세척하는 것이 좋다.

② 아이래시 컬은 속눈썹을 아름답게 올려줄 때 사용한다.

③ 라텍스 스펀지는 세균이 번식하기 쉬우므로 깨끗한 물로 씻어서 재사용한다.

④ 면봉은 부분 메이크업 또는 메이크업 수정 시 사용한다.

라텍스 스펀지는 천연 생고무를 원료로 만들어지는데, 세척 후에 재사용하기보다는 가위로 잘라서 사용한다.

49 색과 관련한 설명으로 틀린 것은?

① 물체의 색은 빛이 거의 모두 반사되어 보이는 색이 백색, 빛이 모두 흡수되어 보이는 색이 흑색이다.

② 불투명한 물체의 색은 표면의 반사율에 의해 결정된다.

③ 유리잔에 담긴 레드 와인(red wine)은 장파장의 빛은 흡수하고, 그 외의 파장은 투과하여 붉게 보이는 것이다.

④ 장파장은 단파장보다 산란이 잘 되지 않는 특성이 있어 신호등의 빨강색은 흐린 날 멀리서도 식별 가능하다.

레드 와인이 빨갛게 보이는 것은 장파장의 빨간빛이 투과되고 그 외의 파장은 흡수되기 때문이다.

50 한복 메이크업 시 주의사항이 아닌 것은?

① 색조화장은 저고리 깃이나 고름 색상에 맞추는 것이 좋다.

② 너무 강하거나 화려한 색상은 피하는 것이 좋다.

③ 단아한 이미지를 표현하는 것이 좋다.

④ 한복으로 가려진 몸매를 입체적인 얼굴로 표현한다.

입체감 있는 화장은 한복 메이크업에 어울리지 않으며, 한복 메이크업 시에는 화려한 색상을 피하고 단아한 이미지로 표현하는 것이 좋다.

51 같은 물체라도 조명이 다르면 색이 다르게 보이나 시간이 갈수록 원래 물체의 색으로 인지하게 되는 현상은?

① 색의 불변성   ② 색의 항상성

③ 색 지각   ④ 색 검사

조명의 강도가 바뀌어도 물체의 색을 동일하게 지각하는 현상을 색의 항상성이라 한다.

52 사극 수염분장에 필요한 재료가 아닌 것은?

① 스피리트(Spirit gum)   ② 쇠 브러시

③ 생사   ④ 더마 왁스

더마 왁스는 얼굴의 일부분을 변형시키는 특수분장에 주로 사용된다.

53 '톤을 겹친다'라는 의미로 동일한 색상에서 톤의 명도차를 비교적 크게 둔 배색방법은?

① 동일색 배색

② 톤온톤 배색

③ 톤인톤 배색

④ 세퍼레이션 배색

동일한 색상에서 톤의 차이를 두면서 배색하는 방법을 톤온톤이라 한다.

54 메이크업 미용사의 기본적인 용모 및 자세로 가장 거리가 먼 것은?

① 업무 시작 전·후 메이크업 도구와 제품 상태를 점검한다.

② 메이크업 시 위생을 위해 마스크를 항상 착용하고 고객과 직접 대화하지 않는다.

③ 고객을 맞이할 때는 바로 자리에서 일어나 공손히 인사한다.

④ 영업장으로 걸려온 전화를 받을 때는 필기도구를 준비하여 메모를 한다.

55 현대의 메이크업 목적으로 가장 거리가 먼 것은?

① 개성 창출   ② 추위 예방

③ 자기 만족   ④ 결점 보완

메이크업은 추위 예방과는 거리가 멀다.

56 여름철 메이크업으로 가장 거리가 먼 것은?

① 썬탠 메이크업을 베이스 메이크업으로 응용해 건강한 피부 표현을 한다.

② 약간 각진 눈썹형으로 표현하여 시원한 느낌을 살려준다.

③ 눈매를 푸른색으로 강조하는 원 포인트 메이크업을 한다.

④ 크림 파운데이션을 사용하여 피부를 두껍게 커버하고 윤기있게 마무리한다.

여름철은 땀이 많이 나는 계절이므로 두꺼운 화장은 적합하지 않다.

57 메이크업 베이스의 사용 목적으로 틀린 것은?

① 파운데이션의 밀착력을 높여준다.
② 얼굴의 피부톤을 조절한다.
③ 얼굴에 입체감을 부여한다.
④ 파운데이션의 색소 침착을 방지해준다.

> 메이크업 베이스는 파운데이션 및 색조화장으로부터 피부를 보호하고 파운데이션의 밀착력을 높여주고 색소 침착을 방지해주는 등의 기능을 하는데, 입체감을 부여하는 기능은 하지 않는다.

58 긴 얼굴형의 윤곽 수정 표현 방법으로 틀린 것은?

① 콧등 전체에 하이라이트를 주어 입체감 있게 표현한다.
② 눈밑은 폭넓게 수평형의 하이라이트를 준다.
③ 노즈섀도는 짧게 표현해준다.
④ 이마와 아래턱은 셰이딩 처리하여 얼굴의 길이가 짧아보이게 한다.

> 긴 얼굴형은 양 볼에 하이라이트를 주어 길어 보이는 얼굴형을 커버하는 것이 중요하다.

59 눈과 눈 사이가 가까운 눈을 수정하기 위하여 아이섀도 포인트가 들어가야 할 부분으로 옳은 것은?

① 눈앞머리   ② 눈중앙
③ 눈언더라인   ④ 눈꼬리

> 눈과 눈 사이의 간격이 좁은 눈은 눈 앞부분보다는 꼬리 부분에 포인트를 넣어 주어 양쪽 눈끝이 강조되게 함으로써 눈 사이의 간격을 조절한다.

60 컨투어링 메이크업을 위한 얼굴형의 수정방법으로 틀린 것은?

① 둥근형 얼굴 – 양볼 뒤쪽에 어두운 셰이딩을 주고 턱, 콧등에 길게 하이라이트를 한다.
② 긴형 얼굴 – 헤어라인과 턱에 셰이딩을 주고 볼쪽에 하이라이트를 한다.
③ 사각형 얼굴 – T존에 하이라이트를 강조하고 U존에 명도가 높은 블러셔를 한다.
④ 역삼각형 얼굴 – 헤어라인에서 양쪽 이마 끝에 셰이딩을 준다.

> 사각형 얼굴의 경우 양 이마의 각진 부분과 턱끝의 각진 부분을 셰이딩 처리하여 갸름하게 보이도록 표현한다.

2016년 수시 3회 정답

01 ③	02 ④	03 ①	04 ①	05 ①
06 ②	07 ②	08 ②	09 ③	10 ③
11 ④	12 ④	13 ①	14 ②	15 ②
16 ②	17 ③	18 ③	19 ②	20 ④
21 ①	22 ①	23 ②	24 ③	25 ④
26 ③	27 ②	28 ①	29 ④	30 ②
31 ③	32 ①	33 ②	34 ②	35 ②
36 ④	37 ③	38 ③	39 ①	40 ②
41 ③	42 ②	43 ③	44 ①	45 ②
46 ④	47 ③	48 ③	49 ③	50 ④
51 ②	52 ③	53 ②	54 ②	55 ②
56 ④	57 ③	58 ①	59 ④	60 ③

MAKE-UP

Makeup Artist Certification

CHAPTER 07

최신경향
핵심 197제

– 시험 전 반드시 체크해야 할 최신빈출문제 –

1 메이크업의 기원 중 얼굴이나 몸을 치장하여 매력적이고 아름답게 보이기 위해 신체를 장식했다고 보는 가설은?

① 이성유인설
② 종교주술설
③ 신체보호설
④ 신분표시설

2 메이크업의 사회적 기능으로 <u>틀린</u> 것은?

① 사회적 예절, 예의를 표현한다.
② 성격이나 가치추구의 방향을 표현한다.
③ 신분과 직업을 표현한다.
④ 사회적 관습과 풍습을 표현한다.

3 뷰티 메이크업에 대한 설명 중 가장 <u>거리가 먼</u> 것은?

① 17세기 리챠드 크라슈가 처음으로 '메이크업(Make-up)'이라는 용어를 사용하였다.
② 메이크업의 의미는 얼굴을 중심으로 한 개념에서 벗어나 자신의 정체성을 표현하기 위한 역할이나 목적도 포함한다.
③ 신체에 색을 부여하여 신체 외관의 형태를 변형시키는 작업이다.
④ '제작하다', '보완하다'라는 뜻으로 화장품과 도구를 사용하여 신체의 아름다운 부분을 돋보이도록 한다.

4 고객에게 전화응대를 할 때, 정확한 발음을 전달하기 위해 고려해야 하는 요소가 <u>아닌</u> 것은?

① 조음
② 음색
③ 억양
④ 웃음

5 조선시대 화장문화에 대한 설명으로 <u>틀린</u> 것은?

① 여염집 여성의 화장과 기생신분의 여성의 화장이 구분되었다.
② 영육일치사상의 영향으로 남녀 모두 미에 대한 관심이 높았다.
③ 미인박명 사상이 문화적 관념으로 자리잡음으로써 미에 대한 부정적인 인식이 형성되었다.
④ 이중적인 성 윤리관이 화장문화에 영향을 주었다.

6 로코코 시대에 대한 설명으로 가장 <u>거리가 먼</u> 것은?

① 머리에 깃털, 리본, 조화 등으로 장식하였다.
② 로코코의 어원은 정원의 장식으로 사용된 조개껍데기, 곡선을 의미한다.
③ 넓은 이마가 유행이어서 눈썹을 밀었다.
④ 대표적 인물은 마담 퐁파두르와 마리앙투아네트가 있었다.

7 다음에서 설명하는 시대는?

┤【보기】├
• 사교를 위해 화장이 필수조건이었던 시대로 남녀 모두 화장을 즐겼다. 분말과 점토, 마스크 팩, 백납분 등을 사용해 신체부분은 모두 하얗게 유지하였다.
• 이마에는 정맥을 그려서 투명하고 희게 보이게 하였다.

① 근세 로코코
② 고대 로마
③ 근세 바로크
④ 근세 르네상스

8 근세시대의 메이크업에 관한 설명으로 가장 거리가 먼 것은?

① 르네상스 시대 – 눈썹을 뽑거나 밀고 각이 없는 아치의 눈썹을 그렸다.

② 바로크 시대 – 홍조를 띠거나 붉은 연지를 칠하고 꽃처럼 장미색의 입술을 그렸다.

③ 로코코 시대 – 화려한 가발이 성행했고 사치와 화장의 무분별함이 극에 달했다.

④ 엘리자베스 시대 – 화장을 지운 자연스러운 모습으로 얇게 화장을 하였다.

9 고대 이집트인들의 안티모니(Antimony) 화장법의 기원에 대한 설명으로 가장 적합한 것은?

① 녹색의 눈화장은 상류층의 컬러로 파라오와 신관 계급의 권력의 상징이었다.

② 물고기 문양의 눈화장은 다산을 상징하는 종교적인 목적으로 남성의 지배계층에서 시작되었다.

③ 온몸에 바른 휘안석의 안티몬은 자외선을 완벽하게 차단해 주는 차단기능이 뛰어났다.

④ 모든 남녀가 눈가에 발라 눈물샘을 자극해 모래바람과 안질로부터 눈을 보호했다.

10 브러시 사용법과 보관법에 관한 설명 중 틀린 것은?

① 미지근한 물에서 브러시 전용 세척제를 묻혀 결대로 세척한다.

② 브러시 모를 부드럽게 하기 위해 린스와 물을 섞은 물에 헹구어 마무리 할 수 있다.

③ 브러시는 사용 후 즉시 물과 알코올 1 : 1 혼합액을 뿌린 티슈로 닦아내는 것이 좋다.

④ 말릴 때는 물기를 제거한 후 손으로 모양을 잡고 털끝을 위로 세워서 말린다.

11 다음에서 설명하는 아이섀도 제품의 제형은?

【보기】

• 장시간 지속효과가 있다.
• 기온변화로 번들거림이 생기는 단점이 있다.
• 유분이 함유되어 부드럽고 매끄럽게 펴바를 수 있다.
• 제품 도포 후 파우더로 색을 고정시켜 지속력과 색의 선명도를 향상시킬 수 있다.

① 파우더 타입
② 크림 타입
③ 펜슬 타입
④ 케이크 타입

12 마스카라를 사용하는 목적은?

① 속눈썹을 하나씩 분리하는 것이다.
② 속눈썹을 매끄럽지 않게 하는 것이다.
③ 속눈썹을 짧게 하는 것이다.
④ 속눈썹을 짙고 길게 보이게 하여 매력적인 눈을 연출한다.

13 파운데이션의 일반적인 기능과 가장 거리가 먼 것은?

① 피지의 분비를 억제하여 화장을 지속시켜준다.
② 자외선으로부터 피부를 보호한다.
③ 피부색을 기호에 맞게 바꿔준다.
④ 피부의 기미, 주근깨 등 결점을 커버한다.

14 윤곽 수정과 커버력이 우수하여 대극장의 무대분장 시에 사용하기에 가장 적합한 베이스 메이크업 제품은?

① 컨실러
② 리퀴드 파운데이션
③ 프라이머
④ 스틱 파운데이션

15 립스틱 색상을 선택할 때 유의사항과 관련한 설명으로 가장 거리가 먼 것은?

① 잇몸이 많이 드러나는 사람은 스킨 계열의 색상을 선택하는 것이 좋다.
② 흰 피부의 여성은 핑크, 퍼플 계열의 립 색상을 선택하면 혈색을 보완할 수 있다.
③ 치아가 누런 사람은 핑크 계열의 색상을 선택하도록 한다.
④ 노란기가 도는 피부는 오렌지 또는 브라운 계열의 색상을 선택하는 것이 좋다.

16 얼굴의 부위와 명칭의 연결로 틀린 것은?

① 아이홀 – 눈두덩이 움푹 패인 부분
② T존 – 이마와 콧대부분
③ V존 – 눈밑 ~ 볼, 턱부분
④ 눈썹산 – 눈썹의 1/2 지점

17 얼굴형에 따른 이미지의 특징에 관한 설명이 틀린 것은?

① 둥근형 – 여성스럽고 귀여운 이미지
② 계란형 – 표준적인 미인형으로 부드러운 이미지
③ 긴형 – 성숙하고 여성적인 이미지
④ 역삼각형 – 남성적이며 활동적인 이미지

18 얼굴의 이상적인 균형도(Face Proportion)에 대한 설명으로 가장 적합한 것은?

① 세로분할 4등분 기준위치 : 관자놀이(좌)~눈동자(우), 눈동자(좌~코, 코~눈동자(우), 눈동자(우)~관자놀이(우)
② 세로분할 4등분 기준위치 : 관자놀이(좌)~구각(좌)~코, 코~구각(우), 구각(우)~관자놀이(우)
③ 가로분할 3등분 기준 위치 : 헤어라인~눈, 눈~코, 코~턱끝
④ 가로분할 3등분 기준 위치 : 헤어라인~눈썹, 눈썹~코끝, 코끝~턱끝

19 얼굴형에 따른 섀딩 부위에 대한 설명으로 가장 적합한 것은?

① 사각형 – 헤어라인
② 긴 형 – 양볼 뒤쪽
③ 둥근형 – 이마 양쪽
④ 마름모형 – 광대뼈와 뾰족한 턱

20 얼굴형에 따른 블러셔의 위치 및 방법으로 가장 적합한 것은?

① 다이아몬드형 : 둥근 느낌으로 광대뼈를 감싸듯이
② 긴 형 : 입꼬리를 향해서
③ 둥근형 : 둥근 느낌으로 코끝을 향해서
④ 역삼각형 : 사선으로 턱끝을 향해서

21 역삼각형 얼굴형에 어울리는 아이브로 메이크업으로 가장 거리가 먼 것은?

① 눈썹산을 다소 앞으로 당겨 그린다.
② 아치형으로 그린다.
③ 일자형 눈썹을 그린다.
④ 다소 가늘게 그린다.

22 긴 얼굴형의 윤곽 수정 표현 방법으로 가장 거리가 먼 것은?

① 콧등 전체에 하이라이트를 주어 입체감 있게 표현한다.
② 노즈섀도는 짧게 표현해준다.
③ 눈 밑은 폭넓게 수평형의 하이라이트를 준다.
④ 이마와 아래턱은 섀딩 처리하여 얼굴의 길이가 짧아 보이게 한다.

23 봄 계절에 어울리는 아이섀도의 색상과 톤으로 가장 적합한 것은?

① 주황 – 덜(dull) 톤
② 파랑 – 그레이시(grayish) 톤
③ 초록 – 라이트(light) 톤
④ 빨강 – 딥(deep) 톤

24 아이섀도의 언더컬러 표현 방법으로 가장 적합한 것은?

① 아이섀도 색상 중 가장 어두운 색으로 표현한다.
② 검은색으로 넓게 펴 바른다.
③ 포인트 컬러와 자연스럽게 연결되도록 표현한다.
④ 많은 양의 아이섀도를 사용하여 두껍게 펴 바른다.

25 둥근형 얼굴을 표준형에 가깝게 만들기 위한 각 부위별 수정화장법으로 가장 적합한 것은?

① 콧등을 길게 해 얼굴이 갸름해 보이도록 어둡게 표현한다.
② 눈썹은 눈썹산을 약간 올려 상승형으로 그린다.
③ 이마와 턱의 중간 부위는 어둡게 해준다.
④ 얼굴의 양 관자놀이 부분을 밝게 해준다.

26 수정 메이크업 기법에 관한 설명으로 가장 거리가 먼 것은?

① 역삼각형 얼굴 – 이마 양끝과 턱 끝에 섀딩, 양 볼에 하이라이트를 한다.
② 큰 입술 – 짙은 색상의 립스틱을 선택하여 발라준 후 펄이 든 립글로스로 한 번 더 발라준다.
③ 작은 눈 – 눈 길이가 길어 보이도록 눈의 1/2 지점에서 눈꼬리 쪽으로 짙은 색 섀도를 연장하여 발라준다.
④ 짧은 코 – 눈썹 앞머리 부분에서부터 코끝까지 하이라이트를 주어 길어 보이게 한다.

27 다음에서 설명하는 메이크업에 가장 적합한 눈의 형태는?

【보기】

아이라인은 젤 타입으로 라인을 다소 두껍게 그렸으며, 아이라인에 경계가 생기지 않게 아이섀도를 이용하여 그라데이션하고 아이섀도 컬러는 펄이나 붉은 색상을 피했다.

① 올라간 상승형의 눈
② 움푹 들어간 눈
③ 눈두덩이가 두둑한 눈
④ 양미간이 넓은 눈

28 계절에 따른 메이크업 색상으로 가장 거리가 먼 것은?

① 가을 : 베이지, 브라운, 골드
② 여름 : 화이트, 블루, 바이올렛
③ 겨울 : 레드, 오렌지, 옐로
④ 봄 : 옐로, 오렌지, 그린 계열

29 겨울 메이크업에 가장 어울리는 색상은?

① 파스텔그린
② 딥레드
③ 레드오렌지
④ 브라운

30 브라운 컬러에 골드 펄을 가미하여 깊이 있는 눈과 차분하고 럭셔리한 분위기를 연출하는 것이 어울리는 계절 메이크업은?

① 겨울
② 여름
③ 가을
④ 봄

31 여름 메이크업 표현으로 가장 거리가 먼 것은?

① 쉬운 세안을 위해 물에 잘 지워지는 제품을 사용한다.
② 자외선을 차단할 수 있는 제품을 사용한다.
③ 땀이 나면 얼룩질 수 있으므로 두껍지 않게 파운데이션을 골고루 섬세하게 펴 바른다.
④ 블루, 민트, 등 시원한 한색 색상을 선택한다.

32 미디어 매체의 종류와 그에 따른 설명이 잘못 연결된 것은?

① 매스미디어 – 신문, 잡지, TV, 라디오
② 카탈로그 – 책자 형식의 상품목록 상품을 소개하는 인쇄물
③ 전단지 – 광고주가 전문가에게 의뢰해서 만드는 상품소개 책자
④ 개인미디어 – SNS를 기반으로 하는 개인의 채널

33 미디어 메이크업의 분야에 해당하지 않는 것은?

① 카탈로그 메이크업
② CF 메이크업
③ 아나운서 메이크업
④ 무대 메이크업

34 아나운서 메이크업에 대한 설명으로 가장 거리가 먼 것은?

① 남성 아나운서 메이크업의 경우 많은 화장이 필요하지 않지만 화장을 한 흔적이 보이지 않도록 주의해야 한다.
② 베이스보다 하이라이트와 섀딩의 단계는 1~3단계 정도 밝고, 어둡게 표현하여 입체감을 표현하여 얼굴을 작아 보이게 연출한다.
③ TV 화면에서는 차가운 색보다는 따뜻한 적색, 오렌지, 황갈색 등이 잘 어울린다.
④ 아나운서 메이크업은 시청자의 이목을 집중시키는 다양한 색으로 표현하여야 한다.

35 미디어 메이크업에서 노인 캐릭터를 표현할 때 피부표현 방법으로 가장 적합한 것은?

① 주름을 강조해야 하므로 피부색은 밝게 표현한다.
② 혈색을 부여하여 핑크 빛이 도는 피부색을 표현한다.
③ 환경적 요인을 충분히 고려해 피부를 표현해준다.
④ 노인 피부임을 감안하여 무조건 어둡게 표현한다.

36 미디어 메이크업에 관한 설명으로 가장 거리가 먼 것은?

① 전파 매체 촬영의 경우에는 조명에 따라 육안으로 보이는 색상과 차이가 날 수도 있다.
② 메이크업을 완성한 후, 카메라(모니터)를 통해 비춰지는 메이크업이 결과물이므로 그에 맞게 완성해야 한다.
③ 신문, 잡지, 도서 등의 인쇄매체와 TV, 라디오, 영화 등의 시청각 매체(또는 전파매체)에서 이루어지는 메이크업을 말한다.
④ 인쇄 매체 촬영의 경우에는 인쇄에 따라 선명도와 색감이 달라지며, 보정 작업을 진행하니 섬세함보다는 과감한 표현이 더 중요하다.

37 긁힌 상처를 표현하기 위하여 사용되는 재료로 가장 거리가 먼 것은?

① 라이닝 칼라
② 블랙 스펀지
③ 스프리트 검
④ 라텍스

38 샴푸가 갖추어야 할 요건이 아닌 것은?

① 거품이 섬세하고 풍부하여 지속성을 가질 것
② 두피, 모발 및 눈에 대한 자극이 없을 것
③ 세발 중 마찰에 의한 모발의 손상이 없을 것
④ 모발의 표면을 보호하고 정전기를 방지할 것

39 속눈썹 연장 시 주의하여야 할 사항으로 가장 거리가 먼 것은?

① 속눈썹 전용 전처리제를 우드스틱에 묻혀 위아래 속눈썹 모근을 닦아낸 후 아이패치를 붙인다.

② 접착제 이상 반응 시 바로 응급처치를 한다.

③ 글루를 수직으로 세워 글루판에 1~2방울 떨어뜨려 사용한다.

④ 눈의 양쪽 가장자리에서 1.5~2mm 정도 공간을 두고 붙여야 한다.

40 본식 웨딩의 한복 메이크업 시 유의하여야 할 내용으로 가장 거리가 먼 것은?

① 화려한 원색 계열의 한복은 너무 강하거나 화려한 색상의 메이크업을 피해 절제되도록 표현한다.

② 눈썹은 아치형으로 그려 우아해 보이도록 표현한다.

③ 피부는 한 톤 어둡게 표현하여 자연스러운 피부 톤을 연출하도록 한다.

④ 한복의 색상과 조화를 이루도록 은은하고 자연스러운 색조를 선택하는 것이 좋다.

41 30대 후반 여성이 로맨틱 풍의 젊어 보이는 신부 메이크업을 의뢰해 왔을 경우, 이 신부를 메이크업할 때 주의해야 할 사항으로 가장 거리가 먼 것은?

① 잡티가 늘어나는 시기이므로 얼굴 전체에 스틱 파운데이션을 다소 두텁게 발라 완벽하게 피부를 커버했다.

② 귀엽고 사랑스러운 신부 이미지 연출을 위해 볼 중앙 부위에 화사하게 블러셔를 해주었다.

③ 20대 여성에 비해 피부 탄력이 떨어져 있으므로 기초 제품 선택 시 충분한 유·수분 밸런스를 잡아주었다.

④ 아이섀도를 이용하여 과장되지 않은 자연스러운 눈썹형을 그렸다.

42 속눈썹 연장술로 인해 발생할 수 있는 직접적인 병변이 아닌 것은?

① 피부염

② 황반변성

③ 안구건조증

④ 소양증

43 부드러운 오건디(Organdy)나 레이스를 배합한 프린세스 라인 드레스의 로맨틱한 이미지가 어울리는 신부의 메이크업 스타일로 가장 적합한 것은?

① 파스텔 계열의 부드러운 메이크업

② 브라운 계열의 차분한 메이크업

③ 컬러풀하고 선명한 메이크업

④ 회색빛이 감도는 세련된 메이크업

44 웨딩 메이크업에 대한 설명으로 가장 거리가 먼 것은?

① 교회나 성당일 경우 T존과 베이스를 한 톤 밝게 표현한다.

② 목이 파인 드레스인 경우 사진촬영을 위해 비교적 밝고 화사하게 연출한다.

③ 야외 결혼식일 경우 피부톤은 핑크 계열로 밝게 표현한다.

④ 목과 어깨 부분도 파운데이션을 발라준다.

45 한복 메이크업 시 유의하여야 할 내용으로 옳은 것은?

① 눈썹을 아치형으로 그려 우아해 보이도록 표현한다.

② 피부는 한 톤 어둡게 표현하여 자연스러운 피부 톤을 연출하도록 한다.

③ 한복의 화려한 색상과 어울리는 강한 색조를 사용하여 조화롭게 보이도록 한다.

④ 입술을 아웃커브로 그려 여유롭게 표현하는 것이 좋다.

46 혼주의 한복 메이크업에 대한 설명으로 가장 적합한 것은?

① 양가 혼주의 한복 치마색 만을 참고하여 컬러 포인트의 색상을 결정한다.

② 고급스럽고 화려한 연출을 위해 펄과 글리터로 포인트를 준다.

③ 촉촉함과 우아한 이미지를 위해 파우더는 생략하여 광택을 준다.

④ 축복 받는 날이므로 피부 톤은 화사하게 하되 밀착이 잘 되도록 마무리 한다.

47 T.P.O에 맞는 메이크업게 관한 설명으로 가장 거리가 먼 것은?

① 커리어우먼의 메이크업은 강한 인상을 줄 수 있도록 스모키 메이크업이나 포인트 메이크업으로 색상을 강하게 사용한다.

② 파티 메이크업은 펄 섀도와 펄 글로스로 화려한 아이와 립을 표현한다.

③ 바캉스 메이크업은 외부 활동이 많으므로 자외선 차단제를 꼼꼼히 바르고 발랄한 느낌의 팝아트 컬러로 표현한다.

④ 면접 메이크업은 자연스럽고 생기 있는 메이크업으로 면접관에게 좋은 인상을 줄 수 있도록 정돈되고 깨끗한 이미지로 신뢰감을 주어야 한다.

48 부은 눈을 보완하기 위한 아이섀도 메이크업 방법으로 가장 적합한 것은?

① 붉은 계열의 아이섀도는 피하고 중간 톤의 브라운 계열로 눈 전체를 자연스럽게 펴 바른다.

② 아이섀도의 포인트를 크게 잡고 아이라인도 비교적 두껍게 그려 준다.

③ 밝은색의 아이섀도를 사용한다.

④ 아이라인을 본연의 눈꼬리보다 약간 올려 그려 준다.

49 화보 촬영 메이크업 시 유의사항으로 틀린 것은?

① 잡지의 구독 연령대와 콘셉트에 맞는 메이크업을 하는 것이 중요하다.

② 뷰티 화보 촬영 시 클로즈업 촬영이 대부분이므로 촬영 후반 CG 보정작업을 위해 최대한 자연스럽게 메이크업 한다.

③ 조명에 의한 색상이나 명암 변화를 고려하여 메이크업을 하여야 한다.

④ 패션 화보 촬영 시 의상 콘셉트와 배경, 조명 모델의 특성을 잘 파악하여 세련되고 트렌디한 메이크업을 한다.

50 TV 프로그램 촬영 시 남자 출연자를 위한 메이크업으로 가장 적합한 것은?

① 남자 메이크업에는 립은 전혀 건들지 않는다.

② 자연스러운 상태를 유지하도록 피부톤과 유사한 크림 파운데이션을 사용한다.

③ 남성적 이미지에 맞게 눈썹을 다소 진하게 표현해 준다.

④ 조명이 밝아 얼굴을 한 톤 어둡게 표현하도록 한다.

51 세련되고 지적인 커리어 우먼의 메이크업으로 가장 적합한 것은?

① 각진형의 눈썹에 스트레이트형의 입술, 블러셔는 볼 뼈 아래쪽에 포인트를 길게 잡고 볼 뼈 위쪽은 하이라이트를 주어 윤곽을 강조한다.

② 각진형의 눈썹에 아웃커브형 입술, 블러셔는 볼 뼈 아래쪽에 포인트를 길게 잡고 볼 뼈 위쪽은 하이라이트를 주어 윤곽을 강조한다.

③ 아치형의 눈썹에 인커브형 입술, 블러셔는 볼 뼈 중심에서 관자놀이 쪽으로 부드럽게 곡선형으로 펴바른다.

④ 표준형의 눈썹에 아웃커브형 입술, 블러셔는 볼 뼈 아래쪽에 포인트를 길게 잡고 볼 뼈 위쪽은 하이라이트를 주어 윤곽을 강조한다.

52 매혹적이면서 우아하고 여성스러운 메이크업 연출 방법으로 가장 거리가 먼 것은?

① 눈썹은 블랙 아이브로 펜슬을 사용하여 깔끔하게 그려준다.
② 여성스러운 아이 메이크업을 연출하기 위해 퍼플과 골드 계열의 아이섀도로 음영감 있는 눈매를 연출한다.
③ T존과 눈 밑에 하이라이트를 주고 얼굴 윤곽에 섀딩을 처리하여 입체적이면서도 여성스러운 얼굴형을 연출한다.
④ 입술산은 로즈 컬러로 각지지 않게 부드럽게 그려주어 여성스러움을 표현한다.

53 메이크업 산업의 정보 분석에 대한 설명으로 가장 거리가 먼 것은?

① 수집된 정보를 바탕으로 직접 매장에 나가 유행하는 화장품을 분석한다.
② 트렌드를 예측하기 위해서는 과거의 역사적 자료를 토대로 한다.
③ 소비자의 구매행동은 유행에 따라 일부 동조현상을 나타내므로 조사하지 않아도 무방하다.
④ 정보 분석을 위해 관련 서적 등의 문헌을 숙지하는 것이 필요하다.

54 무대공연에서 에어브러시로 메이크업 할 때 유의사항이 아닌 것은?

① 콤프레서의 연결 상태를 확인하고 다이얼 등이 잘 작동하는지 체크한다.
② 눈과 입, 코에 에어브러시를 직접 분사하지 않는다.
③ 에어브러시 메이크업이 끝난 후에는 반드시 정교하게 리터치를 해준다.
④ 모델에게 직접 에어브러시 메이크업을 시행하기 전 공중에 분사하여 소리와 공기의 힘 등을 체크한다.

55 조명색이 빨강이며 메이크업 색상이 녹색일 때 보이는 메이크업 색상은?

① 어두운 청색
② 밝은 주황색
③ 어두운 녹색
④ 붉은 보라색

56 굵고 진한 눈썹을 가진 여성의 문제점을 해결하기 위해 가장 좋은 메이크업의 방법은?

① 투명마스카라를 이용하여 눈썹결을 살려 빗어주고 고르지 않은 부분은 펜슬로 그려준다.
② 앞의 눈썹을 제거하고 눈썹 뒷부분을 가늘게 그려준다.
③ 눈썹가위로 눈썹 끝을 조금만 잘라주어 자연스럽게 손질한다.
④ 아이섀도나 펜슬로 눈썹 앞머리를 그려주고 뒷부분은 자연스럽게 둔다.

57 패션 이미지와 메이크업 스타일의 연결로 가장 거리가 먼 것은?

① 오리엔탈 룩 – 에스닉 메이크업, 젠 메이크업
② 페미닌 룩 – 파스텔 메이크업, 큐트 메이크업
③ 미니멀 룩 – 누드 메이크업, 내추럴 메이크업
④ 매니쉬 룩 – 엘레강스 메이크업, 펑키 메이크업

58 색의 3속성 중 사람의 눈에 가장 민감하게 반응하는 것은?

① 명도
② 톤
③ 색상
④ 채도

59 색상에 대한 설명으로 **틀린 것은?**

① 유채색만이 갖는 속성
② 빛의 파장 차이로 다르게 보이는 속성
③ 무채색만이 갖는 속성
④ 다른 색과 구별하기 위한 색의 요소

60 차분하고 수수한 느낌을 주는 색조 메이크업으로 가장 적합한 것은?

① 중명도와 중채도의 색조 메이크업
② 저명도와 고채도의 색조 메이크업
③ 고명도와 고채도의 색조 메이크업
④ 저채도와 고명도의 색조 메이크업

61 화장품 원료로 심해 상어의 간유에서 추출한 성분은?

① 레시틴
② 스쿠알렌
③ 파라핀
④ 라놀린

62 자외선 차단제와 관련한 설명으로 **틀린 것은?**

① 자외선의 강약에 따라 차단제의 효과시간이 변한다.
② 기초제품 마무리 단계 시 차단제를 사용하는 것이 좋다.
③ SPF라 한다.
④ SPF 1 이란 대략 1시간을 의미한다.

63 화장품을 선택할 때에 검토해야 하는 조건이 **아닌 것은?**

① 보존성이 좋아서 잘 변질되지 않는 것
② 피부나 점막, 모발 등에 손상을 주거나 알레르기 등을 일으킬 염려가 없는 것
③ 사용 중이나 사용 후에 불쾌감이 없고 사용감이 산뜻한 것
④ 구성 성분이 균일한 성상으로 혼합되어 있지 않은 것

64 자외선 차단 성분의 기능이 **아닌 것은?**

① 미백작용 활성화
② 일광화상 방지
③ 노화방지
④ 과색소 침착방지

65 에탄올이 화장품 원료로 사용되는 이유가 **아닌 것은?**

① 에탄올은 유기용매로서 물에 녹지 않는 비극성 물질을 녹이는 성질이 있다.
② 탈수 성질이 있어 건조 목적이 있다.
③ 공기 중의 습기를 흡수해서 피부 표면 수분을 유지시켜 피부나 털의 건조 방지를 한다.
④ 소독작용이 있어 수렴화장수, 스킨로션, 남성용 애프터쉐이브 등으로 쓰인다.

66 화장품에서 요구되는 4대 품질 특성의 설명으로 **옳은 것은?**

① 안전성 : 미생물 오염이 없을 것
② 보습성 : 피부표면의 건조함을 막아줄 것
③ 안정성 : 독성이 없을 것
④ 사용성 : 사용이 편리해야 할 것

67 화장품의 피부 흡수에 대한 설명으로 옳은 것은?

① 세포간지질에 녹아 흡수되는 경로가 가장 중요한 흡수경로이다.

② 피지선이나 모낭을 통한 흡수는 시간이 지나면서 점차 증가하게 된다.

③ 분자량이 높을수록 피부 흡수가 잘 된다.

④ 피지에 잘 녹는 지용성 성분은 피부 흡수가 안 된다.

68 화장품의 정의로 옳은 것은?

① 인체를 청결·미화하여 인체의 질병 치료를 위해 인체에 사용되는 물품으로서 인체에 대해 작용이 강력한 것을 말한다.

② 인체를 청결·미화하여 인체의 질병 치료를 위해 인체에 사용되는 물품으로서 인체에 대해 작용이 경미한 것을 말한다.

③ 인체를 청결·미화하여 인체의 질병 진단을 위해 인체에 사용되는 물품으로서 인체에 대해 작용이 경미한 것을 말한다.

④ 인체를 청결·미화하여 피부·모발 건강을 유지 또는 증진하기 위하여 인체에 사용되는 물품으로서 인체에 대해 작용이 경미한 것을 말한다.

69 자외선 차단제의 성분이 아닌 것은?

① 벤조페논-3

② 파라아미노안식향산

③ 알파하이드록시산

④ 옥틸디메틸파바

70 피지분비의 과잉을 억제하고 피부를 수축시켜 주는 것은?

① 영양 화장수

② 수렴 화장수

③ 소염 화장수

④ 유연 화장수

71 일반적으로 여드름의 발생 가능성이 가장 적은 것은?

① 코코바 오일

② 호호바 오일

③ 라눌린

④ 미네랄 오일

72 메이크업 화장품에서 색상의 커버력을 조절하기 위해 주로 배합하는 것은?

① 체질 안료

② 펄 안료

③ 백색 안료

④ 착색 안료

73 혈액 응고에 관여하고 비타민 P와 함께 모세혈관 벽을 튼튼하게 하는 것은?

① 비타민 C

② 비타민 K

③ 비타민 B

④ 비타민 E

74 우리나라의 건강보험제도의 성격으로 가장 적합한 것은?

① 의료비의 과중 부담을 경감하는 제도

② 공공기관의 의료비 부담

③ 의료비를 면제해 주는 제도

④ 의료비의 전액 국가 부담

75 인구의 사회증가를 나타낸 것은?

① 고정인구 – 전출인구

② 출생인구 – 사망인구

③ 전입인구 – 전출인구

④ 생산인구 – 소비인구

76 인구 구성 중 14세 이하가 65세 이상 인구의 2배 정도이며 출생률과 사망률이 모두 낮은 형은?

① 피라미드형(pyramid form)
② 별형(accessive form)
③ 종형(bell form)
④ 항아리형(pot form)

77 Winslow가 정의한 공중보건학의 학습내용에 포함되는 것으로만 구성된 것은?

① 환경위생향상 – 개인위생교육 – 질병예방 – 생명연장
② 환경위생향상 – 전염병 치료 – 질병치료 – 생명연장
③ 환경위생향상 – 개인위생교육 – 질병치료 – 생명연장
④ 환경위생향상 – 개인위생교육 – 생명연장 – 사후처치

78 일산화탄소(CO)에 대한 설명으로 틀린 것은?

① 헤모글로빈과의 결합능력이 뛰어나다.
② 물체가 불완전 연소할 때 많이 발생된다.
③ 확산성과 침투성이 강하다.
④ 공기보다 무겁다.

79 보건행정의 특성과 거리가 먼 것은?

① 과학성과 기술성
② 조장성과 교육성
③ 독립성과 독창성
④ 공공성과 사회성

80 피부에 손상을 미치는 활성산소는?

① 히아루론산
② 글리세린
③ 비타민
④ 슈퍼옥사이드

81 성층권의 오존층을 파괴시키는 대표적인 가스는?

① 이산화탄소(CO_2)
② 일산화탄소(CO)
③ 아황산가스(SO_2)
④ 염화불화탄소(CFC)

82 다음 중 물의 일시경도를 나타내는 원인 물질은?

① 염화물
② 중탄산염
③ 황산염
④ 질산염

83 다음 중 이·미용업소의 실내 바닥을 닦을 때 가장 적합한 소독제는?

① 크레졸수
② 과산화수소
③ 알코올
④ 염소

84 소독약의 검증 혹은 살균력의 비교에 가장 흔하게 이용되는 방법은?

① 석탄산계수 측정법
② 최소 발육저지농도 측정법
③ 시험관 희석법
④ 균수 측정법

85 고압증기멸균기의 소독대상물로 적합하지 않은 것은?

① 의류
② 분말 제품
③ 약액
④ 금속성 기구

86 할로겐계에 속하지 않는 소독제는?

① 표백분
② 염소 유기화합물
③ 석탄산
④ 차아염소산 나트륨

87 대기 중의 고도가 상승함에 따라 기온도 상승하여 상부의 기온이 하부보다 높게 되는 현상을 무엇이라 하는가?

① 열섬 현상
② 기온 역전
③ 지구 온난화
④ 오존층 파괴

88 석탄산 90배 희석액과 어느 소독제 135배 희석액이 같은 살균력을 나타낸다면 이 소독제의 석탄산계수는?

① 2.0
② 1.5
③ 0.5
④ 1.0

89 공중위생관리법상 이·미용기구 소독 방법의 일반 기준에 해당하지 않는 것은?

① 방사선소독
② 증기소독
③ 크레졸소독
④ 자외선소독

90 세균, 포자, 곰팡이, 원충류 및 조류 등과 같이 광범위한 미생물에 대한 살균력을 갖고 페놀에 비해 강한 살균력을 갖는 반면, 독성은 훨씬 적은 소독제는?

① 수은 화합물
② 무기염소 화합물
③ 유기염소 화합물
④ 요오드 화합물

91 석탄산계수가 2인 소독제 A 를 석탄산계수 4인 소독제 B와 같은 효과를 내게 하려면 그 농도를 어떻게 조정하면 되는가? (단, A, B의 용도는 같다)

① A를 B보다 4배 짙게 조정한다.
② A를 B보다 50% 묽게 조정한다.
③ A를 B보다 2배 짙게 조정한다.
④ A를 B보다 25% 묽게 조정한다.

92 환자 및 병원체 보유자와 직접 또는 간접접촉을 통해서 혹은 균에 오염된 식품, 바퀴벌레, 파리 등을 매개로 하는 경구감염으로 전파되는 것은?

① 이질
② B형 간염
③ 결핵
④ 파상풍

93 다음 중 투베르쿨린 반응이 양성인 경우는?

① 건강 보균자
② 나병 보균자
③ 결핵 감염자
④ AIDS 감염자

94 우리나라에서 일반적으로 세균성 식중독이 가장 많이 발생할 수 있는 때는?

① 5~9월
② 9~11월
③ 1~3월
④ 계절과 관계없음

95 미생물의 증식을 억제하는 영향의 고갈과 건조 등의 불리한 환경 속에서 생존하기 위하여 세균이 생성하는 것은?

① 점질층
② 세포벽
③ 아포
④ 협막

96 감염병 유행조건에 해당되지 않는 것은?

① 감염경로
② 감염원
③ 감수성숙주
④ 예방인자

97 세균성 식중독의 특성이 아닌 것은?

① 감염병보다 잠복기가 길다.
② 다량의 균에 의해 발생한다.
③ 수인성 전파는 드물다.
④ 2차 감염률이 낮다.

98 감염병의 예방 및 관리에 관한 법률상 즉시 신고해야 하는 감염병이 아닌 것은?

① 두창
② 디프테리아
③ 중증급성호흡기증후군(SARS)
④ 말라리아

99 다음 감염병 중 감수성(접촉감염) 지수가 가장 큰 것은?

① 디프테리아
② 성홍열
③ 백일해
④ 홍역

100 이·미용업소에서 공기 중 비말전염으로 가장 쉽게 옮겨질 수 있는 감염병은?

① 장티푸스
② 인플루엔자
③ 뇌염
④ 대장균

101 공중위생감시원의 업무 중 틀린 것은?

① 공중위생영업 관련시설 및 설비의 위생 상태 확인·검사
② 위생교육 이행 여부의 확인
③ 이·미용업의 개선 향상에 필요한 조사 연구 및 지도
④ 위생지도 및 개선명령 이행 여부의 확인

102 개인(또는 법인)의 대리인, 사용인 기타 종업원이 그 개인의 업무에 관하여 벌칙에 해당하는 위반행위를 한 때에 행위자를 벌하는 외에 그 개인에 대하여도 동조의 벌금형을 과할 수 있는 제도는?

① 양벌규정 제도
② 형사처벌 규정
③ 과태료처분 제도
④ 위임제도

103 이·미용사가 되고자 하는 자는 <u>누구</u>의 면허를 받아야 하는가?

① 고용노동부장관
② 시·도지사
③ 시장·군수·구청장
④ 보건복지부장관

104 이·미용사가 면허정지 처분을 받고 정지 기간 중 업무를 한 경우 1차 위반 시 행정처분 기준은?

① 면허정지 3월
② 면허취소
③ 영업장 폐쇄
④ 면허정지 6월

105 위생서비스 평가 결과 위생서비스의 수준이 우수하다고 인정되는 영업소에 포상을 실시할 수 있는 자로 <u>틀린</u> 것은?

① 보건소장
② 군수
③ 구청장
④ 시·도지사

106 공중위생영업에 관한 설명으로 <u>맞는</u> 것은?

① 공중위생영업이라 함은 숙박업, 목욕장업, 미용업, 이용업, 세탁업, 위생관리용역업, 의료용품관련업 등을 말한다.
② 공중위생영업의 양수인 상속인 또는 합병에 의하여 설립되는 법인 등은 공중위생영업자의 지위를 승계하지 못한다.
③ 공중위생영업을 하고자 하는 자는 시장·군수·구청장에게 신고 후 시장 등이 지정하는 시설 및 설비를 구비해도 된다.
④ 공중위생영업을 위한 설비와 시설은 물론 신고의 방법 및 절차는 보건복지부령으로 정한다.

107 이·미용업자가 준수하여야 하는 위생관리 기준 중 <u>거리가 가장 먼</u> 것은?

① 피부미용을 위하여 약사법에 따른 의약품을 사용하여서는 아니 된다.
② 영업소 내부에 개설자의 면허증 원본을 게시하여야 한다.
③ 발한실 안에는 온도계를 비치하고 주의사항을 게시하여야 한다.
④ 영업장 안의 조명도는 75럭스 이상이 되도록 유지하여야 한다.

108 이·미용업을 하는 자가 지켜야 하는 사항으로 <u>맞는</u> 것은?

① 이·미용사면허증을 영업소 안에 게시하여야 한다.
② 부작용이 없는 의약품을 사용하여 순수한 화장과 피부미용을 하여야 한다.
③ 이·미용기구는 소독하여야 하며 소독하지 않은 기구와 함께 보관하는 때에는 반드시 소독한 기구라고 표시하여야 한다.
④ 1회용 면도날은 사용 후 정해진 소독기준과 방법에 따라 소독하여 재사용하여야 한다.

109 이·미용 영업소 폐쇄명령을 받고도 계속 영업을 할 때 관계공무원으로 하여금 조치하는 사항이 아닌 것은?

① 이·미용사 면허증을 부착할 수 없게 하는 봉인
② 해당 영업소의 간판 기타 영업표지물의 제거
③ 해당 영업소가 위법한 영업소임을 알리는 게시물의 부착
④ 영업을 위하여 필수불가결한 기구 또는 시설물을 사용할 수 없게 하는 봉인

110 공중위생감시원의 자격으로 틀린 것은?

① 위생사 이상의 자격증이 있는 사람
② 「고등교육법」에 따른 대학에서 화학·화공학·환경공학 또는 위생학 분야를 전공하고 졸업한 사람
③ 6개월 이상 공중위생 행정에 종사한 경력이 있는 사람
④ 외국에서 환경기사의 면허를 받은 사람

111 명예공중위생감시원의 위촉대상자가 아닌 자는?

① 소비자단체장이 추천하는 소속직원
② 공중위생관련 협회장이 추천하는 소속지원
③ 공중위생에 대한 지식과 관심이 있는 자
④ 3년 이상 공중위생 행정에 종사한 경력이 있는 공무원

112 공중위생관리법상 이용업과 미용업은 다룰 수 있는 신체범위가 구분이 되어 있다. 다음 중 법령상에서 미용업이 손질할 수 있는 손님의 신체 범위를 가장 잘 정의한 것은?

① 머리, 피부, 손톱, 발톱
② 얼굴, 손, 머리
③ 얼굴, 머리, 피부 및 손톱, 발톱
④ 손, 발, 얼굴, 머리

113 영업소 이외의 장소라 하더라도 이·미용의 업무를 행할 수 있는 경우 중 맞는 것은?

① 학교 등 단체의 인원을 대상으로 할 경우
② 영업상 특별한 서비스가 필요할 경우
③ 혼례에 참석하는 자에 대하여 그 의식 직전에 행할 경우
④ 일반 가정에서 초청이 있을 경우

114 공중위생 영업소의 위생서비스 평가 계획을 수립하는 자는?

① 대통령
② 시·도지사
③ 행정자치부장관
④ 시장·군수·구청장

115 이용 또는 미용의 면허가 취소된 후 계속하여 업무를 행한 자에 대한 벌칙으로 맞는 것은?

① 300만원 이하의 벌금
② 200만원 이하의 벌금
③ 6월 이하의 징역 또는 500만원 이하의 벌금
④ 500만원 이하의 벌금

116 이·미용 영업소에서 소독한 기구와 소독하지 아니한 기구를 각각 다른 용기에 보관하지 아니한 때의 1차 위반 행정처분기준은?

① 개선명령
② 경고
③ 영업정지 5일
④ 시정명령

117 공중위생영업자가 관계공무원의 출입·검사를 거부·기피하거나 방해한 때의 1차 위반 행정처분은?

① 영업정지 20일

② 영업정지 10일

③ 영업정지 15일

④ 영업정지 5일

118 단순 지성피부와 관련한 내용으로 틀린 것은?

① 지성 피부에서는 여드름이 쉽게 발생할 수 있다.

② 세안 후에는 충분하게 헹구어 주는 것이 좋다.

③ 일반적으로 외부의 자극에 영향이 많아 관리가 어려운 편이다.

④ 다른 지방 성분에는 영향을 주지 않으면서 과도한 피지를 제거하는 것이 원칙이다.

119 위생교육에 관한 설명으로 틀린 것은?

① 위생교육 실시단체의 장은 위생교육을 수료한 자에게 수료증을 교부하고, 교육실시 결과를 교육 후 즉시 시장·군수·구청장에게 통보하여야 하며, 수료증 교부대장 등 교육에 관한 기록을 1년 이상 보관·관리하여야 한다.

② 위생교육의 내용은 「공중위생관리법」 및 관련 법규, 소양교육(친절 및 청결에 관한 사항을 포함한다.), 기술교육, 그 밖에 공중위생에 관하여 필요한 내용으로 한다.

③ 위생교육을 받아야 하는 자 중 영업에 직접 종사하지 아니하거나 2 이상의 장소에서 영업을 하는 자는 종업원 중 영업장별로 공중위생에 관한 책임자를 지정하고 그 책임자로 하여금 위생교육을 받게 하여야 한다.

④ 위생교육 대상자 중 보건복지부장관이 고시하는 섬·벽지 지역에서 영업을 하고 있거나 하려는 자에 대하여는 위생교육 실시단체가 편찬한 교육교재를 배부하여 이를 익히고 활용하도록 함으로써 교육에 갈음할 수 있다.

120 공중위생영업자는 공중위생영업을 폐업한 날로부터 며칠 이내에 신고해야 하는가?

① 20일

② 15일

③ 30일

④ 7일

121 <보기>는 공중위생관리법의 목적으로 ㉠, ㉡에 해당하는 용어로 맞는 것은?

【보기】

제1조(목적) 이 법은 공중이 이용하는 영업의 (㉠) 등에 관한 사항을 규정함으로써 (㉡)을/를 향상시켜 국민의 건강증진에 기여함을 목적으로 한다.

	㉠	㉡
①	위생	시설관리
②	시설관리	위생
③	위생관리	위생수준
④	위생수전	위생관리

122 이·미용업소의 시설 및 설비기준을 위반한 때에 대한 행정처분 중 2차 위반 시 처분기준은?

① 개선명령

② 영업정지 15일

③ 영업정지 1월

④ 영업장폐쇄명령

123 영업신고를 하려는 자로서 영업신고 후에 위생교육을 받을 수 있는 경우가 아닌 것은?

① 업무상 국외출장으로 위생교육을 받을 수 없는 경우

② 천재지변으로 위생교육을 받을 수 없는 경우

③ 교육장소와의 거리가 멀어서 위생교육을 받을 수 없는 경우

④ 본인의 질병·사고로 위생교육을 받을 수 없는 경우

124 메이크업의 기원에 대한 설명으로 가장 거리가 먼 것은?

① 원시시대에는 얼굴과 신체를 치장, 문신하는 것으로 전투에서 적을 위협하는 용맹성과 우월감을 과시하였다.

② 시대별 미적기준은 달랐으나 이성에게 관심을 끌기 위해 얼굴과 몸을 채색하고 장신구로 치장하였다.

③ 메이크업이 최초로 나타난 해는 고대 그리스로 여인들은 유두에 붉은 칠로 화장을 하였으나 입술은 붉게 칠하지 않았다.

④ 인간은 다양한 색채의 진흙이나 식물의 재료를 사용하여 얼굴과 몸에 바르기 시작하였다.

125 시대별 메이크업의 특성으로 가장 거리가 먼 것은?

① 고려 – 분대화장과 비분대화장으로 나뉘어 졌다.

② 고구려 – 시분무주, 즉 옅고 은은한 화장을 좋아했다.

③ 백제 – 일본인들이 화장품 제조기술과 화장기술을 배워간 후 화장을 시작했다는 기록이 있다.

④ 신라 – 영육일치 사상으로 깨끗한 몸과 단정한 옷차림을 추구하였다.

126 다음의 메이크업 특징을 설명하고 있는 시대는?

【보기】

• 코올(Kohl)을 이용한 눈 화장을 하고 붉은 진흙을 양의 기름에 반죽해서 붓으로 발랐으며, 뺨에는 분홍색과 입술에는 홍색을 칠하는 세련되고 강한 색채가 특징이었다.
• 피부 관리와 화장, 향수, 장신구에 이르기까지 완벽하게 치장하였다.

① 고대 그리스

② 고대 이집트

③ 고대 로마

④ 중세 로마네스크

127 현대 환경오염의 특성에 해당하지 않는 것은?

① 다발화

② 다양화

③ 누적화

④ 지역화

128 다음 중 세균의 기본형이 아닌 것은?

① 진균

② 나선균

③ 간균

④ 구균

129 피부의 흉터와 관계가 깊은 층은?

① 기저층

② 투명층

③ 과립층

④ 각질층

130 감각세포라고도 하며, 표피에 있는 세포는?

① 머켈세포

② 각질형성세포

③ 섬유아세포

④ 비만세포

131 표피에 약 2~4% 정도 존재하고 면역작용에 있어서 결정적인 역할을 하며, 항원을 탐지하는 세포는?

① 각질형성세포

② 멜라닌 세포

③ 머켈세포

④ 랑게르한스 세포

132 여드름 피부에 적합한 화장품 성분으로 가장 거리가 먼 것은?

① 하마멜리스
② 로즈마리 추출물
③ 알부틴
④ 캄퍼

133 자외선과 노화에 의한 과색소 침착이 아닌 것은?

① 백반증
② 주근깨
③ 기미
④ 점

134 노화현상에 해당하지 않는 것은?

① 호흡할 때 잔기용적(residual volume) 감소
② 시력 저하
③ 위산 분비량 감소
④ 혈관의 탄력성 감퇴

135 피부노화로 인한 표피 변화 중 틀린 것은?

① 표피의 두께가 얇아진다.
② 멜라닌 세포수의 감소로 자외선 방어능력이 줄어든다.
③ 랑게르한스 세포수가 감소되어 피부면역력이 감소한다.
④ 섬유아 세포수의 감소로 콜라겐 생성이 저하된다.

136 비누의 세정작용과 가장 거리가 먼 것은?

① 비누 수용액이 오염물질과 사이에 침투한다.
② 세정에 따른 물리적인 힘에 오염이 제거된다.
③ 피부의 오염을 쉽게 떨어지게 한다.
④ 세정성보다는 거품성을 중시하며 면도 전에 사용하면 좋다.

137 가청주파 영역을 넘는 주파수를 이용하여 미생물을 불활성화 시킬 수 있는 소독 방법은?

① 고압증기멸균법
② 초음파멸균법
③ 방사선멸균법
④ 전자파멸균법

138 경련 발작과 정신 발작을 야기하며 알코올 중독, 매독 감염 등 외적인 요인이 작용하는 정신질환은?

① 뇌전증(간질)
② 정신분열증
③ 조울증
④ 신경증

139 다음 중 질환을 매개하는 연결 관계가 틀린 것은?

① 벼룩 – 페스트
② 모기 – 황열
③ 파리 – 장티푸스
④ 진드기 – 발진티푸스

140 공기의 접촉 및 산화에 의한 피부변화로 가장 적합한 것은?

① 흰 면포
② 검은 면포
③ 구진
④ 팽진

141 <보기>의 ( ) 안에 알맞은 것은?

【보기】
미생물이란 일반적으로 육안의 가시한계를 넘어선 ( ) mm 이하의 미세한 생물체를 총칭하는 것이다.

① 1
② 0.01
③ 0.1
④ 10

142 질병 발생의 요인 중 숙주적 요인에 해당하지 않는 것은?

① 연령
② 주택시설
③ 선천적 요인
④ 생리적 방어기전

143 리포좀 화장품에 쓰이는 대표적인 성분은?

① 아스코르빈산
② 부틸렌글리콜
③ 레시틴
④ 올레인산

144 인체 병원성 미생물에 해당되는 것은?

① 고온성균
② 초저온성균
③ 저온성균
④ 중온성균

145 성매개감염병이 아닌 것은?

① 연성하감
② 임질
③ 레지오넬라증
④ 클라미디아감염증

146 건열멸균에 대한 설명으로 가장 옳은 것은?

① 건열멸균기 내부를 완전히 채워 멸균한다.
② 300℃ 이상으로 하여 멸균한다.
③ 고압멸균기를 사용한다.
④ 주로 유리기구 등의 멸균에 이용된다.

147 E.O(Ethylene Oxide) 가스 소독의 특징으로 옳은 것은?

① 열에 약한 물품에는 사용하지 못한다.
② 부식성이 있고 물품에 손상을 줄 수 있다.
③ 멸균시간이 증기보다 오래 걸린다.
④ 취급하기가 까다롭다.

148 메이크업 숍 내에서 소독 방법으로 가장 거리가 먼 것은?

① 에어브러시 기기는 반드시 분리하여 물로 세척 후 천이나 거즈로 닦는다.
② 눈썹 가위는 알코올로 세척 후 자외선 소독기에 보관한다.
③ 아이래시컬러는 사용할 때마다 알코올이나 토너를 티슈에 묻혀 세척한다.
④ 브러시는 이물질을 제거한 후 소독액에 담궈 보관 후 햇볕에 말린다.

149 재사용이 가능한 기구 소독에 적합하지 않은 것은?

① 자비소독법
② 자외선멸균법
③ 소각소독법
④ 유통증기멸균법

150 기온과 기류의 흐름이 일정한 값일 때 감각온도를 지배하는 직접적인 요소는?

① 태양고도
② 습도
③ 기압
④ 하늘의 구름상태

151 피부표현은 밝고 화사하게 하고, 색상표현은 그린과 연핑크 등의 파스텔 색조를 사용하기에 가장 적합한 계절은?

① 봄
② 여름
③ 가을
④ 겨울

152 여름철의 피부 상태를 설명한 것으로 틀린 것은?

① 각질층이 두꺼워지고 거칠어진다.
② 버짐이 생기며 혈액순환이 둔화된다.
③ 고온다습한 환경으로 피부에 활력이 없어지고 피부는 지친다.
④ 표피의 색소침착이 뚜렷해진다.

153 보습효과가 높은 화장수와 영양성분이 높은 크림의 기초화장품을 적용해야 할 피부 유형으로 가장 적합한 것은?

① 복합성 피부
② 건성 피부
③ 정상 피부
④ 지성 피부

154 화장품에 사용되는 성분에 대한 설명으로 틀린 것은?

① 식물성 성분에는 허브, 과일, 나무수액 등이 있다.
② 비타민 A, E와 같은 비타민류는 피부보호 제품에 폭넓게 사용된다.
③ 동물성 성분에는 콜라겐, 라놀린, 엘라스틴 등이 있다.
④ 산화아연, 카올린, 탈크 등 미네랄은 화장품 성분으로 사용하지 않는다.

155 옛날부터 사용되어온 동물, 식물, 광물, 자연, 지명, 인명 등 이름을 따서 만든 고유색명을 뜻하는 것은?

① 계통색명
② 고정색명
③ 관용색명
④ 일반색명

156 먼셀기호 6.5BG 5/8에 대한 설명으로 가장 적합한 것은?

① 명도는 8단계이다.
② 명도는 BG이다.
③ 명도는 5단계이다.
④ 명도는 6.5단계이다.

157 먼셀 표색계에 대한 설명으로 가장 거리가 먼 것은?

① 1943년에는 초판의 문제점을 수정, 보완한 수정 먼셀 표색체계가 보급되었다.

② 먼셀의 명도 단계는 총 11단계로 이루어져 있다.

③ 먼셀의 색상환은 총 10색상으로 구성되어 있으며, 10 가지 색상을 각기 10단계로 분류하여 100색상이 되게 하였다.

④ 먼셀 표색기호는 명도, 색상, 채도의 순으로 표시한다.

158 감법혼색의 3원색으로 가장 적합한 것은?

① 마젠타, 그린, 옐로

② 마젠타, 그린, 블루

③ 마젠타, 시안, 옐로

④ 레드, 그린, 블루

159 오스트발트의 색채 조화론에 관한 설명으로 틀린 것은?

① 동일한 흑색량으로 기호의 문자가 같은 색들은 서로 조화된다.

② 흰색으로부터 같은 거리에 있는 색들은 서로 조화된다.

③ 무채색 축에 평행한 수직선상의 색들은 서로 조화된다.

④ 순색과 백색은 조화롭지만 순색과 흑색은 조화롭지 않다.

160 얼굴이 축소되어 보이기 위해 수정할 때 활용되는 색의 속성으로 가장 적합한 것은?

① 색상

② 명도

③ 채도

④ 색조

161 피부에 보습효과를 높여 피부를 매끈하고 촉촉하게 하는 데 가장 적합한 것은?

① 유연화장수

② 소염화장수

③ 수렴화장수

④ 세정용 화장수

162 메이크업 화장품에서 색상의 커버력을 조절하기 위해 주로 배합하는 것은?

① 펄 안료

② 체질 안료

③ 착색 안료

④ 백색 안료

163 TPO에 따른 메이크업에 대한 설명으로 가장 거리가 먼 것은?

① 스튜디오 메이크업은 인공조명의 영향으로 색상을 제대로 연출할 수 없기 때문에 명도대비를 이용한 메이크업을 하여야 한다.

② 비즈니스 메이크업은 직업, 의상색, 개인적 취향 등을 고려한다.

③ 파티 메이크업은 강하고 개성 있는 색상대비와 보색대비를 이용한 화려한 컬러로 연출해도 좋다.

④ 데이 메이크업은 밝은 외부 환경을 고려하여 본인 피부 톤보다 한 톤 반 정도 밝게 표현하고 음영은 자연스럽게 주도록 한다.

164 여성스럽고 우아한 느낌의 메이크업을 표현하기 위해 사용한 색상과 톤으로 가장 적합한 것은?

① 입술 색상은 저명도, 고채도의 색을 사용한다.

② 메이크업의 전체적인 색상은 딥 톤의 색을 사용한다.

③ 색조 메이크업은 중채도, 중명도의 색을 선택하고, 베이스 색상은 피부색보다 한 톤 밝은 색을 사용한다.

④ 부드러운 이미지를 위해 색조 메이크업은 저명도의 색만을 사용한다.

165 둥근 얼굴형을 가진 신부를 위한 메이크업 수정 방법으로 가장 거리가 먼 것은?

① 노즈 섀도는 생략한다.
② 둥근 얼굴형을 시원하게 보이기 위해 얼굴 외곽을 섀딩 처리한다.
③ T존 부위를 하이라이트 처리하고 상승형의 눈썹을 그린다.
④ 관자놀이에서 광대뼈 앞쪽으로 세로형의 블러셔를 한다.

166 지면광고 메이크업을 할 때의 주의사항이 아닌 것은?

① 눈썹은 강렬한 인상을 위해 인위적으로 각지고 길게 그려주어야 한다.
② 광고 콘셉트에 맞추어 아이섀도 형태와 컬러를 정한다.
③ 립글로스가 너무 번들거려 조명에 반사되지 않도록 주의한다.
④ 커버력과 지속력이 우수한 파운데이션을 사용하여 매트하게 피부표현을 한다.

167 블러셔 제품의 사용 방법으로 가장 거리가 먼 것은?

① 건강하고 생동감 있는 표정에는 오렌지 계열이 잘 어울린다.
② 촉촉하고 부드러운 느낌을 주기 위하여 크림 타입을 사용한다.
③ 귀엽고 사랑스러운 느낌을 위하여 핑크색을 사용한다.
④ 크림 타입의 블러셔는 파우더를 바른 후 사용하여 촉촉함을 유지시켜 준다

168 립라이너에 관한 설명으로 가장 적합한 것은?

① 립스틱의 색상과 유사한 색상을 선택한다.
② 색상이 다양하지 못하다.
③ 립스틱을 바른 입술 위에 광택을 줄 때 사용한다.
④ 립스틱의 색상과 상관없이 선택해도 무방하다.

169 파운데이션 사용법에 대한 설명으로 가장 적합한 것은?

① 크림 파운데이션은 적당한 유분감과 커버력이 있어 중년층과 건성피부의 여성이 사용하기에 좋고, 커버력을 높이기 위해서 패팅 기법으로 두드리듯 발라준다.
② 파우더 파운데이션은 휴대가 용이하며 적당한 유분감으로 건성피부에 많이 사용한다.
③ 잡티 커버를 위해 무스 타입의 파운데이션을 파운데이션 브러시로 가볍게 발라준다.
④ 스틱 파운데이션은 고체화 된 제품으로 커버력은 강하나 지속력이 떨어져 전문가용으로 사용된다.

170 광원 아래에서 메이크업을 할 때 주의점이 바르게 연결된 것은?

① 형광등 – 장파장의 붉은 기운을 중화시키기 위하여 푸른색의 제품을 활용한다.
② 백열등 – 붉은색이나 갈색, 베이지색, 핑크색 등은 실제의 색보다 진하게 나타나므로 주의한다.
③ 수은등 – 황색계열이나 베이지색은 좀 더 과감하게 사용하여도 좋다.
④ 백열등 – 따뜻한 톤을 경감시키므로 차가운 컬러를 사용하여 메이크업을 연출하도록 한다.

171 TV 메이크업 시 알아두어야 할 점을 설명한 것으로 가장 거리가 먼 것은?

① 영상을 위한 색조 메이크업에 너무 강한 색이나 형광색은 피한다.
② TV 화면에서는 따뜻한 계열의 색보다 차가운 색인 파랑, 남색, 청록색 등이 잘 표현된다.
③ 밝은 색 옷을 입은 출연자의 경우 얼굴색도 다소 밝게 메이크업을 한다.
④ 피부색은 조명, 배경색, 세트 색과 카메라의 위치, 재현색 등을 고려하여 자연스럽고 깔끔하게 표현한다.

172 눈썹을 그릴 때 주의사항으로 가장 거리가 먼 것은?

① 눈썹꼬리는 눈썹 앞머리보다 내려서 그린다.
② 본래의 눈썹 색상과 비슷한 색상을 선택한다.
③ 눈썹 앞머리를 각지게 그리거나 색상을 강하게 표현하지 않는다.
④ 일직선으로 한 번에 그리지 말고 절대로 한 올 한 올 심듯이 그린다.

173 메이크업 작업 자세에 대한 설명으로 가장 거리가 먼 것은?

① 모델의 45° 옆에서 시작하여 좌우로 이동하지 말고 시작한 자세에서 끝낸다.
② 모델보다 조금 높은 위치에서 마주보고 메이크업을 한다.
③ 모델의 뒤에 서서 양쪽 눈썹의 대칭을 체크한다.
④ 모델의 옆에서 시작하여 아티스트의 기분에 따라 자세를 바꿔준다.

174 두꺼운 입술을 보완하기에 가장 적합한 립스틱은?

① 핑크색의 립스틱
② 글로시한 질감의 립스틱
③ 펄이 있는 립스틱
④ 펄이 없고 매트한 립스틱

175 신랑 메이크업으로 가장 거리가 먼 것은?

① 강한 조명을 고려하여 본인 피부 톤보다 한 톤 밝은 파운데이션으로 표현한다.
② 눈썹은 인위적이지 않게 자연스럽게 그려준다.
③ 입술은 립글로스와 입술 색과 같은 색으로 가볍게 표현한다.
④ 전체적으로 최대한 자연스럽게 표현해 주는 것이 중요하다.

176 치크 메이크업을 표현할 때 주의해야 할 점으로 가장 거리가 먼 것은?

① 반드시 볼 안쪽 가까이까지 표현해 주어야 한다.
② 적은 양을 여러 번 덧발라 주어 경계지지 않게 한다.
③ 전체적인 색조화장 톤과 동색계열의 색으로 표현한다.
④ 지나치게 강한 것보다 혈색이 느껴질 정도로 은은하게 하는 것이 효과적이다.

177 얼굴형에 따른 치크 메이크업 테크닉 시 얼굴이 갸름해 보이도록 광대뼈 아래부터 입꼬리를 향해 사선으로 표현해야 하는 얼굴형은?

① 긴형
② 둥근형
③ 역삼각형
④ 사각형

178 클렌징 제품에 대한 설명 중 가장 거리가 먼 것은?

① 클렌징 오일은 건성피부에 적합하다.
② 클렌징 폼은 클렌징 크림이나 클렌징 로션으로 1차 클렌징 후에 사용하면 좋다.
③ 클렌징 크림은 건성피부에 적합하다.
④ 클렌징 워터는 포인트 메이크업의 클렌징 시 많이 사용되고 있다.

179 극중 캐릭터를 표현하기 위해 수염을 붙일 때 작업순서로 가장 적절한 것은?

① 수염 붙이기 → 그라데이션 하기 → 스프리트 검 바르기 → 마무리하기
② 스프리트 검 바르기 → 그라데이션 하기 → 수염 붙이기 → 마무리하기
③ 수염 붙이기 → 스프리트 검 바르기 → 그라데이션 하기 → 마무리하기
④ 스프리트 검 바르기 → 수염 붙이기 → 그라데이션 하기 → 마무리하기

180 퍼스널컬러 유형별 메이크업과 어울리는 색상을 연결한 것으로 틀린 것은?

① 봄 메이크업 : 오렌지, 피치, 핑크
② 여름 메이크업 : 화이트, 블루, 골드
③ 가을 메이크업 : 아이보리, 카키, 브라운
④ 겨울 메이크업 : 화이트, 레드, 와인

181 웨딩 메이크업 작업 시 얼굴형을 보완하는 블러셔 모양을 바르게 짝지은 것은?

① 긴 얼굴형 – 광대뼈 사선 방향
② 각진 얼굴형 – 광대뼈 사선 형태
③ 동그란 얼굴형 – 앞볼 중앙 동그란 형태
④ 긴 얼굴형 – 앞볼 가로 방향

182 메이크업 베이스와 관련한 설명으로 가장 적합한 것은?

① 핑크 컬러의 베이스는 모세혈관 확장으로 울긋불긋한 피부와 잡티가 많은 피부, 여드름 자국이 심한 피부에 사용한다.
② 지성피부에는 리퀴드 타입의 메이크업 베이스가 적합하다.
③ 파운데이션을 고르게 펴 바를 때 색이 섞이면서 피부색과 자연스럽게 중화시켜주므로 파운데이션 사용 후 사용한다.
④ 창백하고 혈색이 없는 피부를 화사하게 연출하기 위해서는 그린 컬러의 베이스가 적합하다.

183 진흙 성분의 머드팩에 주로 함유되어 있는 성분은?

① 카올린
② 멘톨
③ 유황
④ 레시틴

184 퍼스널 컬러 중 여름 로맨틱 이미지를 연출하려고 할 때 틀린 것은?

① 진주나 부드러운 빛의 비즈를 곁들인 섬세한 액세서리로 장식한다.
② 라이트 톤의 프릴이나 드레이프가 있는 원피스로 섬세하고 우아하게 연출한다.
③ 비비드한 색조의 원피스나 블라우스로 액티브하게 표현한다.
④ 핑크, 로즈, 퍼플 계열의 밝고 은은한 배색이 어울린다.

185 증명사진 메이크업 표현으로 <u>틀린</u> 것은?

① 단점을 커버하고 보완하여 최대한 자연스럽게 표현한다.
② 유분으로 인한 조명반사를 피하기 위해 파우더를 발라준다.
③ 얼굴 부분과 목 부분이 경계가 생기지 않도록 표현한다.
④ 펄 섀도나 글로시한 립스틱을 사용하여 광택이 보이도록 한다.

186 <보기>의 색조 팔레트에 해당하는 퍼스널 컬러 유형으로 <u>가장 적합한</u> 것은?

【보기】
• 파운데이션 : 웜 베이지, 내추럴 베이지, 코랄 베이지, 골든 베이지
• 아이섀도 : 골드, 카키, 올리브 그린, 브라운 계열
• 블러셔 : 코랄 핑크, 코랄, 레드 오렌지 계열
• 립스틱 : 버건디, 레드 계열

① 겨울 유형
② 가을 유형
③ 봄 유형
④ 여름 유형

187 광고 촬영 시 모델의 립스틱이 오래 지속되도록 해주고자 할 때의 방법으로 <u>틀린</u> 것은?

① 립 라인 펜슬로 외곽을 잡아주고 립스틱 위에 립 코트를 발라준다.
② 립스틱을 바른 후 티슈로 유분기를 걷어내는 동작을 반복하여 원하는 색상이 표현되도록 한다.
③ 립스틱을 바른 후 립글로스를 발라 촉촉하고 윤기 있는 입술을 표현해 준다.
④ 립스틱을 바른 후에 투명 파우더를 발라 지속력을 높여준다.

188 속눈썹 연장 방법을 설명한 내용 중 <u>옳은</u> 것은?

① 모근의 형태와 방향을 잘 고려하여 2모씩 작업한다.
② 가모의 길이는 눈앞 쪽을 기준으로 뒤로 갈수록 점점 짧아진다.
③ 속눈썹 시작점부터 1~1.5mm 떨어진 지점부터 붙여준다.
④ 인증된 글루만을 사용하며 한 방울 정도씩 눈꺼풀에 덜어 사용한다.

189 린스의 기본기능을 나타내는데 가장 중요한 역할을 하는 성분으로 모발에 잘 흡착되어 모발을 부드럽게 만들고 정전기를 방지하는 작용을 하는 것은?

① 실리콘
② 양이온 계면활성제
③ 알카놀 아미드
④ 글리세린

190 실용성과 청결보다는 예술성에 우위를 둔 시기는?

① 바로크 시대
② 엠파이어 시대
③ 르네상스 시대
④ 로코코 시대

191 한난대비에 대한 설명으로 <u>옳은</u> 것은?

① 한색과 난색이 대비되었을 때 난색은 더욱 따뜻하게, 한색은 더욱 차게 느껴지는 현상이다.
② 동일한 색이 면적의 크기에 따라 명도와 채도가 다르게 보인다.
③ 자극을 받은 후 남게 되는 시각상의 흥분 상태이다.
④ 한색과 난색의 경계부분의 대비가 약하게 나타나는 것이다.

192 작품의 제작 전체를 감독하며 기획부터 대본, 최종 편집까지 이끌어가는 책임자로 <u>가장 적합한 것</u>은?

① 기획자(producer, PD)

② 연출자(director)

③ 조연출(assistant director, AD)

④ 무대감독(floor director)

193 고객의 불만을 처리하는 기본 4단계를 바르게 나열한 것은?

① 준비하기 → 경청하기 → 대안 제시하기 → 만족 확인하기

② 준비하기 → 대안 제시하기 → 만족 확인하기 → 경청하기

③ 준비하기 → 대안 제시하기 → 경청하기 → 만족 확인하기

④ 준비하기 → 경청하기 → 만족 확인하기 → 대안 제시하기

194 군집독 발생이 가능한 실내에서 가장 필요한 조치는?

① 조명

② 환기

③ 실내소독

④ 청결

195 다음 중 입모근과 가장 관련 있는 것은?

① 호르몬 조절

② 수분 조절

③ 피지 조절

④ 체온 조절

196 사망률과 관련하여 보건 수준이 가장 높을 때의 α-index 값은?

① 1.0에 가까울 때

② 2.0에 가장 가까울 때

③ 1.0 이상 ~ 2.0 이하일 때

④ 2.0 이상 ~ 3.0 이하일 때

197 비립종에 대한 설명으로 틀린 것은?

① 단단한 흰 알갱이가 표피에 들어 있다.

② 모공을 막고 있는 분비물 및 각질 덩어리이다.

③ 주로 눈 주변에서 많이 볼 수 있다.

④ 칼슘염과 각질로 이루어져 있다.

1 정답 ①

얼굴이나 몸을 치장하여 매력적이고 아름답게 보이기 위해 신체를 장식했다고 보는 가설은 이성유인설에 해당한다.

2 정답 ②

메이크업이 자신의 성격이나 가치추구의 방향을 표현한다는 것은 메이크업의 심리적인 기능에 해당한다.

3 정답 ③

메이크업이 신체 외관의 형태를 변형시키는 기능을 하지는 않는다.

4 정답 ④

정확한 발음을 위해 고려해야 하는 요소는 조음, 음색, 억양, 강세 등이다.

5 정답 ②

영육일치사상의 영향으로 남녀 모두 미에 대한 관심이 높았던 시기는 신라시대이다.

6 정답 ③

넓은 이마가 유행이어서 눈썹을 밀었던 시기는 르네상스 시대이다.

7 정답 ④

〈보기〉는 르네상스 시대에 대한 설명이다.

8 정답 ④

엘리자베스 시대에는 남녀가 모두 화장품을 사용하였으며, 달걀, 백납가루, 유황을 섞어 파운데이션의 기초가 되는 제품을 사용하기 시작하였다.

9 정답 ④

고대 이집트인들은 뜨거운 태양과 모래바람으로부터 눈을 보호하기 위해 안티모니를 화장재료로 사용하였다.

10 정답 ④

손으로 브러시 모의 결대로 모양을 잡고 바닥에 닿지 않게 말아 놓은 수건 위에 뉘어서 또는 브러시 모가 아래로 향하도록 매달아서 건조시킨다.

11 정답 ②

크림 타입의 아이섀도는 지속력이 우수하고 유분이 함유되어 부드럽고 매끄럽게 펴바를 수 있다.

12 정답 ④

마스카라는 속눈썹을 길고 진하게 보이게 하여 매력적인 눈을 연출한다.

13 정답 ①

일반적으로 파운데이션이 피지 분비를 억제하지는 않는다.

14 정답 ④

윤곽 수정과 커버력이 우수하여 주로 분장용에 사용되는 것은 스틱 파운데이션이다.

15 정답 ③

핑크 계열의 색상은 치아를 더 누렇게 보이게 하므로 퍼플 계열의 짙은 색상을 선택하도록 한다.

16 정답 ④

눈썹산은 눈썹의 2/3 지점의 가장 높은 부분을 말한다.

17 정답 ④

남성적이며 활동적인 이미지는 사각 얼굴형이다.

18 정답 ④

헤어라인~눈썹, 눈썹~코끝, 코끝~턱끝 가로분할 3등분이 가장 적합하다.

19 정답 ④

① 사각형 – 양쪽 이마, 턱뼈
② 긴 형 – 이마, 턱 끝
③ 둥근형 – 양쪽 측면

20 정답 ①

② 긴 형 : 볼 중앙부분에서 귀 앞쪽으로 수평느낌이 나게 넣어준다.
③ 둥근형 : 광대뼈 윗부분에서 입꼬리 끝을 향하여 세로 느낌이 나게 블러셔를 한다.
④ 역삼각형 : 턱선이 강조되지 않게 광대뼈 윗부분에서 약간 갸름하게 넣어준다.

21 정답 ③

역삼각형 얼굴의 아이브로는 여성스러움을 강조할 수 있는 아치형의 눈썹을 부드럽게 그려준다.

22 정답 ①

긴 얼굴형은 양 볼에 하이라이트를 주어 길어 보이는 얼굴형을 커버하는 것이 중요하다.

23 정답 ③

• 색상 : 노란색을 기본으로 고명도와 고채도의 레드, 오렌지, 옐로, 그린, 아쿠아 그린, 블루, 바이올렛, 브라운 계열 등
• 톤 : 선명하고 밝은 비비드(vivid), 라이트(light), 브라이트(bright), 페일(pale) 톤

24 정답 ③

언더컬러는 아이라인과 연결되는 눈끝의 삼각존으로부터 앞쪽으로 연결하여 눈매의 깊이를 표현할 수 있다 보통 포인트 컬러로 사용한 색상을 선택해서 언더컬러로 바르면 자연스럽고 무난하다.

25 정답 ②

① 콧등에는 하이라이트를 강조해서 얼굴이 길어 보이게 한다.
③ 이마와 턱은 하이라이트를 강조한다.
④ 얼굴의 양 관자놀이 부분은 어둡게 표현한다.

26 정답 ②

큰 입술은 작아 보이도록 하기 위해 짙은 색상의 립스틱을 선택하여 발라 준 후 본인의 입술보다 약간 작게 인커브로 자연스럽게 그려준다.

27 정답 ③

지방이 많은 눈은 부어 보이는 붉은 색상을 피하고 아이라인과 아이섀도우를 사용하여 두꺼운 눈꺼풀을 커버하는 메이크업 방법이 적합하다.

28 정답 ③

겨울 메이크업 색상 : 버건디, 와인, 화이트펄, 딥레드

29 정답 ②

겨울 메이크업에 어울리는 색상 : 버건디, 와인, 화이트펄, 딥레드

30 정답 ③

브라운 컬러에 골드 펄을 가미하여 깊이 있는 눈과 차분하고 럭셔리한 분위기를 연출하는 메이크업은 가을 메이크업이다.

31 정답 ①

여름 메이크업은 물에 잘 지워지지 않는 제품을 사용한다.

32 정답 ③

책자 형태로 상품을 소개하는 것은 팸플릿이다.

33 정답 ④

무대 메이크업은 미디어 메이크업에 해당하지 않는다.

34 정답 ④

아나운서 메이크업은 다양한 색상을 사용하기보다 절제를 통한 자연스러운 메이크업이 중요하다.

35 정답 ③

환경적 요인에 따라 노화의 정도가 달라지므로 잘 파악하여 분장을 시행해야 한다.

36 정답 ④

인쇄 매체 메이크업의 경우 색상과 이미지가 선명하게 전달되므로 정확하고 세밀하게 시행한다.

37 정답 ③

스프리트 검은 수염 분장에 사용되는 접착제이다.

38 정답 ④

모발의 표면을 보호하고 정전기를 방지하는 기능은 린스가 갖추어야 할 요건에 해당된다.

39 정답 ①

아이패치를 부착한 후 전처리제를 면봉과 마이크로 브러시에 묻힌 후 우드스틱을 이용해 속눈썹 모근에서 모 끝을 향해 닦아낸다.

40 정답 ③

피부 톤을 밝고 화사하게 표현하여 피부결점을 완벽하게 커버하는 것이 좋다.

41 정답 ①

로맨틱 웨딩 메이크업은 자연스러운 피부 톤을 최대한 살려주고 파운데이션을 너무 두껍게 바르면 안 된다.

42 정답 ②

황반변성은 속눈썹 연장과는 거리가 멀다.

43 정답 ①

로맨틱한 이미지는 사랑스럽고 귀여우며 부드럽고 낭만적인 분위기를 말한다.

44 정답 ③

야외일 경우 햇빛의 영향을 받기 때문에 실내에서 하는 메이크업 보다 더 진하게 표현하며 음영을 많이 준다.

45 정답 ①

② 피부는 밝고 화사한 느낌이 들도록 한다.
③ 한복의 색상과 조화를 이룰 수 있는 색을 두 가지 정도의 톤으로 선택하여 너무 화려하지 않게 표현한다.
④ 입술은 섀도 색상과 조화롭게 바르며 라인은 아웃커브보다는 윗입술을 인커브로, 아랫입술은 표준형으로 그려준다.

46 정답 ④

① 혼주의 이미지와 피부 톤, 한복 컬러 등 여러 가지를 고려하여 결정한다.
② 펄이 있는 컬러는 눈가 주름이 도드라질 수 있으므로 주의한다.
③ 파우더는 유분기가 있는 부위에 소량 사용한다.

47 정답 ①

커리어우먼의 메이크업은 스모키 메이크업이나 포인트 메이크업으로 색상을 강하게 사용하는 것은 적절하지 않다.

48 정답 ①

② 쌍꺼풀이 없는 눈
③ 움푹 들어간 눈
④ 눈꼬리가 내려간 눈

49 정답 ②

메이크업 아티스트는 촬영 후반 CG 작업에 의존하지 않고 세밀하고 완벽한 메이크업을 표현한다.

50 정답 ④

① 립밤 등을 사용하여 입술의 수분감을 준다.
② TV 촬영 시 자연스러운 피부표현을 위해 두꺼운 제형은 삼간다.
③ 헤어 컬러에 맞는 아이브로 색상을 사용한다.

51 정답 ①

세련되고 도시적인 이미지 표현에는 각진 형태의 눈썹과 입술, 윤곽을 강조하는 사선방향의 볼터치가 가장 적합하다.

52 정답 ①

우아하고 여성스러운 이미지 표현 시 눈썹 컬러는 그레이 브라운이 적합하다.

53 정답 ③

소비자의 구매행동을 조사하는 것도 메이크업 산업의 정보 분석에 도움이 된다.

54 정답 ④

작업을 시작하기 전 반드시 손등에 공기를 쏘아 공기의 압력이 높거나 낮지 않은지 작업할 부위에 적당한 압력인지 점검한다.

55 정답 ③

녹색 메이크업 색상에 레드조명을 비추면 색상이 어두워진다.

56 정답 ③

굵고 진한 눈썹은 강하고 거친 인상을 주므로 눈썹을 브러시로 빗어준 뒤 눈썹 끝을 조금만 정리하여 깔끔한 인상을 표현한다.

57 정답 ④

매니쉬 룩은 남성적인 특징이 강하게 나타나는 이미지이므로 엘레강스, 펑키 메이크업과는 거리가 멀다.

58 정답 ①

색의 3속성 중 사람의 눈에 가장 민감하게 반응하는 것은 명도이다.

59 정답 ③

명도는 무채색과 유채색 모두가 갖고 있지만, 색상과 채도는 유채색만 갖고 있다.

60 정답 ①

명도가 높은 색일수록 가볍고 경쾌한 밝은 이미지를 주고, 명도가 낮은 어두운 색은 차분하고 무거운 이미지를 준다. 채도가 높은 색은 화려함을 느끼게 하고, 채도가 낮은 색은 수수한 이미지를 준다.

61 정답 ②

스쿠알렌은 심해 상어의 간유에서 추출한 불포화탄화수소로 피부에 대한 항산화 효과가 있어 화장품의 원료로 많이 사용된다.

62 정답 ④

SPF 뒤의 숫자는 자외선 차단지수를 말하며, 수치가 높을수록 자외선 차단지수가 높은 것을 의미한다.

63 정답 ④

구성 성분이 균일한 성상으로 혼합되어 있을 것

64 정답 ①

자외선 차단 성분이 미백작용을 활성화시키지는 않는다.

65 정답 ③

공기 중의 습기를 흡수해서 피부표면 수분을 유지시켜 피부나 털의 건조 방지를 하는 성분은 글리세린이다.

66 정답 ④

▶ 화장품에서 요구되는 4대 품질 특성
 • 안전성 : 피부에 대한 자극, 알레르기, 독성이 없을 것
 • 안정성 : 변색, 변취, 미생물의 오염이 없을 것
 • 사용성 : 피부에 사용감이 좋고 잘 스며들 것, 사용이 편리할 것
 • 유효성 : 미백, 주름개선, 자외선 차단 등의 효과가 있을 것

67 정답 ①

② 피지선이나 모낭을 통한 흡수는 시간이 지나면서 점차 줄어들게 된다.
③ 분자량이 작을수록 피부흡수가 잘 된다.
④ 지용성 성분은 피부 흡수가 잘 된다.

68 정답 ④

"화장품"이란 인체를 청결·미화하여 매력을 더하고 용모를 밝게 변화시키거나 피부·모발의 건강을 유지 또는 증진하기 위하여 인체에 바르고 문지르거나 뿌리는 등 이와 유사한 방법으로 사용되는 물품으로서 인체에 대한 작용이 경미한 것을 말한다.

69 정답 ③

알파하이드록시산은 자외선 차단 성분이 아니다.

70 정답 ②

수렴 화장수는 피부에 수분을 공급하고 모공 수축 및 피지 과잉 분비를 억제한다.

71 정답 ②

호호바 오일은 보습 및 피지 조절 효과가 뛰어난 천연캐리어 오일로 여드름 치료, 습진, 건선피부 등에 사용된다.

72 정답 ③

색상의 커버력을 조절하기 위해 주로 배합하는 것은 백색 안료이다.

73 정답 ②

비타민 K는 지용성 비타민으로 혈액 응고에 필수적인 비타민으로 항출혈성 비타민으로 불리며, 비타민 P와 함께 모세혈관벽을 튼튼하게 한다.

74 정답 ①

우리나라의 건강보험제도는 의료비의 과중 부담을 경감하는 제도이다.

75 정답 ③

 • 자연증가 = 출생인구 – 사망인구
 • 사회증가 = 전입인구 – 전출인구

76 정답 ③

14세 이하가 65세 이상 인구의 2배 정도이며 출생률과 사망률이 모두 낮은 형은 종형이다.

77 정답 ①

질병치료 및 사후처치는 공중보건학의 목적이 아니다.

78 정답 ④

일산화탄소는 공기보다 가볍다.

79 정답 ③

보건행정의 특성 : 공공성, 사회성, 교육성, 과학성, 기술성, 봉사성, 조장성 등

80 정답 ④

슈퍼옥사이드는 몸속에서 가장 많이 발생하는 활성산소로 대부분은 체내에서 해독되나, 해독되지 못한 것들은 세포를 노화시킨다.

81 정답 ④

성층권의 오존층을 파괴시키는 대표적인 가스는 프레온 가스로 알려진 염화불화탄소이다.

82 정답 ②

• 일시경도의 원인물질 : 탄산염, 중탄산염 등
• 영구경수의 원인물질 : 황산염, 질산염, 염화염 등

83 정답 ①

크레졸은 손, 오물, 배설물 등의 소독 및 이·미용실의 실내소독용으로 사용된다.

84 정답 ①

소독약의 검증 혹은 살균력의 비교에 가장 흔하게 이용되는 방법은 석탄산계수 측정법이다.

85 정답 ②

고압증기 멸균기는 의료기구, 유리기구, 금속기구, 의류, 고무제품, 미용기구, 무균실 기구, 약액 등에 사용된다.

86 정답 ③

석탄산은 페놀계 소독제에 해당한다.

87 정답 ②

기온역전 현상 : 고도가 높은 곳의 기온이 하층부보다 높은 경우 주로 발생하는 대기오염현상

88 정답 ②

$$석탄산 계수 = \frac{소독액의 희석배수}{석탄산의 희석배수} = \frac{135}{90} = 1.5$$

89 정답 ①

이·미용기구 소독방법의 일반기준에 해당하는 소독방법은 자외선소독, 건열멸균소독, 증기소독, 열탕소독, 석탄산수소독, 크레졸소독, 에탄올소독이다.

90 정답 ④

요오드 화합물은 세균, 포자, 곰팡이, 원충류 및 조류 등과 같이 광범위한 미생물에 대한 살균력을 가진다.

91 정답 ③

소독제 A를 B보다 2배 짙게 조정해야 한다.

92 정답 ①

이질은 바퀴벌레, 파리 등을 매개로 하는 경구 감염으로 전파되며, 적은 양의 세균으로도 감염될 수 있어 환자 및 병원체 보유자와 직접 또는 간접접촉을 통해서도 감염 가능하다.

93 정답 ③

투베르쿨린 반응은 결핵 감염유무를 검사하는 방법이다.

94 정답 ①

세균성 식중독은 세균 증식에 알맞은 여름철에 많이 발생한다.

95 정답 ③

세균은 증식 환경이 적당하지 않을 경우 아포를 형성함으로써 강한 내성을 지니게 된다.

96 정답 ④

감염병의 유행조건 : 감염원(병인), 감염경로(환경), 감수성 숙주

97 정답 ①

세균성 식중독은 잠복기가 아주 짧다.

98 정답 ④

즉시 신고해야 하는 감염병은 제1급 감염병이며, 두창, 디프테리아, 중증급성호흡기증후군은 여기에 해당한다. 말라리아는 제3급 감염병으로 24시간 이내에 신고해야 한다.

99 정답 ④

두창·홍역(95%), 백일해(60~80%), 성홍열(40%), 디프테리아(10%), 폴리오(0.1%)

100 정답 ②

인플루엔자는 바이러스로 인한 호흡기계 감염병으로 공기 중 비말전염으로 쉽게 감염될 수 있다.

101 정답 ③

▶ 공중위생감시원의 업무범위
• 관련시설 및 설비의 확인 및 위생 상태 확인·검사
• 공중위생 영업자의 위생관리의무 및 영업자준수사항 이행 여부의 확인
• 공중이용시설의 위생관리상태의 확인·검사
• 위생지도 및 개선명령 이행 여부의 확인
• 공중위생영업소의 영업의 정지, 일부 시설의 사용중지 또는 영업소 폐쇄명령 이행 여부의 확인
• 위생교육 이행 여부의 확인

102 정답 ①

양벌규정에 대한 설명이다.

103 정답 ③

이용사 또는 미용사가 되고자 하는 자는 시장·군수·구청장의 면허를 받아야 한다.

104 정답 ②

▶ 1차 위반 시 면허취소가 되는 경우
- 국가기술자격법에 따라 미용사 자격이 취소된 때
- 결격사유에 해당한 때
- 이중으로 면허를 취득한 때
- 면허정지처분을 받고 그 정지기간 중 업무를 행한 때

105 정답 ①

시·도지사 또는 시장·군수·구청장은 위생서비스평가의 결과 위생서비스의 수준이 우수하다고 인정되는 영업소에 대하여 포상을 실시할 수 있다.

106 정답 ④

① 공중위생영업이라 함은 숙박업·목욕장업·이용업·미용업·세탁업·건물위생관리업을 말한다.
② 공중위생영업의 양수인 상속인 또는 합병에 의하여 설립되는 법인 등은 공중위생영업자의 지위를 승계할 수 있다.
③ 시설 및 설비를 갖추고 신고한다.

107 정답 ③

발한실에 관한 기준은 목욕장업에 적용되는 기준이다.

108 정답 ①

② 이·미용실에서는 의약품을 사용할 수 없다.
③ 소독한 기구와 소독하지 않은 기구는 분리하여 보관하여야 한다.
④ 1회용 면도날은 손님 1인에 한하여 사용할 것

109 정답 ①

이·미용사 면허증을 부착할 수 없게 하는 봉인은 관계공무원의 조치사항이 아니다.

110 정답 ③

6개월이 아닌 1년 이상 공중위생 행정에 종사한 경력이 있는 사람이 공중위생감시원의 자격에 해당한다.

111 정답 ④

▶ 명예공중위생감시원의 위촉대상자
- 공중위생에 대한 지식과 관심이 있는 자
- 소비자단체, 공중위생관련 협회 또는 단체의 소속직원 중에서 당해 단체 등의 장이 추천하는 자

112 정답 ③

"미용업"이라 함은 손님의 얼굴, 머리, 피부 및 손톱·발톱 등을 손질하여 손님의 외모를 아름답게 꾸미는 영업을 말한다.

113 정답 ③

혼례나 그 밖의 의식에 참여하는 자에 대하여 그 의식 직전에 미용을 하는 경우 영업소 외의 장소에서 이·미용 업무를 행할 수 있다.

114 정답 ②

시·도지사는 공중위생영업소의 위생관리수준을 향상시키기 위하여 위생서비스평가계획을 수립하여 시장·군수·구청장에게 통보하여야 한다.

115 정답 ①

면허가 취소된 후 계속하여 업무를 행한 자에 대한 벌칙은 300만원 이하의 벌금이다.

116 정답 ②

- 1차 위반 : 경고
- 2차 위반 : 영업정지 5일
- 3차 위반 : 영업정지 10일
- 4차 위반 : 영업장 폐쇄명령

117 정답 ②

- 1차 : 영업정지 10일
- 2차 : 영업정지 20일
- 3차 : 영업정지 1개월
- 4차 : 영업장 폐쇄명령

118 정답 ③

단순 지성피부는 일반적으로 외부의 자극에 영향이 적고, 비교적 피부 관리가 용이하다.

119 정답 ①

위생교육 실시단체의 장은 위생교육을 수료한 자에게 수료증을 교부하고, 교육실시 결과를 교육 후 1개월 이내에 시장·군수·구청장에게 통보하여야 하며, 수료증 교부대장 등 교육에 관한 기록을 2년 이상 보관·관리하여야 한다.

120 정답 ①

공중위생영업자는 공중위생영업을 폐업한 날부터 20일 이내에 시장·군수·구청장에게 신고하여야 한다.

121 정답 ③

이 법은 공중이 이용하는 영업의 위생관리등에 관한 사항을 규정함으로써 위생수준을 향상시켜 국민의 건강증진에 기여함을 목적으로 한다.

122 정답 ②

- 1차 위반 : 개선명령
- 2차 위반 : 영업정지 15일
- 3차 위반 : 영업정지 1개월
- 4차 위반 : 영업장 폐쇄명령

123 정답 ③

교육장소와의 거리가 멀어서 위생교육을 받을 수 없는 경우는 영업신고 후에 위생교육을 받을 수 있는 경우에 해당하지 않는다.

124 정답 ③

고대 이집트 여인들은 유두에 붉은 칠을 하여 화장하였으나 입술은 붉게 칠하지 않았는데 이는 당시의 이집트 풍속에 입맞춤으로 애정표시를 하지 않았기 때문이다.

125 정답 ②

시분무주는 백제인들의 화장법이다.

126 정답 ②

고대 이집트의 메이크업에 대한 설명이다.

127 정답 ④

환경오염의 특성 : 다양화, 누적화, 다발화, 광역화

128 정답 ①

세균은 형태에 따라 간균, 구균, 나선균 3개의 기본형으로 구분된다.

129 정답 ①

기저층은 피부의 최하층으로, 피부 세포의 생성과 성장을 담당한다. 흉터는 피부 세포의 손상으로 인해 생기는데, 이때 기저층이 손상될 경우 흉터가 형성될 가능성이 높다.

130 정답 ①

감각세포인 머켈세포는 신경세포와 연결되어 촉각을 감지한다.

131 정답 ④

항원을 탐지하는 세포는 랑게르한스 세포이다.

132 정답 ④

캄퍼는 여드름 피부에 자극을 줄 수 있는 성분으로, 특히 민감성 피부에서는 자극을 일으킬 가능성이 크다.

133 정답 ①

백반증은 피부의 멜라닌 세포 결핍으로 인해 나타나는 피부 질환이다.

134 정답 ①

잔기용적은 숨을 최대로 내쉬고 난 후 폐속에 남아있는 호흡의 양을 말하는데, 노화가 진행될수록 잔기용적은 보통 증가한다.

135 정답 ④

섬유아세포는 피부의 진피에 존재한다.

136 정답 ④

비누는 세정제로서 비누 수용액이 오염물질 사이에 침투하여 물리적인 힘과 화학작용에 의해 오염물질을 제거한다. ④는 비누의 세정작용과 거리가 멀다.

137 정답 ②

가청주파 영역을 넘는 주파수를 이용하여 미생물을 불활성화 시킬 수 있는 소독 방법은 초음파멸균법이다.

138 정답 ①

뇌전증은 뇌신경의 과도한 흥분으로 인해 발작이 일어나는 질병을 말하는데, 중추신경계 손상, 뇌의 외상, 알코올 중독, 매독 감염 등이 원인이 된다.

139 정답 ④

진드기가 매개하는 질환은 신증후군출혈열, 쯔쯔가무시병, 록키산홍반열이다. 발진티푸스는 이가 매개하는 질환이다.

140 정답 ②

공기 중에 노출된 면포는 멜라닌과 지방산들의 산화에 의해 그 색이 검게 변하여 검은색의 블랙헤드가 만들어진다.

141 정답 ③

미생물이란 일반적으로 육안의 가시한계를 넘어선 0.1mm 이하의 미세한 생물체를 총칭하는 것이다.

142 정답 ②

연령, 선천적 요인, 생리적 방어기전 모두 숙주적 요인에 해당되며, 주택시설은 환경적 요인에 해당된다.

143 정답 ③

리포좀 화장품은 화장품의 유효성분을 피부 깊숙이 흡수할 수 있는 것으로 알려져 있는데, 피부 친화적인 원료인 레시틴이 많이 사용된다.

144 정답 ④

중온성균은 인체의 체온과 유사한 온도이기 때문에 인체에 쉽게 감염될 수 있다.

145 정답 ③

성매개감염병에는 매독, 임질, 클라미디아, 연성하감, 성기단순포진, 첨규콘딜롬, 사람유두종바이러스 감염증 등이 있다.

146 정답 ④

건열멸균법은 165~170℃의 건열멸균기에 1~2시간 동안 멸균하는 방법으로 유리기구, 금속기구, 자기제품 등의 멸균에 사용된다.

147 정답 ③

① 열에 약한 물품의 멸균에 사용된다.
② 비부식성이고 물품에 손상을 주지 않는다.
④ 취급이 용이하다.

148 정답 ④

브러시를 소독액에 담궈 보관하지는 않는다.

149 정답 ③

소각소독법은 일회용품이나 오염된 폐기물에 대한 처리에 사용되며, 재사용이 가능한 기구 소독에는 적합하지 않다.

150 정답 ②

감각온도는 온도, 기류, 습도 등의 요소에 따라 인간의 감각을 통해 느끼는 온도를 말하는데, 기온과 기류가 일정한 경우 감각온도를 직접적으로 지배하는 요소는 습도이다.

151 정답 ①

피부표현은 밝고 화사하게 하고, 색상표현은 그린과 연핑크 등의 파스텔 색조를 사용하기에 가장 적합한 계절은 봄이다.

152 정답 ②

여름철은 체온이 올라가고 땀이 배출되는 과정에서 혈액순환이 활발해진다.

153 정답 ②

윤기가 적고 건조해 노화가 되기 쉬운 건성피부는 무자극, 무알콜 제품과 보습 효과가 높은 영양 화장수와 크림을 사용한다.

154 정답 ④

산화아연, 카올린, 탈크 등은 화장품 성분으로 사용된다.

155 정답 ③

옛날부터 사용되어온 동물, 식물, 광물, 자연, 지명, 인명 등 이름을 따서 만든 색명을 고유색명 또는 관용색명이라고 한다.

156 정답 ③

- 6.5BG : 색상
- 5 : 명도
- 8 : 채도

157 정답 ④

먼셀 표색기호는 색상, 명도, 채도의 순으로 표시한다.

158 정답 ③

감법혼색은 색료의 혼합을 말하는 것으로 마젠타, 시안, 옐로가 3원색에 해당한다.

159 정답 ④

순색과 흰색 및 검정색은 조화된다는 것이 오스트발트의 색채 조화론의 이론이다. 따라서 순색과 흑색은 조화롭지 않다는 주장은 잘못된 내용이다.

160 정답 ②

명도가 밝은 색은 팽창되어 보이게 하거나 돌출되어 보이게 하며, 반대로 명도가 어두운 색은 수축되어 보이거나 후퇴되어 보이게 한다.

161 정답 ①

피부에 보습효과를 높여 피부를 매끈하고 촉촉하게 하는 데 가장 적합한 것은 유연화장수이다.

162 정답 ④

피부의 커버력을 조절하는 역할을 하는 안료는 백색 안료로 티타늄다이옥사이드, 징크옥사이드 등이 있다.

163 정답 ④

데이 메이크업은 본인 피부 톤에 맞는 파운데이션으로 자연스럽게 보이게 표현한다.

164 정답 ③

여성스럽고 우아한 느낌의 메이크업을 표현하기 위해서는 중채도, 중명도의 색조 메이크업을 사용하고, 베이스 색상은 피부색보다 한 톤 밝은 색을 사용한다.

165 정답 ①

둥근 얼굴형을 가진 신부는 노즈 섀도를 길게 강조하여 얼굴이 좀더 길어 보이게 한다.

166 정답 ①

지면광고는 광고의 콘셉트를 정확하게 전달하는 것이 중요하므로 강렬한 인상을 주기 위해 눈썹을 인위적으로 표현하는 것은 좋지 않다.

167 정답 ④

케이크 타입의 블러셔는 파우더를 바른 후 사용하고, 크림 타입의 블러셔는 파우더를 바르기 전 유분기가 있는 상태에서 스펀지로 경계가 생기지 않도록 발라준다.

168 정답 ①

립라이너는 입술 선을 선명하게 표현해 주며 입술화장이 번지지 않게 오래 지속시켜 주는 역할을 하는데, 립스틱 색상과 유사한 색상을 선택한다.

169 정답 ①

② 파우더 파운데이션은 휴대가 용이하며, 매트한 느낌을 주는 파운데이션으로 건성피부에는 적합하지 않다.
③ 무스 타입의 파운데이션은 커버력이 약하며 베이스 화장을 거의 하지 않은 듯한 가벼운 느낌을 준다.
④ 스틱 파운데이션은 고체화 된 제품으로 커버력이 강하고 지속력도 우수하다.

170 정답 ②

- 백열등 : 따뜻한 붉은색을 띠므로 아이보리 계열의 파운데이션 색상을 선택한다. 백열등 아래에서 난색 계열의 색상은 실제의 색보다 진하게 보인다.
- 형광등 : 차가운 푸른색을 띠므로 핑크 계열의 파운데이션 색상을 선택한다. 난색 계열보다 한색 계열의 색이 살아나며, 메이크업 시 색상이 선명하게 보이거나 왜곡시킨다.
- 수은등 : 노란색 계열의 빛을 발산하므로, 황색 계열이나 베이지색은 노란빛에 의해 더욱 강조될 수 있다

171 정답 ③

TV 메이크업에서는 출연자의 옷의 색상과 메이크업이 조화를 이루어야 한다. 밝은 색 옷을 입은 출연자의 경우 얼굴색도 밝게 메이크업을 하면 창백하게 보일 수 있다.

172 정답 ①

눈썹꼬리가 눈썹 앞머리보다 내려가면 눈이 더 작아 보이고 얼굴이 더 길어 보일 수 있다. 따라서 눈썹꼬리는 눈썹 앞머리와 수평 또는 약간 올라가도록 그리는 것이 좋다.

173 정답 ④

작업자의 기분에 따라 자세를 바꿔준다는 것은 모델의 얼굴을 제대로 보지 못할 수 있으며, 얼굴 비대칭이나 부적절한 라인 등을 만들 가능성이 있다. 따라서 모델을 가장 자연스러운 각도에서 바라보면서 일관된 자세로 메이크업 작업을 하는 것이 중요하다.

174 정답 ④

펄이나 글로시한 질감의 립스틱은 입술의 크기를 강조할 수 있어 두꺼운 입술을 더욱 두껍게 보일 수 있기 때문에 적합하지 않다. 두꺼운 입술을 보완하기 위해서는 펄이 없고 매트한 립스틱을 선택하는 것이 좋다.

175 정답 ①

신랑의 피부톤에 맞는 적절한 파운데이션을 선택하여 자연스럽게 표현하는 것이 중요하다.

176 정답 ①

치크 메이크업을 표현할 때 볼 안쪽부터 바깥쪽으로 적절한 양의 블러셔를 블렌딩하여 부드럽게 표현하는 것이 중요하다. 반드시 볼 안쪽 가까이까지 표현해 주어야 하는 것은 아니다.

177 정답 ②

둥근형 얼굴은 얼굴 형태가 둥글기 때문에 얼굴이 갸름해 보이도록 치크 메이크업을 표현할 때 광대뼈 아래부터 입꼬리를 향해 사선으로 블러셔를 표현하여 각도감을 주는 것이 효과적이다.

178 정답 ④

포인트 메이크업 클렌징 시에는 리무버를 사용한다. 클렌징 워터는 얇은 메이크업 또는 부분 메이크업 제거 시에 적합한 타입으로 메이크업 하기 전 피부 청결용으로도 사용된다.

179 정답 ④

수염을 붙일 부분에 스프리트 검을 발라주고 턱수염과 콧수염을 붙인 후 가장자리 부분을 그라데이션 해주고 마무리한다.

180 정답 ②

여름 메이크업 : 옐로, 핑크, 아쿠아 블루, 블루, 바이올렛, 그레이, 브라운 계열 등

181 정답 ④

① 긴 얼굴형 – 세로 형태의 긴 얼굴형을 커버하기 위해서는 가로 형태의 블러셔가 적합하다.
② 각진 얼굴형 – 블러셔의 범위를 약간 넓게 하여 광대뼈 아랫부분에서부터 둥근 느낌이 나게 길게 넣어준다.
③ 동그란 얼굴형 – 통통한 볼과 짧은 얼굴 길이를 감안하여 다소 갸름하며 길어 보일 수 있도록 광대뼈 윗부분에서 입꼬리 끝을 향하여 세로 느낌이 많이 나게 블러셔를 한다.

182 정답 ②

유분기가 많은 지성피부에는 가볍게 발리는 리퀴드 제형이 적합하다.

183 정답 ①

진흙 성분의 머드팩에 주로 함유되어 있는 성분은 카올린이다. 카올린은 피부 노폐물을 제거하고 피부를 매끄럽게 하는데 도움을 준다.

184 정답 ③

로맨틱 이미지는 비비드한 컬러군과 액티브한 느낌과는 거리가 멀다.

185 정답 ④

증명사진에는 자연스러움과 조명에 의한 반사를 최소화하는 것이 중요하다. 펄 섀도나 글로시한 립스틱은 반사를 유발하여 광택이 나타나는 요소이므로 증명사진에서는 피하는 것이 좋다.

186 정답 ②

주어진 색조 팔레트를 고려할 때 가장 적합한 퍼스널 컬러 유형은 가을 유형이다.

187 정답 ③

촉촉하고 글로시한 질감은 지속력이 짧기 때문에 립스틱이 오래 지속되도록 해주고자 할 때의 방법과는 거리가 멀다.

188 정답 ③

① 모근의 형태와 방향을 잘 고려하여 1모씩 작업한다.
② 가모의 길이는 눈앞 쪽을 가장 짧게 한다.
④ 글루는 글루판에 덜어놓고 가모에 멍울이 생기지 않도록 천천히 밀어내듯이 1/2가량 묻혀 글루의 양을 조절한다.

189 정답 ②

모발에 잘 흡착되어 모발을 부드럽게 만들고 정전기를 방지하는 작용을 하는 것은 양이온 계면활성제이다.

190 정답 ④

18세기 로코코 시대는 실용성과 청결 관념보다는 예술성에 우위를 두어 화려하고 무분별한 화장이 극에 달한 시대였다.

191 정답 ①

한난대비는 색의 차고 따뜻한 느낌의 지각 차이로 변화가 오는 현상을 말하는데, 한색과 난색이 대비되었을 때 난색은 더욱 따뜻하게, 한색은 더욱 차게 느껴지는 현상이다.

192 정답 ①

작품의 제작 전체를 감독하며 기획부터 대본, 최종 편집까지 이끌어가는 책임자는 기획자(PD)이다.

193 정답 ①

고객의 불만을 처리하는 기본 4단계는 준비하기 → 경청하기 → 대안 제시하기 → 만족 확인하기이다.

194 정답 ②

일정한 공간의 실내에 수용범위를 초과한 많은 사람이 있는 경우 이산화탄소 농도 증가 등의 원인으로 두통, 현기증, 구토, 불쾌감 등의 생리적 현상을 일으키는 것을 군집독이라고 하는데, 환기를 해주는 것이 가장 중요하다.

195 정답 ④

입모근은 털을 세우는 근육으로 체온 조절과 관련이 있다.

196 정답 ①

α-index는 영아 사망률 / 신생아 사망률로 계산하는데, 1에 가까우면 영아 사망의 대부분이 신생아 사망이고, 신생아 이후의 영아 사망률은 낮다는 것을 의미하므로 그 지역의 건강수준이 높다는 것을 나타낸다.

197 정답 ④

주로 눈 아래에 생기는 비립종은 분비물과 각질로 차 있으며, 칼슘염과는 거리가 멀다.

| 부록 | 핵심이론 빈출노트

Take-Out! 언제 어디서나 짜투리 시간에 활용할 수 있는 핵심이론 정리

| 제1장 메이크업 개론 |

01 메이크업의 어원

① make-up : 17세기 리처드 크레슈가 최초로 사용
② painting : 16세기 세익스피어가 최초로 사용

02 우리나라 화장의 용어

담장	피부 손질 위주의 엷은 화장(기초화장)
농장	담장보다 짙은 화장(색채화장)
염장	짙은 화장이면서 요염한 색채를 표현한 화장
응장	농장과 비슷하면서 좀더 또렷하게 표현한 화장으로 혼례 등의 의례에 사용(신부화장)
성장	남의 시선을 끌만큼 화려하게 표현한 화장
야용	분장을 의미
미용	얼굴치장 행위를 가리킴
단장	피부손질, 얼굴치장, 옷차림, 장신구 치레를 수수하게 표현
장식	피부손질, 얼굴치장, 옷차림, 장신구 치레를 화려하게 표현
지분	연지와 백분의 약자
분대	백분과 눈썹먹
장렴	화장품과 화장도구

03 메이크업의 4대 목적

본능적인 목적	성적 매력을 표현하는 수단으로 사용
실용적인 목적	같은 종족임을 표시하는 수단으로 사용
신앙적인 목적	종교적 의미에서 시작해 메이크업으로 변천
표시적인 목적	특별한 상황을 표시하기 위한 목적으로 사용

04 메이크업의 기능

보호의 기능	피부 보호의 목적으로 외부의 먼지나 자외선, 대기오염, 온도 등의 변화로부터 피부를 보호하는 기능을 한다.
미화의 기능	메이크업 제품으로 자신의 얼굴의 장점을 부각시키고 결점을 보완하여 아름다움을 추구한다.
사회적 기능	자신이 사회에서 갖는 지위, 직업, 신분을 표시하고 사회적인 관습을 나타낸다.
심리적 기능	외모에 자신감을 부여함으로써 심리적으로 능동적이고 적극적인 자신감을 가지게 됨으로써 긍정적 효과를 기대할 수 있다.

05 메이크업의 기원

미화설	타인에게 자신의 신체를 아름답게 보이게 하거나우월성을 표현하기 위해 사용했다는 학설
보호설	자기 자신을 어떤 위험으로부터 보호, 위장하기 위한 지장이 미화의 수단으로 발전했다는 학설
위장설	원시 고대인들이 새의 깃털이나 짐승의 뿔 혹은 식물의 색소 등으로 위장하여 전투에서 적을 위협하거나 은폐하는 목적으로 사용했다는 학설
신분표시설	개인의 계급, 신분, 부족의 우월성의 수단으로 사용했다는 학설
장식설	• 인류 최초의 화장의 목적은 장식이라는 학설이 지배적 • 원시시대 인간은 옷을 입기 전에 나체 상태에서 피부에 그림을 그려 넣거나 조각, 문신, 회화를 새겼는데, 이것을 화장의 시초로 보는 학설
종교설	주술적, 종교적 행위로서 색상을 부여하거나 향을 이용하여 병이나 재앙을 물리치고 신에게 경배하기 위한 수단으로 이용했다는 학설

06 서양의 메이크업

이집트	• 고대 미용의 발상지 • 서양에서 최초로 화장을 시작 • 헤나, 콜, 식물색소, 가발 사용
그리스	• 일반 여성들은 피부 손질 외에는 거의 메이크업을 하지 않음 • 헷타리아(Hetaira)라고 불리는 무희나 악기를 다루는 계급의 여성은 이집트의 화장술을 전수 받아 더욱 체계화하여 발전
로마	• 청결, 목욕문화 • 백납분(권위 상징)
르네상스	• 문예부흥운동으로 연극분장과 의상이 함께 발달 • 영국의 엘리자베스 1세 때에는 남녀 모두가 화장품을 사용
바로크시대	• 화려한 의상에 농후한 화장으로 분, 립스틱 등을 많이 발라 두껍게 화장 • 향수, 패치의 사용
1910년대	• 아르누보가 등장 • 오리엔탈의 영향으로 선에 대한 표현과 강렬한 색조가 등장 • 제1차 세계대전 이후 미용은 토탈 개념으로 전개

1940~50년대	• 크림형 및 액체형 파운데이션 개발 • 리필형 립스틱 성공 • 1949년 사슴 눈 모습의 아이 메이크업 유행 • 1950년대 중반 : 만다링식 메이크업 유행 • 마릴린 먼로(요염), 오드리 햅번(요정), 그레이스 켈리(귀족적), 브리짓 브르도(자연스럽고 건강한 야성미) 등이 유행을 선도
1960년대	• 히피문화 등장 • 영국의 모델 '트위기(Twiggy)'의 화장법 유행
1970년대	• 라이트 파운데이션 등장, 눈썹 형태도 더욱 자연스러워짐 • 토털코디네이션 등장 • 펑크아트(funk art)가 유행주류

07 한국의 메이크업

고대	• 돼지기름 : 피부를 부드럽게 하여 동상예방 • 오줌 : 피부 미백 및 보습
고구려	머리에 관을 쓰고 빰과 입술에 연지화장을 함
고려	• 분대화장 : 기생을 중심으로 한 짙은 화장 • 비분대화장 : 여염집 여성들(일반 여성들)의 옅은 화장
조선	• 여염집 여성들의 생활화장과 기생, 궁녀의 분대화장이 더욱 뚜렷해짐 • 여염집 여성들의 생활화장도 평상시의 청결 위주와 혼인, 연회, 외출 시의 화장으로 세분 • 매분구 : 화장품 행상 • 보염서 : 궁중의 화장품 생산을 전담 관청
1900~1930년대	• 수입화장품에 의존 • 1922 : 박가분이 정식으로 제조 허가받음
1940년대	현대식 화장법이 도입
1960년대	• 국산 화장품 생산이 본격화 • 색채화장법이 시작
1970년대	• 입체 화장이 생활화 • 토털코디네이션 등장 • 부분화장 강조
1990년대	• 기능성 화장품(미백, 주름개선) 대중화

08 메이크업 베이스의 기능

① 피부에 보호막을 형성하여 파운데이션 및 색조화장으로부터 피부 보호
② 파운데이션의 표현 효과 상승 및 밀착력을 높여줌
③ 피부색 보정
④ 메이크업 지속 시간을 높여줌

09 프라이머의 기능

① 피부 위의 미세한 요철을 메워 실크처럼 매끈한 피부를 만들어 주는 역할을 함
② 과다한 피지 분비를 막아 도자기 같은 피부 연출
③ 피부의 결을 컨트롤 하여 매끈한 텍스처 표현

10 파운데이션의 기능

① 피부색을 일정하게 조절하며 아름답고 자연스러운 피부색을 표현
② 기미, 주근깨, 잡티 등을 커버해 포인트 메이크업을 돋보이게 해줌
③ 자외선, 온도변화, 공해, 먼지, 바람 등으로부터 피부를 보호
④ 색상이 다른 파운데이션을 하이라이트와 셰이딩으로 나누어 발라줌으로써 얼굴의 윤곽을 수정해주며 입체적 메이크업으로 완성

11 파운데이션의 기본 3컬러

베이스 컬러	• 얼굴 전체에 도포하는 컬러로 모델의 피부색과 거의 같거나 한 단계 밝아도 무방하다. • 주로 귀 뒤나 목덜미에 제품 컬러를 테스트하여 선택
셰이딩 컬러	베이스 컬러보다 1~2단계 어두운 컬러로 코의 측면, 각진 턱, 넓은 이마 등에 사용하여 수축, 후퇴, 축소되어 보이는 효과
하이라이트 컬러	베이스 컬러보다 1~2단계 밝은 컬러로 T존 부위, 눈밑, 턱(입술 밑), 야윈 빰 등에 사용하여 팽창, 확대되어 보이는 효과

12 파우더의 기능

① 파운데이션 도포 후 번들거림을 방지하여 메이크업을 오래 지속
② 차분하고 자연스러운 피부색 표현
③ 난반사 효과를 지니고 있어 자외선으로부터 피부 보호

13 컨실러

① 커버스틱이라고도 하며, 파운데이션을 바르기 전에 심한 잡티나 점 부위에 부분적으로 바름
② 커버력이 우수하여 잡티(또는 흉터)의 커버에 용이

14 아이라이너의 형태별 특징

펜슬 타입	• 자연스러운 분위기가 연출되며, 그리기가 쉬우므로 초보자에게 적합 • 정교한 아이라인 연출이 어려움 • 쉽게 번지거나 지워짐
리퀴드 타입	• 선명한 눈매를 만들 수 있으며 번지지 않고 오래 지속 • 내수성, 방수성, 부착성이 우수 • 시술 후 수정이 어렵고 쉽게 번지거나 지워지지 않음

15 마스카라의 형태별 분류

컬링 마스카라 (Curling mascara)	하드한 느낌을 주는 원료를 사용하며, 속눈썹의 컬을 잘 살림
볼륨 마스카라 (Volume mascara)	내용물이 많이 발려져 속눈썹이 풍부해 보임
롱래쉬 마스카라 (Long-lash mascara)	섬유소가 들어있어 속눈썹이 길어 보이는 효과

| 워터프루프 마스카라
(Waterproof mascara) | 건조가 빠르고 내수성이 좋아 여름철에 사용하기 적합 |

16 립 메이크업의 종류별 특징

립스틱	• 스틱상태로 되어 있거나 용기에 담겨져 있어 가장 일반적인 형태로 색상, 질감이 다양 • 발색도가 진하므로 립 브러시를 이용하여 입술 모양을 수정 보완하여 새로운 이미지를 연출하고 얼굴에 생기와 아름다움을 나타냄
립글로스	• 입술을 윤기있고 촉촉하게 해주는 역할 • 색상은 아주 연하거나 무색, 투명한 경우가 많으므로 립스틱 위에 덧발라 주어 윤기 있는 느낌을 주며, 은은하고 자연스러운 메이크업을 원할 때 사용
립라이너	• 펜슬 타입으로 입술 선을 선명하게 표현해 주며 입술 화장이 번지지 않고 오래 지속시켜 주는 역할 • 입술 모양을 수정 및 보완
립코트	립스틱 위에 발라서 립스틱의 지속력을 증대시켜 주는 역할
립틴트	고체인 립스틱과 달리 액체 형태로 립스틱에 비해 자연스럽고 발색력이 우수
립밤	• 바세린 성분이 많이 들어있어 입술 케어용으로 많이 사용 • 자연스러운 색상과 펄을 함유하고 있음

17 얼굴균형도

세로 분할 : 얼굴정면을
기준으로 세로로 5등분

왼쪽 헤어라인　왼쪽 눈꼬리　왼쪽 눈머리　오른쪽 눈머리　오른쪽 눈꼬리　오른쪽 헤어라인

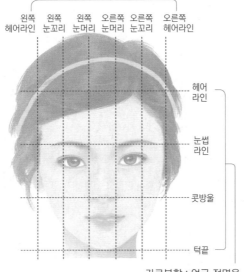

헤어 라인
눈썹 라인
콧방울
턱끝

가로분할 : 얼굴 정면을
기준으로 가로로 3등분

18 눈썹
① 이상적인 위치 : 이마에서 1/3 지점
② 눈썹의 길이 : 45° 각도로 콧방울에서 눈꼬리를 지나는 연장선과 만나는 지점
③ 눈썹의 명칭
　• 눈썹머리 : 얼굴 가운데쪽의 눈썹이 시작되는 부분
　• 눈썹꼬리 : 눈썹 끝부분
　• 눈썹산 : 눈썹의 가장 높은 부분

19 이상적인 입술의 비율
윗입술 : 아랫입술 = 1 : 1.5

20 얼굴 부위별 명칭

헤어라인	• 부위 : 귀의 위에서 이마 쪽으로 머리카락이 난 부분 • 화장법 : 파운데이션이나 파우더를 소량 발라서 경계가 생기지 않도록 함
T존	• 부위 : 이마에서 콧대를 연결하는 부분 • 화장법 : 하이라이트를 주어 얼굴을 화사하게 표현
V(U)존	• 부위 : 양쪽 입꼬리 주변에서 턱으로 연결되는 부위 • 화장법 : 뾰루지가 잘 생기고 건조해지기 쉬운 부위로 소량의 파운데이션을 사용할 것
Y존	• 부위 : 눈 밑, 광대뼈 위의 Y모양의 부위 • 화장법 : 피부의 움직임과 잔주름이 많아서 파운데이션을 소량 얇게 펴 바르고, 하이라이트를 주어 얼굴을 밝게 표현
S존	• 부위 : 귓볼에서 턱선을 따라 입꼬리로 향하는 부위 • 화장법 : 셰이딩이나 하이라이트를 주어 얼굴의 윤곽 수정
O존	• 부위 : 눈 주위, 입 주위 • 화장법 : 피하지방이 적어 주름이 쉽게 생기는 부위로 두꺼운 피부표현 시 부자연스럽고 무거워 보이지 않게 주의

21 얼굴형별 셰이딩 및 하이라이트

구분	셰이딩	하이라이트
둥근 얼굴형	양쪽 측면	T존 부위
각진 얼굴형	양쪽 이마, 턱뼈	T존 부위
다이아몬드 얼굴형	광대뼈, 턱끝	양쪽 이마, 양쪽 볼, 턱선
역삼각 얼굴형	양쪽 이마, 턱 끝	양쪽 볼
긴 얼굴형	이마, 턱 끝	양쪽 볼

22 피부색에 따른 크림 선택 방법

붉은색 피부, 잡티가 많은 피부, 지성피부	끈적거림이 없는 연녹색의 메이크업 베이스 크림
창백한 피부, 흰 피부, 결이 매끈한 피부, 건성피부	보습성분을 함유하고 있는 핑크색의 에센스 타입 메이크업 베이스 크림
건강한 이미지의 까무잡잡한 피부를 원하는 여름철	시원한 젤 타입의 오렌지 계열 메이크업 베이스 크림

23 파운데이션 바르는 기법

① 선긋기 기법 : 콧대 옆부분에 셰이딩을 넣는 기법
② 패일 기법 : 기미나 잡티가 있는 부분을 가볍게 두드리는 기법
③ 슬라이딩 기법 : 얼굴을 전체적으로 문지르듯 바르는 기법
④ 블렌딩 기법 : 서로 다른 색의 파운데이션들이 경계지지 않도록 하는 기법
⑤ 페더링 기법 : 그려진 선을 자연스러워보이도록 하는 기법
⑥ 에어브러시 기법 : 에어브러시 건을 이용하여 파운데이션을 바르는 기법

24 얼굴윤곽 메이크업

베이스	• 피부 톤과 같은 계열의 색을 선정하여 얼굴 전체에 발라준다.
하이라이트	• 팽창, 확대, 진출되는 느낌의 색상 사용 • 피부 톤보다 1~2톤 밝은 파운데이션을 T존, V존 부위에 사용
셰이딩	• 수축, 후퇴색의 느낌의 색상 사용 • 베이스톤의 파운데이션보다 2~3톤 어두운 파운데이션을 S존 부분의 볼이나 줄어들어 보이고 싶은 부위 혹은 얼굴형 중 마음에 들지 않게 튀어나와 보이는 부위(턱뼈, 광대뼈, 넓은 미간 등)를 커버할 때 사용

25 눈썹의 형태에 따른 이미지

각진 눈썹	• 사무적인 딱딱한 이미지 • 현대적 세련미와 지적 이미지
아치형 눈썹	부드럽고 여성적이며 고전적 이미지
직선형 눈썹	남성적이고 활동적인 이미지
꼬리가 처진 눈썹	• 부드럽고 온화한 이미지 • 어리숙함을 보여주어 희극적인 이미지
꼬리가 올라간 눈썹	• 생동감 있어 보이고 날카로워 보임 • 섹시한 이미지
짙은 눈썹	• 강하고 활동적인 이미지 • 여성미는 다소 결여
흐린 눈썹	• 온화함, 여성스러움, 온순해 보임 • 자칫 병약해 보일 수 있음
양미간 사이가 좁은 눈썹	• 지적이고 세련된 이미지 • 다소 답답하고 소심해 보임
양미간 사이가 넓은 눈썹	• 부드럽고 온화하며 너그러운 이미지 • 지루해 보이고 나태해 보임

26 눈썹 꼬리 그릴 때의 유의사항

① 눈썹길이는 눈길이보다 길게 그린다.
② 눈썹 앞머리와 눈썹꼬리는 거의 일직선상에 위치한다.
③ 눈썹 앞머리는 자연스럽게 처리하고 끝부분으로 갈수록 깔끔하게 음영을 넣어준다.

27 아이섀도의 부위별 화장법

메인 컬러	• 아이섀도 전체 분위기를 내는 색 • 전체 이미지에 맞게 눈 중앙 부분에 은은하게 펴 바름
섀도 컬러	• 눈 위에 자연스러운 음영을 주어서 깊이있는 눈매 연출
포인트 컬러	• 선명한 눈매 표현 • 짙은 계열의 아이섀도를 선택해 쌍꺼풀라인을 중심으로 발라준다.
언더 컬러	• 눈동자 아래 부분에 선 느낌을 깨끗하게 바름 • 보통 포인트 컬러를 언더 컬러로 사용
하이라이트 컬러	• 눈썹뼈 부위에 밝은 톤(흰색, 아이보리, 연핑크, 펄 등)을 발라주어 팽창 효과 • 눈썹뼈 부위를 밝게 처리하면 상대적으로 눈매는 더욱 깊이감을 주고, 아이브로도 깔끔한 느낌

28 아이라인의 목적

① 선명하고 또렷한 눈 모양 표현
② 눈이 생기 있어 보이게 함
③ 눈꼬리가 처지거나 올라갔을 때 수정의 역할

29 눈 모양에 따른 아이라인 기법

쌍꺼풀이 없는 눈	• 위·아래 라인을 약간 굵게 그려줌 • 꼬리 부분 : 위의 라인과 아래 라인이 만나지 않게 열어줌
쌍꺼풀이 있는 눈	• 속눈썹에 가깝게 가늘게 그려줌(라인이 강하면 인상이 사나워 보임) • 언더라인 : 약간만 표현
지방이 있는 두툼한 눈	• 눈앞머리부터 꼬리까지 전체적으로 그려줌 • 눈 꼬리부분을 굵게 그려줌
눈 꼬리가 올라간 눈	• 위 라인 : 가늘게 그려줌 • 언더라인 : 눈꼬리에서 시작하여 1/3 채워서 두껍게 강조
눈 꼬리가 내려간 눈	• 윗 라인 : 꼬리부분을 살짝 올려서 두껍게 채움 • 언더라인 : 생략하거나 은은하게 그려줌
동그란 눈	• 눈동자 중간 부분은 생략 • 눈 앞머리와 꼬리 부분만 살짝 그려줌
가늘고 긴 눈	• 눈동자 중앙 부분을 도톰하게 그려줌 • 눈머리와 눈 꼬리 부분을 자연스럽게 그려주면 눈이 동그랗고 훨씬 생기있어 보임

30 립라인의 유형 및 특징

아웃커브 (Out curve)	• 매혹적이고 관능적인 이미지 • 하관이 넓은 경우 줄어들어 보이는 효과 • 원래 입술라인보다 1~2mm 넓게 그려줌
스트레이트형 (Straight)	• 샤프하면서 지적인 이미지 • 단정한 유니폼을 착용할 때 어울리는 모양
인커브 (In curve)	• 귀엽고 여성스러운 이미지 • 원래의 입술 라인보다 1~2mm 정도 안쪽으로 그려줌

31 립 메이크업 순서

입술 모양 수정	• 립스틱을 바르기 전 입술 모양의 수정이 필요한 경우 파운데이션을 이용하여 원래의 입술 라인을 최대한 깨끗하게 커버해 준다. • 유분기를 없애기 위해 파우더를 눌러서 바른다.
윗입술 그리기	윗입술 중앙부터 시작하여 좌우 대칭이 맞게 입술산을 그린 다음 양 끝부분을 향해 그린다.
아랫입술 그리기	아랫입술도 중앙부터 그려서 중심을 잡은 후 양 끝부분을 향해 그려준다.
입꼬리 그리기	입술을 벌려서 윗입술과 아랫입술의 구각 부위를 연결해 준다.
마무리	립스틱의 지속력을 위해 티슈로 유분기를 제거한 후 파우더를 한번 덧바르고 다시 한 번 더 립스틱을 발라준다,

32 블러셔의 형태별 이미지

귀여운 이미지	위치가 볼 쪽으로 가까울수록, 모양이 둥글수록 큐트한 이미지가 나타남
성숙한 이미지	• 위치가 뺨 뒤쪽으로 갈수록 성숙미가 느껴짐 • 관자놀이에서 시작하여 구각을 향해 세로 느낌을 강하게 넣을 경우 성숙해 보임
지적인 이미지	• 볼뼈 위쪽 : 하이라이트 느낌 • 볼뼈 아래 움푹 패인 곳 : 셰이딩을 넣어 줌

33 얼굴형에 따른 블러셔 방향

둥근 얼굴형	볼뼈 윗부분에서 입꼬리 끝을 향해 사선으로 세로 느낌이 나도록 해줌
긴 얼굴형	귀 앞부분에서 중앙을 향해 가로로 터치
역삼각 얼굴형	파스텔 톤의 부드럽고 화사한 색을 이용하여 광대뼈 윗부분에서 블러셔해줌
다이아몬드 얼굴형	광대뼈 부위를 살짝 감싸듯이 둥글고 부드럽게 해줌
사각 얼굴형	볼뼈 아랫부분에서부터 둥근 느낌이 나게 길게넣어주고 각이 진 턱선과 양쪽 이마 부분에 약간 짙은 색상으로 블러셔해줌

34 색과 색채의 비교

색	색채
물리적 현상	물리적 · 생리적 · 심리적 현상
유채색 + 무채색	유채색

35 색깔별 파장 범위

보라색	380~450nm	노랑	570~590nm
파랑	450~495nm	주황	590~620nm
초록색	495~570nm	빨강	620~780nm

36 색의 3속성

① 색상 : 감각에 따라 식별되는 색의 종류
② 명도 : 색의 밝고 어두운 정도
③ 채도 : 색의 맑고 탁한 정도

37 먼셀의 5가지 기본 색상

빨강(R), 노랑(Y), 녹색(G), 파랑(B), 보라(P)

38 먼셀의 색채 표기법

H V/C (H : 색상, V : 명도, C : 채도)

39 색의 지각원리

푸르킨예 현상	주위 밝기의 변화에 따라 물체에 대한 색의 명도가 변화되어 보이는 현상
명순응	어두운 곳에서 밝은 곳으로 나오면 처음에는 눈이 부시지만, 차츰 사물이 보이게 되는 현상
암순응	밝은 곳에서 어두운 곳으로 이동했을 경우 눈이 어두움에 익숙해지는 상태
연색성	동일한 물체색도 조명에 따라 색이 달라져 보이는 현상
조건등색 (메타메리즘)	두 가지의 물체색이 다르더라도 특수한 조명 아래에서는 같은 색으로 느껴지는 현상
컬러 어피어런스	어떤 색채가 서로 다른 환경(매체, 주변색, 광원, 조도 등) 하에서 관찰될 때 다르게 보이는 현상
항상성	조명의 강도가 바뀌어도 물체 색을 동일하게 지각하는 현상

40 문 · 스펜서의 색채조화론

① 색의 삼속성에 따라 오메가 공간이라는 색입체를 만들고, 색채조화의 정도를 정량적으로 설명한 색채 조화론
② 색채조화의 기하학적 표현과 면적에 따른 색채조화론을 주장
③ 조화 이론

조화	• 배색관계가 명쾌하고, 색의 조합이 간단 • 동등 조화, 유사 조화, 대비 조화
부조화	• 배색 관계에서 색 차이가 생겨 불쾌하게 보임 • 제1부조화, 제2부조화, 눈부심

④ 미도(M)
- 배색의 아름다움을 계산을 통해 수치적으로 표현
- 미도(M) = 질서성의 요소(O) / 복잡성의 요소(C)
- 미도 M이 0.5 이상이며 좋은 배색임
- 동일 명도의 배색은 일반적으로 미도가 낮다.
- 색상과 채도를 일정하게 하고 명도만 변화시키는 경우 많은 색상을 사용하는 것보다 미도가 높다.

41 먼셀의 색채조화론
① 균형의 원리가 색채조화의 기본
② 무채색의 평균 명도가 N5(균형의 중심점)가 될 때 그 배색은 조화롭다.
③ 중간채도(/5)의 보색을 같은 넓이로 배색하면 조화롭다.
④ 중간명도(5/)의 채도가 다른 반대색끼리는 고채도는 좁게, 저채도는 넓게 배색하면 조화롭다.
⑤ 채도가 같고 명도가 다른 반대색끼리는 명도의 단계를 일정하게 조절하면 조화롭다.
⑥ 명도, 채도가 다른 경우 명도가 일정한 간격으로 변하면 조화롭다.

42 저드의 조화론

질서의 원리	색채의 요소가 규칙적으로 선택된 색들끼리 잘 조화
유사성의 원리	배색에 사용되는 색채 상호간에 공통되는 성질이 있으면 조화
명료성 (비모호성)의 원리	• 두 색 이상의 배색에 있어서 모호함이 없는 명료한 배색이 조화롭다. • 색상 · 명도 · 면적의 차가 분명한 배색이 조화를 이룬다.
친밀성의 원리	• 관찰자에게 잘 알려져 있어 친근하게 느끼는 색상의 배색은 조화롭다. • 자연경관처럼 사람들에게 잘 알려진 색은 조화롭다. • 가장 가까운 색채끼리의 배색은 보는 사람에게 친근감을 주며 조화를 느끼게 한다.

43 슈브뢸의 색채조화론
색의 3속성 개념을 도입한 색상환에 의해서 색의 조화를 유사조화와 대비조화로 나누고 정량적 색채조화론
- 유사조화 : 자연에서 쉽게 찾을 수 있고, 온화함이 있지만 때로는 단조로움을 줌
- 대비조화 : 강력하고 화려함이 있지만 지나칠 경우 난잡함과 혼란을 주는 디자인 원리

44 배색의 조건
① 사물의 용도나 기능에 부합
② 색이 주는 심리적 효과를 고려
③ 사용자의 특성에 맞춤
④ 환경적 요인을 충분히 고려

45 색채 조화의 공통원리

질서의 원리	체계적으로 선택된 두 가지 이상의 색 사이에는 어떤 규칙적인 질서가 있을 경우에 조화롭다.
유사의 원리	색채 상호간에 공통적인 요소가 존재할 때 그 배색은 조화롭다.
명료성의 원리 (비모호성의 원리)	• 두 색 이상의 배색에 있어서 모호함이 없는 명료한 배색이 조화롭다. • 색상 · 명도 · 면적의 차가 분명한 배색이 조화를 이룬다.
동류의 원리 (친근감의 원리)	• 관찰자에게 잘 알려져 있어 친근하게 느끼는 색상의 배색은 조화롭다. • 자연경관처럼 사람들에게 잘 알려진 색은 조화롭다. • 가장 가까운 색채끼리의 배색은 보는 사람에게 친근감을 주며 조화를 느끼게 한다.
대비의 원리	두 가지 이상의 색이 서로 반대되는 속성을 지녔음에도 어색함이 없을 때 그 배색은 조화롭다.

46 조명의 종류

직접 조명	• 광원의 90~100%를 대상물에 직접 비추어 투사시키는 방식 • 조명률이 좋고 설비비가 적게 들어 경제적 • 그림자가 많이 생기며, 조도의 분포가 균일하지 못함 • 눈부심이 큼(눈부심 방지로 15~25°의 차광각이 필요)
반직접 조명	• 광원의 60~90%가 직접 대상물에 조사되고 나머지 10~40%는 천장으로 향하는 방식 • 광원을 감싸는 조명기구에 의해 상하 모든 방향으로 빛이 확산 • 그림자가 생기고 눈부심 있음 • 용도 : 일반 사무실, 주택 등
간접 조명	• 광원의 90~100%를 천장이나 벽에 부딪혀 확산된 반사광으로 비추는 방식 • 눈부심이 없고 조도 분포가 균일 • 조명의 효율은 나쁘지만 차분한 분위기를 연출 • 설비비, 유지비가 많이 듦 • 용도 : 침실이나 병실 등 휴식공간
반간접 조명	• 빛의 10~40%가 대상물에 직접 조사되고 나머지 60~90%는 천장이나 벽에 반사되어 조사되는 방식 • 바닥면의 조도가 균일 • 눈부심이 적으며, 심한 그늘이 생기지 않는다. • 용도 : 장시간 정밀 작업을 필요로 하는 장소
전반확산 조명	• 확산성 덮개를 사용하여 모든 방향으로 일정하게 빛이 확산되게 하는 방식 • 눈부심 조절을 위해 확산성 덮개가 커야 함 • 용도 : 주택, 사무실, 상점, 공장 등

47 메이크업의 조건
T.P.O, 조화, 대비, 대칭, 그라데이션

48 T.P.O(Time, Place, Occasion) 메이크업

Time (시간)	• 데이타임 메이크업 : 자연미를 강조한 그라데이션이 잘된 면 위주로 연출 • 나이트 메이크업 : 선을 강조한 또렷한 이미지를 연출
Place (장소)	• 실외(자연광) : 피부표현이나 포인트 메이크업 등 전반적인 메이크업 톤을 자연스럽게 연출 • 실내(인공조명) : 면을 적절히 강조한 메이크업으로 화사함을 연출
Occasion (상황)	• 축하객 : 완벽한 메이크업으로 분위기 연출 • 조문객 : 내추럴 메이크업으로 경건함 연출 • 면접 시 : 깔끔하고 단정한 메이크업

※인공조명의 경우 자연스러운 메이크업은 자칫 흐릿한 인상을 줄 수 있으므로 주의한다.

49 데이타임 메이크업의 특징

① 낮 화장으로서 주로 태양광선 아래서 보여지는 메이크업이므로 자연스럽고, 은은한 느낌이 포인트
② 너무 짙은 베이스 표현이나 원색적인 포인트 컬러보다는 가볍게 커버된 느낌의 피부표현이나 파스텔 계열의 은은한 포인트 컬러 선택이 중요

50 나이트 메이크업의 특징

① 화려한 인공조명 아래서 보여지는 메이크업이므로 메이크업 톤이 조명에 의해 다운되어 보일 수 있다는 점을 감안해 시술한다.
② 펄이나, 광택 나는 글로스 제품을 사용하여 화사함과 화려함을 더욱 강조할 수도 있다.

51 계절별 메이크업

봄	생기있는 신선함을 연출
여름	시원한 청량감 연출
가을	지적이고 차분한 여성미 연출
겨울	• 의상색이 대부분 어두운 계열이므로 피부 표현을 어둡게 않도록 표현 • 차갑고 건조하므로 충분한 수분을 공급한 후 메이크업

52 미디어 메이크업

방송광고 메이크업	• 우선 광고 콘셉트를 잘 파악해서 최대한의 광고 효과를 누릴 수 있는 메이크업을 선정 • 메이크업과 병행되는 조명, 카메라 각도, 전체 이미지 등을 미리 검토한 후 메이크업을 해야 함
흑백 메이크업	• 흑백사진이나 흑백 방송용에 많이 사용 • 화려할 필요없이 무채색 계열이나 음영을 나타낼 수 있는 컬러를 주로 사용
사진 및 영상 메이크업	• 방송용 스트레이트 메이크업이나 사진 촬영용 메이크업으로 많이 사용 • 의상 색을 염두에 두고 메이크업을 해야 함

53 인조 속눈썹 종류

스트립 래시	눈 모양으로 휘어진 띠에 인조 속눈썹이 붙어 있는 형태
인디비주얼 래시	인조 속눈썹 한 가닥 또는 2~3가닥이 한 올을 이루는 형태
연장용 래시	기존 속눈썹 위에 인조 속눈썹을 한 올씩 붙여 길어 보이도록 하는 인조 속눈썹

54 눈의 형태에 따른 속눈썹 디자인

눈의 형태	속눈썹 디자인
둥근 눈	J컬의 가모로 눈꼬리 지점이 포인트가 되도록 시술
가는 눈	J, C컬의 가모를 사용하여 눈 중앙이 포인트가 되도록 시술
올라간 눈	J컬의 가모로 눈 앞쪽이 포인트가 되도록 밀도 높게 풍성하게 시술
처진 눈	C, CC, L컬 등 컬링이 많이 들어간 가모로 눈꼬리가 올라가 보이도록 시술
작은 눈	J, C컬의 가모로 눈 중앙에서 눈꼬리 부분에 길이와 밀도를 높여 포인트가 되도록 시술
큰 눈	J컬의 가모로 부채꼴 모양으로 연장
튀어나온 눈	J컬의 가모로 눈 앞머리와 눈꼬리 부분에 포인트를 주어 부드러운 이미지로 연장
움푹 꺼진 눈	J, C컬의 가모로 눈 중앙 부위의 길이와 밀도를 높여 연장
미간이 넓은 눈	C컬의 가모로 눈 앞머리의 밀도와 컬을 높여 풍성하게 연장
외꺼풀 눈	JC컬, C컬의 다소 긴 가모로 연장

55 가모의 컬 정도

J컬	내추럴한 이미지에 적합하며 일반적으로 많이 사용하는 컬
JC컬	J컬에 볼륨이 들어간 형태로 세련된 이미지에 적합하며 아이래시 컬을 사용한 효과를 줌
C컬	생기 있고 발랄한 이미지에 적합하며 2,30대의 선호도가 높음
CC컬	C컬보다 더 높게 올라간 형태이며 가장 볼륨감이 풍성하고 컬링감이 높음
L컬	라운드 형태보다 접착부분이 길어 유지 기간이 김

| 제2장 **피부학** |

56 피부의 기능
① 보호기능
- 피하지방과 모발의 완충작용으로 외부 충격 및 압력 보호
- 열, 추위, 화학작용, 박테리아로부터 보호
- 자외선 차단

② 체온조절기능
③ 비타민 D 합성 기능
④ 분비 · 배설 기능 : 땀 및 피지의 분비
⑤ 호흡작용 : 산소 흡수 및 이산화탄소 방출
⑥ 감각 및 지각 기능

57 피부의 구조

피부	표피, 진피, 피하조직
피부부속기관	한선, 피지선, 모발, 손톱

58 표피의 구조 및 기능
① 피부의 가장 표면에 있는 층으로 외배엽에서 시작
② 표피의 구조 및 기능

각질층	• 표피를 구성하는 세포층 중 가장 바깥층 • 각화가 완전히 된 세포들로 구성 • 비듬이나 때처럼 박리현상을 일으키는 층 • 외부자극으로부터 피부보호, 이물질 침투방어 • 세라마이드 : 각질층에 존재하는 세포간지질 중 가장 많이 차지(40% 이상) • 천연보습인자(NMF) : 아미노산(40%), 젖산, 요소, 암모니아 등으로 구성
투명층	• 손바닥과 발바닥 등 비교적 피부층이 두터운 부위에 주로 분포 • 생명력이 없는 상태의 무색, 무핵층 • 엘라이딘이 피부를 윤기있게 해줌
과립층	• 각화유리질(Keratohyalin)과립이 존재하는 층 • 투명층과 과립층 사이에 레인방어막이 존재 • 피부의 수분 증발을 방지하는 층 • 지방세포 생성
유극층	• 표피 중 가장 두꺼운 층 • 세포 표면에 가시 모양의 돌기가 세포 사이를 연결 • 케라틴의 성장과 분열에 관여
기저층	• 표피의 가장 아래층으로 진피의 유두층으로부터 영양분을 공급받는 층 • 각질형성세포와 색소형성세포가 가장 많이 존재 (10 : 1 비율) • 피부의 새로운 세포를 형성하는 층 • 털의 기질부(모기질)는 기저층에 해당한다.

59 표피의 구성세포

각질형성 세포 (기저층)	• 표피의 각질(케라틴)을 만들어 내는 세포 • 표피의 주요 구성성분(표피세포의 80% 정도) • 각화과정의 주기 : 약 4주(28일)
색소형성 세포 (기저층)	• 피부의 색을 결정하는 멜라닌 색소 생성 (멜라닌 세포의 수는 피부색에 상관없이 일정) • 표피세포의 5~10%를 차지 • 자외선을 흡수(또는 산란)시켜 피부의 손상을 방지
랑게르한스 세포	• 피부의 면역기능 담당 • 외부로부터 침입한 이물질을 림프구로 전달 • 내인성 노화가 진행되면 세포수 감소
머켈 세포 (촉각세포)	• 기저층에 위치 • 신경세포와 연결되어 촉각 감지

60 피하조직의 기능
영양분 저장, 지방 합성, 열의 차단, 충격 흡수

61 피부pH
- 피부 표면의 pH : 4.5~6.5의 약산성
- 건강한 모발의 pH : 4.5~5.5

62 진피
① 피부의 주체를 이루는 층으로 피부의 90%를 차지
② 유두층과 망상층으로 이루어져 있음

유두층	• 표피의 경계 부위에 유두 모양의 돌기를 형성하고 있는 진피의 상단 부분 • 다량의 수분을 함유하고 있으며, 혈관을 통해 기저층에 영양분 공급
망상층	• 진피의 4/5를 차지하며 유두층의 아래에 위치 • 피하조직과 연결되는 층

63 진피의 구성물질

콜라겐 (교원섬유)	• 진피의 70~80%를 차지하는 단백질 • 3중 나선형구조로 보습력이 뛰어남 • 엘라스틴과 그물모양으로 서로 짜여 있어 피부에 탄력성과 신축성을 주며, 상처를 치유함 • 콜라겐의 양이 감소하면 피부탄력감소 및 주름형성의 원인이 됨
엘라스틴 (탄력섬유)	• 교원섬유보다 짧고 가는 단백질 • 신축성과 탄력성이 좋음 • 피부이완과 주름에 관여
뮤코다당체 (기질)	• 진피의 결합섬유(콜라겐, 엘라스틴)와 세포 사이를 채우고 있는 젤 상태의 친수성 다당체

64 한선(땀샘)

에크린선 (소한선)	• 분포 : 입술과 생식기를 제외한 전신(특히 손바닥, 발바닥, 겨드랑이에 많이 분포) • 기능 : 체온 유지 및 노폐물 배출
아포크린선 (대한선)	• 분포 : 겨드랑이, 눈꺼풀, 유두, 배꼽 주변 등 • 기능 : 모낭에 연결되어 피지선에 땀을 분비, 산성막의 생성에 관여

65 피지선

① 진피의 망상층에 위치
② 손바닥과 발바닥을 제외한 전신에 분포
③ 안드로겐이 피지의 생성 촉진, 에스트로겐이 피지의 분비 억제
④ 피지의 1일 분비량 : 약 1~2g
⑤ 피지의 기능 : 피부의 항상성 유지, 피부보호 기능, 유독물질 배출작용, 살균작용 등

66 건성피부 및 지성피부

비교	건성피부	지성피부
모공	• 모공이 작음	• 모공이 큼
피지와 땀 분비	• 피지와 땀의 분비 저하로 유·수분이 불균형	• 피지분비가 왕성하여 피부 번들거림이 심함
피부 상태	• 피부가 얇음 • 피부결이 섬세해 보임 • 탄력이 좋지 못함 • 피부가 손상되기 쉬우며 주름 발생이 쉬움 • 세안 후 이마, 볼 부위가 당김 • 잔주름이 많음	• 정상피부보다 두꺼움 • 여드름, 뾰루지가 잘 남 • 표면이 귤껍질같이 보이기 쉬움(피부결이 곱지 못함) • 블랙헤드가 생성되기 쉬움 • 안드로겐(남성호르몬)이나 인 프로게스테론(여성호르몬)의 기능이 활발해져서 생김
화장 상태	• 화장이 잘 들뜸	• 화장이 쉽게 지워짐
기타 사항		• 주로 남성피부에 많음 • 관리 : 피지제거 및 세정을 주목적으로 함

67 멜라닌 : 피부와 모발의 색을 결정하는 색소

68 모발의 생장주기 : 성장기 → 퇴행기 → 휴지기

69 탄수화물 : 신체의 중요한 에너지원

구분	종류
단당류	포도당, 과당, 갈락토오스
이당류	자당, 맥아당, 유당
다당류	전분, 글리코겐, 섬유소

70 단백질의 기능

① 체조직의 구성성분 : 모발, 손톱, 발톱, 근육, 뼈 등
② 효소, 호르몬 및 항체 형성
③ 포도당 생성 및 에너지 공급
④ 혈장 단백질 형성 : 알부민, 글로불린, 피브리노겐
⑤ 체내의 대사과정 조절 : 수분의 균형 조절, 산-염기의 균형 조절

71 아미노산

① 단백질의 기본 구성단위이며, 최종 가수분해 물질
② 필수아미노산 : 발린, 루신, 아이소루이신, 메티오닌, 트레오닌, 라이신, 페닐알라닌, 트립토판, 히스티딘, 아르기닌

72 필수지방산 : 리놀산, 리놀렌산, 아라키돈산

73 비타민 C의 효과

① 모세혈관 강화 → 피부손상 억제, 멜라닌 색소 생성 억제
② 미백작용
③ 기미, 주근깨 등의 치료에 사용
④ 혈색을 좋게 하여 피부에 광택 부여
⑤ 피부 과민증 억제 및 해독작용
⑥ 진피의 결체조직 강화
⑦ 결핍 시 : 기미, 괴혈병 유발, 잇몸 출혈, 빈혈

74 비타민 D

① 자외선에 의해 피부에서 만들어져 흡수
② 칼슘 및 인의 흡수 촉진
③ 혈중 칼슘 농도 및 세포의 증식과 분화 조절
④ 골다공증 예방

75 철(Fe)

① 인체에서 가장 많이 함유하고 있는 무기질
② 혈액 속의 헤모글로빈의 주성분
③ 산소 운반 작용
④ 면역 기능
⑤ 혈색을 좋게 하는 기능
⑥ 결핍 시 : 빈혈, 적혈구 수 감소

76 칼슘

① 뼈·치아 형성 및 혈액 응고
② 근육의 이완과 수축 작용
③ 결핍 시 : 구루병, 골다공증, 충치, 신경과민증 등

77 자외선이 미치는 영향

긍정적인 효과	부정적인 효과
• 신진대사 촉진 • 살균 및 소독기능 • 노폐물 제거 • 비타민 D 합성	• 일광 화상 • 홍반 반응 및 색소침착 • 광노화 • 피부암

78 피부노화 현상

비교	자연노화	광노화
개요	• 나이가 들면서 피부가 노화되는 현상	• 햇빛, 바람, 추위, 공해 등에 피부가 노화되는 현상
피부 상태	• 표피 및 진피의 두께가 얇아짐 • 각질층의 두께 증가 • 망상층이 얇아짐 • 건조해지고 잔주름이 늘어남	• 진피 내의 모세혈관 확장 • 표피의 두께가 두꺼워짐 • 피부가 건조해지고 거칠어짐 • 주름이 비교적 깊고 굵음
폐해	• 피지선의 크기의 증가 • 피지 생성기능은 감소 • 피하지방세포, 멜라닌 세포, 랑게르한스 세포의 수 감소 • 한선의 수 감소 • 땀의 분비가 감소	• 멜라닌 세포의 수 증가 • 과색소침착증이 나타남 • 섬유아세포 수의 양 감소 • 점다당질 증가 • 콜라겐의 변성 및 파괴가 일어남
기타 사항		• 스트레스, 흡연, 알코올 섭취 등의 영향을 받음

79 원발진 및 속발진

원발진	반점, 반, 팽진, 구진, 결절, 수포, 농포, 낭종, 판, 면포, 종양
속발진	인설, 가피, 표피박리, 미란, 균열, 궤양, 농양, 반지, 반흔, 위축, 태선화

80 바이러스성 피부질환 : 단순포진, 대상포진, 사마귀, 수두, 홍역, 풍진

81 색소이상 증상

과색소침착	기미, 주근깨, 검버섯, 갈색반점, 오타모반, 릴흑피증, 벌록 피부염
저색소침착	백반증, 백피증

82 화상

구분	특징
제1도 화상	피부가 붉게 변하면서 국소 열감과 동통 수반
제2도 화상	• 진피층까지 손상되어 수포가 발생 • 기타 증상 : 홍반, 부종, 통증 동반
제3도 화상	• 피부 전층 및 신경이 손상된 상태 • 피부색이 흰색 또는 검은색으로 변함
제4도 화상	• 피부 전층, 근육, 신경 및 뼈 조직 손상

| 제3장 화장품학 |

83 화장품의 정의

① 인체를 청결 · 미화하여 매력을 더하고 용모를 밝게 변화 시키기 위해 사용하는 물품
② 피부 혹은 모발을 건강하게 유지 또는 증진하기 위한 물품
③ 인체에 바르고 문지르거나 뿌리는 등의 방법으로 사용되는 물품
④ 인체에 사용되는 물품으로 인체에 대한 작용이 경미한 것
⑤ 의약품이 아닐 것

84 화장품의 분류

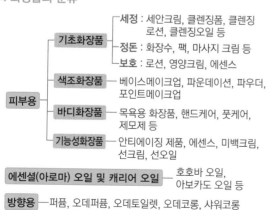

85 화장품에서 요구되는 4대 품질 특성

안전성	피부에 대한 자극, 알레르기, 독성이 없을 것
안정성	변색, 변취, 미생물의 오염이 없을 것
사용성	피부에 사용감이 좋고 잘 스며들 것
유효성	미백, 주름개선, 자외선 차단 등의 효과가 있을 것

86 기능성 화장품

① 피부의 미백에 도움을 주는 제품
② 피부의 주름개선에 도움을 주는 제품
③ 피부를 곱게 태워주거나 자외선으로부터 피부를 보호하는 데에 도움을 주는 제품
④ 모발의 색상 변화 · 제거 또는 영양공급에 도움을 주는 제품
⑤ 피부나 모발의 기능 약화로 인한 건조함, 갈라짐, 빠짐, 각질화 등을 방지하거나 개선하는 데에 도움을 주는 제품

87 오일의 분류

구분		종류
천연 오일	식물성	올리브유, 파마자유, 야자유, 맥아유 등
	동물성	밍크오일, 난황유등
	광물성	유동파라핀, 바셀린 등
합성 오일		실리콘 오일

88 계면활성제

한 분자 내에 친수성기(둥근 머리 모양)와 친유성기(막대 모양)를 함께 가지고 있는 물질로, 물과 기름의 경계면인 계면의 성질을 변화시킬 수 있다.

89 계면활성제의 분류

양이온성	• 살균 및 소독작용이 우수 • 용도 : 헤어린스, 헤어트리트먼트 등
음이온성	• 세정 작용 및 기포 형성 작용이 우수 • 용도 : 비누, 샴푸, 클렌징 폼 등
비이온성	• 피부에 대한 자극이 적음 • 용도 : 화장수의 가용화제, 크림의 유화제, 클렌징 크림의 세정제 등
양쪽성	• 친수기에 양이온과 음이온을 동시에 가짐 • 세정 작용이 우수하고 피부 자극이 적음 • 용도 : 베이비 샴푸 등

※자극의 세기 : 양이온성 > 음이온성 > 양쪽성 > 비이온성

90 계면활성제의 작용원리

유화	• 제품의 오일 성분이 계면활성제에 의해 물에 우윳빛으로 불투명하게 섞인 상태 • 유화제품 : 크림, 로션
가용화	• 소량의 오일 성분이 계면활성제에 의해 물에 투명하게 용해되어 있는 상태 • 가용화 제품 : 화장수, 에센스, 향수, 헤어토닉, 헤어리퀴드 등

분산	• 미세한 고체입자가 계면활성제에 의해 물이나 오일 성분에 균일하게 혼합된 상태 • 분산된 제품: 립스틱, 아이섀도, 마스카라, 아이라이너, 파운데이션 등

91 보습제의 종류

구분	구성 성분
천연보습인자(NMF)	아미노산(40%), 젖산(12%), 요소(7%), 지방산 등
고분자 보습제	가수분해 콜라겐, 히아루론산염 등
폴리올	글리세린, 폴리에틸렌글리콜, 부틸렌글리콜 프로필렌글리콜, 솔비톨

92 보습제 및 방부제가 갖추어야 할 조건

보습제	• 적절한 보습능력이 있을 것 • 보습력이 환경의 변화(온도, 습도 등)에 쉽게 영향을 받지 않을 것 • 피부 친화성이 좋을 것 • 다른 성분과의 혼용성이 좋을 것 • 응고점이 낮을 것 • 휘발성이 없을 것
방부제	• pH의 변화에 대해 항균력의 변화가 없을 것 • 다른 성분과 작용하여 변화되지 않을 것 • 무색 · 무취이며, 피부에 안정적일 것

93 색소

염료	물, 오일, 알코올 등의 용제에 녹는 색소로 화장품의 색상을 나타낸다.
안료	물과 오일에 모두 녹지 않는 색소로 주로 메이크업 화장품에 많이 사용 • 무기안료 : 천연광물을 파쇄하여 사용(마스카라) • 유기안료 : 물 · 오일에 용해되지 않는 유색분말 (립스틱) • 레이크 : 립스틱, 브러시, 네일 에나멜에 사용

94 팩의 분류

필오프 (Peel-off) 타입	• 팩이 건조된 후 형성된 투명한 피막을 떼어내는 형태 • 노폐물 및 죽은 각질 제거 작용
워시오프 (Wash-off) 타입	• 팩 도포 후 일정 시간이 지나 미온수로 닦아내는 형태
티슈오프 (Tissue-off) 타입	• 티슈로 닦아내는 형태 • 피부에 부담이 없어 민감성 피부에 적합
시트(Sheet) 타입	시트를 얼굴에 올려놓았다가 제거하는 형태
패치(Patch) 타입	패치를 부분적으로 붙인 후 떼어내는 형태

95 피부유형에 따른 화장품 유효성분

건성용	콜라겐, 엘라스틴, 솔비톨, Sodium P.C.A 알로에, 레시틴, 해초, 세라마이드, 아미노산, 히알루론산염
노화방지용	비타민 E(토코페롤), 레티놀, AHA, 레티닐팔미테이트, SOD, 프로폴리스, 플라센타, 알란토인, 인삼추출물, 은행추출물
민감성용	아줄렌, 위치하젤, 비타민 P · K, 판테놀, 리보플라빈, 클로로필
지성, 여드름용	살리실산, 클레이, 유황, 캄퍼
미백용	알부틴, 하이드로퀴논, 비타민 C, 닥나무추출물, 감초

96 유화형태에 따른 크림의 특성

O/W형 에멀전 (수중유형)	• 물＞오일 • 흡수는 빠르나 지속성이 낮음 • 시원하고 가벼움	로션류 : 보습로션, 선텐로션
W/O형 에멀전 (유중수형)	• 오일＞물 • 흡수는 느리나 지속성이 높음 • 사용감이 무거움	크림류 : 영양크림, 헤어크림, 클렌징크림, 선크림
W/O/W, O/W/O형 에멀전	• 물/오일/물 또는 오일/물/오일의 3층 구조 • 영양물질과 활성물질의 안정한 상태의 보존이 가능	각종 영양크림과 보습크림의 제조에 이용

97 자외선 차단제

자외선 산란제	• 성분 : 티타늄디옥사이드, 징크옥사이드 • 무기 물질을 이용한 물리적 산란작용으로 자외선의 침투를 막음 • 피부에 자극을 주지 않고 비교적 안전하나 백탁현상이나 메이크업이 밀릴 수 있음
자외선 흡수제	• 성분 : 벤조페논, 에칠헥실디메칠파바, 에칠헥실메톡시신나메이트, 옥시벤존 등 • 유기물질을 이용한 화학적 방법으로 자외선을 흡수와 소멸 • 사용감이 우수하나 피부에 자극을 줄 수 있다.

98 자외선차단지수(SPF, Sun Protection Factor)

① $SPF = \dfrac{\text{자외선 차단제를 사용했을 때의 최소 MED}}{\text{자외선 차단제를 사용하지 않았을 때의 최소 MED}}$
(SPF는 숫자가 높을수록 차단기능이 높다)

② MED : 홍반을 일으키는 최소한의 자외선량

99 농도에 따른 향수의 분류

구분(부향률)	지속시간	특징
퍼퓸(15~30%)	6~7시간	향이 오래 지속되며, 가격이 비쌈
오데퍼퓸(9~12%)	5~6시간	퍼퓸보다는 지속성이나 부향률이 떨어지지만 경제적
오데토일렛(6~8%)	3~5시간	일반적으로 가장 많이 사용하는 향수
오데코롱(3~5%)	1~2시간	향수를 처음 사용하는 사람에게 적합
샤워코롱(1~3%)	약 1시간	샤워 후 가볍게 뿌려주는 향수

※부향률 : 향수에 향수의 원액이 포함되어 있는 비율 (순서 암기)

100 발산속도에 따른 향수의 단계

탑노트	향수의 첫 느낌, 휘발성이 강한 향료
미들노트	변화된 중간 향, 알코올이 날아간 다음의 향
베이스노트	마지막까지 은은하게 유지되는 향, 휘발성이 낮은 향료

101 아로마 오일의 추출 방법

증류법	• 가장 오래된 방법 • 뜨거운 물이나 수증기를 이용하는 것으로 증발되는 향기물질을 냉각시켜 액체 상태로 얻을 수 있는 방법 • 단시간에 대량 추출할 수 있어 경제적 • 고온추출이므로 열에 약한 성분은 파괴됨
용매 추출법	• 유기용매(벤젠이나 핵산)를 이용해 식물에 함유된 매우 적은 양의 정유, 수증기에 녹지 않는 정유,수지에 포함된 정유를 추출 • 로즈, 네롤리, 재스민 추출시 이용

102 아로마오일의 사용법

입욕법	전신욕, 반신욕, 좌욕, 수욕, 족욕 등 몸을 담그는 방법
흡입법	손수건, 티슈 등에 1~2방울 떨어뜨리고 심호흡을 하는 방법
확산법	아로마 램프, 스프레이 등을 이용하는 방법
습포법	온수 또는 냉수 1리터 정도에 5~10방울을 넣고, 수건을 담궈 적신 후 피부에 붙이는 방법

103 아로마오일의 사용 시 주의사항

① 반드시 희석해서 사용(원액을 점막이나 점액 부위에 직접 사용하지 않아야 함)
② 사용하기 전에 첩포 테스트를 해야 함
③ 갈색 유리병에 넣고 밀봉 보관(공기와 빛에 쉽게 분해되므로)
④ 직사광선을 피하고 서늘하고 어두운 곳에 보관
⑤ 개봉한 정유는 1년 이내에 사용해야 함
⑥ 임산부, 고혈압, 간질 환자는 금지된 특정정유에 주의

104 캐리어 오일(베이스 오일)

① 식물의 씨를 압착하여 추출한 식물유
② 아로마 오일을 효과적으로 피부에 침투시키기 위해 사용
③ 순수한 식물성 오일로 섭취해도 안정적이며, 마사지할 경우 흡수를 도와준다.
④ 아로마 오일과 블렌딩하여 사용하면 시너지 효과를 볼 수 있다.

| 제4장 공중위생관리학 |

105 공중보건학의 정의(윈슬로우)

공중보건학이란 조직화된 지역사회의 노력으로 질병을 예방하고 수명을 연장하며 신체적 · 정신적 효율을 증진시키는 기술이며 과학이다.

106 공중보건의 3대 요소

수명연장, 감염병 예방, 건강과 능률의 향상

107 예방의학과 공중보건

	예방의학	공중보건
목적	질병예방, 수명연장, 육체적 · 정신적 건강의 향상	
대상	개인, 가족	집단, 지역사회
내용	질병예방, 건강증진	건강에 유해한 사회적요인 제거, 집단건강의 향상 도모
책임소재	개인, 가족	공공조직
진단방법	임상적 진단	지역사회의 보건통계 자료

108 질병 발생의 3요인과 생성과정 6요소

병원체 요인	① 병원체 → ② 병원소 →
환경 요인	③ 병원소에서 병원체 탈출 → ④ 전파 → ⑤ 새로운 숙주의 침입 →
숙주 요인	⑥ 감수성 있는 숙주의 감염

① 숙주적 요인

생물학적 요인	선천적	성별, 연령, 유전 등
	후천적	영양상태
사회적 요인	경제적	직업, 거주환경, 작업환경
	생활양식	흡연, 음주, 운동

② 병인적 요인

생물학적 요인	세균, 곰팡이, 기생충, 바이러스 등
물리적 병인	열, 햇빛, 온도 등
화학적 병인	농약, 화학약품 등
정신적 병인	스트레스, 노이로제 등

③ 환경적 요인

기상, 계절, 매개물, 사회환경, 경제적 수준 등

109 인구의 구성 형태

구분	유형	특징
피라미드형	후진국형 (인구증가형)	출생률은 높고 사망률은 낮은 형
종형	이상형 (인구정지형)	출생률과 사망률이 낮은 형(14세 이하가 65세 이상 인구의 2배 정도)
항아리형	선진국형 (인구감소형)	평균수명이 높고 인구가 감퇴하는 형(14세 이하 인구가 65세 이상 인구의 2배 이하)
별형	도시형 (인구유입형)	생산층 인구가 증가되는 형(15~49세 인구가 전체 인구의 50% 초과)
기타형	농촌형 (인구유출형)	생산층 인구가 감소하는 형 (15~49세 인구가 전체 인구의 50% 미만)

110 보건지표

① 인구통계

조출생률	• 1년간의 총 출생아수를 당해연도의 총인구로 나눈 수치를 1,000분비로 나타낸 것 • 한 국가의 출생수준을 표시하는 지표
일반출생률	• 15~49세의 가임여성 1,000명당 출생률

② 사망통계

조사망률	• 인구 1,000명당 1년 동안의 사망자 수
영아사망률	• 한 국가의 보건수준을 나타내는 지표 • 생후 1년 안에 사망한 영아의 사망률
신생아사망률	• 생후 28일 미만의 유아의 사망률
비례사망지수	• 한 국가의 건강수준을 나타내는 지표 • 총 사망자 수에 대한 50세 이상의 사망자 수를 백분율로 표시한 지수

111 비교지표

① 한 국가나 지역사회 간의 보건수준을 비교하는 데 사용되는 3대 지표 : 영아사망률, 비례사망지수, 평균수명
② 한 나라의 건강수준을 다른 국가들과 비교할 수 있는 지표로 세계보건기구가 제시한 지표 : 비례사망자수, 조사망률, 평균수명

112 병원체의 종류

① 세균 및 바이러스

구분	세균	바이러스
호흡기계	결핵, 디프테리아, 백일해, 한센병, 폐렴, 성홍열, 수막구균성수막염	홍역, 유행성 이하선염, 인플루엔자, 두창
소화기계	콜레라, 장티푸스, 파상열, 파라티푸스, 세균성 이질	폴리오, 유행성 간염, 소아마비, 브루셀라증
피부점막계	파상풍, 페스트, 매독, 임질	AIDS, 일본뇌염, 공수병, 트라코마, 황열

② 리케차 : 발진티푸스, 발진열, 쯔쯔가무시병, 록키산 홍반열
③ 수인성(물) 감염병 : 콜레라, 장티푸스, 파라티푸스, 이질, 소아마비, A형간염 등
④ 기생충 : 말라리아, 사상충, 아메바성 이질, 회충증, 간흡충증, 폐흡충증, 유구조충증, 무구조충증 등
⑤ 진균 : 백선, 칸디다증 등
⑥ 클라미디아 : 앵무새병, 트라코마 등
⑦ 곰팡이 : 캔디디아시스, 스포로티코시스 등

113 병원소

① 인간 병원소 : 환자, 보균자 등
② 동물 병원소 : 개, 소, 말, 돼지 등
③ 토양 병원소 : 파상풍, 오염된 토양 등

114 후천적 면역

구분		의미
능동면역	자연능동면역	감염병에 감염된 후 형성되는 면역
	인공능동면역	예방접종을 통해 형성되는 면역
수동면역	자연수동면역	모체로부터 태반이나 수유를 통해 형성되는 면역
	인공수동면역	항독소 등 인공제제를 접종하여 형성되는 면역

115 인공능동면역

① 생균백신 : 결핵, 홍역, 폴리오(경구)
② 사균백신 : 장티푸스, 콜레라, 백일해, 폴리오(경피)
③ 순화독소 : 파상풍, 디프테리아

116 검역 감염병 및 감시기간

감염병 종류	감시기간
콜레라	120시간(5일)
페스트	144시간(6일)
황열	144시간(6일)
중증급성호흡기증후군(SARS)	240시간(10일)
조류인플루엔자인체감염증	240시간(10일)
신종인플루엔자	최대 잠복기

117 법정감염병의 분류

분류	종류
제1급 감염병	에볼라바이러스병, 마버그열, 라싸열, 크리미안콩고 출혈열, 남아메리카출혈열, 리프트밸리열, 두창, 페스트, 탄저, 보툴리눔독소증, 야토병, 신종감염병증후군, 중증급성호흡기증후군(SARS), 중동호흡기증후군(MERS), 동물인플루엔자인체감염증, 신종인플루엔자, 디프테리아
제2급 감염병	결핵, 수두, 홍역, 콜레라, 장티푸스, 파라티푸스, 세균성이질, 장출혈성대장균감염증, A형간염, 백일해, 유행성이하선염, 풍진, 폴리오, 수막구균 감염증, b형헤모필루스인플루엔자, 폐렴구균 감염증, 한센병, 성홍열, 반코마이신내성황색포도알균(VRSA)감염증, 카바페넴내성장내세균속균종(CRE)감염증, E형간염, 코로나바이러스감염증-19, 엠폭스(MPOX)
제3급 감염병	파상풍, B형간염, 일본뇌염, C형간염, 말라리아, 레지오넬라증, 비브리오패혈증, 발진티푸스, 발진열, 쯔쯔가무시증, 렙토스피라증, 브루셀라증, 공수병, 신증후군출혈열, 후천성면역결핍증(AIDS), 크로이츠펠트-야콥병(CJD) 및 변종크로이츠펠트-야콥병(vCJD), 황열, 뎅기열, 큐열, 웨스트나일열, 라임병, 진드기매개뇌염, 유비저, 치쿤구니야열, 중증열성혈소판감소증후군(SFTS), 지카바이러스감염증
제4급 감염병	인플루엔자, 매독, 회충증, 편충증, 요충증, 간흡충증, 폐흡충증, 장흡충증, 수족구병, 임질, 클라미디아감염증, 연성하감, 성기단순포진, 첨규콘딜롬, 반코마이신내성장알균(VRE) 감염증, 메티실린내성황색포도알균(MRSA) 감염증, 다제내성녹농균(MRPA) 감염증, 다제내성아시네토박터바우마니균(MRAB) 감염증, 장관감염증, 급성호흡기감염증, 해외유입기생충감염증, 엔테로바이러스감염증, 사람유두종바이러스 감염증

118 감염병 신고

① 제 1급 감염병 : 즉시
② 제 2, 3급 감염병 : 24시간 이내
③ 제 4급 감염병 : 7일 이내

119 매개체별 감염병의 종류

구분	매개체	종류
곤충	모기	말라리아, 뇌염, 사상충, 황열, 뎅기열
	파리	콜레라, 장티푸스, 이질, 파라티푸스
	바퀴벌레	콜레라, 장티푸스, 이질
	진드기	신증후군출혈열, 쯔쯔가무시병
	벼룩	페스트, 발진열, 재귀열
	이	발진티푸스, 재귀열, 참호열
동물	쥐	페스트, 살모넬라증, 발진열, 신증후군출혈열, 쯔쯔가무시병, 발진열, 재귀열, 렙토스피라증
	소	결핵, 탄저, 파상열, 살모넬라증
	돼지	일본뇌염, 탄저, 렙토스피라증, 살모넬라증
	양	큐열, 탄저
	말	탄저, 살모넬라증
	개	공수병, 톡소프라스마증
	고양이	살모넬라증, 톡소프라스마증
	토끼	야토병

120 기후

기후의 3대 요소	기온, 기습, 기류
4대 온열 인자	기온, 기습, 기류, 복사열
인간이 활동하기 좋은 온도와 습도	• 온도 : $18 \pm 2℃$ • 습도 : 40~70%

121 대기오염현상

기온역전	• 고도가 높은 곳의 기온이 하층부보다 높은 경우 • 바람이 없는 맑은 날, 춥고 긴 겨울밤, 눈이나 얼음으로 덮인 경우 주로 발생 • 태양이 없는 밤에 지표면의 열이 대기 중으로 복사되면서 발생
열섬현상	도심 속의 온도가 대기오염 또는 인공열 등으로 인해 주변지역보다 높게 나타나는 현상
온실효과	복사열이 지구로부터 빠져나가지 못하게 막아 지구가 더워지는 현상
산성비	• 원인 물질 : 아황산가스, 질소산화물, 염화수소 • pH 5.6 이하의 비

122 수질오염지표

용존산소(DO)	• 물 속에 녹아있는 유리산소량 • BOD가 높으면 DO는 낮아지고, 온도가 하강하면 DO는 증가
생물화학적 산소요구량(BOD)	• 하수 중의 유기물이 호기성 세균에 의해 산화 · 분해될 때 소비되는 산소량 • BOD가 높으면 오염정도가 심함
화학적 산소요구량(COD)	• 물 속의 유기물을 화학적으로 산화시킬 때 화학적으로 소모되는 산소의 양을 측정하는 방법 • ppm으로 표시, 숫자가 클수록 수질오염이 심함

123 상 · 하수 처리과정

상수	침전 → 여과 → 소독 → 급수
하수	예비처리 → 본처리(혐기성, 호기성 처리) → 오니처리

124 음용수의 일반적인 오염지표 : 대장균 수

125 직업병의 종류

발생 요인	종류
고열 · 고온	열경련증, 열허탈증, 열사병, 열쇠약증, 열중증 등
이상저온	전신 저체온, 동상, 참호족, 침수족 등
이상기압	감압병(잠함병), 이상저압
방사선	조혈지능장애, 백혈병, 생식기능장애, 정신장애, 탈모, 피부건조, 수명단축, 백내장 등
진동	레이노병
분진	허파먼지증(진폐증), 규폐증, 석면폐증
불량조명	안정피로, 근시, 안구진탕증

126 식중독의 분류

세균성	감염형	살모넬라균, 장염비브리오균, 병원성대장균
	독소형	포도상구균, 보툴리누스균, 웰치균 등
	기타	장구균, 알레르기성 식중독, 노로 바이러스 등
자연독	식물성	버섯독, 감자 중독, 맥각균 중독, 곰팡이류 중독
	동물성	복어 식중독, 조개류 식중독 등
곰팡이독		황변미독, 아플라톡신, 루브라톡신 등
화학물질		불량 첨가물, 유독물질, 유해금속물질

127 자연독

구분	종류	독성물질
식물성	독버섯	무스카린, 팔린, 아마니타톡신
	감자	솔라닌, 셉신
	매실	아미그달린
	목화씨	고시풀
	독미나리	시큐톡신
	맥각	에르고톡신
동물성	복어	테트로도톡신
	섭조개, 대합	색시톡신
	모시조개, 굴, 바지락	베네루핀

128 보건행정
① 보건행정의 특성 : 공공성, 사회성, 교육성, 과학성, 기술성, 봉사성, 조장성 등
② 보건소 : 우리나라 지방보건행정의 최일선 조직으로 보건행정의 말단 행정기관
③ 보건행정의 범위(세계보건기구 정의)
- 보건관계 기록의 보존
- 대중에 대한 보건교육
- 환경위생
- 감염병 관리
- 모자보건
- 의료 및 보건간호

129 사회보장의 분류

130 소독법의 분류

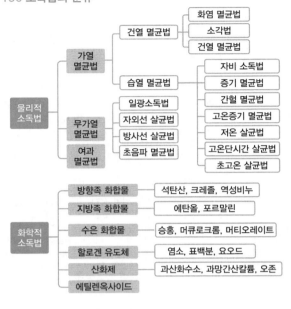

131 소독 관련 용어

소독	병원성 미생물의 생활력을 파괴하여 죽이거나 또는 제거하여 감염력을 없애는 것
멸균	병원성 또는 비병원성 미생물 및 포자를 가진 것을 전부 사멸 또는 제거하는 것(무균 상태)
살균	생활력을 가지고 있는 미생물을 여러가지 물리·화학적 작용에 의해 급속히 죽이는 것
방부	병원성 미생물의 발육과 그 작용을 제거하거나 정지 시켜서 음식물의 부패나 발효를 방지하는 것

※소독력 비교 : 멸균 〉살균 〉소독 〉방부

132 소독제의 구비조건
① 생물학적 작용을 충분히 발휘할 수 있을 것
② 빨리 효과를 내고 살균 소요시간이 짧을 것
③ 독성이 적으면서 사용자에게도 자극성이 없을 것
④ 원액 혹은 희석된 상태에서 화학적으로 안정할 것
⑤ 살균력이 강하고, 용해성이 높을 것
⑥ 경제적이고 사용방법이 간편할 것
⑦ 부식성 및 표백성이 없을 것

133 석탄산 계수
① 5%의 석탄산을 사용하여 장티푸스균에 대한 살균력과 비교하여 각종 소독제의 효능을 표시
② 석탄산 계수 = $\dfrac{\text{소독액의 희석배수}}{\text{자석탄산의 희석배수}}$
③ 석탄산 계수 2.0은 살균력이 석탄산의 2배를 의미함

134 소독작용에 영향을 미치는 요인
① 온도가 높을수록 소독 효과가 크다.
② 접속시간이 길수록 소독 효과가 크다.
③ 농도가 높을수록 소독 효과가 크다.
④ 유기물질이 많을수록 소독 효과가 작다.

135 소독에 영향을 미치는 인자 : 온도, 수분, 시간

136 살균작용의 기전
① 산화작용
② 균체의 단백질 응고작용
③ 균체의 효소 불활성화 작용
④ 균체의 가수분해작용
⑤ 탈수작용
⑥ 중금속염의 형성
⑦ 핵산에 작용
⑧ 균체의 삼투성 변화작용

137 주요 소독법의 특징

자비(열탕) 소독법	• 100℃의 끓는 물속에서 20~30분간 가열하 는 방법 • 아포형성균, B형 간염 바이러스에는 부적합
고압증기 멸균법	• 고압증기 멸균기를 이용하여 소독하는 방법 • 소독 방법 중 완전 멸균으로 가장 빠르고 효 과적인 방법 • 포자를 형성하는 세균을 멸균 • 소독 시간 – 10LBs(파운드) : 115℃에서 30분간 – 15LBs(파운드) : 121℃에서 20분간 – 20LBs(파운드) : 126℃에서 15분간
석탄산 (페놀)	• 승홍수 1,000배의 살균력 • 조직에 독성이 있어서 인체에는 잘 사용되지 않고 소독제의 평가기준으로 사용
승홍	• 1,000배(0.1%)의 수용액을 사용 • 조제법 : 승홍(1) : 식염(1) : 물(998) • 용도 : 손 및 피부 소독

138 대상물에 따른 소독 방법
① 대소변, 배설물, 토사물 : 소각법, 석탄산, 크레졸, 생석회
분말
② 침구류, 모직물, 의류 : 석탄산, 크레졸, 일광소독, 증기소
독, 자비소독
③ 초자기구, 목죽제품, 자기류 : 석탄산, 크레졸, 포르말린, 승
홍, 증기소독, 자비소독
④ 모피, 칠기, 고무·피혁제품 : 석탄산, 크레졸, 포르말린
⑤ 병실 : 석탄산, 크레졸, 포르말린
⑥ 환자 : 석탄산, 크레졸, 승홍, 역성비누

139 세균 증식이 가장 잘되는 pH 범위 : 6.5~7.5(중성)

140 미생물의 생장에 영향을 미치는 요인
온도, 산소, 수소이온농도, 수분, 영양

141 공중위생관리법의 목적
공중이 이용하는 영업의 위생관리 등에 관한 사항을 규정함으
로써 위생수준을 향상시켜 국민의 건강증진에 기여

142 용어 정의
① 공중위생영업 : 다수인을 대상으로 위생관리서비스를 제공
하는 영업으로서 숙박업·목욕장업·이용업·미용업·세탁
업·건물위생관리업을 말한다.
② 공중이용시설 : 다수인이 이용함으로써 이용자의 건강 및
공중위생에 영향을 미칠 수 있는 건축물 또는 시설로서 대
통령령이 정하는 것
③ 이용업 : 손님의 머리카락 또는 수염을 깎거나 다듬는 등의
방법으로 손님의 용모를 단정하게 하는 영업
④ 미용업 : 손님의 얼굴·머리·피부 및 손톱·발톱 등을 손
질하여 손님의 외모를 아름답게 꾸미는 영업

143 영업신고
① 공중위생영업의 종류별로 보건복지부령이 정하는 시설 및
설비를 갖추고 시장·군수·구청장(자치구 구청장에 한함)에
게 신고
② 첨부서류 : 영업시설 및 설비개요서, 교육필증, 면허증

144 변경신고 사항
① 영업소의 명칭 또는 상호
② 영업소의 소재지
③ 신고한 영업장 면적의 3분의 1 이상의 증감
④ 대표자의 성명 또는 생년월일
⑤ 미용업 업종 간 변경

145 변경신고 시 시장·군수·구청장이 확인해야 할 서류
① 건축물대장
② 토지이용계획확인서
③ 전기안전점검확인서(신고인이 동의하지 않는 경우 서류 첨부)
④ 면허증

146 폐업 신고 : 폐업한 날부터 20일 이내에 시장·군수·구청
장에게 신고

147 영업의 승계가 가능한 사람
① 양수인 : 미용업을 양도한 때
② 상속인 : 미용업 영업자가 사망한 때
③ 법인 : 합병 후 존속하는 법인 또는 합병에 의해 설립되
는 법인
④ 경매, 환가, 압류재산의 매각 그 밖에 이에 준하는 절차에 따
라 미용업 영업 관련시설 및 설비의 전부를 인수한 자

148 면허 발급 대상자
① 전문대학 또는 이와 동등 이상의 학력이 있다고 교육부장관
이 인정하는 학교에서 미용에 관한 학과를 졸업한 자
② 대학 또는 전문대학을 졸업한 자와 동등 이상의 학력이 있는
것으로 인정되어 미용에 관한 학위를 취득한 자
③ 고등학교 또는 이와 동등의 학력이 있다고 교육부장관이 인
정하는 학교에서 미용에 관한 학과를 졸업한 자
④ 특성화고등학교, 고등기술학교나 고등학교 또는 고등기술
학교에 준하는 각종학교에서 1년 이상 미용에 관한 소정의
과정을 이수한 자
⑤ 국가기술자격법에 의해 미용사의 자격을 취득한 자

149 면허 결격 사유자
① 피성년후견인
② 정신질환자(전문의가 미용사로서 적합하다고 인정하는 사람은 예외)
③ 공중의 위생에 영향을 미칠 수 있는 감염병환자로서 결핵환자(비감염성 제외)
④ 약물 중독자
⑤ 공중위생관리법의 규정에 의한 명령 위반 또는 면허증 불법 대여의 사유로 면허가 취소된 후 1년이 경과되지 않은 자

150 면허증 재교부 신청 요건
① 면허증의 기재사항에 변경이 있는 때
② 면허증을 잃어버린 때
③ 면허증이 헐어 못쓰게 된 때

151 면허 취소 사유
① 피성년후견인, 정신질환자, 결핵 환자, 약물 중독자
② 국가기술자격법에 따라 자격이 취소된 때
③ 이중으로 면허를 취득한 때(나중에 발급받은 면허를 말함)
④ 면허정지처분을 받고도 그 정지 기간 중에 업무를 한 때
⑤ 면허증을 다른 사람에게 대여한 때
⑥ 국가기술자격법에 따라 자격정지처분을 받은 때(자격정지처분 기간에 한정)
⑦ 「성매매알선 등 행위의 처벌에 관한 법률」이나 「풍속영업의 규제에 관한 법률」을 위반하여 관계 행정기관의 장으로부터 그 사실을 통보받은 때

152 미용업 영업자의 준수사항(보건복지부령)
① 의료기구와 의약품을 사용하지 않는 순수한 화장 또는 피부미용을 할 것
② 미용기구는 소독을 한 기구와 소독을 하지 않은 기구로 분리하여 보관할 것
③ 면도기는 1회용 면도날만을 손님 1인에 한하여 사용할 것
④ 영업소 내부에 미용업 신고증 및 개설자의 면허증 원본을 게시할 것
⑤ 피부미용을 위해 의약품 또는 의료기기를 사용하지 말 것
⑥ 점빼기 · 귓볼뚫기 · 쌍꺼풀수술 · 문신 · 박피술 등의 의료행위를 하지 말 것
⑦ 영업장 안의 조명도는 75룩스 이상이 되도록 유지할 것
⑧ 영업소 내부에 최종지불요금표를 게시 또는 부착할 것

153 영업소 내에 게시해야 할 사항
미용업 신고증, 개설자의 면허증 원본, 최종지불요금표

154 이 · 미용기구의 소독기준 및 방법
① 자외선소독 : 1cm²당 85㎼ 이상의 자외선을 20분 이상 쬐어준다.
② 건열멸균소독 : 100℃ 이상의 건조한 열에 20분 이상 쐬어준다.
③ 증기소독 : 100℃ 이상의 습한 열에 20분 이상 쐬어준다
④ 열탕소독 : 100℃ 이상의 물속에 10분 이상 끓여준다.
⑤ 석탄산수소독 : 석탄산수(석탄산 3%, 물 97%의 수용액)에 10분 이상 담가둔다.

⑥ 크레졸소독 : 크레졸수(크레졸 3%, 물 97%의 수용액)에 10분 이상 담가둔다.
⑦ 에탄올소독 : 에탄올수용액(에탄올이 70%인 수용액)에 10분 이상 담가두거나 에탄올수용액을 머금은 면 또는 거즈로 기구의 표면을 닦아준다.

155 오염물질의 종류와 오염허용기준(보건복지부령)

오염물질의 종류	오염허용기준
미세먼지(PM-10)	24시간 평균치 150㎍/m³ 이하
일산화탄소(CO)	1시간 평균치 25ppm 이하
이산화탄소(CO₂)	1시간 평균치 1,000ppm 이하
포름알데이드(HCHO)	1시간 평균치 120㎍/m³ 이하

156 미용업의 세분

미용업 (일반)	파마, 머리카락 자르기, 머리카락 모양내기, 머리피부 손질, 머리카락 염색, 머리감기, 의료기기나 의약품을 사용하지 않는 눈썹손질을 하는 영업
미용업 (피부)	의료기기나 의약품을 사용하지 않는 피부 상태 분석 · 피부관리 · 제모 · 눈썹손질을 행하는 영업
미용업 (네일)	손톱과 발톱을 손질 · 화장하는 영업
미용업 (메이크업)	얼굴 등 신체의 화장, 분장 및 의료기기나 의약품을 사용하지 않는 눈썹손질을 하는 영업
미용업 (종합)	위의 업무를 모두 하는 영업

157 영업소 외의 장소에서 미용업무를 할 수 있는 경우
① 질병이나 그 밖의 사유로 영업소에 나올 수 없는 자에 대하여 미용을 하는 경우
② 혼례나 그 밖의 의식에 참여하는 자에 대하여 그 의식 직전에 미용을 하는 경우
③ 사회복지시설에서 봉사활동으로 미용을 하는 경우
④ 방송 등의 촬영에 참여하는 사람에 대하여 그 촬영 직전에 이용 또는 미용을 하는 경우
⑤ 기타 특별한 사정이 있다고 시장 · 군수 · 구청장이 인정하는 경우

158 개선명령 대상
① 공중위생영업의 종류별 시설 및 설비기준을 위반한 공중위생 영업자
② 위생관리의무 등을 위반한 공중위생영업자
③ 위생관리의무를 위반한 공중위생시설의 소유자 등

159 개선명령 시의 명시사항
시 · 도지사 또는 시장 · 군수 · 구청장은 개선명령 시 다음 사항을 명시해야 한다.
① 위생관리기준
② 발생된 오염물질의 종류
③ 오염허용기준을 초과한 정도
④ 개선기간

160 공중위생감시원의 자격

① 위생사 또는 환경기사 2급 이상의 자격증이 있는 자
② 대학에서 화학·화공학·환경공학 또는 위생학 분야를 전 공하고 졸업한 자 또는 이와 동등 이상의 자격이 있는 자
③ 외국에서 위생사 또는 환경기사의 면허를 받은 자
④ 1년 이상 공중위생 행정에 종사한 경력이 있는 자

161 공중위생감시원의 업무범위

① 관련 시설 및 설비의 확인
② 관련 시설 및 설비의 위생상태 확인·검사, 공중위생영업 자의 위생관리의무 및 영업자준수사항 이행 여부의 확인
③ 공중이용시설의 위생관리상태의 확인·검사
④ 위생지도 및 개선명령 이행 여부의 확인
⑤ 공중위생영업소의 영업의 정지, 일부 시설의 사용중지 또는 영업소 폐쇄명령 이행 여부의 확인
⑥ 위생교육 이행 여부의 확인

162 명예공중감시원의 업무

① 공중위생감시원이 행하는 검사대상물의 수거 지원
② 법령 위반행위에 대한 신고 및 자료 제공
③ 그 밖에 공중위생에 관한 홍보·계몽 등 공중위생관리업 무와 관련하여 시·도지사가 따로 정하여 부여하는 업무

163 위생서비스수준의 평가 주기 : 2년마다 실시

164 위생관리등급의 구분(보건복지부령)

최우수업소	녹색등급
우수업소	황색등급
일반관리대상 업소	백색등급

165 위생교육 횟수 및 시간 : 매년 3시간

166 위생교육의 내용

① 공중위생관리법 및 관련 법규
② 소양교육(친절 및 청결에 관한 사항 포함)
③ 기술교육
④ 기타 공중위생에 관하여 필요한 내용

167 과징금 납부기간 : 통지를 받은 날부터 20일 이내

168 청문을 실시해야 하는 처분

① 면허취소·면허정지
② 공중위생영업의 정지
③ 일부 시설의 사용중지
④ 영업소폐쇄명령
⑤ 공중위생영업 신고사항의 직권 말소

MAKE-UP

Makeup Artist Certification

수험교육의 최정상의 길 - 에듀웨이 EDUWAY

(주)에듀웨이는 자격시험 전문출판사입니다.
에듀웨이는 독자 여러분의 자격시험 취득을 위한 교재 발간을 위해 노력하고 있습니다.

기분파
미용사 메이크업 필기

2025년 07월 01일 9판 4쇄 인쇄
2025년 07월 10일 9판 4쇄 발행

지은이 | 김효정, 백송이, 윤지영, 지양숙, (주)에듀웨이 R&D 연구소
펴낸이 | 송우혁

펴낸곳 | (주)에듀웨이
주 소 | 경기도 부천시 소향로13번길 28-14, 8층 808호(상동, 맘모스타워)
대표전화 | 032) 329-8703
팩 스 | 032) 329-8704
등 록 | 제387-2013-000026호
홈페이지 | www.eduway.net

기획, 진행 | 에듀웨이 R&D 연구소
북디자인 | 디자인동감
교정교열 | 정상일
인 쇄 | 미래피앤피

Copyright©김효정 외 7명. 2025. Printed in Seoul, Korea

책값은 뒤표지에 있습니다.

ISBN 979-11-94328-11-7 (13590)

이 도서의 국립중앙도서관 출판시도서목록(CIP)은 서지정보유통지원시스템 홈페이지(http://seoji.nl.go.kr)와 국가자료공동목록시스템(http://www.nl.go.kr/kolisnet)에서 이용하실 수 있습니다.

MAKE-UP

Makeup Artist Certification

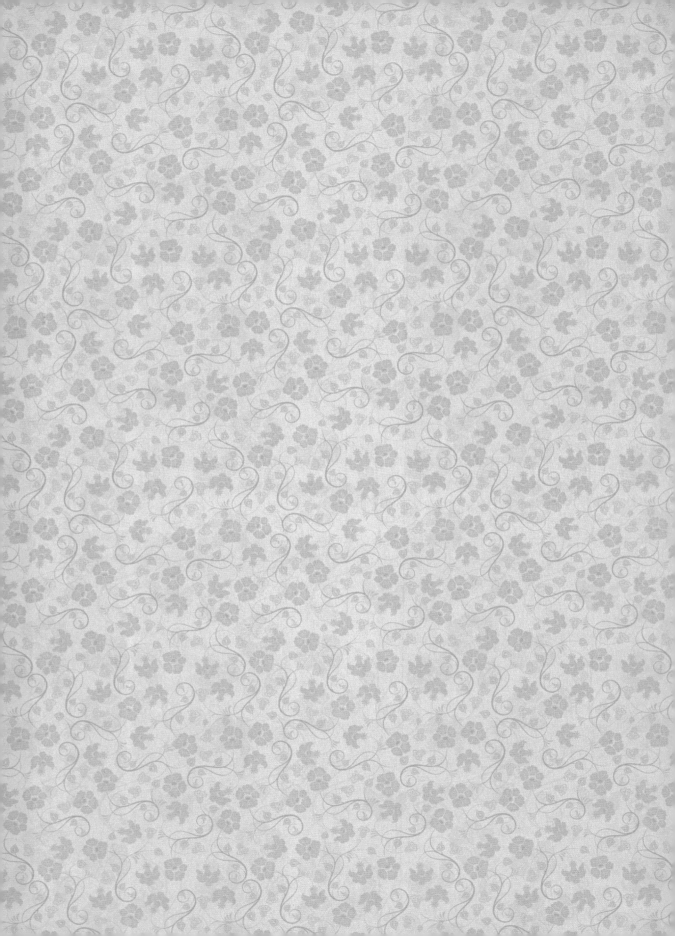